2026 GUIDE
Craftsman Excavating Machine Operator

굴착기 운전기능사

- 시험안내
- 출제 비율
- 출제 기준
- 필기응시절차
- CBT 응시요령 안내
- 실기 코스 운전 및 작업

출제 비율

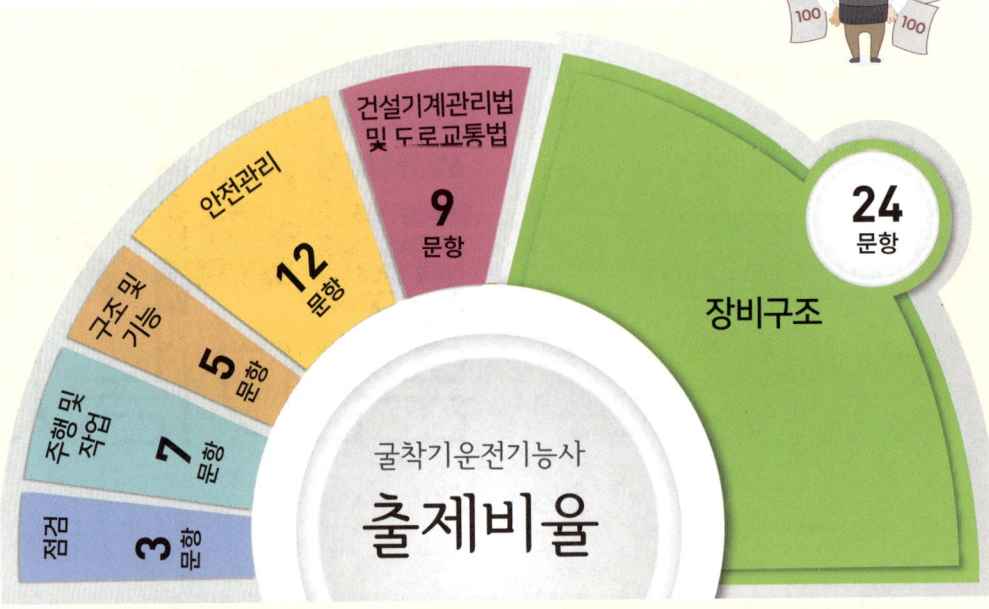

굴착기운전기능사 출제비율

- 건설기계관리법 및 도로교통법 9문항
- 안전관리 12문항
- 구조 및 기능 5문항
- 주행 및 작업 7문항
- 점검 3문항
- 장비구조 24문항

안전관리 = 12 건설기계관리법 및 도로교통법 = 9	점검 = 3 주행 및 작업 = 7 구조 및 기능 = 5	장비구조
21문항	15문항	24문항

본 문제집으로 공부하는 수험생만의 특혜!!

도서 구매 인증시
1. 동영상 제공 (고빈도 출제 문제 특강)
2. CBT 셀프테스팅 제공
   (시험장과 동일한 모의고사 1회)

도서 리뷰 작성시
3. 실기시험장 특별 안내

※ 오른쪽 서명란에 이름을 기입하여
골든벨 카페로 사진 찍어 도서 인증해주세요.
(자세한 방법은 카페 참조)

NAVER 카페 [도서출판 골든벨]
도서인증 게시판

서 명 란

도서 구매 인증서
무료 동영상 강의
CBT 체험 모의고사

출제 기준

▶ **적용기간** : 2025. 1. 1 ~ 2027. 12. 31
▶ **직무내용** : 건설 현장의 토목 공사 등을 위하여 장비를 조종하여 터파기, 깎기, 상차, 쌓기, 메우기 등의 작업을 수행하는 직무
▶ **검정방법** : 필기 : 전과목 혼합, 객관식 60문항(60분) / 실기 : 작업형(6분 정도)
▶ **합격기준** : 필기 · 실기 100점 만점 60점 이상 합격

주요항목	세부항목	세세항목
1. 점검	1. 운전 전·후 점검	1. 작업 환경 점검 2. 오일·냉각수 점검 3. 구동계통 점검
	2. 장비 시운전	1. 엔진 시운전 2. 구동부 시운전
	3. 작업상황 파악	1. 작업공정 파악 2. 작업간섭사항 파악 3. 작업관계자간 의사소통
2. 주행 및 작업	1. 주행	1. 주행성능 장치 확인 2. 작업현장 내·외 주행
	2. 작업	1. 깍기 2. 쌓기 3. 메우기 4. 선택장치 연결
	3. 전·후진 주행장치	1. 조향장치 및 현가장치 구조와 기능 2. 변속장치 구조와 기능 3. 동력전달장치 구조와 기능 4. 제동장치 구조와 기능 5. 주행장치 구조와 기능 6. 타이어
3. 구조 및 기능	1. 일반사항	1. 개요 및 구조 2. 종류 및 용도
	2. 작업장치	1. 암, 붐 구조 및 작동 2. 버켓 종류 및 기능
	3. 작업용 연결장치	1. 연결장치 구조 및 기능
	4. 상부회전체	1. 선회장치 2. 선회 고정장치 3. 카운터웨이트
	5. 하부회전체	1. 센터조인트 2. 주행모터 3. 주행감속기어
4. 안전관리	1. 안전보호구 착용 및 안전장치 확인	1. 산업안전보건법 준수 2. 안전보호구 및 안전장치
	2. 위험요소 확인	1. 안전표시 2. 안전수칙 3. 위험요소
	3. 안전운반 작업	1. 장비사용설명서 2. 안전운반 3. 작업안전 및 기타 안전 사항
	4. 장비 안전관리	1. 장비안전관리 2. 일상 점검표 3. 작업요청서 4. 장비안전관리교육 5. 기계·기구 및 공구에 관한 사항
	5. 가스 및 전기 안전관리	1. 가스안전관련 및 가스배관 2. 손상방지, 작업시 주의사항(가스배관) 3. 전기안전관련 및 전기시설 4. 손상방지, 작업시 주의사항(전기시설물)
5. 건설기계관리법 및 도로교통법	1. 건설기계관리법	1. 건설기계 등록 및 검사 2. 면허·사업·벌칙
	2. 도로교통법	1. 도로통행방법에 관한 사항 2. 도로표지판(신호, 교통표지) 3. 도로교통법 관련 벌칙
6. 장비구조	1. 엔진구조	1. 엔진본체 구조와 기능 2. 윤활장치 구조와 기능 3. 연료장치 구조와 기능 4. 흡배기장치 구조와 기능 5. 냉각장치 구조와 기능
	2. 전기장치	1. 시동장치 구조와 기능 2. 충전장치 구조와 기능 3. 등화 및 계기장치 구조와 기능 4. 퓨즈 및 계기장치 구조와 기능
	3. 유압일반	1. 유압유 2. 유압펌프, 유압모터 및 유압실린더 3. 제어밸브 4. 유압기호 및 회로 5. 기타 부속장치

필기응시절차

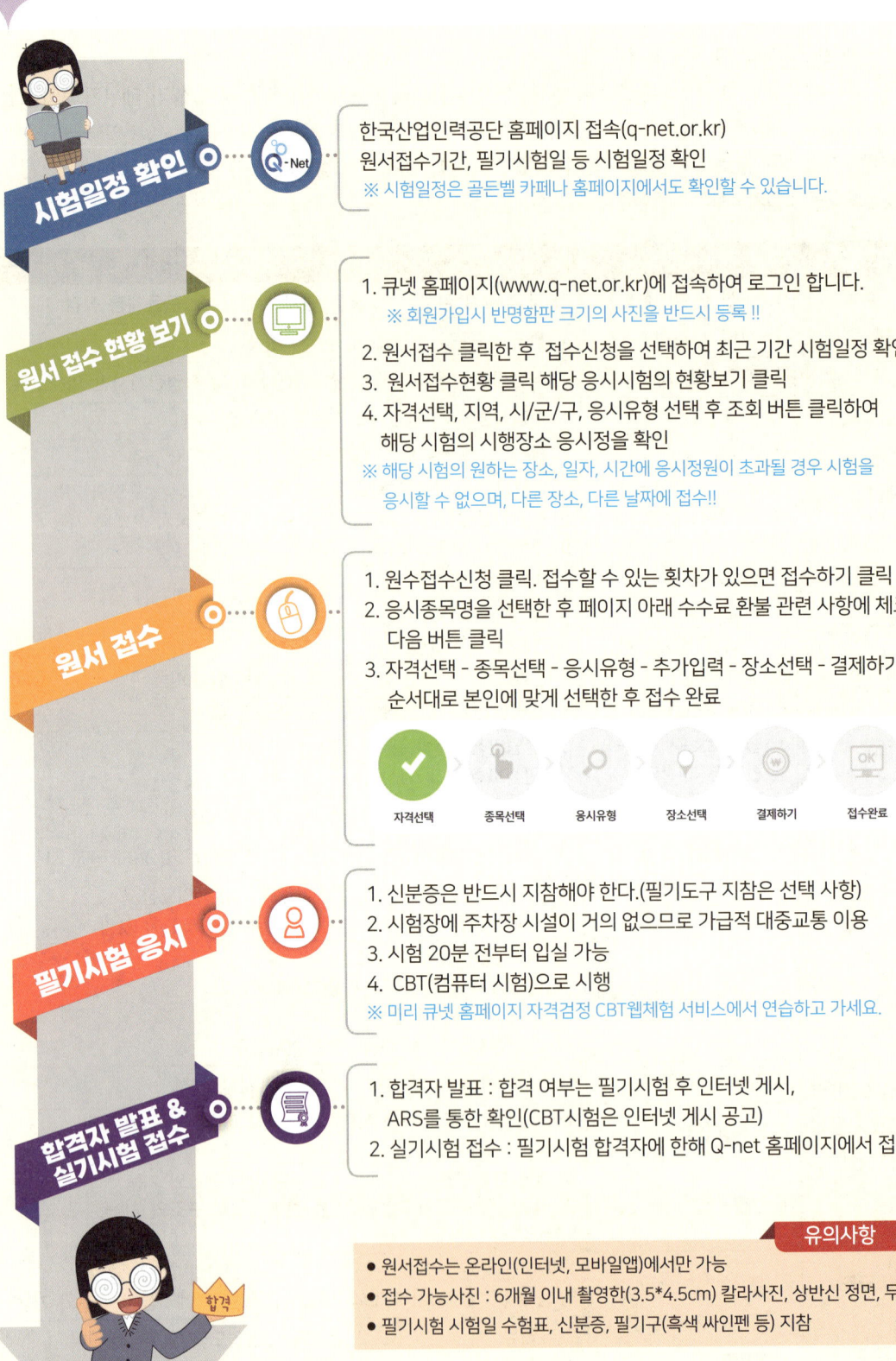

자격검정 CBT웹체험 서비스 안내
https://www.q-net.or.kr/cbt/index.html

CBT 응시요령 안내

❶ 수험자 정보 확인

❷ 유의사항 확인

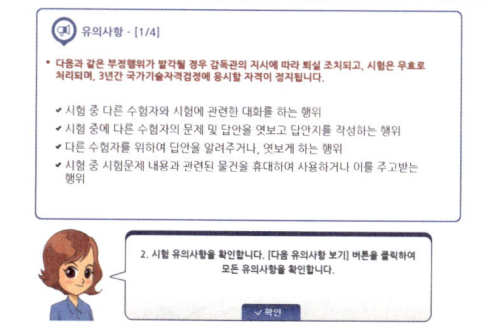

❸ 문제풀이 메뉴 설명

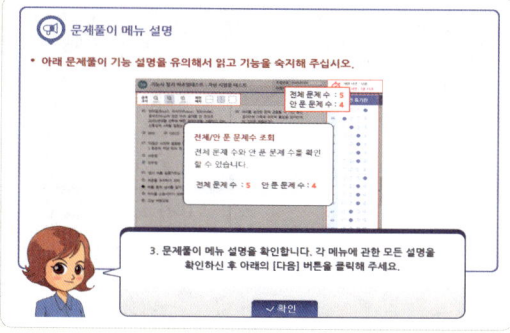

❹ 문제풀이 연습

골든벨 CBT셀프 테스팅 바로가기
도서 구매 인증 시 시험장과 동일한 모의고사 1회를 CBT 셀프 테스트할 수 있습니다.

❺ 시험 준비 완료

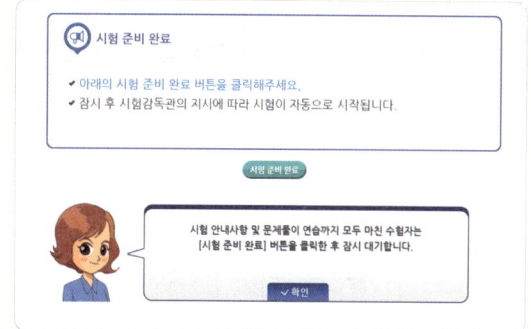

❻ 문제 풀이

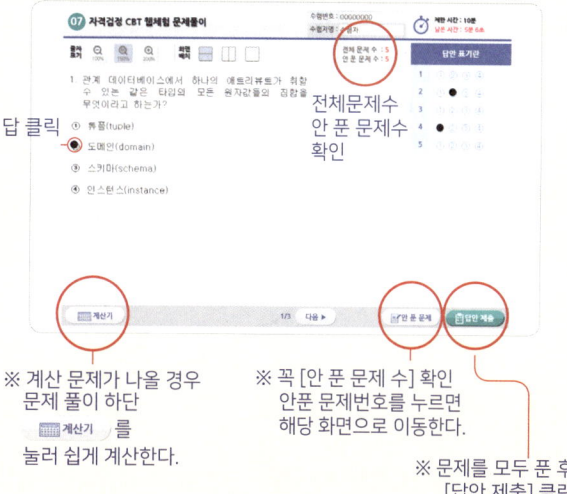

※ 계산 문제가 나올 경우 문제 풀이 하단 [계산기]를 눌러 쉽게 계산한다.

※ 꼭 [안 푼 문제 수] 확인 안푼 문제번호를 누르면 해당 화면으로 이동한다.

※ 문제를 모두 푼 후 [답안 제출] 클릭 이상없으면 [예] 버튼 클릭

❼ 답안제출 및 확인

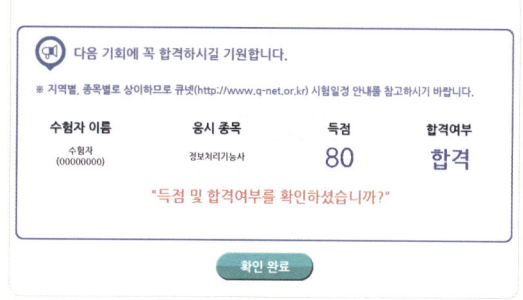

실기 코스운전 및 굴착작업

1. 요구 사항

가. 코스운전(2분)

1) 주어진 장비(타이어식)를 운전하여 운전석쪽 앞바퀴가 중간지점의 정지선 사이에 위치하면 일시정지한 후, 뒷바퀴가 (나)도착선을 통과할 때 까지 전진 주행합니다.
2) 전진 주행이 끝난 지점에서 후진 주행으로 앞바퀴가 (가) 종료선을 통과할 때 까지 운전하여 출발 전 장비 위치에 주차합니다.

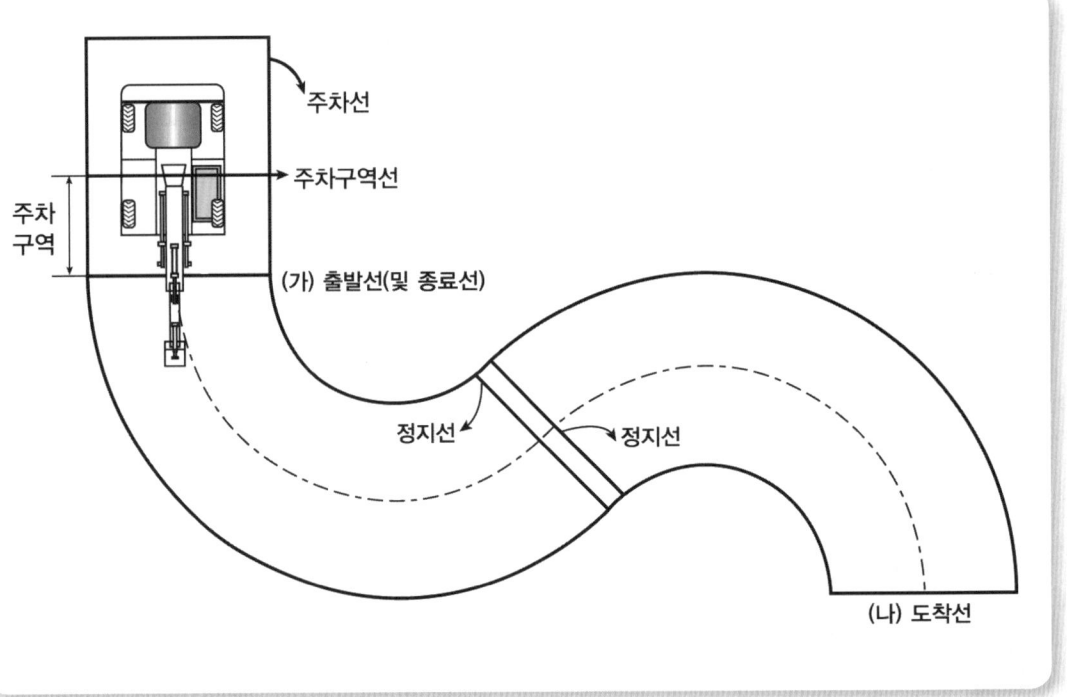

○ 주행 시에는 상부회전체를 고정시켜야 합니다.
○ 코스 중간지점의 정지선(앞, 뒤) 내에 운전석쪽(좌측) 앞바퀴가 들어 있거나 정지선에 물린 상태가 되도록 정지합니다.
○ 코스 전진 시, 뒷바퀴가 (나)도착선을 통과한 후 정차합니다.
○ 코스 후진 시, 주차구역 내에 앞바퀴를 위치시키도록 주차한 후 코스 운전을 종료합니다.

☐ 표준시간 : 6분
(코스운전 : 2분, 굴착 작업 : 4분)

나. 굴착작업(4분)

1) 주어진 장비로 A(C)지점을 굴착한 후, B지점에 설치된 폴(pole)의 버킷 통과구역 사이에 버킷이 통과하도록 선회합니다. 그리고 C(A)지점의 구덩이를 메운 다음 평탄작업을 마친 후, 버킷을 완전히 펼친 상태로 지면에 내려놓고 작업을 끝냅니다.
2) 굴착작업 회수는 4회 이상(단, 굴착작업 시간이 초과될 경우 실격)

※ A지점 굴착작업 규격과 C지점 크기 : 가로(버킷 가로 폭)×세로(버킷 세로 폭의 2.5배)

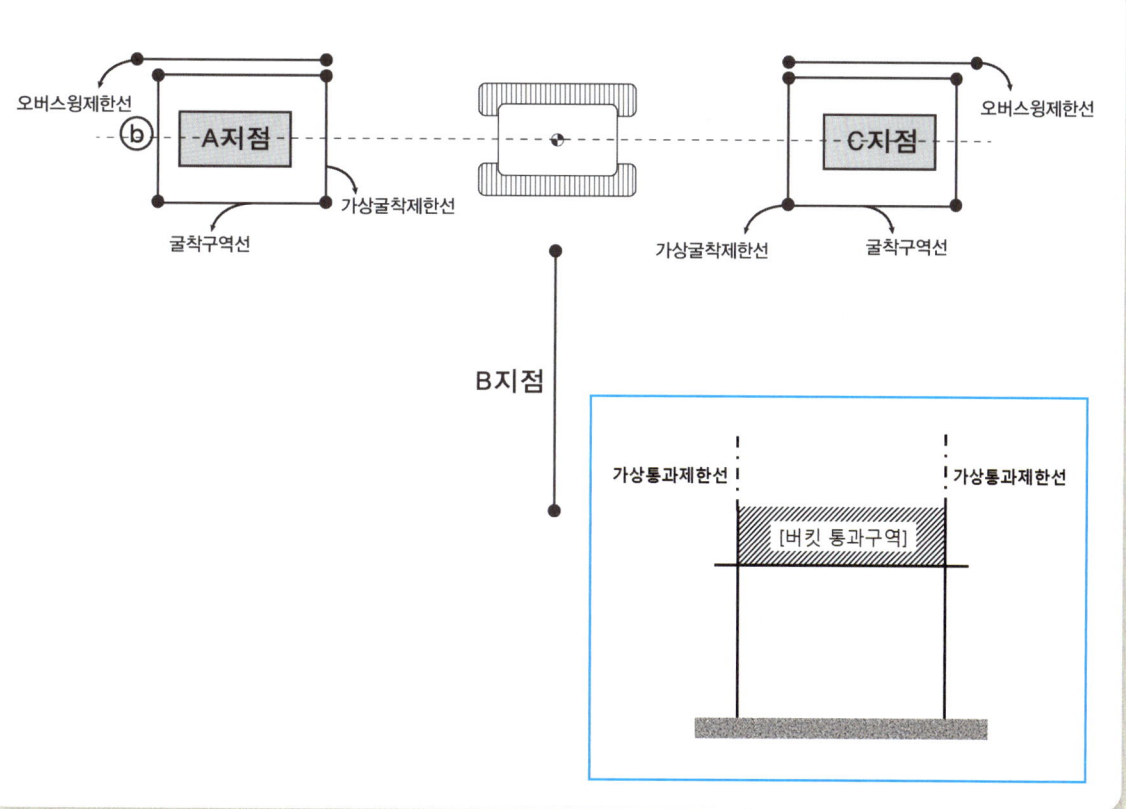

○ 굴착, 선회, 덤프, 평탄 작업 시 설치되어 있는 폴(pole), 선 등을 건드리지 않아야 합니다.
○ 선회 시 폴(pole)을 건드리거나 가상통과제한선을 넘어가지 않도록 주의하여, B지점의 버킷통과구역 사이를 버킷이 통과해야 합니다.
○ 덤프 지점의 흙을 고르게 평탄작업을 해야 합니다.

■ 수검자 유의사항

1) 음주상태 측정은 시험 시작 전에 실시하며, 음주상태이거나 음주 측정을 거부하는 경우 실기시험에 응시할 수 없습니다. (도로교통법에서 정한 혈중 알코올 농도 0.03% 이상 적용)
2) 항목별 배점은 코스운전(25점), 굴착작업(75점)입니다.
3) 시험감독위원의 지시에 따라 시험장소에 출입 및 장비운전을 하여야 합니다.
4) 휴대폰 및 시계류(손목시계, 스톱워치 등)는 시험시작 전 시험감독위원에게 제출합니다.
5) 규정된 작업복장의 착용여부는 채점사항에 포함됩니다.(복장:수험자 지참공구 목록 참고)
6) 안전벨트 및 안전레버 체결, 각종레버 및 rpm 조절 등의 조작 상태는 채점사항에 포함됩니다.
7) 코스운전 후 굴착작업을 합니다.(단, 시험장 사정에 따라 순서가 바뀔 수 있습니다.)
8) 굴착 작업 시 버킷 가로폭의 중심 위치는 앞쪽 터치라인(ⓑ선)을 기준으로 하여 안쪽으로 30cm 들어온 지점에서 굴착합니다.
9) 굴착 및 덤프 작업 시 구분동작이 아닌 연결동작으로 작업합니다.
10) 굴착 시 흙량은 버킷의 평적 이상으로 합니다.
11) 장비운전 중 이상 소음이 발생되거나 위험사항이 발생되면 즉시 운전을 중지하고, 시험위원에게 보고하여야 합니다.
12) 굴착지역의 흙이 기준면과 부합하지 않다고 판단될 경우 시험위원에게 흙량의 보정을 요구할 수 있습니다.(단, 굴착지역의 기준면은 지면에서 하향 50cm)
13) 장비 조작 및 운전 중 안전수칙을 준수하여 안전사고가 발생되지 않도록 유의합니다.
14) 과제 시작과 종료
  - 코스 : 앞바퀴 기준으로 출발선(및 종료선)을 통과하는 시점으로 시작(및 종료) 됩니다.
  - 작업 : 수험자가 준비된 상태에서 시험감독위원의 호각신호에 의해 시작하고, 작업을 완료하여 버킷을 완전히 펼쳐 지면에 내려놓았을 때 종료됩니다. (단, 과제 시작 전, 수험자가 운행 준비를 완료한 후 시험감독위원에게 의사표현을 하고, 이를 확인한 시험감독위원이 호각신호를 주었을 때 과제를 시작합니다.)
15) 다음 사항은 실격에 해당하여 채점 대상에서 제외됩니다.
  가) 기 권: 수험자 본인이 수험 도중 시험에 대한 포기 의사를 표기하는 경우
  나) 실 격
  (1) 시험시간을 초과하거나 시험 전 과정(코스, 작업)을 응시하지 않은 경우
  (2) 운전조작이 극히 미숙하여 안전사고 발생 및 장비손상이 우려되는 경우
  (3) 요구사항 및 도면대로 코스를 운전하지 않은 경우
  (4) 코스운전, 굴착작업 중 어느 한 과정 전체가 0점일 경우
  (5) 출발신호 후 1분 내에 장비의 앞바퀴가 출발선을 통과하지 못하는 경우
  (6) 주차브레이크를 해제하지 않고 앞바퀴가 출발선을 통과하는 경우
  (7) 코스 중간지점의 정지선 내에 일시정지하지 않은 경우
  (8) 뒷바퀴가 도착선을 통과하지 않고 후진 주행하여 돌아가는 경우
  (9) 주행 중 코스 라인을 터치하는 경우
  (단, 출발선(및 종료선) □ 정지선 □ 도착선 □ 주차구역선 □ 주차선은 제외)
  (10) 수험자의 조작미숙으로 엔진이 1회 정지된 경우
  (11) 버킷, 암, 붐 등이 폴(pole), 줄을 건드리거나 오버스윙제한선을 넘어가는 경우
  (12) 굴착, 덤프, 평탄 작업 시 버킷 일부가 굴착구역선 및 가상굴착제한선을 초과하여 작업한 경우
  (13) 선회 시 버킷 일부가 가상통과제한선을 건드리거나, B지점의 버킷통과구역 사이를 통과하지 않은 경우
  (14) 굴착작업 회수가 4회 미만인 경우
  (15) 평탄작업을 하지 않고 작업을 종료하는 경우

★ **불법복사는 지적재산을 훔치는 범죄행위입니다.**
 저작권법 제97조의 5(권리의 침해죄)에 따라 위반자는 5년 이하의 징역 또는 5천만원 이하의 벌금에 처하거나 이를 병과할 수 있습니다.

머리말

최근 건설기계의 구조 및 성능이 나날이 발전하고 있어 건설 및 토목 분야에서 사용되는 건설기계의 종류와 용처가 증가됨에 따라 자격증 소지자의 법적 규제도 높아지고 있다. 또한 건설 산업 현장에서 건설기계는 그 효용성이 매우 높기 때문에 국가 기간산업으로서 자리매김은 앞으로도 확고할 것이다.

건설기계 운전기능사 자격증이 생긴 이래 여러 차례 개정되고 통폐합되는 과정을 겪었지만 필기시험의 출제기준이 토목장비와 하역장비를 공통과목으로 편성하여 필기시험을 시행함으로써 건설 및 토목공사 현장에서의 요구사항 및 응용력을 충족시키지 못한 상태임을 인지한다.

이에 따라 산업인력공단에서는 NCS를 접목시켜 건설 및 토목공사 현장에서 필요한 각각의 장비 구조 및 작업 방법으로 현실에 맞는 출제기준을 2022년 1월 1일부터 적용하게 된다. 이에 따라 응시자들이 짧은 시간 내에 공부할 수 있도록 최근 개정된 법령을 반영하고 출제기준을 분석하여 수험생들의 길잡이가 될 수 있도록 다음과 같이 요점정리와 출제 예상문제로 구성하였다.

이 책의 특징

1. 출제기준에 맞추어 각 **과목별 요점정리와 출제 예상문제**를 불필요한 구조부분은 과감히 삭제하고 출제가 예상되는 내용만을 중점적으로 모아 핵심 포인트만 정리하였다.

2. 그동안 출제되었던 시험문제를 분석하여 출제 문항이 대폭 증가된 **구조 및 기능은** 더욱 체계적이고 핵심적인 내용으로 요점정리와 예상문제로 편성하였다.

3. 과목별 출제 예상 문제에서는 **각 문제마다 상세한 해설**을 달아 초보자도 쉽게 이해할 수 있도록 편성하였다.

4. 최신 상시시험에 대비한 CBT기출복원문제를 편성함으로써 출제 경향을 파악하고자 하는 이들에게 훌륭한 길잡이가 될 것이다.

끝으로 수험생 여러분들의 앞날에 합격의 영광과 발전이 있기를 기원하며, 이 책의 부족한 점은 여러분들의 조언으로 계속 수정과 보완할 것을 약속드린다.

지은이

차 례

- 굴착기운전기능사
  - 필기 출제기준 / iv
  - 실기시험 공개문제 / v
- 필기응시절차 / viii
- CBT응시요령 / ix

PART ▶ 1
점 검

1. 운전 전·후 점검 ─────────── 2
    - 작업환경 점검 ─────────── 2
    - 오일·냉각수 점검 ────────── 4
    - 구동 계통의 점검 ────────── 6
      ▶ 출제예상문제 ─────────── 7
2. 장비 시운전 ──────────── 11
    - 엔진 시동 전·후 계기판 점검 ────── 11
    - 엔진 예열하기 ──────────── 12
    - 구동부 시운전 ──────────── 12
3. 작업 상황 파악 ──────────── 13
    - 작업 공정 파악 ──────────── 13
    - 작업 간섭 사항 파악 ────────── 14
    - 작업 관계자 간의 의사소통 ─────── 16
      ▶ 출제예상문제 ─────────── 17

PART ▶ 2
주행 및 작업

1. 주 행 ─────────────── 22
    - 주행 성능 장치 확인 ────────── 22
    - 작업장 내·외 주행 ──────────── 24
      ▶ 출제예상문제 ─────────── 26
2. 작 업 ─────────────── 33
    - 깎기 ──────────────── 33
    - 쌓기, 메우기 ──────────── 34
    - 깎기, 쌓기, 메우기 작업방법 ────── 34
    - 선택장치 연결 ──────────── 35
      ▶ 출제예상문제 ─────────── 36

PART ▶ 3
구조 및 기능

1. 일반사항 ─────────────── 40
    - 개요 및 구조 ──────────── 40
    - 종류 및 용도 ──────────── 40
      ▶ 출제예상문제 ─────────── 42
2. 작업장치 ─────────────── 44
    - 암, 붐 구조 및 작동 ────────── 44
    - 버킷(디퍼) ──────────── 44
      ▶ 출제예상문제 ─────────── 47
3. 작업용 연결장치 ──────────── 54
      ▶ 출제예상문제 ─────────── 57
4. 상부 회전(선회)체 ──────────── 59
    - 선회장치 ──────────── 59
    - 선회고정장치 ──────────── 59
    - 카운터 웨이트 ──────────── 59
      ▶ 출제예상문제 ─────────── 60

5. 하부 추진(주행)체 ——— 63
- 센터조인트 ——— 63
- 주행 모터 ——— 63
- 주행감속기어(화이널 드라이브) ——— 63
  - ▶ 출제예상문제 ——— 65

PART▶ 4
안전관리

1. 안전 보호구 착용 및 안전장치 확인 70
- 산업안전 일반 ——— 70
  - ▶ 출제예상문제 ——— 73
- 안전보호구 ——— 76
  - ▶ 출제예상문제 ——— 80
- 안전장치 ——— 83
  - ▶ 출제예상문제 ——— 84

2. 위험 요소 확인 ——— 87
- 안전표지 ——— 87
  - ▶ 출제예상문제 ——— 89
- 안전수칙 ——— 92
- 위험 요소 ——— 93
  - ▶ 출제예상문제 ——— 94
- 화 재 ——— 97
  - ▶ 출제예상문제 ——— 99
- 장비사용 설명서 ——— 102

3. 안전 운반 작업 ——— 102
- 안전운반 ——— 104
- 작업안전 및 기타 안전사항 ——— 106
  - ▶ 출제예상문제 ——— 107

4. 장비 안전관리 ——— 111
- 장비 안전관리 ——— 111
- 일상점검표 및 작업요청서 ——— 113
- 장비 안전관리 교육 ——— 114
- 기계기구 및 공구에 관한 사항 ——— 115
  - ▶ 출제예상문제 ——— 119

5. 가스 및 전기 안전관리 ——— 127
- 가스배관의 안전관리 ——— 127
- 가스배관 작업 기준 ——— 128
  - ▶ 출제예상문제 ——— 131
- 전기공사 관련 작업안전 ——— 137
  - ▶ 출제예상문제 ——— 139

PART▶ 5
건설기계관리법 및 도로교통법

1. 건설기계관리법 ——— 148
  - ▶ 출제예상문제 ——— 151

2. 도로교통법 ——— 182
  - ▶ 출제예상문제 ——— 205

PART▶ 6
장비구조

1. 엔진 구조 익히기 ——— 220
- 엔진 기초 사항 ——— 220
- 건설기계 엔진의 작동 원리 ——— 220
  - ▶ 출제예상문제 ——— 222
- 엔진 본체 구조와 기능 ——— 226
  - ▶ 출제예상문제 ——— 231
- 윤활장치의 구조와 기능 ——— 238
  - ▶ 출제예상문제 ——— 241
- 연료장치의 구조와 기능 ——— 247
  - ▶ 출제예상문제 ——— 251
- 흡·배기장치 ——— 261
  - ▶ 출제예상문제 ——— 264
- 냉각장치 ——— 269
  - ▶ 출제예상문제 ——— 272

2. 전기장치 익히기 — 277
- 기초 전기 — 277
- 기초 전자 — 279
  - ▶ 출제예상문제 — 281
- 축전지 — 285
  - ▶ 출제예상문제 — 291
- 기동장치 — 297
  - ▶ 출제예상문제 — 301
- 충전장치 — 305
  - ▶ 출제예상문제 — 308
- 등화장치 — 312
  - ▶ 출제예상문제 — 318

3. 유압장치 익히기 — 321
- 유압 일반 — 321
  - ▶ 출제예상문제 — 324
- 유압기기 — 327
  - ▶ 출제예상문제 — 329
- 제어밸브 — 336
  - ▶ 출제예상문제 — 338
- 유압기호 및 회로 — 347
  - ▶ 출제예상문제 — 349
- 기타 부속장치 — 353
  - ▶ 출제예상문제 — 354

PART ▶ 7
상시대비 CBT기출복원문제

- 2022년 제1회 기출복원문제 — 358
- 2023년 제1회 기출복원문제 — 369
- 2023년 제2회 기출복원문제 — 378
- 2024년 제1회 기출복원문제 — 387
- 2024년 제2회 기출복원문제 — 397

PART.1
점검

1. 운전 전·후 점검
2. 장비 시운전
3. 작업상황 파악

chapter 01 운전 전·후 점검

1-1 작업환경 점검

01 굴착기 작업

(1) 개요

굴착기는 주로 토양을 굴착, 적재하는 장비로 엑스카베이터(Excabeter)라고 하며, 유압으로 작동되는 백호, 셔블, 클램셸, 브레이커 등의 다양한 작업 장치를 부착하여 굴착, 적재, 운반, 땅 고르기 등의 다양한 작업을 수행하는 장비이다. 굴착기의 규격은 작업 가능 자체 중량(ton)으로 나타낸다.

(2) 주행 형식에 의한 분류
 ① 무한궤도식(크롤러형)
 ② 트럭 탑재형
 ③ 타이어식(휠형)

(3) 특징
 ① 구조가 간단하다.
 ② 운전 조작이 쉽다.
 ③ 보수가 쉽다.
 ④ 작업(프런트) 장치 교환이 쉽다.
 ⑤ 주행이 쉽다.

(4) 작업에 따른 분류
 ① **표준 버킷**: 최대 굴착 효율을 낼 수 있도록 표준 장비에 부착 사용되는 버킷으로 자연 상태의 흙이나 자갈 굴착 작업에 적합
  ㉠ 백호: 장비가 위치한 지면보다 낮은 곳 굴착에 적합하며 수중 굴착도 가능
  ㉡ 셔블: 장비가 위치한 지면보다 높은 곳 굴착에 적합하며 페이스 셔블이라고도 한다.
 ② **특수 작업용 버킷**
  ㉠ 디칭 버킷: 폭이 좁은 버킷으로 배관 작업에 적합
  ㉡ V형 버킷: 굴착 하면서 좌우 양쪽 경사면을 만들 수 있도록 제작된 버킷으로 배수로 작업에 적합
  ㉢ 크리닝 버킷: 물이 잘 빠지도록 버킷에 구멍이 있어 배수로 청소 작업에 적합
  ㉣ 록 버킷: 채석장이나 광산에서 사용하는 버킷으로 굴착 저항을 줄여 틈새를 잘 파고 들어갈 수 있도록 투스 끝이 뾰족하고 길이가 길며 커팅 에이지가 V자형으로 되어 있으며 버킷이 내마모강으로 제작된 버킷
  ㉤ 크램셸 버킷: 형상이 조개와 같다고 하여 붙여진 이름으로 구멍을 뚫는 보링 작업에 적합하며 텔레스코픽 암을 사용하여 흙을 파는 것을 보면서 장비를 조종할 수 있도록 원격조종장치를 사용할 수 있어 정교한 보링 작업과 작업효율을 높일 수 있다.
 ③ **특수 용도의 작업장치**
  ㉠ 퀵 커플러: 운전실에서 스위치를 조작해 버킷 등의 작업 장치를 손쉽게 교체할 수 있는 장치로 수동식과 자동식이 있다.
   ⓐ 수동식: 버킷 핀의 록 장치를 볼트나

너트로 조이는 방식
ⓑ 자동식 : 운전석에서 스위치 조작으로 유압 실린더를 작동 시켜 버킷 핀 록 장치를 작동 시키는 방식

ⓒ 브레이커 : 오일 순환으로 피스톤이 빠른 속도로 왕복운동 할 때 발생되는 진동 에너지로 암석 등을 분쇄시키는 장치로 유압식 해머라고도 한다.

ⓒ 쉬어 : 유압 실린더로 블레이드를 움직여 철근이나 H빔, I빔 등을 절단하는 장치로 고철장이나 건축물 철거 현장에 적합하며 쉬어 헤드(암과 연결되는 부분)에 유압 모터로 블레이드를 회전시켜 절단 대상물의 원하는 지점을 정확하게 잡을 수 있다.

ⓒ 크러셔 : 2개의 집게로 작업 대상물을 집고 조여 물체를 파쇄하는 장치로 집게를 유압 모터를 회전시켜 대상물의 원하는 지점을 잡을 수 있는 회전식 크러셔도 있다.

ⓒ 그래플 : 유압 실린더를 이용해 2~5개의 집게를 움직여 작업물질을 집는 장치로 유압 모터를 회전시켜 대상물의 원하는 지점을 잡을 수 있는 회전식 그래플도 있으며 집게가 5개인 멀티타인 그래플도 있다. 집게를 오므렸을 때 집게 간격이 큰 것을 개방형, 개방형보다 조금 더 오므릴 수 있는 반개방형, 간격이 없는 것을 폐쇄형이라고 한다.

ⓗ 컴팩터 : 유압모터로 편심 축을 회전시킬 때 발생되는 진동을 이용 다짐 작업을 하는 장치

ⓢ 리퍼 : 나무뿌리나 둥 등을 파내는 작업에 사용되는 작업 장치

ⓞ 파일 드라이브 및 오거 : 유압모터의 회전력으로 스크루를 돌려서 구멍을 뚫는 장치로 전신주, 기둥 박기에 적합하다.

ⓩ 틸팅 버킷 : 경사진 곳을 굴착하기 위한 작업 장치로 버킷을 경사면의 각도에 맞출 수 있도록 버킷의 조절이 가능하도록 유압모터나 실린더가 장착되어 있다.

02 작업환경 점검

운전 전 점검을 위해 굴착기의 주기 상태를 육안으로 확인하고 안전사고 예방을 위하여 굴착기 작업 반경 내 위험 요소와 주변 시설물 등의 위치를 확인하여 대비하여야 한다.

(1) 안전 장비 개념
① 인화물질 관리 상태 확인 및 조치
② 운전자 매뉴얼 기재 사항 확인
③ 장비의 주기 상태 확인 및 조치
④ 굴착기 주위의 위험 요소 확인 및 조치

(2) 장비의 주기 상태 확인법
① 버킷이 지면에 완전히 내려져 있는지 확인
② 장비 주기 지면의 상태 확인 및 조치
③ 장비의 잠금장치를 확인
④ 안전 수칙 준수 여부 확인

(3) 대상별 위험 요인
1) 장비 이동 시 위험 요소
① 장비 운반 트럭의 안전 작업 절차 확인
② 미 숙련자의 굴착기 운전 여부 확인
③ 굴착기 후면 부의 위험 표지와 경광등 부착 유무 확인
④ 반입된 장비의 이상 여부 확인
⑤ 상·하차 시 운반 트럭의 위험 요인 분석
⑥ 상·하차 시 안전요원과 관리감독자의 배치 유무 확인
⑦ 개인 안전 보호구 착용 필요성 및 착용

여부 확인
2) 안전 작업 절차 이해
　① 작업 계획 수립
　② 안전 교육 실시
　③ 개인 안전 보호구와 안전사고 관련 여부 확인
　④ 굴착기 정상 작동 유무 확인
　⑤ 안전장치 및 보조 장치의 이상 유무 점검
　⑥ 작업장 주변 상태 및 신호수의 배치 상태 확인
　⑦ 안전 작업 확인
　⑧ 작업 후 장비 이상 여부 확인

(4) 굴착기 작업 반경 내 위험 요소
　① 지상 구조물 파악
　② 지하 매설물 파악
　③ 작업 환경 파악
　④ 작업 반경 내의 위험 요인 파악

(5) 주변 시설물
1) 지상 시설물
　① 전기 동력선 부근에서 작업하기 전에 관련 기관과 안전 사항 숙지 및 협의
　② 장비는 고압 전선으로부터 최소 3m 이상 떨어져 있어야 한다.
2) 지하 매설물
　① 작업 현장 주위에 가스관, 수도관, 통신선로 등의 지하 매설물 위치를 확인한다.
　② 문화재 등의 지장물 위치를 파악한다.

(6) 기타 작업 현장 주변 상황
　① 밀폐된 실내에서 굴착 작업 시 환기 시설 설치 여부
　② 작업 현장의 지반 관련 사항 확인
　③ 낙석 등의 위험 요인 사항 확인
　④ 작업 현장이 하천 또는 바닷가와 밀접한 경우 위험 요인 확인
　⑤ 안전 작업 절차의 이해

(7) 안전 유의사항
　① 지반 상태를 확인하고 연약지반의 경우 장비 손상과 시설의 손괴가 일어나지 않도록 조치한다.
　② 장비의 주기 상태를 확인하여 안정된 주기를 확인한다.
　③ 굴착기의 작업 반경 내의 위험 요인을 파악하여 조치한다.
　④ 전기 동력선 주위에서 작업할 때는 관련 기관에 연락하여 위험 요인의 안전 사항 등을 협의하여 조치한다.
　⑤ 작업 현장 주변에 구조물 등이 많을 때는 사전에 위치를 파악하여 조치를 취한다.
　⑥ 작업 현장 주위에 가스관, 수도관, 통신선로 등의 지하 매설물 위치를 파악하여 안전 작업을 한다.
　⑦ 실내에서 장비를 작동할 때는 환기 장치를 확인하여 충분한 환기가 이루어지도록 조치한다.
　⑧ 브레이커 작업 현장의 경우 장비 위치를 안정되게 유지할 수 있는지 사전에 파악한다.
　⑨ 하천이나 바닷가와 밀접한 경우 연약 지반으로 인해 발생할 수 있는 재해에 사전에 충분히 파악하여야 한다.

1-2 오일 · 냉각수 점검

01 각 부 오일 점검하기

(1) 안전 유의 사항
　① 엔진을 충분히 식힌 후 점검한다.
　② 엔진에 적합한 오일을 사용한다.
　③ 기관을 정지시키고 모든 작업 장치는 지면에 내린다.
　④ 유압 탱크 오일량을 점검할 때는 탱크도

충분히 냉각된 후 점검한다.
⑤ 장비의 시동 스위치 또는 레버에 "위험 점검 중"이라는 경고 표시를 한다.
⑥ 그리스 주입 상태의 점검도 작동 기구를 지면에 내리고 점검한다.
⑦ 그리스 주입을 할 때도 장비의 시동 스위치 또는 레버에 "위험 점검 중"이라는 경고 표시를 한다.

1) 윤활 계통을 점검한다.
   ① 오일 압력 경고등을 확인한다. 소등되면 정상이다.
   ② 엔진 점검 경고등을 확인한다. 소등되면 정상이다.
   ③ 엔진 오일량을 점검한다. 유면계의 "F"마크 가까이 있으면 정상이다.
   ④ 오일의 누설 부분이 있는지를 점검한다.
2) 유압 계통을 점검한다.
   ① 유압 시스템 내의 압력을 제거해 준다.
   ② 유압유 오일량을 점검한다.
3) 선회 감속기 오일을 점검한다.
   ① 감속기 오일을 점검한다.
   ② 유성기어부 오일을 점검한다.
   ③ 전차축 오일을 점검한다.
   ④ 변속기 오일을 점검한다.
4) 굴착기 주요부분에 그리스를 주유 확인한다.
   ① 붐, 스틱(암), 버킷 링키지 그리스 주유 및 확인한다.
   ② 최초 100시간 이내에는 매 10시간마다 주유한다.
   ③ 100시간 후에는 매 50시간마다 주유한다.
5) 선회 감속기 베어링의 윤활은 매 50시간마다 그리스를 주입한다.
6) 선회기어 및 피니언 점검 및 그리스 급유
7) 조작레버 급유
8) 작업장치 그리스 급유
   ① 전방 구동축과 후방구동축의 그리스 급유
   ② 전차축 피봇핀에 그리스 급유
   ③ 전차축 조향 케이싱 급유
   ④ 아우트리거 그리스 급유
   ⑤ 도저 블레이드 그리스 급유

02 벨트 · 냉각수 점검

팬벨트의 장력과 마모 상태를 확인하고 냉각수 누수를 점검한다.

(1) 팬 벨트
   ① 엔진을 정지시킨 다음 팬벨트의 장력을 확인한다.
   ② 팬벨트의 파손 및 손상을 점검한다.
   ③ 팬벨트의 마모를 점검한다.
   ④ 팬벨트에 의해 구동되는 발전기, 물 펌프, 에어컨, 파워 펌프 등을 확인한다.

(2) 냉각수 점검
 1) 냉각수 점검 시 안전사항
   ① 기관 시동을 정지시킨 후 점검하여야 한다.
   ② 엔진이 충분히 냉각된 후 점검한다.
   ③ 냉각계통 점검할 때는 장비의 시동 스위치 또는 레버에 "위험 점검 중"이라는 경고 표시를 한다.
 2) 팬벨트를 점검한다.
   ① 팬벨트 점검 시 안전 사항
      ㉮ 기관을 정지시키고 모든 작업 장치를 지면에 내린다.
      ㉯ 기관을 냉각시킨다.
      ㉰ 팬벨트 점검하기 전에 장비의 시동 스위치 또는 레버에 "위험 점검 중"이라는 경고 표시를 한다.
   ② 벨트의 손상을 점검한다.
   ③ 구동 벨트 베어링 및 팬 허브를 점검한다.
   ④ 에어컨 및 히터를 점검한다.
 3) 냉각수 상태를 점검한다.
   ① 냉각수 량을 점검한다. 높음과 낮음의 중

간위치로 유지한다.
② 압력 캡의 개스킷 상태를 점검한다.
4) 냉각계통의 호스를 점검한다.

1-3 구동 계통의 점검

01 타이어·트랙 점검

굴착기 조종자는 타이어식 장비에서 타이어의 공기압과 마모 상태를 점검할 수 있어야 하고 무한궤도식의 경우에는 트랙의 마모와 트랙의 장력을 확인할 수 있어야 한다.

(1) 타이어의 마모
① 타이어의 마모 한계: 트레드 깊이 1.6mm의 높이위치에 마모 한계선이 표시되어 있다.
② 타이어 마모 한계선은 타이어의 교환 시기를 나타내는 것이다.

(2) 타이어의 주요 점검 사항
① 트레드부의 갈라짐 점검
② 트레드부의 찢어짐
③ 트레드 원주 방향의 갈라짐
④ 타이어 숄더 부의 마모
⑤ 트레드 중앙부의 마모
⑥ 트레드부 한쪽의 마모

(3) 타이어 공기압을 점검한다.
① 타이어 공기압의 정상은 운전자 매뉴얼을 참조하여 매월 1회 점검 보충한다.
② 타이어 공기압이 부족하면 과도한 열의 발생으로 타이어가 파열될 수 있다.
③ 타이어 공기압은 타이어의 수명을 좌우한다.

02 무한궤도식 굴착기 점검

(1) 트랙 장력의 점검
① 트랙 장력의 측정은 평탄한 지면에 장비를 세우고 1번 상부롤러(캐리어 롤러)와 아이들러(전부 유동륜) 사이에서 측정한다.
② 트랙의 장력은 1번 상부 롤러와 트랙 사이에 바를 넣고 들어 올렸을 때 트랙 링크와 롤러 사이가 25~40mm 이면 정상이다.

(2) 트랙의 점검
① 슈의 마멸 및 망실
② 링크의 파단 및 마모
③ 트랙 구성 요소의 마모 상태 점검(상·하부 롤러, 스프로킷, 아이들러, 리코일 스프링 등의 상태 및 마멸을 점검)

01 점검

출제예상문제

01 운전자가 작업 전에 장비 점검과 관련된 내용 중 거리가 먼 것은?
① 타이어 및 궤도 차륜상태
② 브레이크 및 클러치의 작동상태
③ 낙석, 낙하물 등의 위험이 예상되는 작업 시 견고한 헤드 가이드 설치상태
④ 정격 용량보다 높은 회전으로 수차례 모터를 구동시켜 내구성 상태 점검

> 장비의 내구성 상태의 점검은 운전자 점검 사항뿐만 아니라 정비 점검 사항에도 해당되지 않는다.

02 무한궤도식 건설기계에서 유압식 트랙의 장력 조정은 어느 것으로 하는가?
① 상부 롤러의 이동으로
② 하부 롤러의 이동으로
③ 스포로킷의 이동으로
④ 아이들러의 이동으로

03 휠 식 굴착기에서 아워 미터의 역할은?
① 엔진 가동시간을 나타낸다.
② 주행거리를 나타낸다.
③ 오일 량을 나타낸다.
④ 작동 유량을 나타낸다.

> 아워 미터는 시간계로서 장비의 가동시간, 즉 엔진이 작동되는 시간을 나타내며 예방정비 등을 위해 설치되어 있다.

04 트랙 장력을 조절하면서 트랙의 진행 방향을 유도하는 언더 캐리지 부품은?
① 하부 롤러   ② 상부 롤러
③ 장력 실린더   ④ 전부 유동륜

> **전부 유동륜** : 아이들러 또는 전부 유동륜이라고도 이야기 하며 트랙을 진행방향으로 유도하고 전 후로 움직여 트랙의 장력을 조절한다.

05 건설기계의 일상점검 정비사항이 아닌 것은?
① 볼트, 너트 등의 이완 및 탈락 상태
② 유압장치, 엔진, 롤러 등의 누유 상태
③ 브레이크 라이닝의 교환 주기 상태
④ 각 계기류, 스위치, 등화장치의 작동 상태

> 브레이크 라이닝의 교환주기 상태의 점검은 정비사 점검 사항으로 정기점검 대상이다.

06 건설기계로 작업을 하기 전 서행하면서 점검하는 사항이 아닌 것은?
① 핸들 작동점검
② 브레이크 작동점검
③ 냉각수량 점검
④ 클러치의 작동점검

> 냉각수량의 점검은 시동 전 점검사항이다.

07 무한궤도식 건설기계에서 트랙 장력을 측정하는 부위로 가장 적합한 곳은?
① 1번 상부 롤러와 2번 상부 롤러 사이
② 스프로킷과 1번 상부 롤러 사이
③ 아이들러와 스프로킷 사이
④ 아이들러와 1번 상부 롤러 사이

> 무한궤도식 건설기계에서 트랙의 장력 측정은 아이들러(전부 유동륜)과 1번 상부롤러 사이에서 측정한다.

정 답
01.④ 02.④ 03.① 04.④ 05.③
06.③ 07.④

08 예방정비에 대한 설명 중 틀린 것은?

① 예기치 않은 고장이나 사고를 사전에 방지하기 위하여 행하는 정비이다.
② 예방정비를 실시할 때는 일정한 계획표를 작성 후 실시하는 것이 바람직하다.
③ 예방정비의 효과는 장비의 수명연장, 성능유지, 수리비 절감 등이 있다.
④ 예방장비는 정비사만 할 수 있다.

> 예방정비는 운전자와 정비사가 할 수 있는 사항으로 운전자는 시동전, 운전전, 정지간, 운전 후 점검과 주간, 월간 정비를 실시한다.

09 작업 장치를 갖춘 건설기계의 작업 전 점검사항이다. 틀린 것은?

① 제동 장치 및 조정 장치 기능의 이상 유무
② 하역 장치 및 유압 장치의 기능의 이상 유무
③ 유압 장치의 과열 이상 유무
④ 전조등, 후미등, 방향 지시등 및 경보 장치의 이상 유무

> 유압 장치의 과열 이상 유무는 운전 중 점검사항이다.

10 다음 중 굴착기의 안전 수칙에 대한 설명으로 잘못된 것은?

① 버킷이나 하중을 달아 올린 채로 브레이크를 걸어두어서는 안 된다.
② 운전석을 떠날 때에는 기관을 정지시켜야 한다.
③ 장비로부터 다른 곳으로 자리를 옮길 때에는 반드시 선회 브레이크를 풀어놓고 장비로부터 내려와야 한다.
④ 무거운 하중은 5~10cm 들어 올려보아서 브레이크나 기계의 안전을 확인한 다음에 작업에 임하도록 한다.

> 장비로부터 다른 곳으로 자리를 옮길 때에는 반드시 선회 브레이크를 잠그고, 장비는 평탄한 곳에 주차시켜 놓고 주차 브레이크를 당겨 장비의 이동 및 작업 장치를 안전한 상태로 한 후 장비로부터 내려와야 한다.

11 하부 추진장치에 대한 조치사항 중 틀린 것은?

① 트랙의 장력은 38~50mm 로 조정한다.
② 트랙의 장력 조정은 그리스 주입식이 있다.
③ 마멸 및 균열 등이 있으면 교환한다.
④ 프레임에 휨이 생기면 프레스로 수정하여 사용한다.

> 트랙의 장력은 일반적으로 25~38(1~1.5')mm 정도를 둔다.

12 다음 중 굴착 작업 방법에 대한 설명으로 틀린 것은?

① 버킷으로 옆으로 밀거나 스윙 시의 충격을 이용하지 말 것
② 하강하는 버킷이나 붐의 중력을 이용하여 굴착할 것
③ 굴착부를 주의 깊게 관찰하며 작업할 것
④ 과부하를 받으면 버킷을 지면에 내리고 레버를 중립으로 리턴 시킬 것

> 굴착 작업 시 하강하는 버킷이나 붐의 중력을 이용하여 굴착을 하여서는 안된다.

13 다음 중 효과적인 굴착 작업이 아닌 것은?

① 붐과 암의 각도를 80~110도 정도로 선정한다.
② 버킷 투스의 끝이 암의 작동보다 안으로 내밀어야 한다.
③ 버킷은 의도한 위치대로 하고 붐과 암을 계속 변화시키면서 굴착한다.
④ 굴착 후 암을 오므리면서 붐을 상승 위치로 변화시켜 하강 위치로 스윙한다.

> 버킷은 의도한 위치대로 하고 암과 버킷을 오므리면서 붐을 천천히 상승시켜 굴착한다.

정 답

08.④ 09.③ 10.③ 11.① 12.②
13.③

14 작업장에서 이동 및 선회 시 먼저 하여야 할 것은?

① 경적 울림 ② 버킷 내림
③ 급 방향 전환 ④ 굴착 작업

> 작업장에서 이동 및 선회 시 먼저 하여야 할 것은 경적을 울려 이동 및 방향 전환을 알리고 버킷을 지면에 가깝게 내린 후 이동한다.

15 다음은 휠 타입 굴착기의 정지에 관한 사항이다. 맞는 것은?

① 가속 페달을 힘껏 누른다.
② 클러치를 밟고 변속 레버(변속기어)를 중립 위치에 놓는다.
③ 버킷을 땅에 내려놓아 차를 멈춘다.
④ 엔진을 먼저 끄고 브레이크를 밟아 차를 세운다.

> 굴착기 정차 요령
> ① 가속 페달에서 발을 뗀다.
> ② 브레이크 페달을 밟아 감속한다.
> ③ 클러치를 밟고 변속 레버를 중립위치로 한다.
> ④ 브레이크 페달을 밟아 정차시킨다.

16 굴착기의 굴착 작업은 주로 어느 것을 사용하여야 하는가?

① 버킷 실린더 ② 디퍼 스틱 실린더
③ 붐 실린더 ④ 주행 모터

> 굴착기의 굴착 작업은 주로 디퍼 스틱 실린더(암 실린더)를 사용하는 것이 효과적이다.

17 굴착기를 주차시키고자 할 때의 방법으로 옳지 않은 것은?

① 단단하고 평탄한 지면에 장비를 정차시킨다.
② 어태치먼트(attachment)는 장비 중심선과 일치시킨다.
③ 유압 계통의 압력을 완전히 제거한다.
④ 실린더의 로드(rod)를 노출시켜 놓는다.

> 장비 주차 시 유압 실린더의 로드는 노출을 시켜서는 안 된다.

18 벼랑 암석 굴착 작업으로 다음 중 안전한 작업 방법은?

① 스프로킷을 앞쪽으로 두고 작업한다.
② 중력을 이용한 굴착을 한다.
③ 신호자는 조정자의 뒤에서 신호한다.
④ 트랙 앞쪽에 트랙 보호 장치를 한다.

> 벼랑 암석 굴착 작업 요령: 트랙 앞쪽에 트랙의 보호 장치를 하고 스프로킷은 뒤쪽으로 향하게 하여 작업을 하되 잘 보이지 않는 곳의 작업은 정 측면에서 신호를 하는 신호자의 신호에 따라 장비의 힘을 이용하여 자연스럽게 작업을 하여야 한다.

19 다음은 굴착기 작업 중 조종자가 지켜야 할 안전수칙이다. 틀린 것은?

① 조종석을 떠날 때에는 기관을 정지시켜야 한다.
② 후진 작업 시에는 장애물이 없는지 확인한다.
③ 조종사의 시선은 반드시 조종 패널만 주시해야 한다.
④ 붐 등이 고압선에 닿지 않도록 주의한다.

> 조종사의 시선은 작업장치의 작업 방향, 신호수의 수신호, 작업 진행 등의 사항을 파악, 주시하여야 한다.

20 굴착기 작업 시 안전사항에 관한 다음 설명 중 틀린 것은?

① 작업 중 이상 소음이나 냄새 등을 느낀 경우에는 작업을 중지하고 점검을 해야 한다.
② 운전석을 떠날 때는 반드시 기관을 정지시켜야 한다.
③ 흙이 묻은 와이어로프는 윤활제를 급유하여 보호해야 한다.
④ 무거운 하중은 5~10cm 정도 들어 올려 보아서 기계의 안전을 확인한 다음 작업에 임해야 한다.

정 답

14.① 15.② 16.② 17.④ 18.④
19.③ 20.③

> 흙이 묻은 와이어는 CW 또는 EO 로 청소하고 정비한다.

21 경사면 작업 시 전복 사고를 유발시킬 수 있는 행위가 아닌 것은?

① 붐이 부착되지 않은 경우 좌·우측으로만 회전시킬 때
② 안전한 작업 반경을 초과해서 짐을 이동할 때
③ 붐 포인트가 최대 각도로 올라갔을 때 회전을 서서히 시작할 때
④ 작업 반경을 보정하기 위하여 붐을 올리지 않고 짐을 회전할 때

> 붐 포인트가 최대 또는 최소 제한각도를 벗어나면 전복되기 쉬우며, 안전 작업 반경을 초과해서 짐을 이동시켜서는 안 된다.

22 굴착기의 각 장치 가운데 옆 방향의 전도를 방지하는 것을 주목적으로 하는 것은?

① 붐 스톱장치
② 파워 롤링장치
③ 스윙 록 장치
④ 아우트리거장치

> **아우트리거** : 휠식 굴착기에서 작업 중 타이어가 진동을 일으킴으로 인해 생기는 차체의 전복 위험 및 작업 상태의 불안정을 방지하여 안정성을 높인다.

23 굴착기에서 작업 시 안정성을 주고 장비의 밸런스를 잡아 주기 위하여 설치한 것은?

① 붐   ② 스틱
③ 버킷   ④ 카운터 웨이트

> **카운터 웨이트** : 카운터 웨이트는 밸런스 웨이트라고도 부르며 비중이 큰 주철제로서 상부 회전체의 후부에 볼트로 고정되어 있다. 이는 굴착기 작업 시 뒷부분에 하중을 줌으로서 차체의 롤링을 완화하고 임계하중을 높인다.

24 굴착기 규격은 일반적으로 무엇으로 표시되는가?

① 붐의 길이
② 작업 가능상태의 자중
③ 오일 탱크의 용량
④ 버킷의 용량

> 굴착기의 규격 표시는 작업 가능 상태의 장비 자체 중량으로 표시한다.

25 굴착기 파이널 드라이브장치의 일반적인 오일 교환시기로 적당한 것은?

① 500 시간
② 1,000 시간
③ 1,500 시간
④ 2,000 시간

> 파이널 드라이브장치의 일반적인 오일 교환시기는 1,500 시간이다.

정 답

21.① 22.④ 23.④ 24.② 25.③

chapter 02 장비 시운전

2-1 엔진 시동 전·후 계기판 점검

01 엔진 시동 전 계기판 점검
① 계기판은 LCD 및 스위치로 구성
② LCD는 장비의 올바른 사용과 정비를 위해 조종자에게 장비의 작동 상태를 지시하는 역할을 한다.

02 계기판의 게이지 점검
① 작동 화면: 시동 스위치를 ON하면 작동 화면이 나타난다.
② 냉각수 온도계 확인(냉각수 온도 표시)
  ㉮ 흰색 범위: 40~107℃
  ㉯ 적색 범위: 107℃ 이상
  ㉰ 지침이 적색 범위 또는 경고등이 적색으로 깜박이면 엔진 정지 후 냉각계통 점검
③ 작동유 온도계 확인
  ㉮ 흰색 범위: 40~105℃
  ㉯ 적색 범위: 105℃ 초과
  ㉰ 지침이 적색 범위 또는 경고등이 적색으로 깜박이면 장비 부하를 줄인다.
④ 연료계 확인
  ㉮ 연료 탱크 내 연료 잔량 표시
  ㉯ 지침이 적색 범위 또는 경고등이 적색으로 깜박이면 연료 보충
⑤ 엔진 회전수 / 트립미터 표시 확인
  ㉮ 엔진 회전수 표시
  ㉯ 엔진의 트립미터(전자식 엔진회전계)를 표시

⑥ 엔진 오일 압 경고등 점검
  ㉮ 오일 압력이 낮을 때 깜빡인다.
  ㉯ 경고등이 깜빡이면 즉시 엔진을 정지하고 오일량 및 오일 상태를 점검하여야 한다.
⑦ 엔진 점검 경고등 확인
  ㉮ MCU와 ECU사이의 통신 이상이나 ECM이 계기판에 고장 발생 시 깜빡인다.
  ㉯ 통신 라인을 점검 한다.
  ㉰ 계기판의 고장 코드를 점검한다.
⑧ 작동유 온도 경고등 확인
  ㉮ 작동유의 온도 경고는 2단계로 지시한다.
  ㉯ 100℃ 초과 시는 경고등이 깜빡이고 경고음이 울린다.
  ㉰ 105℃ 초과 시는 비상경고등(느낌표 모양)이 LCD 중앙에 나타난다.
  ㉱ 선택 스위치를 누르면 느낌표의 경고등은 원래의 위치에서 계속 깜빡이고 경고음은 멈추며 작동유 온도 경고등은 계속 깜빡인다.
⑨ 엔진 냉각수 온도 경고등 확인
  ㉮ 엔진 냉각수 온도 경고는 2단계로 지시된다.
  ㉯ 103℃ 초과: 엔진 냉각수 온도 경고등이 깜빡이고 경고음이 울린다.
  ㉰ 107℃ 초과: 비상경고등(느낌표 모양)이 LCD 중앙에 나타나고 경고음이 울린다.
  ㉱ 선택 스위치를 누르면 느낌표의 경고등은 원래의 위치에서 계속 깜빡이고 경고음은 멈추며 작동유 온도 경고등

은 계속 깜빡인다.
  ㉤ 경고등이 계속 점등되어 있으면 냉각계통을 점검한다.

2-2 엔진 예열하기

01 작업 순서
① 엔진 계기판 점검 후 장비를 점검한다.
  ㉮ 엔진을 시운전하기 전에 계기판 점검 후 장비를 전체적으로 둘러보고 체결부의 풀림, 작업장치 및 유압 계통의 상태를 점검한다.
  ㉯ 전기 배선의 풀림, 덜거덕거림 및 고온부에 먼지 등의 부착도 점검하여 안전한 운전을 위한 조치를 취한다.
② 운전자 체형에 맞게 의자 조정한다.
③ 굴착기 주변을 확인한다.
④ 안전 운전을 위한 반사경 등을 확인한다.
⑤ 계기판을 확인하고 엔진을 시동한다.
  ㉮ 각종 조작 레버가 중립에 있는지를 확인한다.
  ㉯ 시동 키를 꽂고 ON위치로 돌려 다음 사항을 확인한다.
    ㉠ 경고음(부저)가 약 2초간 울리고 모든 램프가 점등하는가 확인한다.
    ㉡ 램프 체크가 끝나면 약 5초간 클러스터 프로그램 버전이 LCD에 표시된 후 엔진 RPM 표시 기능으로 되돌아간다.
    ㉢ 약 2초 후에는 다른 램프는 엔진 오일 압 경고등과 배터리 충전 경고등만 점등된다.

02 엔진의 시동
① 각종 레버가 중립의 위치에 있는지 확인한다.
② 시동 스위치의 키를 ON위치로 돌린다.
③ 예열 표시등이 점등되었는지를 확인한다.
  ㉮ 예열 표시등이 점등된 경우는 냉각수의 온도에 따라 최대 20초간 자동 예열 기능이 작동하고 있으므로 예열 표시등이 꺼질 때까지 기다린다.
  ㉯ 예열 표시등이 꺼진 후 10초 이내에 시동을 켠다.
④ 시동 스위치의 키를 START 위치로 돌려 엔진을 시동한다.
⑤ 엔진이 시동 된 후 시동 스위치의 키에서 손을 신속히 놓는다.

03 엔진 시동 후 점검
① 작동유 탱크의 레벨 게이지는 적정 유량인가 확인한다.
② 누유 및 누수는 없는가.
③ 각종 경고 램프는 소등 되어 있는가
④ 수온계 및 작동유 온도계는 2~10단계인가
⑤ 엔진 배기음 및 배기색은 정상인가
⑥ 이상음, 이상 진동은 없는가

04 난기운전
① 작업 전에 작동유의 온도를 최소한 25℃ 이상으로 상승시키기 위한 운전이다.
② 엔진을 공전 속도(저속)로 5분간 실시한다.
③ 엔진을 중속으로 하여 버킷 레버만 당긴 상태로 5~10 분간 운전한다.
④ 엔진을 고속으로 하여 버킷 또는 암 레버를 당긴 상태로 5~10 분간 운전한다.
⑤ 붐의 작동과 스윙 및 전후진 등을 5 분간 실시한다.
⑥ 동절기 및 혹한기에는 난기 운전을 연장해서 실시한다.

2-3 구동부 시운전

① 굴착기 예열을 위한 예비 운전을 한다.
② 암과 붐 동작을 확인한다.
③ 유압장치 동작을 통해 유압유를 예열한다.
④ 주행 동작을 통해 유압유를 예열한다.

chapter 03 작업 상황 파악

3-1 작업 공정 파악

01 굴착기 작업의 종류
① **굴착 작업**: 토목, 건축, 농업, 산업 현장에서 땅을 파거나 깎기, 쌓기, 메우기, 평탄 등의 작업
② **상차 작업**: 덤프트럭과 조합하여 파낸 토사, 돌 등을 실어(상차)주는 작업
③ **크러셔 작업**: 버킷 대신 크러셔를 이용하여 구조물 등의 해체에서 파쇄하는 작업
④ **브레이커 작업**: 버킷 대신 브레이커를 이용하여 단단한 지면, 아스팔트, 콘크리드, 암석 등을 파쇄하는 작업

02 작업의 목적
(1) 작업 공정 파악
① 작업의 종류(가설, 토목, 터널, 철근, 되메우기 공사 등)를 파악한다.
② 작업 공정 내용 및 작업 계획서를 확인한다.
③ 도면에 따라 굴착기 위치, 이동 경로, 토사 적치, 현장 위치, 작업 범위 등을 파악한다.
④ 작업 방법에 따라 시험 터파기 작업, 터파기, 깎기, 쌓기, 메우기, 되 메우기 등의 작업을 실시한다.

(2) 작업 전 안전 사항 확인
① 전도, 전락 방지 조치를 위한 신호수와 작업자의 배치를 확인 한다.
② 건설기계 조종사 안전 교육 이수 여부 확인 및 안전 교육 실시
③ 안전장치 확인
④ 작업 반경 내 접근 금지 및 낙하물 주의
⑤ 타 작업자 및 장비 이동 경로와 통제 구역 확인

(3) 작업장 주변 여건을 확인한다.
① 작업 지시사항에 따라 정확한 작업과 주기 상태를 육안으로 파악한다.
② 도로교통법을 준수한다.
③ 작업 반경 내 위험 요소를 확인
④ 작업장 주변 시설물 및 장애물 확인

03 작업 공정
(1) 작업 지시사항 및 일정 파악
① 공정표를 검토하고 작업 일정을 확인한다.
② 운전자 안전 복장과 보호구를 착용한다.
③ 작업 현장 내 관계자 외 출입을 제한한다.
④ 작업장 내 이동 시 규정 속도를 준수하고 지시사항에 따른다.

(2) 장비 관리 및 기상 예보를 확인한다.
① 작업 공정에 따른 일일 소요되는 연료량 확인
② 기상 예보에 따른 작업 여부 결정
③ 지반 상태, 운전 상태, 장비 상태 등을 확인
④ 급정지, 급선회, 급발진 등을 하지 않도록 한다.
⑤ 제설작업 시 보이지 않으므로 주의하고 작업 일정 변동 여부를 확인

(3) 작업의 공정 과정
① 백호 굴착기는 지면보다 낮은 곳의 토량 굴착에 적합하다.
② 굴착 작업 하는데 토질과 높이, 깊이 등의 작업 현장 조건에 맞는 기종을 선택한다.
③ 특수한 경우를 제외하고는 작업 시 버킷 계수에 영향을 주지 않는다.
④ 굴착된 토량을 운반하는 기계와 굴착기의 상태가 작업의 균형을 유지하여야 한다.
⑤ 운반 기계의 적재 높이가 굴착기와 적합하도록 이루어져야 한다.

3-2 작업 간섭 사항 파악

01 장애물 밑부분 굴착

장애물 밑부분을 굴착 할 때는 장애물이 있는 부분의 한쪽 트랙을 들어 올려 굴착기를 15° 정도 경사 시켜 작업한다(될 수 있으면 이런 작업은 피하는 것이 좋다.).
① 받침목은 단단한 것을 사용한다.
② 운전 조작은 서서히 작업 한다.
③ 기울어진 쪽으로 회전할 때는 주의하여야 한다.
④ 붐과 암의 각도는 90~110°를 유지한다.
⑤ 주변 장애물을 주의한다.

02 굴착 작업 시 주의사항

① 작업 위치에 굴착기를 수평으로 세운다.
② 레버 조작 시 시선은 버킷을 주시한다.
③ 지반이 약한 곳에서는 바닥 판을 깔고 작업 한다.
④ 2000m 이내의 이동은 자체로 주행 이동 한다.
⑤ 붐이나 암으로 차체를 들어 올리고 밑으로 들어가지 말 것
⑥ 버킷이 올려진 상태에서 운전석을 이탈해서는 안 된다.
⑦ 운전석을 떠날 때는 항상 버킷을 지면에 접촉해 놓는다.
⑧ 2km 이상의 이동은 트레일러를 이용한다.
⑨ 차체를 경사지에 정차시켜 둘 때는 지면을 버킷으로 눌러주고 트랙 뒤에 쐐기를 고일 것
⑩ 기관이 과부하를 받을 때는 버킷을 지면에 내리고 모든 레버는 중립으로 복귀 시킨다.

03 경사지에서의 작업

① 지면을 평탄하게 한 후 작업 한다.
② 경사각 10° 이상에서는 작업하지 않는다.
③ 엔진 허용 경사각 35°를 초과한 상태로 운전하지 않는다.
④ 경사지에서 내려올 때는 변속 레버를 저속으로 하고 엔진 브레이크를 활용한다.
⑤ 버킷에 토사를 담은 상태로 아래쪽으로 선회하는 것을 금한다.
⑥ 경사지 주행은 반드시 서행하고 버킷은 20~50cm를 들고 긴급 시는 브레이크로 사용할 수 있도록 한다.
⑦ 경사지에서 방향 전환은 피하고 불가피한 방향 전환은 경사기 완만하고 견고한 위치에서 실시한다.

04 수중 작업에서의 주의사항

① 수중 작업이나 개울을 건널 때는 바닥 상태, 물의 깊이, 속도 등을 확인하고 상부 롤러가 물에 잠기지 않도록 한다.
② 작업 종료 후 세차 시 물에 젖은 부분을 마른걸레로 제거하고 기름칠을 한 후 그리스 주입하거나 도포 한다.
③ 바닷가 작업일 경우 각부의 플러그, 코크, 볼트 등의 잠금 상태를 점검하여 염분이 들어가지 않도록 한다.

④ 작업 후에는 반드시 세차를 하여 염분을 제거하고 특히 전장품 유압 실린더는 정비를 잘하여 부식을 방지한다.
⑤ 각부의 점검 급유는 가급적 자주해야 한다.(1시간 1회 정도)
⑥ 그리스 주유 시 수중 작업 후에는 반드시 수중 작업 전의 그리스가 완전히 빠져나올 때까지 충분히 급유한다.

05 연약지반에서의 작업
장비가 빠지지 않도록 필요 시 매트나 나무판을 이용한다.

06 어두운 곳에서의 작업
① 장비의 작업등, 전조등을 켜고 작업한다.
② 필요시는 조명 시설을 한다.

07 먼지나 모래가 많은 곳에서 작업
① 에어클리너 필터를 자주 점검한다.
② 게이지 램프가 점등되고 경고음이 울리면 교환 시기에 관계없이 필터를 청소하거나 교환한다.
③ 라디에이터를 자주 점검하고 냉각핀을 청소한다.
④ 연료 탱크 주입구, 유압유 탱크 주입구 등의 캡을 단단히 잠가 모래, 먼지 등이 들어가지 않도록한다.
⑤ 각종 필터를 자주 점검하고 모래나 먼지 등을 제거한다.
⑥ 각 핀, 부싱 등 작동부의 윤활부를 항상 깨끗이 한다.
⑦ 에어컨 및 히터의 내·외기 필터를 점검하고 청소한다.

08 동절기 또는 낮은 기온에서의 작업
① 기온에 맞는 오일 및 연료를 사용한다.
② 냉각수에 규정의 부동액을 주입 사용한다.
③ 엔진 기동 후 난기 운전을 충분히 한다.
④ 배터리는 완전 충전상태를 유지한다.
⑤ 작업 종료 후 깨끗이 청소하고 침목 또는 바닥판 위에 주차한다.

09 일반 작업 현장 간섭사항
① 양호한 운전 시계를 확보한다.
② 버킷에 짐을 싣고 이동할 때는 버킷을 지상으로부터 40~50cm들고 이동한다.
③ 대기 시간을 이용하여 작업장소를 청소하고 평탄 작업을 한다.
④ 단단한 작업 대상물의 경우에는 투스 타입이나 커팅 에이지 타입 버킷을 사용한다.
⑤ 덤프 작업 시는 레버를 덤프 위치로 하고 원위치로 되돌린다.
⑥ 먼지 등이 엔진 쪽으로 오지않게 바람을 등지고 작업한다.
⑦ 작업에 적합한 버킷을 선정 작업한다.
⑧ 작업장 내의 장애물을 확인한다.
⑨ 작업 현장의 다짐 상태를 확인한다.

10 상·하 수도 작업 시 간섭사항 파악

(1) 터파기 공사 시 주의사항
① 설계도면 준수 여부 및 비탈면의 시공 상태 확인
② 지하 매설물 및 인접 구조물 조사 및 보호장치 확인
③ 배수시설 및 수방 대책 수립 여부 확인
④ 재료의 품질관리 및 시공관리 상태 확인
⑤ 흙막이공 설치상태 및 주변 여건을 확인한다.
⑥ 가설 공법의 적정성 및 계측 관리 상태 확인

(2) 관로 부설공사
① 설계도면 준수 여부 확인
② 관로 및 밸브류 규격과 재질 확인
③ 지하 매설물 및 인접 구조물 조사 및 보호

장치 확인
④ 터파기 바닥 및 연약지반의 처리상태 확인
⑤ 배수시설 및 수방 대책 수립 여부 확인
⑥ 타 시설물과의 이격거리 확인
⑦ 되메우기한 토양 및 상부 지반의 침하방지 대책 확인

3-3 작업 관계자 간의 의사소통

01 수신호 방법 확인 후 신호수 배치

(1) 신호수와 운전자 간 수신호 방법 확인
① 작업장 내 신호 방법은 사용자 지침서 및 건설기계 신호 지침과 거의 동일하다.
② 신호수는 작업장의 책임자가 지명한자 이외에는 하여서는 안 된다.
③ 신호수는 운전자와 긴밀한 연락을 취하여야 한다.
④ 신호수는 1인으로 하고 수신호, 경적 등을 정확하게 사용하여야 한다.
⑤ 신호수의 부근에 혼동되기 쉬운 경적, 음성, 동작 등이 있어서는 안 된다.
⑥ 신호수는 운전자의 중간 시야가 차단되지 않은 위치에 항상 있어야 한다.
⑦ 신호수는 장비의 성능, 작동 등을 충분히 이해하고 비상 시 응급 처치가 가능하도록 항상 현장의 상황을 확인하여야 한다.

(2) 신호수 배치
① 근로자에게 위험이 있는 경우 신호수를 배치한다.
② 운전 중 장비와 접촉되어 근로자가 다칠 위험이 있는 장소에 배치한다.
③ 지반의 부동침이나 붕괴 위험이 있는 곳에 배치한다.
④ 사람이 빈번하게 통행하는 경우에 배치한다.
⑤ 신호수는 사전에 신호 방법을 정해서 전달하여 배치한다.
⑥ 지하 매설물 주위 작업 시 배치한다.
⑦ 지하 터파기 작업 시 배치한다.

02 수신호 확인

(1) 호출, 위치의 지시, 천천히 올림, 올린다 등의 수신호 방법
① 신호자의 호출: 한쪽 손을 펴서 높이 올린다.
② 위치의 지시: 손가락을 펴서 물체를 지시한다.
③ 천천히 올림: 팔을 수평으로 올리고 손바닥을 펴고 상하로 흔든다.
④ 올림: 주먹을 쥐고 엄지손가락은 위로 하여 올리는 신호를 한다.

(2) 천천히 내림, 내림, 조절지시, 천천히 이동하기 등의 신호 방법
① 천천히 내리기 신호: 팔을 수평으로 올리고 손바닥을 밑으로 하여 상하로 흔든다.
② 내리기: 엄지손가락을 밑으로 하고 다른 손가락은 주먹 쥔 상태로 하여 팔을 수평 상태에서 밑으로 향하여 내린다.
③ 조절지시: 팔을 보기 쉬운 위치로 뻗고 손바닥을 이동하는 방향으로 붐, 암, 버킷을 지시한다.
④ 천천히 이동하기: 새끼손가락 또는 손가락으로 원을 그려 천천히 이동을 표시한다.

(3) 정지, 급정지, 작업 완료 등의 수신호 방법
① 정지 신호: 손바닥을 전방을 향하게 펴고 높이 올린다.
② 급정지 신호: 두 손을 넓게 올려 손바닥을 펴고 좌우로 크게 흔든다.
③ 작업 완료 신호: 거수경례를 하거나 두 손을 머리 위에 교차시킨다.

01 점검 / 출제예상문제

01 굴착기의 일상점검 사항이 아닌 것은?
① 토크 컨버터의 오일 점검
② 타이어 손상 및 공기압 점검
③ 붐 실린더 오일 누유 상태
④ 작동유의 양

> 토크 컨버터는 유체 클러치의 개량형으로 자동 변속기가 설치된 장비에서 사용되며 오일의 점검은 정기 점검사항이다.

02 굴착기 차체를 용접 수리할 때 접지 시켜서는 안되는 곳은?
① 유압 모터 몸체
② 유압 실린더 로드
③ 유압 펌프 몸체
④ 차체

> 유압 실린더 로드를 접지 시키면 유압 실린더의 피스톤 링 및 고무 제품의 패킹이 손상되어 유압 실린더가 손상된다.

03 굴착기의 난기운전이란?
① 엔진을 충분히 예열시킨 후 시동시키는 것이다.
② 작업 전 굴착기의 작동유를 충분히 가열시키는 것이다.
③ 과격하게 작동하는 것이다.
④ 작업 종료 후 엔진을 충분히 가열시킨 후 정지하는 것이다.

> 굴착기의 난기 운전이란 작업 전에 작동유의 온도가 최소한 20℃ 이상이 되도록 하기 위한 운전을 말한다.

04 굴착기의 작업 용도로 가장 적합한 것은?
① 도로 포장공사에서 지면의 평탄, 다짐 작업에 사용
② 터널 공사에서 발파를 위한 천공 작업에 사용
③ 화물의 기중, 적재 및 적차 작업에 사용
④ 토목공사에서 터파기, 쌓기, 깎기, 되메우기 작업에 사용

> 굴착기의 작업용도는 토목공사에서 터파기, 쌓기, 깎기, 되메우기 작업에 사용하는데 적합한 장비이다.

05 덤프트럭에 상차 작업 시 가장 중요한 굴착기의 위치는?
① 선회 거리가 가장 짧게 한다.
② 앞 작동 거리가 가장 짧게 한다.
③ 버킷 작동 거리가 가장 짧게 한다.
④ 붐 작동 거리가 가장 짧게 한다.

> 상차 작업 시 선회 각도를 가장 짧게 하는 것이 가장 중요하다.

06 토크 변환기가 설치된 굴착기의 기동 요령이다. 알맞은 것은?
① 클러치 페달을 밟고 저·고속 레버를 저속 위치로 한다.
② 브레이크 페달을 밟고 저·고속 레버를 저속 위치로 한다.
③ 클러치 페달에서 서서히 발을 떼면서 가속 페달을 밟는다.
④ 페달을 조작할 필요 없이 가속 페달을 서서히 밟는다.

> 토크 변환기가 설치된 장비에는 클러치 페달이 없다. 따라서 기동 요령은 전·후진 및 저·고속 레버를 중립 위치로 하고 예열을 시킨 다음 시동 스위치를 시동 위치로 하여 기관을 크랭킹하면서 가속 페달을 중속 정도로 밟아주면 된다.

정답

01.① 02.② 03.② 04.④ 05.① 06.④

07 차동제한장치는 어느 경우에 사용하는가?
① 이동하고자 하는 현장이 장거리일 때
② 언덕길을 등판할 경우
③ 성토 초기 출발 시 차륜이 슬립을 하는 경우
④ 급커브를 돌 때

> 차동 제한장치는 자동으로 차동기어장치를 제한하여 미끄러운 노면에서 출발을 용이하게 한 것이다.

08 셔블계 굴착기의 조종 방법 중 몇 도 정도의 언덕을 주행할 때 차체의 흘러내림을 방지하기 위하여 원칙적으로 올라갈 때는 유동륜을 뒤로 보내고 기동륜을 앞으로 보내는가?
① 1~2도
② 2~3도
③ 4~6도
④ 7~12도

> 경사지 등반 각도가 7~12도 이상 될 때는 스프로킷을 앞으로 하고 암과 버킷을 쭉 펴서 지상 30~50cm 높이로 하고 주행한다.

09 다음 중 굴착 작업방법에 대한 설명으로 틀린 것은?
① 버킷으로 옆으로 밀거나 스윙 시의 충격을 이용하지 말 것
② 하강하는 버킷이나 붐의 중력을 이용하여 굴착할 것
③ 굴착부를 주의 깊게 관찰하며 작업할 것
④ 과부하를 받으면 버킷을 지면에 내리고 레버를 중립으로 리턴 시킬 것

> 굴착 작업 시 하강하는 버킷이나 붐의 중력을 이용하여 굴착을 하여서는 안 된다.

10 다음 중 효과적인 굴착 작업이 아닌 것은?
① 붐과 암의 각도를 80~110도 정도로 선정한다.
② 버킷 투스의 끝이 암의 작동보다 안으로 내밀어야 한다.
③ 버킷은 의도한 위치대로 하고 붐과 암을 계속 변화시키면서 굴착한다.
④ 굴착 후 암을 오므리면서 붐을 상승 위치로 변화시켜 하강 위치로 스윙한다.

> 버킷은 의도한 위치대로 하고 암과 버킷을 오므리면서 붐을 천천히 상승시켜 굴착한다.

11 굴착기의 수중 작업 정비 방법 중 옳은 것은?
① 굴착 로크의 작동을 점검한다.
② 주행 장치는 작업 전에 물로 세척한다.
③ 트랙의 핀과 분할 핀의 접촉 상태를 점검한다.
④ 주행 장치는 40~50시간마다 급유한다.

> 수중 작업 시 정비 방법
> ① 작업 장치 및 전부장치에 그리스를 주유한다.
> ② 주행 장치 및 작업 장치의 각종 핀의 접촉 상태를 점검한다.
> ③ 매 1시간, 최대 4시간마다 그리스를 주유하여야 한다.

12 굴착기의 굴착 작업은 주로 어느 것을 사용하여야 하는가?
① 버킷 실린더
② 디퍼 스틱 실린더
③ 붐 실린더
④ 주행 모터

> 굴착기의 굴착 작업은 주로 디퍼 스틱 실린더(암 실린더)를 사용하는 것이 효과적이다.

13 굴착 작업 시 진행 방향으로 알맞은 것은?
① 전진
② 후진
③ 선회
④ 우방향

> 굴착 작업 방법
> ① 전진 굴착 작업 : 후진하면서 똑바로 굴착하는 방법
> ② 병진 굴착 작업 : 굴착할 부분과 하부 추진체를 나란히 하고 상부 회전체는 하부 추진체에 대해 90도 선회한 후 이동하면서 굴착하는 방법

정 답				
07.③	08.④	09.②	10.③	11.③
12.②	13.②			

14 다음 중 굴착기에 대한 설명 중 틀린 것은?

① 히터 시그널은 연소실의 글로 플러그 가열 상태를 표시한다.
② 오일 압력 경고등은 시동 후 자동적으로 꺼져야 정상이다.
③ 암페어 미터의 지침은 방전되면 ⊕ 쪽을 가리킨다.
④ 연료 탱크에 연료가 비어 있으면 연료 게이지가 E를 가리킨다.

> 암페어미터의 지침은 방전되면 ⊖ 쪽을 가리킨다.

15 도심지 주행 및 작업 시 안전 운행과 관계없는 것은?

① 안전표지의 설치
② 배선 관의 확인
③ 관성의 선회 확인
④ 장애물의 확인

> 장비에서 작업 시 관성 회전은 위험하고 장비에 무리를 주게 되므로 하여서는 안 된다.

16 굴착기 작업 시 안전 사항에 관한 다음 설명 중 틀린 것은?

① 작업 중 이상 소음이나 냄새 등을 느낀 경우에는 작업을 중지하고 점검을 해야 한다.
② 운전석을 떠날 때는 반드시 기관을 정지시켜야 한다.
③ 흙이 묻은 와이어로프는 윤활제를 급유하여 보호해야 한다.
④ 무거운 하중은 5 ~ 10cm 정도 들어 올려 보아서 기계의 안전을 확인한 다음 작업에 임해야 한다.

> 흙이 묻은 와이어는 CW 또는 EO 로 청소하고 정비한다.

17 경사길에서 굴착기를 좌회전 하고자할 때 스티어링 조종 레버는 어느 쪽으로 당겨야 하는가?

① 우측 회전
② 좌측 회전
③ 좌·우 회전
④ 뒤로 회전

> 좌측 레버를 조종자 앞으로 당기면 좌측 트랙이 후진하여 회전이 이루어진다. 특히 경사지에서의 회전은 뒤로 하여 회전하는 것이 장비에 무리가 없고 안전하다.

18 경사면 작업 시 전복 사고를 유발시킬 수 있는 행위가 아닌 것은?

① 붐이 부착되지 않은 경우 좌·우측으로만 회전시킬 때
② 안전한 작업 반경을 초과해서 짐을 이동할 때
③ 붐 포인트가 최대 각도로 올라갔을 때 회전을 서서히 시작할 때
④ 작업 반경을 보정하기 위하여 붐을 올리지 않고 짐을 회전할 때

> 붐 포인트가 최대 또는 최소 제한각도를 벗어나면 전복되기 쉬우며, 안전 작업 반경을 초과해서 짐을 이동시켜서는 안 된다.

19 무한궤도식 굴착기의 주행(하부) 반경을 가장 작게 할 수 있는 적당한 방법은?

① 주행 모터 한쪽만 구동시킨다.
② 구동하는 주행 모터 외에 다른 모터의 조향 브레이크를 강하게 작용시킨다.
③ 두 개의 주행 모터를 서로 반대 방향으로 동시에 구동시킨다.
④ 트랙의 폭을 좁은 것으로 교환한다.

> 조향의 종류
> ① 피벗 턴(완회전): 주행 레버의 좌·우측 중에서 한쪽 주행 레버만 밀거나 당겨서 한쪽 트랙만 전·후진시켜 회전하는 방법으로 회전 반경이 크다.
> ② 스핀 턴(급회전): 주행 레버 2 개를 동시에 반대 방향으로 작동시켜 양쪽 트랙을 전·후진시켜 회전을 하는 방법으로 회전 반경이 작다.

정 답					
14.③	15.③	16.③	17.④	18.①	19.③

20 타이어 림에 대한 설명으로 틀린 것은?

① 경미한 균열은 용접하여 재사용한다.
② 변형 시 교환한다.
③ 경미한 균열도 교환한다.
④ 손상 또는 마모 시 교환한다.

> 타이어 림은 경미한 균열이라도 교환하여야 한다.

21 경사지에서 굴착기를 주·정차시킬 경우 이 중 설명이 틀린 것은?

① 버킷을 지면에 내려놓는다.
② 주차 브레이크를 작동시킨다.
③ 클러치를 분리하여 둔다.
④ 바퀴를 고임목으로 고인다.

> 경사지에서 주·정차 시 클러치를 연결하고 주·정차의 상태에 따라 후진 또는 1단에 기어를 넣어 놓는다.

22 상부 회전체의 검사에 따른 조치 사항이다. 틀린 것은?

① 고무 호스 – 수리하여 재사용
② 유압 펌프 – 규정 압력하에서 토출량이 정상이면 사용
③ 급유 상태 – 동급유로 보충
④ 조작 레버 – 규정 유격으로 조정

> 고무 호스는 고압 호스로 교환하여야 한다.

23 타이어식 굴착기 주행 중 발생할 수도 있는 히트 세퍼레이션 현상에 대한 설명으로 맞는 것은?

① 물에 젖은 노면을 고속으로 달리면 타이어와 노면 사이에 수막이 생기는 현상
② 고속으로 주행 중 타이어가 터져버리는 현상
③ 고속 주행 시 차체가 좌·우로 밀리는 현상
④ 고속 주행할 때 타이어 공기압이 낮아져 타이어가 찌그러지는 현상

> 히트 세퍼레이션이라 함은 고속 주행 중 타이어 내부의 공기에 열이 발생되어 타이어가 찢어지는 현상을 말하는 것이다. 즉 공기가 적은 타이어가 고속으로 작동 중 터져버리는 현상이다.

24 굴착기를 이용하여 수중 작업을 하거나 하천을 건널 때의 안전 사항으로 맞지 않는 것은?

① 타이어식 굴착기는 액슬 중심점 이상이 물에 잠기지 않도록 주의하면서 도하 한다.
② 무한궤도식 굴착기는 주행 모터의 중심선 이상이 물에 잠기지 않도록 주의하면서 도하 한다.
③ 타이어식 굴착기는 블레이드를 앞쪽으로 하고 도하 한다.
④ 수중작업 후에는 물에 잠겼던 부위에 새로운 그리스를 주입한다.

> 무한궤도식 굴착기는 상부롤러 이상이 물에 잠기지 않도록 주의하면서 도하 한다.

정답

20.① 21.③ 22.① 23.② 24.②

PART.2
주행 및 작업

1. 주행
2. 작업
3. 전·후진 주행장치

chapter 01 주 행

1-1 주행 성능 장치 확인

01 주행 장치

굴착기의 주행은 타이어식(휠 형식)과 무한궤도식으로 구분되며 그 특징은 휠 형식의 자력 주행 속도가 38~60km/h의 범위로 작업장 이동이 비교적 쉬우나 무한궤도 형식은 2~3.2km/h 정도로 매우 기동성이 떨어진다. 따라서 자주 이동 거리가 2km 이상을 초과하는 경우는 운반차를 이용하는 것이 효과적이다.

(1) 동력전달 순서

1) 타이어식

타이어식 굴착기의 동력전달 순서는 차량과 동일하다.

기관 → 클러치 → 변속기 → 드라이브 라인 → 종감속 기어 장치 → 차동장치 → 차축 → 최종감속장치 → 휠로 전달된다.

① **기관**: 동력 발생장치
② **클러치**: 기관의 동력을 구동 바퀴에 전달 또는 차단한다.
③ **변속기**: 회전력을 변환시키고 감속 작용을 한다.
④ **드라이브 라인**: 추진축과 자재 이음, 슬립 이음으로 구성된 중간 연결 축이다.
⑤ **종 감속 기어 장치**: 기관에서 전달받은 동력을 감속하고 직각 또는 직각에 가까운 각도로 전달한다.
⑥ **차동기어장치**: 좋지 않은 도로, 커브 길 등에서 좌, 우 바퀴의 회전 차를 두어 무리 없이 커브 길을 돌아나가게 하거나 요철 지역을 통과할 수 있도록 한다.
⑦ **차축**: 구동 바퀴에 동력을 전달한다.
⑧ **최종 감속 장치(파이널드라이브)**: 동력을 최종적으로 감속하여 구동력을 증가시키는 장치로 중부하와 고부하 장비에 설치되어 사용된다.(건설기계에는 거의 다 설치되어 있다.)

2) 무한궤도식의 동력전달 순서

기관 → 유압 펌프 → 제어 밸브 → 센터조인트 → 주행모터 → 트랙으로 전달된다.

02 굴착기의 주행 운전 방법

(1) 크로울러형 굴착기

아이들러(전부 유동, 유도륜)가 앞에 있을 때 주행 레버를 앞으로 밀면 전진, 뒤로 당기면 후진이 된다. 따라서 전부 유동륜의 위치를 확인하고 주행을 시작한다.

① 버킷, 암을 오므리고 붐을 낮추어 버킷의 높이가 30~50cm 높이로 한다.
② 가능한 평탄 지면을 택하여 주행하고 엔진은 중속 범위로 한다.
③ 부정지의 암반 등 악 조건 상태에서 주행하는 경우 저속으로 주행한다.
④ 경사지 주행 시 등반 각도가 7~12° 이상 될 때에는 스프로킷을 뒤로하고 암과 버킷을 쭉 펴서 지상 30~50cm 높이로 하고 주행한다.
⑤ 급경사지의 자력 주행이 불가능할 경우에는 버킷으로 지면을 찍어 당기면서 전진

하면 주행이 가능하다.
⑥ 주행 중 트랙에 돌과 흙 등이 끼여서 주행이 불가능한 경우에는 붐과 암을 90~110° 범위로 하고 상부 회전체를 하부 추진체에 대해 90°로 선회 시킨 후 버킷의 바닥으로 지면을 누르고 차체를 약간 들어 트랙을 전·후진 시켜 흙과 자갈 등을 떨어 낸 다음 주행한다.

(2) 휠형 굴착기
휠 형식의 굴착기 주행에는 주행 모터를 사용하는 굴착기, 클러치와 변속기를 사용하는 굴착기의 출발 요령은 다음과 같다.
① **주행 모터 사용 굴착기** : 기관을 시동 후 전·후진 레버를 주행하는 방향으로 선택 후 가속 페달을 밟아 가속 시키면서 출발한다.
② **클러치와 변속기를 사용하는 굴착기** : 기관을 시동 후 변속 위치를 선택하고 클러치 페달을 서서히 놓으면서 기관을 가속 시켜 출발한다.

03 굴착기의 조향(방향 전환) 방법

(1) 크로울러형 굴착기
① **좌회전** : 좌측 주행 레버를 조종자 앞으로 밀면 좌측 트랙이 전진하므로 좌회전이 완만하게 이루어진다. 단, 경사지에서 조향할 때에는 좌측 레버를 조종자의 앞으로 당기면 좌측 트랙이 후진으로 회전되며 좌회전 조향이 이루어진다.
② **우회전** : 우측 주행 레버를 조종자 앞으로 밀면 우측 트랙이 전진하므로 우회전이 완만하게 이루어진다. 단, 경사지에서 조향할 때에는 우측 레버를 조종자의 앞으로 당기면 우측 트랙이 후진으로 회전되며 우회전 조향이 이루어진다.
※ 전부 유동륜이 앞에 있을 경우이고 반대로 스프로킷이 앞에 있을 경우에는 주행 레버가 반대 위치에 있으므로 주의하여야 한다.

(2) 휠형 굴착기
휠 형식의 굴착기 조향은 후륜 구동방식과 전·후륜 구동방식이 있어 먼저 앞, 뒤의 구분이 중요하다.
① 후륜 구동방식의 장비는 차축에 차동 종감속기어 장치가 없는 쪽이 앞쪽이다.
② 전·후륜 구동방식은 아우트리거가 있거나 블레이드(토공판)가 있는 쪽이 뒤쪽이다.
③ 핸들을 좌측 또는 우측으로 돌려 필요한 만큼 차체가 환향되면 핸들을 반드시 돌렸던 만큼 되돌려 주어야 직진 상태가 된다.

04 조향의 종류
① **급 조향(스핀 턴)** : 주행레버 2개를 동시에 서로 반대로 조작하면 주행모터의 회전이 서로 반대가 되어 굴착기의 중심을 지지점으로 하여 급선회가 이루어진다.
② **완 조향(피벗 턴)** : 주행레버 1개만을 조작하면 주행모터가 한쪽만 작동되어 반대쪽 트랙 중심을 지지점으로 완만하게 선회가 이루어진다.

05 굴착기의 주행시 주의사항
① 유압 실린더에 부하가 가해지지 않도록 버킷, 암, 붐을 오므리고 버킷을 하부 주행체 프레임에 올려놓는다.
② 상부회전체를 선회로크장치로 고정시킨다.
③ 엔진을 중속 위치에 놓고 평탄한 지면을 선택하여 주행한다.
④ 암반이나 부정지 등의 트랙을 팽팽하게 조정 후 저속으로 주행한다.
⑤ 경사지를 주행하는 경우에는 버킷을 30~50cm 정도 들고 주행한다.

06 각종 등화 장치 확인

(1) 전조등, 차폭등 작동 상태 확인
① 전조등 스위치를 1단 회전시키면 차폭등, 번호판 등이 점등되고 한번 더 회전시키면 전조등이 작동된다.
② 무한궤도식의 경우 등화 스위치를 1번 누르면 차폭등, 번호판 등이 점등되고 한번 더 누르면 전조등이 점등된다.
③ 스위치를 길게(1초 이상) 누르면 소등된다.

(2) 비상등 작동 상태 확인
① 장비 고장 및 비상 시 주변에 장비 사항을 알리는 표시등
② 비상등 작동은 좌우 방향 지시등이 동시에 작동되어야 한다.

(3) 방향 지시등의 작동 상태 확인
① 주행 중 방향을 전환하고자 할 때 사용
② 좌우 방향 전환 전 작동시키며 점등 횟수는 60~120회 분당 작동된다.
③ 방향 전환 30m 전방에서 작동시킨다.

1-2 작업장 내·외 주행

01 작업 현장 내 주행

장비를 수평으로 놓은 상태에서 항시 버킷에 시선을 집중하고 지반이 연약한 때는 바닥판을 깔고 2km/h 이내로 자체 주행한다.

(1) 연약 지반에서의 운행
① 자력으로 주행 가능한 곳까지만 주행한다.
② 주행이 불가능 한때는 버킷을 내리고 붐과 암을 이용하여 빠져나온다.
③ 무한궤도식인 경우 좌우트랙을 전·후진시키면서 빠져나온다.

(2) 작업 현장 내의 안전 작업을 위한 안전장치를 확인한다.
① 후사경, 후방 카메라를 확인한다.
② 작업장 내 위험 요인을 확인 한다.
③ 운행 경로를 사전에 파악하고 안전대책을 세운다.

(3) 주행 전 주변 상황 파악
① 건설기계 종류, 운행 경로, 방법 등의 계획을 세운다.
② 운행 전 제동장치, 유압 장치 등의 기능을 점검한다.
③ 운행 경로상의 고압선, 케이블 등의 장애물 여부를 확인한다.
④ 지반 상태를 확인하고 운행 경로를 결정한다.
⑤ 운전석 내부를 청소하고 발판과 손잡이 등이 미끄러지지 않도록 조치한다.
⑥ 충돌 예방을 위해 전담 유도자를 배치하여 신호를 준수한다.
⑦ 굴착기 주행 전 스윙 록 등의 안전장치를 확인하고 작동 상태를 확인한다.
⑧ 작업장 내 주행 시 운행 경로상에 근로자의 출입을 통제하고 주행한다.

02 작업장 외의 주행

(1) 굴착기 내부를 확인하고 작동 상태를 점검
① 30도 범위로 핸들 위치 각도를 조절한다.
② 핸들을 위, 아래로 조절하여 높이를 조절한다.
③ 작업 레버를 차단 장치가 차단되는지 확인한다.
④ 기타 시건장치 및 계기판을 확인한다.

(2) 굴착기 주행 시 알아두어야 할 사항
① 붐이나 차체를 올리고 그 밑으로 들어가지 말 것
② 버킷이 올려진 상태에서 운전석을 떠나지 말고 운전석을 떠날 때는 항상 버킷을 지면에 내려 바닥에 접촉해 놓을 것

③ 2km 이상은 트레일러를 이용한다.
④ 차체를 경사지에 정차시켜 둘 때는 버킷을 지면을 누르고 트랙 뒤에 쐐기를 고일 것
⑤ 기관이 과부하를 받을 때는 버킷을 지면에 내리고 모든 레버를 중립 위치로 한다.

(3) 굴착기 주행 전 준비사항
① 타이어식 굴착기는 외관상 유압 계통의 누유 확인, 타이어 공기압 상태, 연결 상태 등을 확인한다.
② 발 판 및 손잡이를 청결히 유지하고 미끄러지지 말아야 한다.
③ 두 발과 한 손 또는 한발과 두 손을 이용하여 오르고 내린다.
④ 제동 장치, 주행 장치, 가속 장치, 조향 핸들 등의 위치와 정상 작동 여부를 확인한다.
⑤ 시야 확보를 위하여 조치하고 혼, 경고장치 작동 여부를 확인한다.

(4) 무한궤도식 굴착기의 주행 요령
① 가능하면 평탄한 길을 택하여 주행한다.
② 요철이 심한 곳에서는 엔진 회전수를 낮추고 서행으로 통과 한다.
③ 돌 등이 주행 모터에 부딪치거나 올라타지 않도록 한다.
④ 연약한 땅을 피해서 간다.

(5) 크롤러형 굴착기의 트럭 및 트레일러 탑승 방법
크롤러형은 대략 2~4km/h의 속도로 자력으로 2km 이상 이동시는 비능률적이므로 그 이상의 거리를 이동할 때는 트럭이나 트레일러를 사용하여 운반 이동하는 것이 좋다.

1) 트럭에 탑승 방법
① 소형 굴착기를 운반하는 방법으로 4톤 이상의 트럭을 주차시킨 후 주차 브레이크를 걸고 바퀴의 앞, 뒤에 고임목을 설치하여 트럭을 고정한다.
② 경사대(탑재대)를 10~15° 이내로 빠지지 않도록 트럭 적재함에 설치한다.
③ 탑승 시 배토판(토공판)은 뒤로하고 전부장치의 버킷과 암을 당긴 상태로 탑승한다.
④ 승차대로 승차할 때는 주행 이외 다른 조작을 하여서는 안 된다.

2) 트레일러에 탑승 방법
① 자력 주행 탑승 방법
㉮ 트레일러를 평탄한 지면에 주차시킨다.
㉯ 주차 브레이크를 작동시키고 차륜에 고임목을 고인다.
㉰ 경사대(탑재대)를 10~15° 이내로 설치한 후 트럭에 탑승 방법대로 탑승한다.
㉱ 미끄러울 때에는 경사대에 거적 등으로 미끄럼을 방지 조치 후 탑승한다.

② 탑재대가 없을 때의 탑재 방법
㉮ 언덕 등의 둔덕을 이용하여 탑승한다.
㉯ 바닥을 파고 트레일러를 낮은 지형에 주차시키고 탑승한다.
※ 잭업 방법은 위험하므로 피한다.

③ 기중기에 의한 탑승 방법
굴착기를 매달기 충분한 기중 능력을 가진 기중기를 사용하여 와이어로프로 굴착기를 수평으로 들어 탑승시킨다.

3) 트레일러에 탑승 후 자세
① 굴착기의 전부 장치는 트레일러 및 트럭의 후방을 향하도록 하여야 한다.
② 버킷과 암을 오므리고(크라우드) 붐을 하강시켜 트레일러 바닥판에 버킷이 닿게 내려놓는다.
③ 각 실린더의 행정 양단의 250mm 정도의 행정 여유가 있도록 한다.
④ 트레일러 운행 중 장비가 사행되지(옆으로 움직이지) 않도록 체인 블록 등을 이용하여 장비를 고정한다.
⑤ 트랙의 후단에 고임목을 설치한다.

02 주행 및 작업

출제예상문제

01 굴착기 운전 시 작업안전 사항으로 적합하지 않는 것은?
① 스윙하면서 버킷으로 암석을 부딪쳐 파쇄하는 작업을 하지 않는다.
② 안전한 작업 반경을 초과해서 하중을 이동시킨다.
③ 굴착하면서 주행하지 않는다.
④ 작업을 중지할 때는 파낸 모서리로부터 장비를 이동시킨다.

> 안전한 작업 반경을 초과하여 하중을 이동시켜서는 안 된다.

02 굴착기 작업 시 작업 안전 사항으로 틀린 것은?
① 기중 작업은 가능한 한 피하는 것이 좋다.
② 경사지 작업 시 측면 절삭을 행하는 것이 좋다.
③ 타이어식 굴착기로 작업 시 안전을 위하여 아웃트리거를 받치고 작업한다.
④ 한쪽 트랙을 들 때는 암과 붐 사이의 각도는 90~110° 범위로 해서 들어주는 것이 좋다.

> 굴착기로 경사지에서 작업 할 때에는 경사지의 땅을 평탄하게 고르고 작업을 하며 측면으로 절삭하면 위험하다.

03 무한궤도식 굴착기에서 하부 주행체 동력전달 순서로 맞는 것은?
① 유압 펌프 → 제어 밸브 → 센터 조인트 → 주행 모터
② 유압 펌프 → 제어 밸브 → 주행 모터 → 자재 이음
③ 유압 펌프 → 센터 조인트 → 제어 밸브 → 주행 모터
④ 유압 펌프 → 센터 조인트 → 주행 모터 → 자재 이음

> 굴착기 주행 시 동력 전달 순서
> ① 타이어식 : 엔진 - 클러치 - 변속기 - 상부 베벨 기어 - 센터 유니버설 조인트 - 하부 베벨 기어 - 하부 유니버설 조인트 - 종 감속기어 및 차동기어 - 액슬축 - 휠
> ② 무한궤도식 : 엔진 - 유압 펌프 - 컨트롤 밸브 - 센터 조인트 - 주행 모터 - 감속 기어 - 스프로킷 - 트랙

04 무한궤도식 건설기계에서 트랙 장력이 약간 팽팽하게 되었을 때 작업조건이 오히려 효과적일 경우가 아닌 것은?
① 수풀이 있는 땅   ② 진흙땅
③ 바위가 깔린 땅   ④ 모래땅

> 작업장의 조건과 트랙 장력의 관계
> ① 트랙 장력 팽팽하게 : 젖은 땅의 작업에 적합하다.
> ② 트랙 장력 느슨하게 : 돌 뿌리 및 자갈 등이 많은 곳에 적합하다.

05 굴착기에 오르고 내릴 때 주의해야 할 사항으로 틀린 것은?
① 이동 중인 장비에 뛰어 오르거나 내리지 않는다.
② 오르고 내릴 때는 항상 장비를 마주보고 양손을 이용한다.
③ 오르고 내리기 전에 계단과 난간 손잡이 등을 깨끗이 닦는다.
④ 오르고 내릴 때는 운전실 내의 각종 조종 장치를 손잡이로 이용한다.

> 오르고 내릴 때에는 안전하게 계단과 난간 손잡이 등을 이용하여 오르고 내린다.

정 답
01.② 02.② 03.① 04.③ 05.④

06 건설기계로 작업을 하기 전 서행하면서 점검하는 사항이 아닌 것은?

① 핸들 작동점검
② 브레이크 작동점검
③ 냉각수량 점검
④ 클러치의 작동점검

> 냉각수량의 점검은 시동 전 점검사항이다.

07 무한궤도식 굴착기와 비교 시 타이어식 굴착기의 장점으로 가장 적합한 것은?

① 견인력이 크다.
② 기동성이 좋다.
③ 등판능력이 크다.
④ 습지작업에 유리하다.

> 타이어식 굴착기의 가장 좋은 점은 기동성이다.

08 무한궤도식 굴착기의 주행 방법으로 틀린 것은?

① 연약한 땅은 피해서 주행한다.
② 요철이 심한 곳은 신속히 통과한다.
③ 가능하면 평탄한 길을 택하여 주행한다.
④ 돌 등이 스프로킷에 부딪치거나 올라타지 않도록 한다.

> 요철이 심한 곳에서는 모든 장비는 서행으로 통과하여야 한다.

09 굴착기의 기본 작업 사이클 과정으로 맞는 것은?

① 스윙 → 굴착 → 적재 → 스윙 → 굴착 → 붐 상승
② 굴착 → 적재 → 붐 상승 → 스윙 → 굴착 → 스윙
③ 스윙 → 적재 → 굴착 → 적재 → 붐 상승 → 스윙
④ 굴착 → 붐 상승 → 스윙 → 적재 → 스윙 → 굴착

> 굴착기의 기본 작업 사이클은 굴착 → 붐 상승 → 스윙 → 적재 → 스윙 → 굴착 순으로 이루어진다.

10 타이어식 굴착기의 운전 시 주의사항으로 적절하지 않은 것은?

① 토양의 조건과 엔진의 회전수를 고려하여 운전한다.
② 새로 구축한 구축물 주변은 연약 지반이므로 주의한다.
③ 버킷의 움직임과 흙의 부하에 따라 대처하여 작업한다.
④ 경사지를 내려갈 때는 클러치를 분리하거나 변속 레버를 중립에 놓는다.

> 경사지를 내려갈 때는 저속으로 서행하여야 한다. 클러치를 차단하거나 변속 레버를 중립에 놓으면 관성에 의해 장비의 속도는 빠르게 내려가기 때문이다.

11 타이어식 굴착기의 구성품 중에서 습지, 사지 등을 주행할 때 타이어가 미끄러지는 것을 방지하기 위한 장치는 무엇인가?

① 차동제한 장치
② 유성기어 장치
③ 브레이크 장치
④ 종 감속기어 장치

> 차동기어 장치는 커브 길에서 선회할 때에 안쪽 바퀴와 바깥쪽 바퀴의 회전 속도에 차이를 두어 타이어가 미끄러지지 않고 회전을 할 수 있도록 하는 장치로 저항이 적은 바퀴를 저항이 적은 만큼 많이 회전되게 한다. 따라서 저항이 적은 습지, 사지 등에 한쪽 바퀴가 빠지면 저항이 적은 바퀴만 회전하기 때문에 장비의 주행이 이루어지지 않는다. 이 작용이 일어나지 않도록 고정시키는 장치가 차동제한 장치이다.

정 답

06.③　07.②　08.②　09.④　10.④　11.①

12 굴착기 동력전달 계통에서 최종적으로 구동력을 증가시키는 것은?

① 트랙 모터 ② 종 감속기어
③ 스프로킷 ④ 변속기

> 타이어식 굴착기의 동력전달장치에서 종 감속기어는 동력을 직각 또는 직각에 가까운 각도로 전환하고 최종적으로 감속을 하여 구동력을 증가시키는 장치이다.

13 굴착기의 트랙 유격은 보통 작업장에서 얼마가 되도록 하는가?

① 약 10 ~ 20mm
② 약 25 ~ 40mm
③ 약 70 ~ 90mm
④ 약 100 ~ 120mm

> 굴착기 트랙의 장력은 일반적으로 25 ~ 40mm (1 ~ 1.5 인치) 정도를 두고 있다.

14 무한궤도식 굴착기의 특징에 대한 설명으로 틀린 것은?

① 비교적 기동성이 떨어진다.
② 접지압이 낮아 습지나 모래 지형에서 작업하기 힘들다.
③ 먼 거리 이동 시 트레일러와 같은 운반 장비가 필요하다.
④ 견인력이 크고 트랙 깊이의 수중에서도 작업가능하다.

> 무한궤도식의 장비는 접지압이 낮아 습지, 사지의 작업에 유리하다.

15 덤프트럭에 상차 작업 시 가장 중요한 굴착기의 위치는?

① 선회 거리가 가장 짧게 한다.
② 앞 작동 거리가 가장 짧게 한다.
③ 버킷 작동 거리가 가장 짧게 한다.
④ 붐 작동 거리가 가장 짧게 한다.

> 상차작업 시 선회 거리를 가장 짧게 하는 것이 가장 중요하다.

16 굴착기의 작업 시작 전 점검 및 준비사항이 아닌 것은?

① 운전자 매뉴얼
② 공사 내용 및 절차 파악
③ 엔진 오일 교환 및 연료의 보충
④ 작동유 누유 및 냉각수 누수 점검

> 굴착기 작업 전 점검 사항으로 엔진 오일의 교환은 해당되지 않으며 오일의 누유 및 유량, 질의 점검은 해당된다.

17 굴착기를 트레일러에 상차 시 사항 중 틀린 것은?

① 반드시 경사대를 사용하여 상차한다.
② 경사대는 충분한 강도가 있어야 한다.
③ 경사대가 없을 때는 버킷으로 차체를 들어 올려 상차한다.
④ 경사대에 오르기 전에 방향 위치를 정확히 한다.

> 트레일러에 상차하는 방법
> ① 경사대를 이용하는 방법
> ② 잭 업 방법
> ③ 기중기에 의한 탑승방법

18 셔블계 굴착기의 조종 방법 중 몇 도 정도의 언덕을 주행할 때 차체의 흘러내림을 방지하기 위하여 원칙적으로 올라갈 때는 유동륜을 뒤로 보내고 기동륜을 앞으로 보내는가?

① 1 ~ 2 도
② 2 ~ 3 도
③ 4 ~ 6 도
④ 7 ~ 12 도

> 경사지 등반 각도가 7 ~ 12 도 이상일 때는 스프로킷을 앞으로 하고 암과 버킷을 쭉 펴서 지상 30 ~ 50cm 높이로 하고 주행한다.

정 답				
12.②	13.②	14.②	15.①	16.③
17.①	18.④			

19 기관의 시동을 멈추지 않고 장비를 정차시킬 경우에 어떻게 하는 것이 가장 좋은가?

① 스로틀 레버를 고속 위치에 두고 변속 레버는 중립 위치에 둔다.
② 스로틀 레버를 고속 위치에 두고 전·후진 레버는 중립 위치에 둔다.
③ 스로틀 레버를 저속 위치에 두고 변속 레버는 중립 위치에 둔다.
④ 스로틀 레버를 저속 위치에 두고 전·후진 레버는 후진 위치에 둔다.

기관의 시동을 멈추지 않고 장비를 정차시킬 경우에는 스로틀 레버는 저속 위치에 두고 변속 레버는 중립 위치에 두며 주차 브레이크를 당겨 놓아야 한다.

20 굴착기를 트레일러로 수송할 시 전부 장치의 위치는 다음 중 어떻게 하는 것이 가장 적당한가?

① 앞쪽으로 한다.
② 뒤쪽으로 한다.
③ 옆쪽으로 한다.
④ 아무 쪽이나 상관없다.

굴착기를 트레일러로 수송할 시 전부장치의 위치는 뒤쪽으로 향하게 하고 수송하여야 한다.

21 다음 중 굴착기의 안전 수칙에 대한 설명으로 잘못된 것은?

① 버킷이나 하중을 달아 올린 채로 브레이크를 걸어 두어서는 안 된다.
② 운전석을 떠날 때는 기관을 정지시켜야 한다.
③ 장비로부터 다른 곳으로 자리를 옮길 때는 반드시 선회 브레이크를 풀어놓고 장비로부터 내려와야 한다.
④ 무거운 하중은 5 ~ 10cm 들어 올려보아서 브레이크나 기계의 안전을 확인한 다음에 작업에 임하도록 한다.

장비로부터 다른 곳으로 자리를 옮길 때에는 반드시 선회 브레이크를 잠그고, 장비는 평탄한 곳에 주차시켜 놓고 주차 브레이크를 당겨 장비의 이동 및 작업 장치를 안전한 상태로 한 후 장비로부터 내려와야 한다.

22 굴착기의 조종 시 작동이 불가능하거나 해서는 안 되는 작동은 어느 것인가?

① 굴착하면서 선회한다.
② 붐을 들면서 담는다.
③ 붐을 낮추면서 선회한다.
④ 붐을 낮추면서 굴착한다.

굴착 작업에서 굴착을 하면서 선회를 하여서는 안 된다.

23 굴착기를 크레인 등으로 들어 올릴 때 틀린 것은?

① 굴착기 중량에 맞는 크레인을 사용한다.
② 굴착기의 앞부분부터 들리도록 와이어를 묶는다.
③ 와이어는 충분한 강도가 있어야 한다.
④ 배관 등에 와이어가 닿지 않도록 한다.

굴착기를 크레인 등으로 들 때에는 평행하게 들리도록 하여야 한다.

24 다음 중 굴착 작업방법에 대한 설명으로 틀린 것은?

① 버킷으로 옆으로 밀거나 스윙시의 충격을 이용하지 말 것
② 하강하는 버킷이나 붐의 중력을 이용하여 굴착할 것
③ 굴착부를 주의 깊게 관찰하며 작업할 것
④ 과부하를 받으면 버킷을 지면에 내리고 레버를 중립으로 리턴 시킬 것

굴착 작업 시 하강하는 버킷이나 붐의 중력을 이용하여 굴착을 하여서는 안된다.

정답

19.③ 20.② 21.③ 22.① 23.② 24.②

25 다음 중 효과적인 굴착 작업이 아닌 것은?

① 붐과 암의 각도를 80 ~ 110도 정도로 선정한다.
② 버킷 투스의 끝이 암의 작동보다 안으로 내밀어야 한다.
③ 버킷은 의도한 위치대로 하고 붐과 암을 계속 변화시키면서 굴착한다.
④ 굴착 후 암을 오므리면서 붐을 상승 위치로 변화시켜 하강 위치로 스윙한다.

> 버킷은 의도한 위치대로 하고 암과 버킷을 오므리면서 붐을 천천히 상승시켜 굴착한다.

26 작업장에서 이동 및 선회 시 먼저 하여야 할 것은?

① 경적 울림 ② 버킷 내림
③ 급 방향 전환 ④ 굴착 작업

> 작업장에서 이동 및 선회 시 먼저 하여야 할 것은 경적을 울려 이동 및 방향 전환을 알리고 버킷을 지면에 가깝게 내린 후 이동한다.

27 굴착기 작업의 안전 수칙이다. 다음 중 틀린 것은?

① 조종석을 떠날 때는 기관을 정지시킨다.
② 하중을 달아 올린 때에는 제동을 걸어 둔다.
③ 조종자의 시선은 반드시 버킷을 주시하여야 한다.
④ 흙이 묻은 와이어로프는 그대로 급유해서는 안 된다.

> 하중을 달아 올린 때에는 중량물을 하강하여 지면에 내려놓아야 한다.

28 다음은 휠 타입 굴착기의 정지에 관한 사항이다. 맞는 것은?

① 가속 페달을 힘껏 누른다.
② 클러치를 밟고 변속 레버(변속기어)를 중립 위치에 놓는다.
③ 버킷을 땅에 내려놓아 차를 멈춘다.
④ 엔진을 먼저 끄고 브레이크를 밟아 차를 세운다.

> 굴착기 정차 요령
> ① 가속 페달에서 발을 뗀다.
> ② 브레이크 페달을 밟아 감속한다.
> ③ 클러치를 밟고 변속 레버를 중립위치로 한다.
> ④ 브레이크 페달을 밟아 정차시킨다.

29 굴착기를 주차시키고자 할 때의 방법으로 옳지 않은 것은?

① 단단하고 평탄한 지면에 장비를 정차시킨다.
② 어태치먼트(attachment)는 장비 중심선과 일치시킨다.
③ 유압 계통의 압력을 완전히 제거한다.
④ 실린더의 로드(rod)를 노출시켜 놓는다.

> 장비 주차 시 유압 실린더의 로드는 노출을 시켜서는 안 된다.

30 벼랑 암석 굴착 작업으로 다음 중 안전한 작업 방법은?

① 스프로킷을 앞쪽으로 두고 작업한다.
② 중력을 이용한 굴착을 한다.
③ 신호자는 조정자의 뒤에서 신호한다.
④ 트랙 앞쪽에 트랙 보호 장치를 한다.

> 벼랑 암석 굴착 작업 요령: 트랙 앞쪽에 트랙의 보호 장치를 하고 스프로킷은 뒤쪽으로 향하게 하여 작업을 하되 잘 보이지 않는 곳의 작업은 정 측면에서 신호를 하는 신호자의 신호에 따라 장비의 힘을 이용하여 자연스럽게 작업을 하여야 한다.

정 답
25.③ 26.① 27.② 28.② 29.④ 30.④

31 다음은 굴착기 작업 중 조종자가 지켜야 할 안전수칙이다. 틀린 것은?

① 조종석을 떠날 때에는 기관을 정지시켜야 한다.
② 후진 작업 시에는 장애물이 없는지 확인 한다.
③ 조종사의 시선은 반드시 조종 패널만 주시해야 한다.
④ 붐 등이 고압선에 닿지 않도록 주의한다.

> 조종사의 시선은 작업장치의 작업 방향, 신호수의 수신호, 작업 진행 등의 사항을 파악, 주시하여야 한다.

32 작업 장치를 갖춘 건설기계의 작업 전 점검사항이다. 틀린 것은?

① 제동 장치 및 조정 장치 기능의 이상 유무
② 하역 장치 및 유압 장치의 기능의 이상 유무
③ 유압 장치의 과열 이상 유무
④ 전조등, 후미등, 방향 지시등 및 경보 장치의 이상 유무

> 유압 장치의 과열 이상 유무는 운전 중 점검사항이다.

32 크롤러형의 굴착기 주행 운전에서 적합하지 않은 것은 다음 중 어느 것인가?

① 굴착기 주행 시 버킷의 높이는 30~50cm 가 좋다.
② 가능하면 평탄 지면을 택하고 엔진은 중속이 적합하다.
③ 활지 또는 암반 통과 시 엔진 속도는 고속이어야 한다.
④ 굴착기 주행 시 전부 장치는 전방을 향해야 한다.

> 활지 또는 암반 통과 시 엔진 속도는 저속이어야 하고 서행하여야 한다.

33 굴착기의 조종 시 작동이 불가능하거나 해서는 안 되는 작동은 어느 것인가?

① 굴착하면서 선회한다.
② 붐을 들면서 담는다.
③ 붐을 낮추면서 선회한다.
④ 붐을 낮추면서 굴착 한다.

> 굴착 작업에서 굴착을 하면서 선회를 하여서는 안 된다.

34 다음 중 굴착기 정차 및 주차 방법으로 틀린 것은?

① 평탄한 지면에 정차시키고 침수 지역은 피한다.
② 붐, 암 및 버킷을 최대로 오므리고 레버를 중립 위치에 놓는다.
③ 경사지에서 트랙 밑에 쐐기를 고여 안전하게 한다.
④ 연료를 만충하고, 각 부를 청소하고, 그리스를 급유한다.

> 붐과 암은 최대로 오므려 실린더가 노출되지 않게 하고 버킷은 오므려 실린더가 노출되지 않게 하여 지면에 내려놓는다.

35 굴착기를 크레인 등으로 들어 올릴 때 틀린 것은?

① 굴착기 중량에 맞는 크레인을 사용한다.
② 굴착기의 앞부분부터 들리도록 와이어를 묶는다.
③ 와이어는 충분한 강도가 있어야 한다.
④ 배관 등에 와이어가 닿지 않도록 한다.

> 굴착기를 크레인 등으로 들 때에는 평행하게 들리도록 하여야 한다.

정 답				
31.③	32.③	33.③	34.②	35.②

36 굴착기 작업의 안전 수칙이다. 다음 중 틀린 것은 ?

① 조종석을 떠날 때는 기관을 정지시킨다.
② 하중을 달아 올린 때에는 제동을 걸어 둔다.
③ 조종자의 시선은 반드시 버킷을 주시하여야 한다.
④ 흙이 묻은 와이어로프는 그대로 급유해서는 안 된다.

> 하중을 달아 올린 때에는 중량물을 하강하여 지면에 내려놓아야 한다.

37 무한궤도식 굴착기에서 가장 크게 감속하는 장치는 ?

① 피니언 베벨 기어
② 트랜스미션
③ 파이널 드라이브
④ 스프로킷

> 파이널 드라이브는 최종 감속장치를 말하는 것으로 견인력을 증가시킨다.

38 경사지에서 굴착기를 주·정차시킬 경우 이 중 설명이 틀린 것은 ?

① 버킷을 지면에 내려놓는다.
② 주차 브레이크를 작동시킨다.
③ 클러치를 분리하여 둔다.
④ 바퀴를 고임목으로 고인다.

> 경사지에서 주·정차 시 클러치를 연결하고 주·정차의 상태에 따라 후진 또는 1단에 기어를 넣어 놓는다.

39 타이어식 굴착기 주행 중 발생할 수도 있는 히트 세퍼레이션 현상에 대한 설명으로 맞는 것은?

① 물에 젖은 노면을 고속으로 달리면 타이어와 노면 사이에 수막이 생기는 현상
② 고속으로 주행 중 타이어가 터져버리는 현상
③ 고속 주행 시 차체가 좌우로 밀리는 현상
④ 고속 주행할 때 타이어 공기압이 낮아져 타이어가 찌그러지는 현상

> 히트 세퍼레이션이라 함은 고속 주행 중 타이어 내부의 공기에 열이 발생되어 타이어가 찢어지는 현상을 말하는 것이다. 즉 공기가 적은 타이어가 고속으로 작동 중 터져버리는 현상이다.

40 굴착기를 이용하여 수중작업을 하거나 하천을 건널 때의 안전사항으로 맞지 않는 것은?

① 타이어식 굴착기는 액슬 중심점 이상이 물에 잠기지 않도록 주의하면서 도하한다.
② 무한궤도식 굴착기는 주행모터의 중심선 이상이 물에 잠기지 않도록 주의하면서 도하한다.
③ 타이어식 굴착기는 블레이드를 앞쪽으로 하고 도하한다.
④ 수중작업 후에는 물에 잠겼던 부위에 새로운 그리스를 주입한다.

> 무한궤도식 굴착기는 상부롤러 이상이 물에 잠기지 않도록 주의하면서 도하한다.

정 답
36.② 37.③ 38.③ 39.② 40.②

chapter 02 작업

2-1 깎기

01 굴착기의 굴착작업 방법

(1) 굴착작업 방법

① **굴착 위치 선택** : 붐을 상승하면서 암과 버킷을 굴착 위치에 붐을 하강시켜 버킷을 내려놓는다.

② **굴착 작업**

㉮ 암과 버킷을 동시에 오므리기(크라우드) 하면서 붐을 서서히 상승 시킨다.

㉯ 암과 버킷, 붐은 90°의 범위를 유지할 때 버킷에 토사 등이 만재 되어야 한다.

㉰ 붐의 각은 35°~65°가 효과적이며 정지작업 시 붐의 각은 35°~40°가 가장 적합하다.

㉱ 암은 붐에 대하여 90°로 한 상태에서 뻗음 50°, 수직 상태에서 당김 15°범위가 가장 굴착력이 크다.

③ **선회작동**

㉮ 굴착이 완료된 후 붐을 올리면서 암과 버킷을 약간씩 오므려 토사가 흘러내리지 않도록 한다.

㉯ 경음기를 울려 주위를 환기 시키고 조종자의 시계가 양호한 방향으로 선회한다.

㉰ 선회 시 장애물이 없어야 한다.

㉱ 선회거리를 짧게 하여 작업 능률을 40% 정도 높일 수 있다.

④ **덤프**

㉮ 암을 뻗으면서 붐을 하강 시킨다.

㉯ 덤프 위치에 근접하면 버킷을 펴면서 토사 등을 쏟아준다.

㉰ 굴착기의 1순환 작업 사이클의 속도는 공수당 20~30초 정도이다.

(2) 굴착기의 응용 굴착작업 방법

응용 굴착작업으로는 직진 굴착작업과 병진 굴착작업이 있으며 방법은 다음과 같다.

① **직진 굴착(채굴)작업** : 후진을 하면서 굴착하는 방법

② **병진 굴착(채굴)작업** : 굴착할 부분과 하부 추진체를 나란히 하고 상부 회전체는 하부 추진체에 대해 90° 선회한 후 이동하면서 굴착하는 방법

(3) 굴착기의 5대 작용

① **붐** : 상승 및 하강

② **암** : 오므리기 및 펴기(수축 및 신장이라고도 하며 크라우드, 덤프라고도 한다.)

③ **버킷** : 오므리기 및 펴기

④ **스윙** : 좌·우 회전

⑤ **주행(트라벨)** : 전진 및 후진

(4) 굴착기의 1사이클

① **굴착** : 버킷(디퍼)에 흙을 담는 작업

② **선회** : 덤프 위치까지의 선회(회전)

③ **덤프** : 덤프트럭 또는 흙을 쌓는 부분에 흙 버리기

④ **선회** : 굴착 위치로 되돌아오기

⑤ **굴착** : 다시 버킷(디퍼)에 흙을 담는 작업

(5) 굴착기의 작업 시 동력의 전달

① **작업 시** : 기관 → 메인 유압펌프 → 제어

밸브 → 고압 파이프 → 유압 실린더 → 작동기

② **스윙 시**: 기관 → 메인 유압펌프 → 제어 밸브 → 고압 파이프 → 스윙 유압모터 → 피니언 기어 → 링 기어

2-2 쌓기, 메우기

(1) 차량과 보행자가 통행할 수 있도록 지면을 고르게 메우기 작업을 수행한다.

(2) 지면의 고르기 작업 수행 시 유의사항
   ① 운반 장비나 포설 장비가 메우기 전 면적에 통행하도록 고르기 작업을 한다.
   ② 혼합 재료(점토, 백토, 모래 등)는 도로의 전폭에 교대로 층을 이루도록 포설한다.
   ③ 비탈면은 소단과 기울기를 유지해야 한다.
   ④ 메우기 부위는 파손되지 않고 양호한 상태를 유지하여야 한다.
   ⑤ 재료가 동결되었을 때 그 부분을 제거하고 메우기 작업을 한다.

2-3 깎기, 쌓기, 메우기 작업방법

(1) 선형 파악하기
   ① 굴착기 운전자는 설계 도면상의 작업 진행 과정을 알아둔다.
   ② 깎기 면의 선형을 예상하며

(2) 지형 파악하기
   ① 지형을 파악하고 주변 상황을 미리 예측한다.
   ② 기준점을 정해두고 작업하며 작업 방해 요인의 위치도 파악한다.
   ③ 작업 구간은 작업 시작 점과 끝나는 점을 확인한다.
   ④ 작업 구간 확장은 거푸집 및 자재 놓을 자리, 물길, 콘크리트 타설 자리 등을 포함한다.
   ⑤ 되메움하고 남은 흙을 이동 통로를 통해 반출하도록 경로를 확인한다.
   ⑥ 시설물, 건물, 지하 매설물, 작업자, 운전원의 안전 사항을 포함하여 안전성을 확보한다.

(3) 작업로 만들기
   ① 작업로는 폭이 넓은 공간과 좁은 공간에서 내는 방법이 있다.
   ② 부채골 형식은 경사지 길과 평지 길이 합쳐진 곳에 적합하다
   ③ 주로 제방 공사 길 내기에 적합하며 높은 지형에서 통행이 용이하다.
   ④ 회전 반경을 고려하여 쌓기 구간 길 내기에 적합한 방법이다.
   ⑤ 사건의 형식의 길 내기는 작업 반경이 작은 좁은 지형에서 적합하다.
   ⑥ 사선 길은 깎기와 채우기 여유를 주어야 한다.

(4) 안전 뚝 만들기
   ① 안전 뚝은 높은 곳의 흙을 낮은 곳으로 옮길 때 임시로 흙을 쌓은 뚝이다.
   ② 흙을 쌓기하여 뚝을 1~1.5m로 쌓는다.
   ③ 흙은 표토를 실어 옮겨 쌓는다.
   ④ 법 면 깎기는 위에서 아래로 내려가면서 작업한다.

(5) 흙 깎기와 쌓기, 다짐 작업하기
   ① 위쪽의 흙을 아래로 옮기면서 평지를 만든다.
   ② 1단 작업 시에는 안전 뚝의 사면과 쌓기에서 채운 사면을 일치하도록 한다.

(6) 깎기 한 흙을 쌓기 부에 채워 롤러 다짐을 한다.

① 지면의 성토 부를 다져 토질의 밀도를 높인다.
② 골고루 균일하게 다짐한다.

(7) 버킷으로 경사면을 정리, 다짐한다.

버킷으로 경사면을 긁고 밀면서 뒤쪽으로 후진하며 마무리 작업을 한다.

2-4 선택장치 연결

굴착기의 작업 장치에 연결된 버킷 외에 용도에 맞는 작업을 위한 부가장치를 말하는 것으로 종류로는 다음과 같다.

01 선택 장치의 종류

① **브레이커**: 치주부의 머리 부분에 유압식 해머로 연속적으로 타격을 가해 암석 등을 파쇄 하는 장치이다.
② **크러셔**: 2개의 집게를 조여서 콘크리트를 파쇄하거나 철근을 절단하는 장치로 고정식과 회전식이 있다.
③ **그랩(집게)**: 2~5개의 유압 실린더를 이용하여 물건을 잡는 장치로 고정식과 회전식이 있으며 작업 용도에 따라 스톤 그랩, 우드 그랩, 멀티 그랩이 있다.
④ **리퍼**: 단단한 지반의 절삭, 아스콘, 콘크리트 제거 등에 사용되는 장치이다.
⑤ **컴팩터**: 지반 다짐이 필요할 때 사용하는 장치이다.
⑥ **퀵 클램프**: 선택 장치를 쉽게 연결할 수 있는 장치이다.

02 굴착기 버킷의 설치

(1) 버킷의 설치

① 핀이나 핀 구멍을 깨끗이 닦고 그리스를 알맞게 주유한다.
② 커플러를 이용하여 연결할 수 있다.
③ 핀에 버킷을 바로 조립할 경우 암 레버를 조작하여 암의 핀 구멍과 버킷의 구멍을 이치시켜 핀을 꽂은 다음 "O"링을 설치한다.
④ 그리스 닛뿔에 충분한 양의 그리스를 주유한다.

(2) 커플러를 이용한 버킷 설치

① 버킷의 핀이나 핀 구멍을 깨끗이 닦고 그리스를 알맞게 주유한다.
② 커플러의 안전핀을 제거한다.
③ 커플러를 오므리고 버킷의 핀 사이를 일치시킨다.
④ 버킷 사이에 커플러가 정상적으로 끼워져 있으면 정상적으로 커플러를 최대한 벌린다.
⑤ 커플러의 안전장치를 체결한다.
⑥ 정상 작동 여부를 확인한다.
⑦ 그리스 니뿔에 충분한 양의 그리스를 주입한다.

02 주행 및 작업 - 출제예상문제

01 작업 장치로 토사 굴토 작업이 가능한 건설기계는?
① 로더와 기중기
② 불도저와 굴착기
③ 천공기와 굴착기
④ 지게차와 모터그레이더

> 토사, 굴토 작업이 가능한 장비는 불도저와 굴착기이다.

02 트랙 구성 품을 설명한 것으로 틀린 것은?
① 링크는 핀과 부싱에 의하여 연결되어 상하부 롤러 등이 굴러갈 수 있는 레일을 구성해 주는 부분으로 마멸되었을 때 용접하여 재사용할 수 있다.
② 부싱은 링크의 큰 구멍에 끼워지며 스프로킷 이빨이 부싱을 물고 회전하도록 되어 있으며 마멸되면 용접하여 재사용할 수 있다.
③ 슈는 링크에 4개의 볼트에 의해 고정되며 굴착기의 전체 하중을 지지하고 견인하면서 회전하고 마멸되면 용접하여 재사용할 수 있다.
④ 핀은 부싱 속을 통과하여 링크의 적은 구멍에 끼워진다. 핀과 부싱을 교환할 때는 유압 프레스로 작업하여 약 100톤 정도의 힘이 필요하다. 그리고 무한궤도의 분리를 쉽게 하기 위하여 마스터 핀을 두고 있다.

> 부싱은 링크의 작은 구멍에 끼워지며 스프로킷 이빨이 트랙을 물고 회전하도록 되어 있으며 마멸되면 교환하여야 한다.

03 굴착기의 작업 장치에 해당되지 않는 것은?
① 백호
② 브레이커
③ 힌지드 버킷
④ 파일 드라이브

> 힌지드 버킷은 지게차의 작업장치에 속한다.

04 굴착기에 파일 드라이버를 연결하여 할 수 있는 작업은?
① 토사 적재
② 경사면 굴토
③ 지면 천공작업
④ 땅 고르기 작업

> 파일 드라이버는 지면에 구멍을 뚫는(천공 작업)기계이다.

05 굴착기 작업에서 암반 작업 시에 가장 효과적인 버킷은?
① V형 버킷
② 이젝터 버킷
③ 리퍼 버킷
④ 로더 버킷

> 암반 작업에 사용되는 버킷은 리퍼 버킷이다.

06 무한 궤도식 건설기계에서 트랙을 쉽게 분리하기 위해 설치된 것은?
① 슈
② 링크
③ 마스터 핀
④ 부싱

> 트랙을 분리하기 위한 핀이 마스터 핀이다.

07 골재를 생산하기 위하여 원석을 부수어서 자갈로 만드는 파쇄 작업 등에 사용되는 작업 장치로 옳은 것은?
① 크러셔
② 드릴
③ 퀵 키플러
④ 바이브로

> 원석 등 돌을 파쇄할 수 있는 작업 장치를 부착한 장비는 크러셔이다.

정 답
01.② 02.② 03.③ 04.③ 05.③
06.③ 07.①

08 굴착기 작업 장치를 쉽고 간편하게 연결하기 위한 기구는?

① 마스터 핀 ② 버킷
③ 퀵 커플러 ④ 컴팩트

> 굴착기의 작업 선택 장치를 쉽고 간편하게 연결시키는 장치는 퀵커플러이다.

09 다음은 굴착기 작업장의 작업로 설치에 관한 내용으로 해당되지 않는 것은?

① 작업로는 폭이 넓은 공간과 좁은 공간에서 내는 방법이 있다.
② 부채골 형식은 경사지 길과 평지 길이 합쳐진 곳에 적합하다.
③ 주로 제방 공사 길 내기에는 부적합하며 높은 지형에서 통행이 용이하다.
④ 회전 반경을 고려하여 쌓기 구간 길 내기에 적합한 방법이다.

> 주로 제방 공사 길 내기에 적합하며 높은 지형에서 통행이 용이하다.

10 굴착기 운전 시 작업 안전 사항으로 적합하지 않는 것은?

① 스윙하면서 버킷으로 암석을 부딪쳐 파쇄하는 작업을 하지 않는다.
② 안전한 작업 반경을 초과해서 하중을 이동시킨다.
③ 굴착하면서 주행하지 않는다.
④ 작업을 중지할 때는 파낸 모서리로부터 장비를 이동시킨다.

> 안전한 작업 반경을 초과하여 하중을 이동시켜서는 안 된다.

11 굴착기에서 그리스를 주입하지 않아도 되는 곳은?

① 버킷 핀 ② 링키지
③ 트랙 슈 ④ 선회 베어링

> 트랙 슈는 노면과 접촉하는 부분으로 주유하지 않는다.

12 골재를 생산하기 위하여 원석을 부수어서 자갈로 만드는 파쇄 작업 등에 사용되는 작업 장치로 옳은 것은?

① 크러셔 ② 드릴
③ 퀵 키플러 ④ 바이브로

> 원석 등 돌을 파쇄할 수 있는 작업 장치를 부착한 장비는 크러셔이다.

13 굴착기의 기본 작업 사이클 과정으로 맞는 것은?

① 스윙→굴착→적재→스윙→굴착→붐 상승
② 굴착→적재→붐 상승→스윙→굴착→스윙
③ 스윙→적재→굴착→적재→붐 상승→스윙
④ 굴착→붐 상승→스윙→적재→스윙→굴착

14 무한궤도식 굴착기의 유압식 하부 주행체 동력전달 순서로 맞는 것은?

① 기관→컨트롤 밸브→센터 조인트→유압 펌프→주행 모터→트랙
② 기관→컨트롤 밸브→센터 조인트→주행 모터→유압펌프→트랙
③ 기관→센터 조인트→유압 펌프→컨트롤 밸브→주행 모터→트랙
④ 기관→유압 펌프→컨트롤 밸브→센터 조인트→주행 모터→트랙

15 굴착기 동력전달 계통에서 최종적으로 구동력을 증가시키는 것은?

① 트랙 모터 ② 종 감속기어
③ 스프로킷 ④ 변속기

> 타이어식 굴착기의 동력전달장치에서 종 감속기어는 동력을 직각 또는 직각에 가까운 각도로 전환하고 최종적으로 감속을 하여 구동력을 증가시키는 장치이다.

정 답
08.③ 09.③ 10.② 11.③ 12.①
13.④ 14.④ 15.②

PART.3 구조 및 기능

1. 일반사항
2. 작업장치
3. 작업용 연결장치
4. 상부회전체
5. 하부회전체

chapter 01 일반사항

1-1 개요 및 구조

굴착기는 크레인의 프런트 어태치먼트를 개발한 건설기계로 엑스커베이터(Excavator)라고도 하며, 굴토 및 굴착 작업과 토사 적재작업에 사용하는 장비로 그 주요부의 구성은 상부 회전체, 하부 주행체 및 프런트 어태치먼트(작업장치) 등의 3부분으로 되어 있다. 또한 하부 주행체에 대하여 360° 회전할 수 있는 상부 회전체는 셔블을 포함한 여러 가지 작업장치를 설치하여 사용할 수 있다. 굴착기의 규격은 일반적으로 디퍼(버킷)의 용량(m^3)으로 표시하나 법적으로는 자체 중량(t)으로 표시한다.

1-2 종류 및 용도

01 주행 장치별 분류

(1) 크롤러식(무한 궤도식, 트랙식)의 장·단점
　① 슈의 접지 면적이 넓기 때문에 접지압이 낮다.
　② 습한 지역이나 모래, 부정지에서 작업이 용이하다.
　③ 견인력이 크고 안정성이 높으며 수중 통과 능력이 좋다.
　④ 상부 롤러까지 수중에서 작업이 가능하다.
　⑤ 암석지에서 작업이 가능하다.
　⑥ 주행저항이 크고 승차감이 나쁘다.
　⑦ 기동성과 이동성이 나쁘다(경제적인 이동거리 2km이내이며 이상 시에는 트레일러에 실어 이동한다.)

(2) 트럭식
　① 차대 위에 굴착기를 설치한 것으로 최대 속도가 50km/h 로 기동성이 좋다.
　② 넓은 작업장에서 유리하다.
　③ 자체의 동력에 의해서 도로의 주행이 가능하다.

(3) 타이어식(휠 형식)의 장·단점
　① 주행 속도가 25~35km/h 로 기동성이 양호하다.
　② 이동시에 자체의 동력에 의해서 도로의 주행이 가능하다.
　③ 승차감이 좋고 주행저항이 적다.
　④ 평탄치 않은 작업 장소나 습지의 작업이 곤란하다.
　⑤ 암석, 암반 작업 시 타이어가 손상된다.
　⑥ 견인력이 약하다.

02 조작 방식에 의한 분류

① **수동식** : 액추에이터가 손으로 조작하는 레버에 의해서 작업을 수행한다.
② **유압식** : 액추에이터가 유압에 의해서 작업을 수행하며, 특징은 다음과 같다.
　㉮ 구조가 간단하다.
　㉯ 프런트 어태치먼트(작업장치)의 교환이 쉽다.
　㉰ 운전 조작이 쉽다.
　㉱ 정비가 쉽다.

③ **공기식** : 액추에이터가 공기의 압력에 의해서 작업을 수행한다.
④ **전기식** : 액추에이터가 전기에 의해서 작업을 수행한다.

03 기구에 의한 분류

① **기계 로프식** : 액추에이터의 작동이 와이어로프에 의해 작동한다.
② **유압식** : 액추에이터의 작동이 유압 펌프, 유압 모터, 유압 실린더에 의해 작동한다.

04 용도

굴착기의 용도는 굴착, 토사 상차 작업 이외에도 작업 용도가 토목 장비 중에서 가장 넓다.

① 버킷을 이용하여 토사 굴착 작업, 도랑파기, 토사 상차 작업을 수행할 수 있다.
② 브레이커를 이용하여 언 땅, 굳은 땅, 암석, 콘크리트, 아스팔트의 파쇄와 나무뿌리 뽑기 작업 등에 이용
③ 클램셸 버킷을 이용하여 수직 굴토, 배수구 굴착 및 청소작업 등을 수행
④ 파일 드라이브 및 오거를 이용하여 천공 작업 활용
⑤ 우드 그래플을 이용한 전신주, 원목 등의 운반 및 상·하역 작업
⑥ 토목공사에서 터파기, 쌓기, 깎기, 되메우기 작업에 사용

03 출제예상문제
구조 및 기능

01 굴착기 작업 장치에서 굳은 땅, 언 땅, 콘크리트 및 아스팔트 파괴 또는 나무뿌리 뽑기, 발파한 암석 파기 등에 적합한 것은?
① 풀립 버킷 ② 크램셀
③ 쇼벨 ④ 리퍼

> 리퍼는 우리말로 곡괭이라는 것으로 작업 장치에서 언 땅 이나 굳은 땅, 암석 제거 등에 사용하는 작업 장치이다.

02 무한궤도식 굴착기와 비교 시 타이어 식 굴착기의 장점으로 가장 적합한 것은?
① 견인력이 크다.
② 기동성이 좋다.
③ 등판능력이 크다.
④ 습지작업에 유리하다.

> 타이어식 굴착기의 가장 좋은 점은 기동성이다.

03 작업 장치로 토사 굴토 작업이 가능한 건설기계는?
① 로더와 기중기
② 불도저와 굴착기
③ 천공기와 굴착기
④ 지게차와 모터그레이더

> 토사, 굴토 작업이 가능한 장비는 불도저와 굴착기 이다.

04 굴착기의 작업 용도로 가장 적합한 것은?
① 도로포장공사에서 지면의 평탄, 다짐 작업에 사용
② 터널공사에서 발파를 위한 천공 작업에 사용
③ 화물의 기중, 적재 및 적차 작업에 사용
④ 토목공사에서 터파기, 쌓기, 깎기, 되메우기 작업에 사용

> 굴착기의 작업 용도는 토목공사에서 터파기, 쌓기, 깎기, 되메우기 작업에 사용하는데 적합한 장비이다.

05 굴착기의 주행 형식별 분류에서 접지 면적이 크고 접지압력이 작아 사지나 습지와 같이 위험한 지역에서 작업이 가능한 형식으로 적당한 것은?
① 트럭 탑재식 ② 무한궤도식
③ 반 정치식 ④ 타이어식

> 1. 크롤러(무한궤도)형식의 장·단점
> ① 장 점
> ㉠ 습지, 사지, 통과 가능하며 작업이 용이하다.
> ㉡ 견인력이 크다.
> ㉢ 접지압이 작다.
> ㉣ 등판력이 크다.
> ② 단 점
> ㉠ 이동 속도가 느리고(10km/h), 안정성이 낮다.
> ㉡ 구동장치 정비가 곤란하다.
> ㉢ 작업 속도가 느리다.
> ㉣ 작업 거리에 영향이 많다.
> ㉤ 포장 도로 통과가 곤란하다.

06 무한궤도식 굴착기의 특징에 대한 설명으로 틀린 것은?
① 비교적 기동성이 떨어진다.
② 접지압이 낮아 습지나 모래지형에서 작업하기 힘들다.
③ 먼 거리 이동 시 트레일러와 같은 운반 장비가 필요하다.
④ 견인력이 크고 트랙 깊이의 수중에서도 작업 가능하다.

> 무한궤도식의 장비는 접지압이 낮아 습지, 사지의 작업에 유리하다.

정 답
01.④ 02.② 03.② 04.④ 05.② 06.②

07 다음 중 셔블계 굴착기와 관계가 먼 것은?

① 백호
② 유압 리퍼
③ 드래그라인
④ 크램셀

> 유압 리퍼는 불도저에서 나무뿌리 뽑기, 바윗돌 뽑기 등에 사용된다.

08 다음은 무한궤도식 굴착기와 타이어식 굴착기의 운전 특성에 대한 설명이다. 틀린 것은?

① 무한궤도식은 기복이 심한 곳에서나 좁은 장소에서는 작업이 불가능하다.
② 타이어식은 주행 속도가 빠르며 변속이 가능하다.
③ 무한궤도식은 습지, 사지에서 작업이 가능하다.
④ 타이어식은 장비의 이동이 쉽고 기동성이 양호하다.

> **무한궤도(크롤러)형과 타이어(휠) 형식의 장·단점**
> **1. 무한궤도 형식**
> ① 장 점
> ㉮ 습지, 사지, 통과 가능하며 작업이 용이하다.
> ㉯ 견인력이 크다.
> ㉰ 접지압이 작다.
> ㉱ 등판력이 크다.
> ② 단 점
> ㉮ 이동 속도가 느리고(10km/h), 안정성이 낮다.
> ㉯ 구동장치 정비가 곤란하다.
> ㉰ 작업 속도가 느리다.
> ㉱ 작업 거리에 영향이 많다.
> ㉲ 포장 도로 통과가 곤란하다.
> **2. 타이어 형식**
> ① 장 점
> ㉮ 기동성이 좋다(최고 48km/h).
> ㉯ 작업 속도가 빠르다.
> ㉰ 구동장치 정비가 용이하다.
> ㉱ 포장도로를 통과하기가 용이하다.
> ② 단 점
> ㉮ 접지압이 크고 습지, 사지, 굴착 작업이 곤란하다.
> ㉯ 견인력이 작다.
> ㉰ 구배 능력이 작다.

09 다음 중 굴착기로 행하기 어려운 작업은?

① 상차 작업
② 제설 작업
③ 평탄 작업
④ 굴착 작업

> 제설 작업은 모터 그레이더를 이용하면 효과적이다.

10 무한궤도식 굴착기의 장점으로 가장 거리가 먼 것은?

① 접지 압력이 낮다.
② 노면 상태가 좋지 않은 장소에서 작업이 용이하다.
③ 운송수단 없이 장거리 이동이 가능하다.
④ 습지 및 사지에서 작업이 가능하다.

> 무한궤도식은 트랙장치가 설치된 것을 말하는 것으로 운송 수단 없이 장거리 이동은 어렵다. 운송 수단 없이 장거리 이동이 가능한 것은 타이어식의 장점이다.

정 답

07.② 08.① 09.② 10.③

chapter 02 작업장치

2-1 암, 붐 구조 및 작동

굴착기의 프런트 어태치먼트는 유압 실린더, 붐, 암, 버킷으로 구성되어 유압 펌프에서 공급되는 유압이 각각의 유압 실린더에 공급되어 작업을 수행하게 된다.

01 붐(메인 붐)

붐은 푸트 핀(foot pin)에 의하여 상부 회전체에 설치되어 있으며, 1개 또는 2개의 붐 실린더(유압 실린더)에 의해서 상하로 움직여 상차 및 굴착한다. 또한 붐에는 암을 작동시키는 암 실린더가 설치되어 있다.

(1) 붐의 종류
① 원피스 붐 : 일반적으로 사용하는 것으로 백호 버킷을 달아 굴착 작업과 정지 작업에 적합하다.
② 투피스 붐 : 다용도 붐으로 굴착 깊이를 깊게 할 수 있고 토사 이동 적재, 크램셸 작업이 적합하다.
③ 옵셋 붐 : 좁은 도로 양쪽의 배수로 구축 등 특수 조건의 작업에 적합하다.
④ 로터리 붐 : 붐과 암 연결 부분에 회전 모터를 두어 굴착기의 이동 없이도 암을 360° 회전한다.

(2) 암(디퍼 스틱 또는 투붐)

암의 한쪽에는 핀에 의해 붐에 설치되고 다른 한쪽에는 핀에 의해 버킷이 설치된다. 버킷은 굴착 작업을 하는 부분으로 1개의 암 실린더(유압 실린더)에 의해 전방 또는 후방으로 작동하며, 버킷을 작동시키는 버킷 실린더가 설치되어 있다.

① 암의 종류
㉮ 롱 암 : 주로 깊은 굴착 작업에 적합하며 표준형보다 길다.
㉯ 표준 암 : 일반 굴착 작업에 적합
㉰ 쇼트 암 : 협소한 장소에 적합
㉱ 익스텐션 암 : 암을 연장시켜 깊고 넓은 작업에 적합

2-2 버킷(디퍼)

버킷은 굴착하여 흙을 담을 수 있는 부분으로 굴착력을 향상시키기 위해 투스(tooth)가 부착되어 있고 용량은 1회에 담을 수 있는 량으로 m^3 (루베)로 표시한다.

> **TIP**
> ◉ 붐의 각도
> ① 붐과 암의 상호 교차각이 90~110° 일 때 굴착력이 가장 크다.
> ② 정지 작업시 붐의 각도 : 35~40°
> ③ 유압식 셔블장치의 붐의 경사각도 : 35~65°
> ④ 붐 길이 : 푸트 핀 중심에서 암 고정 핀의 중심 또는 붐 포인트 핀 중심 간 거리
> ⑤ 최대 굴착 반지름 : 선회할 때 그리는 원의 중심에서 버킷 투스의 선단까지의 수평 최대 거리
> ⑥ 최대 굴착 깊이 : 버킷 투스의 선단을 최저 위치로 내린 경우 지표면에서 버킷 투스의 선단까지 길이

01 버킷의 종류

(1) 표준 버킷

최대 굴착 효율을 낼 수 있도록 표준 장비에 부착 사용되는 버킷으로 자연 상태의 흙이나 자갈 굴착 작업에 적합

① **백호** : 장비가 위치한 지면보다 낮은 곳 굴착에 적합하며 수중 굴착도 가능
② **셔블** : 장비가 위치한 지면보다 높은 곳 굴착에 적합하며 페이스 셔블이라고도 한다.

(2) 특수 작업용 버킷

① **디칭 버킷** : 폭이 좁은 버킷으로 배관 작업에 적합
② **V형 버킷** : 굴착 하면서 좌우 양쪽 경사면을 만들 수 있도록 제작된 버킷으로 배수로 작업에 적합
③ **크리닝 버킷** : 물이 잘 빠지도록 버킷에 구멍이 있어 배수로 청소 작업에 적합
④ **록 버킷** : 채석장이나 광산에서 사용하는 버킷으로 굴착 저항을 줄여 틈새를 잘 파고 들어갈 수 있도록 투스 끝이 뾰족하고 길이가 길며 커팅 에이지가 V자형으로 되어 있으며 버킷이 내마모강으로 제작된 버킷
⑤ **크램셀 버킷** : 형상이 조개와 같다고 하여 붙여진 이름으로 구멍을 뚫는 보링 작업에 적합하며 텔레스코픽 암을 사용하여 흙을 파는 것을 보면서 장비를 조종할 수 있도록 원격조종장치를 사용할 수 있어 정교한 보링 작업과 작업효율을 높일 수 있다.

(3) 특수 용도의 작업 장치

① **퀵 커플러** : 운전실에서 스위치를 조작해 버킷 등의 작업 장치를 손쉽게 교체할 수 있는 장치로 수동식과 자동식이 있다.

ⓐ 수동식 : 버킷 핀의 록 장치를 볼트나 너트로 조이는 방식
ⓑ 자동식 : 운전석에서 스위치 조작으로 유압 실린더를 작동 시켜 버킷 핀 록 장치를 작동 시키는 방식

② **브레이커** : 오일 순환으로 피스톤이 빠른 속도로 왕복운동 할 때 발생되는 진동 에너지로 암석 등을 분쇄시키는 장치로 유압식 해머라고도 한다.
③ **쉬어** : 유압 실린더로 블레이드를 움직여 철근이나 H빔, I빔 등을 절단하는 장치로 고철장이나 건축물 철거 현장에 적합하며 쉬어 헤드(암과 연결되는 부분)에 유압 모터로 블레이드를 회전시켜 절단 대상물의 원하는 지점을 정확하게 잡을 수 있다.
④ **크러셔** : 2개의 집게로 작업 대상물을 집고 조여 물체를 파쇄하는 장치로 집게를 유압 모터를 회전시켜 대상물의 원하는 지점을 잡을 수 있는 회전식 크러셔도 있다.
⑤ **그래플** : 유압 실린더를 이용해 2~5개의 집게를 움직여 작업물질을 집는 장치로 유압 모터를 회전시켜 대상물의 원하는 지점을 잡을 수 있는 회전식 그래플, 집게가 5개인 멀티타입 그래플도 있다. 집게를 오므렸을 때 집게 간격이 큰 것을 개방형, 개방형보다 조금 더 오므릴 수 있는 반개방형, 간격이 없는 것을 폐쇄형이라고 한다.
⑥ **컴팩터** : 유압모터로 편심 축을 회전 시킬 때 발생되는 진동을 이용 다짐 작업을 하는 장치
⑦ **리퍼** : 나무뿌리나 돌 등을 파내는 작업에 사용되는 작업 장치

⑧ **파일 드라이브 및 오거**: 유압모터의 회전력으로 스크루를 돌려서 구멍을 뚫는 장치로 전신주, 기둥박기에 적합하다.

⑨ **틸팅 버킷**: 경사진 곳을 굴착하기 위한 작업 장치로 버킷을 경사면의 각도에 맞출 수 있도록 버킷의 조절이 가능하도록 유압모터나 실린더가 장착되어 있다.

⑩ **이젝터 버킷**: 버킷 내에 토사를 밀어내기 위한 이젝터가 설치되어 있어 진흙 등의 작업에 적합하다.

⑪ **플립 버킷**: 채 버킷이라고도 부르며 자갈 등을 골라내는 작업에 적합하다.

⑫ **스로트 휘니쉬 버킷**: 경사지 조성, 도로, 하천공사 정지 작업에 적합하다.

⑬ **우드 클램프**: 전신주, 목재 운반과 적재에 적합하다.

⑭ **도저용 블레이드**: 아우트리거 기능과 매설 등에 적합하다.

03 출제예상문제

구조 및 기능

01 실린더의 설치 지지 방법에 따른 분류에서 굴착기의 붐 실린더를 지지하는 방식은?

① 풋형 ② 플런저형
③ 그레비스형 ④ 트러니언형

> 일반적으로 붐 실린더에 가장 많이 사용되는 형식은 그레비스 형이다.

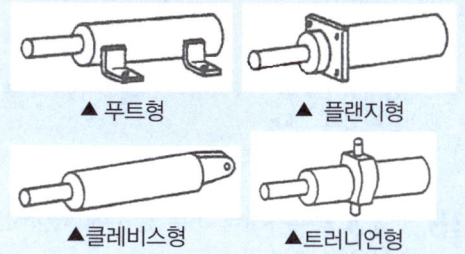
▲ 푸트형   ▲ 플랜지형
▲ 클레비스형   ▲ 트러니언형

02 굴착기의 작업 장치에 해당되지 않는 것은?

① 백호 ② 브레이커
③ 힌지드 버킷 ④ 파일 드라이브

> 힌지드 버킷은 지게차의 작업 장치에 속한다.

03 작업 장치로 토사 굴토 작업이 가능한 건설기계는?

① 로더와 기중기
② 불도저와 굴착기
③ 천공기와 굴착기
④ 지게차와 모터그레이더

> 토사, 굴토 작업이 가능한 장비는 불도저와 굴착기이다.

04 굴착 깊이가 깊으며, 토사의 이동, 적재, 클램셀 작업 등에 적합하며, 좁은 장소에서 작업이 용이한 붐은?

① 원피스 붐(one piece boom)
② 투피스 붐(two piece boom)
③ 백호스틱 붐(back hoe sticks boom)
④ 회전형 붐

> 원피스 붐은 가장 많이 사용되고 있는 형식으로 170° 정도의 굴착 작업이 가능하며, 투피스 붐은 굴착 깊이를 깊게 할 수 있으며 다용도로 사용이 가능하다. 회전형(로터리 붐)은 붐과 암 사이에 회전 장치를 설치하여 굴착기의 이동 없이 암을 360° 회전시킬 수 있다.

05 굴착기 작업에서 암반 작업 시에 가장 효과적인 버킷은?

① V형 버킷 ② 이젝터 버킷
③ 리퍼 버킷 ④ 로더 버킷

> 암반 작업에 사용되는 버킷은 리퍼 버킷이다.

06 굴착기에 파일 드라이버를 연결하여 할 수 있는 작업은?

① 토사 적재 ② 경사면 굴토
③ 지면 천공작업 ④ 땅 고르기 작업

> 파일 드라이버는 지면에 구멍을 뚫는(천공 작업)기계이다.

07 굴착기 규격은 일반적으로 무엇으로 표시되는가?

① 붐의 길이
② 작업 가능 상태의 자중
③ 오일 탱크의 용량
④ 버킷의 용량

> 굴착기의 규격 표시는 작업 가능 상태의 장비 자체 중량으로 표시한다.

정 답

01.③ 02.③ 03.② 04.② 05.③
06.③ 07.②

08 작업 장치에 투스를 부착하여 사용하는 건설기계는?

① 로더와 천공기
② 굴착기와 로더
③ 불도저와 지게차
④ 기중기와 모터그레이더

> 작업 장치의 버킷에 투스를 부착하여 사용하는 건설기계는 굴착 장비인 로더와 굴착기로 버킷 투스를 부착하는 이유는 굴착력을 증가시키기 위함이다.

09 유압식 셔블 장치의 작업 시 붐의 경사 각도로 다음 중 가장 적당한 것은?

① 15 ~ 25°
② 25 ~ 35°
③ 35 ~ 65°
④ 60 ~ 85°

> 유압식 셔블 장치는 건설기계가 위치한 지면보다 높은 장소의 땅을 굴착하는데 적합한 장비로 붐의 경사 각도로는 35 ~ 65°가 적합하다.

10 굴착기 작업 장치에 대한 설명으로 틀린 것은?

① 붐 실린더는 붐의 상승·하강 작용을 해준다.
② 버킷 실린더는 버킷의 오므림·벌림 작용을 해준다.
③ 굴착기의 규격은 굴착기의 작업 가능 상태의 자중으로 표시한다.
④ 작업 장치를 작동하게 하는 실린더 형식은 주로 단동식이다.

> 로더 작업 장치를 작동 시키는 유압 실린더는 주로 복동 실린더가 사용된다.

11 붐 하강 작동이 고속인 경우 슬로 리턴 밸브는 버킷 실린더가 완전히 팽창되고 암 실린더는 완전히 수축된 상태에서 최대의 높이에서 지상에 내려오는 속도가 몇 초 정도가 되도록 조정되어야 하는가?

① 2.8 초
② 4.2 초
③ 5 초
④ 1.2 초

> ㉠ 붐 상승과 하강 속도 : 상승 = 3.7 ± 0.2초, 하강 = 2.85 ± 0.2 초
> ㉡ 암 작동 속도 : 추출 = 6.4 ± 0.2 초, 수축 = 4.8 ± 0.2초
> ㉢ 버킷 작동 속도 : 추출 = 3.3 ± 0.3 초, 수축 = 2.8 ± 0.2 초

12 다음 중 굴착기의 붐은 무엇에 의해 상부 회전체에 연결되는가?

① 테이퍼 핀
② 푸트 핀
③ 링 핀
④ 코터 핀

> 상부 회전체와 전부장치의 연결은 푸트 핀에 의해 설치되어 있다.

13 셔블계 굴착기계의 3 부 장치에 속하지 않는 것은?

① 상부 회전체
② 하부 추진체
③ 전부장치
④ 동력 발생장치

> 굴착기계의 주요 3 부 장치는 상부 회전(선회)체, 하부 추진(주행)체, 전부(작업)장치로 구성되어 있다.

14 굴착기 작업 시 동력 전달 순서로 알맞은 것은 어느 것인가?

① 엔진 – 유압 펌프 – 컨트롤 밸브 – 실린더
② 엔진 – 컨트롤 밸브 – 잭 – 유압 펌프
③ 엔진 – 고압 펌프 – 컨트롤 밸브 – 유압 펌프
④ 엔진 – 컨트롤 밸브 – 유압 펌프 – 잭

> 굴착기 작업 시 동력 전달 순서: 엔진 – 유압 펌프 – 컨트롤 밸브 – 작동하고자 하는 유압 실린더 순으로 전달된다.

정 답

08.② 09.③ 10.④ 11.① 12.②
13.④ 14.①

15 작업 중 디퍼 이빨(팁)이 절단되었을 때 수리 방법 중 옳은 것은 어느 것인가?
① 우측 절토기를 떼어 낸다.
② 이빨 키를 빼고 새 이빨로 결합한다.
③ 이빨 키를 빼고 좌측 절토기에 리브를 댄다.
④ 측방 절토기 너트를 빼고 새 이빨로 접합한다.

> 작업 중 디퍼 이빨(팁)이 절단되었을 때 수리 방법은 이빨 키를 빼고 새 이빨로 결합한다.

16 디퍼의 개폐작용의 종류이다. 해당하지 않는 것은?
① 래칫 휠식
② 전기식
③ 드럼식
④ 진공식

> 디퍼 개폐 작용의 종류로는 ①, ②, ③ 외에도 유압식, 공기식이 있다.

17 다음 중 굴착기의 작업장치에 속하지 않는 것은?
① 붐
② 스틱
③ 버킷
④ 롤러

> 롤러는 하부 주행체의 부품이다.

18 다음 중 굴착기의 안전 수칙에 대한 설명으로 잘못된 것은?
① 버킷이나 하중을 달아 올린 채로 브레이크를 걸어두어서는 안 된다.
② 운전석을 떠날 때에는 기관을 정지시켜야 한다.
③ 장비로부터 다른 곳으로 자리를 옮길 때에는 반드시 선회 브레이크를 풀어놓고 장비로부터 내려와야 한다.
④ 무거운 하중은 5~10cm 들어 올려보아서 브레이크나 기계의 안전을 확인한 다음에 작업에 임하도록 한다.

> 장비로부터 다른 곳으로 자리를 옮길 때에는 반드시 선회 브레이크를 잠그고, 장비는 평탄한 곳에 주차시켜 놓고 주차 브레이크를 당겨 장비의 이동 및 작업 장치를 안전한 상태로 한 후 장비로부터 내려와야 한다.

19 다음 중 굴착 작업방법에 대한 설명으로 틀린 것은?
① 버킷으로 옆으로 밀거나 스윙시의 충격을 이용하지 말 것
② 하강하는 버킷이나 붐의 중력을 이용하여 굴착할 것
③ 굴착부를 주의 깊게 관찰하며 작업할 것
④ 과부하를 받으면 버킷을 지면에 내리고 레버를 중립으로 리턴 시킬 것

> 굴착 작업 시 하강하는 버킷이나 붐의 중력을 이용하여 굴착을 하여서는 안된다.

20 다음 중 효과적인 굴착 작업이 아닌 것은?
① 붐과 암의 각도를 80~110도 정도로 선정한다.
② 버킷 투스의 끝이 암의 작동보다 안으로 내밀어야 한다.
③ 버킷은 의도한 위치대로 하고 붐과 암을 계속 변화시키면서 굴착한다.
④ 굴착 후 암을 오므리면서 붐을 상승 위치로 변화시켜 하강 위치로 스윙한다.

> 버킷은 의도한 위치대로 하고 암과 버킷을 오므리면서 붐을 천천히 상승시켜 굴착한다.

21 굴착 작업 시 진행 방향으로 알맞은 것은?
① 전진
② 후진
③ 선회
④ 우방향

> 굴착 작업 방법
> ① 전진 굴착 작업 : 후진하면서 똑바로 굴착 하는 방법
> ② 병진 굴착 작업 : 굴착 할 부분과 하부 추진체를 나란히 하고 상부 회전체는 하부 추진체에 대해 90도 선회한 후 이동하면서 굴착 하는 방법

정 답

15.② 16.④ 17.④ 18.③ 19.②
20.③ 21.②

22 벼랑 암석 굴착 작업으로 다음 중 안전한 작업 방법은?

① 스프로킷을 앞쪽으로 두고 작업한다.
② 중력을 이용한 굴착을 한다.
③ 신호자는 조정자의 뒤에서 신호한다.
④ 트랙 앞쪽에 트랙 보호 장치를 한다.

> 벼랑 암석 굴착 작업 요령 : 트랙 앞쪽에 트랙의 보호 장치를 하고 스프로킷은 뒤쪽으로 향하게 하여 작업을 하되 잘 보이지 않는 곳의 작업은 정 측면에서 신호를 하는 신호자의 신호에 따라 장비의 힘을 이용하여 자연스럽게 작업을 하여야 한다.

23 다음 중 셔블계 굴착기와 관계가 먼 것은?

① 백호   ② 유압 리퍼
③ 드래그라인 ④ 크램셀

> 유압 리퍼는 불도저에서 나무뿌리 뽑기, 바윗돌 뽑기 등에 사용된다.

24 다음 중 굴착기로 행하기 어려운 작업은?

① 상차 작업 ② 제설 작업
③ 평탄 작업 ④ 굴착 작업

> 제설 작업은 모터 그레이더를 이용하면 효과적이다.

25 굴착기 1순환(1사이클)을 바르게 표시한 것은?

① 굴착 – 덤프 – 선회 – 굴착 위치
② 굴착 – 선회 – 굴착 위치 – 덤프
③ 굴착 – 선회 – 덤프 – 굴착 위치
④ 굴착 – 선회 – 덤프 – 선회 – 굴착 위치

> 굴착 작업의 1순환 사이클은 굴착 – 선회 – 덤프 – 선회 – 굴착 위치로 이루어진다.

26 굴착기에서 작업 시 안정성을 주고 장비의 밸런스를 잡아 주기 위하여 설치한 것은?

① 붐   ② 스틱
③ 버킷   ④ 카운터 웨이트

> 카운터 웨이트 : 카운터 웨이트는 밸런스 웨이트라고도 부르며 비중이 큰 주철제로서 상부 회전체의 후부에 볼트로 고정되어 있다. 이는 굴착기 작업 시 뒷부분에 하중을 줌으로서 차체의 롤링을 완화하고 임계하중을 높인다.

27 굴착기 조종 레버의 명칭이 아닌 것은?

① 암 및 스윙 제어 레버
② 붐 및 버킷 제어 레버
③ 전·후진 주행 레버
④ 버킷 회전 제어 레버

> 버킷 회전 제어 레버는 굴착기 조종 레버로는 없다.

28 굴착기 작업 시 작업장치의 속도는 다음 중 무엇으로 조절하는가?

① 디셀러레이터   ② 유량 조절 레버
③ 마스터 클러치   ④ 변속 레버

> 유압식 작업장치의 작업 속도 조절은 유량 제어 레버로 조절한다.

29 다음 중 굴착기의 버킷 용량은 무엇으로 표시하는가?

① Id^2 ② m^3
③ yd^2 ④ m

> 굴착기의 버킷 용량은 m^3으로 표시한다.

30 굴착기 붐 제어 레버를 계속 상승 위치로 당기고 있으면 다음 어느 곳에 가장 많은 손상이 오는가?

① 오일 펌프   ② 엔진
③ 유압 모터   ④ 릴리프 밸브 시트

> 굴착기 붐 제어 레버를 계속 상승 위치로 당기고 있으면 붐 실린더의 압력이 과도하게 상승되어 릴리프 밸브의 채터링 현상으로 시트가 손상된다.

정답

| 22.④ | 23.② | 24.② | 25.④ | 26.④ |
| 27.④ | 28.② | 29.② | 30.④ | |

31 굴착기 주요 레버류의 조작력은 몇 kg 이하이어야 하는가?

① 20　　② 30
③ 50　　④ 90

> 굴착기 주요 레버 및 페달류의 조작력
> 1. 페달류
>   ① 조작력: 90kg 이하
>   ② 행 정: 30 cm 이하
> 2. 레버류
>   ① 조작력: 50kg 이하
>   ② 행 정: 중립 위치에서 전후 30 cm 이하

32 유압식 셔블 장치의 작업 시 붐의 경사 각도로 다음 중 가장 적당한 것은?

① 15 ~ 25°　　② 25 ~ 35°
③ 35 ~ 65°　　④ 60 ~ 85°

> 유압식 셔블 장치는 건설기계가 위치한 지면보다 높은 장소의 땅을 굴착하는데 적합한 장비로 붐의 경사 각도로는 35 ~ 65°가 적합하다.

33 다음 사항에서 유압 셔블의 특징이 아닌 것은?

① 운전 조작이 쉽다.
② 구조가 간단하다.
③ 회전 부분의 용량이 크다.
④ 프런트 교환이 쉽다.

> 유압 셔블의 특징은 ①, ②, ④ 이외에도 회전부분의 용량이 작고 힘의 분배 및 집중이 용이하다. 원격조작이 용이하다, 등이 있다.

34 덤프트럭에 상차 작업 시 가장 중요한 굴착기의 위치는?

① 선회 거리가 가장 짧게 한다.
② 앞 작동 거리가 가장 짧게 한다.
③ 버킷 작동 거리가 가장 짧게 한다.
④ 붐 작동 거리가 가장 짧게 한다.

> 상차 작업 시 선회 각도를 가장 짧게 하는 것이 가장 중요하다.

35 굴착기의 파일 드라이버 작업에서 리더 진동을 방지하여 수직으로 파일이 박히도록 설치된 기구는?

① 호이스트 레버　　② 스트랩
③ 스톱퍼　　④ 버지

> 스트랩: 리더의 진동을 방지하여 수직으로 파일이 박히도록 설치된 기구

36 굴착기의 조종 시 작동이 불가능하거나 해서는 안 되는 작동은 어느 것인가?

① 굴착하면서 선회한다.
② 붐을 들면서 담는다.
③ 붐을 낮추면서 선회한다.
④ 붐을 낮추면서 굴착 한다.

> 굴착 작업에서 굴착을 하면서 선회를 하여서는 안 된다.

37 다음 중 굴착기의 굴착력이 가장 큰 경우는?

① 암과 붐이 일직선상에 있을 때
② 암과 붐이 45 도 선상을 이루고 있을 때
③ 버킷을 최소 작업 반경 위치로 놓을 때
④ 암과 붐이 직각 위치에 있을 때

> 굴착기의 굴착력이 가장 크게 작용하는 상태는 붐과 암의 각도가 직각의 위치로 하고 뻗음 50 도, 수직 상태에서 당김 15 도 범위이다.

38 다음 중 효과적인 굴착 작업이 아닌 것은?

① 붐과 암의 각도를 80 ~ 110 도 정도로 선정한다.
② 버킷 투스의 끝이 암의 작동보다 안으로 내밀어야 한다.
③ 버킷은 의도한 위치대로 하고 붐과 암을 계속 변화시키면서 굴착한다.
④ 굴착 후 암을 오므리면서 붐을 상승 위치로 변화시켜 하강 위치로 스윙한다.

정 답				
31.③	32.③	33.③	34.①	35.②
36.①	37.④	38.③		

버킷은 의도한 위치대로 하고 암과 버킷을 오므리면서 붐을 천천히 상승시켜 굴착한다.

39 다음 중 굴착 작업방법에 대한 설명으로 틀린 것은?

① 버킷으로 옆으로 밀거나 스윙 시의 충격을 이용하지 말 것
② 하강하는 버킷이나 붐의 중력을 이용하여 굴착할 것
③ 굴착부를 주의 깊게 관찰하며 작업할 것
④ 과부하를 받으면 버킷을 지면에 내리고 레버를 중립으로 리턴 시킬 것

굴착 작업 시 하강하는 버킷이나 붐의 중력을 이용하여 굴착을 하여서는 안 된다.

40 작업장에서 이동 및 선회 시 먼저 하여야 할 것은?

① 경적 울림   ② 버킷 내림
③ 급 방향 전환   ④ 굴착 작업

작업장에서 이동 및 선회 시 경적을 울려 이동 및 방향 전환을 알리고 버킷을 지면에 가깝게 내린 후 이동한다.

41 굴착기의 굴착 작업은 주로 어느 것을 사용하여야 하는가?

① 버킷 실린더   ② 디퍼 스틱 실린더
③ 붐 실린더   ④ 주행 모터

굴착기의 굴착 작업은 주로 디퍼 스틱 실린더(암 실린더)를 사용하는 것이 효과적이다.

42 벼랑 암석 굴착 작업으로 다음 중 안전한 작업 방법은?

① 스프로킷을 앞쪽으로 두고 작업한다.
② 중력을 이용한 굴착을 한다.
③ 신호자는 조정자의 뒤에서 신호한다.
④ 트랙 앞쪽에 트랙 보호 장치를 한다.

벼랑 암석 굴착 작업 요령 : 트랙 앞쪽에 트랙의 보호 장치를 하고 스프로킷은 뒤쪽으로 향하게 하여 작업을 하되 잘 보이지 않는 곳의 작업은 정 측면에서 신호를 하는 신호자의 신호에 따라 장비의 힘을 이용하여 자연스럽게 작업을 하여야 한다.

43 넓은 홈의 굴착 작업 알맞은 굴착 순서는?

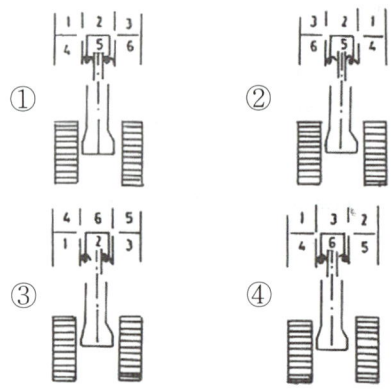

홈의 작업은 좌, 우, 중앙의 순으로 향하되 2단으로 나누어 먼 쪽부터 시행한다.

44 굴착 작업 시 작업 능력이 떨어지는 가장 큰 이유는?

① 탱크의 오일 결핍
② 릴리프 밸브의 조정 불량
③ 오일의 냉각
④ 채터링 현상

굴착 작업 시 작업 능력이 떨어지는 원인
① 유량 부족
② 유압 펌프 고장
③ 유압 실린더 내부 누출
④ 릴리프 밸브 설정압이 낮다.
⑤ 컨트롤 밸브의 고장

정답

39.② 40.① 41.② 42.④ 43.④ 44.①

45 다음은 굴착기 작업 중 조종자가 지켜야 할 안전수칙이다. 틀린 것은?

① 조종석을 떠날 때에는 기관을 정지시켜야 한다.
② 후진 작업 시에는 장애물이 없는지 확인한다.
③ 조종사의 시선은 반드시 조종 패널만 주시해야 한다.
④ 붐 등이 고압선에 닿지 않도록 주의한다.

> 조종사의 시선은 작업장치의 작업 방향, 신호수의 수신호, 작업 진행 등의 사항을 파악·주시하여야 한다.

46 엔진의 회전(시동)을 멈추지 않은 상태에서 굴착기를 정차시킬 경우 스로틀 레버의 위치로 가장 적당한 것은?

① 저속
② 중속
③ 고속
④ 어느 위치나 무관

> 스로틀 레버의 위치는 공전 및 저속의 위치에 놓아야 한다.

47 다음 중 굴착기 작업장치의 종류가 아닌 것은?

① 파워 셔블
② 백호 버킷
③ 우드 그래플
④ 파이널 드라이브

> 파이널드라이브는 동력전달장치의 최종 감속기구이다.

정 답

45.③ 46.① 47.④

chapter 03 작업용 연결장치

굴착기 작업에서 작업의 특성에 따라 다양한 작업 장치를 선택하여 연결할 수 있도록 하는 장치를 말한다.

3-1 퀵 커플러(링크)

① 유압식의 다양한 작업 장치를 쉽고 간편하게 교체를 위한 장치이다.
② 유압식과 기계식이 있다.
③ 기계식: 버킷 핀의 록 장치를 볼트나 너트로 조이는 방식이다.
④ 유압식: 운전석에서 솔레노이드 밸브 또는 유압 조작 레버로 유압 실린더를 작동시켜 버킷 핀 록 장치를 작동시키는 방식이다.

01 작업장치의 탈거

① 장비를 평탄하고 단단한 지면에 주차하고 작업 장치를 지면에 내린다.
② 버킷 핀 록 장치 핀의 잠금 위치에서 풀림 위치로 돌려 빼낸다.
③ 스위치 박스 커버를 열고 전원 공급 스위치를 ON하여 전원을 공급한다.
④ 컨트롤 스위치를 탈거 위치에 선택하여 작업 장치를 탈거한다.
⑤ 퀵 커플러를 작업 장치에서 탈거한다.

02 작업장치 장착

① 작업 장치를 평탄하고 단단한 지면에 내리고 핀을 설치한다.
② 가동 혹을 닫고 고정 혹을 암 측면에 작업 장치 핀에 둔다.
③ 퀵 커플러를 지면과 수평하게 하고 작업 장치를 들어 올린다.
④ 작업 장치를 오무려 수평이 되도록 한다.
⑤ 컨트롤 스위치를 정차 위치에 두고 작업 장치를 장착한다.
⑥ 안쪽까지 삽입되는 구멍을 통해 잠금 핀을 삽입한다.
⑦ 잠금 핀을 잠금 위치로 한다.
⑧ 전원 공급 스위치를 조작 전에 작업 장치가 퀵 커플러에 단단하게 고정되었는지 확인한다.

3-2 브레이커 연결작업

01 브레이커의 구성

① 파워 셀: 충격 에너지를 발생시키는 부분
② 브래킷: 파워셀을 감싸고 굴착기 암과 연결 시켜준다.
③ 방향조절 밸브: 유체의 흐름 방향을 조절한다.
④ 축압기: 유압 에너지를 저장하고 유량 보충과 충격 압력 흡수한다.
⑤ 백 헤드: 질소가스 충전부
⑥ 피스톤: 왕복 운동으로 타격하는 부분
⑦ 치즐: 암반 등을 파괴하는 부분

02 유압식 브레이커 장치 연결

① 장비의 안정성, 유압, 유량 등의 적합성을 검토하여 장비를 선정한다.
② 본체나 브레이커의 손상 없이 기능을 완전히 습득하고 작동유 오염도 관리를 철저히 한다.
③ 유압 브레이커는 버킷보다 무겁고 빠르기 때문에 파쇄물을 내려쳐서는 안 된다.
④ 유압 실린더나 프런트에 손상이 생기지 않도록 10cm이상의 거리를 유지한다.
⑤ 유압 호스가 심하게 진동하면 작업을 중지한다.
⑥ 본체 암, 붐, 버킷 실린더 조작 시에는 유압 브레이커의 치즐이 붐에 닿지 안도록 한다.
⑦ 유압 브레이커의 수중 작업은 부식이나 먼지의 혼입으로 유압 기기의 파손의 원인이 된다.
⑧ 유압 브레이커의 인양은 전도, 유압 브레이커 파손의 원인이 되므로 금지한다.
⑨ 본체의 휠 방향 작업은 전도 및 주행 장치 수명 저하의 원인이 된다.

03 브레이커의 작동

브레이커의 작동은 브레이커/승압/쉐어 선택 스위치에서 브레이커를 선택 후 우측 작업 레버의 하단 중앙에 있는 버튼을 누르면 브레이커가 작동한다.

① 질소 탱크, 고압 탱크, 저압 탱크를 확인하고 질소가스의 압력을 점검한다.
② 설치 후에 수직 위치에 놓고 브레이커에 압력을 가하여 시동을 끄고 그리스를 주입한다.
③ 작동 전에 시작 버튼 또는 페달을 눌러 작업대기 상태로 3~5초 간격으로 3회 반복으로 작동시켜 공기를 제거하고 브레이커를 OFF후 다시 ON하여 10분 정도는 연약지반에서 작업한다.

04 브레이커 릴리프 밸브 조정 방법

① 유압 브레이커에 호스를 연결하지 않은 상태에서 끝단의 배관을 350kgf/㎠의 고압에 견딜 수 있도록 커버를 막아준다.
② 브레이커 유압 라인을 릴리프 시키면서 상부 회전체에 설치된 브레이커용 릴리프 밸브의 스크류를 조정하여 릴리프 작업을 조정한다.
③ 컨트롤 밸브에 있는 과부하 릴리프 밸브를 브레이커용 릴리프 밸브로 사용하여서는 안 된다.

3-3 크러셔 연결작업

작업 대상물을 2개의 집게로 잡고 집게를 조여서 파쇄하는 장치로 고정식과 회전식이 있다.

01 크러셔의 연결

① 퀵 커플러를 이용하여 굴착기 본체에 크러셔를 연결한다.
② 크러셔의 유압 호스를 굴착기 본체의 유압 라인에 연결한다.
③ 볼트, 너트 형식의 유압 호스를 연결할 경우 잔여 공기를 제거하여야 한다.
④ 굴착기 작동 레버를 이용하여 체결상태를 확인하고 이중 안전 잠금장치를 체결한다.

02 크러셔 작업

① 높은 구조물은 위에서부터 아래로 파쇄한다.
② 측 방향의 작업은 전·후방향으로 뻗은 자세로 작업한다.
③ 지붕이나 콘크리트 바닥 작업 시 바닥 강도를 점검한 후 작업한다.

3-4 그래플(집게) 연결작업

01 그래플(집게) 작업
① 돌, 목재 등을 집게를 이용하여 잡고 이동하는 작업 장치
② 고정식과 회전식이 있다.
③ 경량 구조물 철거, 재활용, 건축 폐기물 분류 작업 등에 사용된다.
④ **작업장치 종류**: 데몰리션 그래플, 멀티타인 그래플, 오렌지 그래플이 있다.

02 그래플 작업 시 주의사항
① 과도한 회전 및 잡는 작업과 회전작업을 동시에 하지 않는다.
② 그래플을 이용하여 땅 고르기 작업 및 지렛대로 이용하여 작업하지 않는다.
③ 작업 중일 때 붐이나 집게를 이동시키지 않는다.
④ 기둥을 밀거나 잡아서 뽑는 작업을 하지 않는다.
⑤ 그래플을 이용한 건물 해체작업 시 붕괴 위험이 있으므로 건물 상부에서부터 작업한다.
⑥ 무리하게 돌 등을 파내거나 잡아당기지 않는다.
⑦ 주변에 고압 전류가 흐르는 전선이나 전선주 근처에 근접하여 작업하지 않는다.
⑧ 그래플의 끝부분을 지면이나 작업물에 대고 굴착기를 들어 올리지 않는다.

03 구조와 기능 — 출제예상문제

01 다음 중 굴착기 작업 장치의 종류가 아닌 것은?
① 파워 셔블
② 백호 버킷
③ 우드 그래플
④ 파이널 드라이브

> 파이널드라이브는 동력전달장치의 최종 감속기구이다.

02 굴착기의 작업 장치 중 브레이커에 대한 설명으로 잘못된 것은?
① 파쇄물을 내려쳐서는 안 된다.
② 유압 호스의 심한 진동 발생 시는 작업을 중지한다.
③ 컨트롤 밸브에 있는 과부하 릴리프 밸브를 브레이커용 릴리프 밸브로 사용한다.
④ 브레이커의 종류에는 유압식과 공기식이 있다.

> 컨트롤 밸브에 있는 과부하 릴리프 밸브를 브레이커용 릴리프 밸브로 사용하여서는 안 된다.

03 퀵 커플러에 대한 설명으로 옳지 않은 것은?
① 퀵 커플러는 작업 장치를 쉽고 간편하게 교체를 위한 장치이다.
② 퀵 커플러에는 유압식과 기계식이 있다.
③ 작업 장치 설치 후 버킷 핀 록 장치 핀의 잠금 위치에서 풀림 위치로 돌려놓아야 한다.
④ 작업 장치를 평탄하고 단단한 지면에 내리고 핀을 설치한다.

> 작업 장치 설치 후 버킷 핀 록 장치는 핀의 잠금 위치로 돌려놓아야 한다.

04 그래플 작업 시 주의사항으로 옳지 않은 것은?
① 과도한 회전 및 잡는 작업과 회전작업을 동시에 하지 않는다.
② 그래플을 이용하여 땅 고르기 작업 및 지렛대로 이용하여 작업하지 않는다.
③ 주변에 고압 전류가 흐르는 전선이나 전선주 근처에 근접하여 작업하지 않는다.
④ 그래플 작업은 기둥을 밀거나 잡아서 뽑는 작업을 하는 장비이다.

> 그래플은 경량 구조물 철거, 재활용, 건축 폐기물 분류 작업 등에 사용된다.

05 다음은 유압식 브레이커의 연결 주의사항이다. 설명으로 옳은 것은?
① 브레이커 장치의 연결은 장비 규격에 구애받지 않는다.
② 수중 작업은 브레이커가 주로 하는 작업이다.
③ 조종사는 사전에 브레이커의 사용법을 숙지하지 않아도 된다.
④ 브레이커 설치 장비는 안정성, 유압, 유량 등의 적합성을 검토하여 선정하여야 한다.

> 브레이커 장치 연결작업은 장비의 안정성, 유압, 유량등의 적합성을 검토하여 장비를 선정한다.

06 굴착기에 파일 드라이버를 연결하여 할 수 있는 작업은?
① 토사 적재
② 경사면 굴토
③ 지면 천공작업
④ 땅 고르기 작업

> 파일 드라이버는 지면에 구멍을 뚫는(천공 작업)기계이다.

정답
01.④ 02.③ 03.③ 04.④ 05.④ 06.③

07 다음은 굴착기에 크러셔를 연결하는 내용이다. 설명으로 옳지 않은 것은?

① 퀵 커플러를 이용하여 굴착기 본체에 크러셔를 연결한다.
② 굴착기 작동 레버를 이용하여 체결 상태를 확인하고 이중 안전 잠금장치를 개방하여야 한다.
③ 볼트, 너트 형식의 유압 호스를 연결 할 경우 잔여 공기를 제거하여야 한다.
④ 크러셔의 유압 호스를 굴착기 본체의 유압 라인에 연결한다.

굴착기 작동 레버를 이용하여 체결 상태를 확인하고 이중 안전 잠금장치를 체결한다.

08 그래플 작업의 안전 사항이다. 설명으로 옳지 않은 것은?

① 작업 중일 때 붐이나 집게를 이동시켜 작업한다.
② 무리하게 돌 등을 파내거나 잡아당기지 않는다.
③ 그래플을 지면이나 작업물에 대고 굴착기를 들어 올리지 않는다.
④ 건물 해체작업 시 붕괴 위험이 있으므로 건물 하부에서부터 작업한다.

건물 해체작업 시 붕괴 위험이 있으므로 건물 상부에서부터 작업한다.

09 굴착기 작업 장치에 대한 설명으로 틀린 것은?

① 붐 실린더는 붐의 상승·하강 작용을 해준다.
② 버킷 실린더는 버킷의 오므림·벌림 작용을 해준다.
③ 굴착기의 규격은 표준 버킷의 산적 용량(m^3)으로 표시한다.
④ 작업 장치를 작동하게 하는 실린더 형식은 주로 단동식이다.

로더 작업 장치를 작동 시키는 유압 실린더는 주로 복동 실린더가 사용된다.

10 굴착기 작업에서 암반 작업 시에 가장 효과적인 버킷은?

① V형 버킷   ② 이젝터 버킷
③ 리퍼 버킷   ④ 로더 버킷

암반 작업에 사용되는 버킷은 리퍼 버킷이다.

정답

07.②   08.④   09.④   10.③

chapter 04 상부 회전(선회)체

하부 주행체의 프레임에 스윙 볼 레이스와 결합 되어 360° 선회할 수 있으며 앞쪽에는 붐 등의 작업 장치가 설치되고 뒤쪽에는 굴착기 작업 시 안전성을 유지하기 위한 카운터 웨이트(밸런스 웨이트)가 설치되어 있다. 또한 상부 회전체에는 기관, 조종장치, 유압 탱크, 컨트롤 밸브, 유압 펌프, 선회장치 등이 설치되어 있다.(굴착기의 상부회전체는 스윙 볼 조인트(회전 조인트)와 연결되어 있다.)

4-1 선회장치

레이디얼형 플런저 모터인 스윙 모터, 피니언 기어, 링 기어, 스윙 볼 레이스 등으로 구성되어 스윙 모터에 유압이 공급되면 피니언 기어가 링 기어를 따라 회전하므로 상부 회전체가 회전된다. 종류로는 롤러식, 볼 베어링 식, 포스트식이 있으며 피니언 기어와 링기어의 치합은 외부 치합형과 내부 치합형이 있다.

① **스윙 모터**: 레이디얼 플런저형 모터가 사용된다.
② **스윙 링 기어**: 하부 추진체(주행체)의 프레임에 볼트로 고정된다.
③ **스윙 볼 레이스**: 상부 회전체와 하부 주행체를 연결한다.
④ **스윙 감속 피니언**: 링 기어와 맞물려 상부 회전체를 회전시킨다.
⑤ **턴테이블**: 회전판으로 유압에 의해 상부 회전체를 360° 회전시킨다.

4-2 선회고정장치

① 상부 회전 장치와 하부 주행 장치를 고정시킨다.
② 트레일러로 굴착기를 운반하거나 굴착기를 작업장에서 이동하거나 원거리 이동할 때 상부 회전체가 움직임이거나 회전되지 않도록 상부 회전 장치와 하부 주행 장치를 고정시켜 주는 장치이다.
③ 굴착기를 트레일러에서 하차할 때는 반드시 고정 장치를 풀고 하차를 하여야 한다.
④ 고정 장치의 설치 위치는 배터리 설치부 또는 운전석 측면에 있다.

4-3 카운터 웨이트

① 상부 회전체의 맨 뒷부분에 설치되어 있다.
② 밸런스 웨이트 또는 평형추라고도 한다.
③ 굴착 작업 시 장비가 앞으로 넘어지는 것을 방지한다.
④ 굴착 작업 시 장비에 안정성을 주고 장비의 균형을 유지한다.

03 구조와 기능

출제예상문제

01 굴착기 스윙(선회) 동작이 원활하게 안 되는 원인으로 틀린 것은?

① 컨트롤 밸브 스풀 불량
② 릴리프 밸브 설정 압력 부족
③ 터닝 조인트(Turning Joint) 불량
④ 스윙(선회)모터 내부 손상

> **터닝 조인트**: 하부 주행부와 상부 선회부를 연결하여 굴착기의 상·하부 간 유압을 공급하는 배관을 연결하도록 주행부에 고정되는 샤프트와 선회부에 고정되는 허브로 이루어진 선회연결부로 센터 조인트라고도 부르는 유체 이음을 말한다. 터닝 조인트가 불량하면 주행이 안 된다.

02 굴착기의 상부회전체는 몇 도까지 회전이 가능한가?

① 90° ② 180°
③ 270° ④ 360°

> 기중기, 굴착기 등의 상부 회전체의 회전각도는 360도 회전이 가능하다.

03 굴착기의 밸런스 웨이트(balance weight)에 대한 설명으로 가장 적합한 것은?

① 작업할 때 장비의 뒷부분이 들리는 것을 방지한다.
② 굴착 량에 따라 중량물을 들 수 있도록 운전자가 조절하는 장치이다.
③ 접지 압을 높여주는 장치이다.
④ 접지 면적을 높여주는 장치이다.

> 장비에 설치된 밸런스 웨이트는 장비가 작업할 때 중량물에 의해 장비의 뒷부분이 들리는 것을 잡아주는 것으로 중량물과 장비의 밸런스를 잡아준다.

04 엑스커베이터의 회전 장치 부품이 아닌 것은?

① 회전 모터   ② 링 기어
③ 피니언 기어 ④ 레디알 펌프

> 엑스커베이터의 회전 장치 부품은 회전 모터(레디알 모터), 링 기어, 감속(스윙) 피니언 기어, 볼 레이스 등으로 구성되어 있다.

05 굴착기의 상부 회전체가 선회하지 않는 원인이 아닌 것은?

① 쿠션(브레이크) 밸브의 불량
② 스틸 볼의 손상 또는 파손
③ 유압 실린더의 내부 누출
④ 릴리프 밸브 설정압이 낮다.

> 굴착기의 회전 장치 부품은 회전 모터(레디얼 모터), 링 기어, 감속(스윙) 피니언 기어, 볼 레이스 등으로 구성되어 있으며 제어 레버에 의해 작동된다. 따라서 유압 실린더는 상부 회전체의 부품이 아니다.

06 셔블계 굴착기계의 3 부 장치에 속하지 않는 것은?

① 상부 회전체 ② 하부 추진체
③ 전부장치   ④ 동력 발생장치

> 굴착 기계의 주요 3 부 장치는 상부 회전(선회)체, 하부 추진(주행)체, 전부(작업) 장치로 구성되어 있다.

07 굴착기를 트레일러로 수송할 시 전부 장치의 위치는 다음 중 어떻게 하는 것이 가장 적당한가?

① 앞쪽으로 한다.
② 뒤쪽으로 한다.
③ 옆쪽으로 한다.
④ 아무 쪽이나 상관없다.

> 굴착기를 트레일러로 수송할 시 전부장치의 위치는 뒤쪽으로 향하게 하고 수송하여야 한다.

정 답				
01.③	02.④	03.①	04.④	05.③
06.④	07.②			

08 다음 중 굴착기의 안전 수칙에 대한 설명으로 잘못된 것은?

① 버킷이나 하중을 달아 올린 채로 브레이크를 걸어 두어서는 안 된다.
② 운전석을 떠날 때는 기관을 정지시켜야 한다.
③ 장비로부터 다른 곳으로 자리를 옮길 때는 반드시 선회 브레이크를 풀어놓고 장비로부터 내려와야 한다.
④ 무거운 하중은 5~10cm 들어 올려보아서 브레이크나 기계의 안전을 확인한 다음에 작업에 임하도록 한다.

> 장비로부터 다른 곳으로 자리를 옮길 때는 반드시 선회 브레이크를 잠그고, 장비는 평탄한 곳에 주차시켜 놓고 주차 브레이크를 당겨 장비의 이동 및 작업 장치를 안전한 상태로 한 후 장비로부터 내려와야 한다.

09 아래 보기는 선회 동작 시 작동유의 흐름을 표시한 것이다. 빈칸에 맞는 것은?

> **보기**
> 펌프 → 컨트롤 밸브 → 브레이크 밸브 → 선회 모터 → 브레이크 밸브 →( ) → 작동유 탱크 → 펌프

① 컨트롤 밸브 ② 선회 모터
③ 브레이크 밸브 ④ 유압 펌프

> 선회 모터를 작동시킨 오일은 브레이크 밸브를 거쳐 컨트롤 밸브(제어 밸브)에 의해 오일 탱크로 되돌아온다.

10 작업장에서 이동 및 선회 시 먼저 하여야 할 것은?

① 경적 울림 ② 버킷 내림
③ 급 방향 전환 ④ 굴착 작업

> 작업장에서 이동 및 선회 시 먼저 하여야 할 것은 경적을 울려 이동 및 방향 전환을 알리고 버킷을 지면에 가깝게 내린 후 이동한다.

11 굴착기의 스윙 모터로서 일반적으로 가장 많이 사용되고 있는 형식은?

① 기어 모터
② 레디얼 피스톤 모터
③ 베인 모터
④ 트로코이드 펌프

> 일반적으로 가장 많이 사용되고 있는 굴착기의 스윙 모터는 레디얼 피스톤 모터이다.

12 굴착기를 트레일러에 싣고 운반할 때 하부추진체와 상부 회전체를 고정시켜 주는 것은?

① 밸런스 웨이트 ② 스윙 록 장치
③ 센터 조인트 ④ 주행 록 장치

> 스윙 록 장치 : 상부 회전체의 흔들림과 회전 방향으로의 이동을 방지하기 위하여 필요한 것으로 상부 회전체를 하부 추진체에 고정하는 것이다.

13 굴착기에서 작업 시 안정성을 주고 장비의 밸런스를 잡아 주기 위하여 설치한 것은?

① 붐 ② 스틱
③ 버킷 ④ 카운터 웨이트

> 카운터 웨이트 : 카운터 웨이트는 밸런스 웨이트라고도 부르며 비중이 큰 주철제로서 상부 회전체의 후부에 볼트로 고정되어 있다. 이는 굴착기 작업 시 뒷부분에 하중을 줌으로서 차체의 롤링을 완화하고 임계하중을 높인다.

14 상부 회전체의 검사에 따른 조치 사항이다. 틀린 것은?

① 고무호스 – 수리하여 재사용
② 유압 펌프 – 규정 압력 하에서 토출량이 정상이면 사용
③ 급유 상태 – 동급유로 보충
④ 조작 레버 – 규정 유격으로 조정

> 고무호스는 고압 호스로 교환하여야 한다.

정 답
08.③ 09.① 10.① 11.② 12.②
13.④ 14.①

15 엑스커베이터의 회전 장치 부품이 아닌 것은?

① 회전 모터　　② 링 기어
③ 피니언 기어　④ 레디알 펌프

> 엑스커베이터의 회전 장치 부품은 회전 모터(레디알 모터), 링 기어, 감속(스윙) 피니언 기어, 볼 레이스 등으로 구성되어 있다.

16 굴착기의 상부 회전체는 어떤 것에 의하여 하부 주행 체에 연결되어 있는가?

① 푸트 핀　　　② 스윙 볼 레이스
③ 회전 조인트　④ 스윙 모터

> **스윙 볼 레이스**: 스윙 볼 레이스의 아웃 레일은 상부 회전체에 인너 레일은 턴 테이블 기어와 하부 추진체에 설치되어 있는 레일 사이에 볼을 삽입하여 회전 저항을 최소화 한 것으로 상부와 하부 추진체의 연결부이다.

17 포크레인을 트레일러로 수송할 시 전부장치의 위치는 다음 중 어떻게 하는 것이 가장 적당한가?

① 앞쪽으로 한다.
② 뒤쪽으로 한다.
③ 옆쪽으로 한다.
④ 아무 쪽이나 상관없다.

> 포크레인을 트레일러로 수송할 시 전부장치의 위치는 뒤쪽으로 하고 수송하여야 한다.

18 상부 회전체에 설치된 부품에 해당하지 않는 것은?

① 원동기　　② 크롤러
③ 권상장치　④ 선회 프레임

> 크롤러는 트랙을 말하는 것으로 하부 추진체에 부품이다.

정 답
15.④　16.②　17.②　18.②

chapter 05 하부 추진(주행)체

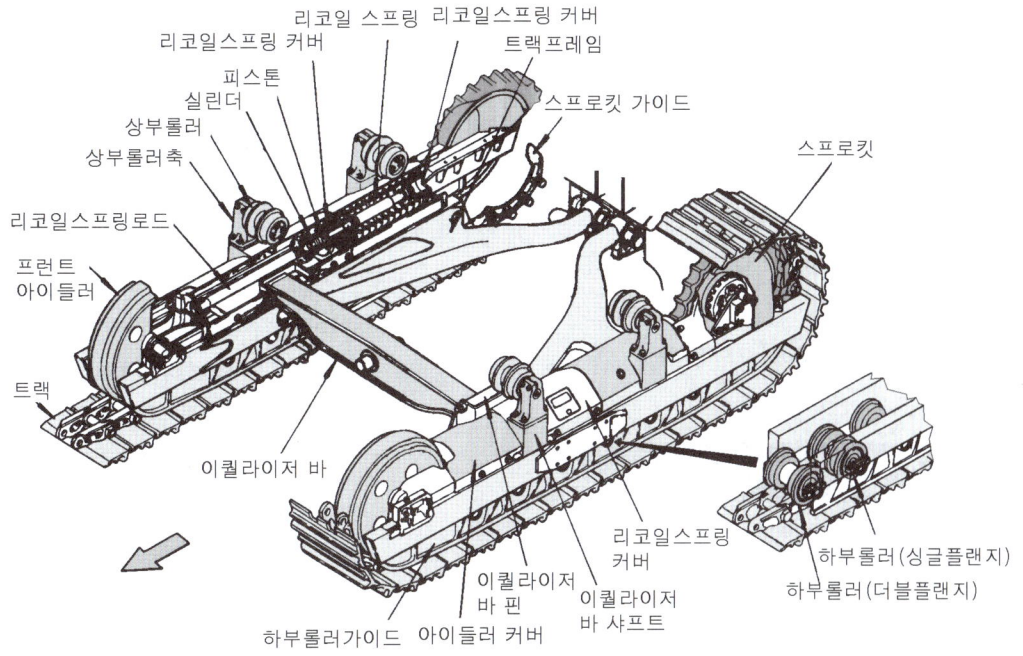

굴착기 하부 추진(주행)체의 구조

① 장비의 상부 회전체와 전부 장치 등의 무게를 지지하고 이동시키는 장치이다.
② 굴착기의 하부 주행체는 타이어식과 무한궤도식이 주로 사용된다. 타이어식은 자동차와 같은 방법으로 기관의 동력이 전달되어 바퀴가 회전하여 이동하지만 무한궤도식은 주행 모터(유압모터)에 의해서 트랙을 회전시켜 이동된다.

5-1 센터조인트

① 센터조인트는 스위블 조인트(터닝 조인트)라고도 한다.
② 상부 선회체의 중심부에 설치되어 있다.
③ 상부 회전체의 유압을 주행 모터에 공급하는 역할을 한다.
④ 상부 회전체가 회전하여도 유압 호스나 유압 파이프 등이 꼬이지 않기 때문에 유압의 공급이 원활하게 이루어진다.
⑤ 압력 상태에서도 회전이 가능한 관이음이다.

5-2 주행 모터

① 무한궤도식 건설기계의 주행 동력을 담당한다.
② 주행 모터는 좌, 우 각각 1개씩 설치되어 있다.
③ 레이디얼 플런저 모터가 사용된다.
④ 감속기어, 스프로킷, 트랙 등을 구동시켜 굴착기를 주행시킨다.
⑤ 유압식 무한궤도식의 조향 작용을 담당한다.
⑥ 주행 모터의 주차 제동은 네거티브 형식으로 수동에 의한 제동이 불가능하다.
⑦ 주행 모터 내부에는 브레이크 밸브가 설치되며 주행 시에는 열린다.

5-3 주행감속기어(화이널 드라이브)

01 기어식

① 허브 종감속 기어라고도 한다.
② 종류에는 기어식과 유성 기어식이 있다.
③ 동력전달의 마지막 단계이다.
④ 감속하여 구동 토크를 증대시켜 견인력을 증대시킨다.
⑤ 허브 감속기어는 단일 감속기어와 이중 감속기어로 나눈다.
⑥ 차축에 전달된 동력을 피니언을 통하여 최종 구동기어로 전달된다.
⑦ 최종 구동기어는 감속과 동시에 토크를 증대시켜 큰 부하의 작업을 하게 된다.

02 유성 기어식

(1) 기능

① 단일 유성 기어식과 이중 유성 기어식이 있다.
② 최종 감속기어는 큰 회전력이 필요한 건설기계에 사용된다.
③ 유성 기어식은 유성기어 세트(유성 캐리어를 회전시켜 동력을 스프로킷 또는 바퀴로 전달)를 회전시키는 드라이브 차축과 선 기어에 의해 감속과 트크 증대가 이루어지며 중부하를 수행한다.

(2) 작동

① 허브 내부에 유성기어 세트가 설치된다.
② 선 기어를 구동하고 캐리어를 고정하면 링 기어가 감속 회전한다.
③ 링 기어는 바퀴에 연결된다.
④ 선 기어는 차축에 연결한다.

03 구조와 기능

출제예상문제

01 굴착기의 상부 선회체 작동유를 하부 주행체로 전달하는 역할을 하고 상부선회체가 선회 중에 배관이 꼬이지 않게 하는 것은?

① 주행 모터 ② 선회 감속장치
③ 센터조인트 ④ 선회 모터

> **센터 조인트** : 상부 회전체의 오일을 하부 추진체에 공급하기 위한 회전 이음으로 상부 회전체의 회전에 영향을 받지 않도록 되어 있으며 보디, 스핀들, O 링, 백업 링 등으로 구성되며 배럴은 상부 회전체에 고정되고 스핀들은 하부 추진체에 고정된다. 또한 O 링 및 백업 링은 스핀들과 배럴 사이에 설치되어 누유를 방지한다.

02 굴착기를 이용하여 수중작업을 하거나 하천을 건널 때의 안전사항으로 맞지 않는 것은?

① 타이어식 굴착기는 액슬 중심점 이상이 물에 잠기지 않도록 주의하면서 도하한다.
② 무한궤도식 굴착기는 주행모터의 중심선 이상이 물에 잠기지 않도록 주의하면서 도하한다.
③ 타이어식 굴착기는 블레이드를 앞쪽으로 하고 도하한다.
④ 수중작업 후에는 물에 잠겼던 부위에 새로운 그리스를 주입한다.

> 무한궤도식 굴착기는 상부롤러 이상이 물에 잠기지 않도록 주의하면서 도하한다.

03 무한궤도 주행식 굴착기의 동력 전달계통과 관계가 없는 것은?

① 주행 모터
② 최종 감속기어
③ 유압 펌프
④ 추진축

> 추진축은 휠 형식의 동력 전달장치에 사용한다.

04 굴착기의 센터조인트에 관한 설명 중 틀린 것은?

① 상부 회전체의 회전 중심부에 설치되어 있다.
② 상부 회전체의 오일을 주행 모터에 전달한다.
③ 상부 회전체가 회전하더라도 호스 파이프 등이 꼬이지 않고 원활히 송유하는 일을 한다.
④ 조인트가 고장 나도 직선 운행과는 관계가 없다.

> **센터 조인트** : 스위블 조인트라고도 부르며, 배관의 일종인 기계적 이음체로서 상부회전체의 회전에도 영향을 받지 않고 상부 회전체의 오일을 하부 주행 모터에 공급하기 위한 장치이다.

05 무한궤도식 굴착기에서 가장 크게 감속하는 장치는?

① 피니언 베벨 기어
② 트랜스미션
③ 파이널 드라이브
④ 스프로킷

> 파이널 드라이브는 최종 감속장치를 말하는 것으로 견인력을 증가시킨다.

06 굴착기가 전·후 주행이 되지 않을 때 점검 개소 중 틀린 것은?

① 유니버설 조인트의 스플라인 부분을 점검한다.
② 유성기어를 점검한다.
③ 액슬 샤프트의 절단 여부를 점검한다.
④ 붐 하이드로릭 실린더의 유압을 점검한다.

정 답					
01.③	02.②	03.④	04.④	05.③	06.④

> 붐 하이드로릭 실린더는 작업 장치이므로 주행과는 관계가 없다.

07 스프로킷 허브 주위에서 오일이 누유 되는 원인은?

① 트랙 프레임의 균열
② 트랙 장력이 팽팽할 때
③ 내·외측 듀콘 실(duocone seal)의 파손
④ 작업장이 험할 때

> 스프로킷 허브 주위에서 오일이 누유 되는 원인은 스프로킷 허브 내·외측에 설치된 듀콘 실의 파손 및 손상과 설치 불량에 있다.

08 센터조인트에 대한 설명 중 틀린 것은?

① 상부 회전체의 오일을 주행 모터에 공급한다.
② 실이 파손되면 주행이 어렵다.
③ 배럴은 상부 회전체와 같이 회전한다.
④ 스핀들은 상부 회전체에 고정한다.

> **센터조인트**: 상부 회전체의 오일을 하부 추진체에 공급하기 위한 회전 이음으로 상부 회전체의 회전에 영향을 받지 않도록 되어 있다. 보디, 스핀들, O 링, 백업 링 등으로 구성되며 배럴은 상부 회전체에 고정되고 스핀들은 하부 추진체에 고정된다. 또한 O 링 및 백업 링은 스핀들과 배럴 사이에 설치되어 누유를 방지한다.

09 무한궤도 주행식 굴착기의 조향 작용은 무엇으로 행하는가?

① 유압 모터   ② 유압 펌프
③ 조향 클러치 ④ 브레이크 페달

> 무한궤도식 굴착기의 조향 작용은 좌·우측에 설치된 주행(유압)모터에 의해 이루어진다.

10 굴착기의 하부 주행체를 구성하는 요소가 아닌 것은?

① 선회 록 장치   ② 주행 모터
③ 스프로킷   ④ 전부 유동륜

> **선회 록 장치**: 상부 회전체와 하부 추진체를 고정하기 위한 것으로 주행 시, 운반 시, 격납 시, 주차 시에 사용한다.

11 굴착기의 한쪽 레버만 조작하여 회전하는 것을 무슨 회전이라 하는가?

① 급회전
② 스핀 회전
③ 원웨이 회전
④ 피벗 회전

> ① **피벗 턴(완회전)**: 주행 레버의 좌·우측 중에서 한쪽 주행 레버만 밀거나 당겨서 한쪽 트랙만 전·후진시켜 회전하는 방법
> ② **스핀 턴(급회전)**: 주행 레버 2개를 동시에 반대 방향으로 작동시켜 양쪽 트랙을 전·후진시켜 회전을 하는 방법

12 굴착기의 상부 회전체가 하부 주행체에 대한 역 위치에 있을 때 좌측 주행 레버를 당기면 차체가 어떻게 회전되는가?

① 좌향 스핀 회전
② 우향 스핀 회전
③ 좌향 피벗 회전
④ 우향 피벗 회전

> 굴착기의 상부 회전체가 하부 주행체에 대한 역 위치에 있을 때 좌측 주행 레버를 당기면 우측 트랙이 전진하므로 좌회전을 이루게 된다.

13 크롤러식 굴착기의 주행 장치 부품이 아닌 것은?

① 주행 모터   ② 스프로킷
③ 트랙   ④ 스윙 모터

> 크롤러식 주행 장치 부품은 본체 프레임, 상부 롤러, 하부 롤러, 전부 유동륜, 스프로킷, 트랙 및 구동 모터와 감속기어, 리코일 스프링으로 구성되어 있다.

정 답				
07.③	08.④	09.①	10.①	11.④
12.③	13.④			

14 셔블계 굴착기의 조종 방법 중 몇 도 정도의 언덕을 주행할 때 차체의 흘러내림을 방지하기 위하여 원칙적으로 올라갈 때는 유동륜을 뒤로 보내고 기동륜을 앞으로 보내는가?

① 1～2도 ② 2～3도
③ 4～6도 ④ 7～12도

> 경사지 등반 각도가 7～12도 이상 될 때는 스프로킷을 앞으로 하고 암과 버킷을 쭉 펴서 지상 30～50cm 높이로 하고 주행한다.

15 유압식 굴착기에 사용되는 유압 모터는 일반적으로 몇 개가 사용되는가?

① 1개 ② 2개
③ 3개 ④ 4개

> 굴착기에 사용되는 유압 모터는 주행 모터가 좌·우측에 각각 1개씩, 스윙 모터가 1개로 총 3개가 설치되어 있다.

16 유압식 굴착기의 주행 레버 2개를 동시에 반대 방향으로 작동시키면 굴착기의 중심을 기점으로 차체가 회전한다. 이것을 무엇이라 하는가?

① 피벗 턴 ② 스핀 턴
③ 와이드 턴 ④ 라운드 턴

> ① **피벗 턴(완전)**: 주행 레버의 좌·우측 중에서 한쪽 주행 레버만 밀거나 당겨서 한쪽 트랙만 전·후진시켜 회전하는 방법
> ② **스핀 턴(급회전)**: 주행 레버 2개를 동시에 반대 방향으로 작동시켜 양쪽 트랙을 전·후진시켜 회전을 하는 방법

17 다음 중 크롤러형 굴착기의 부품이 아닌 것은?

① 유압 펌프
② 오일 쿨러
③ 자재 이음
④ 센터조인트

> 자재 이음(유니버설 조인트)은 타이어식 굴착기의 부품이다.

18 크롤러식 굴착기에서 상부 회전체의 회전에도 영향을 받지 않고 주행 모터에 오일을 공급할 수 있는 부품은 어느 것인가?

① 컨트롤 밸브 ② 센터 조인트
③ 킹핀 ④ 턴테이블

> ① **컨트롤 밸브**: 제어 밸브
> ② **센터 조인트**: 상부 회전체의 오일을 하부 추진체 주행 모터, 조향 실린더, 아웃트리거 작동 실린더 등에 공급하기 위한 회전 이음으로 상부 회전체의 회전에 영향을 받지 않도록 되어 있다.
> ③ **킹 핀**: 조향 너클과 차축을 연결하는 핀
> ④ **턴테이블**: 회전반

19 굴착기에서 주행 시 동력전달 순서가 옳게 된 것은?

① 엔진 - 컨트롤 밸브 - 고압 파이프 - 유압 펌프 - 트랙
② 엔진 - 메인 유압 펌프 - 고압 파이프 - 주행 모터 - 트랙
③ 엔진 - 컨트롤 밸브 - 고압 파이프 - 메인 유압 펌프 - 트랙
④ 엔진 - 메인 유압 펌프 - 컨트롤 밸브 - 고압 파이프 - 주행 모터 - 트랙

> **굴착기 주행시 동력 전달 순서**
> ① **타이어식**: 엔진 - 클러치 - 변속기 - 상부 베벨 기어 - 센터 유니버설 조인트 - 하부 베벨 기어 - 하부 유니버설 조인트 - 종 감속기어 및 차동기어 - 액슬축 - 휠
> ② **무한궤도식**: 엔진 - 유압 펌프 - 컨트롤 밸브 - 센터 조인트 - 주행 모터 - 감속 기어 - 스프로킷 - 트랙

20 굴착기의 상부 회전체는 어떤 것에 의하여 하부 주행 체에 연결되어 있는가?

① 푸트 핀 ② 스윙 볼 레이스
③ 회전 조인트 ④ 스윙 모터

정 답				
14.④	15.③	16.②	17.③	18.②
19.④	20.②			

> **스윙 볼 레이스** : 스윙 볼 레이스의 아웃 레일은 상부 회전체에 이너 레일은 턴 테이블 기어와 하부 추진체에 설치되어 있는 레일 사이에 볼을 삽입하여 회전 저항을 최소화 한 것으로 상부와 하부 추진체의 연결부이다.

21 무한궤도식 굴착기의 주행(하부) 반경을 가장 작게 할 수 있는 적당한 방법은?

① 주행 모터 한쪽만 구동시킨다.
② 구동하는 주행 모터 외에 다른 모터의 조향 브레이크를 강하게 작용시킨다.
③ 두 개의 주행 모터를 서로 반대 방향으로 동시에 구동시킨다.
④ 트랙의 폭을 좁은 것으로 교환한다.

> **조향의 종류**
> ㉠ **피벗 턴(완회전)** : 주행 레버의 좌·우측 중에서 한쪽 주행 레버만 밀거나 당겨서 한쪽 트랙만 전·후진시켜 회전하는 방법으로 회전 반경이 크다.
> ㉡ **스핀 턴(급회전)** : 주행 레버 2개를 동시에 반대 방향으로 작동시켜 양쪽 트랙을 전·후진시켜 회전을 하는 방법으로 회전 반경이 작다.

22 트랙 구성품을 설명한 것으로 틀린 것은?

① 링크는 핀과 부싱에 의하여 연결되어 상하부 롤러 등이 굴러갈 수 있는 레일을 구성해주는 부분으로 마멸되었을 때 용접하여 재사용할 수 있다.
② 부싱은 링크의 큰 구멍에 끼워지며 스프로킷 이빨이 부싱을 물고 회전하도록 되어 있으며 마멸되면 용접하여 재사용할 수 있다.
③ 슈는 링크에 4개의 볼트에 의해 고정되며 도저의 전체 하중을 지지하고 견인하면서 회전하고 마멸되면 용접하여 재사용할 수 있다.
④ 핀은 부싱 속을 통과하여 링크의 작은 구멍에 끼워진다. 핀과 부싱을 교환할 때는 유압 프레스로 작업하여 약 100톤 정도의 힘이 필요하다. 그리고 무한궤도의 분리를 쉽게 하기 위하여 마스터 핀을 두고 있다.

> 부싱은 링크의 작은 구멍에 끼워지며 스프로킷 이빨이 트랙을 물고 회전하도록 되어 있으며 마멸되면 교환하여야 한다.

23 타이어식 굴착기의 허브에 있는 유성기어장치 기능에 대한 설명으로 맞는 것은?

① 바퀴 회전을 중지
② 바퀴 회전속도를 감속, 구동력을 감속
③ 바퀴 회전속도를 감속, 구동력을 증가
④ 바퀴 회전속도를 증속, 구동력을 증가

> 타이어식 로더 허브의 유성기어장치는 파이널 드라이브장치로 최종 감속장치이며 바퀴의 회전속도를 감속시켜 구동력을 증가시키는 일을 한다.

24 환향장치가 하는 역할은?

① 제동을 쉽게 하는 장치이다.
② 분사 압력 증대 장치이다.
③ 분사시기를 조정하는 장치이다.
④ 장비의 진행 방향을 바꾸는 장치이다.

> 환향장치는 장비의 진행 또는 운행 방향을 전환해주는 장치를 말한다.

25 무한궤도식 건설기계에서 트랙을 쉽게 분리하기 위해 설치된 것은?

① 슈
② 링크
③ 마스터 핀
④ 부싱

> 트랙을 분리하기 위한 핀이 마스터 핀이다.

정 답

21.③ 22.② 23.③ 24.④ 25.③

PART.4 안전관리

1. 안전 보호구 착용 및 안전장치 확인
2. 위험 요소 확인
3. 안전 운반 작업
4. 장비 안전관리
5. 가스 및 전기 안전관리

chapter 01 안전 보호구 착용 및 안전장치 확인

1-1 산업안전 일반

01 안전의 정의
재해로부터 인간의 생명과 재산을 보호하기 위한 계획적이고 체계적인 제반 활동

02 안전관리의 목적
(1) 목 적
  ① 인명의 존중(인도주의 실현)
  ② 사회복지 증진
  ③ 생산성의 향상
  ④ 경제성의 향상

(2) 산업안전 이념
  ① 인도주의가 바탕이 된 인간존중
     (안전제일 이념)
  ② 기업의 경제적 손실예방
     (재해에 따른 인적, 물적 손실 예방)
  ③ 생산성 향상 및 품질향상
     (안전태도 개선 및 안전 동기 부여)
  ④ 대외 여론의 개선으로 인한 신뢰성 향상
     (노사협력 구축)
  ⑤ 사회복지의 증진

03 사고와 재해
① **안전사고**: 고의성이 없는 어떤 불안전한 행동이나 조건으로 발생하는 사고
② **재해**: 안전사고의 결과로 일어난 인명피해 및 재산 손실
③ **무재해 사고**: 인명이나 물적 등 일체의 피해가 없는 사고

04 산업재해의 분류
① **산업재해**: 통제를 벗어난 에너지의 광란으로 인해 입은 인명과 재산의 피해
② **산업안전 보건법상의 산업재해**: 근로자가 업무에 관계되는 건설물, 설비, 원자재, 가스, 증기, 분진 등이나 작업 기타 업무에 기인하여 사망 또는 부상하거나 질병에 이환 되는 것
③ **중대재해**
  ㉮ 사망자가 1인 이상 발생한 재해
  ㉯ 3개월 이상의 요양을 요하는 부상자 또는 직업성 질병 자가 동시에 2인 이상 발생한 재해
  ㉰ 부상자 또는 직업성 질병 자가 동시에 10인 이상 발생한 재해

05 안전사고와 부상
① **중상해**: 2주 이상의 노동 손실을 가져온 상해정도
② **경상해**: 1~14일 미만의 노돈 손실을 가져온 상해정도
③ **경미상해**: 8시간 이하의 휴무 또는 작업에 종사하면서 치료를 받는 상해 정도

06 산업재해의 예방 4원칙
① 예방 가능 원칙
② 손실 우연의 원칙
③ 원인 연계의 원칙
④ 대책 선정의 원칙

07 재해

(1) 재해의 직접적인 원인 비율
① 직접원인: 98%
  ㉮ 불안전한 행동: 88%
  ㉯ 불안전한 상태: 10%
② 간접원인: 2%(천재지변)

(2) 재해의 직접적인 원인
① 불안전한 행동(인적 88%)
  ㉮ 위험한 장소 접근
  ㉯ 안전장치의 기능 제시
  ㉰ 복장 보호구의 잘못사용
  ㉱ 기계 기구의 잘못 사용
  ㉲ 운전 중인 기계장치의 손실
  ㉳ 불안전한 속도 조작
  ㉴ 위험물 취급 부주의
  ㉵ 불안전한 상태 방치
  ㉶ 불안전한 자세 동작
  ㉷ 감독 및 열락 불충분
② 불안전한 상태(물적 10%)
  ㉮ 작업물 자체 결함
  ㉯ 안전보호 장치 결함
  ㉰ 복장 보호구의 결함
  ㉱ 작업물의 배치 및 작업 장소 결함
  ㉲ 작업 환경의 결함
  ㉳ 생산 공정의 결함
  ㉴ 경계 표시, 설비의 결함

(3) 불안전 행동의 원인
① 생리적   ② 심리적
③ 교육적   ④ 환경적

(4) 불안전한 행동별 원인
① 안전작업과 표준 미작성: 무단 작업 실시 → 재해 발생
② 작업과 안전작업 표준의 상이: 설비-작업의 수시 변경 → 재해 발생
③ 안전작업 표준에 결함: 작업분석의 결함
④ 안전작업과 표준의 몰이해: 안전교육에 결함
⑤ 안전작업 표준의 불이행: 안전태도에 문제

(5) 상해 종류

종류	상태
골절	뼈가 부러진 상태
동상	저온의 물 접촉으로 생긴 동상 상해
부종	국부의 혈액순환 이상으로 몸이 퉁퉁 부어 오르는 상태
찔림(자상)	칼날 등 날카로운 물건에 찔린 상태
타박상	타박, 충돌, 추락 등으로 피부 표면보다 피하조직 또는 근육부를 다친 상해(삔것 포함)
절단	신체부위가 절단된 상태
중독, 질식	음식, 약물, 가스 등에 의한 중독이나 질식된 상태
찰과상	스치거나 문질러서 벗겨진 상태
베임(창상)	창, 칼 등에 베인 상태
화상	화재 또는 고온의 물 접촉으로 인한 상해
뇌진탕	머리를 세게 맞았을 때 장해로 일어난 상해
익사	물속에 추락하여 사망
피부염	작업과 연관되어 발생 또는 악화되는 모든 피부에 관한 질환
청력장애	청력이 감퇴 또는 난청이 된 상태
시력장애	시력이 감퇴 또는 실명된 상태
기타	

(6) 재해 형태별 분류

분류	세부 상태
추락	사람이 건축물, 비계, 기계, 사다리, 계당, 경사면, 나무 등에서 떨어지는 것
전도	사람이 평면상으로 넘어졌을 때를 말함 (과속, 미끄러짐 포함)
충돌	사람이 정지 물에 부딪친 경우
낙하·비래	물건이 주체가 되어 사람이 맞는 경우
협착	물건에 끼어진 상태
감전	전기 접촉이나 방전에 의해 사람이 충격을 받은 경우
폭발	압력의 급격한 발생 또는 개방으로 폭음을 수반한 팽창이 일어난 경우

분류	세부 상태
폭발	압력의 급격한 발생 또는 개방으로 폭음을 수반한 팽창이 일어난 경우
붕괴·도괴	적재물, 비계, 건축물이 무너진 경우
파열	용기 또는 장치가 물리적인 압력에 의해 파열한 경우
화재	화재로 인한 경우를 말하며 관련 물체는 발화 물을 기재
무리한 동작	무거운 물건을 들다 허리를 삐거나 부자연스러운 자세 또는 반동으로 상해를 입은 경우
상온도 접촉	고온이나 저온에 접촉된 경우
유해물접촉	유해물 접촉으로 중독이나 질식된 경우
기타	

08 재해조사의 목적

① 동종 재해예방과 유사재해의 발생을 방지하기 위한 예방대책 강구
② 조사만을 위한 것(관계자의 책임을 지우기 위함이 아님)
③ 재해 원인 파악이 목적
④ **재해 조사 시 주의 사항**
  ㉮ 사실만을 수집하며 이유는 뒤에 확인한다.
  ㉯ 목격자 등의 증언은 사실만을 근거로 삼으며 그의 추측 등은 참고 자료로만 사용한다.
  ㉰ 긴급조치로서 2차 재해를 방지하며 신속히 진행한다.
  ㉱ 인적·물적 두 가지 재해 원인을 모두 추출한다.
  ㉲ 조사는 2인 이상이 객관적이고 공정하게 실시한다.
  ㉳ 피해자에 대한 구급조치를 우선으로 하며 책임 추궁이 아니라 재발방지를 위한 조사가 되도록 한다.

09 재해율

(1) **연천인율**: 근로자 1,000인 당 1년간 발생하는 사상자 수

$$연천인율 = \frac{사상자 수}{연평균 근로자 수} \times 1{,}000$$

(2) **도수율**: 산업재해의 발생빈도를 나타내는 것으로 연 근로시간 합계 100만 시간당의 재해 발생 건수

$$도수율 = \frac{재해발생건 수}{연 근로자 시간 수} \times 100만$$

(3) **연천인율과 도수율과의 관계**

$$연천인율 = 도수율 \times 2.4$$

$$도수율 = \frac{연천인율}{2.4}$$

(4) **강도율**: 재해의 경중, 즉 강도를 나타내는 척도로서 연 근로시간 1,000시간당 재해에 의해서 손실된 일수를 나타낸다.

$$강도율 = \frac{근로손실일수}{연 근로자 시간수} \times 1{,}000$$

04 안전관리 — 출제예상문제

01 생산 활동 중 신체장애와 유해물질에 의한 중독 등으로 직업성 질환에 걸려 나타난 장애를 무엇이라 하는가?
① 안전 관리　② 산업재해
③ 산업안전　④ 안전사고

> 직업성 질환은 산업재해라 한다.

02 벨트 전동장치에 내재된 위험적 요소로 의미가 다른 것은?
① 트랩(Trap)
② 충격(Impact)
③ 접촉(Contact)
④ 말림(Entanglement)

> 충격은 전동장치에 의해 발생되는 장해가 아니며 중량물 등에 의한 것이 충격이다.

03 재해조사의 직접적인 목적에 해당되지 않는 것은?
① 동종재해의 재발 방지
② 유사재해의 재발방지
③ 재해관련 책임자 문책
④ 재해원인의 규명과 예방자료 수집

> 재해조사의 주된 목적은 재해관련 책임자의 문책하기 위한 것이 아니라 재해를 예방하기 위해 조사를 하는 것이다.

04 안전관리 상 인력운반으로 중량물을 운반하거나 들어 올릴 때 발생할 수 있는 재해와 가장 거리가 먼 것은?
① 낙하　② 협착(압상)
③ 단전(정전)　④ 충돌

> 단전은 전기의 공급이 차단되는 것으로 중량물에 의한 사고와는 관계가 없다.

05 재해조사 목적을 가장 옳게 설명한 것은?
① 적절한 예방대책을 수립하기 위하여
② 작업능률 향상과 근로기강 확립을 위하여
③ 재해 발생에 대한 통계를 작성하기 위하여
④ 재해를 발생케 한 자의 책임을 추궁하기 위하여

> 재해의 조사 목적은 적절한 예방대책을 수립하기 위한 것으로 안전사고를 미연에 방지하기 위한 대책 중의 하나이다.

06 건설기계 장비를 조작함에 있어 불안전한 행동과 상태를 발견하기 위해 필요로 하는 사항이 아닌 것은?
① 기계장치 기구 등의 각 부분이 양호한 상태인가?
② 안전장치 등이 확실하게 사용되고 있는가?
③ 작업자의 행동은 안전기준에 적합한가?
④ 건설장비 연식이 내구 년 한에 적합한가?

> 건설장비의 연식의 내구 연한에 적합성 여부는 불안전한 행동과 상태에 해당되지 않는다.

07 하인리히가 말한 안전의 3요소가 아닌 것은?
① 교육적 요소
② 자본적 요소
③ 기술적 요소
④ 관리적 요소

> 하인리히가 말하는 3요소는 교육적 요소, 관리적 요소, 기술적 요소를 말한다.

정답
01.② 02.② 03.③ 04.③ 05.① 06.④
07.②

08 작업 시 일반적인 안전에 대한 설명으로 적합하지 않은 것은?

① 장비는 사용 전에 점검한다.
② 장비 사용법은 사전에 숙지한다.
③ 장비는 취급자가 아니어도 사용한다.
④ 회전되는 물체에 손을 대지 않는다.

> 장비의 취급은 장비 취급자 외에는 사용하여서는 안 된다.

09 기계의 보수, 점검 시 운전 상태에서 해야 하는 작업은?

① 체인의 장력 상태 확인
② 베어링의 급유상태 확인
③ 벨트의 장력상태 확인
④ 클러치의 상태 확인

> 클러치는 접단기로 기계 작동 중 동력을 전달 또는 차단하는 것이기 때문에 운전 상태에서 확인이 가능하다.

10 사고 원인으로서 작업자의 불안전한 행위는?

① 안전조치 불이행
② 고용자의 능력 한계
③ 물적 위험 상태
④ 기계의 결함 상태

> 작업자의 불안전한 행위는 안전조치를 취하지 아니하고 작업에 임하여 사고가 발생하는 경우이다.

11 산업 공장에서 재해의 발생을 줄이기 위한 방법으로 틀린 것은?

① 폐기물은 정해진 위치에 모아둔다.
② 공구는 소정의 장소에 보관한다.
③ 소화기 근처에 물건을 적재한다.
④ 통로나 창문 등에 물건을 세워 놓아서는 안 된다.

> 소화기 근처에는 물건 등을 적재 해 놓아서는 안 된다.

12 일반적으로 사고로 인한 재해가 가장 많이 발생할 수 있는 것은?

① 캠   ② 벨트
③ 기관   ④ 래크

> 동력전달 장치 중 사고가 가장 많이 발생되는 것은 벨트이다. 따라서 벨트로 동력을 전달하는 부분에는 커버를 설치하여야 한다.

13 현장에서 작업자가 작업 안전 상 꼭 알아 두어야 할 사항은?

① 장비의 가격
② 종업원의 작업 환경
③ 종업원의 기술 정도
④ 안전 규칙 및 수칙

> 작업자가 현장에서 꼭 알아 두어야 할 사항은 작업의 안전 수칙과 안전 규칙이다.

14 사고의 직접적인 원인으로 가장 적합한 것은?

① 유전적인 요소
② 성격 결함
③ 사회적 환경 요인
④ 불안전한 행동 및 상태

> 사고의 직접적인 원인은 담당 근로자의 불안전한 행동과 상태에 의해 가장 많이 발생된다.

15 건설 산업 현장에서 재해가 자주 발생하는 주요한 원인에 해당되지 않는 것은?

① 안전 기술 부족
② 작업 자체의 위험성
③ 고용의 불안정
④ 공사계약의 용이성

> 공사계약의 용이성이나 계약에 관계되는 것은 사무직에서 하는 일로 현장의 재해와는 아무런 관련이 없다.

정 답

08.③ 09.④ 10.① 11.③ 12.② 13.④
14.④ 15.④

16 다음 중 유해한 작업환경 요소가 아닌 것은?
① 화재나 폭발의 원인이 되는 환경
② 신선한 공기가 공급되도록 환풍장치 등의 설비
③ 소화기와 호흡기를 통하여 흡수되어 건강 장애를 일으키는 물질
④ 피부나 눈에 접촉하여 자극을 주는 물질

> 신선한 공기를 공급하는 것은 유해한 작업환경 요소가 아니며 작업장에는 신선한 공기를 공급할 수 있는 환풍장치가 설치되어 있어야 한다.

17 산업안전의 중요성에 대한 설명으로 틀린 것은?
① 직장의 신뢰도를 높여준다.
② 기업의 투자경비가 많이 소요된다.
③ 이직률이 감소된다.
④ 근로자의 생명과 건강을 지킬 수 있다.

> 기업의 투자는 산업안전에 해당되지 않는다.

18 산업재해 부상의 종류별 구분에서 경상해란?
① 부상으로 1일 이상 14일 이하의 노동 상실을 가져온 상해 정도
② 응급 처치 이하의 상처로 작업에 종사하면서 치료를 받는 상해 정도
③ 부상으로 인하여 2주 이상의 노동 상실을 가져온 상해 정도
④ 업무상 목숨을 잃게 되는 경우

> 경상해란 부상으로 1일 이상 14일 이하의 노동 상실을 가져오는 상해 정도를 말한다.

19 산업안전에서 근로자가 안전하게 작업을 할 수 있는 세부작업 행동지침을 무엇이라고 하는가?
① 안전수칙 ② 안전표지
③ 작업지시 ④ 작업수칙

> 산업안전에서 근로자가 안전하게 작업을 할 수 있는 세부작업 행동지침을 안전수칙이라 한다.

20 안전사고와 부상의 종류에서 재해 분류상 중 상해는?
① 부상으로 1주 이상의 노동 손실을 가져온 상해 정도
② 부상으로 2주 이상의 노동 손실을 가져온 상해 정도
③ 부상으로 3주 이상의 노동 손실을 가져온 상해 정도
④ 부상으로 4주 이상의 노동 손실을 가져온 상해 정도

> 중 상해란 부상으로 2주 이상의 노동 손실을 가져온 상해 정도를 말한다.

정 답

16.② 17.② 18.① 19.① 20.②

1-2 안전보호구

01 안전보호구

(1) 보호구의 구비조건
① 착용이 간편하고 작업에 방해가 되지 않을 것
② 대상물(유해 위험물)에 대하여 방호가 완전할 것
③ 재료의 품질이 우수할 것
④ 구조 및 표면 가공이 우수할 것
⑤ 외관이 보기 좋을 것

(2) 보호구 선정 시 유의사항
① 사용 목적에 적합할 것
② 공업 규정에 합격하고 보호성능이 보장될 것
③ 작업에 방해되지 않을 것
④ 구조, 표면의 가공이 우수해서 외관이 보기 좋을 것

(3) 보호구의 점검 관리
① 정기적으로 점검 할 것(매 달 1회 점검)
② 청결하고 습기가 없는 장소에 보관할 것
③ 보호구 사용 후에는 세척하여 항상 깨끗이 보관할 것
④ 세척 후에는 완전히 건조시켜 보관할 것

(4) 검정대상 보호구
① 머리에 대한 보호구: 안전모(A, B, AB, AE, ABE)
② 추락방지를 위한 보호구: 안전대(1종, 2종, 3종, 4종, 5종)
③ 발에 관한 보호구: 안전화, 안전각반, 고무장화
④ 얼굴에 대한 보호구: 보안면
⑤ 손에 관한 보호구: 안전장갑
⑥ 유해 화합물질의 흡입방지를 위한 보호구: 방진마스크, 방독 마스크, 송기마스크
⑦ 눈을 보호하기 위한 보호구: 보안경
⑧ 소음차단을 위한 보호구: 귀마개, 귀 덮개

02 안전모

(1) 안전모의 구비조건
① 모체의 재료는 내진성, 내열성, 내한성, 내수성, 난연성이 높아야 한다.
② 값이 저렴하고 대량생산이 가능할 것
③ 유해 위험물에 대한 방호에 적합할 것
④ 내충격성이 높고 가벼울 것
⑤ 사용이 쉬울 것
⑥ 착용이 간편할 것
⑦ 작업에 방해가 되지 않을 것
⑧ 외관이 미려할 것

(2) 안전모와 머리와의 간격
① 모체와 착장제의 땀 방지대 간격은 5mm 이상일 것
② 모체와 내면과의 수직 간격은 25~50mm 이하 일 것

(3) 안전모의 종류

종류 (기호)	사 용 구 분
A	물체의 낙하 및 비래방지용, 합성수지, 비내전압성
B	추락방지용, 합성수지, 비내전압성
AB	낙하 또는 비래 및 추락 방지용, 합성수지, 내전압성
AE	낙하 및 비래 감전방지용(내전압상), 합성수지
ABE	낙하 및 비래, 추락, 감전방지용(내전압상), 합성수지

03 보안경

(1) 보안경의 구비조건
① 위험에 대해서 적절한 보호를 할 수 있을 것
② 착용했을 때 편안할 것

③ 작업자의 움직임에 쉽게 탈락 또는 움직이지 않을 것
④ 내구성이 있을 것
⑤ 충분히 소독되어 있을 것
⑥ 세척이 쉬울 것

(2) 보안경의 종류

종류	사용구분	렌즈의 재질
차광안경	눈에 대하여 해로운 자외선 및 적외선 또는 가시광선(유해광선)이 발생하는 장소에서 사용	유리 및 플라스틱
유리 보호안경	미분, 칩, 기타 비산물로부터 눈을 보호	유리
플라스틱 보호안경	미분, 칩, 기타 비산물로부터 눈을 보호	플라스틱
도수렌즈 보호안경	근시, 원시, 혹은 근로자가 차광안경, 유리 보호 안경을 착용해야 하는 장소에서 작업을 하는 경우에 빛이나 비산물 및 기타 유해물질로부터 눈을 보호함과 동시에 시력교정	유리 및 플라스틱

(3) 방진안경
① 렌즈가 신품인 경우 투과율은 투과광선의 약 90%를 투과하는 것으로 보통 70%이하로 떨어지면 안 된다.
② 광학적으로 질이 좋아 두통을 일으키지 않아야 한다.
③ 렌즈에는 줄이나 홈, 기포, 비뚤어짐 등이 없어야 한다.
④ 렌즈의 강도가 요구될 때에는 강화렌즈를 사용할 필요가 있다.
⑤ 렌즈의 양면은 매끄럽고 평행해야 한다.

(4) 차광안경
① **차광안경의 형식**
   ㉮ 스펙터클 형
   ㉯ 고급 형
   ㉰ 프론트 형

04 호흡용 보호구

(1) 방진 마스크 재질의 구비조건
① 안면 접촉부분은 피부에 해를 주지 않을 것
② 여과재는 여과 성능이 우수하고 인체에 해가 없을 것
③ 플라스틱은 내열성 및 내한성을 가질 것
④ 금속은 내식 처리가 되어 있을 것
⑤ 고무재료는 인장강도, 신장률, 경도, 내열성, 내한성 및 비중시험에 합격할 것
⑥ 섬유 재료는 강도가 충분할 것

(2) 마스크의 종류
① **산소 결핍**
   ㉮ 공기 중 산소 농도가 18% 미만인 작업장에서 착용
   ㉯ 자급식(SCBA), 송풍 마스크 사용
   ㉠ 자급식: 공기, 산소 또는 산소 발생물질을 착용자가 직접 운반하고 이를 흡수하는 식이다.
   ㉡ 송풍 마스크: 전면형 마스크로 꼬이지 않는 호흡관, 착장대 및 직경이 크고 꼬이지 않는 공기 공급용 호스로 구성되며 송풍기형과 폐력 흡인식이 있다.

② **방진 마스크**
   ㉮ 분진 발생시 사용
   ㉯ 종류: 격리식, 직결식
   ㉰ 방진 마스크의 분집 성능
      ㉠ 특급: 99.5% 이상
      ㉡ 1급: 95% 이상
      ㉢ 2급: 85% 이상

③ **방독 마스크**
   ㉮ 정화통
      ㉠ 할로겐 가스: 회색, 흑색
      ㉡ 일산화탄소: 적색
      ㉢ 암모니아: 녹색
   ㉯ 방독 마스크 흡수제

㉠ 활성탄: 유기용제(페인트 등)
㉡ 큐프라마이트: 암모니아
㉢ 소다라임: 보통가스
㉣ 여층: 연기

④ 분집 포집 률 = $\dfrac{\text{통과전} - \text{통과후석연분진농도}}{\text{통과전석영분진 농도}} \times 100$

단위: mg/㎥

(3) 방진 마스크 선정조건
① 분진, 포집 효율이 좋을 것
② 흡·배기 저항이 적을 것
③ 유효 공간(사용적)이 적을 것
④ 중량이 가벼울 것
⑤ 시야가 넓을 것(하방시야 60° 이하)
⑥ 안면 밀착성이 좋을 것
⑦ 피부 접촉 부위의 고무질이 좋을 것
⑧ **방진 마스크의 중량**
  ㈎ 격리식
    ㉠ 특급: 700g 이하
    ㉡ 1급: 500g 이하
  ㈏ 직결식
    ㉠ 특급: 200g 이하
    ㉡ 1급: 160g 이하
    ㉢ 2급: 110g 이하

05 방음 보호구

(1) 종류
① **귀마개**
  • EP - 1(1종): 저음부터 고음까지 전반적으로 사용 가능
  • EP - 2(2종): 고음만을 차음
② **귀 덮개**: 저음부터 고음까지 전반적으로 사용 가능

(2) 방음 보호구의 구비조건
① **귀마개**
  ㈎ 귀에 잘 막을 것
  ㈏ 사용 중에 현저한 불쾌감이 없을 것
  ㈐ 사용 중에 쉽게 탈락하지 않을 것
  ㈑ 분실하지 않도록 적당한 곳에 끈으로 연결시킬 것
② **귀 덮개**
  ㈎ 캡은 귀 전체를 덮어야 한다.
  ㈏ 발포 플라스틱 등의 흡음재로 감쌀 것
  ㈐ 쿠션은 우레탄 또는 공기, 액체를 넣은 플라스틱 튜브 등으로 귀의 주의에 밀착시키는 구조 일 것
  ㈑ 머리띠 또는 걸고리 등은 길이 조정이 가능할 것
  ㈒ 철제 스프링은 탄력이 있어서 압박감 또는 불쾌감을 주지 않을 것

06 안전대

(1) 안전대용 로프의 구비조건
① 완충성이 높을 것
② 내마모성이 높을 것
③ 부드럽고 매끄럽지 않을 것
④ 충격 인장강도에 강할 것
⑤ 내열성이 높을 것
⑥ 습기나 약품류에 침범당하지 않을 것

(2) 종류 및 사용 방법

종류	사용방법	비고
1종	U자 걸이 전용, 전기 작업용	
2종	1개 걸이 전용, 건설현장, 비계 작업용, 클립 부착 전용	
3종	1개 걸이, U자 걸이 공용	
4종	1개 걸이, U자 걸이 공용 (안전블록, 추락방지 대)	보조 훅 부착
5종	추락방지 대	

07 작업 복장

(1) 작업복
① 작업복은 신체에 맞고 가벼울 것
② 작업의 성격에 따라 상의의 끝이나 바지 자락이 말려들어가지 않도록 잡아매는 것도 좋다.
③ 실밥이 풀리거나 터진 것은 즉시 꿰매도록 할 것
④ 항상 청결을 유지할 것
⑤ 기름 묻은 작업복은 화재의 위험이 높으므로 즉시 세척할 것
⑥ 더운 계절이나 고온 작업에서 작업복을 절대 벗지 말 것
⑦ 착용자의 연령, 직종 등을 고려해서 적절한 스타일을 선정 할 것

(2) 작업모
① 기계의 주위에서 작업을 하는 경우에는 반드시 모자를 쓰도록 할 것
② 여자 및 장발자의 경우에는 모자나 수건으로 머리카락을 완전히 감싸도록 할 것
③ 여자의 경우에 일부러 앞 머리카락을 내놓고 모자를 착용하는 경우가 많으므로 착용방법에 대해 지도할 것

(3) 신발
① 신발은 작업 내용에 잘 맞는 것을 선정한다.
② 샌들은 절대로 착용해서는 안 된다.
③ 맨발의 작업은 절대로 금할 것
④ 안전화의 착용을 적극 유도할 것

04 출제예상문제
안전관리

01 중량물 운반 작업 시 착용하여야 할 안전화는?
① 중 작업용
② 보통 작업용
③ 경 작업용
④ 절연용

> 중량물 운반에 사용하는 안전화는 중 작업용 안전화를 착용하여야 한다.

02 귀마개가 갖추어야 할 조건으로 틀린 것은?
① 내습·내유성을 가질 것
② 적당한 세척 및 소독에 견딜 수 있을 것
③ 가벼운 귓병이 있어도 착용할 수 있을 것
④ 안경이나 안전모와 함께 착용을 하지 못하게 할 것

> 귀마개는 안경이나 안전모를 쓴 상태에서도 착용을 할 수 있어야 한다.

03 안전모에 대한 설명으로 적합하지 않은 것은?
① 혹한기에 착용하는 것이다.
② 안전모의 상태를 점검하고 착용한다.
③ 안전모 착용으로 불안전한 상태를 제거한다.
④ 올바른 착용으로 안전도를 증가시킬 수 있다.

> 혹한기에 착용하는 모자는 방한모이다.

04 보안경 착용, 방독 마스크 착용, 안전모자 착용, 귀마개 착용 등을 나타내는 표지의 종류는?
① 금지표지
② 지시표지
③ 안내표지
④ 경고표지

> 보안경 착용, 방독 마스크 착용, 안전모자 착용, 귀마개 착용 등을 나타내는 표지는 안전사고를 미연에 방지하기 위해 지시하는 내용으로 지시표지에 해당된다.

05 고압 충전 전선로 근방에서 작업을 할 경우에 작업자가 감전되지 않도록 사용하는 안전장구로 가장 적합한 것은?
① 절연용 방호구
② 방수복
③ 보호용 가죽장갑
④ 안전대

> 전기 작업에 사용하는 안전장구는 절연용 방호구 또는 보호구의 착용이다.

06 먼지가 많은 장소에서 착용하여야 하는 마스크는?
① 방독 마스크
② 산소마스크
③ 방진 마스크
④ 일반 마스크

> 먼지가 많은 작업장에서는 방진 마스크를 착용한다.

07 시력을 교정하고 비산물로부터 눈을 보호하기 위한 보안경은?
① 고글형 보안경
② 도수렌즈 보안경
③ 유리 보안경
④ 플라스틱 보안경

> 시력을 교정하기 위해서 사용하는 것이 도수 렌즈 안경이며 눈이 나쁜 사람이 도수를 교정하고 눈을 보호하기 위해서 사용하는 것은 도수 렌즈 보안경을 착용한다.

정 답
01.① 02.④ 03.① 04.② 05.①
06.③ 07.②

08 보안경을 사용하는 이유로 틀린 것은?
① 유해 약물의 침입을 막기 위하여
② 떨어지는 중량물을 피하기 위하여
③ 비산되는 칩에 의한 부상을 막기 위하여
④ 유해 광선으로부터 눈을 보호하기 위하여

> 떨어지는 중량물에 의한 피해를 방지하기 위하여 착용하는 것은 안전모이다.

09 다음 중 안전 보호구가 아닌 것은?
① 안전모　　② 안전화
③ 안전가드 레일　　④ 안전 장갑

> 안전가드 레일은 방호장치이다.

10 용접 작업과 같이 불티나 유해 광선이 나오는 작업에 착용해야 할 보호구는?
① 차광안경　　② 방진 안경
③ 산소마스크　　④ 보호 마스크

> 유해 불꽃이나 빛이 나는 작업에는 반드시 차관 안경을 착용하고 작업에 임해야 한다.

11 일반적으로 장갑을 착용하고 작업을 하게 되는데 안전을 위해서 오히려 장갑을 사용하지 않아야 하는 작업은?
① 전기 용접 작업
② 해머 작업
③ 타이어 교환 작업
④ 건설기계 운전

> 해머 작업을 할 때에는 장갑을 끼면 안 된다. 이는 해머가 손에서 미끄러져 빠지기 쉽기 때문이다.

12 감전 되거나 전기 화상을 입을 위험이 있는 작업에서 제일 먼저 작업자가 구비해야 할 것은?
① 완강기　　② 구급차
③ 보호구　　④ 신호기

> 감전 되거나 전기 화상을 입을 위험이 있는 작업은 보호구를 착용하고 작업을 하여야 한다.

13 안전한 작업을 하기 위하여 작업 복장을 선정할 때의 유의사항으로 가장 거리가 먼 것은?
① 화기사용 장소 에서는 방염성, 불연성의 것을 사용하도록 한다.
② 착용자의 취미, 기호 등에 중점을 두고 선정한다.
③ 작업복은 몸에 맞고 동작이 편하도록 제작한다.
④ 상의의 소매나 바지 자락 끝 부분이 안전하고 작업하기 편리하게 잘 처리된 것을 선정한다.

> 작업복은 작업 용도와 안전에 맞는 것을 선정하여야 한다.

14 작업과 안전보호구의 연결이 잘못된 것은?
① 그라인딩 작업 – 보안경 착용
② 10 m 높이에서의 작업 – 안전벨트 착용
③ 산소결핍장소 – 공기 마스크 착용
④ 아크 용접 – 도수렌즈 착용

> 아크 용접은 전기용접으로 유해 광선을 차단하는 차광렌즈를 착용하여야 한다.

15 운전 및 정비 작업시 작업복의 조건으로 틀린 것은?
① 잠바 형으로 상의 옷자락을 여밀 수 있을 것
② 작업 용구 등을 넣기 위해 호주머니가 많을 것
③ 소매를 오므려 붙이도록 되어 있는 것
④ 소매를 손목까지 가릴 수 있는 것

> 작업복으로 주머니가 많은 것은 좋지 않다.

정 답				
08.②	09.③	10.①	11.②	12.③
13.②	14.④	15.②		

16 안전한 작업을 위해 보안경을 착용하여야 하는 작업은?

① 엔진 오일 보충 및 냉각수 점검 작업
② 제동등 작동 점검 시
③ 장비의 하체 점검 작업
④ 전기저항 측정 및 배선 점검 작업

> 장비의 하체 점검 작업 시에는 장비의 하체에 붙어 있는 이물질의 낙하로 이물질 등이 눈에 들어갈 염려가 있으므로 보안경을 착용하고 점검을 하여야 한다.

17 낙하 또는 물건의 추락에 의해 머리의 위험을 방지하는 보호구는?

① 안전대 ② 안전모
③ 안전화 ④ 안전장갑

> 낙하 또는 전도, 물건의 추락의 위험이 있는 작업장에서는 머리를 보호하기 위한 안전모의 착용은 필수사항이다.

18 안전작업은 복장의 착용상태에 따라 달라진다. 다음에서 권장사항이 아닌 것은?

① 땀을 닦기 위한 수건이나 손수건을 허리나 목에 걸고 작업해서는 안 된다.
② 옷소매 폭이 너무 넓지 않은 것이 좋고, 단추가 달린 것은 되도록 피한다.
③ 물체 추락의 우려가 있는 작업장에서는 작업모를 착용해야 한다.
④ 복장을 단정하게 하기 위해 넥타이를 꼭 매야 한다.

> 넥타이를 매는 것도 좋지만 작업자의 작업과 안전을 위하여 매지 않는 것이 좋으며 부득이 넥타이를 착용하여야 한다면 밖으로 나오지 않도록 조치를 취하여야 한다.

19 배터리 전해액처럼 강산, 알칼리 등의 액체를 취급할 때 가장 적합한 복장은?

① 면장갑 착용
② 면직으로 만든 옷
③ 나일론으로 만든 옷
④ 고무로 만든 옷

> 산이나 알칼리는 몸에 접촉이 되면 화상 등을 입기 쉽기 때문에 면이나 나일론은 열에 녹거나 타게 되므로 고무로 만든 보호구를 착용하는 것이 바람직하다.

20 다음 중 보호안경을 끼고 작업해야 하는 사항으로 가장 거리가 먼 것은?

① 산소용접 작업 시
② 그라인더 작업 시
③ 건설기계 일상점검 작업 시
④ 장비의 하부에서 점검·정비 작업 시

> 건설기계의 일상점검에서는 보안경을 착용하지 않아도 된다.

정 답
16.③ 17.② 18.④ 19.④ 20.③

1-3 안전장치

안전장치는 작업자의 위해를 방지하거나 기계설비의 손상을 방지하기 위하여 기계적, 전지적인 기능을 구비한 장치로, 작업자를 위험으로부터 보호하기 위해서 안전장치 외 여러 가지 안전수단을 활용하여야 한다.

01 동력기계의 안전장치

① **동력기계의 표준 방호 덮개장치**
  ㉮ 확실한 방호 기능을 갖추어야 한다.
  ㉯ 사용이 간편하고 작동과 노력이 적게 들어야 한다.
  ㉰ 작업자의 작업행동이 기계의 특성에 맞아야 한다.
  ㉱ 운전 중 위험한 부분과 인체의 접촉이 없어야 한다.
  ㉲ 생산에 방해를 주어서는 안 된다.
  ㉳ 최소의 손실로 장기간 사용할 수 있고 가능한 자동화로 되어야 한다.
  ㉴ 통상적인 마모나 충격에 견뎌야 한다.
  ㉵ 기계장치와 조화를 이루어야 한다.

02 방호장치의 종류

① **격리형**: 완전차단형, 덮개형, 방호망
② **위치제한형**: 작업자의 신체가 위험한계 밖에 있도록 접근을 금지.
③ **접근거부형**: 작업자의 신체가 위험에 접근하지 못하도록 제지.
④ **접근반응형**: 작업자가 위험 범위 내에 들어오면 작업을 정지.
⑤ **포집형**: 연삭기의 덮개처럼 위험원이 비산하거나 튀는 것을 방지해 작업자를 보호

03 굴착기 일반 안전장치

굴착 작업 시 동료 근로자 및 구조물과의 충돌을 방지하여 각종 위험으로부터 운전자와 동료 작업자를 안전하게 보호하기 위한 장치

① **주행 연동 안전띠**: 굴착기의 운전자가 안전띠를 착용할 시에만 전, 후진 운전이 가능하도록 인터록 장치를 부착하여 전도, 충돌 시 운전자가 운전석에서 튕겨 나가는 것 방지

② **후방 접근 경보장치**: 굴착기 후진 운전 시에 사람 또는 물체와의 충돌 방지를 위해 굴착기 후면에 근로자 또는 물체가 있을 때 센서가 감지하여 경보음을 발생하는 경음장치가 설치되어 있다.

③ **후사경 및 룸미러**: 굴착기 운전 시 후방의 사각 지역의 동료 근로자나 다른 장비와의 충돌 및 협착을 방지하기 위한 안전장치로 후사경 및 룸미러 등의 정상 위치 및 오염 여부 등을 확인

④ **굴착기 식별을 위한 형광 테이프 부착**: 작업장의 조명이 어둡거나 약한 불빛으로 운행 및 작업 시에도 굴착기의 위치와 움직임 등의 식별이 가능하도록 굴착기의 좌우 및 후면에 형광 테이프를 부착

⑤ **경광등 및 작업등 설치**: 작업장의 조명이 어둡거나 약한 불빛으로 굴착기의 위치와 운행상태, 움직임을 식별할 수 있도록 굴착기 후면에 경광등 설치하고 전, 후방에 작업 등을 설치

⑥ **출입 안전문**: 굴착기 전복 시 운전자가 밖으로 튕겨 나가는 것을 방지하고 소음, 기상의 변화 등 악조건에서도 작업이 가능하도록 안전문 설치

04 안전관리 — 출제예상문제

01 작업점 외에 직접 사람이 접촉하여 말려 들거나 다칠 위험이 있는 장소를 덮어씌우는 방호장치 법은?

① 격리형 방호장치
② 위치 제한형 방호장치
③ 포집형 방호장치
④ 접근 거부형 방호장치

> 위험이 있는 장소를 덮어씌우는 방호장치는 격리형 방호장치이다.

02 벨트 전동장치에 내재된 위험적 요소로 의미가 다른 것은?

① 트랩(Trap)
② 충격(Impact)
③ 접촉(Contact)
④ 말림(Entanglement)

> 충격은 전동장치에 의해 발생되는 장해가 아니며 중량물 등에 의한 것이 충격이다.

03 전기 기기에 의한 감전 사고를 막기 위하여 필요한 설비로 가장 중요한 것은?

① 접지 설비
② 방폭등 설비
③ 고압계 설비
④ 대지 전위 상승 설비

> 모든 전기제품에는 접지 설비가 되어 있어 감전을 예방하고 있다.

04 기계 설비의 안전 확보를 위한 사항 중 사용상의 잘못이 아닌 것은?

① 주위 환경
② 설치 방법
③ 무부하 사용
④ 조작 방법

> 무부하 사용은 기계를 공운전 시키는 것을 말한다. 이는 기계를 완전히 설치한 상태에서 시운전하는 것이므로 사용상의 잘못에 해당되지 않는다.

05 기계 운전 중 안전 측면에서 설명으로 옳은 것은?

① 빠른 속도로 작업 시는 일시적으로 안전장치를 제거 한다.
② 기계장비의 이상으로 정상가동이 어려운 상황에서는 중속 회전 상태로 작업한다.
③ 기계운전 중 이상한 냄새, 소음, 진동이 날 때는 정지하고, 전원을 끈다.
④ 작업의 속도 및 효율을 높이기 위해 작업 범위 이외의 기계도 동시에 작동한다.

> 기계의 운전 중 점검사항은 이상한 소음, 냄새, 진동 등 작동에 따른 사항을 점검하는 것이다.

06 건설기계 장비를 조작함에 있어 불안전한 행동과 상태를 발견하기 위해 필요로 하는 사항이 아닌 것은?

① 기계장치 기구 등의 각 부분이 양호한 상태인가?
② 안전장치 등이 확실하게 사용되고 있는가?
③ 작업자의 행동은 안전기준에 적합한가?
④ 건설장비 연식이 내구 년 한에 적합한가?

> 건설장비의 연식의 내구 년 한에 적합성 여부는 불안전한 행동과 상태에 해당되지 않는다.

07 다음 중 크레인에 설치된 안전장치가 아닌 것은?

① 로드 브레이크   ② 선회 감속 장치
③ 권과 방지 장치   ④ 과부하 방지 장치

> 크레인에서 로드 브레이크라는 안전장치는 없다.

정답

01.① 02.② 03.① 04.③ 05.③
06.④ 07.①

08 전등 스위치가 옥내에 있으면 안 되는 것은?
① 카바이트 저장소
② 건설기계 차고
③ 공구 창고
④ 절삭유 저장소

> 카바이트 저장소에는 스위치가 옥외에 있어야 한다. 이것은 화재 및 폭발을 방지하기 위함이다.

09 방호장치의 일반 원칙으로 옳지 않은 것은?
① 작업 방해의 제거
② 작업 점의 방호
③ 외관상의 안전화
④ 기계 특성에의 부적합성

> 방호장치의 일반 원칙은 작업 점의 방호, 외관상의 안전화, 작업 방해 요인의 제거, 기계 특성에 따른 적합성 여부이다.

10 방호장치를 기계설비에 설치할 때 철저히 조사해야 하는 항목이 맞게 연결된 것은?
① 방호 정도 : 어느 한계까지 믿을 수 있는지 여부
② 적용범위 : 위험 발생을 경고 또는 방지하는 기능으로 할지 여부
③ 유지관리 : 유지관리를 하는데 편의성과 적정성
④ 신뢰도 : 기계설비의 성능, 기능에 부합되는지 여부

> 유지관리 : 장비를 사용하면서 기계효율과 성능을 유지하기 위한 점검, 정비를 말하는 것이며 이를 위한 편의성과 적정성의 여부를 확인 하여야 한다.

11 리프트(Lift)의 방호장치가 아닌 것은?
① 해지장치
② 출입문 인터록
③ 권과 방지장치
④ 과부하 방지장치

> 리프트의 해지장치는 방호장치가 아니다.

12 기계장치의 재해를 방지하기 위해 선풍기 날개에 의한 위험방지조치로서 가장 적합한 것은?
① 망 또는 울 설치
② 이탈방지장치 부착
③ 과부하방지장치 부착
④ 반발방지장치 설치

> 선풍기에는 망이나 울 등을 설치하여 위험을 방지하여야 한다.

13 건설기계 운전자가 운전위치를 이탈할 때 안전측면에서 조치사항으로 가장 거리가 먼 것은?
① 일시 작업을 멈춘다.
② 원동기를 정지시킨다.
③ 브레이크를 확실히 건다.
④ 작업 장치를 올리고 버팀목을 받친다.

14 동력전달 장치 중 재해가 가장 많이 일어날 수 있는 것은?
① 기어   ② 차축
③ 벨트   ④ 커플링

> 동력 전달장치에서 재해 발생이 많은 순서는 벨트 > 체인 > 기어 순으로 발생된다.

15 중량물을 들어 올리는 방법 중 안전상 가장 올바른 것은?
① 최대한 힘을 모아들어 올린다.
② 지렛대를 이용한다.
③ 로프로 묶고 잡아당긴다.
④ 체인블록을 이용하여 들어 올린다.

> 중량물을 들어 올리거나 운반 하고자 할 경우에는 안전하게 체인 블록을 이용하거나 달아 올리는 기구를 이용하는 것이 안전하다.

정 답
08.① 09.④ 10.③ 11.① 12.①
13.④ 14.③ 15.④

16 기계장치의 안전관리를 위해 정지 상태에서 점검하는 사항이 아닌 것은?

① 볼트·너트의 헐거움
② 스위치 및 외관상태
③ 힘이 걸린 부분의 흠집
④ 이상 음 및 진동상태

> 기계장치의 이상 음이나 진동 상태의 확인은 운전 중 점검사항이다.

17 이동식 기계의 운전자는 안전을 고려하여 작업을 하여야 한다. 다음 중 안전에 잘못된 것은?

① 항상 주변의 작업자나 장애물에 주의하여 안전여부를 확인한다.
② 이동 중에는 항상 최고속도를 일정하게 유지한다.
③ 급선회는 피한다.
④ 물체를 높이 올린 채 주행이나 선회하는 것을 피한다.

> 기계의 이동은 최고속도를 피하고 안전 속도를 유지하여 이동하여야 한다.

18 건설기계가 고압전선에 근접 또는 접촉으로 가장 많이 발생될 수 있는 사고유형은?

① 감전   ② 화재
③ 화상   ④ 휴전

> 건설기계가 고압전선 부근에서 작업시에는 감전의 위험이 있으니 안전에 특히 유의하여야 한다.

19 건설기계장비에 연료를 주입할 때 주의 사항으로 가장 거리가 먼 것은?

① 화기를 가까이 하지 않는다.
② 불순물이 있는 것을 주입하지 않는다.
③ 연료탱크의 3/4까지 주입한다.
④ 탱크의 여과망을 통해 주입한다.

> 연료 탱크에 연료 주입은 항상 만재 시키는 것이 좋다.

20 건설기계 운전자가 운전위치를 이탈할 때 안전측면에서 조치사항으로 가장 거리가 먼 것은?

① 일시 작업을 멈춘다.
② 원동기를 정지시킨다.
③ 브레이크를 확실히 건다.
④ 작업 장치를 올리고 버팀목을 받친다.

> 작업 장치는 내려 지면에 밀착시켜 보행자나 그 밖의 작업자가 방해되지 않도록 조치를 취하여야 한다.

정 답
16.④ 17.② 18.① 19.③ 20.④

chapter 02 위험 요소 확인

2-1 안전표지

01 안전표지의 사용 목적
① 위험성을 표지로 경고
② 작업환경 통제
③ 사전에 재해 예방

02 산업안전표지의 크기
① 그림 또는 부호의 크기는 표지의 크기와 비례하여야 한다.
② 산업안전표지 전체 규격의 30% 이상이어야 한다.

03 안전표찰
① 녹십자 표지를 뜻하며 부착위치는 다음과 같다.
② 작업복 또는 보호의의 우측어깨
③ 안전모의 좌·우 면
④ 안전완장

04 안전표지의 구분 및 종류

(1) 색상별 표시
① **주황**: 안전명령, 실제적인 위험을 표시(위험표지용 색상), 특정행위를 금지시키는 표지로써 적색 원형 형이다.
② **빨강**: 방화, 정지, 금지(심리적 위험을 표시한다.)
③ **노랑**: 주의
④ **녹색**: 안전, 진행, 구급기호
⑤ **파랑**: 조심
⑥ **자주**: 방사능
⑦ **흰색**: 통로, 정돈

(2) 안전표지의 종류
① **금지표지(8종)**: 안전 명령으로 특정 행위를 금지시키는 내용으로 적색 원형 형이며, 바탕은 흰색, 기본 모형은 적색, 관련 부호 및 그림은 검정색으로 되어 있다.

출입금지	보행금지	차량통행금지	사용금지
탑승금지	금연	화기금지	물체이동금지

② **경고표지(15종)**: 흑색 삼각형의 황색표지로 유해 및 위험물에 대한 주의를 환기시키는 내용으로 바탕은 노란색, 기본 모형 관련부호 및 그림은 검정색으로 되어 있다.

인화성물질경고	산화성물질경고	폭발성물질경고
급성독성물질경고	부식성물질경고	방사성물질경고

③ **지시표지(7종)**: 청색 원형으로 보호구 착용을 지시하는 내용으로 바탕은 파랑, 관련 그림은 흰색으로 되어 있다.

④ **안내표지(7종)**: 위치(비상구, 의무실, 구급용구)를 알리는 내용으로 바탕은 흰색, 기본모형 및 관련부호는 녹색 또는 바탕은 녹색, 기본모형 및 관련부호는 회색으로 되어 있다.

출제예상문제

04 안전관리

01 안전 보건표지의 종류와 형태에서 그림의 표지로 맞는 것은?

① 비상구　　② 안전제일표지
③ 응급구호표지　④ 들것 표지

> 그림의 표지는 응급구호표지이다.

02 산업안전보건법상 안전보건표지에서 색채와 용도가 틀리게 짝지어진 것은?

① 파란색 : 지시
② 녹색 : 안내
③ 노란색 : 위험
④ 빨간색 : 금지·경고

> **색상별 표시**
> ㉮ 주황: 안전명령, 실제적인 위험을 표시(위험표시용 색상), 특정행위를 금지시키는 표지로써 적색 원형 형이다.
> ㉯ 빨강: 방화, 정지, 금지(심리적 위험을 표시한다.)
> ㉰ 노랑: 주의
> ㉱ 녹색: 안전, 진행, 구급기호
> ㉲ 파랑: 조심
> ㉳ 자주: 방사능
> ㉴ 흰색: 통로, 정돈

03 보안경 착용, 방독 마스크 착용, 안전모자 착용, 귀마개 착용 등을 나타내는 표지의 종류는?

① 금지표지　　② 지시표지
③ 안내표지　　④ 경고표지

> 보안경 착용, 방독 마스크 착용, 안전모자 착용, 귀마개착용등을 나타내는 표지는 안전사고를 미연에 방지하기 위해 지시하는 내용으로 지시표지에 해당된다.

04 안전표지 종류 중 안내표지에 속하지 않는 것은?

① 녹십자 표지　② 응급구호표지
③ 비상구　　　④ 출입금

> **안전표지의 종류**
> ① **금지표지(8종)**: 안전 명령으로 특정 행위를 금지시키는 내용으로 적색 원형 형이며, 바탕은 흰색, 기본 모형은 적색, 관련부호 및 그림은 검정색으로 되어 있다.
> ② **경고표지(15종)**: 흑색 삼각형의 황색표지로 유해 및 위험물에 대한 주의를 환기시키는 내용으로 바탕은 노란색, 기본 모형 관련부호 및 그림은 검정색으로 되어 있다.
> ③ **지시표지(7종)**: 청색 원형으로 보호구 착용을 지시하는 내용으로 바탕은 파랑, 관련 그림은 흰색으로 되어 있다.
> ④ **안내표지(7종)**: 위치(비상구, 의무실, 구급용구)를 알리는 내용으로 바탕은 흰색, 기본모형 및 관련부호는 녹색 또는 바탕은 녹색, 기본모형 및 관련부호는 회색으로 되어 있다.

05 다음 그림은 안전표지의 어떠한 내용을 나타내는가?

① 지시표지　　② 금지표지
③ 경고표지　　④ 안내표지

> 그림의 안전표자는 보안경의 착용을 지시하는 지시표지이다.

정 답

01.③　02.②　03.②　04.④　05.①

06 안전·보건 표지의 종류와 형태에서 그림의 표지로 맞는 것은?

① 차량통행 금지 ② 사용금지
③ 탑승금지 ④ 물체이동금지

07 안전 보건표지의 종류와 형태에서 그림의 표지로 맞는 것은?

① 안전복 착용 ② 안전모 착용
③ 보안면 착용 ④ 출입금지

그림의 안전표지는 안전모 착용을 지시하는 지시 표지이다.

08 적색 원형을 바탕으로 만들어지는 안전 표지 판은?

① 경고표시 ② 안내표시
③ 지시표시 ④ 금지표시

적색 원형을 바탕으로 만든 안전 표시는 금지 표시이다.

09 안전·보건표지의 종류와 형태에서 그림과 같은 표지는?

① 인화성 물질 경고 ② 폭발물 경고
③ 고온 경고 ④ 낙하물 경고

그림의 안전표지는 인화성 물질이라는 경고 표지이다.

10 산업안전 보건 표지에서 그림이 나타내는 것은?

① 비상구 없음 표지
② 방사선위험 표지
③ 탑승금지 표지
④ 보행금지 표지

11 안전·보건 표지에서 그림이 표시하는 것으로 맞는 것은?

① 독극물 경고 ② 폭발물 경고
③ 고압전기 경고 ④ 낙하물 경고

12 안전표지 색채 중 대피장소 또는 방향표시의 색채는?

① 청색 ② 녹색
③ 빨간색 ④ 노란색

13 안전표지의 구성요소가 아닌 것은?

① 모양 ② 색깔
③ 내용 ④ 크기

안전표지에서 크기는 안전표지의 구성 요소에는 해당되지 않으며 그림 또는 부호의 크기는 표지의 크기와 비례하여야 하고 산업안전표지 전체 규격의 30% 이상이어야 한다.

정 답					
06.①	07.②	08.④	09.①	10.④	11.③
12.②	13.④				

14 안전 · 보건 표지의 종류와 형태에서 그림의 안전 표지판이 나타내는 것은?

① 병원 표지 ② 비상구 표지
③ 녹십자 표지 ④ 안전지대 표지

15 산업 안전 보건법상 안전 · 보건 표지의 종류가 아닌 것은?

① 위험 표지 ② 경고 표지
③ 지시 표지 ④ 금지 표지

> 산업 안전표지의 종류에는 지시, 금지, 안내, 경고 표지가 있다.

16 가스 용접 시 사용되는 산소용 호스는 어떤 색 인가?

① 적색 ② 황색
③ 녹색 ④ 청색

> 가스 용접에 사용되는 호스의 색은 적색이 아세틸렌이고 녹색이 산소를 나타낸다.

정 답

14.③ 15.① 16.③

2-2 안전수칙

01 작업 안전수치

(1) 안전보호구 지급 착용

기계, 설비 등 위험 요인으로부터 작업자를 보호하기 위해 작업 조건에 맞는 안전보호구의 착용 법을 숙지하고 착용한다.

(2) 안전 보건표지 부착

위험 장소 및 작업별로 위험 요인에 대한 경각심을 부여하기 위하여 작업장의 눈에 잘 띄는 해당 장소에 안전표지를 부착한다.

(3) 안전 보건교육 실시

작업자 및 사업주에게 안전 보건교육을 실시하여 안전의식에 대한 경각심을 고취하고 작업 중 발생할 수 있는 안전사고에 대비한다.

(4) 안전작업 절차 준수

정비, 보수 등의 비계획적 작업 또는 잠재 위험이 존재하는 작업 공정에서 지켜야 할 작업 단위별 안전작업 절차와 순서를 숙지하여 안전작업을 할 수 있도록 유도한다.

02 운전 안전수칙

① 조종사는 조종면허 소지자만 탑승한다.
② 작업 용도와 안전 보호 장치를 확인하고 탑승한다.
③ 안전 보호구(안전화, 안전모, 안전복장 등) 착용 후 탑승한다.

03 굴착 작업 시 안전수칙

(1) 작업 장치의 작동 상태 확인

① 의자 쪽 센서 확인
② 운전자가 정위치에 있을 때만 작업 장치의 작동 확인(운전자가 정위치에 없을 때는 작업 장치의 작동이 안 될 것)
③ 작업 장치의 차단 버튼과 센서의 정상 작동 여부 확인

04 굴착기 운행 시의 안전수칙

① 주·정차 시에는 반드시 주차 브레이크를 고정 시킨다.
② 전, 후진 변속 시에는 굴착기가 완전히 정지된 상태에서 행할 것
③ 후진 시에는 반드시 뒤쪽의 안전을 확인하고 운행할 것
④ 급출발, 급정지 급 선회를 하지 말 것

05 굴착기의 기본 안전수칙

① 주유, 점검 정비 시에는 반드시 장비를 평탄한 지면에 정차시키고 기관 시동을 끄고 버킷을 지면에 내린다.
② 굴착기 정비 주차 시에는 각 조작 레버를 작동하여 유압회로 내의 압력을 개방하여야 한다.
③ 엔진 과열 시 급수는 열탕의 분출 우려가 있으므로 주의하여야 한다.
④ 엔진 시동 시에는 각 조작 레버가 중립의 위치에 있는지를 확인한다.
⑤ 각 작업 레버 조작 전에 주위의 장애물 유무를 확인하여야 한다.
⑥ 전부장치로 차체를 잭업 한 후에는 차체 밑으로 들어가서는 안 된다.
⑦ 기중 작업은 될 수 있는 대로 피한다.
⑧ 경사지 작업에서 시동이 정지된 때에는 버킷을 땅에 속히 내리고 모든 조작 레버를 중립으로 한다.
⑨ 경사지 작업에서 측면 절삭(병진 굴착)은 피할 것
⑩ 작업 시에는 유압 실린더의 행정 말단까지 사용하여서는 안 된다.
⑪ 흙을 굴착 하면서 버킷으로 비질하듯 스윙 동작으로 정지작업을 하여서는 안 된다.
⑫ 버킷을 사용하여 관성력이나 중력을 이용한 작업은 금지한다.
⑬ 경사지 작업에서 차체의 밸런스(평형) 유

지에 유의한다.
⑭ 굴착 작업에서 지하 매설물의 확인과 매설에 유의하여 작업하여야 한다.
⑮ 지반이 약한 작업장에서는 바닥의 보강판을 깔고 작업한다.
⑯ 작업 조종 레버의 급조작을 하여서는 안 된다.
⑰ 가장 큰 굴착력은 암의 각이 전방 50°~후방 15°까지의 사이 각이다.
⑱ 한쪽 트랙을 들고자 할 때의 암과 붐 사이 각도는 90°~110°범위로 들어야 한다.
⑲ 무한궤도식 굴착기는 주행거리가 2km 이상일 때는 운반장비에 장비를 실어 운반하는 것이 좋다.
⑳ 작업이 끝나고 조종석을 떠날 시에는 반드시 버킷을 지면에 살짝 내려놓아야 한다.
㉑ 장비의 주차는 토사 붕괴, 홍수 등의 위험이 없는 평탄한 장소에 주차한다.
㉒ 경사지에 주차할 시에는 버킷으로 땅을 누르고 전, 후진 컨트롤 레버는 중립으로 한 후 트랙 뒷면에 고임목으로 고여야 한다.
㉓ 휠 타입의 굴착기는 아웃 트리거 또는 블레이드를 받치고 작업을 하여야 한다.

2-3 위험 요소

01 굴착기 작업 시 위험 요소 확인

굴착기 작업에 있어 주의하여야 할 위험 요소는 낙하, 협착, 충돌, 전도, 추락의 위험 요소를 가지고 있다.

(1) 작업장 확인
  ① 안전한 작업을 위하여 굴착기의 주기 상태를 확인한다.
  ② 작업 전 작업반경 내의 위험 요소 및 주변 구조물과의 충돌 방지를 위해 시설물을 확인한다.
  ③ 작업에 투입할 굴착기의 일일점검을 실시한다.
  ④ 주변 시설물의 위치를 확인한다.

(2) 토사의 낙하 재해 예방
  ① 작업장 바닥의 평탄 정도를 확인한다.
  ② 토사의 적재 상태를 확인한다.
  ③ 허용하중을 초과 적재를 금지한다.
  ④ 마모가 심한 타이어는 교체한다.
  ⑤ 운전자는 유자격자여야 한다.

(3) 협착 및 충돌재해 예방
  ① 굴착기의 통로를 확보한다.
  ② 굴착기 운행 구간별 제한속도 지정과 표지판을 부착한다.
  ③ 교차로 등 사각지대에 반사경을 설치한다.
  ④ 불안전한 화물 적재를 금지한다.
  ⑤ 작업을 위한 시야를 충분히 확보한다.
  ⑥ 경사진 노면에서 굴착기를 방치해서는 안 된다.

(4) 굴착기 전도 재해 예방
  ① 연약한 지반에서 작업할 때는 받침판을 사용한다.
  ② 연약한 지반에서 작업할 때는 편 하중에 주의하여야 한다.
  ③ 굴착기의 용량을 무시하고 무리하게 작업하지 않는다.
  ④ 급선회, 급제동, 급출발 등을 하지 않는다.
  ⑤ 적재 용량을 초과하여 작업하거나 하중을 들어서는 안 된다.

(5) 추락재해 예방
  ① 운전석 이외에 작업자 탑승을 금지한다.
  ② 난폭운전을 금지한다.
  ③ 작업에서는 유도자의 신호에 따라 작업한다.
  ④ 운전석에 탑승하면 좌석 안전벨트를 착용하고 작업한다.
  ⑤ 점검에서 미끄러짐을 주의한다.

04 안전관리

출제예상문제

01 굴착기 작업시 작업 안전 사항으로 틀린 것은?

① 기중 작업은 가능한 피하는 것이 좋다.
② 경사지 작업시 측면절삭을 행하는 것이 좋다.
③ 타이어식 굴착기로 작업시 안전을 위하여 아웃트리거를 받치고 작업한다.
④ 한쪽 트랙을 들 때는 암과 붐 사이의 각도는 90~110° 범위로 해서 들어 주는 것이 좋다.

> 굴착기로 경사지에서 작업 할 때에는 경사지의 땅을 평탄하게 고르고 작업을 하며 측면으로 절삭하면 위험하다.

02 굴착기 운전 시 작업 안전 사항으로 적합하지 않는 것은?

① 스윙하면서 버킷으로 암석을 부딪쳐 파쇄하는 작업을 하지 않는다.
② 안전한 작업 반경을 초과해서 하중을 이동시킨다.
③ 굴착하면서 주행하지 않는다.
④ 작업을 중지할 때는 파낸 모서리로부터 장비를 이동시킨다.

> 안전한 작업 반경을 초과하여 하중을 이동시켜서는 안 된다.

03 작업장에서 지킬 안전사항 중 틀린 것은?

① 안전모는 반드시 착용한다.
② 고압전기, 유해가스 등에 적색 표지판을 부착한다.
③ 해머 작업을 할 때는 장갑을 착용한다.
④ 기계의 주유 시는 동력을 차단한다.

> 해머 작업에는 장갑의 착용이 금지된다. 이는 해머 작업 중 손에서 해머가 미끄러져 이탈되지 않도록 하기 위함이다.

04 굴착기에 오르고 내릴 때 주의해야 할 사항으로 틀린 것은?

① 이동 중인 장비에 뛰어 오르거나 내리지 않는다.
② 오르고 내릴 때는 항상 장비를 마주보고 양손을 이용한다.
③ 오르고 내리기 전에 계단과 난간 손잡이 등을 깨끗이 닦는다.
④ 오르고 내릴 때는 운전실 내의 각종 조종장치를 손잡이로 이용한다.

> 오르고 내릴 때에는 안전하게 계단과 난간 손잡이 등을 이용하여 오르고 내린다.

05 타이어식 굴착기의 운전 시 주의사항으로 적절하지 않은 것은?

① 토양의 조건과 엔진의 회전수를 고려하여 운전한다.
② 새로 구축한 구축물 주변은 연약 지반이므로 주의한다.
③ 버킷의 움직임과 흙의 부하에 따라 대처하여 작업한다.
④ 경사지를 내려갈 때는 클러치를 분리하거나 변속 레버를 중립에 놓는다.

> 경사지를 내려갈 때는 저속으로 서행하여야 한다. 클러치를 차단하거나 변속 레버를 중립에 놓으면 관성에 의해 장비의 속도는 빠르게 내려가기 때문이다.

정 답

01.② 02.② 03.③ 04.④ 05.④

06 무한궤도식 굴착기의 주행 방법으로 틀린 것은?

① 연약한 땅은 피해서 주행한다.
② 요철이 심한 곳은 신속히 통과한다.
③ 가능하면 평탄한 길을 택하여 주행한다.
④ 돌 등이 스프로킷에 부딪치거나 올라타지 않도록 한다.

> 요철이 심한 곳에서는 모든 장비는 서행으로 통과 하여야 한다.

07 작업 시 일반적인 안전에 대한 설명으로 적합하지 않은 것은?

① 장비는 사용 전에 점검한다.
② 장비 사용법은 사전에 숙지한다.
③ 장비는 취급자가 아니어도 사용한다.
④ 회전되는 물체에 손을 대지 않는다.

> 장비의 취급은 장비 취급자 외에는 사용하여서는 안 된다.

08 크레인으로 물건을 운반할 때 주의사항으로 틀린 것은?

① 규정 무게보다 약간 초과 할 수 있다.
② 적재물이 떨어지지 않도록 한다.
③ 로프 등 안전 여부를 항상 점검 한다.
④ 선회 작업 시 사람이 다치지 않도록 한다.

> 크레인 작업에서 규정의 무게보다 초과해서는 안 된다.

09 건설기계 작업 시 주의 사항으로 틀린 것은?

① 운전석을 떠날 경우에는 기관을 정지 시킨다.
② 작업 시에는 항상 사람의 접근에 특별히 주의 하여야 한다.
③ 주행 시에는 가능한 한 평탄한 지면으로 주행한다.
④ 후진 시는 후진 후 사람 및 장애물을 확인 한다.

> 후진 시에는 후진 전에 장애물이나 사람이 있는 지 안전을 확인 한 후 후진을 하여야 한다.

10 현장에서 작업자가 작업 안전 상 꼭 알아 두어야 할 사항은?

① 장비의 가격
② 종업원의 작업 환경
③ 종업원의 기술 정도
④ 안전 규칙 및 수칙

> 작업자가 현장에서 꼭 알아 두어야 할 사항은 작업의 안전 수칙과 안전 규칙이다.

11 작업장의 정리정돈에 대한 설명으로 틀린 것은?

① 사용이 끝난 공구는 즉시 정리한다.
② 공구 및 재료는 일정한 장소에 보관한다.
③ 폐자재는 지정된 장소에 보관한다.
④ 통로의 한쪽에 물건을 보관한다.

> 통로에는 통행에 방해가 되는 어떠한 물건도 쌓아 놓거나 보관을 하여서는 안 된다.

12 도로 굴착자가 굴착공사 전에 이행할 사항에 대한 설명으로 옳지 않은 것은?

① 도면에 표시된 가스 배관과 기타 지장물 매설 유무를 조사하여야 한다.
② 조사된 자료로 시험굴착 위치 및 굴착개소 등을 정하여 가스배관 매설 위치를 확인하여야 한다.
③ 위치 표시용 페인트와 표지판 및 황색 깃발 등을 준비하여야 한다.
④ 굴착 용역회사의 안전관리자가 지정하는 일정에 시험 굴착을 수립하여야 한다.

> 용역회사의 안전관리자는 용역회사 근로자의 안전을 담당하는 직책이다.

정 답				
06.②	07.③	08.①	09.④	10.④
11.④	12.④			

13 작업 현장에서 작업 시 사고 예방을 위해 알아두어야 할 가장 중요한 사항은?

① 장비의 최고 주행속도
② 1인당 작업량
③ 최신 기술 적용 정도
④ 안전수칙

> 현장에서 작업자가 알아 두어야 할 것은 안전수칙과 작업에 대한 안전한 작업 요령이다.

14 다음 중 유해한 작업환경 요소가 아닌 것은?

① 화재나 폭발의 원인이 되는 환경
② 신선한 공기가 공급되도록 환풍장치 등의 설비
③ 소화기와 호흡기를 통하여 흡수되어 건강 장애를 일으키는 물질
④ 피부나 눈에 접촉하여 자극을 주는 물질

> 신선한 공기를 공급하는 것은 유해한 작업환경 요소가 아니며 작업장에는 신선한 공기를 공급할 수 있는 환풍장치가 설치되어 있어야 한다.

15 작업장의 안전을 위해 작업장의 시설을 정기적으로 안전 점검을 하여야 하는데 그 대상이 아닌 것은?

① 설비의 노후화 속도가 빠른 것
② 노후화의 결과로 위험성이 큰 것
③ 작업자의 출퇴근 시 사용하는 것
④ 변조에 현저한 위험을 수반하는 것

> 작업장의 안전 시설에 작업자의 출퇴근 시 사용하는 것과는 무관하다.

16 운전자가 작업 전에 장비 점검과 관련된 내용 중 거리가 먼 것은?

① 타이어 및 궤도 차륜상태
② 브레이크 및 클러치의 작동상태
③ 낙석, 낙하물 등의 위험이 예상되는 작업 시 견고한 헤드 가이드 설치상태
④ 정격 용량보다 높은 회전으로 수차례 모터를 구동시켜 내구성 상태 점검

> 장비의 내구성 상태의 점검은 운전자 점검 사항뿐만 아니라 정비 점검 사항에도 해당되지 않는다.

17 재해 발생원인 중 직접원인이 아닌 것은?

① 기계배치의 결함
② 교육 훈련 미숙
③ 불량 공구 사용
④ 작업 조명 불량

> 교육 훈련의 미숙은 재해 발생원인 중 직접원인이 아니고 간접 원인에 속한다.

18 산업재해의 원인은 직접 원인과 간접원인으로 구분되는데 다음 직접 원인 중에서 불안전한 행동에 해당하지 않는 것은?

① 허가 없이 장치를 운전
② 불충분한 경보 시스템
③ 결함 있는 장치를 사용
④ 개인 보호구 미사용

> 불충분한 경보 시스템은 간접 원인에 속한다.

19 작업장의 안전을 위해 작업장의 시설을 정기적으로 안전 점검을 하여야 하는데 그 대상이 아닌 것은?

① 설비의 노후화 속도가 빠른 것
② 노후화의 결과로 위험성이 큰 것
③ 작업자의 출퇴근 시 사용하는 것
④ 변조에 현저한 위험을 수반하는 것

> 작업장의 안전 시설에 작업자의 출퇴근 시 사용하는 것과는 무관하다.

정 답

13.④ 14.② 15.③ 16.④ 17.②
18.② 19.③

2-4 화재

01 폭발성 물질과 발화성 물질

(1) 연소의 3요소와 점화 원
  ① **연소의 3요소**: 가연물, 산소공급원(공기), 점화 원
  ② **점화 원(열원)**: 불꽃, 고열 물, 단열압축, 산화 열

(2) 가연성의 구비조건
  ① 산화하기 쉬운 것
  ② 산소와의 접촉면이 큰 것
  ③ 발열량이 큰 것
  ④ 열전도율이 작은 것
  ⑤ 건조도가 양호한 것

(3) 물질의 연소형태
  ① **기체의 연소**: 확산연소
  ② **액체의 연소**: 증발연소(유류)
  ③ **고체의 연소**

(4) 연소의 특성
  ① **인화점**: 점화 원을 주었을 때 연소가 시작되는 최저온도
  ② **발화점(착화점)**: 점화원이 없이 스스로 연소가 시작되는 최저온도
  ③ **연소온도**: 인하점보다 10℃정도 높음
  ④ **연소범위**
    ㉮ 연소한계, 폭발범위, 폭발한계
    ㉯ 연소(폭발)가 일어나는 혼합가스의 농도범위(폭발범위)

(5) 폭발
  ① **폭발의 종류**
    ㉮ 폭발성물질의 폭발
      ㉠ 혼합가스에 의한 폭발: 가연성가스와 일정한 비율로 혼합된 혼합가스가 발화원에 착화되어 가스폭발을 일으키는 폭발
      ㉡ 가연성가스에 의한 폭발: 가연성 액체로부터 발생되는 증기 등으로 발생한 폭발
      ㉢ 조연 성 가스에 의한 폭발
    ㉯ **가스의 분해폭발**
      ① 가스 분자의 분해시 반응열이 큰 가스는 단일 성분일지라도 발화원에 의해 착화되면 가스폭발을 일으킨다.
      ② 종류: 아세틸렌, 산화에틸렌, 에틸렌, 히드라진, 이산화염소 등
  ③ **분진폭발**
    ㉮ 가연성고체의 미분이나 가연성 액체의 무적이 어떤 농도이상으로 조연 성 가스 중에 분산되면 발화원에 의해 착화되어 분진폭발을 일으킨다.
    ㉯ 100㎛ 이하의 분진이 폭발을 일으키며 분진폭발은 가스폭발과 화약폭발의 중간 형태이다.
    ㉰ 종류
      ㉠ 황, 플라스틱, 식품, 사료, 석탄 등의 분말
      ㉡ 산화반응열이 큰 금속(마그네슘, 티타늄, 칼슘, 실리콘 등)의 분말
      ㉢ 유압기기의 기름분출에 의한 유적의 폭발(분무폭발)
  ④ **폭발의 방호대책**: 폭발봉쇄, 폭발억제, 폭발방산
  ⑤ **자연발화 방지법**
    ㉮ 통풍을 잘 시킨다.
    ㉯ 습도가 높은 것을 피한다.
    ㉰ 연소성 가스의 발생에 주의한다.
    ㉱ 저장실의 온도상승을 피한다.

02 화재의 종류

(1) 화재의 종류

① **A급 화재(일반 화재)**
㉮ 일반가연물로 연소 후 재를 남기는 화재
㉯ 소화방법: 물에 의한 냉각소화로 주수, 산, 알칼리 등으로 소화

② **B급 화재(유류 화재)**
㉮ 가연성 액체 등의 유류화재
㉯ 소화방법: 공기차단에 의한 피복소화를 주로하며, 화학 포, 증발 성 액체(할로겐화물), 소화분말(드라이 케미칼), 탄산가스 등을 사용

③ **C급 화재(전기 화재)**
㉮ 전기기구 및 전기장치 등에서 누전 또는 과부하 등에 의하여 발생하는 화재
㉯ 소화방법: 증발 성 액체, 소화분말, 탄산가스 소화기 등을 사용하여 질식 냉각 시킨다.

④ **D급 화재(금속 화재)**
㉮ 마그네슘 같은 금속에 발생하는 화재
㉯ 소화방법: 건조사를 사용 질식소화

(2) 자연발화의 방지
① 통풍을 잘 시킨다.
② 습도가 높은 것을 피한다.
③ 연소성 가스의 발생에 주의한다.
④ 저장실의 온도 상승을 피한다.

(3) 인화성 물질의 성질 및 위험성
① 인화가 대단히 쉽다.
② 물보다 가볍고 물에 잘 녹지 않는다.
③ 증기는 공기보다 무거우며 공기와 약간 혼합되어도 연소할 우려가 있다.
④ 아황화탄소와 같이 착화온도가 낮은 것은 위험하다.
⑤ 정전기가 발생되기 쉽다.

(4) 소화기의 종류
① 분말소화기
② 탄산가스(CO_2) 소화기
③ 물 소화기
④ 포말 소화기
⑤ **할로겐화물**: B, C급 화재에 적합
⑥ **산 알칼리 소화기**: 일반화재만 유효
⑦ 화재의 종류 및 적합한 소화기

화재의 종류	화재분류	적합한 소화기
A급 화재	일반 화재	포말 소화기
B급 화재	유류 화재	분말소화기
C급 화재	전기 화재	CO_2소화기
D급 화재	금속 화재	포말 소화기

출제예상문제

01 작업장에서 휘발유 화재가 일어났을 경우 가장 적합한 소화 방법은?

① 물 호스의 사용
② 불의 확대를 막는 덮개의 사용
③ 소다 소화기의 사용
④ 탄산가스 소화기의 사용

> 유류화재는 분말소화기 또는 탄산가스 소화기를 사용하여야 한다.

02 폭발의 우려가 있는 가스 또는 분진이 발생하는 장소에서 지켜야 할 사항에 속하지 않는 것은?

① 화기의 사용금지
② 인화성 물질 사용금지
③ 불연성 재료의 사용금지
④ 점화의 원인이 될 수 있는 기계의 사용금지

> 불연성 재료는 사용할 수 있다.

03 전기 화재 시 가장 좋은 소화기는?

① 포말소화기
② 이산화탄소 소화기
③ 중조산식 소화기
④ 산 알칼리 소화기

> 전기화재에 사용하는 소화기는 이산화탄소 소화기이다.

04 화상을 입었을 때 응급조치로 가장 적합한 것은?

① 옥도정기를 바른다.
② 메틸알코올에 담근다.
③ 아연화 연고를 바르고 붕대를 감는다.
④ 찬물에 담갔다가 아연화 연고를 바른다.

> 화상을 입었을 때에는 빠른 시간 내에 찬물에 담가 열기를 제거 한 다음 아연화 연고를 바르고 전문의 의에게 보여야 한다.

05 소화 설비를 설명한 내용으로 맞지 않는 것은?

① 포말 소화 설비는 저온압축한 질소가스를 방사시켜 화재를 진화 한다.
② 분말 소화 설비는 미세한 분말소화재를 화염에 방사시켜 화재를 진화 시킨다.
③ 물 분무 소화 설비는 연소물의 온도를 인화점 이하로 냉각시키는 효과가 있다.
④ 이산화탄소 소화 설비는 질식 작용에 의해 화염을 진화 시킨다.

> 외통 용기에 탄산수소나트륨, 내통용기에 황산알루미늄을 물에 용해해서 충전하고, 사용할 때는 양 용기의 약제가 화합되어 탄산가스가 발생하며, 거품을 발생해서 방사하는 소화기로 공기의 공급을 차단하여 소화 한다.

06 다음 중 B급 화재에 대한 설명으로 옳은 것은?

① 목재, 섬유류 등의 화재로서 일반적으로 냉각소화를 한다.
② 유류 등의 화재로서 일반적으로 질식효과(공기차단)로 소화한다.
③ 전기기기의 화재로서 일반적으로 전기 절연성을 갖는 소화제로 소화한다.
④ 금속 나트륨 등의 화재로서 일반적으로 건조사를 이용한 질식효과로 소화한다.

> B급 화재는 유류 화재로 공기 차단의 효과로 소화한다.

정 답

01.④ 02.③ 03.② 04.④ 05.① 06.②

07 화재 분류에서 유류 화재에 해당되는 것은?
① A급 화재 ② B급 화재
③ C급 화재 ④ D급 화재

화재의 분류 및 사용 소화기

화재의 종류	화재분류	적합한 소화기
A급 화재	일반 화재	포말 소화기
B급 화재	유류 화재	분말소화기
C급 화재	전기 화재	CO_2소화기
D급 화재	금속 화재	포말 소화기

08 목재, 종이, 석탄 등 일반 가연물의 화재는 어떤 화재로 분류하는가?
① A급 화재 ② B급 화재
③ C급 화재 ④ D급 화재

09 소화하기 힘든 정도로 화재가 진행된 현장에서 제일 먼저 취하여야 할 조치사항으로 가장 올바른 것은?
① 소화기 사용 ② 화재 신고
③ 인명구조 ④ 경찰서에 신고

화재 발생 시 또는 화재가 진행 중에도 가장 우선하는 것은 인명구조이다.

10 유류로 인하여 발생한 화재에 가장 부적합한 소화기는?
① 포말 소화기
② 이산화탄소 소화기
③ 물 소화기
④ 탄산수소염류 소화기

유류 화재에 절대로 사용해서는 안 되는 소화기는 물 소화기 이다.

11 화재예방 조치로서 적합하지 않은 것은?
① 가연성 물질을 인화장소에 두지 않는다.
② 유류취급 장소에는 방화수를 준비한다.
③ 흡연은 정해진 장소에서만 한다.
④ 화기는 정해진 장소에서만 취급한다.

유류취급 장소에는 방화사와 소화기를 비치한다.

12 건설기계에 비치할 가장 적합한 종류의 소화기는?
① A급 화재소화기 ② 포말B소화기
③ ABC소화기 ④ 포말소화기

건설기계와 차량에는 ABC소화기를 비치하여야 한다.

13 다음 중 전기 화재에 대하여 가장 적합하지 않은 소화기는?
① 분말 소화기 ② 포말 소화기
③ CO_2 소화기 ④ 할론 소화기

포말소화기는 수용성의 소화기로 전기의 감전을 유발하게 되므로 사용을 금지 한다.

14 가스 및 인화성 액체에 의한 화재 예방조치 방법으로 틀린 것은?
① 가연성 가스는 대기 중에 자주 방출 시킬 것
② 인화성 액체의 취급은 폭발 한계의 범위를 초과한 농도로 할 것
③ 배관 또는 기기에서 가연성 증기의 누출 여부를 철저히 점검 할 것
④ 화재를 진화하기 위한 방화 장치는 위급 상황 시 눈에 잘 띄는 곳에 설치 할 것

가연성의 가스는 대기 중으로 방출 시켜서는 안 된다.

15 전기시설과 관련된 화재로 분류되는 것은?
① A급 화재 ② B급 화재
③ C급 화재 ④ D급 화재

전기시설에 관련된 화재는 C급 화재이다.

정답

07.② 08.① 09.③ 10.③ 11.②
12.③ 13.② 14.① 15.③

16 연소의 3요소가 아닌 것은?
① 가연성 물질 ② 산소(공기)
③ 점화원 ④ 이산화탄소

> 연소의 3요소는 불꽃을 발생할 수 있는 점화원, 가연성 물질과 산소이다.

17 다음 중 인화성이 가장 큰 물질은?
① 산소 ② 질소
③ 황산 ④ 알코올

> 인화성이 큰 물질은 알코올이다.

18 화재 시 소화 원리에 대한 설명으로 틀린 것은?
① 기화 소화법은 가연물을 기화 시키는 것이다.
② 냉각 소화법은 열원을 발화 온도 이하로 냉각하는 것이다.
③ 질식 소화법은 가연물에 산소 공급을 차단하는 것이다.
④ 제거 소화법은 가연물을 제거하는 것이다.

> 소화법에 기화 소화법은 없다.

19 화상을 입었을 때 응급조치로 옳은 것은?
① 된장을 바른다.
② 메틸알코올에 담근다.
③ 미지근한 물에 담근다.
④ 시원한 물에 담근다.

> 화상을 입었을 때의 응급조치는 찬물에 담가 화기를 제거 한 다음 화상 연고를 바르고 의사에게 보여야 한다.

20 소화방식의 종류 중 주된 작용이 질식소화에 해당하는 것은?
① 강화 액 ② 호스 방수
③ 에어-폼 ④ 스프링클러

> 질식소화는 산소를 차단하여 소화하는 방법으로 에어 폼이 여기에 해당된다.

21 소화설비 선택 시 고려하여야 할 사항이 아닌 것은?
① 작업의 성질 ② 작업자의 성격
③ 화재의 성질 ④ 작업장의 환경

> 소화설비 선택 시 고려사항에 작업자의 성격은 없다.

22 다음 중 자연발화성 및 금속성 물질이 아닌 것은?
① 탄소 ② 나트륨
③ 칼륨 ④ 알킬알루미늄

> 탄소 : 비금속 원소의 하나이며 유기 화합물의 주요 구성 원소로 숯, 석탄, 석강석 등에 의해 산출되며 보통 온도에서는 공기나 물의 작용을 받지 않으나 높은 온도에서는 산소와 쉽게 화합된다.

23 금속 나트륨이나 금속 칼륨 화재의 소화재로서 가장 적합한 것은?
① 물 ② 포 소화기
③ 건조사 ④ 이산화탄소 소화기

> 금속 나트륨이나 금속 칼륨 등의 금속화재에 가장 좋은 소화기는 건조사 또는 방화사이다.

24 화재 발생 시 초기 진화를 위해 소화기를 사용하고자 할 때 다음 보기에서 소화기 사용 방법에 따른 순서로 맞는 것은?

> **보기**
> a. 안전핀을 뽑는다.
> b. 안전핀 걸림 장치를 제거한다.
> c. 손잡이를 움켜잡아 분사한다.
> d. 노즐을 불이 있는 곳으로 향하게 한다.

① a→b→c→d ② c→a→b→d
③ d→b→c→a ④ b→a→d→c

> 소화기의 사용은 먼저 안전핀의 걸림 장치를 제거하고 안전핀을 뽑은 다음 노즐을 불이 있는 방향으로 향하게 하고 손잡이를 잡아 소화제를 분사한다.

정 답
16.④ 17.④ 18.① 19.④ 20.③
21.② 22.① 23.③ 24.④

chapter 03 안전 운반 작업

3-1 장비사용 설명서

굴착기를 유지관리하는 사용 방법 등에 관한 사항과 주행장치, 작업장치, 조향장치, 제동장치, 유압장치, 등화장치 등을 설명하는 지침서이다.

01 주행장치

(1) 저·고속 레버

장비 주행에 있어 1단과 2단을 선택하는 역할을 하며 밀면 저속, 당기면 고속이 된다. 작업 중에는 저속의 위치로 선택하고 작업한다.

(2) 전·후진 레버

전진과 후진을 선택하는 역할을 하며 레버를 밀면 전진, 당기면 후진을 한다.

(3) 굴착기 운전 시 주의사항

1) 굴착기 난기운전
   ① 작업 전에 작동유의 온도를 최소한 30℃ 이상으로 상승시키기 위한 운전
   ② 엔진을 공전 속도로 5~20분간 실시한다.
   ③ 엔진을 중속으로 하여 버킷 레버만 당긴 상태로 5~10분간 운전
   ④ 엔진을 고속으로 하여 버킷 또는 암 레버를 당긴 상태로 5분간 운전
   ⑤ 붐의 작동과 스윙 및 전·후진 등을 5분간 실시

2) 굴착기 주행 시 알아 두어야 할 사항

장비를 수평으로 놓은 상태에서 항시 버킷에 시선을 집중하며 지반이 연약한 때는 바닥판을 깔고 한다.
   ① 붐이나 암으로 차체를 들어 올리고 그 밑으로 들어가지 말 것
   ② 버킷이 올려진 상태에서 운전석을 떠나지 말고 떠날 때는 항상 버킷을 지면에 내려 놓을 것.
   ③ 2km이상의 이동은 트레일러를 이용할 것
   ④ 차체를 경사지에 정지시켜 둘 때는 버킷을 지면을 누른 상태로 하고 트랙 뒤에 쐐기를 고일 것
   ⑤ 기관이 과부하를 받을 때는 버킷을 지면에 내리고 모든 레버는 중립에 복귀 시킨다.

3) 굴착기 트럭 탑재 및 탑승 방법
   ① 자력 주행 시 자세: 버킷과 암을 오므리고 난 후 붐을 하강시켜 붐을 앞으로 하고 주행하는 것이 좋다. 스윙 록을 걸고 고속 주행 시 급정지, 급선회 및 경사지 운행 시 관성 주행은 피하여야 한다.
   ② 트럭에 탑승하는 방법
   ㉮ 소형 굴착기를 운반하는 방법으로 4톤 이상의 트럭을 주차시킨 후 주차 브레이크를 걸고 바퀴의 앞, 뒤에 고임목을 설치하여 트럭을 고정한다.
   ㉯ 경사대(탑재대)를 10~15° 이내로 빠지지 않도록 트럭 적재함에 설치한다.
   ㉰ 탑승 시 배토판(토공판)은 뒤로하고 전부 장치의 버킷과 암을 당긴 상태로 탑승한다.

㉣ 승차대로 승차할 때는 주행 이외 다른 조작을 하여서는 안 된다.
③ 트레일러에 탑승하는 방법
㉮ 자력 주행 탑승 방법
  ㉠ 트레일러를 평탄한 지면에 주차시킨다.
  ㉡ 주차 브레이크를 작동 시키고 차륜에 고임목을 고인다.
  ㉢ 경사대(탑재대)를 10~15° 이내로 설치한 후 트럭에 탑승 방법대로 탑승한다.
  ㉣ 미끄러울 때에는 경사대에 거적 등으로 미끄럼을 방지 조치 후 탑승한다.
㉯ 탑재대가 없을 때의 탑재 방법
  ㉠ 언덕 등의 둔덕을 이용하여 탑승한다.
  ㉡ 바닥을 파고 트레일러를 낮은 지형에 주차시키고 탑승한다.
  ※ 잭업 방법은 위험하므로 피한다.
③ 기중기에 의한 탑승 방법
  굴착기를 매달기 충분한 기중 능력을 가진 기중기를 사용하여 와이어로프로 굴착기를 수평으로 들어 탑승 시킨다.
4) 트레일러에 탑승 후 자세
① 굴착기의 전부 장치는 트레일러 및 트럭의 후방을 향하도록 하여야 한다.
② 버킷과 암을 오므리고(크라우드) 붐을 하강시켜 트레일러 바닥판에 버킷이 닿게 내려놓는다.
③ 각 실린더의 행정 양단의 250mm 정도의 행정 여유가 있도록 한다.
④ 트레일러 운행 중 장비가 사행되지(옆으로 움직이지) 않도록 체인 블록 등을 이용하여 장비를 고정한다.
⑤ 트랙의 후단에 고임목을 설치한다.

02 조향장치

굴착기의 진행방향을 임의로 바꾸는 장치로 유압식 전륜 조향 방식을 주로 사용한다.

① 기계식 조향방식
  장비가 회전하고자 하는 방향으로 핸들을 돌리면 조향기어 박스를 거쳐 피트먼 암으로 전달되고 피트먼 암의 운동에 의해 드래그링크와 조향너클에 연결되고 타이로드를 통해 좌우 타이어에 동력을 전달하여 방향을 전환한다.

② 유압식 조향 방법
  조향기어 박스 하단에 연결된 유량 조정밸브는 핸들의 각도 변화에 따라 조향 펌프로부터 나오는 유량을 조절하여 조향 실린더로 보내며 조향실린더로 들어온 오일은 피스톤 로드를 팽창 또는 수축시켜 조향 너클에 전달하여 방향을 전환한다.

03 유압기기

1) 유압 펌프
① 유압펌프는 저압용과 고압용으로 2개가 엔진 플라이휠에 직접 설치되어 구동된다.
② 엔진의 회전으로 2개의 펌프가 회전되어 유압을 제어 밸브로 전달한다.
③ 발생 유압은 대략 250~350kgf/㎠ 정도로 고압이다.
④ 플런저 펌프가 사용되며 작동유 탱크의 오일을 흡입 가압하여 제어 밸브로 공급한다.

2) 붐 실린더
① 붐 실린더는 운전석의 우측 레버에 의해 작동되며 붐을 상하운동 시키는 역할을 한다.
② 우측 레버를 당기면 붐이 상승하고 밀면 하강한다.

3) 암 실린더
① 암 실린더는 작업 시 직접 버킷에 힘을 가해 일을 하는 실린더이다.
② 좌측 레버에 의해 작동된다.
③ 당기면 암이 운전석 쪽으로 당겨지고 밀면 밖으로 멀어진다.

4) 버킷 실린더
① 버킷을 접고 펴는 실린더로 우측 레버를 안쪽과 바깥쪽으로 움직여 작동시킨다.
② 우측 레버를 좌측(안쪽)으로 당기면 버킷이 접어들고 반대로 우측(바깥쪽)으로 벌리면 버킷은 벌어진다.

5) 스윙 모터
① 스윙 모터는 굴착기의 상부 회전체를 좌 또는 우측으로 회전시키는 모터로 좌측 레버에 의해 작동된다.
② 좌측 레버를 우측(안쪽)으로 당기면 장비의 상부는 우측으로 회전하고 반대로 좌측으로 밀면 좌회전을 한다.

04 기타 장치

1) 선회 잠금장치(선회 록 장치)
① 장비를 주행할 때 또는 운반, 이동 시에 상부 회전체가 이동되지 않도록 고정한다.
② 운전석 또는 배터리 장착된 곳에 핀으로 되어 있다.

2) 선회, 주차 브레이크
① 굴착기에는 선회할 때 작업의 안전을 위하여 선회 주차 브레이크가 설치되어 있다.
② 선회 주차 브레이크는 선회 조작이 중립에 위치 할 때는 자동으로 제동 되어야 한다.
③ 엔진의 가동이나 정지된 상태에서도 제동 기능이 유지되어야 한다.

3) 센터 조인트(스위블 조인트, 터닝 조인트)
① 굴착기의 회전부 중심에 설치되어 있다.
② 상부 및 하부 유압기기가 선회 중에도 송유가 가능하다.
③ 굴착 작업에서 발생되는 하중 및 유압의 변동에 견딜 수 있는 구조이다.
④ 센터 조인트는 스위블 조인트라 하며, 상부 선회체의 중심부에 설치되어 상부 회전체의 유압을 주행 모터에 공급하는 역할을 한다.
⑤ 상부 회전체가 회전하여도 유압 호스나 유압 파이프 등이 꼬이지 않기 때문에 유압의 공급이 원활하게 이루어진다.

4) 퀵 커플러
① 굴착기의 버킷을 신속하게 결합 및 분리시킬 수 있는 장치이다.
② 퀵 커플러 설치 기준
㉮ 버킷 잠금장치는 이중 잠금으로 할 것
㉯ 유압 잠금장치가 해제된 경우는 충분한 크기의 경고음이 발생되어야 한다.
㉰ 퀵 커플러에 과대 전류가 발생할 때는 전원을 차단할 수 있어야 한다.
㉱ 작동 스위치는 조종사의 조종에 의해서만 작동되는 구조일 것

3-2 안전운반

01 운반기계의 안전수칙

① 차량을 도로변에 방치하고 작업하지 말 것
② 인도 근처에서는 서행한다.
③ 작업 계획서를 작성한다.
④ 제한속도를 준수한다.
⑤ 편하중이 생기지 않도록 적재한다.
⑥ 화물의 붕괴 또는 낙하 등의 위험을 방지하기 위한 로프를 걸 것
⑦ 운전자의 시야를 가리지 않도록 적재할 것

⑧ 운전석을 떠날 때에는 원동기를 정지시키고 제동장치를 확실히 하는 등 불시주행을 방지하기 위한 조치를 취한 후 떠난다.
⑨ 평탄하고 견고한 지면에서 상차 및 하역을 한다.
⑩ 승차석 이외의 장소에 사람을 탑승시키지 말 것
⑪ 작업장의 통행 우선순위(기중기 → 운반차 → 빈차 → 보행자 순)를 지킨다.

02 취급 운반사고의 원인
① 부적절한 공구의 사용
② 작업장소의 정리정돈 불충분
③ 협소한 작업장
④ 불안전한 바닥
⑤ 작업자의 불안전한 동작
⑥ 공동 작업에서 호흡 불일치
⑦ 무리한 작업
⑧ 작업자의 부족한 체력
⑨ 취급 물에 대한 안전 지식 부족
⑩ 운반 작업의 기본자세 및 안전 수칙 준수 불량

03 굴착기 작업 안전수칙
① 작업장 내에 사람이 접근하는 것을 금지시킬 것
② 굴착기는 수평 상태를 유지하고 풍향에 주의할 것
③ 작업복 및 안전 장구를 착용할 것
④ 점검, 정비 주유는 규칙적으로 실시할 것
⑤ 고압 유압유 정비 시 주의할 것
⑥ 장비 조정 또는 정비 중에는 운전을 금지할 것
⑦ 가연성 물건은 적재하지 말 것
⑧ 뛰어오르거나 뛰어내리지 말 것
⑨ 타이어 공기압, 파손 등에 유의할 것
⑩ 굴착기의 주정차 시에는 주차 브레이크를 걸어 둘 것
⑪ 장비 이동 시는 붐을 하강시키거나 수축시켜 고정한 후 주행할 것
⑫ 후진 시는 신호수를 세울 것
⑬ 공기식 브레이크장치 장비는 정상 공기압이 된 후 운행할 것
⑭ 주행 시는 스윙 록을 걸어 둘 것
⑮ 운행로 선택은 장비의 높이, 폭, 길이를 고려하여 선택할 것
⑯ 경사지 주차 시는 주차 브레이크를 체결하고 타이어에 고임목을 고일 것
⑰ 하중이 혹에 잘 걸렸는지 확인할 것
⑱ 정격하중을 초과하지 말 것
⑲ 시계가 양호한 쪽으로 스윙할 것
⑳ 작업 시는 반드시 아웃트리거를 사용하여 장비를 항상 수평으로 유지할 것
㉑ 신호는 자격이 있는 사람으로 한 사람의 신호를 따르고 신호수와의 교신이 불분명한 때에는 작업을 중지할 것
㉒ 적재 중량을 높이기 위한 카운터 웨이트 중량을 증가시키지 말 것
㉓ 작업 시 운전석에는 운전자 만 탑승하고 시야에 장애가 있을 경우에는 절대로 작업을 금지할 것
㉔ 주유 또는 조정 시에는 하중을 지면에 내리고 할 것
㉕ 트레일러에 탑승 시는 등판 각을 15° 이내로 할 것
㉖ 스윙작업 시에는 서서히 진행한다.
㉗ 고압선 주위에서 작업할 때는 우천 시는 절대로 작업을 금지하며, 고압선과 3m 이상의 거리를 두고 작업할 것
㉘ 굴착기를 이동할 때는 붐의 방향은 전방으로 둘 것
㉙ 하중을 들어 올린 상태로 하차하지 말 것

3-1 작업안전 및 기타 안전사항

01 작업장에서의 안전

① **작업장의 바닥** : 넘어지거나 미끄러지는 등 위험이 없도록 안전하고 청결한 상태로 유지해야 한다.

② **작업발판** : 선반 롤러 등의 기계가 당해 작업에 종사하는 근로자의 신장에 비하여 현저하게 높은 때는 안전하고 적당한 높이의 작업 발판을 설치하여야 한다.

③ **작업장의 창문** : 작업장에 창문을 설치함에 있어서 작업장의 창문을 열었을 때 근로자가 작업을 하거나 통행을 하는데 방해되지 아니하도록 설치해야 한다.

④ **작업장의 출입문 설치기준**
  ㉮ 출입문의 위치, 수 및 크기가 작업장의 용도와 특성에 적합하도록 할 것
  ㉯ 근로자가 쉽게 열고 닫을 수 있도록 할 것
  ㉰ 주목적이 하역 운반 기계용인 출입구에는 인접하여 보행자용 문을 따로 설치할 것
  ㉱ 하역운반기계 통로와 인접하여 있는 출입문에서 접촉에 의하여 근로자에게 위험을 미칠 우려가 있을시 비상등, 비상벨 등 경보장치를 할 것

⑤ **비상구 설치**
  ㉮ 위험물을 제조, 취급하는 작업장 및 당해 작업장이 있는 건축물에는 안전한 장소로 대피할 수 있는 1개 이상의 비상구를 설치해야 한다.
  ㉯ 비상구는 미닫이 문 또는 외부로 열리는 문을 설치한다.

⑥ **경보용 설비** : 근로자가 작업하는 옥내 작업장에는 비상시에 근로자에게 신속하게 알리기 위한 경보용 설비 또는 기구를 설치하여야 한다.

02 통행과 운반

① **통행시의 안전수칙**
  ㉮ 통행로 위의 높이 2m 이하에는 장해물이 없을 것
  ㉯ 기계와 다른 시설물과의 사이의 통행로 폭은 80cm 이상으로 할 것
  ㉰ 뛰지 말 것
  ㉱ 한눈을 팔거나 주머니에 손을 넣고 걷지 말 것
  ㉲ 통로가 아닌 곳을 걷지 말 것
  ㉳ 좌측통행 규칙을 지킬 것
  ㉴ 높은 작업장 밑을 통과할 때 조심할 것
  ㉵ 작업자나 운반자에게 통행을 양보할 것
  ㉶ 통행로의 계단은 다음 사항을 고려 설치할 것
    ㉠ 견고한 구조로 할 것
    ㉡ 경사는 심하지 않게 할 것
    ㉢ 각 계단의 간격과 너비는 동일하게 할 것
    ㉣ 높이 5m를 초과할 때에는 높이 5m 이내마다 계단실을 설치할 것
    ㉤ 적어도 한쪽에는 손잡이를 설치할 것

② **운반시의 안전수칙**
  ㉮ 운반차는 규정 속도를 지킬 것
  ㉯ 운반 시 시야를 가리지 않게 쌓을 것
  ㉰ 승용석이 없는 운반차에는 승차하지 말 것
  ㉱ 빙판의 운반 시 미끄럼에 주의할 것
  ㉲ 긴 물건에는 끝에 표지를 단 후 운반할 것
  ㉳ 통행로와 운반차, 기타의 시설물에는 안전표지 색을 이용한 안전표지를 할 것

출제예상문제

01 기계시설의 안전 유의 사항으로 적합하지 않은 것은?
① 회전 부분(기어, 벨트, 체인) 등은 위험하므로 반드시 커버를 씌워둔다.
② 발전기, 용접기, 엔진 등 장비는 한곳에 모아서 배치한다.
③ 작업장의 통로는 근로자가 안전하게 다닐 수 있도록 정리정돈을 한다.
④ 작업장의 바닥은 보행에 지장을 주지 않도록 청결하게 유지한다.

> 기계 장비는 각 용도별, 장치별 등으로 분류하여 각 보관한다.

02 기계 취급에 관한 안전 수칙 중 잘못된 것은?
① 기계 운전 중에는 자리를 지킨다.
② 기계의 청소는 작동 중에 수시로 한다.
③ 기계 운전 중 정전시는 즉시 주 스위치를 끈다.
④ 기계 공장에서는 반드시 작업복과 안전화를 착용한다.

> 기계의 청소는 기계의 작동을 중지시키고 안전한 상태에서 실시한다.

03 중장비 기계 작업 후 점검사항으로 거리가 먼 것은?
① 파이프나 실린더의 누유를 점검한다.
② 작동시 필요한 소모품의 상태를 점검한다.
③ 겨울철에 가급적 연료 탱크를 가득 채운다.
④ 다음날 계속 작업하므로 차의 내·외부는 그대로 둔다.

> 중장비에서 기계 작업이 끝난 다음 운전 후 점검을 하여야 하며 장비의 내·외부를 깨끗이 정리정돈 하여야 한다.

04 운반 작업을 하는 작업장의 통로에서 통과 우선순위로 가장 적당한 것은?
① 짐차 – 빈차 – 사람
② 빈차 – 짐차 – 사람
③ 사람 – 짐차 – 빈차
④ 사람 – 빈차 – 짐차

> 작업장 통로에서 통행의 우선순위는 짐차→빈차→사람 순이다.

05 중량물 운반 작업 시 착용하여야 할 안전화는?
① 중 작업용
② 보통 작업용
③ 경 작업용
④ 절연용

> 중량물 운반에 사용하는 안전화는 중 작업용 안전화를 착용하여야 한다.

06 유압장치 작동 시 안전 및 유의사항으로 틀린 것은?
① 규정의 오일을 사용한다.
② 냉간 시 에는 난기 운전 후 작업한다.
③ 작동 중 이상 음이 생기면 작업을 중단 한다.
④ 오일이 부족하면 종류가 다른 오일이라도 보충한다.

> 오일이 부족할 경우 오일의 보충은 동종의 동일등급오일을 보충하여야 한다. 다른 종류의 오일을 보충하면 첨가제가 달라 이 첨가제 등에 의한 오일이 열화되어 사용할 수 없디 때문이다.

정 답
01.② 02.② 03.④ 04.① 05.① 06.④

07 기계 설비의 안전 확보를 위한 사항 중 사용상의 잘못이 아닌 것은?

① 주위 환경　② 설치 방법
③ 무부하 사용　④ 조작 방법

> 무부하 사용은 기계를 공운전 시키는 것을 말한다. 이는 기계를 완전히 설치한 상태에서 시운전하는 것이므로 사용상의 잘못에 해당되지 않는다.

08 기계 운전 중 안전 측면에서 설명으로 옳은 것은?

① 빠른 속도로 작업 시는 일시적으로 안전장치를 제거 한다.
② 기계장비의 이상으로 정상가동이 어려운 상황에서는 중속 회전 상태로 작업한다.
③ 기계운전 중 이상한 냄새, 소음, 진동이 날 때는 정지하고, 전원을 끈다.
④ 작업의 속도 및 효율을 높이기 위해 작업 범위 이외의 기계도 동시에 작동한다.

> 기계의 운전 중 점검사항은 이상한 소음, 냄새, 진동 등 작동에 따른 사항을 점검하는 것이다.

09 작업 시 일반적인 안전에 대한 설명으로 적합하지 않은 것은?

① 장비는 사용 전에 점검한다.
② 장비 사용법은 사전에 숙지한다.
③ 장비는 취급자가 아니어도 사용한다.
④ 회전되는 물체에 손을 대지 않는다.

> 장비의 취급은 장비 취급자 외에는 사용하여서는 안 된다.

10 기계의 보수, 점검 시 운전 상태에서 해야 하는 작업은?

① 체인의 장력 상태 확인
② 베어링의 급유상태 확인
③ 벨트의 장력상태 확인
④ 클러치의 상태 확인

> 클러치는 접단기로 기계 작동 중 동력을 전달 또는 차단하는 것이기 때문에 운전 상태에서 확인이 가능하다.

11 크레인으로 물건을 운반할 때 주의사항으로 틀린 것은?

① 규정 무게보다 약간 초과 할 수 있다.
② 적재물이 떨어지지 않도록 한다.
③ 로프 등 안전 여부를 항상 점검 한다.
④ 선회 작업 시 사람이 다치지 않도록 한다.

> 크레인 작업에서 규정의 무게보다 초과해서는 안 된다.

12 유지 보수 작업의 안전에 대한 설명 중 잘못된 것은?

① 기계는 분해하기 쉬워야 한다.
② 보전용 통로는 없어도 가능하다.
③ 기계 부품은 교환이 용이 해야 한다.
④ 작업조건에 맞는 기계가 되어야 한다.

> 유지 보수를 위한 보전용 통로가 필히 있어야 한다.

13 작업장의 사다리식 통로를 설치하는 관련 법상 틀린 것은?

① 견고한 구조로 할 것
② 발판의 간격은 일정하게 할 것
③ 사다리가 넘어지거나 미끄러지는 것을 방지하기 위한 조치를 할 것
④ 사다리식 통로의 길이가 10미터 이상인 때에는 접이식으로 할 것

> 사다리식 통로의 길이가 10미터 이상인 때에는 고정식으로 하고 일정한 간격마다 휴식을 취할 수 있도록 공간을 설치하여야 한다.

정 답				
07.③	08.③	09.③	10.④	11.①
12.②	13.④			

14 작업장의 정리정돈에 대한 설명으로 틀린 것은?

① 사용이 끝난 공구는 즉시 정리한다.
② 공구 및 재료는 일정한 장소에 보관한다.
③ 폐자재는 지정된 장소에 보관한다.
④ 통로의 한쪽에 물건을 보관한다.

> 통로에는 통행에 방해가 되는 어떠한 물건도 쌓아 놓거나 보관을 하여서는 안 된다.

15 전등 스위치가 옥내에 있으면 안 되는 경우는?

① 건설기계 차고
② 절삭유 저장소
③ 카바이트 저장소
④ 기계류 저장소

> 카바이트는 가연성 물체로 수분이 접촉되면 가연성의 가스가 발생되어 화재의 위험이 있어 스위치가 옥내에 있으면 안 된다.

16 인양작업 시 하물의 중심에 대하여 필요한 사항을 설명한 것으로 틀린 것은?

① 하물의 중량 중심을 정확히 판단할 것
② 하물의 중량 중심은 스윙을 고려하여 여유 옵셋을 확보할 것
③ 하물 중량 중심의 바로 위에 훅을 유도할 것
④ 하물 중량 중심이 하물의 위에 있는 것과 좌·우로 치우쳐 있는 것은 특히 경사지지 않도록 주의 할 것

> 옵셋이란 하물의 중심과 줄을 거는 훅의 위치 중심이 다른 것으로 옵셋을 시키면 하물이 한쪽으로 기울어져 위험하다.

17 도로에서 굴착작업 중 매설된 전기 설비의 접지선이 노출되어 일부가 손상되었을 때 조치 방법으로 맞는 것은?

① 손상된 접지선은 임의로 철거한다.
② 접지선 단선 시에는 철선 등으로 연결 후 되 메운다.
③ 접지선 단선은 사고와 무관하므로 그대로 되 메운다.
④ 접지선 단선 시에는 시설 관리자에게 연락 후 그 지시를 따른다.

> 굴착 작업 중 아무리 작은 사고라도 사고가 발생되면 시설 관리자에 연락 후 그의 지시를 따라야 한다.

18 다음 중 유해한 작업환경 요소가 아닌 것은?

① 화재나 폭발의 원인이 되는 환경
② 신선한 공기가 공급되도록 환풍장치 등의 설비
③ 소화기와 호흡기를 통하여 흡수되어 건강 장애를 일으키는 물질
④ 피부나 눈에 접촉하여 자극을 주는 물질

> 신선한 공기를 공급하는 것은 유해한 작업환경 요소가 아니며 작업장에는 신선한 공기를 공급할 수 있는 환풍장치가 설치되어 있어야 한다.

19 무거운 짐을 이동할 때 설명으로 틀린 것은?

① 힘겨우면 기계를 이용한다.
② 기름이 묻은 장갑을 끼고 한다.
③ 지렛대를 이용한다.
④ 2인 이상이 작업할 때는 힘센 사람과 약한 사람과의 균형을 잡는다.

> 기름이 묻은 장갑을 사용하면 물건을 잡은 손이 미끄러져 재해가 발생된다.

20 공장에서 엔진 등 중량물을 이동하려고 한다. 가장 좋은 방법은?

① 여러 사람이 들고 조용히 움직인다.
② 체인 블록이나 호이스트를 사용한다.
③ 로프로 묶고 인력으로 당긴다.
④ 지렛대를 이용하여 움직인다.

> 공장에서 중량물을 이동하려면 체인 블록이나 호이스트를 이용하여 운반하는 것이 가장 좋다.

정 답				
14.④	15.③	16.②	17.④	18.②
19.②	20.②			

21 중량물을 들어 올리거나 내릴 때 손이나 발이 중량물과 지면 등에 끼어 발생하는 재해는?

① 낙하 ② 충돌
③ 전도 ④ 협착

> 중량물과 지면에 손이나 발이 끼이는 재해를 협착이라 한다.

22 작업장의 안전을 위해 작업장의 시설을 정기적으로 안전 점검을 하여야 하는데 그 대상이 아닌 것은?

① 설비의 노후화 속도가 빠른 것
② 노후화의 결과로 위험성이 큰 것
③ 작업자의 출퇴근 시 사용하는 것
④ 변조에 현저한 위험을 수반하는 것

> 작업장의 안전 시설에 작업자의 출퇴근 시 사용하는 것과는 무관하다.

23 크레인으로 화물을 적재할 때의 안전수칙으로 틀린 것은?

① 시야가 양호한 방향으로 선회한다.
② 조종사의 주의력을 혼란스럽게 하는 일을 금한다.
③ 작업 중인 크레인의 운전반경 내에는 접근을 금지한다.
④ 작업 중인 조종사와는 휴대폰으로 연락한다.

> 조종사와의 연락은 신호수의 신호로 연락하여야 한다.

24 기계 설비의 위험성 중 접선 물림 점(tangential point)과 가장 관련이 적은 것은?

① V벨트 ② 커플링
③ 체인벨트 ④ 기어와 랙

> 커플링은 어떤 각도를 가진 두 축을 연결 할 때 사용하는 축이음으로 볼트 또는 돌출부의 맞물림으로 연결된다.

25 산업공장에서 재해의 발생을 줄이기 위한 방법으로 틀린 것은?

① 폐기물은 정해진 위치에 모아둔다.
② 공구는 소정의 장소에 보관한다.
③ 소화기 근처에 물건을 적재한다.
④ 통로나 창문 등에 물건을 세워 놓아서는 안 된다.

> 소화기 근처에는 물건을 적재하여 놓아서는 안 된다.

정 답

21.④ 22.③ 23.④ 24.② 25.③

chapter 04 장비 안전관리

4-1 장비 안전관리

01 장비 관리

장비의 조종은 유자격자로 하여 운전하도록 하고 장비의 시동 키는 별도로 관리하도록 한다.

(1) 안전 작업 매뉴얼 준수
① 작업 계획서를 작성한다.
② 굴착기 작업 장소의 안전한 운행 경로를 확보한다.
③ 안전 수칙 및 안정도를 준수한다.

(2) 작업 시 안전 수칙
① 작업 전, 작업 중, 작업 후 일일점검을 실시한다.
② 주행 및 운반 시 안전 수칙을 준수한다.
③ 적재 및 하역 작업 시 안전 수칙을 준수한다.
④ 주차 및 작업 종료 후 안전 수칙을 준수한다.

(3) 작업 계획서 작성
굴착기의 작업 계획서는 작업의 내용, 개시 및 작업 시간, 종료시간 등을 세우는 계획서이다.
① **작업 계획서**: 작업 내용과 관련된 준비사항에 대해 파악한다.
② **작업개요**: 작업명, 작업의 장소, 작업 일, 작업 시작시간, 작업 종료시간, 장비 이동 경로, 신호 방법, 작업 책임자, 신호수 배치 등에 대해 확인한다.
③ **신호수의 배치**: 작업 동선에 대하여 신호수의 위치와 인원이 적절하게 배치되었는가 확인한다.
④ **작업 확인**: 작업할 부분의 지역, 주변 장애물, 지하 매설물, 굴착 깊이, 굴착 및 작업 시의 토사 처리 관계 등을 확인한다.
⑤ **굴착기의 제원**: 작업에 적합한 굴착기의 기종, 운전자, 차체 중량, 부대 작업장치 등을 기록 확인한다.
⑥ **보험 가입 여부**: 작업 계획서를 확인하여 보험에 가입되어 있는지 여부를 확인한다.
⑦ **운전자의 안전 복장**: 안전모, 작업복, 안전조끼, 안전화 등의 착용 여부를 확인한다.

(4) 작업 전 장비의 확인 사항

1) 장비의 난기운전
장비를 작업하기 전에 난기운전을 실시하여야 한다.

2) 더운 날씨에서의 장비 관리
① 라디에이터(방열기)의 냉각수량을 점검한다.
② 팬 벨트의 장력을 점검하고 적절하게 조절한다.
③ 엔진이 과열되어 냉각수가 끓어 넘치면 후드를 열고 엔진을 공회전 시키면서 온도가 떨어지게 한 다음 엔진을 정지시킨다.
④ 더운 날씨에 장시간 운전은 운전 감각이 떨어지고 작업 효율이 저하될 수 있으므로 주기적으로 휴식을 취한다.
⑤ 압축공기로 라디에이터의 공기통로를 정기적으로 불어내고 냉각수 등의 누수 여

부를 확인 점검한다.

3) 추운 날씨의 장비 관리
① 장비를 작동시키기 전에 창문의 얼음이나 성에를 제거한다.
② 빙판 위에 장비가 있는 경우 미끄러짐에 주의한다.
③ 장비 승·하차시 또는 장비 점검 시 미끄럼 방지 처리가 되지 않은 부분은 밟지 말 것
④ 냉각수의 부동액 상태를 점검한다.
⑤ 마모가 심한 타이어는 즉시 교환한다.
⑥ 빙판길 주행 시에는 급제동이나 급출발을 해서는 안된다.

4) 장비의 일일점검을 실시한다.
작업을 실시하기 전에 안전과 장비의 수명연장을 위하여 일일점검 항목에 준하여 일일점검을 실시하여 장비의 이상 유무와 안전장치 등의 정확한 작동 등을 확인한다.

02 장비 취급 시 안전 수칙

(1) 엔진 취급 시의 안전 수칙
① 엔진의 분해 전에는 작업에 필요한 공구, 기록용지 및 부품 정리대를 준비한다.
② 작업하기 전에 방해가 되거나 손상될 우려가 있는 부품은 미리 떼어낸다.
③ 차 밑에서 작업을 할 경우에는 카 스탠드로 확실하게 고인다.
④ 엔진을 이동할 경우에는 체인 블록으로 묶어 운반 잭을 이용하여 작업대로 옮긴다.
⑤ 빼낸 볼트 및 너트는 본래의 위치에 가볍게 꽂아둔다.
⑥ 전장품을 떼어낼 때에는 축전지의 접지 단자를 먼저 제거 한 다음 떼어낸다.
⑦ 분해 조립 순서를 정확히 지킨다.
⑧ 알맞은 공구를 선택하고 무리한 힘을 가하지 말 것
⑨ 작업 시에는 장갑을 끼지 않도록 하고 불필요한 행동은 삼간다.
⑩ 작업은 항상 안전을 먼저 생각 한다.
⑪ 펜더에 상처가 나지 않도록 펜더 덮개를 사용한다.

(2) 섀시 취급시의 안전수칙
① 변속기 탈착 등 차량 밑에서 작업을 할 경우에는 반드시 보안경을 착용한다.
② 차량 밑에서 작업할 경우에는 움직이는 차량이나 기계에 발이 닿지 않도록 한다.
③ 정비하고자 하는 차량을 받칠 때에는 잭으로만 들지 말고 카 스탠드로 잘 고인다.
④ 차량이 잭에 의해 올려져 있을 때에는 절대로 차 내에 들어가지 말아야 하며, 잭이나 차에 충격을 주지 않는다.
⑤ 모든 잭은 사용 후 적재 제한별로 보관한다.
⑥ 잭으로 자동차를 작업할 수 있게 올린 후에는 잭 손잡이를 빼 놓는다.

(3) 전장품 취급시의 안전 수칙
① 안전 사항에 반드시 주의하고 특히 감전에 주의한다.
② 전장품을 세척 할 경우는 절연된 부분에 손상을 입히지 않도록 주의 한다.
③ 절연된 부분은 오일이나 기름으로 세척하지 않는다.
④ 배선 연결의 경우 건조한 장소에서 작업하고 접촉저항이 작도록 확실히 조인다.
⑤ 전장품을 다룰 때는 충격을 가하지 않는다.
⑥ 시험기의 조작 방법을 숙지한다.
⑦ 직류계기는 극성을 바르게 맞춘다.
⑧ 전류계는 부하와 직렬로 연결하고 전압계는 병렬로 연결한다.
⑨ 모든 측정용 계기의 사용은 명판을 확인하고 최대 측정범위를 넘지 않도록 한다.

⑩ 배선 연결의 경우 반드시 부하 측으로부터 전원 측으로 접속하고 스위치를 열어둔다.
⑪ 퓨즈는 크기가 잘 맞는 것을 사용한다.
⑫ 전기장치의 시험기를 사용할 때 정전시 즉시 스위치를 OFF에 놓는다.
⑬ 기름 묻은 손으로 시험기를 조작하지 않는다.

(4) 굴착기 취급 시의 안전 수칙
① 일상점검 등 점검 및 정비할 때는 각 조작레버는 중립 상태이고 유압회로 내 압력은 개방(해제)하여야 한다.
② 엔진 과열 시 냉각수의 보충은 기관이 공회전하는 상태에서 라디에이터 캡을 1단 열어 압력을 개방 후 잠시 후에 열어 보충하여야 한다.
③ 엔진 시동할 때는 각 조작레버의 중립 위치를 확인한 다음 시동 작업한다.
④ 각 레버를 조작하기 전에 장비 주변의 안전 확인 후 조작한다.
⑤ 전부 장치로 차체를 잭업 후 차체 밑으로 들어가지 말 것
⑥ 기중 작업은 될 수 있는 한 피한다.
⑦ 경사지 도중에서 시동이 정지될 때는 신속히 버킷을 지면에 내리고 조작 레버를 중립으로 한다.
⑧ 경사지 작업 시 측면 절삭(병진 채굴)은 피해야 한다.
⑨ 작업 시 유압 실린더 말단까지 사용하지 말 것(피스톤 행정의 양단 50~80mm 여유를 둔다. 이유는 유압 실린더 및 실린더 설치 브래킷 파손 방지 목적)
⑩ 흙을 파면서 주행 하지 말 것
⑪ 스윙 동작으로 정지작업을 하지 말 것(붐 또는 암의 측면 충격 방지)
⑫ 버킷을 낙하력으로 굴착, 선회 동작과 토사 등을 타격하지 말 것
⑬ 경사지 작업 시 차체 평형에 유의한다.
⑭ 굴착 작업 시 지하 매설물 유무를 확인한 다음 작업 한다.
⑮ 지반이 약한 곳에서의 작업은 바닥판을 깔고 작업하는 것이 좋다.
⑯ 각 조종 레버를 급격하게 조작하지 말 것
⑰ 전부 장치에서 가장 큰 굴착력을 발휘할 수 있는 암의 각도는 전방 50도에서 후방 15도 사이의 각이다.
⑱ 작업이 끝난 후 조종석을 떠날 때에는 반드시 버킷을 지면에 내리고 주차 브레이크를 작동 시킨 다음 키 스위치에서 키를 빼낸다.
⑲ 장비의 주차는 토사 붕괴, 홍수의 위험이 없는 평탄한 장소에 한다.
⑳ 휠 형식의 굴착기는 아웃트리거를 내리고 작업하여야 하며 경사지 주차 시에는 트랙이나 바퀴에 고임목으로 고여 안전한 주차가 되도록 한다.

4-2 일상점검표 및 작업요청서

01 굴착기의 일상점검

(1) 일상점검의 목적
장비의 고장 유무를 사전에 점검하여 장비의 수명 연장과 사고를 미연에 방지하고 효율적인 장비 관리를 위해 실시한다.

(2) 일상점검의 사항
① 운전 전 점검
㉮ 기관 오일량, 냉각수량, 연료량의 점검
㉯ 작동유량 점검
㉰ 각 작동부의 그리스 주입
㉱ 공기 청정기 점검 및 청소

⑪ 조종 레버 및 각 레버의 위치 이상 유무
⑪ 각종 스위치, 등화의 작동
⑪ 팬벨트의 장력
⑪ 브레이크 및 핸들의 작동 상태 및 유격
⑪ 타이어 공기압의 상태 등

② 운전 중 점검
㉮ 각종 계기는 정상 작동 되는가 점검한다.
㉯ 각 부분의 누유 및 누수는 없는가 점검한다.
㉰ 차체에서의 이음, 냄새, 이상 현상은 없는가 점검한다.
㉱ 배기가스를 점검한다.
㉲ 각 조종 레버의 작동은 정상인가 점검한다.

③ 운전 후 점검
㉮ 각 부분의 누유 및 누수를 점검한다.
㉯ 각 부분의 볼트 및 너트의 이완 상태를 점검한다.
㉰ 연료를 보충한다.
㉱ 각 레버의 위치는 적정한가를 점검한다.
㉲ 버킷의 앞 끝이 지면에 완전히 접촉되어 있는가를 점검한다.
㉳ 건설기계의 주차 위치는 적정한가를 점검한다.
㉴ 연료 계통에 고인 물을 제거한다.
㉵ 상, 하 롤러 사이의 이물질 제거
㉶ 선회 서클의 청소

(2) 실린더 작동상태 점검
① 레버를 작동하여 실린더의 누유 여부 및 실린더 로드의 손상 등을 점검한다.
② 실린더 내벽의 마모가 심하면 실린더 로드의 내부 섭동으로 유격이 커진다.

(3) 변속장치, 제동장치, 핸들 조작 상태 등의 점검
① 전, 후진의 작동 점검: 작업 전 전, 후진 레버를 조작하여 레버의 작동상태와 누유 점검
② 제동장치 점검: 브레이크 페달을 밟아 페달의 유격 점검과 시운전 하면서 브레이크의 작동 상태를 확인한다.
③ 주차 브레이크의 점검: 주차 브레이크의 작동이 원활하며 체결과 해제가 확실하게 작동되는지 확인한다.
④ 핸들의 작동상태: 핸들을 조작하여 좌우로 정확한 작동과 이상 진동 등이 느껴지는가를 확인하고 핸들의 유격과 누유 등을 점검한다.

(4) 각 부의 누유 및 누수를 확인한다.
엔진 및 장비의 각 장치별로 구분하여 냉각수, 오일, 작동유 등의 누유 및 누수를 점검한다.

02 작업 요청서

작업요청서는 장비를 작업 현장에서 사용하고자 작업을 의뢰하는 요청서로 내용은 작업명, 작업일시, 작업 장소, 작업 책임자, 입회 검사자, 작업 인원, 시공회사와 공사 계획 및 작업 내용과 안전 조치 사항을 기록하여 작업을 의뢰하는 것이다.

4-3 장비 안전관리 교육

01 안전관리 교육

작업에 투입되어 작업을 하여야 하는 장비는 유자격자를 지정하여 운전하도록 한다.
① 작업 전 안전교육을 실시하고 안전 복장 등 안전 장구의 착용을 확인한다.
② 장비 유지관리 및 안전사고 예방을 위해 장비 사용설명서를 확인한다.
③ 작업 전 점검을 실시하고 최적의 굴착기 상태를 유지한다.

02 장비 취급 시 위험 요인 확인
① 운전자의 시야 확보
② 굴착기의 용도 외 사용 금지
③ 무자격자 운전 및 운전 미숙자 작업 전 확인
④ 과속에 의한 충돌 및 급선회 시 전도
⑤ 화물 과대 적재 및 화물의 편 하중 적재

03 위험 요인에 대한 안전대책 수립
① 작업 시 안전 통로확보하고 안전장치를 설치한다.
② 굴착 작업 구간에 보행자의 출입을 금지한다.
③ 작업 구역 내 장애물 확인 및 제거
④ 주행 시 스윙 록을 체결하고 작업 쪽 유압 라인을 차단한다.
⑤ 안전 표지판을 설치하고 안전 표지를 부착한다.

4-4 기계기구 및 공구에 관한 사항

01 공작기계의 안전 수칙
① 기계 위에 공구나 재료를 올려놓지 않는다.
② 이송을 걸어 놓은 채 기계를 정지시키지 않는다.
③ 기계의 회전을 손이나 공구로 멈추지 않는다.
④ 가공물, 절삭공구의 설치를 확실히 한다.
⑤ 절삭공구는 짧게 설치하고 절삭성이 나쁘면 일찍 교환한다.
⑥ 칩이 비산할 경우에는 보안경을 착용한다.
⑦ 칩 제거할 때에는 브러시나 칩 클리너를 사용하고 맨손으로 하지 않는다.
⑧ 절삭 중 절삭 면에 손이 닿아서는 안 된다.
⑨ 절삭 중이나 회전 중에는 공작물을 측정하지 않는다.

02 드릴작업의 안전수칙
① 회전하고 있는 주축이나 드릴에 손이나 걸레를 대거나 머리를 가까이 해서는 안 된다.
② 드릴은 양호한 것을 사용하고 싱크에 상처나 균열이 있는 것을 사용해서는 안 된다.
③ 가공 중에 드릴의 절삭성이 나빠지면 곧 드릴을 재 연삭하여 사용한다.
④ 드릴을 고정하거나 풀 때는 주축이 완전히 멈춘 후에 한다.
⑤ 작은 물건은 바이스나 고정구로 고정하고 직접 손으로 잡지 말아야 한다.
⑥ 얇은 물건을 드릴 작업 할 때에는 밑에 나무 등을 놓고 구멍을 뚫어야 한다.
⑦ 드릴 끝이 가공물의 맨 밑에 나올 때 회전하기 쉬우므로 이때는 이송을 늦춘다.
⑧ 가공 중 드릴이 가공물에 박히면 기계를 정지시키고 손으로 돌려서 드릴을 뽑아야 한다.
⑨ 드릴이나 소켓 등을 뽑을 때는 드릴 뽑게를 사용하며 해머 등으로 두들겨 뽑지 않도록 한다.
⑩ 드릴 및 척을 뽑을 때에는 주축과 테이블의 간격을 좁히고 테이블 위에 나무 조각을 놓고 받는다.

03 연삭작업의 안전수칙
① 숫돌은 반드시 시운전에 지정된 사람이 설치해야 한다.
② 숫돌을 설치하기 전에 나무망치로 숫돌을 때려 숫돌의 상태를 조사한다.
③ 숫돌 차는 기계에 규정 된 것을 사용한다.
④ 숫돌 차의 안지름은 축의 지름보다 0.05~0.15mm 정도 커야 한다.
⑤ 플랜지는 좌우 같은 것을 사용하고 숫돌 바깥지름의 ⅓ 이상의 것을 사용한다.
⑥ 플랜지와 숫돌 차이에는 플랜지와 같은

크기의 패킹을 양쪽에 끼우고 너트를 너무 강하게 조이지 않도록 한다.
⑦ 숫돌은 3분 이상 작업개시 전에 시운전한다. 그 때 회전방향으로부터 몸을 피하여 안전에 유의한다.
⑧ 숫돌과 받침대의 간격은 3mm 이하로 유지한다.
⑨ 공작물과 숫돌은 조용하게 접촉하고 무리한 압력으로 연삭하여서는 안 된다.
⑩ 공작물은 받침대에 확실히 고정한다.
⑪ 소형 숫돌은 측압에 약하므로 컵 형 숫돌 외에는 측면 사용을 피한다.
⑫ 숫돌 커버를 벗겨 놓은 채 사용해서는 안 된다.
⑬ 안전 차폐 막을 갖추지 않은 연삭기를 사용할 때에는 방진 안경을 사용 한다.

04 다듬질 작업

(1) 일반적인 안전사항
① 공구류는 기름이 묻은 것을 사용해서는 안 된다.
② 공구류는 종류별로 정비하고 지정된 장소에 보관한다.
③ 절삭공구는 절삭 날에 유의해야 한다.
④ 필요에 따라 방진안경을 사용한다.

(2) 정 작업의 안전수칙
① 머리가 벗겨진 정은 사용하지 않는다.
② 정은 기름을 깨끗이 닦은 후에 사용한다.
③ 날 끝이 결손된 것이나 둥글어진 것은 사용하지 않는다.
④ 방진안경을 착용한다.
⑤ 정 작업 시 반대편에 차폐 막을 설치한다.
⑥ 정 작업은 처음에는 가볍게 두들기고 목표가 정해진 후에 차츰 세게 두들긴다. 또한 작업이 끝날 때에는 타격을 약하게 한다.
⑦ 담금질한 재료를 정으로 쳐서는 안 된다.
⑧ 절삭면을 손가락으로 만지거나 절삭 칩을 손으로 제거하지 않도록 한다.

(3) 바이스 작업의 안전수칙
① 죠의 기름을 잘 닦아낸다.
② 죠의 중심에 공작물이 오르도록 고정한다.
③ 가공물을 체결한 다음에는 반드시 핸들을 밑으로 내린다.
④ 둥근 가공물은 프리즘 형 보조 구를 이용하여 고정한다.
⑤ 불안정한 공작물, 무거운 공작물을 고정할 때에는 공작물 밑에 나무 조각 등을 받쳐서 작업 중에 공작물이 낙하하지 않도록 한다.
⑥ 연한금속의 공작물을 물릴 때에는 공작물이 손상되지 않도록 공작물보다 연한 금속판을 죠에 댄다.
⑦ 사용 후에는 바이스의 죠를 가볍게 조여 둔다.
⑧ 다듬질한 공작물은 가죽이나 고무를 대고 고정한다.
⑨ 공작물을 바이스로부터 제거할 때에는 바이스의 옆에서 충분히 떨어져 공작물에 다치지 않도록 한다.

(4) 줄 다듬질 작업의 안전수칙
① 사용 중에 자루가 빠지거나 깎기거나 또는 다른 목적으로 사용하다가 상처를 입는 경우가 많다.
② 줄에 담금질, 균열이 있는 것은 사용 중에 부러질 염려가 있으므로 잘 점검 사용한다.
③ 줄 자루는 소정의 크기의 것으로 든든한 쇠고리가 끼워진 것을 선택하고 자루를 확실하게 고정하여 사용한다.
④ 칩은 입으로 불거나 맨손으로 털지 말고 반드시 브러시 또는 솔을 사용한다.
⑤ 줄을 레버나 해머 대용으로 사용해서는

안 된다.
⑥ 작업할 때에는 너무 무리한 힘을 가하지 말 것
⑦ 전진행정에서만 힘이 작용되도록 한다.
⑧ 날이 메워지면 와이어 브러시로 깨끗이 털어낸다.
⑨ 새 줄은 처음에는 연질 재에 사용하고 차차 경질 재에 사용한다.
⑩ 주물을 줄질할 때에는 표면의 흑피를 벗기고 작업한다.

05 산소 용접작업의 안전수칙

(1) 산소용기 취급 시 주의사항
① 충격을 주지 말 것
② 항상 40℃ 이하로 유지 할 것
③ 직사광선을 쬐지 말 것
④ 밸브 조정기 등에 기름이 묻어있지 않을 것
⑤ 산소병을 뉘어 놓지 말 것
⑥ 150kgf/㎠의 고압이므로 취급에 주의한다.
⑦ 밸브 개폐는 조용히 한다.

(2) 아세틸렌 용기 취급 시 주의사항
① 용기를 거꾸로 눕히지 말 것
② 충격을 가하지 말 것
③ 누설 검사는 비눗물로 할 것
④ 화기나 열기를 가까이 하지 말 것
⑤ 사용 후에는 반드시 약간 잔압을 남겨 둘 것
⑥ 사용가스량 및 압력은 각각 1,000 L/h 이내, 1kg/㎠ 이하로 사용할 것

(3) 토치 취급시의 주의사항
① 소중히 다룰 것
② 팁을 모래나 먼지 위에 놓지 말 것
③ 토치를 함부로 분해하지 말 것
④ 토키에 기름을 바르지 않는다.
⑤ 팁이 과열되었을 때에는 산소만 조금씩 분출시키면서 물속에 넣어 냉각시킨다.
⑥ 팁이 막혔으면 팁 구멍 클리너로 청소한다.

(4) 산소 용접 시 일반적인 주의사항
① 점화는 성냥불로 직접 하지 말고 마찰식 라이터를 사용한다.
② 아세틸렌 밸브를 먼저 열고 점화한 다음 산소 밸브를 열어 불꽃을 조절한다.
③ 작업 후에는 산소 밸브를 먼저 잠그고 아세틸렌 밸브를 닫는다.
④ 역화의 위험을 방지하기 위하여 안전기를 사용한다.
⑤ 역류, 역화 시에는 산소 밸브를 잠근다.

(5) 가스용기의 색상
① 산소: 녹색
② 아세틸렌: 황색
③ 액화석유가스(LPG): 회색
④ 액화염소: 갈색
⑤ 수소: 주황색
⑥ 탄산가스: 청색
⑦ 암모니아: 백색

06 아크 용접작업의 안전수칙
① 용접 시에는 소화기 및 소화수를 준비한다.
② 우천 시에는 옥외작업을 피한다.
③ 홀더는 항상 파손되지 않은 것을 사용한다.
④ 장시간 용접할 경우에는 수시로 용접기를 점검한다.
⑤ 작업 시에는 반드시 보호구를 착용한다.
⑥ 벗겨진 홀더는 사용하지 말 것
⑦ 작업 중단 시에는 전원 스위치를 끄고 커넥터를 풀어준다.
⑧ 피 용접 물은 코드를 완전히 접지 시킨다.
⑨ 환기장치가 완전한 일정한 장소에서 용접

한다.
⑩ 보호 장갑, 에이프런, 정강이받이 등을 착용한다.
⑪ 용접봉을 갈아 끼울 때에는 홀더의 충전부에 몸이 닿지 않도록 주의한다.

(3) 아크 용접 시의 위험 요인
① 용접봉 및 케이블에 신체접촉
② 자외선, 적외선으로부터 전기적 안염
③ 전기 스위치 개폐시의 감전 재해
④ 유해가스 흄 등의 가스 중독
⑤ 용접기 리드 단자
⑥ 용접기 케이스

07 수공구류 안전수칙

(1) 일반적인 사항
① 사용법에 알맞게 사용할 것
② 주위를 정리정돈 할 것
③ 좋은 공구를 사용할 것
④ 수공구는 그 목적 이외 사용하지 말 것
⑤ 손이나 공구에 묻은 기름, 물 등은 잘 닦아 낼 것

(2) 해머작업의 안전수칙
① 좁은 곳에서는 사용하지 말 것
② 최초에는 서서히 타격할 것
③ 장갑을 절대로 끼지 말 것
④ 해머를 자루에 꼭 끼울 것
⑤ 대형의 해머 사용 시는 능력에 맞게 사용할 것
⑥ 녹슨 공작물에는 보호안경을 착용할 것
⑦ 해머를 휘두르기 전 반드시 주위를 살필 것
⑧ 손잡이가 금이 간 것은 사용하지 말 것
⑨ 해머 머리가 손상되거나 벗겨진 것은 사용하지 말 것
⑩ 해머자루에 쐐기가 없는 것, 낡은 것, 모양이 찌그러진 해머는 사용하지 말 것

(3) 스패너, 렌치 작업의 안전수칙
① 몸의 중심에서 조금씩 잡아당겨 사용할 것
② 해머 대용으로 사용하지 말 것
③ 스패너와 볼트, 너트 사이에 쐐기 등의 물림쇠를 끼워 사용하지 말 것
④ 볼트나 너트에 꼭 맞는 것을 사용할 것
⑤ 공구가 볼트나 너트에서 벗겨져도 넘어지지 않을 자세를 취할 것
⑥ 스패너에 파이프를 끼우거나 연장 대를 연결하여 사용해서는 안 된다.
⑦ 고정 죠에 힘이 가해지도록 하여 사용할 것
⑧ 녹이 슨 볼트나 너트에는 오일을 넣어 스며들게 한 후에 작업 할 것

(4) 드라이버 작업의 안전수칙
① 드라이버의 끝은 항상 양호하게 보관한다.
② 렌치나 끌 또는 다른 용도의 공구로 사용해서는 안 된다.
③ 자루가 휜 것, 부러진 것은 사용하지 말 것
④ 끝이 무뎌진 것은 사용하지 않는다.
⑤ 드라이버로 작업 시에는 테이블이나 작업대 위에 올려놓고 작업한다.
⑥ 작은 공작물은 바이스 등으로 고정시키고 작업한다.

(5) 수공구의 관리
① 정리정돈을 잘 할 것
② 모든 공구는 다른 공구의 대용으로 사용하여서는 안 된다.
③ 담당자는 수시로 공구의 상태 등을 정기적으로 점검하여야 한다.
④ 반드시 지정된 장소에 항상 청결한 상태로 보관한다.

출제예상문제

01 탁상용 연삭기 사용시 안전수칙으로 바르지 못한 것은?

① 받침대는 숫돌차의 중심보다 낮게 하지 않는다.
② 숫돌차의 주면과 받침대는 일정간격으로 유지해야 한다.
③ 숫돌차를 나무해머로 가볍게 두드려 보아 맑은 음이 나는가 확인 한다.
④ 숫돌차의 측면에 서서 연삭해야 하며 반드시 차광 안경을 착용한다.

> 숫돌차의 정측면에 서서 연삭하며 반드시 보안경을 착용하여야 한다.

02 차체에 용접시 주의사항이 아닌 것은?

① 용접 부위에 인화될 물질이 없나를 확인한 후 용접한다.
② 유리 등에 불이 튀어 흔적이 생기지 않도록 보호막을 씌운다.
③ 전기 용접시 접지선을 스프링에 연결한다.
④ 전기 용접시 필히 차체의 배터리 접지선을 제거한다.

> 접지선의 연결은 부품이 아닌 차체에 접지하여 사용한다.

03 유압장치 작동 시 안전 및 유의사항으로 틀린 것은?

① 규정의 오일을 사용한다.
② 냉간 시 에는 난기 운전 후 작업한다.
③ 작동 중 이상 음이 생기면 작업을 중단 한다.
④ 오일이 부족하면 종류가 다른 오일이라도 보충한다.

> 오일이 부족할 경우 오일의 보충은 동종의 동일등급오일을 보충하여야 한다. 다른 종류의 오일을 보충하면 첨가제가 달라 이 첨가제 등에 의한 오일이 열화되어 사용할 수 없기 때문이다.

04 해머 작업에 대한 내용으로 잘못된 것은?

① 타격 범위에 장해물이 없도록 한다.
② 작업자가 서로 마주보고 두드린다.
③ 녹슨 재료 사용 시 보안경을 사용한다.
④ 작게 시작하여 차차 큰 행정으로 작업하는 것이 좋다.

> 해머작업 시 작업자가 서로 마주보고 작업을 해서는 안 된다.

05 일반 공구의 안전한 사용법으로 적합하지 않은 것은?

① 언제나 깨끗한 상태로 보관 한다.
② 엔진의 헤드 볼트 작업에는 소켓렌치를 사용한다.
③ 렌치의 조정 조에 잡아당기는 힘이 가해져야 한다.
④ 파이프 렌치에는 연장 대를 끼워서 사용하지 않는다.

> 일반 공구 사용에서 렌치의 경우에는 고정 죠우(고정된 입)에 힘이 가해지도록 하여 공구를 몸의 중심에서 잡아당겨 사용하여야 한다.

06 세척작업 중에 알칼리 또는 산성 세척유가 눈에 들어갔을 경우 가장 먼저 조치하여야 하는 응급처치는?

① 먼저 수돗물로 씻어 낸다.
② 눈을 크게 뜨고 바람 부는 쪽을 향해 눈물을 흘린다.
③ 알칼리성 세척유가 눈에 들어가면 붕산수를 구입하여 중화시킨다.
④ 산성 세척유가 눈에 들어가면 병원으로 후송하여 알칼리성으로 중화시킨다.

정 답

01.④ 02.③ 03.④ 04.② 05.③ 06.①

세척작업 중에 알칼리 또는 산성 세척유가 눈에 들어갔을 경우에는 눈을 비비지 말고 가장 먼저 흐르는 수도물로 눈을 씻어내고 병원으로 후송하여 치료를 받아야 한다.

07 풀리에 벨트를 걸거나 벗길 때 안전하게 하기 위한 작동상태는?

① 중속인 상태   ② 정지한 상태
③ 역회전 상태   ④ 고속인 상태

벨트를 풀리에 걸거나 빼낼 때에는 정지된 상태에서 작업을 하여야 한다.

08 사용한 공구를 정리 보관할 때 가장 옳은 것은?

① 사용한 공구는 종류별로 묶어서 보관 한다.
② 사용한 공구는 녹슬지 않게 기름칠을 잘해서 작업대위에 진열해 놓는다.
③ 사용 시 기름이 묻은 공구는 물로 깨끗이 씻어서 보관한다.
④ 사용한 공구는 면 걸레로 깨끗이 닦아서 공구상자 또는 공구 보관으로 지정된 곳에 보관한다.

사용한 공구는 면 걸레로 깨끗이 닦아서 공구상자 또는 공구 보관으로 지정된 곳에 보관한다.

09 가스 용접 작업시 안전수칙으로 바르지 못한 것은?

① 산소용기는 화기로부터 지정된 거리를 둔다.
② 40℃ 이하의 온도에서 산소 용기를 보관한다.
③ 산소용기 운반 시 충격을 주지 않도록 주의한다.
④ 토치를 점화 할 때 성냥불이나 담뱃불로 직접 점화한다.

토치를 점화할 때에는 아세틸렌 밸브를 먼저 열어 불을 붙이며 점화는 전용 라이터(마찰식 라이터)를 이용하여 점화 하여야 한다.

10 드릴 작업시 유의사항으로 잘못된 것은?

① 작업 중 칩 제거를 금지한다.
② 작업 중 면장갑 착용을 금한다.
③ 작업 중 보안경 착용을 금한다.
④ 균열이 있는 드릴은 사용을 금한다.

드릴 작업을 할 때에는 칩의 비산으로부터 눈을 보호하기 위해 보안경을 착용하여야 한다.

11 안전하게 공구를 취급하는 방법으로 적합하지 않은 것은?

① 공구를 사용한 후 제자리에 정리하여 둔다.
② 끝 부분이 예리한 공구 등을 주머니에 넣고 작업을 하여서는 안된다.
③ 공구를 사용 전에 손잡이에 묻은 기름 등은 닦아내어야 한다.
④ 숙달이 되면 옆 작업자에게 공구를 던져서 전달하여 작업능률을 올린다.

아무리 숙달이 되어도 공구의 전달은 안전하게 손에서 손으로 전달하여야 한다.

12 작업 중 기계에 손이 끼어 들어가는 안전사고가 발생했을 경우 우선적으로 해야 할 것은?

① 신고부터 한다.
② 응급처치를 한다.
③ 기계의 전원을 끈다.
④ 신경 쓰지 않고 계속 작업한다.

13 기계 설비의 안전 확보를 위한 사항 중 사용상의 잘못이 아닌 것은?

① 주위 환경   ② 설치 방법
③ 무부하 사용 ④ 조작 방법

무부하 사용은 기계를 공운전 시키는 것을 말한다. 이는 기계를 완전히 설치한 상태에서 시운전하는 것이므로 사용상의 잘못에 해당되지 않는다.

정 답				
07.②	08.④	09.④	10.③	11.④
12.③	13.③			

14 기계 운전 중 안전 측면에서 설명으로 옳은 것은?

① 빠른 속도로 작업 시는 일시적으로 안전장치를 제거 한다.
② 기계장비의 이상으로 정상가동이 어려운 상황에서는 중속 회전 상태로 작업한다.
③ 기계운전 중 이상한 냄새, 소음, 진동이 날 때는 정지하고, 전원을 끈다.
④ 작업의 속도 및 효율을 높이기 위해 작업 범위 이외의 기계도 동시에 작동한다.

> 기계의 운전 중 점검사항은 이상한 소음, 냄새, 진동 등 작동에 따른 사항을 점검하는 것이다.

15 렌치 작업시 설명으로 옳지 못한 것은?

① 스패너는 조금씩 돌리며 사용한다.
② 스패너를 사용할 때는 앞으로 당기며 사용한다.
③ 파이프 렌치는 반드시 둥근 물체에만 사용한다.
④ 스패너는 자루에 항상 둥근 파이프로 연결하여 사용한다.

> 일반 수공구 사용에 있어 공구에 연장대를 사용해서는 안 된다.

16 다음 중 안전사항으로 틀린 것은?

① 전선의 연결부는 되도록 저항을 적게 해야 한다.
② 전기장치는 반드시 접지하여야 한다.
③ 퓨즈 교체 시에는 기존 보다 용량이 큰 것을 사용한다.
④ 계측기는 최대 측정 범위를 초과하지 않도록 해야 한다.

> 퓨즈는 도체를 보호하기 위해 설치한 안전장치로 퓨즈를 교체할 때에는 규정의 용량의 것을 사용하여야 한다.

17 작업 시 일반적인 안전에 대한 설명으로 적합하지 않은 것은?

① 장비는 사용 전에 점검한다.
② 장비 사용법은 사전에 숙지한다.
③ 장비는 취급자가 아니어도 사용한다.
④ 회전되는 물체에 손을 대지 않는다.

> 장비의 취급은 장비 취급자 외에는 사용하여서는 안 된다.

18 기계의 보수, 점검 시 운전 상태에서 해야 하는 작업은?

① 체인의 장력 상태 확인
② 베어링의 급유상태 확인
③ 벨트의 장력상태 확인
④ 클러치의 상태 확인

> 클러치는 접단기로 기계 작동 중 동력을 전달 또는 차단하는 것이기 때문에 운전 상태에서 확인이 가능하다.

19 사고 원인으로서 작업자의 불안전한 행위는?

① 안전조치 불이행 ② 고용자의 능력 한계
③ 물적 위험 상태   ④ 기계의 결함 상태

> 작업자의 불안전한 행위는 안전조치를 취하지 아니하고 작업에 임하여 사고가 발생하는 경우이다.

20 스패너 사용 시 주의 사항으로 틀린 것은?

① 스패너는 밀면서 작업 한다.
② 스패너는 볼트, 너트의 규격에 맞는 것을 사용한다.
③ 녹이 슨 볼트나 너트는 녹을 제거하고 사용한다.
④ 스패너 사용 시 몸의 균형을 유지한다.

> 스패너는 몸의 중심에서 잡아당겨 사용한다.

정 답

14.③ 15.④ 16.③ 17.③ 18.④
19.① 20.①

21 산업 공장에서 재해의 발생을 줄이기 위한 방법으로 틀린 것은?

① 폐기물은 정해진 위치에 모아둔다.
② 공구는 소정의 장소에 보관한다.
③ 소화기 근처에 물건을 적재한다.
④ 통로나 창문 등에 물건을 세워 놓아서는 안 된다.

> 소화기 근처에는 물건 등을 적재 해 놓아서는 안 된다.

22 크레인으로 물건을 운반할 때 주의사항으로 틀린 것은?

① 규정 무게보다 약간 초과 할 수 있다.
② 적재물이 떨어지지 않도록 한다.
③ 로프 등 안전 여부를 항상 점검 한다.
④ 선회 작업 시 사람이 다치지 않도록 한다.

> 크레인 작업에서 규정의 무게보다 초과해서는 안 된다.

23 일반 수공구 취급 시 주의할 사항이 아닌 것은?

① 작업에 알맞은 공구를 사용할 것
② 공구는 청결한 상태에서 보관할 것
③ 공구는 지정된 장소에 보관할 것
④ 공구는 맞는 것이 없으면 비슷한 용도의 공구를 사용할 것

> 공구는 규격과 용도에 맞는 것을 사용하여야 한다.

24 다음 중 크레인에 설치된 안전장치가 아닌 것은?

① 로드 브레이크
② 선회 감속 장치
③ 권과 방지 장치
④ 과부하 방지 장치

> 크레인에서 로드 브레이크라는 안전장치는 없다.

25 공기구 사용에 대한 사항으로 틀린 것은?

① 공구를 사용 후 공구 상자에 넣어 보관한다.
② 볼트와 너트는 가능한 소켓 렌치로 작업한다.
③ 토크 렌치는 볼트와 너트를 푸는데 사용한다.
④ 마이크로미터를 보관할 때는 직사광선에 노출시키지 않는다.

> 토크 렌치는 볼트나 너트를 조일 때 사용하는 공구로 볼트나 너트를 조일 때 조임력을 나타내는 공구이다.

26 수공구 사용 시 주의 사항이 아닌 것은?

① 작업에 알맞은 공구를 선택하여 사용한다.
② 공구는 사용 전에 기름 등을 닦은 후 사용한다.
③ 공구를 취급할 때는 올바른 방법으로 사용한다.
④ 개인이 만든 공구는 일반적인 작업에 사용한다.

> 공구는 개인이 공구를 만들어 사용해서는 안 된다.

27 작업장의 정리정돈에 대한 설명으로 틀린 것은?

① 사용이 끝난 공구는 즉시 정리한다.
② 공구 및 재료는 일정한 장소에 보관한다.
③ 폐자재는 지정된 장소에 보관한다.
④ 통로의 한쪽에 물건을 보관한다.

> 통로에는 통행에 방해가 되는 어떠한 물건도 쌓아 놓거나 보관을 하여서는 안 된다.

정 답				
21.③	22.①	23.④	24.①	25.③
26.④	27.④			

28 용접 작업과 같이 불티나 유해 광선이 나오는 작업에 착용해야 할 보호구는?
① 차광안경 ② 방진 안경
③ 산소마스크 ④ 보호 마스크

> 유해 불꽃이나 빛이 나는 작업에는 반드시 차광 안경을 착용하고 작업에 임해야 한다.

29 건설 산업 현장에서 재해가 자주 발생하는 주요한 원인에 해당되지 않는 것은?
① 안전 기술 부족
② 작업 자체의 위험성
③ 고용의 불안정
④ 공사계약의 용이성

> 공사계약의 용이성이나 계약에 관계되는 것은 사무직에서 하는 일로 현장의 재해와는 아무런 관련이 없다.

30 조정렌치 사용 및 관리 요령으로 적합지 않은 것은?
① 볼트를 풀 때는 렌치에 연결대 등을 이용한다.
② 적당한 힘을 가하여 볼트, 너트를 죄고 풀어야 한다.
③ 잡아당길 때 힘을 가하면서 작업한다.
④ 볼트, 너트를 풀거나 조일 때는 볼트 머리나 너트에 꼭 끼워져야 한다.

> 조정 렌치는 우리가 말하는 몽키 스패너로 보든 수공구는 연결대 등을 이용하면 공구의 손상으로 사고가 발생되므로 연장대의 사용은 금지한다.

31 일반적으로 장갑을 착용하고 작업을 하게 되는데 안전을 위해서 오히려 장갑을 사용하지 않아야 하는 작업은?
① 전기 용접 작업
② 해머 작업
③ 타이어 교환 작업
④ 건설기계 운전

> 해머 작업을 할 때에는 장갑을 끼면 안 된다. 이는 해머가 손에서 미끄러져 빠지기 쉽기 때문이다.

32 인양작업 시 하물의 중심에 대하여 필요한 사항을 설명한 것으로 틀린 것은?
① 하물의 중량 중심을 정확히 판단할 것
② 하물의 중량 중심은 스윙을 고려하여 여유 옵셋을 확보할 것
③ 하물 중량 중심의 바로 위에 훅을 유도할 것
④ 하물 중량 중심이 하물의 위에 있는 것과 좌·우로 치우쳐 있는 것은 특히 경사지지 않도록 주의 할 것

> 옵셋이란 하물의 중심과 줄을 거는 훅의 위치 중심이 다른 것으로 옵셋을 시키면 하물이 한쪽으로 기울어져 위험하다.

33 해머 사용 중 사용법이 틀린 것은?
① 타격면이 마모되어 경사진 것은 사용하지 않는다.
② 담금질 한 것은 단단하므로 한 번에 정확히 강타한다.
③ 기름 묻은 손으로 자루를 잡지 않는다.
④ 물건에 해머를 대고 몸의 위치를 정한다.

> 담금질 된 금속(열처리 된 금속)은 강하기 때문에 해머작업이나 정 작업은 할 수 없다. 이는 반발력에 의해 해머가 튀어 오르기 때문이다.

34 와이어 줄 걸이 작업에서 사용되는 용구를 점검하여야 하는 안전조건으로 맞는 것은?
① 단위 용구에 시험 인양하중을 확인 하여야 한다.
② 스크류 및 핀의 상태를 확인하여야 한다.
③ 샤클의 나사부는 해체하여 점검한다.
④ 샤클 본체는 구부려서 인장강도 시험을 한다.

> 샤클의 본체는 홈이 파여져 있거나 변형 등의 유무를 점검하여야 한다.

정 답
28.① 29.④ 30.① 31.② 32.②
33.④ 34.④

35 안전한 작업을 하기 위하여 작업 복장을 선정할 때의 유의사항으로 가장 거리가 먼 것은?

① 화기사용 장소 에서는 방염성, 불연성의 것을 사용하도록 한다.
② 착용자의 취미, 기호 등에 중점을 두고 선정한다.
③ 작업복은 몸에 맞고 동작이 편하도록 제작한다.
④ 상의의 소매나 바지 자락 끝 부분이 안전하고 작업하기 편리하게 잘 처리된 것을 선정한다.

> 작업복은 작업 용도와 안전에 맞는 것을 선정하여야 한다.

36 줄 작업 시 주의사항으로 틀린 것은?

① 줄은 반드시 자루를 끼워서 사용한다.
② 줄은 반드시 바이스 등에 올려놓아야 한다.
③ 줄은 부러지기 쉬우므로 절대로 두드리거나 충격을 주어서는 안 된다.
④ 줄은 사용하기 전에 균열의 유무를 충분히 점검하여야 한다.

> 줄은 다듬질 공구로 바이스 등에 올려놓아서는 안 되며 공구 함 등에 넣어 사용하여야 한다.

37 공구사용 시 주의사항이 아닌 것은?

① 결함이 없는 공구를 사용한다.
② 작업에 적당한 공구를 선택한다.
③ 공구의 이상 유무는 사용 후 점검 한다.
④ 공구를 올바르게 취급하고 사용한다.

> 공구의 이상 유무는 공구를 사용하기 전에 점검 한다.

38 드라이버 사용 시 주의할 점으로 틀린 것은?

① 규격에 맞는 드라이버를 사용한다.
② 드라이버는 지렛대 대신으로 사용하지 않는다.
③ 클립(clip)이 있는 드라이버는 옷에 걸고 다녀도 무방하다
④ 잘 풀리지 않는 나사는 플라이어를 이용하여 강제로 뺀다.

> 잘 풀리지 않는 나사는 나사 주위에 기름을 스며들게 한 다음 다시 드라이버를 이용하여 풀어낸다.

39 지렛대 사용 시 주의사항이 아닌 것은?

① 손잡이가 미끄럽지 않을 것
② 화물 중량과 크기에 적합한 것
③ 화물 접촉면을 미끄럽게 할 것
④ 둥글고 미끄러지기 쉬운 지렛대는 사용하지 말 것

> 지렛대를 이용할 때에는 지렛대와 화물의 접촉면은 미끄러지지 않는 것을 사용하여야 안전하다.

40 무거운 짐을 이동할 때 설명으로 틀린 것은?

① 힘겨우면 기계를 이용한다.
② 기름이 묻은 장갑을 끼고 한다.
③ 지렛대를 이용한다.
④ 2인 이상이 작업할 때는 힘센 사람과 약한 사람과의 균형을 잡는다.

> 기름이 묻은 장갑을 사용하면 물건을 잡은 손이 미끄러져 재해가 발생된다.

41 마이크로미터를 보관하는 방법으로 틀린 것은?

① 습기가 없는 곳에 보관한다.
② 직사광선에 노출되지 않도록 한다.
③ 앤빌과 스핀들을 밀착시켜서 둔다.
④ 측정부분이 손상되지 않도록 보관함에 보관한다.

> 마이크로미터는 초정밀 측정기구로 25mm 마다 1단계로 구분이 되며 앤빌과 스핀들을 밀착 시켜 놓아서는 안 된다.

정 답				
35.②	36.②	37.③	38.④	39.③
40.②	41.③			

42 스패너 작업 방법으로 안전상 옳은 것은?
① 스패너로 볼트를 죌 때는 앞으로 당기고 풀 때는 뒤로 민다.
② 스패너의 입이 너트의 치수보다 조금 큰 것을 사용한다.
③ 스패너 사용 시 몸의 중심을 항상 옆으로 한다.
④ 스패너로 죄고 풀 때는 항상 앞으로 당긴다.

> 모든 공구의 사용은 몸의 중심에서 사용하여야 하며 볼트를 조이거나 풀 때에는 모두 앞으로 잡아 당겨 작업을 한다.

43 정비작업에서 공구의 사용법에 대한 내용으로 틀린 것은?
① 스패너의 자루가 짧다고 느낄 반드시 때는 둥근 파이프로 연결할 것
② 스패너를 사용할 때는 앞으로 당길 것
③ 스패너는 조금씩 돌리며 사용할 것
④ 파이프 렌치는 반드시 둥근 물체에만 사용할 것

> 모든 공구는 규격에 맞도록 제작이 되어 있으므로 연장대 등을 연결 사용하여서는 안 된다.

44 수공구 중 드라이버의 사용 상 안전하지 않은 것은?
① 날 끝이 수평이어야 한다.
② 전기 작업 시 절연된 자루를 사용한다.
③ 날 끝의 홈의 폭과 길이가 같은 것을 사용한다.
④ 전기 작업 시 금속부분이 자루 밖으로 나와 있어야 한다.

> 전기 작업을 할 때에는 금속 부분이 절연이 되어 있어야 한다.

45 수공구 사용 시 안전사고 발생 원인으로 틀린 것은?
① 힘에 맞지 않는 공구를 사용하였다.
② 수공구의 성능을 알고 선택하였다.
③ 사용 방법이 미숙하였다.
④ 사용공구의 점검 및 정비를 소홀히 하였다.

> 수공구의 사용법과 성능, 안전 수칙을 지켜 공구를 사용하면 안전사고를 방지할 수 있다.

46 체인 블록을 이용하여 무거운 물체를 이동시키고자 할 때 가장 안전한 방법은?
① 체인이 느슨한 상태에서 급격히 잡아당기면 재해가 발생할 수 있으므로 시간적 여유를 가지고 작업한다.
② 작업의 효율을 위해 가는 체인을 사용한다.
③ 내릴 때는 하중 부담을 줄이기 위해 최대한 빠른 속도로 실시한다.
④ 이동시는 무조건 최단거리 코스로 빠른 시간 내에 이동 시켜야 한다.

> 체인이 느슨한 상태에서 급격히 잡아당기면 재해가 발생할 수 있으므로 시간적 여유를 가지고 천천히 작업한다.

47 안전한 해머 작업을 위한 해머 상태로 옳은 것은?
① 머리가 깨어진 것
② 쐐기가 없는 것
③ 타격면에 홈이 있는 것
④ 타격면이 평탄한 것

> 해머는 타격면이 평탄한 것을 사용하여야 한다.

정 답
42.④ 43.① 44.④ 45.② 46.① 47.④

48 정비 작업 시 안전에 가장 위배되는 것은?
① 깨끗하고 먼지가 없는 작업 환경을 조성한다.
② 회전 부분에 옷이나 손이 닿지 않도록 한다.
③ 연료를 채운 상태에서 연료통을 용접한다.
④ 가연성 물질을 취급시 소화기를 준비한다.

> 연료통을 용접하고자 할 때에는 연료를 비우고 연료 가스 등의 가연성 물질을 완전히 제거한 후 주입구를 열어 놓고 용접하여야 한다.

49 공장에서 엔진 등 중량물을 이동하려고 한다. 가장 좋은 방법은?
① 여러 사람이 들고 조용히 움직인다.
② 체인 블록이나 호이스트를 사용한다.
③ 로프로 묶고 인력으로 당긴다.
④ 지렛대를 이용하여 움직인다.

> 공장에서 중량물을 이동하려면 체인 블록이나 호이스트를 이용하여 운반하는 것이 가장 좋다.

50 볼트 머리나 너트의 크기가 명확하지 않을 때나 가볍게 조이고 풀 때 사용하며 크기는 전체 길이로 표시하는 렌치는?
① 소켓 렌치
② 조정 렌치
③ 복스 렌치
④ 파이프 렌치

> 조정 렌치는 일명 몽키 스패너라고도 부르는 것으로 입의 크기 조절이 가능하여 볼트 머리나 너트의 크기가 명확하지 않을 때나 가볍게 조이고 풀 때 사용이 가능하다.

정 답
48.③ 49.② 50.②

chapter 05 가스 및 전기 안전관리

5-1 가스배관의 안전관리

01 타공·굴착공사에 따른 안전

(1) 타공 시의 가스배관 사고요인
① 가스배관 매설 상황조사 및 확인 작업을 하지 않았을 때
② 노출 배관에 대한 방호조치를 하지 않았을 때
③ 실제 매설위치와 도면의 불일치에 따른 사고
④ 가스사업자와 협의 없이 무단으로 도로를 굴착할 때
⑤ 가스사업자와 사전 협의 및 합동 순회점검 체제를 확립하지 않았을 때
⑥ 작업 안전수칙 및 안전의식 등을 지키지 않았을 때

(2) 타공 시의 가스배관 손상방지
① 가스배관의 수평거리 2m 이내에서 파일박기를 하고자 할 경우에는 도시가스 사업자의 입회하에 시험굴착 후 작업할 것
② 가스배관의 수평거리가 30cm 이내일 경우 파일박기 작업을 금지할 것
③ 항타기는 가스배관과 수평거리가 2m 이상 되는 것에 설치할 것, 다만 부득이하여 수평거리가 2m 이내에 설치하고자 할 때에는 하중 진동을 완화할 수 있는 조치를 취하여야 한다.
④ 파일을 뺀 자리(항발 후)는 충분히 메울 것
⑤ 가스배관 주위를 굴착하고자 할 때에는 가스배관의 좌우 1m 이내의 부분은 인력으로 굴착을 하여야 한다.
⑥ 가스배관 주위를 발파 작업하는 경우에는 도시가스사업자의 입회하에 충분한 대책을 수립한 후 그 지시에 따라 작업한다.
⑦ 가스배관에 근접하여 굴착할 경우 주위에 가스배관의 부속시설물이 있을 경우 작업으로 인한 이탈 및 손상방지에 주의할 것
⑧ 가스배관의 위치를 파악한 경우 가스배관의 위치를 알리는 표지판을 설치할 것

(3) 굴착작업의 안전 유의사항
① 작업 전에 도시가스 배관 확인 및 굴착작업 전에 도시가스 사업자 입회를 요청하고 다음의 사항을 협의 확인한다.
　㉮ 라인마크 확인: 배관길이 50m 마다 1개 이상 설치되어 있다.
　㉯ 배관 표지판: 배관길이 500m 마다 1개 이상 설치되어 있다.
　㉰ 전기방식 측정용 터미널 박스 위치 및 크기
　㉱ 밸브 박스 위치 및 크기
　㉲ 도시가스 배관 설치도면
② 다음의 경우 작업은 굴착기계를 사용해서는 안 되며, 수작업으로 작업을 하여야 한다.
　㉮ 보호 포(적색 또는 황색 시트)가 나타

났을 때
⑭ 모래가 나왔을 때
㉰ 보호 판이 나왔을 때
㉱ 적색 도는 황색의 가스배관이 나왔을 때

(4) 굴착시의 확인 및 조치사항
① 가스배관의 매설위치 확인 및 조치
㉮ 배관도면, 탐지기 도는 시험 굴착 등으로 확인 한다.
㉯ 가스배관의 위치 및 관경을 스프레이, 깃발 등으로 노면에 표시하여 둔다.
㉰ 타공 작업의 자재 등에 의한 가스배관의 충격, 손상, 하중에 주의한다.
② 가스배관의 좌우 1m 이내의 부분은 반드시 인력으로 작업을 하여야 한다.
③ 가스배관에 부속 시설물(밸브수취기, 전기방식 설비 등)이 있는 경우 작업으로 인한 이탈 및 손상 방지에 유의한다.

(5) 파일 및 방호 판 타설 시 조치사항
① 가스배관과 수평거리 30cm 이내에서는 타설 작업을 금지한다.
② 항타기는 가스배관과 수평거리 2m 이상 이격시켜 설치한다.
③ 가스배관과 수평거리 2m 이내에서 타설 작업을 하고자 할 경우에는 도시가스사업자의 입회를 요청하고 시험 굴착을 실시한 후 작업을 하여야 한다.
④ 가스배관과 기타 공작물의 충분한 안전거리를 유지한다.
⑤ 가스배관 노출 시 중량물의 낙하, 충격 등으로 인한 손상을 방지한다.
⑥ 순찰 및 긴급 시 출입 방법, 점검 등의 대책을 수립한다.

(6) 가스배관 파손 시 긴급조치 요령
① 천공기 등으로 도시가스 배관이 손상 또는 파손(뚫었을 때) 등이 발생 되었을 경우에는 천공기 등 기계 기구를 빼지 말고 그대로 유지한 채 기계를 정지 시킨다.
② 누출되는 가스배관의 지표면에 라인마크 등을 확인하여 전단밸브를 차단하고 도시가스 사업자에게 신고한다.
③ 주변의 차량 및 사람을 통제하여 경찰서, 소방서, 한국가스안전공사에 연락한다.

(7) 가스배관 안전(파손)사고 예방대책
① 타공 공사에 따른 정보를 파악한다.
② 가스배관의 매설상황 및 부속물 등의 위치 및 상황을 조사 확인한다.
③ 사전에 충분한 협의 및 안전대책을 수립한다.
④ 합동입회, 순회 점검 등을 실시한다.
⑤ 안전교육을 실시한다.

(8) 되 메우기 및 복구공사
① 가스배관의 하부 및 주변은 압축성이 적은 양질의 모래로 충분히 다진 후 되 메우기 작업을 실시한다.
② 포장 작업의 경우 부속시설물(밸브수취기, 터미널 박스, 라인마크, 보호 포 등)을 재설치하고 매몰을 방지한다.

5-2 가스배관 작업 기준

(1) 노출된 가스배관의 안전조치
① 노출된 가스배관의 길이가 15m 이상인 경우에는 점검통로 및 조명시설을 다음과 같이 설치하여야 한다.
㉮ 점검통로의 폭은 점검자의 통행이 가능한 80cm 이상으로 하고 발판은 사람의 통행에 지장이 없는 각목 등으로 설치하여야 한다.
㉯ 가드레일은 0.9m 이상의 높이로 설치하여야 한다.

㈐ 점검통로는 가스배관에서 가능한 한 가깝게 설치하되 원칙적으로 가스배관으로부터 수평거리 1m 이내에 설치하여야 한다.
㈑ 가스배관 양 끝단 부 및 곡관은 항상 관찰이 가능하도록 점검통로를 설치하여야 한다.
㈒ 조명은 70Lux 이상을 원칙으로 유지하여야 한다.
② 노출된 가스배관의 길이가 20m 이상인 경우에는 다음과 같이 가스누출 경보기 등을 설치하여야 한다.
㈎ 매 20m 마다 가스누출 경보기를 설치하고 현장관계자가 상주하는 강소에 경보음이 전달되도록 설치하여야 한다.
㈏ 작업장에는 현장 여건에 맞는 경광등을 설치하여야 한다.
③ 굴착으로 주위가 노출된 고압배관의 길이가 100m 이상인 것은 배관손상으로 인한 가스누출 등 위급한 상황이 발생할 때에 그 배관에 유입되는 가스를 신속히 차단할 수 있도록 노출된 배관 양 끝에 차단장치를 설치하여야 한다.

(2) 가스배관의 표시
① 배관의 외부
㈎ 사용가스 명
㈏ 최고사용압력
㈐ 가스의 흐름방향(단 지하 매설의 경우 흐름방향을 표시하지 아니할 수 있다.)
② 가스배관의 표면색상
㈎ 지상배관: 황색
㈏ 매설배관
  ㉠ 최고사용압력이 저압인 경우: 황색
  ㉡ 최고사용압력이 중압 이상인 경우: 적색
  ㉢ 지상 배관 중 건축물의 외벽에 노출된 것: 황색 띠로 표시(황색 도료로 지워지지 않도록 할 것)
  ㉣ 2층 이상의 건물의 경우 각 층의 바닥으로부터: 1m 높이에 3cm 띠가 2중으로 표시
㈐ 배관의 노출부분의 길이가 50m를 넘는 경우에는 그 부분에 대하여 온도변화에 의한 배관의 길이 변화를 흡수 또는 분산시키는 조치를 할 것

(3) 가스배관의 도로매설
① 자동차 등의 하중의 영향이 적은 곳에 매설할 것
② 배관의 외면으로부터 도로의 경계까지 1m 이상의 수평거리를 유지할 것
③ 배관은 그 외면으로부터 도로 밑의 다른 시설물과 0.3m 이상의 거리를 유지할 것
④ 시가지의 도로 밑에 매설하는 경우에는 노면으로부터 배관의 외면까지 길이를 1.5m 이상으로 할 것(방호구조물 안에 설치하는 경우 노면으로부터 방호구조물의 외면까지 깊이를 1.2m 이상)
⑤ 포장되어 있는 차도에 매설하는 경우에는 그 포장부분의 노반(차단 층의 경우 그 차단 층)의 밑에 매설하고 배관외면과 노반의 최하부와의 거리는 0.5m 이상으로 할 것
⑥ 인도, 보도 등 노면 외의 도로 밑에 매설하는 경우에는 지표면으로부터 배관의 외면까지의 깊이는 1.2m 이상으로 할 것(방호구조물 안에 설치하는 경우 그 방호구조물 외면까지의 길이는 0.6m 이상)

(3) 가스배관의 지하매설 심도
  ① 공동주택 등의 부지 내: 0.6m 이상
  ② 폭 8m 이상의 도로: 1.2m 이상
  ③ 최고사용압력이 저압인 배관에서 횡으로 분기하여 수요가에게 직접 연결되는 배관: 1m 이상
  ④ 폭 4m 이상 8m 미만인 도로: 1m 이상
  ⑤ 최고사용압력이 저압인 배관에서 횡으로 분기하여 수요가에게 직접 연결되는 배관: 0.8m 이상
  ⑥ 기타 지역: 0.8m 이상
  ⑦ 암반 등으로 매설깊이 유지가 곤란한 경우: 0.6m 이상

(4) 가스배관의 보호 판
  ① 보호 판의 재료: KSD 3503(일반구조용 압연강재)
  ② 보호 판의 설치
    ㉮ 설치 위치: 배관의 정상부에서 30cm 이상
    ㉯ 보호 판과 보호 판을 가정하거나 겹침 설치하여 이격되지 않도록 설치
    ㉰ 매설깊이를 확보할 수 없을 경우: 보호 판을 설치하지 않을 수 있다.
  ③ 1995년 11월 이후에 설치된 중압 관 또는 장애물로 매설깊이를 확보하지 않는 경우: 배관의 정상부에 설치

(5) 가스배관의 보호 포
  ① 보호 포의 재질
    ㉮ 폴리에틸렌 수지, 폴리프로필렌수지
    ㉯ 잘 끊어지지 않는 재질
  ② 보호 포의 두께: 0.2mm 이상
  ③ 보호 포의 폭: 15~35cm
  ④ 보호포의 바탕색
    ㉮ 최고압력이 저압인 경우: 황색
    ㉯ 최고압력이 중압 이상인 경우: 적색
    ㉰ 가스 명, 사용압력, 공급자 명 표시

(6) 가스배관의 라인마크
  ① 라인마크의 설치 장소: 도로 및 공동주택 등의 부지 내
  ② 라인마크의 설치:
    ㉮ 배관길이 50m 마다 1개 이상
    ㉯ 주요 분기점, 구부러진 지점 및 그 주위: 50m 이내

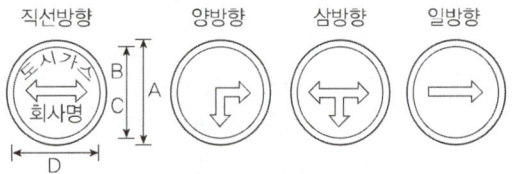

(7) 가스배관의 표지판
  ① 설치 장소: 일반인이 쉽게 볼 수 있도록 설치
    ㉮ 시가지 외의 도로
    ㉯ 산지
    ㉰ 농지
    ㉱ 철도부지
  ② 배관을 따라 500m 간격으로 설치
  ③ 표지판의 크기: 가로 200mm, 세로 150mm 이상의 직사각형
  ④ 표지판의 색상: 황색바탕에 적색 글씨로 표기

04 안전관리 — 출제예상문제

01 다음 중 지하매설 물의 종류가 아닌 것은?
① 주상 변압기
② 광통신 케이블
③ 전력 케이블
④ 가스관

> 주상 변압기는 전신주위에 설치된 변압기를 말한다.

02 가스 도매 사업자의 배관을 시가지의 도로 노면 밑에 매설하는 경우에는 노면으로부터 배관의 외면까지 몇 m 이상 매설 깊이를 유지하여야 하는가?
① 0.6m 이상   ② 1.0m 이상
③ 1.2m 이상   ④ 1.5m 이상

> 시가지의 도로 노면 밑에 매설하는 경우에는 그 깊이가 1.5m 이상이어야 한다.

03 도시가스 인 천연가스가 배관을 통하여 공급되는 압력이 0.5MPa이다. 이 압력은 도시가스 사업법상 어느 압력에 해당하는가?
① 고압   ② 중압
③ 중간압 ④ 저압

> 저압 : 0.1Mpa 미만
> 중압 : 0.1Mpa 이상 1Mpa미만
> 고압 : 1Mpa 이상

04 가스 관련법상 가스 배관 주위를 굴착하고자 할 때 가스 배관 주위 몇 m 이내에는 인력으로 굴착하여야 하는가?
① 0.3   ② 0.5
③ 1   ④ 1.2

> 가스 배관 주위 1m 이내의 작업은 인력으로 작업을 하여야 한다.

05 도시가스 사업법에서 정의한 배관구분에 해당되지 않는 것은?
① 본관   ② 공급관
③ 내관   ④ 가정관

> 도시가스 사업법에 따른 배관은 내관, 본관, 공급관 등으로 구분한다.

06 도시가스 배관을 지하에 매설시 특수한 사정으로 규정에 의한 심도를 유지할 수 없어 보호관을 사용하였을 때 보호관 외면이 지면과 최소 얼마 이상의 깊이를 유지하여야 하는가?
① 0.3m   ② 0.4m
③ 0.5m   ④ 0.6m

> 특수한 사정으로 규정에 의한 심도를 유지할 수 없어 보호관을 사용하였을 때 보호관 외면이 지면과 최소 0.3m이상의 깊이를 유지하여야 한다.

07 지하매설 배관탐지장치 등으로 확인된 지점 중 확인이 곤란한 분기점, 곡선부, 장애를 우회지점의 안전 굴착 방법으로 가장 적합한 것은?
① 절대 불가 작업 구간으로 제한되어 굴착할 수 없다.
② 유도관(가이드 파이프)을 설치하여 굴착한다.
③ 가스배관 좌·우측 굴착을 실시한다.
④ 시험굴착을 실시하여야 한다.

> 시설 관계인 입회하에 시험 굴착을 실시한 후 작업을 실시한다.

정답
01.① 02.④ 03.② 04.③ 05.④
06.① 07.④

08 가스 배관용 폴리에틸렌관의 특징으로 틀린 것은?

① 지하매설용으로 사용된다.
② 일광, 열에 약하다.
③ 도시가스 고압관으로 사용된다.
④ 부식이 잘되지 않는다.

> 폴리에틸렌관은 플라스틱 관으로 고압관으로 사용할 수 없다.

09 도시가스 배관보호기준에서 굴착공사장에 비치·부착하고 굴착·공사관계자가 항상 휴대·숙지하여야 하는 것은?

① 가스배관 손상방지기준
② 가스배관 굴착기준
③ 가스배관 공사기준
④ 가스배관 공사시방서

> 도시가스 배관보호기준에서 굴착공사장에 비치·부착하고 굴착·공사관계자가 항상 휴대·숙지하여야 하는 것은 작업 중에 발생될 수 있는 가스 배관 손상방지 기준이다.

10 일반 도시가스 사업자의 지하 배관 설치 시 도로 폭이 4m 이상 8m 미만인 도로에서는 규정상 어느 정도의 깊이에 배관이 설치되어 있는가?

① 1.5m이상　　② 1.2m이상
③ 1.0m이상　　④ 0.6m이상

> **가스배관의 지하매설 심도**
> ① 공동주택 등의 부지 내: **0.6m 이상**
> ② 폭 8m 이상의 도로: **1.2m 이상**
> ③ 최고사용압력이 저압인 배관에서 횡으로 분기하여 수요가에게 직접 연결되는 배관: **1m 이상**
> ④ 폭 4m 이상 8m 미만인 도로: **1m 이상**
> ⑤ 최고사용압력이 저압인 배관에서 횡으로 분기하여 수요가에게 직접 연결되는 배관: **0.8m 이상**
> ⑥ 기타 지역: **0.8m 이상**
> ⑦ 암반 등으로 매설깊이 유지가 곤란한 경우: **0.6m 이상**

11 가스 배관 주변 굴착 작업 시 주의 사항으로 틀린 것은?

① 가스 배관과의 수평거리 30cm 이내에서 파일 박기를 금지할 것
② 가스 배관의 좌·우 1m이내의 부분은 인력으로 굴착할 것
③ 공사 착공 전에 도시가스 사업자와 현장 협의를 통해 각종 사항 및 안전조치를 상호 확인 할 것
④ 가스 배관과의 수평거리는 2m 이내에서 파일 박기를 하고자 할 때에는 시공업체 직원 입회하에 굴착할 것

> 가스배관과 수평거리 2m 이내에서 타설 작업을 하고자 할 경우에는 도시가스사업자의 입회를 요청하고 시험 굴착을 실시한 후 작업을 하여야 한다.

12 도시가스 배관 주위를 굴착 후 되 메우기 시 지하에 매몰하면 안 되는 것은?

① 보호 포
② 보호 판
③ 라인 마크
④ 전기방식 전위 테스트 박스(T/B)

13 도로에 가스 배관을 매설할 때 지켜야할 사항으로 잘못된 것은?

① 자동차 등의 하중에 대한 영향이 적은 곳에 매설한다.
② 배관의 외면으로부터 도로 밑의 다른 매설물과 0.1m이상의 거리를 유지한다.
③ 포장되어 있는 차도에 매설하는 경우 배관의 외면과 노반의 최하부와의 거리는 0.5m 이상으로 한다.
④ 배관의 외면에서 도로 경계까지는 1m 이상의 수평거리를 유지한다.

> 배관의 외면으로부터 도로 밑의 다른 매설물과 0.3m이상의 거리를 유지한다.

정 답

08.③　09.①　10.③　11.①　12.④　13.③

14 지상에 설치되어 있는 도시가스 배관 외면에 반드시 표시해야 하는 사항이 아닌 것은?

① 사용 가스 명
② 가스 흐름 방향
③ 소유자 명
④ 최고 사용 압력

> 지상의 도시가스 배관에 반드시 표시되어야 하는 사항에 소유자는 해당되지 않는다.

15 공동 주택 부지 내에서 굴착 작업 시 황색의 가스 보호포가 나왔다. 도시가스 배관은 그 보호포가 설치된 위치로부터 최소한 몇 m 이상 깊이에 매설되어 있는가? (단 배관의 심도는 0.6m 이다.)

① 0.2m ② 0.3m
③ 0.4m ④ 0.5m

> 최소 깊이는 0.4m이고 기본은 0.6m 이다.

16 일부 지방에서는 도시가스 원료로 LPG에 공기를 첨가하고 있다. 공기 혼합 시의 장점으로 볼 수 없는 것은?

① 배관 내 에서의 재 역화를 방지한다.
② 발열량 조정이 가능하다.
③ 연소 시 필요 공기량이 적어진다.
④ 누출 시 공기보다 가볍기 때문에 사고 방지에 도움이 된다.

> LPG는 공기보다 무거우며 사고 방지에 도움을 주기 위해 공기를 혼합하는 것이 아니다.

17 도시가스 배관 주위를 굴착 후 되 메우기 시 지하에 매몰하면 안 되는 것은?

① 전기방식 전위 테스트 박스(T/B)
② 보호 판
③ 전기방식용 양극
④ 보호 포

> 전기 방식의 전위(전압) 테스트 박스는 지상에 설치되어 있는 것이다.

18 가스 배관 주위에 매설물을 부설하고자 할 때는 최소한 가스 배관과 몇 cm 이상 이격하여 설치하여야 하는가?

① 20cm ② 30cm
③ 40cm ④ 50cm

> 배관은 그 외면으로부터 도로 밑의 다른 시설물과 0.3m 이상의 거리를 유지할 것

19 가스 배관이 매설되어 있을 것으로 예상되는 지점으로부터 몇 m 이내에서 줄파기를 할 때에는 안전관리 담당자의 입회하에 시행하여야 하는가?

① 1m ② 2m
③ 3m ④ 5m

> 가스 배관이 매설되어 있을 것으로 예상되는 지점으로부터 몇 2m 이내 줄파기를 할 때에는 안전관리 담당자의 입회하에 시행하여야 한다.

20 굴착공사를 위하여 가스배관과 근접하여 H 파일을 설치하고자 할 때 가장 근접하여 설치할 수 있는 수평거리는?

① 10cm ② 20cm
③ 30cm ④ 50cm

> 파일 박기 작업의 최소 이격거리는 30cm 이상이다.

21 지하 구조물이 있으며 도시가스가 공급되는 곳에서 굴착공사 중 지면으로부터 0.3m 깊이에서 나타날 수 있는 물체로 옳은 것은?

① 도시가스 입상관
② 도시가스 배관을 보호하는 보호관
③ 가스 차단장치
④ 수취기

> 지면으로부터 0.3m 깊이에 묻혀있는 것은 도시가스 배관 보호판 또는 보호포 등이 묻혀 있어 직하에 가스 배관 등의 물질이 묻혀 있음을 알리는 것이다.

정 답
14.③ 15.③ 16.④ 17.① 18.②
19.② 20.③ 21.②

22 도로 굴착자가 굴착공사 전에 이행할 사항에 대한 설명으로 옳지 않은 것은?

① 도면에 표시된 가스 배관과 기타 지장물 매설 유무를 조사하여야 한다.
② 조사된 자료로 시험굴착 위치 및 굴착개소 등을 정하여 가스배관 매설 위치를 확인하여야 한다.
③ 위치 표시용 페인트와 표지판 및 황색 깃발 등을 준비하여야 한다.
④ 굴착 용역회사의 안전관리자가 지정하는 일정에 시험 굴착을 수립하여야 한다.

> 용역회사의 안전관리자는 용역회사 근로자의 안전을 담당하는 직책이다.

23 가스안전 영향평가서를 작성하여 할 공사로 가장 적합한 것은?

① 시가지 외의 가스배관이 통과하는 지점에서 건축물공사
② 가스배관이 통과하는 지점의 지하상가 건설공사
③ 가스배관의 매설이 없는 지점에서의 토목공사
④ 도로 폭이 8m 이상인 도로확장 공사

> 가스안전 영향평가서를 작성하여야 할 공사는 지하상가 등 사람의 이동과 거주가 많은 지역의 공사에서는 가스안전 영향평가서를 작성하여야 한다.

24 땅속에 매설된 도시가스 배관 중 노란색의 폴리에틸렌 관(PE관)에 대한 설명으로 틀린 것은?

① 배관 내 압력이 0.5mpa ~ 0.8mpa 정도이다.
② 배관 내 압력이 수주 250mm 정도로 저압이라서 가스 누출 시 쉽게 응급조치를 할 수 있다.
③ 플라스틱과 같은 재료이므로 쉽게 구부러지고 유연하여 시공이 쉽다.
④ 굴착공사 시 파괴 되었다면 배관 내 압력이 저압이므로 압착기(스퀴즈) 등으로 눌러서 가스 누출을 쉽게 막을 수 있다.

> 폴리에틸렌 관은 플라스틱과 같은 것으로 압력이 아주 낮은 배관에 사용하나 배관 내의 압력이 저압부터는 사용할 수 없다. 배관 내의 압력이 0.5mpa~0.8mpa 정도이면 중압에 속하므로 사용할 수 없다.

25 폭 4m 이상 8m 미만인 도로에서 일반 도시가스 배관을 매설 시 지면과 도시가스 배관 상부와의 최소 이격거리는 몇 m 이상인가?

① 0.6m   ② 1.0m
③ 1.2m   ④ 1.5m

> 폭 4m 이상 8m 미만인 도로에서 일반 도시가스 배관을 매설 시 지면과 도시가스 배관 상부와의 최소 이격거리는 1.0m 이상이어야 한다.

26 항타기는 부득이 한 경우를 제외하고 가스 배관과의 수평거리를 최소한 몇 m 이상 이격하여 설치하여야 하는가?

① 1m   ② 2m
③ 3m   ④ 5m

> 항타기는 말뚝을 박는 장비로 지하 매설물과의 이격거리는 최소한 2m 이상이어야 한다.

27 도시가스 배관이 매설된 지점에서 가스 배관 주위를 굴착하고자 할 때에 반드시 인력으로 굴착해야 하는 범위는?

① 배관 좌, 우 1m 이내
② 배관 좌, 우 2m 이내
③ 배관 좌, 우 3m 이내
④ 배관 좌, 우 4m 이내

> 도시가스 배관 주위 1m 이내에는 반드시 인력으로 굴착을 하여야 한다.

정답

22.④   23.②   24.①   25.②   26.②   27.①

28 도시가스 배관 매설시 매설위치를 확인 할 수 있는 라인마크는 배관길이 최소 몇 m 마다 1개 이상 설치하여야 하는가?

① 10m ② 20m
③ 30m ④ 50m

> 도시가스 배관 매설시 매설위치를 확인 할 수 있는 라인마크는 50m 마다 1개 이상 설치하여야 한다.

29 다음 [보기]의 조건에서 도시가스가 누출되었을 경우 폭발할 수 있는 조건으로 모두 맞는 것은?

> **보기**
> a. 누출된 가스의 농도는 폭발 범위 내에 들어야 한다.
> b. 누출된 가스에 불씨 등의 점화원이 있어야 한다.
> c. 점화가 가능한 공기(산소)가 있어야 한다.
> d. 가스가 누출되는 압력이 3.0Mpa 이상이어야 한다.

① a ② a, b
③ a, b, c ④ a, c, d

> 폭발할 수 있는 조건은 누출된 가스의 농도는 폭발 범위 내에 들어야 하고 불씨 등의 점화원이 있어야 하며 점화가 가능한 공기(산소)가 있어야 한다.

30 LNG를 사용하는 도시지역의 가스배관공사 시 주의사항으로 틀린 것은?

① LNG는 공기보다 가볍고 가연성 물질이므로 주의 하여야 한다.
② 공사지역의 배관 매설 여부를 해당 도시가스 업자에게 의뢰한다.
③ 가스 배관 좌우 30cm 이상은 장비로 굴착하고 30cm 이내는 인력으로 굴착한다.
④ 점화원의 휴대를 금지한다.

> 가스 배관 좌우 1m 이상은 장비로 굴착하고 1m 이내는 인력으로 굴착한다.

31 도시가스 배관이 매설된 도로에서 굴착 작업을 할 때 준수사항으로 틀린 것은?

① 가스배관이 매설된 지점에서는 도시가스 회사의 입회하에 작업 한다.
② 가스배관은 도로에 라인 마크를 하기 때문에 라인 마크가 없으면 직접 굴착해도 된다.
③ 어떤 지점을 굴착하고자 할 때는 라인 마크, 표지판, 밸브박스 등으로 가스배관의 유무를 확인하는 방법도 있다.
④ 가스배관의 매설유무는 반드시 도시가스 회사에 유무 조회를 하여야 한다.

> 가스배관의 라인 마크는 배관 길이 50m마다 1개 이상이 설치되기 때문에 라인 마크가 없다고 직접 굴착해서는 안 된다.

32 매몰된 배관의 침하여부는 침하 관측 공을 설치하고 관측한다. 침하 관측 공은 줄파기를 하는 때에 설치하고 침하 관측 점은 매 며칠에 1회 이상을 원칙으로 하는가?

① 3일 ② 7일
③ 10일 ④ 15일

> 침하 관측 점은 매 10일 마다 1회 이상을 관측하여야 한다.

33 굴착 공사로 인해 노출된 도시가스 배관의 안전 조치사항으로 노출된 가스배관의 길이가 최소 몇 m 이상일 때 가스 누출 경보기 등을 설치하여야 하는가?

① 10m ② 20m
③ 30m ④ 50m

> 가스 누출 경보기는 20m마다 1개 이상을 설치하여야 한다.

정 답

28.④ 29.③ 30.③ 31.② 32.③ 33.②

34 다음 LP가스의 특성이 아닌 것은?
① 주성분은 프로판과 메탄이다.
② 액체 상태일 때 피부에 닿으면 동상의 우려가 있다.
③ 누출 시 공기보다 무거워 바닥에 체류하기 쉽다.
④ 원래 무색, 무취이나 누출 시 쉽게 발견하도록 부취제를 첨가한다.

> LP의 주성분은 프로판과 부탄이다.

35 도시가스가 공급되는 지역에서 굴착공사 중에 [그림]과 같은 것이 발견되었다. 이것은 무엇인가?

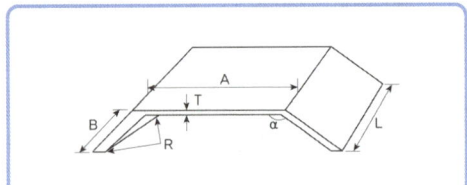

① 보호 포
② 보호 판
③ 라인마크
④ 가스 누출 검지 공

> 그림은 보호 판을 나타낸다.

36 노출된 가스 배관의 길이가 몇 m 이상인 경우에 기준에 따라 점검 통로 및 조명시설을 하여야 하는가?
① 10
② 15
③ 20
④ 30

> 노출된 가스 배관의 길이가 몇 m 이상인 경우에 기준에 따라 점검 통로 및 조명시설을 하여야 한다.

37 지상에 설치되어 있는 도시가스 배관 외면에 반드시 표시해야 하는 사항이 아닌 것은?
① 사용 가스 명
② 가스의 흐름 방향
③ 소유자명
④ 최고사용압력

> 가스배관에 사용자명은 표시되지 않는다.

38 도시가스사업법령에 따라 도시가스배관 매설 시 폭 8m이상의 도로에서는 얼마이상의 설치간격을 두어야 하는가?
① 0.3m
② 0.5m
③ 0.8m
④ 1.2m

> 도시가스배관을 매설 할 때에는 폭 8m 이상의 도로에서는 1.2m이상의 간격을 두고 설 하여야 한다.

39 지중 전선로를 직접 매설식에 의하여 차도의 지표면 아래에 시설되었다면 다음 중 전력 케이블이 매설된 깊이로 가장 적합한 것은?
① 0.2~0.3m
② 0.3~0.5m
③ 0.5~0.8m
④ 1.2~1.5m

> 차도의 지표면 아래에 전력선을 매설할 경우에는 1.2~1.5m 깊이에 매설하여야 한다.

40 도시가스 사업법령상 도시가스 사업이 허가된 지역에서 지하차도 굴착공사를 하고자 하는 자가 시장·군수 또는 구청장에게 작성하여 제출하여야 할 서류의 명칭으로 맞는 것은?
① 공급 규정
② 기술 검토서
③ 안전관리 규정
④ 가스 안전 영향 평가서

> 도시가스 사업이 허가된 지역에서 지하차도 굴착공사를 하고자할 때에는 가스 안전 영향 평가서를 기록 작성하여 제출하여야 한다.

41 도시가스 배관을 공동주택의 부지 안에 매설 시 규정 심도는 최소 몇 m 이상인가?
① 0.6
② 0.8
③ 1
④ 1.2

> 공동주택 부지 내의 배관 심도 깊이는 최소 0.6m이상의 깊이에 매설 하여야 한다.

정 답
34.① 35.② 36.② 37.③ 38.④
39.④ 40.④ 41.①

5-3 전기공사 관련 작업안전

01 전기공사 관련 작업안전

(1) 고압선 관련 유의사항
  ① 차도에서 전력케이블은 지표면 아래 약 1.2~1.5m의 깊이에 매설되어 있다.
  ② 전력케이블에 사용되는 관로(파이프)의 종류
    ㉮ 흄관
    ㉯ 강관
    ㉰ 파형PE관
  ③ 건설기계로 작업 중 고압전선에 근접 접촉으로 인한 사고
    ㉮ 감전
    ㉯ 화재
    ㉰ 화상
  ④ 콘크리트 전주 주변에서 굴착작업을 할 때에는 전주 및 지선 주위를 굴착하면 전주가 쓰러지기 쉬우므로 굴착해서는 안 된다.
  ⑤ 한국전력 맨홀 주변에서 굴착작업을 하다 맨홀과 연결된 동선을 절단하였을 때에는 절단된 상태 그대로 두고 한국전력에 연락을 취하여야 한다.

(2) 인체감전의 경우 위험을 결정하는 요소
  ① 인체에 흐르는 전류의 세기(크기)
  ② 인체에 전류가 흐르는 시간
  ③ 전류의 인체 통과 경로

(3) 콘크리트 전주 위에 있는 주상변압기
  ① 주상변압기 연결선의 고압측은 위쪽이다.
  ② 주상변압기 연결선의 저압측은 아래쪽이다.
  ③ 변압기는 전압을 변경(고압을 저압으로)하는 역할을 한다.

02 고압선 주변의 안전수칙

(1) 안전 이격거리와 애자 수
  ① 전압이 높을수록 이격거리는 비례하여 커진다.
  ② 1개 틀의 애자수가 많을수록 비례하여 커진다.
  ③ 일반적으로 전선이 굵을수록 비례하여 커진다.
  ④ 애자 수에 따른 전압
    ㉮ 애자 수 2~3개: 22.9kW
    ㉯ 애자 수 4~5개: 66kW
    ㉰ 애자 수 9~11개: 154kW

(2) 작업시의 안전수칙
  ① 전력선 밑에서 굴착작업을 하기 전에 작업안전원을 배치하고 안전원의 지시에 따라 작업을 한다.
  ② 굴착장비를 이용하여 도로 굴착작업 중 "고압선위험" 표지시트가 발견되면 표지시트 직하에 전력케이블이 묻혀있으므로 주의한다.
  ③ 전선로 부근에서 굴착작업으로 인하여 수목이 전선로에 넘어지는 사고가 발생하였을 때에는 기중기에 마닐라 로프를 연결하여 수목을 당겨 제거한다.
  ④ 고압선로 주변에서 건설기계에 의한 작업 중 고압선로 또는 지지물에 가장 접촉이 많은 부분은 권상 로프와 붐 대이다.

(3) 154,000V라는 표시 찰이 부착된 철탑 근처 작업시의 주의사항
  ① 철탑기초에 충분히 이격하여 굴착한다.
  ② 철탑기초 주변의 흙이 무너지지 않도록 주의하여 작업한다.
  ③ 전선에서 최소한 3m 이내로 접근되지 않도록 주의하여 작업한다.
  ④ 전선은 바람에 흔들리므로 풍량과 전선의

흔들림을 고려하여 접근금지 안전로프를 설치한다.

(4) 전선로 주변에서 작업시의 주의사항
① 굴착작업을 할 때에는 붐이 전선에 근접되지 않도록 주의하여야 한다.
② 전선은 바람에 흔들리므로 이를 고려하여 안전 이격거리를 충분히 두고 작업을 하여야 한다.
③ 전선이 바람에 흔들리는 정도는 바람이 강할수록 saksg이 흔들리므로 안전거리 설정에 고려하여야 한다.
④ 전선의 흔들림은 철탑, 전주의 거리가 멀어질수록 많이 흔들린다.
⑤ 버킷(디퍼)작업은 고압선으로부터 최소 10m 이상 떨어져서 작업한다.
⑥ 붐 및 버킷은 최대로 펼쳤을 때 전력선과 최소 10m 이상 이격시켜 작업한다.
⑦ 전력선 인근에서 작업을 할 때에는 작업 안전원을 배치하고 작업 안전원의 지시에 따라 안전하게 작업한다.

(5) 고압전선로 활선작업의 안전대책
① 작업자에게 절연보호구 및 개인 활선 작업용 기구를 사용하도록 한다.
② 절연용 방호 용구를 장착한다.
③ 방호 망을 설치한다.
④ 안전원을 배치한다.

(6) 저압활선 및 활선근접 작업시의 안전조치사항
① 절연용 보호구를 착용한다.
② 근접된 충전전로에 절연용 방호 구를 설치한다.
③ 전열용 방호구의 설치 및 해체 시 활선 작업용 기구를 사용한다.

(7) 특별고압활선 및 활선근접 작업시의 안전조치사항
① 활선작업용 기구를 사용한다.
② 활선작업용 장치를 사용한다.
③ 근접한계 거리를 유지한다.
④ 근접한계 거리를 유지하기 위한 표지판을 설치한다.

04 출제예상문제
안전관리

01 전선로가 매설된 도로에서 굴착작업 시 설명으로 가장 적합한 것은?

① 지하에는 저압 케이블만 매설되어 있다.
② 굴착 작업 중 케이블 표지시트가 노출되면 제거하고 계속 굴착한다.
③ 전선로 매설 지역에서 기계 굴착 작업 중 모래가 발견되면 인력으로 작업을 한다.
④ 접지선이 노출되면 철거 후 계속 작업 한다.

> 굴착 중 케이블 표지시트 또는 모래가 노출이 되면 굴착 작업을 멈추고 인력으로 작업 한다.

02 철탑 부근에서 굴착 작업 시 유의하여야 할 사항 중 가장 올바른 것은?

① 철탑 기초가 드러나지만 않으면 굴착하여도 무방하다.
② 철탑 부근이라 하여 특별히 주위 해야 할 사항이 없다.
③ 한국전력에서 철탑에 대한 안전 여부를 검토 후 작업을 해야 한다.
④ 철탑에 강한 충격을 주어야만 넘어질 수 있으므로 주변 굴착은 무방하다.

> 철탑 부근에서 작업을 하고자 할 때에는 한국전력에 철탑에 대한 안전 여부 및 주의사항 밀 안전수칙 등에 대해 협조를 얻는 등의 조치를 받아 작업을 실시한다.

03 가공 전선로 주변에서 건설기계 작업을 하기 위하여 현수 애자를 확인하니 한 줄에 10개로 되어 있었다. 예측 가능한 전압은?

① 22.9kV   ② 66kV
③ 154kV   ④ 345kV

> 현수 애자 1개당 받을 수 있는 전압이 약 150V 정도이다.

04 그림과 같이 고압 가공전선로의 주상변압기를 설치하는데 높이 H는 시가지와 시가지 외에서 각각 몇 m인가?

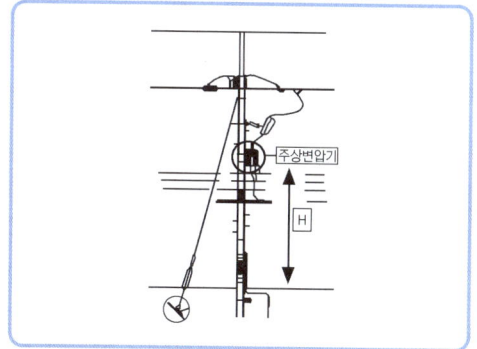

① 시가지 : 4.5, 시가지 외 : 4
② 시가지 : 4.5, 시가지 외 : 3
③ 시가지 : 5, 시가지 외 : 4
④ 시가지 : 5, 시가지 외 : 3

> 고압 가공전선로의 주상변압기를 설치할 때의 높이는 시가지 등 번잡한 곳에서는 4.5m이고 그 외의 지역은 4m이다.

05 전선로 주변에서의 굴착작업에 대한 설명 중 맞는 것은?

① 버킷이 전선에 근접하는 것은 괜찮다.
② 붐이 전선에 근접되지 않도록 한다.
③ 붐의 길이는 무시해도 된다.
④ 전선로 주변에서는 어떠한 경우에도 작업할 수 없다.

> 저압은 물론 고압 등 모든 전선은 안전 이격거리를 두고 작업을 하여야 하며 전선에 접촉되지 않도록 하여야 한다.

정답
01.③ 02.③ 03.③ 04.① 05.②

06 고압 충전 전선로 근방에서 작업을 할 경우에 작업자가 감전되지 않도록 사용하는 안전장구로 가장 적합한 것은?

① 절연용 방호구
② 방수복
③ 보호용 가죽장갑
④ 안전대

> 전기작업에 사용하는 안전장구는 절연용 방호구 또는 보호구의 착용이다.

07 철탑에 154000V 라는 표시판이 부착되어 있는 전선 근처에서의 작업으로 틀린 것은?

① 철탑 기초에서 충분히 이격하여 굴착한다.
② 전선이 바람에 흔들리는 것을 고려하여 접근 금지 로프를 설치한다.
③ 전선에 30cm 이내로 접근되지 않게 작업한다.
④ 철탑 기초 주변 흙이 무너지지 않도록 한다.

> 154000V는 고압의 전기이므로 충분한 이격거리를 유지하고 작업을 하여야 한다.

08 건설기계를 이용하여 도로 굴착작업 중 "고압선 위험"표지시트가 발견되었다. 다음 중 맞는 것은?

① 표지시트의 직각 방향에 전력 케이블이 묻혀 있다.
② 표지시트의 직하에 전력 케이블이 묻혀 있다.
③ 표지시트의 우측에 전력 케이블이 묻혀 있다.
④ 표지시트의 좌측에 전력 케이블이 묻혀 있다.

> "고압선 위험" 표지시트는 직하에 전력 케이블이 묻혀 있다는 안내 표지이다.

09 전기 작업에서 안전 작업상 적합하지 않은 것은?

① 저압 전력선에는 감전의 우려가 없으므로 안심하고 작업 한다.
② 퓨즈는 규정된 알맞은 것을 끼워야 한다.
③ 전선이나 코드의 접속부는 절연물로서 완전히 피복하여 둘 것
④ 전기장치는 사용 후 스위치를 OFF할 것

> 저압의 전류가 흐르는 전선이라도 감전이 발생되므로 전력을 차단시킨 후에 작업을 하여야 한다.

10 가공 전선로 주변에서 굴착 작업 중 [보기]와 같은 상황이 발생 시 조치사항으로 가장 적합한 것은?

> **보기**
> 굴착 작업 중 작업장 상부를 지나는 전선이 버킷 실린더에 의해 단선 되었으나 인명과 장비의 피해는 없었다.

① 가정용이므로 작업을 마친 다음 현장 전기공에 의해 복구시킨다.
② 전주나 전주 위의 변압기에 이상이 없으면 무관하다.
③ 발생 후 1일 이내에 감독관에게 알린다.
④ 발생 즉시 인근 한국전력 사업소에 연락하여 복구하도록 한다.

> 굴착 작업 중 작업장 상부를 지나는 전선이 버킷 실린더에 의해 단선 되었으면 인명과 장비의 피해는 없어도 사고 발생 즉시 인근 한국전력 사업소에 연락하여 복구하도록 조치를 취하여야 한다.

11 발전소 상호간, 변전소 상호간 또는 발전소와 변전소 간의 전선로를 나타내는 용어는?

① 배전선로
② 송전선로
③ 인입선로
④ 전기 수용설비 선로

정 답

06.① 07.③ 08.② 09.① 10.④ 11.②

> ① **배전선로**: 전기 수용 설비간의 선로이다.
> ② **송전선로**: 발전소 상호간, 변전소 상호간 또는 발전소와 변전소 간의 전선로
> ③ **전기수용설비선로**: 수전 설비와 구내 배전 설비 간의 선로

12 특별 고압 가공 송전 선로에 대한 설명으로 틀린 것은?

① 애자의 수가 많을수록 전압이 높다
② 겨울철에 비하여 여름철에는 전선이 더 많이 처진다.
③ 154,000V 가공전선은 피복전선이다.
④ 철탑과 철탑과의 거리가 멀수록 전선의 흔들림이 크다.

> 특별 고압선의 경우에는 대부분 비피복선으로 케이블 형식을 많이 사용하며 연선 또는 경동 연선이 사용된다.

13 전기 선로 주변에서 크레인, 지게차, 굴착기 등으로 작업 중 활선에 접촉하여 사고가 발생하였을 경우 조치 요령으로 가장 거리가 먼 것은?

① 발생 개소, 정돈, 진척상태를 정확히 파악하여 조치한다.
② 이상 상태 확대 및 재해 방지를 위한 조치, 강구 등의 응급조치를 한다.
③ 사고 당사자가 모든 상황을 처리 한 후 상사인 안전 담당자 및 작업 관계자에게 통보한다.
④ 재해가 더 이상 확대 되지 않도록 응급 상황에 대처한다.

> 사고 발생의 경우 사고 당사자는 장소, 개소, 상황 등을 정확히 파악하여 신속하게 신고 및 보고를 하고 작업안전관리자, 작업관계자는 한국전력사업소의 관계자에게 신속한 신고를 하여 조치를 받아야 한다.

14 22.9kV 배전 선로에 근접하여 굴착기 등 건설기계로 작업 시 안전 관리상 맞는 것은?

① 안전관리자의 지시 없이 운전자가 알아서 작업한다.
② 전력선이 접촉되더라도 끊어지지 않으면 사고는 발생하지 않는다.
③ 전력선이 활선인지 확인 후 안전 조치 된 상태에서 작업한다.
④ 해당 시설 관리자는 입회하지 않아도 무관하다.

> 작업 시 운전자는 안전 관리자 및 시설 관리자의 지시에 따라 작업을하여야 하며 안전거리 및 안전 조치 후 작업을 하여야 한다.

15 감전 되거나 전기 화상을 입을 위험이 있는 작업에서 제일 먼저 작업자가 구비해야 할 것은?

① 완강기 ② 구급차
③ 보호구 ④ 신호기

> 감전 되거나 전기 화상을 입을 위험이 있는 작업은 보호구를 착용하고 작업을 하여야 한다.

16 도로에서 굴착작업 중 매설된 전기 설비의 접지선이 노출되어 일부가 손상되었을 때 조치 방법으로 맞는 것은?

① 손상된 접지선은 임의로 철거한다.
② 접지선 단선 시에는 철선 등으로 연결 후 되 메운다.
③ 접지선 단선은 사고와 무관하므로 그대로 되 메운다.
④ 접지선 단선 시에는 시설 관리자에게 연락 후 그 지시를 따른다.

> 굴착 작업 중 아무리 작은 사고라도 사고가 발생되면 시설 관리자에 연락 후 그의 지시를 따라야 한다.

정 답
12.③ 13.③ 14.③ 15.③ 16.④

17 특 고압 전선로 주변에서 건설기계에 의한 작업을 위해 전선을 지지하는 애자수를 확인한 결과 애자 수가 3개이었다. 예측 가능한 전압은 몇 V 인가?

① 22,900V   ② 66,000V
③ 154,000V ④ 345,000V

> 애자 수에 전압은 비례한다. 따라서 3개 이므로 제일 낮은 전압이다.

18 도로 굴착자가 굴착공사 전에 이행할 사항에 대한 설명으로 옳지 않은 것은?

① 도면에 표시된 가스 배관과 기타 지장물 매설 유무를 조사하여야 한다.
② 조사된 자료로 시험굴착 위치 및 굴착개소 등을 정하여 가스배관 매설 위치를 확인하여야 한다.
③ 위치 표시용 페인트와 표지판 및 황색 깃발 등을 준비하여야 한다.
④ 굴착 용역회사의 안전관리자가 지정하는 일정에 시험 굴착을 수립하여야 한다.

> 용역회사의 안전관리자는 용역회사 근로자의 안전을 담당하는 직책이다.

19 건설현장의 이동식 전기기계·기구에 감전사고 방지를 위한 설비로 맞는 것은?

① 시건장치   ② 피뢰기 설치
③ 접지설비   ④ 대제 전위 상승장치

> 감전사고 방지를 위한 설비는 접지설비이다.

20 작업 중 고압 전력선에 근접 및 접촉할 우려가 있을 때 조치사항으로 가장 적합한 것은?

① 우선 줄자를 이영하여 전력선과의 거리를 측정한다.
② 관할 시설물 관리자에게 연락을 취한 후 지시를 받는다.
③ 현장의 작업반장에게 도움을 청한다.
④ 고압 전력선에 접촉만 하지 않으면 되므로 주의를 기울이면서 작업을 계속한다.

> 작업 중 고압 전력선에 근접 및 접촉할 우려가 있을 때에는 관할 시설물 관리자에게 연락 후 시설 관리자의 작업지시에 따라 작업을 한다.

21 전장품을 안전하게 보호하는 퓨즈의 사용법으로 틀린 것은?

① 퓨즈가 없으면 임시로 철사를 감아서 사용한다.
② 회로에 맞는 전류 용량의 퓨즈를 사용한다.
③ 오래되어 산화된 퓨즈는 미리 교환한다.
④ 과열되어 끊어진 퓨즈는 과열된 원인을 먼저 수리한다.

> 퓨즈는 전기 사용에서 안전장치로 규격에 맞는 것을 사용하여야 하며 철사 등을 사용하면 화재의 원인 또는 전기기기의 고장을 유발한다.

22 지중 매설 배선을 표시하는 심벌은?

① — · — · — · — · — · — · — · —
② ·
③ — — — — — — — — — — —
④ —— · · —— · · —— · · ——

> 지중 매설의 배선을 표시하는 심벌은 굵은 1점 쇄선으로 표시한다.

23 굴착으로부터 전력 케이블을 보호하기 위하여 설치하는 표시시설이 아닌 것은?

① 표지시트   ② 지중선로 표시기
③ 모래   ④ 보호판

> 전력 케이블 등 지하 매설물을 보호하기 위하여 지하 0.3m 지점에는 표지시트, 보호포 또는 포호판등이 설치된다.

정 답

17.① 18.④ 19.③ 20.② 21.①
22.① 23.③

24 고압선 주변에서 크레인 작업 중 발생할 수 있는 사고 유형으로 가장 거리가 먼 것은?

① 권상 로프나 훅이 흔들려 고압선과 안전 이격거리 이내로 접근하여 감전
② 선회 클러치가 고압선에 근접 접촉하여 감전
③ 작업 안전거리를 유지하지 않아 고압선에 근접 접촉하여 감전
④ 붐 회전 중 측면에 위치한 고압선과 근접 접촉하여 감전

> 선회 클러치는 상부 회전체에 설치된 것으로 고압선에 근접 감전이 다른 부품에 비해 어렵다.

25 22.9 kV 지중 선로의 보호표시로 틀린 것은?

① 지중선로 표지기
② 지중선로 표시주
③ 케이블 표지시트
④ 지중선로 표시등

> 지중 선로 표시등은 없다.

26 건설기계를 이용한 파일작업 중 지하에 매설된 전력 케이블 외피가 손상되었을 경우 가장 적절한 조치 방법은?

① 케이블 내에 있는 동선에 손상이 없으면 전력 공급에 지장이 없다.
② 케이블 외피를 마른헝겊으로 감아 놓았다.
③ 인근 한국전력사업소에 통보하고 손상부 위를 절연테이프로 감은 후 흙으로 덮었다.
④ 인근 한국전력사업소에 연락하여 한전에서 조치하도록 하였다.

> 전력 케이블에 접촉만 되어도 인근 한국전력사업소에 연락하여 조치하도록 하여야 한다.

27 고압선 주변에서 건설기계에 의한 작업 중 고압 선로 또는 지지물에 접촉 위험이 가장 높은 것은?

① 붐 또는 권상 로프
② 상부 회전체
③ 하부 주행체
④ 장비 운전석

> 붐 또는 권상 로프는 장비 중 가장 바깥쪽에 설치되고 높은 곳에 위치하므로 충분한 안전거리를 확보한 후에 작업을 하여야 한다. 고압선에 근접만하여도 고압선에 의한 감전사고가 발생될 수 있다.

28 전선로가 매설된 도로의 굴착 작업에 대한 설명으로 가장 옳은 것은?

① 지하에는 저압 케이블만 매설되어 있다.
② 굴착작업 중 케이블 표지시트가 노출되면 제거하고 계속 굴착한다.
③ 전선로 매설 지역에서 기계굴착 작업 중 모래가 발견되면 인력으로 작업 한다.
④ 접지선이 노출되면 철거 후 계속 작업 한다.

> 전선로 매설 지역에서 기계굴착 작업 중 표지시트, 보호판, 모래가 발견되면 인력으로 작업 한다.

29 154kV 송전철탑 근접 굴착작업 시 안전사항으로 옳은 것은?

① 철탑이 일부 파손되어 재질이 철이므로 안전에는 전혀 영향이 없다.
② 철탑의 지표상 노출부와 지하 매설부 위치는 다른 것을 감안하여 임의로 판단하여 작업한다.
③ 철탑부지에서 떨어진 위치에서 접지선이 노출되어 단선되었을 경우라도 시설관리자에게 연락을 취한다.
④ 작업 시 전력선에 접촉만 되지 않도록 하면 된다.

> 모든 시설물은 접촉만 되더라도 시설관리자에게 연락하여 조치를 받도록 하여야 한다.

정 답

24.② 25.④ 26.④ 27.① 28.③ 29.③

30 인체 감전 시 위험을 결정하는 요소와 가장 거리가 먼 것은?

① 인체에 흐르는 전류 크기
② 인체에 전류가 흐른 시간
③ 전류의 인체 통과 경로
④ 감전 시의 기온

> 인체 감전 시 위험을 결정하는 요소에는 인체에 흐르는 전류의 크기, 경로, 흐른 시간이며 감전시의 기온은 해당이 없다.

31 154kv 라는 표지시트가 부착된 철탑 근처에서 작업 시 주의사항으로 틀린 것은?

① 전선에 최소한 1m 이내로 접근되지 않도록 한다.
② 철탑 기초 주변 흙이 무너지지 않도록 한다.
③ 작업 안전원을 배치하여 안전원의 지시에 따라 작업한다.
④ 접근 금지 로프를 설치한 후 작업한다.

> 154kv의 고압선 주위에서 작업을 할 때에는 안전거리를 충분히 확보한 후 작업에 임한다. 최소의 이격거리는 한전의 지시에 따라하는 것이 맞으며 부득이 한 경우에는 3m 이상의 이격거리를 유지하여야 한다.

32 가공 송전선로 애자에 관한 설명으로 틀린 것은?

① 애자 수는 전압이 높을수록 많다.
② 애자는 고전압 선로의 안전시설에 필요하다.
③ 애자는 코일에 전류가 흐르면 자기장을 형성하는 역할을 한다.
④ 애자는 전선과 철탑과의 절연을 하기 위해 취부 한다.

> 애자는 전선과 철탑과의 절연을 위해 설치하는 것이다.

33 다음 그림에서 A는 배전선로에서 전압을 변환하는 기기이다. A의 명칭으로 옳은 것은?

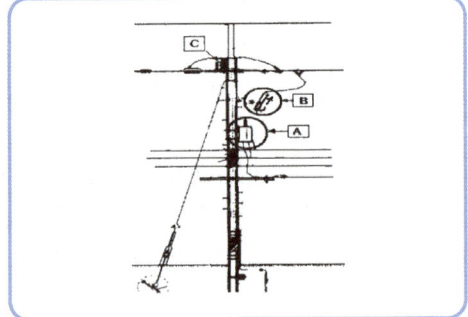

① 현수애자
② 컷아웃스위치(COS)
③ 아킹혼(Arcing Horn)
④ 주상변압기(P. Tr)

> 그림의 A는 주상변압기를 나타낸다.

34 6600V 고압 전선로 주변에서 굴착 시 안전작업 조치사항으로 가장 올바른 것은?

① 버킷과 붐의 길이는 무시해도 된다.
② 전선에 버킷이 근접하는 것은 괜찮다.
③ 고압전선에 붐이 근접하지 않도록 한다.
④ 고압전선에 장비가 직접 접촉하지 않으면 작업을 할 수 있다.

> 고압전선에 붐이나 버킷이 충분한 안전거리를 유지하여 근접되지 않도록 하여야 한다.

35 지중 전선로를 직접 매설식에 의하여 차도의 지표면 아래에 시설되었다면 다음 중 전력 케이블이 매설된 깊이로 가장 적합한 것은?

① 0.2~0.3m   ② 0.3~0.5m
③ 0.5~0.8m   ④ 1.2~1.5m

> 차도의 지표면 아래에 전력선을 매설할 경우에는 1.2~1.5m 깊이에 매설하여야 한다.

정 답				
30.④	31.①	32.③	33.④	34.③
35.④				

36 도로에서 굴착 작업 중 케이블 표지 시트가 발견되었을 때 조치 방법으로 가장 적합한 것은?

① 케이블 표지 시트를 걷어내고 계속 작업한다.
② 케이블 표지 시트는 전력 케이블과는 무관하다.
③ 해당 시설물 관리자에게 연락 후 그 지시를 따른다.
④ 별도의 연락 없이 조심해서 작업 한다.

> 도로 굴착 작업 중 케이블 표지 시트가 발견 되었을 때에는 해당 시설 관리자에게 연락을 취하여 그 지시를 따라 작업을 하여야 한다.

37 가공 전선로에서 건설기계 운전·작업 시 안전대책으로 가장 거리가 먼 것은?

① 안전한 작업 계획을 수립한다.
② 장비 사용을 위한 신호수를 정한다.
③ 가공 전선로에 대한 감전 방지 수단을 강구한다.
④ 가급적 물건은 가공 전선로 하단에 보관한다.

> 가급적 물건의 보관 가공 전선로에서 안전거리를 유지하여 안전한 곳에 보관하여야 한다.

38 도로에서 파일 항타, 굴착작업 중 지하에 매설된 전력공급에 파급되는 영향을 가장 올바르게 설명한 것은 ?

① 케이블이 절단되어도 전력공급에는 지장이 없다.
② 케이블은 외피 및 내부가 철 그물망으로 되어 있어 절대로 절단되지 않는다.
③ 케이블을 보호하는 관은 손상이 되어도 전력공급에는 지장이 없으므로 별도의 조치는 필요 없다.
④ 전력케이블에 충격 또는 손상이 가해지면 전력 공급이 차단되거나 일정 시일 경과 후 부식 등으로 전력공급이 중단될 수 있다.

> 도로에서 파일 항타, 굴착작업 중 전력케이블에 충격 또는 손상이 가해지면 전력 공급이 차단되거나 일정 시일 경과 후 부식 등으로 전력공급이 중단될 수 있다.

정 답

36.③ 37.④ 38.④

PART.5
건설기계관리법 및 도로교통법

1. 건설기계관리법
2. 도로교통법

chapter 01 건설기계관리법

01 총칙

(1) 건설기계 관리법의 목적

건설기계의 등록·검사·형식승인 및 건설기계사업과 건설기계조종사면허 등에 관한 사항을 정하여 건설기계를 효율적으로 관리하고 건설기계의 안전도를 확보하여 건설공사의 기계화를 촉진함을 목적으로 한다.

02 정의

① **건설기계**: 건설공사에 사용할 수 있는 기계로서 대통령령이 정하는 것으로 27종이 있다.
② **건설기계 사업**: 건설기계 대여업·건설기계 정비업·건설기계 매매업·건설기계 해체재활용업
③ **건설기계 형식**: 건설기계의 구조·규격 및 성능 등에 관하여 일정하게 정한 것.

03 건설기계의 등록

(1) 건설기계의 신규 등록

건설기계의 소유자는 건설기계를 취득한 날로부터 2월(전시, 사변 등 국가비상사태시는 5일) 이내에 건설기계의 출처를 증명하는 서류(건설기계 제작증 – 국내 제작 건설기계, 매수증서 – 관청으로부터 매수한 건설기계, 수입면장 또는 수입사실을 증명하는 서류 – 수입한 건설기계)와 건설기계 소유자임을 증명하는 서류, 건설기계 제원표 등을 구비하여 특별시장·광역시장·도지사 또는 특별자치도지사(이하 시·도지사라 한다)에게 건설기계 등록신청을 하여야 한다.

(2) 미등록건설기계의 사용금지

건설기계는 등록을 한 후가 아니면 이를 사용하거나 운행하지 못한다. 다만, 등록을 하기 전에 국토교통부령이 정하는 사유로 일시적으로 운행하는 경우에는 그러하지 아니하다. 즉 건설기계를 일시적으로 운행하는 경우에는 국토교통부령이 정하는 바에 따라 임시번호표를 부착하고 운행여야 한다.

(3) 건설기계의 임시 운행

① **임시 운행기간**: 15일 이내
② **신개발 건설기계를 시험·연구의 목적으로 운행하는 경우**: 3년 이내
③ 임시 운행허가 사유
㉮ 등록신청을 하기 위하여 건설기계를 등록지로 운행하는 경우

(4) 건설기계 등록사항 변경 신고

건설기계 소유자 또는 점유자는 등록사항 중 변경사항이 있는 때에는 그 변경이 있은 날부터 30일(상속의 경우에는 상속개시일부터 6개월) 이내에 등록을 한 시·도지사에게 신고하여야 한다. 다만, 전시·사변 기타 이에 준하는 국가비상사태하에 있어서는 5일 이내에 하여야 한다.

04 건설기계의 등록 말소

(1) 등록의 말소 신청 기간

① 건설기계 소유자는 등록의 말소 사유가 발생한 때에는 시·도지사에게 등록의 말소를 신청하여야 하며, 건설기계를 수출하는 사유가 발생한 경우에는 건설기

계를 수출하는 자가 수출 전까지 시·도지사에게 등록 말소를 신청하여야 한다.
② 건설기계가 천재지변 또는 이에 준하는 사고 등으로 사용할 수 없게 되거나 멸실된 경우 또는 건설기계를 폐기한 경우, 건설기계해체재활용업자에게 폐기를 요청한 경우, 구조적 제작 결함 등으로 건설기계를 제작자 또는 판매자에게 반품한 경우, 건설기계를 교육·연구 목적으로 사용하는 경우는 30일 이내
③ 건설기계를 도난당한 때에 해당하는 사유가 발생한 때에는 2월 이내
④ 직권으로 등록말소를 하고자하는 경우에는 그 소유자 또는 이해관계인에게 통지한 후 1월이 경과한 후가 아니면 말소할 수 없다.

(2) 등록 말소 신청 서류
① 건설기계등록증
② 건설기계검사증
③ 멸실·도난·수출·폐기·반품 및 교육·연구목적 사용 등 등록말소사유를 확인할 수 있는 서류

05 등록 번호표

① 건설기계 등록번호표(이하 "등록번호표"라 한다)에는 용도·기종 및 등록번호를 표시해야 한다.
② **등록 번호표의 도색 및 등록 번호**
  ㉮ 비사업용(관용 또는 자가용): 흰색 바탕에 검은색문자
    ㉠ 관용 : 0001~0999
    ㉡ 자가용 : 1000~5999
  ㉯ 대여 사업용 : 주황색 바탕에 검은색 문자
    6000~9999
  ㉰ 관용 : 흰색 판에 검은색 문자
    9001~9999

(1) 건설기계의 기종별 표시
  01: 불도저   02: 굴착기
  03: 로더   04: 지게차
  05: 스크레이퍼   06: 덤프 트럭
  07: 기중기   08: 모터 그레이더
  09: 롤러   10: 노상 안정기
  11: 콘크리트 배칭 플랜트
  12: 콘크리트 피니셔
  13: 콘크리트 살포기
  14: 콘크리트 믹서 트럭
  15: 콘크리트 펌프
  16: 아스팔트 믹싱 플랜트
  17: 아스팔트 피니셔
  18: 아스팔트 살포기
  19: 골재 살포기
  20: 쇄석기
  21: 공기 압축기
  22: 천공기
  23: 항타 및 항발기
  24: 자갈채취기
  25: 준설선
  26: 특수 건설기계
  27: 타워크레인

06 건설기계의 검사

(1) 검사의 종류
① **신규 등록 검사**: 건설기계를 신규로 등록할 때 실시하는 검사
② **정기 검사**: 건설공사용 건설기계로서 3년의 범위에서 국토교통부령으로 정하는 검사유효기간이 끝난 후에 계속하여 운행하려는 경우에 실시하는 검사와 「대기환경보전법」 제62조 및 「소음·진동관리법」 제37조에 따른 운행차의 정기검사

③ **구조변경검사**: 제17조의 규정에 의하여 건설기계의 주요구조를 변경 또는 개조한 때 실시하는 검사

④ **수시검사**: 성능이 불량하거나 사고가 빈발하는 건설기계의 안전성 등을 점검하기 위하여 수시로 실시하는 검사와 건설기계소유자의 신청에 의하여 실시하는 검사

(2) 정기검사의 신청

① 정기검사를 받으려는 자는 검사유효기간의 만료일 전후 각각 31일 이내의 기간[제24조제3항에 따라 검사유효기간이 연장된 경우로서 타워크레인 또는 천공기(터널보링식 및 실드굴진식으로 한정한다)가 해체된 경우에는 설치 이후부터 사용 전까지의 기간으로 하고, 검사유효기간이 경과한 건설기계로서 소유권이 이전된 경우에는 이전등록한 날부터 31일 이내의 기간으로 하며, 이하 "정기검사신청기간"이라 한다]에 정기검사신청서를 시·도지사에게 제출해야 한다. 다만, 검사대행자를 지정한 경우에는 검사대행자에게 이를 제출해야 하고, 검사대행자는 받은 신청서 중 타워크레인 정기검사 신청서가 있는 경우에는 총괄기관이 해당 검사신청의 접수 및 검사업무의 배정을 할 수 있도록 그 신청서와 첨부서류를 총괄기관에 즉시 송부해야 한다.

(3) 정기검사 대상 건설기계 및 검사 유효기간

기종	연식	검사유효기간
1. 굴착기(타이어식)		1년
2. 로더(타이어식)	20년 이하	2년
	20년 초과	1년
3. 지게차(1톤 이상)	20년 이하	2년
	20년 초과	1년
4. 덤프트럭	20년 이하	1년
	20년 초과	6개월
5. 기중기	–	1년
6. 모터그레이더	20년 이하	2년
	20년 초과	1년
7. 콘크리트 믹서 트럭	20년 이하	1년
	20년 초과	6개월
8. 콘크리트 펌프 (트럭 적재식)	20년 이하	1년
	20년 초과	6개월
9. 아스팔트 살포기	–	1년
10. 천공기	–	1년
11. 타워크레인	–	6개월
12. 그 밖의 건설기계	20년 이하	3년
	20년 초과	1년

(4) 정기 검사의 연기

① 건설기계소유자는 천재지변, 건설기계의 도난, 사고발생, 압류, 1월 이상에 걸친 정비 그 밖의 부득이한 사유로 검사신청기간 내에 검사를 신청할 수 없는 경우에는 검사신청기간 만료일까지 검사연기신청서에 연기사유를 증명할 수 있는 서류를 첨부하여 시·도지사에게 제출하여야 한다. 다만, 검사대행을 하게 한 경우에는 검사대행자에게 제출하여야 한다.

(5) 검사소에서 검사를 받아야하는 건설기계

① 덤프트럭
② 콘크리트믹서트럭
③ 콘크리트펌프(트럭적재식)
④ 아스팔트살포기

(6) 건설기계가 위치한 장소에서 검사를 받을 수 있는 건설기계

① 도서지역에 있는 경우
② 자체중량이 40톤을 초과하거나 축 중이 10톤을 초과하는 경우
③ 너비가 2.5미터를 초과하는 경우
④ 최고속도가 시간당 35킬로미터 미만인 경우

05 건설기계관리법 — 출제예상문제

01 도로 운행시의 건설기계의 축 하중 및 총 중량 제한은?

① 윤하중 5톤 초과, 총 중량 20톤 초과
② 축 하중 10톤 초과, 총 중량 20톤 초과
③ 축 하중 10톤 초과, 총 중량 40톤 초과
④ 축 하중 10톤 초과, 총 중량 10톤 초과

> 도로 운행시 건설기계의 중량 제한은 축 하중의 경우 10톤, 총중량의 경우 40톤을 초과할 수 없으며 부득이 이동을 하여야할 경우 관할관청의 허가를 받아 운행할 수 있다.

02 대형 건설기계에 적용해야 될 내용으로 맞지 않는 것은?

① 당해 건설기계의 식별이 쉽도록 전 후 범퍼에 특별 도색을 하여야 한다.
② 최고속도가 35km/h이상인 경우에는 부착하지 않아도 된다.
③ 운전석 내부의 보기 쉬운 곳에 경고 표지판을 부착하여야 한다.
④ 총 중량 30톤, 축중 10톤 미만인 건설기계는 특별 표지판 부착 대상이 아니다.

> 최고속도가 35km/h미만의 경우만 부착하지 않아도 된다.

03 등록사항 변경 또는 등록이전 신고 대상이 아닌 것은?

① 소유자 변경
② 소유자의 주소지 변경
③ 건설기계의 소재지 변경
④ 건설기계의 사용 본거지 변경

> 건설기계 소재지 변경은 등록사항 변경 또는 등록이전 신고 대상이 아니며 소재지 변경은 관할관청에 신고만 하면 된다.

04 건설기계 검사 기준 중 제동장치의 제동력으로 맞지 않는 것은?

① 모든 축의 제동력의 합이 당해 축중(빈차)의 50% 이상 일 것
② 동일 차축 좌·우 바퀴 제동력의 편차는 당해 축중의 8% 이내 일 것
③ 뒤차축 좌·우 바퀴 제동력의 편차는 당해 축중의 15% 이내 일 것
④ 주차 제동력의 합은 건설기계 빈차 중량의 20% 이상일 것

> 동일 차축 좌·우 바퀴 제동력의 편차는 당해 축중의 8%이내이며 뒤차축에 대한 좌·우 바퀴 제동력의 편차도 여기에 준한다.

05 건설기계의 형식에 관한 승인을 얻거나 그 형식을 신고한 자의 사후 관리 사항으로 틀린 것은?

① 건설기계를 판매한 날로부터 12개월 동안 무상으로 건설기계의 정비 및 정비에 필요한 부품을 공급하여야 한다.
② 사후관리 기간 내 일지라도 취급설명서에 따라 관리하지 아니함으로 인하여 발생한 고장 또는 하자는 유상으로 정비하거나 부품을 공급할 수 있다.
③ 사후 관리 기간 내 일지라도 정기적으로 교체하여야 하는 부품 또는 소모품 부품에 대하여는 유상으로 공급 할 구 있다.
④ 주행거리가 2만 킬로미터를 초과하거나 가동 시간이 2천 시간을 초과하여도 12개월 이내이면 무상으로 사후 관리하여야 한다.

> 무상수리의 경우 주행거리나 가동시간 및 무상수리 보증 기간 중 그 어느 하나라도 초과되면 유상으로 정비를 하거나 부품을 공급받게 된다.

정답

01.③ 02.② 03.③ 04.③ 05.④

06 건설기계 검사소에서 검사를 받아야 하는 건설기계는?

① 콘크리트 살포기
② 트럭 적재식 콘크리트 펌프
③ 지게차
④ 스크레이퍼

> 트럭처럼 타이어식으로 주행속도가 35km/h이상의 속도로 다른 교통에 방해가 되지 않는 장비는 검사소에서 검사를 받아야 한다.

07 다음 건설기계 중 수상 작업용 건설기계에 속하는 것은?

① 준설선   ② 스크레이퍼
③ 골재살포기   ④ 쇄석기

> 해상 작업용 장비에는 준설선과 자갈채취기가 있다.

08 건설기계관리법상 건설기계에 해당되지 않는 것은?

① 자체 중량 2톤 이상의 로더
② 노상안정기
③ 천장크레인
④ 콘크리트 살포기

> 천장 크레인은 건설기계에 해당되지 않는다.

09 건설기계등록을 말소한 때에는 등록번호표를 며칠 이내에 시·도지사에게 반납하여야 하는가?

① 10일   ② 15일
③ 20일   ④ 30일

> 등록 번호표의 반납은 그 사유가 발생한 날로부터 10일 이내에 시·도지사에게 반납하여야 한다.

10 타이어식 굴착기에 대한 정기검사 유효기간은?

① 6개월   ② 1년
③ 2년   ④ 3년

11 특별표지 부착 대상 건설기계가 아닌 것은?

① 총중량 42톤인 건설기계
② 총중량 상태에서 축하중 11톤인 건설기계
③ 높이가 3.5m인 건설기계
④ 너비가 2.7m인 건설기계

> **특별표지 부착 대상 건설기계**
> ① 길이가 16.7m 이상인 건설기계
> ② 너비가 2.5m 이상인 건설기계
> ③ 높이가 3.8m 이상인 건설기계
> ④ 최소 회전 반경(반지름)이 12m 이상인 건설기계
> ⑤ 총 중량이 40ton 이상인 건설기계
> ⑥ 축 하중이 10ton 이상인 건설기계

12 구조변경검사를 받지 아니한 자에 대한 처벌은?

① 1000만 원이하의 벌금
② 150만 원이하의 벌금
③ 200만 원이하의 벌금
④ 250만 원이하의 벌금

> **1000만 원 이하의 벌금**
> ① 등록번호를 지워 없애거나 그 식별을 곤란하게 한 자
> ② 사업 정지기간 중에 검사를 한 자
> ③ 구조변경검사 또는 수시검사를 받지 아니한 자
> ④ 정비명령을 이행하지 아니한 자
> ⑤ 형식승인·형식변경승인 또는 확인검사를 받지 아니하고 건설기계의 제작 등을 한 자
> ⑥ 사후관리에 관한 명령을 이행하지 아니한 자

13 시·도시사가 저당권이 등록된 건설기계를 말소할 때 미리 그 뜻을 건설기계의 소유자 및 이해관계인에게 통보한 후 몇 개월이 지나지 않으면 등록을 말소할 수 없는가?

① 1개월   ② 3개월
③ 6개월   ④ 12개월

> 저당권이 등록된 건설기계를 말소할 때 미리 그 뜻을 건설기계의 소유자 및 이해 관계인에게 통보한 후 3개월이 지나야 직권으로 말소할 수 있다.

정 답					
06.②	07.①	08.②	09.①	10.②	11.③
12.①	13.②				

14 건설기계의 임시운행 사유에 해당되는 것은?

① 작업을 위하여 건설현장에서 건설기계를 운행할 때
② 정기검사를 받기 위하여 건설기계를 검사장소로 운행할 때
③ 등록신청을 위하여 건설기계를 등록지로 운행할 때
④ 등록말소를 위하여 건설기계를 폐기장으로 운행할 때

> **임시운행 허가사유**
> ① 등록신청을 하기 위하여 건설기계를 등록지로 운행하고자 할 때
> ② 신규등록 검사 및 확인검사를 받기 위하여 건설기계를 검사장소로 운행하고자 할 때
> ③ 수출을 하기 위하여 건설기계를 선적지로 운행하고자 할 때
> ④ 신개발 건설기계를 시험 운행하고자 할 때
> ⑤ 기타 시장, 군수 또는 구청장이 특히 필요하다고 인정하는 때

15 정기검사 신청을 받은 검사대행자는 며칠 이내 검사일시 및 장소를 신청인에게 통지하여야 하는가?

① 20일   ② 15일
③ 5일   ④ 3일

> 검사신청을 받은 시·도지사 또는 검사대행자는 신청을 받은 날부터 5일 이내에 검사일시와 검사장소를 지정하여 신청인에게 통지하여야 한다.

16 건설기계 등록 말소 신청시 구비 서류에 해당되는 것은?

① 건설기계 등록증
② 주민등록 등본
③ 수입면장
④ 제작증명서

> 건설기계 말소 등록 시 필요한 서류는 건설기계 등록증이다.

17 검사소 이외의 장소에서 출장검사를 받을 수 있는 건설기계에 해당하는 것은?

① 덤프트럭   ② 콘크리트 트럭
③ 아스팔트살포기   ④ 지게차

> 지게차는 장비가 위치한 곳에서 검사를 받을 수 있는 장비이다.

18 건설기계의 등록번호표가 06-6543인 것은?

① 로더 - 영업용
② 덤프트럭 - 영업용
③ 지게차 - 자가용
④ 덤프트럭 - 관용

> 등록 번호표의 06은 기종번호로 덤프트럭이며, 6543은 등록번호로 6000부터 9999에 해당하는 대여사업용을 나타낸다.

19 국토부 장관은 검사 대행자 지정을 취소하거나 기간을 정하여 사업의 전부 또는 일부의 정지를 명할 수 있다. 지정을 취소해야만 하는 경우는?

① 부정한 방법으로 지정을 받은 때
② 재검사를 시행한 때
③ 건설기계 검사증을 재교부하였을 때
④ 위반에 의한 벌금형의 선고를 받은 때

> 검사 대행자 지정을 부정한 방법으로 받은 경우에는 그 지정을 국토부 장관은 취소할 수 있다.

20 건설기계 기종별 표시로 틀린 것은?

① 03 : 로더
② 06 ; 덤프트럭
③ 08 : 모터 그레이더
④ 09 : 기중기

> 기중기는 07이며 09는 롤러이다.

정 답

14.③ 15.③ 16.① 17.④ 18.② 19.①
20.④

21 건설기계 정기검사 기준에 부적합한 사유로서 시정을 권고하고 건설기계 검사증에 유효기간을 기재하여 교부할 수 있는 경우는?

① 타이어가 편 마모되어 있는 경우
② 원동기의 시동 또는 운행이 불가능한 상태인 경우
③ 규격, 길이, 너비, 높이, 총중량, 축중 및 하중 분포가 부적합한 경우
④ 등록번호표 또는 등록번호의 새김이 건설기계 검사증의 기재 내용과 다르거나 없는 경우

> 원동기의 시동 또는 운행이 불가능한 상태인 경우 6개월의 정비기간을 정하여 정비명령과 함께 검사증에 기재하여 시정을 권고 한다.

22 건설기계를 신규 등록 할 때 실시하는 검사를 받아야 할 건설기계의 소유자는 어떻게 하여야 하나?

① 국토교통부령으로 정하는 바에 따라 검사대행자가 실시하는 검사를 받아야 한다.
② 국토교통부령으로 정하는 바에 따라 국토교통부장관이 실시하는 검사를 받아야 한다.
③ 대통령령으로 정하는 바에 따라 검사대행자가 실시하는 검사를 받아야 한다.
④ 대통령령으로 정하는 바에 따라 국토교통부장관이 실시하는 검사를 받아야 한다.

> 신규로 등록을 하고자하는 자는 국토교통부령으로 정하는 바에 따라 국토교통부장관이 실시하는 검사를 받아야 한다.

23 정기검사에 불합격한 건설기계의 정비명령 기간으로 적합한 것은?

① 3개월 이내   ② 4개월 이내
③ 5개월 이내   ④ 6개월 이내

> 정기검사에 불합격한 건설기계는 6개월의 기간을 정하여 정비명령을 내린다.

24 건설기계 등록사항 변경이 있을 때 그 소유자는 누구에게 신고하여야 하는가?

① 관할 검사소장
② 고용 노동부 장관
③ 안전행정부장관
④ 시·도지사

> 건설기계 등록사항 변경이 있을 때 소유자는 그 변경이 있는 날로부터 30일 이내에 건설기계 등록사항 변경 신고서를 시·도지사에게 제출하여야 한다 (전시·사변의 경우 5일 이내)

25 건설기계 등록 번호표의 봉인이 떨어졌을 경우에 조치 방법으로 올바른 것은?

① 운전자가 즉시 수리한다.
② 관할 시·도지사에게 봉인을 신청한다.
③ 관할 검사소에 봉인을 신청한다.
④ 가까운 카센터에서 신속하게 봉인한다.

> 건설기계 등록 번호표의 봉인이 떨어졌을 경우에는 관할 시·도지사에게 봉인을 신청하여 재봉인을 받아야 한다.

26 검사연기신청을 하였으나 불허통지를 받은 자는 언제까지 검사를 신청하여야 하는가?

① 불허통지를 받은 날로부터 5일 이내
② 불허통지를 받은 날로부터 10일 이내
③ 검사신청기간 만료일로부터 5일 이내
④ 검사신청기간 만료일로부터 10일 이내

> 검사연기신청을 하였으나 불허통지를 받은 자는 검사신청기간 만료일로부터 10일 이내에 검사 신청을 하여야 한다.

정 답

21.② 22.② 23.④ 24.④ 25.② 26.④

27 건설기계관리법령상 건설기계가 정기검사 신청기간 내에 정기검사를 받은 경우 다음 정기검사 유효기간의 산정방법으로 옳은 것은?

① 정기검사를 받은 날로부터 기산한다.
② 정기검사를 받은 날의 다음날부터 기산한다.
③ 종전 검사유효기간 만료일로부터 기산한다.
④ 종전 검사유효기간 만료일의 다음날부터 기산한다.

> 건설기계가 정기검사신청기간 내에 정기검사를 받은 경우 다음 정기검사 유효기간의 산정은 종전 검사유효기간 만료일의 다음날부터 기산한다.

28 건설기계관리법상 건설기계 소유자는 건설기계를 도난당한 날로부터 얼마 이내에 등록말소를 신청해야 하는가?

① 30일 이내 　② 2개월 이내
③ 3개월 이내 　④ 6개월 이내

> 건설기계를 도난당한 때에는 도난을 신고 한 날로부터 60일이 경과되면 말소를 시킬 수 있다.

29 건설기계의 등록번호를 부착 또는 봉인하지 아니하거나 등록번호를 새기지 아니한 자에게 부가하는 법규상의 과태료로 맞는 것은?

① 30만 원 이하의 과태료
② 50만 원 이하의 과태료
③ 100만 원 이하의 과태료
④ 300만 원 이하의 과태료

> 건설기계의 등록번호를 부착 또는 봉인하지 아니하거나 등록번호를 새기지 아니한 자는 300만 원 이하의 과태료 처분을 받는다.

30 건설기계의 형식신고의 대상 기계가 아닌 것은?

① 불도저 　② 무한 궤도식 굴착기
③ 리프트 　④ 아스팔트 피니셔

> 리프트는 건설기계 형식신고 대상이 아니다.

31 건설기계 등록 번호표에 대한 설명으로 틀린 것은?

① 모든 번호표의 규격은 동일하다.
② 재질은 철판 또는 알루미늄 판이 사용된다.
③ 굴착기의 경우 기종별 기호 표시는 02로 한다.
④ 번호표에 표시 되는 문자 및 외곽선은 1.5mm 튀어 나와야 한다.

> 굴착기의 기종 번호는 02이며, 04는 지게차의 기종 번호이다.

32 건설기계 등록 변호표의 색칠 기준으로 틀린 것은?

① 자가용 – 흰색 판에 검은색 문자
② 대여사업용 – 주황색 판에 검은흰 문자
③ 관용 – 흰색 판에 검은색 문자
④ 수입용 – 적색 판에 흰색 문자

> 번호표에서의 색칠 기준에 수입용으로는 별도로 지정되어 있지 않다.

33 정기검사 유효기간을 1개월 경과한 후에 정기검사를 받은 경우 다음 정기검사 유효기간 산정 기산일은?

① 검사 받은 날의 다음 날부터
② 검사를 신청한 날부터
③ 종전 검사유효기간 만료일의 다음 날부터
④ 종전 검사신청기간 만료일의 다음 날부터

> 정기검사 유효기간 내에 검사를 받은 경우에는 종전검사 유효기간 만료일 다음날부터 기산하나 검사기간이 지난 경우에는 검사 받은 다음날부터 산정 기산한다.

정 답
27.④　28.②　29.③　30.③　31.①　32.④
33.①

34 검사 결과 당해 건설기계가 구조 및 성능 기준에 적합하지 아니할 때 시·도지사는 몇 개월 이내의 기간을 정하여 정비하도록 명령할 수 있는가?

① 3개월　② 6개월
③ 9개월　④ 12개월

> 정비 명령 기간은 6개월을 초과할 수 없다.

35 건설기계의 제동장치에 대한 정기검사를 면제 받기 위하여 정기검사 신청 시에 제출하는 건설기계 제동장치 정비 확인서를 발행하는 곳은?

① 건설기계 대여회사
② 건설기계 정비업자
③ 건설기계 부품업자
④ 건설기계 매매업자

> 건설기계 정비 확인서로 검사를 면제 받기 위해 발행하는 제동장치 정비 확인서는 그 장비를 정비한 정비 업자의 확인서가 필요하다.

36 건설기계의 등록원부는 등록을 말소한 후 얼마의 기간 동안 보존하여야 하는가?

① 5년　② 10년
③ 15년　④ 20년

> 건설기계 등록 원부는 등록을 말소한 후로도 10년간 보존하여야 한다.

37 건설기계 관련 법령상 건설기계 등록 신청을 받을 수 있는 자는 누구인가?

① 안전행정부장관　② 읍·면·동장
③ 시·도지사　④ 시·군·구청장

> 건설기계 등록의 신청은 장비를 취득한 날로부터 2월 이내에 시, 도지사에게 신청을 하여야 한다.

38 건설기계의 구조변경 및 개조의 범위에 해당 되지 않는 것은?

① 원동기의 형식 변경
② 주행 장치의 형식 변경
③ 적재함의 용량증가를 위한 형식 변경
④ 유압장치의 형식 변경

> 적재함의 용량 증가를 위한 형식 변경을 위한 건설 기계의 구조 변경 및 개조는 할 수 없다.

39 건설기계 형식 승인 신청 시 첨부 서류가 아닌 것은?

① 건설기계 외관도
② 건설기계 제원표
③ 도로 이동 시의 분해 운송 방법
④ 건설기계 정비 시설의 보유를 증명하는 서류

> 건설기계 정비 시설의 보유를 증명하는 서류는 건설기계 형식 승인 신청 시 첨부 서류에 포함되지 않는다.

40 건설기계 정기검사를 연기하는 경우 그 연장 기간은 몇 월 이내로 하여야 하는가?

① 1월　② 2월
③ 3월　④ 6월

41 건설기계로 등록한지 10년 된 덤프트럭의 검사 유효기간은?

① 6월　② 1년
③ 2년　④ 3년

42 건설기계 관리법에서 정의한 건설기계 형식을 가장 잘 나타낸 것은?

① 엔진 구조 및 성능을 말한다.
② 형식 및 규격을 말한다.
③ 성능 및 용량을 말한다.
④ 구조, 규격 및 성능 등에 관하여 일정하게 정한 것을 말한다.

> 건설기계 관리법에서 정의한 건설기계 형식은 구조, 규격 및 성능 등에 관하여 일정하게 정한 것을 말한다.

정답

34.② 35.② 36.② 37.③ 38.③ 39.④
40.④ 41.② 42.④

43 건설기계의 형식 승인은 누가 하는가?
① 국토교통부장관
② 시·도지사
③ 시장, 군수 또는 구청장
④ 고용노동부 장관

> 건설기계의 형식 승인은 국토교통부장관의 승인을 받아야 한다.

44 국내에서 제작된 건설기계를 등록할 때 필요한 서류에 해당하지 않는 것은?
① 건설기계 제작증
② 수입면장
③ 건설기계 제원표
④ 매수증서(관청으로부터 매수한 건설기계만)

> 건설기계를 등록하고자 할 때에는 출처를 증명하는 서류를 첨부하여야 하며 국내에서 제작된 장비는 제작증과 제원표 또는 매수 증서 등을 첨부하여야 하고 수입 장비의 경우에는 제작증 대신 수입면장을 첨부하여야 한다.

45 건설기계의 등록을 말소 할 수 있는 사유에 해당하지 않은 것은?
① 건설기계를 폐기한 경우
② 건설기계를 수출하는 경우
③ 건설기계를 장기간 운행하지 않게 된 경우
④ 건설기계 교육, 연구 목적으로 사용하는 경우

> 건설기계를 장기간 운행하지 않게 된 경우에는 건설기계를 말소시키지 않아도 된다.

46 다음 중 우리나라에서 건설기계에 대한 정기검사를 실시하는 검사업무 대행기관은?
① 대한건설기계 안전 관리원
② 자동차 정비업 협회
③ 건설기계 정비업 협회
④ 건설기계 협회

> 건설기계의 정기검사 등 검사 업무를 대행하는 기관은 대한 건설기계 안전원 소속이다.

47 건설기계를 도난당한 때 등록 말소사유 확인서로 적당한 것은?
① 수출신용장
② 경찰서장이 발행한 도난 신고 접수 확인원
③ 주민등록 등본
④ 봉인 및 번호판

> 건설기계 도난의 경우에는 경찰관서에 신고접수 한 후 2월 이내에 경찰서장이 발행한 도난 신고 확인원을 첨부하여 등록을 말소 할 수 있다.

48 건설기계 장비의 제동장치에 대한 정기검사를 면제 받고자 하는 경우 첨부하여야 하는 서류는?
① 건설기계 매매업 신고서
② 건설기계 대여업 신고서
③ 건설기계 제동장치 정비확인서
④ 건설기계 폐기업 신고서

> 건설기계 정기검사에서 제동장치의 검사를 면제 받고자 하는 경우에는 건설기계정비업자가 발행한 제동장치 정비확인서를 첨부하여 신청하면 된다.

49 건설기계관리법 상 건설기계 형식에 관한 승인을 얻거나 그 형식을 신고한 자(제작자 등)는 당사자 간에 별도의 계약이 없는 경우에 건설기계를 판매한 날로부터 몇 개월 동안 무상으로 건설기계를 정비해주어야 하는가?
① 6   ② 12
③ 24   ④ 36

> 건설기계의 무상정비 기간은 건설기계를 판매한 날로부터 12개월이다.

정 답
43.① 44.② 45.③ 46.① 47.② 48.③
49.②

50 건설기계 형식승인 또는 형식신고를 한 자가 그 형식에 관한 사항을 변경하고자 할 경우 건설기계관리법령에서 정하는 경미한 사항의 변경이 아닌 것은?

① 타이어 규격 변경(성능이 같거나 향상되는 경우)
② 작업 장치의 형식 변경(작업 장치를 다른 형식으로 변경하는 경우)
③ 부품의 변경(건설기계의 성능 및 안전에 영향을 미치지 않는 경우)
④ 운전실 내·외의 형태 변경(건설기계의 길이, 너비, 또는 높이의 변경이 없는 경우)

> 작업장치의 형식 변경은 경미한 사항의 변경이 아니다.

51 건설기계를 등록 전에 일시적으로 운행할 수 있는 경우가 아닌 것은?

① 등록신청을 위하여 건설기계를 등록지로 운행하는 경우
② 신규 등록검사를 받기 위하여 건설기계를 검사장소로 운행하는 경우
③ 건설기계를 대여하고자 하는 경우
④ 수출하기 위하여 건설기계를 선적지로 운행하는 경우

> 건설기계를 대여하고자 하는 경우에는 신규 등록을 마친 후에 대여가 가능하다.

52 시·도지사는 정기검사를 받지 아니한 건설기계의 소유자에게 유효기간이 끝난 날부터 (㉠) 이내에 국토교통부령으로 정하는 바에 따라 (㉡) 이내의 기한을 정하여 정기검사를 받을 것을 최고하여야 한다. (㉠), (㉡)안에 들어갈 말은?

① ㉠ 1개월, ㉡ 3일
② ㉠ 3개월, ㉡ 10일
③ ㉠ 6개월, ㉡ 30일
④ ㉠ 12개월, ㉡ 60일

> 정기검사의 최고는 기간 만료된 날로부터 3개월 이내에 10일을 정하여 최고하여야 한다.

53 건설기계 검사의 종류가 아닌 것은?

① 신규 등록검사   ② 감항검사
③ 정기검사   ④ 수시검사

> 건설기계 검사 종류에는 신규 등록검사, 정기검사, 수시검사, 구조변경 검사가 있다.

54 특별표지 부착대상 건설기계 중 건설기계의 식별이 쉽도록 하는 특별도색을 하지 않아도 되는 건설기계는 최고 주행속도가 시간당 몇 km미만의 건설기계인가?

① 50   ② 40
③ 35   ④ 80

> 특별도색을 하지 않아도 되는 건설기계는 최고 주행속도가 시간당 몇 35km미만의 건설기계이다.

55 건설기계 소유자는 건설기계의 도난, 사고 발생 등 부득이한 사유로 검사 신청 기간 내에 검사를 신청할 수 없는 경우에 연기 신청은 언제까지 하여야 하는가?

① 검사 유효기간 만료일까지
② 검사 유효기간 만료일 10일 전까지
③ 검사 신청기간 만료일까지
④ 검사 신청기간 만료일 10일 전까지

> 검사 연기신청은 검사신청 만료일까지 신청을 하여야 한다.

56 건설기계 관리법의 입법 목적에 해당되지 않는 것은?

① 건설기계의 효율적인 관리를 하기 위하여
② 건설기계의 안전도 확보를 위함
③ 건설기계의 규제 및 통제를 하기 위함
④ 건설공사의 기계화를 촉진

정 답					
50.②	51.③	52.②	53.②	54.③	55.③
56.③					

건설기계 관리법의 목적
① 건설기계의 효율적 관리, ② 건설기계의 안전도를 확보하기 위하여, ③ 건설공사 기계화 촉진을 위하여 대통령령으로 정해져 있다.

57 불도저의 기종별 기호 표시로 옳은 것은?
① 01　　　② 02
③ 03　　　④ 04

장비의 기종별 기호는 불도저: 01, 굴착기: 02, 로더: 03, 지게차: 04 이다.

58 건설기계 조종사가 시장, 군수 또는 구청장에게 변경신고를 하여야 하는 경우는?
① 근무처의 변경
② 서울특별시 구역 안에서의 주소 변경
③ 부산광역시 구역 안에서의 주소 변경
④ 성명의 변경

건설기계 사용자의 변경, 성명의 변경 및 관할 주소지의 변경 등은 건설기계 조종사가 시장, 군수, 구청장에게 변경 신고를 하여야 한다.

59 신개발 건설기계의 시험, 연구목적 운행을 제외한 건설기계의 임시운행기간은 며칠이내인가?
① 5일　　　② 10일
③ 15일　　　④ 20일

건설기계의 임시운행 기간은 15일 이내이다.

60 영업용 건설기계등록 번호표의 색칠로 맞는 것은?
① 흰색 판에 검은색 문자
② 녹색 판에 흰색 문자
③ 청색 판에 흰색 문자
④ 주황색 판에 검은색 문자

건설기계 등록번호표의 색은 자가용─흰색 판에 검은색 문자, 대여사업용(영업용)─주황색 판에 검은색 문자, 관용─흰색 판에 검은색 문자로 표시된다.

61 건설기계 관리법상 건설기계의 범위로 옳은 것은?
① 덤프트럭 : 적재 용량 10톤 이상인 것
② 기중기 : 무한궤도식으로 레일식인 것
③ 불도저 : 무한궤도식 또는 타이어식인 것
④ 공기 압축기 : 공기 토출량이 매분당 10세제곱미터 이상의 이동식인 것

덤프트럭은 적재용량이 12톤 이상이어야 하고 기중기는 무한궤도 또는 타이어식으로 강재의 지주 및 선회장치를 가진 것이며 공기압축기는 공기 토출량이 매분당 2.83㎥ 이상의 이동식 인 것이다.

62 건설기계 안전 기준에 관한 규칙상 건설기계 높이의 정의로 옳은 것은?
① 앞 차축의 중심에서 건설기계의 가장 윗부분까지의 최단거리
② 작업 장치를 부착한 자체중량 상태의 건설기계의 가장 위쪽 끝이 만드는 수평면으로부터 지면까지의 수직 최단거리
③ 뒷바퀴의 윗부분에서 건설기계의 가장 윗부분까지의 수직 최단거리
④ 지면에서부터 적재할 수 있는 최고의 최단거리

건설기계 높이란 작업 장치를 부착한 자체중량 상태의 건설기계의 가장 위쪽 끝이 만드는 수평면으로부터 지면까지의 수직 최단거리를 말한다.

63 건설기계에서 등록의 갱정은 어느 때 하는가?
① 등록을 행한 후에 그 등록에 관하여 착오 또는 누락이 있음을 발견한 때
② 등록을 행한 후에 소유권이 이전 되었을 때
③ 등록을 행한 후에 등록지가 이전 되었을 때
④ 등록을 행한 후에 소재지가 변동 되었을 때

정 답
57.① 58.④ 59.③ 60.④ 61.③ 62.②
63.①

64 건설기계 관리법령에서 건설기계의 주요 구조 변경 및 개조의 범위에 해당하지 않는 것은?

① 기종의 변경
② 원동기 형식변경
③ 유압장치의 형식변경
④ 동력전달장치의 형식변경

> 건설기계 관리법령에서 건설기계의 주요 구조 변경 및 개조에서 기종의 변경과 적재함 용량의 변경은 할 수 없다.

65 시·도지사로부터 등록번호표제작통지 등에 관한 통지서를 받은 건설기계 소유자는 받은 날로부터 며칠 이내에 등록번호표 제작자에게 제작 신청을 하여야 하는가?

① 3일   ② 10일
③ 20일   ④ 30일

> 시·도지사로부터 등록번호표제작 통지 등에 관한 통지서를 받은 건설기계 소유자는 받은 날로부터 3일 이내에 등록번호표 제작자에게 제작 신청을 하여야 한다.

66 건설기계관리법상 건설기계 소유자에게 건설기계의 등록증을 교부할 수 없는 단체장은?

① 전주시장   ② 강원도지사
③ 대전광역시장   ④ 세종특별자치시장

> 건설기계의 소유자가 장비를 등록 할 때에는 특별시장·광역시장·도지사 또는 특별자치도지사(이하 "시·도지사"라 한다)에게 건설기계 등록신청을 하여야 한다.

67 건설기계 관리법상 건설기계의 정기검사 유효기간이 잘못된 것은?

① 20년 이하 덤프트럭 : 1년
② 타워 크레인 : 6개월
③ 아스팔트 살포기 : 1년
④ 지게차 1톤 이상 : 3년

> 20년 이하 지게차 1톤 이상: 2년, 20년 초과 1년

68 건설기계관리법상 건설기계 검사 기준에서 원동기 성능 검사 항목이 아닌 것은?

① 배출가스 허용 기준에 적합할 것
② 원동기의 설치 상태가 확실할 것
③ 작동 상태에서 심한 진동 및 이상 음이 없을 것
④ 토크 컨버터는 기름 량이 적정하고 누출이 없을 것

> 토크 컨버터는 유체클러치를 말하는 것으로 동력전달장치의 클러치에 해당하는 검사기준에 속한다.

69 건설기계관리법상 건설기계 등록변호표의 반납기간 만료일을 초과 하였을 경우에 해당하는 것은?

① 면허가 취소된다.
② 형사처벌을 받는다.
③ 과태료를 부과한다.
④ 보험료가 할증된다.

> 건설기계 등록번호표의 반납은 10일 이내 시·도지사에게 반납하며 만일 기간이 초과되었을 때에는 과태료가 부과된다.

70 건설기계관리법령상 정기검사 유효기간이 3년인 건설기계는?

① 덤프트럭
② 콘크리트믹서트럭
③ 트럭적재식 콘크리트펌프
④ 무한궤도식 굴착기

> 무한궤도식 굴착기의 경우 차령이 10년 이상인 때에는 검사 유효기간이 3년이다.

정 답					
64.①	65.①	66.①	67.④	68.④	69.③
70.④					

71 건설기계의 구조변경검사신청서에 첨부할 서류가 아닌 것은?

① 변경 전·후의 건설기계의 외관도(외관의 변경이 있는 경우에 한한다.)
② 변경 전·후의 주요제원 대비표
③ 변경한 부분의 도면
④ 변경한 부분의 사진

> 구조변경 검사 신청할 때 구비서류 중 변경한 사진은 포함되지 않는다.

72 시·도지사가 등록된 건설기계를 그 소유자의 신청이나 시·도지사의 직권으로 등록을 말소할 수 있는 경우가 아닌 것은?

① 건설기계를 도난당한 경우
② 건설기계를 수입하는 경우
③ 건설기계의 차대가 등록 시의 차대와 다른 경우
④ 건설기계의 천재지변 또는 이에 준하는 사고 등으로 사용할 수 없게 되거나 멸실된 경우

> 건설기계를 수입하는 경우는 말소 사유에 해당되지 않는다.

73 정기검사 유효기간이 만료된 건설기계는 유효기간이 끝난 날로부터 몇 월 이내에 건설기계 소유자에게 최고하여야 하는가?

① 1개월 ② 2개월
③ 3개월 ④ 4개월

74 건설기계 등록 신청에 대한 기준으로 맞는 것은? (단, 전시, 사변 등 국가비상사태하의 경우 제외)

① 시·군·구청장에게 취득한 날로부터 10일 이내 등록신청을 한다.
② 시·도지사에게 취득한 날로부터 15일 이내 등록신청을 한다.
③ 시·군·구청장에게 취득한 날로부터 1개월 이내 등록신청을 한다.
④ 시·도지사에게 취득한 날로부터 2개월 이내 등록신청을 한다.

> 건설기계의 등록 신청은 건설기계를 취득한 날로부터 2개월 이내에 시·도지사에게 등록을 신청하여야 한다.

75 건설기계 소유자는 건설기계를 도난당한 날로부터 얼마 이내에 등록 말소를 신청해야 하는가?

① 30일 이내 ② 2개월 이내
③ 3개월 이내 ④ 6개월 이내

> 건설기계의 도난의 경우에는 도난당한 날로부터 2개월이 지난 후에 등록을 말소할 수 있다. 따라서 경찰관서에 신고하여 도난 사실 확인서를 첨부하여야 한다.

76 건설기계조종사의 국적 변경이 있는 경우에는 그 사실이 발생한 날로부터 며칠 이내에 신고하여야 하는가?

① 2주 이내 ② 10일 이내
③ 20일 이내 ④ 30일 이내

> 건설기계조종사의 국적변경이 있는 경우에는 그 사실이 발생한 날로부터 30일 이내에 시·도지사에게 신고하여야 한다.

77 건설기계의 수시검사 대상이 아닌 것은?

① 소유자가 수시검사를 신청한 건설기계
② 사고가 자주 발생하는 건설기계
③ 성능이 불량한 건설기계
④ 구조를 변경한 건설기계

> 구조를 변경한 건설기계는 구조변경 검사를 받아야 하며 수시검사는 관할 시·도지사가 성능이 불량하거나 사고가 빈발하거나 소유자가 수시검사를 신청한 경우에만 받을 수 있다.

정 답

71.④ 72.② 73.③ 74.④ 75.② 76.④
77.④

78 건설기계관리법상 건설기계 소유자는 건설기계를 취득한 날로부터 얼마 이내에 건설기계 등록신청을 하여야 하는가?

① 2개월 이내　② 3개월 이내
③ 6개월 이내　④ 1년 이내

> 건설기계 소유자는 건설기계를 취득한 날로부터 2개월 이내에 시·도지사에게 등록신청을 하여야 한다.

79 건설기계의 검사를 연장 받을 수 있는 기간을 잘못 설명한 것은?

① 해외 임대를 위하여 일시 반출된 경우 : 반출기간 이내
② 압류된 건설기계의 경우 : 압류 기간이내
③ 건설기계 대여업을 휴지한 경우 : 사업의 개시 신고를 하는 때 까지
④ 장기간 수리가 필요한 경우 : 소유자가 원하는 기간

> 건설기계의 검사를 연장 받을 수 있는 기간에서 장기간 수리를 요하는 경우에는 6개월을 초과할 수 없다.

80 건설기계 등록번호표의 표시 내용이 아닌 것은?

① 기종　② 등록 번호
③ 등록 관청　④ 용도

> 건설기계 등록표에 표시되는 사항은 기종·용도·등록번호가 표시된다.

81 다음 중 우리나라에서 건설기계에 대한 정기검사를 실시하는 검사업무 대행기관은?

① 대한건설기계 안전 관리원
② 자동차 정비업 협회
③ 건설기계 정비업 협회
④ 건설기계 협회

> 건설기계의 정기검사 등 검사 업무를 대행하는 기관은 대한 건설기계 안전원 소속이다.

82 건설기계관리법상 건설기계를 검사 유효기간이 끝난 후에 계속 사용하고자 할 때는 어느 검사를 받아야 하는가?

① 신규등록 검사　② 계속 검사
③ 수시 검사　④ 정기 검사

> 검사의 종류
> ① **신규 등록 검사** : 건설기계를 신규로 등록할 때 실시하는 검사
> ② **정기 검사** : 건설공사용 건설기계로서 3년의 범위 내에서 국토해양부령이 정하는 검사유효기간의 만료 후에 계속하여 운행하고자 할 때 실시하는 검사 및 「대기환경보전법」 제62조 및 「소음·진동규제법」 제37조의 규정에 의한 운행 차의 정기검사
> ③ **구조변경검사** : 제17조의 규정에 의하여 건설기계의 주요구조를 변경 또는 개조한 때 실시하는 검사
> ④ **수시검사** : 성능이 불량하거나 사고가 빈발하는 건설기계의 안전성 등을 점검하기 위하여 수시로 실시하는 검사와 건설기계소유자의 신청에 의하여 실시하는 검사

정 답

78.①　79.④　80.③　81.①　82.④

07 건설기계 조종사 면허

① 건설기계를 조종하려는 사람은 시장·군수 또는 구청장에게 건설기계 조종사 면허를 받아야 한다.
② 국토교통부령으로 정하는 소형 건설기계의 건설기계 조종사 면허의 경우에는 시·도지사가 지정한 교육기관에서 실시하는 소형 건설기계의 조종에 관한 교육과정의 이수로 국가기술자격법에 따른 기술자격의 취득을 대신할 수 있다.
③ 건설기계조종사면허를 받고자 하는 자는 국가기술자격법에 의한 해당 분야의 기술자격을 취득하고 적성검사에 합격하여야 한다.

(1) 건설기계 조종사 면허의 결격 사유

① 18세미만인 사람
② 건설기계 조종상의 위험과 장해를 일으킬 수 있는 정신질환자 또는 뇌전증환자로서 국토교통부령으로 정하는 사람 : 치매관리법 제2조제1호에 따른 치매, 조현병, 조현정동장애, 양극성 정동장애(조울병), 재발성 우울장애 등의 정신질환 또는 정신 발육지연, 뇌전증(腦電症) 등으로 인하여 해당 분야 전문의가 정상적으로 건설기계를 조종할 수 없다고 인정하는 사람을 말한다.
③ 앞을 보지 못하는 사람, 듣지 못하는 사람, 그 밖에 국토교통부령으로 정하는 장애인 : 다리·머리·척추나 그 밖의 신체장애로 인하여 앉아 있을 수 없는 사람을 말한다.
④ 건설기계 조종상의 위험과 장해를 일으킬 수 있는 마약·대마·향정신성의약품 또는 알코올중독자로서 국토교통부령으로 정하는 사람 : 마약·대마·향정신성의약품 또는 알코올 관련 장애 등으로 인하여 해당 분야 전문의가 정상적으로 건설기계를 조종할 수 없다고 인정하는 사람을 말한다.
⑤ 건설기계조종사면허가 취소된 날부터 1년(같은 조 제1호 또는 제2호의 사유로 취소된 경우에는 2년)이 지나지 아니하였거나 건설기계조종사면허의 효력정지처분 기간 중에 있는 사람
　㉮ 거짓이나 그 밖의 부정한 방법으로 건설기계조종사면허를 받은 경우
　㉯ 건설기계조종사면허의 효력정지기간 중 건설기계를 조종한 경우
　㉰ 건설기계의 조종 중 고의 또는 과실로 중대한 사고를 일으킨 경우
　㉱ 국가기술자격법에 따른 해당 분야의 기술자격이 취소되거나 정지된 경우
　㉲ 건설기계조종사면허증을 다른 사람에게 빌려 준 경우
　㉳ 술에 취하거나 마약 등 약물을 투여한 상태 또는 과로·질병의 영향이나 그 밖의 사유로 정상적으로 조종하지 못할 우려가 있는 상태에서 건설기계를 조종한 경우

(2) 1종 대형면허로 조종할 수 있는 건설기계

① 덤프트럭
② 아스팔트살포기
③ 노상안정기
④ 콘크리트믹서트럭
⑤ 콘크리트펌프
⑥ 천공기(트럭적재 식)
⑦ 특수 건설기계 중 국토교통부장관이 지정하는 건설기계

(3) 국토교통부령이 정하는 소형건설기계

① 5톤 미만의 불도저
② 5톤 미만의 로더
③ 3톤 미만의 지게차

④ 3톤 미만의 굴착기
⑤ 소형 공기압축기(공기토출 량이 매분 당 2.83세제곱미터 이상 17세제곱미터 이하인 것)
⑥ 콘크리트펌프(이동식)
⑦ 3톤 미만의 지게차를 조종하고자 하는 자는 자동차운전면허를 소지하여야 한다.

(4) 건설기계 조종사 면허

면허의 종류	조종할 수 있는 건설기계
1. 불도저	불도저
2. 5톤 미만의 불도저	5톤 미만의 불도저
3. 굴착기	굴착기
4. 3톤 미만의 굴착기	3톤 미만의 굴착기
5. 로더	로더
6. 3톤 미만의 로더	3톤 미만의 로더
7. 5톤 미만의 로더	5톤 미만의 로더
8. 지게차	지게차
9. 3톤 미만 지게차	3톤 미만 지게차(1종 보통의 자동차 운전면허소지자)
10. 기중기	기중기
11. 롤러	롤러, 모터그레이더, 스크레이퍼, 아스팔트 피니셔, 콘크리트 피니셔, 콘크리트 살포기 및 골재 살포기
12. 이동식 콘크리트펌프	이동식 콘크리트펌프
13. 쇄석기	쇄석기, 아스팔트믹싱플랜트 및 콘크리트뱃칭플랜트
14. 공기 압축기	공기 압축기
15. 천공기	천공기(타이어식, 무한궤도식 및 굴진식을 포함한다. 다만, 트럭 적재식은 제외한다), 항타 및 항발기
16. 5톤 미만의 천공기	5톤 미만의 천공기(트럭적재식은 제외한다)
17. 준설선	준설선 및 사리 채취기
18. 타워크레인	타워크레인
19. 3톤 미만의 타워 크레인	3톤 미만의 타워크레인

(5) 건설기계 조종사 면허 반납 사유

건설기계조종사면허를 받은 자가 다음에 해당하는 때에는 그 사유가 발생한 날부터 10일 이내에 주소지를 관할하는 시·도지사에게 그 면허증을 반납하여야 한다.
① 면허가 취소된 때
② 면허의 효력이 정지된 때
③ 면허증의 재교부를 받은 후 잃어버린 면허증을 발견한 때

(6) 건설기계 면허의 취소. 정지 처분

1) 면허의 취소 사유
① 거짓이나 그 밖의 부정한 방법으로 건설기계 조종사 면허를 받은 경우
② 건설기계 조종사 면허의 효력 정지기간 중 건설기계를 조종한 경우
③ 고의로 인명피해(사망·중상·경상 등을 말한다)를 입힌 경우
④ 과실로 산업안전보건법 제2조제2호에 따른 중대재해가 발생한 경우
⑤ 건설기계3조종사면허증을 다른 사람에게 빌려 준 경우
⑥ 술에 취한 상태에서 건설기계를 조종하다가 사고로 사람을 죽게 하거나 다치게 한 경우
⑦ 술에 만취한 상태(혈중알코올농도 0.08% 이상)에서 건설기계를 조종한 경우
⑧ 2회 이상 술에 취한 상태에서 건설기계를 조종하여 면허 효력정지를 받은 사실이 있는 사람이 다시 술에 취한 상태에서 건설기계를 조종한 경우
⑨ 약물(마약, 대마, 향정신성 의약품 및 유해화학물질 관리법 시행령 제25조에 따른 환각물질을 말한다)을 투여한 상태에서 건설기계를 조종한 경우
⑩ 정기적성검사를 받지 않거나 적성검사에 불합격한 경우
⑪ 국가기술자격법에 따른 해당 분야의 기술자격이 취소되거나 정지된 경우

⑫ 정기적성검사를 받지 아니하고 1년이 지난 경우
⑬ 정기적성검사 또는 수시적성검사에서 불합격한 경우

2) 면허효력정지
  ① **면허효력정지 180일** : 건설기계의 조종 중 고의 또는 과실로 가스공급시설을 손괴하거나 가스공급시설의 기능에 장애를 입혀 가스의 공급을 방해한 때
  ② **면허 효력정지 60일** : 술에 취한 상태(혈중 알코올농도 0.03% 이상 0.08% 미만을 말한다. 이하 이 목에서 같다)에서 건설기계를 조종할 경우
  ③ **인명피해를 입힌 때**
    ㉮ 사망 1명마다: 면허효력정지 45일
    ㉯ 중상 1명마다: 면허효력정지 15일
    ㉰ 경상 1명마다: 면허효력정지 5일
  ④ **재산피해** : 피해금액 50만원마다 면허효력정지 1일(90일을 넘지 못함)
  ⑤ **중경상의 구분**: 중상은 3주 이상의 치료를 요하는 진단이 있을 때를 말하며, 경상은 3주 미만의 치료를 요하는 진단이 있을 때를 말한다.

(7) 건설기계 조종사 적성검사
  ① **정기 적성검사**: 건설기계 조종사는 해당 면허를 받은 날(건설기계 조종사 면허를 2종류 이상 받은 경우에는 최종 면허를 받은 날)의 다음 날부터 기산하여 10년마다(65세 이상인 경우는 5년마다) 시장·군수 또는 구청장이 실시하는 정기 적성검사를 받아야 한다.
  ② **수시 적성 검사** : 안전한 조종에 장애가 되는 후천적 신체장애 등 대통령령으로 정하는 사유에 해당되는 경우 시장·군수 또는 구청장이 통지한 날부터 3개월 이내에 수시 적성검사를 받아야 한다.
  ③ **수시 적성 검사의 연기** : 미리 수시 적성검사를 받거나 수시 적성검사 연기 신청 시에 연기 사유를 증명할 수 있는 서류를 첨부하여 시장, 군수 또는 구청장에게 제출하여야 한다.
  ④ **적성검사 연기사유**
    ㉮ 해외에 체류 중인 경우
    ㉯ 재해 또는 재난을 당한 경우
    ㉰ 질병이나 부상으로 거동이 불가능한 경우
    ㉱ 법령에 따라 신체의 자유를 구속당한 때
    ㉲ 병역법에 따라 군 복무 중인 경우
    ㉳ 그 밖의 사회 통념상 부득이하다고 인정할만한 상당한 이유가 있는 경우

(8) 건설기계 조종사 안전교육
  1) 건설기계 조종사의 안전교육
    ① 건설기계 조종사는 건설기계로 인한 인적·물적 피해를 예방하기 위하여 국토교통부 장관이 실시하는 안전 및 전문성 향상을 위한 교육
    ② 국토교통부 장관은 안전교육 등을 위하여 필요한 경우에는 전문교육기관을 지정하여 안전교육 등을 실시하게 할 수 있다.
  2) 교육 대상별 조종사 안전교육 등의 내용
    ① 일반 건설기계 조종사 안전교육은 3년마다 1회 4시간을 이수 하여야한다.
    ② **일반 건설기계 조종사 안전교육 대상** : 불도저, 5톤 미만의 불도저, 굴착기, 3톤 미만의 굴착기, 로더, 5톤 미만의 로더, 롤러 면허소지자
    ③ **하역 운반 등 기타 건설기계 조종사의 안전교육** : 3년마다 1회 4시간을 이수
    ④ **대상** : 일반 건설기계 조종사를 제외한 기타 건설기계 조종사 면허소지자

08 건설기계 사업의 등록

건설기계사업을 하려는 자(지방자치단체는 제외한다)는 대통령령으로 정하는 바에 따라 사업의 종류별로 특별자치시장·특별자치도지사·시장·군수 또는 자치구의 구청장(이하 "시장·군수·구청장"이라 한다)에게 등록하여야 한다.

(1) 건설기계 사업의 종류

건설기계 사업의 종류에는 건설기계 대여업, 건설기계 정비업, 건설기계 해체 재활용업이 있다.

1) 건설기계 대여업

① 건설기계 대여업(건설기계 조종사와 함께 건설기계를 대여하는 경우와 건설기계의 운전경비를 부담하면서 건설기계를 대여하는 경우를 포함한다)의 등록을 하려는 자는 건설기계 대여업 등록신청서에 국토교통부령이 정하는 서류를 첨부하여 시장·군수 또는 구청장에게 제출하여야 한다.

② 건설기계 대여업을 등록하려는 자는 건설기계 대여업 등록신청서(전자문서로 된 등록신청서를 포함)에 다음의 서류(전자문서를 포함)를 첨부하여 건설기계 대여업을 영위하는 사무소의 소재지를 관할하는 시장·군수 또는 구청장(자치구의 구청장을 말한다.)에게 제출하여야 한다. 다만, 2이상의 법인 또는 개인이 공동으로 건설기계 대여업을 영위하기 위하여 등록하는 경우에는 연명등록자의 서류를 각각 첨부하여야 한다.
㉮ 건설기계 소유사실을 증명하는 서류
㉯ 사무실의 소유권 또는 사용권이 있음을 증명하는 서류
㉰ 주기장 소재지를 관할하는 시장·군수·구청장이 발급한 주기장 시설보유 확인서
㉱ 계약서 사본

③ 건설기계 대여업을 영위하는 사무소가 2이상인 경우에는 그 사무소를 관할하는 시장·군수 또는 구청장에게 각각 등록(전자문서에 의한 등록을 포함)하여야 하며 그 사무소별로 등록기준을 갖추어야 한다.

④ 등록신청을 받은 시장·군수 또는 구청장은 등록기준에의 적합여부를 확인한 후 건설기계 대여업 등록증을 교부(전자문서에 의한 교부를 포함)하여야 한다. 이 경우 건설기계 대여업 등록증이 여러 장인 경우에는 연속성을 확인할 수 있는 조치와 위조·변조 방지조치를 하여야 한다.

2) 일반 건설기계 대여업

① 2 이상의 법인 또는 개인이 공동으로 일반 건설기계 대여업을 영위하고자 하는 경우에는 그 대표자 및 각 구성원은 각각 건설기계를 소유한 자이어야 한다.

② 계약서에는 다음의 사항을 명시하여야 한다.
㉮ 계약의 기간 및 계약해지에 관한 사항
㉯ 사무실 및 주기장의 관리책임을 포함한 대표자의 권리·의무에 관한 사항
㉰ 사업운영비용의 분담, 사무실·주기장의 사용 및 건설기계대여 등을 포함한 연명등록자의 권리·의무에 관한 사항
㉱ 대표자와 구성원 및 각 구성원 간 사업운영 중 발생하는 사고 등에 대한 책임분담에 관한 사항
㉲ 기타 필요한 사항

3) 건설기계대여업의 등록의 구분

① 일반 건설기계 대여업 : 5대 이상의 건설기계로 운영하는 사업(2이상의 개인 또는 법인이 공동으로 운영하는 경우를 포함)

② **개별 건설기계 대여업**: 1인의 개인 또는 법인이 4대 이하의 건설기계로 운영하는 사업

09 벌칙

(1) 다음의 어느 하나에 해당하는 자는 2년 이하의 징역 또는 2천만 원 이하의 벌금에 처한다.
① 등록되지 아니한 건설기계를 사용하거나 운행한 자
② 등록이 말소된 건설기계를 사용하거나 운행한 자
③ 시·도지사의 지정을 받지 아니하고 등록번호표를 제작하거나 등록번호를 새긴 자
④ 검사대행자 또는 그 소속 직원에게 재물이나 그 밖의 이익을 제공하거나 제공 의사를 표시하고 부정한 검사를 받은 자
⑤ 건설기계의 주요 구조나 원동기, 동력전달장치, 제동장치 등 주요 장치를 변경 또는 개조한 자
⑥ 무단 해체한 건설기계를 사용·운행하거나 타인에게 유상·무상으로 양도한 자
⑦ 제작 결함사실의 공개 또는 시정명령을 이행하지 아니한 자
⑧ 등록을 하지 아니하고 건설기계사업을 하거나 거짓으로 등록을 한 자
⑨ 등록이 취소되거나 사업의 전부 또는 일부가 정지된 건설기계사업자로서 계속하여 건설기계사업을 한 자

(2) 다음의 어느 하나에 해당하는 자는 1년 이하의 징역 또는 1000만 원 이하의 벌금에 처한다.
① 거짓이나 그 밖의 부정한 방법으로 등록을 한 자
② 등록번호를 지워 없애거나 그 식별을 곤란하게 한 자
③ 구조변경 검사 또는 수시검사를 받지 아니한 자
④ 정비 명령을 이행하지 아니한 자
⑤ 사용·운행 중지 명령을 위반하여 사용·운행한 자
⑥ 사업정지명령을 위반하여 사업정지기간 중에 검사를 한 자
⑦ 형식승인, 형식변경승인 또는 확인검사를 받지 아니하고 건설기계의 제작등을 한 자
⑧ 사후관리에 관한 명령을 이행하지 아니한 자
⑨ 내구연한을 초과한 건설기계 또는 건설기계 장치 및 부품을 운행하거나 사용한 자
⑩ 내구연한을 초과한 건설기계 또는 건설기계 장치 및 부품의 운행 또는 사용을 알고도 말리지 아니하거나 운행 또는 사용을 지시한 고용주
⑪ 부품인증을 받지 아니한 건설기계 장치 및 부품을 사용한 자
⑫ 부품인증을 받지 아니한 건설기계 장치 및 부품을 건설기계에 사용하는 것을 알고도 말리지 아니하거나 사용을 지시한 고용주
⑬ 매매용 건설기계를 운행하거나 사용한 자
⑭ 폐기인수 사실을 증명하는 서류의 발급을 거부하거나 거짓으로 발급한 자
⑮ 폐기요청을 받은 건설기계를 폐기하지 아니하거나 등록번호표를 폐기하지 아니한 자
⑯ 건설기계조종사면허를 받지 아니하고 건설기계를 조종한 자
⑰ 건설기계조종사면허를 거짓이나 그 밖의 부정한 방법으로 받은 자
⑱ 소형 건설기계의 조종에 관한 교육과정의 이수에 관한 증빙서류를 거짓으로 발급한 자

⑲ 술에 취하거나 마약 등 약물을 투여한 상태에서 건설기계를 조종한 자와 그러한 자가 건설기계를 조종하는 것을 알고도 말리지 아니하거나 건설기계를 조종하도록 지시한 고용주
⑳ 건설기계조종사면허가 취소되거나 건설기계조종사면허의 효력정지처분을 받은 후에도 건설기계를 계속하여 조종한 자
㉑ 건설기계를 도로나 타인의 토지에 버려둔 자

10 과태료

(1) 300만 원 이하의 과태료
① 등록번호표를 부착하지 아니하거나 봉인하지 아니한 건설기계를 운행한 자
② 정기검사를 받지 아니한 자
③ 건설기계 임대차 등에 관한 계약서를 작성하지 아니한 자
④ 정기 적성검사 또는 수시 적성검사를 받지 아니한 자
⑤ 시설 또는 업무에 관한 보고를 하지 아니하거나 거짓으로 보고한 자
⑥ 소속 공무원의 검사·질문을 거부·방해·기피한 자
⑦ 건설기계로 인한 중대한 사고가 발생한 경우 제작결함 또는 안전기준 적합 여부의 조사를 위하여 정당한 사유 없이 직원의 출입을 거부하거나 방해한 자

(2) 100만 원 이하의 과태료
① 수출의 이행 여부를 신고하지 아니하거나 폐기 또는 등록을 하지 아니한 자
② 등록번호 표를 부착, 봉인하지 아니하거나 등록번호를 새기지 아니한 자
③ 등록번호표를 가리거나 훼손하여 알아보기 곤란하게 한 자 또는 그러한 건설기계를 운행한 자
④ 등록번호의 새김명령을 위반한 자
⑤ 건설기계 안전기준에 적합하지 아니한 건설기계를 사용하거나 운행한 자 또는 사용하게 하거나 운행하게 한 자
⑥ 조사 또는 자료제출 요구를 거부·방해·기피한 자
⑦ 검사 유효기간이 끝난 날부터 31일이 지난 건설기계를 사용하게 하거나 운행하게 한 자 또는 사용하거나 운행한 자
⑧ 특별한 사정없이 건설기계 임대차 등에 관한 계약과 관련된 자료를 제출하지 아니한 자
⑨ 건설기계 사업자의 의무를 위반한 자
⑩ 안전교육 등을 받지 아니하고 건설기계를 조종한 자

(3) 50만 원의 과태료
① 임시번호표를 부착하지 아니하고 운행한 자
② 등록사항의 신고를 하지 아니하거나 거짓으로 신고한 자
③ 등록의 말소를 신청하지 아니한 자
④ 변경신고를 하지 아니하거나 거짓으로 변경 신고한 자
⑤ 등록번호표를 반납하지 아니한 자
⑥ 정비시설을 갖추지 아니하고 건설기계를 정비한 자
⑦ 형식승인 신고를 하지 아니한 자
⑧ 건설기계 사업자의 신고를 하지 아니하거나 거짓으로 신고한 자
⑨ 건설기계 매매업의 신고를 하지 아니하거나 거짓으로 신고한 자
⑩ 건설기계 해체재활용업의 신고를 하지 아니하거나 거짓으로 신고한 자
⑪ 수출 전까지 등록말소 사유 변경신고를 하지 아니하거나 거짓으로 신고한 자
⑫ 건설기계를 세워 둔 자

(4) 양벌규정

법인의 대표자나 법인 또는 개인의 대리인, 사용인, 그 밖의 종업원이 그 법인 또는 개인의 업무에 관하여 어느 하나에 해당하는 위반행위를 하면 그 행위자를 벌하는 외에 법인 또는 개인에게도 해당 조문의 벌금형을 과(科)한다.

다만, 법인 또는 개인이 그 위반행위를 방지하기 위하여 해당 업무에 관하여 상당한 주의와 감독을 게을리하지 아니한 경우에는 그러하지 아니하다.

11 기타 과태료

(1) 조종사 안전교육

건설기계 조종사 안전교육 등을 받지 않고 건설기계를 조종할 경우 1차 50만 원, 2차 70만 원, 3차 100만 원으로 최고 100만 원 미만의 과태료를 부과한다.

(2) 건설기계 정기 검사를 받지 않은 경우

① 1차 위반 시 2만 원을 부과하고 초과하는 경우 3일 초과 시마다 1만 원을 가산한다.
② 2차 위반 시 3만 원을 부과하고 초과하는 경우 3일 초과 시마다 2만 원을 가산한다.
③ 3차 위반 시 5만 원을 부과하고 초과하는 경우 3일 초과 시마다 3만 원을 가산한다.

(3) 과태료는 대통령령으로 정하는 바에 따라 국토 교통부장관, 시·도지사, 시장·군수 또는 구청장이 부과·징수한다.

05 건설기계관리법 — 출제예상문제

01 건설기계 검사 기준 중 제동장치의 제동력으로 맞지 않는 것은?
① 모든 축의 제동력의 합이 당해 축중(빈차)의 50% 이상 일 것
② 동일 차축 좌·우 바퀴 제동력의 편차는 당해 축중의 8% 이내 일 것
③ 뒤차축 좌·우 바퀴 제동력의 편차는 당해 축중의 15% 이내 일 것
④ 주차 제동력의 합은 건설기계 빈차 중량의 20% 이상일 것

> 동일 차축 좌·우 바퀴 제동력의 편차는 당해 축중의 8%이내이며 뒤차축에 대한 좌·우 바퀴 제동력의 편차도 여기에 준한다.

02 건설기계 조정시 자동차 제1종 대형 면허가 있어야 하는 기종은?
① 로더　　② 지게차
③ 콘크리트 펌프　　④ 기중기

> 1종 대형면허로 조종할 수 있는 건설기계
> ① 덤프트럭
> ② 아스팔트살포기
> ③ 노상안정기
> ④ 콘크리트믹서트럭
> ⑤ 콘크리트펌프
> ⑥ 천공기(트럭적재 식)

03 과실로 사망 1명의 인명 피해를 입힌 건설기계를 조정한 자의 처분기준은?
① 면허효력 정지 45일
② 면허효력 정지 30일
③ 면허효력 정지 15일
④ 면허효력 정지 5일

> 과실로 사망 1명의 인명 피해를 입힌 건설기계를 조정한 자는 면허 효력장지 45일의 처분을 받는다.

04 도로교통법상 술에 취한 상태의 기준으로 옳은 것은?
① 혈중 알코올 농도 0.02% 이상일 때
② 혈중 알코올 농도 0.1% 이상일 때
③ 혈중 알코올 농도 0.03% 이상일 때
④ 혈중 알코올 농도 0.2% 이상일 때

> 술에 취한 상태의 기준은 혈중 알코올 농도 0.03%이다.

05 건설기계 검사소에서 검사를 받아야 하는 건설기계는?
① 콘크리트 살포기
② 트럭 적재식 콘크리트 펌프
③ 지게차
④ 스크레이퍼

> 트럭처럼 타이어식으로 주행속도가 35km/h이상의 속도로 다른 교통에 방해가 되지 않는 장비는 검사소에서 검사를 받아야 한다.

06 타이어식 굴착기에 대한 정기검사 유효기간은?
① 3년　　② 5년
③ 1년　　④ 2년

07 건설기계 조종사 면허의 취소 정지처분 기준 중 면허취소에 해당 되는 것은?
① 고의로 인명피해를 입힌 때
② 과실로 7명 이상에게 중상을 입힌 때
③ 과실로 19명 이상에게 경상을 입힌 때
④ 일천만원 이상 재산피해를 입힌 때

정답
01.③　02.③　03.①　04.③　05.②
06.③　07.①

08 정기검사 신청을 받은 검사대행자는 며칠 이내 검사일시 및 장소를 신청인에게 통지하여야 하는가?

① 20일 ② 15일
③ 5일   ④ 3일

> 검사신청을 받은 시·도지사 또는 검사대행자는 신청을 받은 날부터 5일 이내에 검사일시와 검사장소를 지정하여 신청인에게 통지하여야 한다.

09 2년 이하의 징역 또는 2천만 원 이하의 벌금에 해당하는 것은?

① 매매용 건설기계를 운행하거나 사용한 자
② 등록번호표를 지워 없애거나 그 식별을 곤란하게 한 자
③ 건설기계사업을 등록하지 않고 건설기계사업을 하거나 거짓으로 등록을 한 자
④ 사후관리에 관한 명령을 이행하지 아니한 자

> **2년 이하의 징역 또는 2천만 원이하의 벌금**
> ① 등록되지 아니한 건설기계를 사용하거나 운행한 자
> ② 등록이 말소된 건설기계를 사용하거나 운행한 자
> ③ 시·도지사의 지정을 받지 아니하고 등록번호표를 제작하거나 등록번호를 새긴 자 및 시정명령을 이행하지 아니한 자
> ④ 등록을 하지 아니하고 건설기계사업을 하거나 거짓으로 등록을 한 자
> ⑤ 건설기계사업자로서 그 사업을 폐지하지 아니하고 계속하여 건설기계사업을 한 자

10 검사소 이외의 장소에서 출장검사를 받을 수 있는 건설기계에 해당하는 것은?

① 덤프트럭
② 콘크리트 트럭
③ 아스팔트살포기
④ 지게차

> 지게차는 장비가 위치한 곳에서 검사를 받을 수 있는 장비이다.

11 국토부 장관은 검사 대행자 지정을 취소하거나 기간을 정하여 사업의 전부 또는 일부의 정지를 명할 수 있다. 지정을 취소해야만 하는 경우는?

① 부정한 방법으로 지정을 받은 때
② 재검사를 시행한 때
③ 건설기계 검사증을 재교부하였을 때
④ 위반에 의한 벌금형의 선고를 받은 때

> 검사 대행자 지정을 부정한 방법으로 받은 경우에는 그 지정을 국토부 장관은 취소할 수 있다.

12 건설기계조종사의 적성검사 기준으로 가장 거리가 먼 것은?

① 두 눈을 동시에 뜨고 잰 시력이 0.7이상이고 두 눈의 시력이 각각 0.3 이상일 것
② 시각은 150° 이상일 것
③ 언어 분별력이 80% 이상일 것
④ 교정시력의 경우는 시력이 1.5 이상일 것

> 시력은 교정시력이 포함된 시력이다.

13 건설기계조종사의 면허취소 사유에 해당하는 것은?

① 과실로 인하여 1명을 사망하게 하였을 때
② 면허 정지 처분을 받은 자가 그 기간 중에 건설기계를 조종한 때
③ 과실로 인하여 10명에게 경상을 입힌 때
④ 건설기계로 1천만 원 이상의 재산 피해를 냈을 때

> 면허 정지 처분을 받은 자가 그 기간 중에 건설기계를 조종한 때에는 건설기계 조종사의 면허가 취소된다.

정 답

08.③ 09.③ 10.④ 11.① 12.④ 13.②

14 건설기계 조종사 면허에 대한 설명 중 틀린 것은?

① 건설기계를 조정하려는 사람은 시·도지사에게 건설기계 조종사 면허를 받아야 한다.
② 건설기계 조종사 면허는 국토 교통부령으로 정하는 바에 따라 건설기계의 종류별로 받아야 한다.
③ 건설기계 조종사 면허를 받으려는 사람은 국가기술자격법에 따른 해당 분야의 기술자격을 취득하고 적성검사에 합격 하여야 한다.
④ 건설기계 조종사 면허증의 발급, 적성검사의 기준, 그밖에 건설기계 조종사 면허에 필요한 사항은 대통령령으로 정한다.

> 건설기계 조종사 면허증의 발급, 적성검사의 기준, 그밖에 건설기계 조종사 면허에 필요한 사항은 국토 교통부령으로 정한다.

15 제1종 운전면허를 받을 수 없는 사람은?

① 한쪽 눈을 보지 못하고 색채 식별이 곤란한 사람
② 양쪽 눈의 시력이 각각 0.5이상인 사람
③ 두 눈을 동시에 뜨고 잰 시력이 0.8이상인 사람
④ 적색, 황색, 녹색의 색채 식별이 가능한 사람

> 한쪽 눈을 보지 못하고 색채 식별이 곤란한 사람은 운전면허를 발급 받을 수 없다.

16 건설기계 정기검사 기준에 부적합한 사유로서 시정을 권고하고 건설기계 검사증에 유효기간을 기재하여 교부할 수 있는 경우는?

① 타이어가 편 마모되어 있는 경우
② 원동기의 시동 또는 운행이 불가능한 상태인 경우
③ 규격, 길이, 너비, 높이, 총중량, 축중 및 하중 분포가 부적합한 경우
④ 등록번호표 또는 등록번호의 새김이 건설기계 검사증의 기재 내용과 다르거나 없는 경우

> 원동기의 시동 또는 운행이 불가능한 상태인 경우 6개월의 정비기간을 정하여 정비명령과 함께 검사증에 기재하여 시정을 권고 한다.

17 건설기계를 신규 등록 할 때 실시하는 검사를 받아야 할 건설기계의 소유자는 어떻게 하여야 하나?

① 국토교통부령으로 정하는 바에 따라 검사대행자가 실시하는 검사를 받아야 한다.
② 국토교통부령으로 정하는 바에 따라 국토교통부장관이 실시하는 검사를 받아야 한다.
③ 대통령령으로 정하는 바에 따라 검사대행자가 실시하는 검사를 받아야 한다.
④ 대통령령으로 정하는 바에 따라 국토교통부장관이 실시하는 검사를 받아야 한다.

> 신규로 등록을 하고자하는 자는 국토교통부령으로 정하는 바에 따라 국토교통부장관이 실시하는 검사를 받아야 한다.

18 건설기계 조종사 면허증을 반납해야 할 사유가 아닌 것은?

① 면허가 취소 된 때
② 무면허로 조종한 때
③ 면허의 효력이 정지 된 때
④ 면허증을 재교부 받은 후 잃어버린 면허증을 발견한 때

> 무면허는 면허증이 없기 때문에 반납할 수 없으며 무면허 처분을 받게 된다.

정 답

14.④   15.①   16.②   17.②   18.②

19 건설기계 관리법 상 소형 건설기계에 포함되지 않는 것은?

① 쇄석기　　② 준설선
③ 천공기　　④ 공기 압축기

> 국토교통부령으로 정하는 소형건설기계"란 다음 각 호의 건설기계를 말한다.
> ① 5톤 미만의 불도저　② 5톤 미만의 로더
> ③ 3톤 미만의 지게차　④ 3톤 미만의 굴착기
> ⑤ 공기압축기
> ⑥ 콘크리트펌프. 다만, 이동식에 한정한다.
> ⑦ 쇄석기　　　　　　⑧ 준설선
> ⑨ 5톤 미만 천공기

20 정기검사에 불합격한 건설기계의 정비명령 기간으로 적합한 것은?

① 3개월 이내　　② 4개월 이내
③ 5개월 이내　　④ 6개월 이내

> 정기검사에 불합격한 건설기계는 6개월의 기간을 정하여 정비명령을 내린다.

21 건설기계를 주택가 주변의 도로나 공터 등에 주기하여 교통 소통을 방해 하거나 소음 등으로 주민의 조용하고 평온한 생활환경을 침해한 자에 대한 벌칙은?

① 200만 원 이하의 벌금
② 100만 원 이하의 벌금
③ 100만 원 이하의 과태료
④ 50만 원 이하의 과태료

> 건설기계를 주택가 주변의 도로나 공터 등에 주기하여 교통 소통을 방해 하거나 소음 등으로 주민의 조용하고 평온한 생활환경을 침해한 자에 대한 벌칙은 50만 원 이하의 과태료가 부과된다.

22 건설기계 사업에 해당되지 않는 것은?

① 건설기계 대여업
② 건설기계 매매업
③ 건설기계 재생업
④ 건설기계 정비업

> 건설기계 사업에는 건설기계 대여업, 매매업, 정비업이 있다.

23 건설기계 조종사 면허 정지처분 기간 중 건설기계를 조종한 경우의 정지 처분 내용은?

① 취소
② 면허 효력정지 60일
③ 면허 효력정지 30일
④ 면허 효력정지 20일

24 건설기계 정비업 등록을 하지 아니한 자가 할 수 있는 정비 범위가 아닌 것은?

① 오일의 보충
② 타이어의 점검·정비 및 트랙의 장력 조정
③ 제동장치 수리
④ 창유리의 교환

> 건설기계 정비업 등록을 하지 아니한 자가 할 수 있는 정비 사항에는 제동장치 등 주요부분의 수리는 할 수 없다.

25 건설기계 폐기 인수증명서는 누가 교부하는가?

① 시·도지사　　② 국토교통부장관
③ 시장·군수　　④ 건설기계 폐기업자

26 시·도지사가 지정한 교육기관에서 당해 건설기계의 조종에 관한 교육과정을 이수한 경우 건설기계 면허를 받은 것으로 보는 소형 건설기계는?

① 5톤 미만의 불도저
② 5톤 미만의 지게차
③ 5톤 미만의 굴착기
④ 5톤 미만의 롤러

> 시·도지사가 지정한 교육기관에서 당해 건설기계의 조종에 관한 교육과정을 이수한 경우 건설기계 면허를 받은 것으로 보는 소형 건설기계에는 3톤 미만의 굴착기와 지게차와 5톤 미만의 로더와 불도저가 있다.

정답

19.③　20.④　21.④　22.③　23.①
24.③　25.④　26.①

27 검사연기신청을 하였으나 불허통지를 받은 자는 언제까지 검사를 신청하여야 하는가?

① 불허통지를 받은 날로부터 5일 이내
② 불허통지를 받은 날로부터 10일 이내
③ 검사신청기간 만료일로부터 5일 이내
④ 검사신청기간 만료일로부터 10일 이내

> 검사연기신청을 하였으나 불허통지를 받은 자는 검사신청기간 만료일로부터 10일 이내에 검사 신청을 하여야 한다.

28 건설기계 조종사면허가 취소된 상태로 건설기계를 계속하여 조종한 자에 대한 벌칙은?

① 2년 이하의 징역 또는 2천만 원 이하의 벌금
② 1년 이하의 징역 또는 1천만 원 이하의 벌금
③ 2백만 원 이하의 벌금
④ 1백만 원 이하의 벌금

> 건설기계 조종사면허가 취소된 상태로 건설기계를 계속하여 조종한 자에 대한 벌칙은 1년 이하의 징역 또는 1천 만 원 이하의 벌금형을 받는다.

29 건설기계관리법령상 건설기계가 정기검사 신청기간 내에 정기검사를 받은 경우 다음 정기검사 유효기간의 산정방법으로 옳은 것은?

① 정기검사를 받은 날로부터 기산한다.
② 정기검사를 받은 날의 다음날부터 기산한다.
③ 종전 검사유효기간 만료일로부터 기산한다.
④ 종전 검사유효기간 만료일의 다음날부터 기산한다.

> 건설기계가 정기검사신청기간 내에 정기검사를 받은 경우 다음 정기검사 유효기간의 산정은 종전 검사유효기간 만료일의 다음날부터 기산한다.

30 다음 중 건설기계 대여업에 대한 설명이 틀린 것은?

① 일반 건설기계 대여업은 5대 이상의 건설기계로 운영하는 사업이다.(2이상의 개인 또는 법인이 공동 운영하는 경우 포함)
② 개별 건설기계 대여업은 1인의 개인 또는 법인이 4대 이하의 건설기계로 운영하는 사업이다.
③ 건설기계 대여업은 건설기계를 건설기계 조종사와 함께 대여하는 경우도 가능하다.
④ 건설기계 대여업의 등록을 하려는 자는 국토교통부령이 정하는 서류를 구비하여 관할 시·도지사에게 제출하여야 한다.

> 건설기계 대여업의 등록을 하려는 자는 국토교통부령이 정하는 서류를 구비하여 구토교통부장관에게 제출하여야 한다.

31 건설기계의 등록번호를 부착 또는 봉인하지 아니하거나 등록번호를 새기지 아니한 자에게 부가하는 법규상의 과태료로 맞는 것은?

① 30만 원 이하의 과태료
② 50만 원 이하의 과태료
③ 100만 원 이하의 과태료
④ 20만 원 이하의 과태료

32 건설기계 소유자가 정비 업소에 건설기계 정비를 의뢰한 후 정비업자로부터 정비완료 통보를 받고 며칠 이내에 찾아가지 않을 때 보관 관리 비용을 지불하여야 하는가?

① 5일   ② 10일
③ 15일 ④ 20일

> 정비업자로부터 정비 완료 통보를 받은 후 5일 이내에 찾아가지 않았을 경우에는 보관, 관리 비용을 청구할 수 있다.

정답
27.④ 28.② 29.④ 30.④ 31.③
32.①

33 자동차 1종 대형 면허 소지자가 조정할 수 없는 건설기계는?

① 지게차
② 콘크리트 펌프
③ 아스팔트 살포기
④ 노상 안정기

> 지게차는 건설기계조정 자격증을 취득하고 면허를 발급 받아 운전한다.

34 폐기요청을 받은 건설기계를 폐기하지 아니하거나 등록번호표를 폐기하지 아니한 자에 대한 벌칙은?

① 2년 이하의 징역 또는 1천만 원 이하의 벌금
② 1년 이하의 징역 또는 1천만 원 이하의 벌금
③ 2백만 원 이하의 벌금
④ 1백만 원 이하의 벌금

35 정기검사 유효기간을 1개월 경과한 후에 정기검사를 받은 경우 다음 정기검사 유효기간 산정 기산일은?

① 검사 받은 날의 다음 날부터
② 검사를 신청한 날부터
③ 종전 검사유효기간 만료일의 다음 날부터
④ 종전 검사신청기간 만료일의 다음 날부터

> 정기검사 유효기간 내에 검사를 받은 경우에는 종전검사 유효기간 만료일 다음날부터 기산하나 검사기간이 지난 경우에는 검사 받은 다음날부터 산정 기산한다.

36 소형 건설기계 조종 교육기관 지정 요건에 해당되지 않는 것은?

① 소형 건설기계 제작자
② 초·중등 교육법에 의한 고등학교 또는 고등 기술학교
③ 근로자 직업능력 개발 법에 따른 직업능력 개발 훈련시설
④ 학원의 설립, 운영 및 과외 교습에 관한 법률에 의한 입시학원

> 학원의 설립, 운영 및 과외 교습에 관한 법률에 의한 입시학원은 일반 교육 시설로 소형 건설기계 조정 교육을 시킬 수 없다.

37 검사 결과 당해 건설기계가 구조 및 성능 기준에 적합하지 아니할 때 시·도지사는 몇 개월 이내의 기간을 정하여 정비하도록 명령할 수 있는가?

① 3개월 ② 6개월
③ 9개월 ④ 12개월

38 건설기계의 제동장치에 대한 정기검사를 면제 받기 위하여 정기검사 신청 시에 제출하는 건설기계 제동장치 정비 확인서를 발행하는 곳은?

① 건설기계 대여회사
② 건설기계 정비업자
③ 건설기계 부품업자
④ 건설기계 매매업자

> 건설기계 정비 확인서로 검사를 면제 받기 위해 발행하는 제동장치 정비 확인서는 그 장비를 정비한 정비 업자의 확인서가 필요하다.

39 건설기계 조종사의 적성검사 기준으로 틀린 것은?

① 시각은 150도 이상일 것
② 두 눈을 동시에 뜨고 잰 시력(교정시력 포함)이 0.7 이상이고 두 눈의 시력이 각각 0.3 이상일 것
③ 55데시벨(보청기를 사용하는 사람은 40데시벨)의 소리를 들을 수 있을 것
④ 언어 분별력이 60퍼센트 이상일 것

> 언어 분별력은 80퍼센트 이상이어야 한다.

정 답

33.① 34.② 35.① 36.④ 37.②
38.② 39.④

40 건설기계 정비업의 사업 범위에서 부분 정비업에 해당하는 사항은?

① 실린더 헤드의 탈착 정비
② 크랭크샤프트의 분해정비
③ 연료 펌프의 분해 정비
④ 냉각 팬의 분해 정비

> 냉각 팬의 분해 정비는 부분 정비업에 해당된다.

41 건설기계 조종사 면허를 받은 자는 면허증을 반납하여야 할 사유가 발생한 날로부터 며칠 이내에 반납하여야 하는가?

① 5일   ② 10일
③ 15일 ④ 30일

42 술에 만취한 상태(혈중 알콜 농도 0.1퍼센트 이상)에서 건설기계를 조종한 자에 대한 면허 취소·정지 처분 내용은?

① 면허 취소
② 면허 효력정지 60일
③ 면허 효력정지 50일
④ 면허 효력정지 70일

43 건설기계의 구조변경 및 개조의 범위에 해당되지 않는 것은?

① 원동기의 형식 변경
② 주행 장치의 형식 변경
③ 적재함의 용량증가를 위한 형식 변경
④ 유압장치의 형식 변경

> 적재함의 용량 증가를 위한 형식 변경을 위한 건설기계의 구조 변경 및 개조는 할 수 없다.

44 건설기계 정기검사를 연기하는 경우 그 연장기간은 몇 월 이내로 하여야 하는가?

① 1월   ② 2월
③ 3월   ④ 6월

45 건설기계로 등록한지 10년 된 덤프트럭의 검사 유효기간은?

① 6월   ② 1년
③ 2년   ④ 3년

46 소형 건설기계 교육기관에서 실시하는 공기 압축기, 쇄석기 및 준설선에 대한 교육 이수 시간은 몇 시간 인가?

① 이론 8시간, 실습 12시간
② 이론 7시간, 실습 5시간
③ 이론 5시간, 실습 7시간
④ 이론 5시간, 실습 5시간

> 소형 건설기계 교육기관에서 실시하는 공기 압축기, 쇄석기 및 준설선에 대한 교육 이수시간은 이론 교육 8시간, 실습 교육 12시간이다.

47 등록되지 아니한 건설기계를 사용하거나 운행한 자의 벌칙은?

① 1년 이하의 징역 또는 1000만 원이하의 벌금
② 2년 이하의 징역 또는 2000만 원이하의 벌금
③ 20만 원이하의 벌금
④ 10만 원이하의 벌금

48 건설기계 등록 번호표를 가리거나 훼손하여 알아보기 곤란하게 한 자 또는 그러한 건설기계를 운행한 자에게 부과하는 과태료로 옳은 것은?

① 50만 원 이하   ② 100만 원 이하
③ 300만 원 이하   ④ 1000만 원 이하

> 건설기계 등록 번호표를 가리거나 훼손하여 알아보기 곤란하게 한 자 또는 그러한 건설기계를 운행한 자는 100만 원이하의 과태료 처분을 받는다.

정답

40.④ 41.② 42.① 43.③ 44.④
45.② 46.① 47.② 48.②

49 건설기계관리법 상 건설기계 사업자의 의무 중 틀린 것은?

① 건설기계 대여업자는 건설기계를 대여하는 경우 자가용 또는 미등록 건설기계를 대여하여서는 안 된다.
② 건설기계 정비업자는 정비의뢰자의 요구 또는 동의 없이 임의로 건설기계를 정비하여서는 안 된다.
③ 건설기계 대여업자는 건설기계 조종사를 포함하여 대여하는 경우 조종사는 반드시 해당 건설기계 조종사 면허를 취득한 사람이어야 한다.
④ 건설기계 정비업자는 정비에 필요한 신부품, 중고품, 또는 재생품 중 적절한 부품을 임의로 선택하여 정비할 수 있다. 다만, 정비의뢰인에게 부품 교체 후 사후 통보는 반드시 이행하여야 한다.

> 부품의 선택은 정비업자가 하는 것이 아니고 정비의뢰인이 선택하는 것이며 재생 부품 또는 중고 품의 경우에는 검사기준을 통과한 것을 사용한다.

50 건설기계 관리법에서 건설기계 조종사 면허의 취소 처분기준이 아닌 것은?

① 건설기계 조종 중 고의로 1명에게 경상을 입힌 때
② 건설기계 조종 중 고의 또는 과실로 가스 공급시설의 기능에 장애를 입혀 가스공급을 방해한 자
③ 거짓 그 밖의 부정한 방법으로 건설기계 조종사 면허를 받은 때
④ 건설기계 조종사 면허의 효력정지 기간 중 건설기계를 조종한 때

> 건설기계 조종 중 고의 또는 과실로 가스 공급시설의 기능에 장애를 입혀 가스공급을 방해한 자는 취소 처분을 받지 않고 정지 처분을 받는다.

51 건설기계 관리법 상 적성검사 기준에서 건설기계 조종사 면허를 받을 수 있는 경우는?

① 치매, 정신 분열병 등 정신질환 또는 발유지연, 뇌전증 등으로 인하여 해당분야 전문의가 정상적으로 건설기계를 조종할 수 없다고 인정하는 사람
② 건설기계 조종 상의 위험과 장해를 일으킬 수 있는 마약, 대마, 향 정신성 의약품 또는 알코올 중독자로서 국토교통부령이 정하는 자
③ 두 눈을 동시에 뜨고 잰 시력이 0.7이고 두 눈의 시력은 각각 0.3인자
④ 18세 미만인 자

> 두 눈을 동시에 뜨고 잰 시력이 0.7이고 두 눈의 시력은 각각 0.30이며 결격 사유에 해당되지 않는다.

52 건설기계관리법 상 건설기계 형식에 관한 승인을 얻거나 그 형식을 신고한 자(제작자 등)는 당사자 간에 별도의 계약이 없는 경우에 건설기계를 판매한 날로부터 몇 개월 동안 무상으로 건설기계를 정비해주어야 하는가?

① 6 ② 12
③ 24 ④ 36

53 건설기계관리법 상 2년 이하의 징역 또는 2천만 원 이하의 벌금 처분에 해당되는 사항으로 거리가 먼 것은?

① 등록을 하지 아니하고 건설기계 사업을 하거나 거짓으로 등록한 자
② 정기검사 불합격에 따른 정비명령을 이행하지 아니한 자
③ 시·도지사의 지정을 받지 아니하고 등록번호표를 제작하거나 등록번호를 새긴 자
④ 등록되지 아니하거나 등록이 말소된 건설기계를 사용하거나 운행한 자

> 정기검사 불합격에 따른 정비명령을 이행하지 아니한 자는 해당 건설기계의 등록번호표를 영치할 수 있다. 이 경우 시·도지사는 등록번호표를 영치한 사실을 해당 건설기계의 소유자에게 통지하여야 한다.

정 답

49.④ 50.② 51.③ 52.② 53.②

54 건설기계 조종사 면허의 취소·정지 처분 기준 중 "경상"의 인명 피해를 구분하는 판단 기준으로 가장 옳은 것은?

① 경상 : 1주 미만의 가료를 요하는 진단이 있을 때
② 경상 : 2주 이하의 가료를 요하는 진단이 있을 때
③ 경상 : 3주 미만의 가료를 요하는 진단이 있을 때
④ 경상 : 4주 이하의 가료를 요하는 진단이 있을 때

> 경상이라 함은 3주 미만의 가료를 요하는 진단이 있을 때를 말한다.

55 건설기계 조종사 면허에 관한 사항으로 틀린 것은?

① 자동차 운전면허로 운전할 수 있는 건설기계도 있다.
② 면허를 받고자 하는 자는 국·공립병원·시·도지사가 지정하는 의료기관의 적성검사에 합격하여야 한다.
③ 특수 건설기계 조종은 국토교통부 장관이 지정하는 면허를 소지하여야 한다.
④ 특수 건설기계 조종은 특수조종 면허를 받아야 한다.

> 특수 건설기계 조종은 국토교통부 장관이 지정하는 면허를 소지하여야 한다.

56 자동차 1종 대형 면허로 조종할 수 없는 건설기계는?

① 아스팔트살포기 ② 무한 궤도식 천공기
③ 콘크리트 펌프   ④ 덤프 트럭

> 무한 궤도식 천공기는 천공기 면허로 운전할 수 있다.

57 등록되지 아니하거나 등록 말소된 건설기계를 사용한 자에 대한 벌칙은?

① 100 만 원 이하의 벌금
② 300 만 원 이하의 벌금
③ 1년 이하의 징역 또는 1000 만 원 이하의 벌금
④ 2년 이하의 징역 또는 2000 만 원 이하의 벌금

58 고의 또는 과실로 가스 공급시설을 손괴하거나 기능에 장애를 입혀 가스의 공급을 방해한 때의 건설기계조종사 면허 효력정지 기간은?

① 240일   ② 180일
③ 90일   ④ 45일

> 고의 또는 과실로 가스 공급시설을 손괴하거나 기능에 장애를 입혀 가스의 공급을 방해한 때의 건설기계조종사 면허 효력정지 기간은 6개월(180일)이내 이다.

59 건설기계 매매업의 등록을 하고자하는 자의 구비서류로 맞는 것은?

① 건설기계 매매업 등록필 증
② 건설기계 보험 증서
③ 건설기계 등록증
④ 5천만 원 이상의 하자 보증금 예치증서 또는 보증보험증서

> 건설기계 매매업 등록 신청 시 구비서류는 사무실의 소유권 또는 사용권이 있음을 증명하는 서류, 주기장 소재지를 관할하는 시장, 군수, 구청장이 발급한 주기장 시설 보유 확인서, 5천만 원 이상의 하자 보증금 예치 증서 또는 보증 보험 증서이다.

60 범칙금 납부 통고서를 받은 사람은 며칠 이내에 경찰청장이 지정하는 곳에 납부하여야 하는가(단, 천재지변이나 그 밖의 부득이한 사유가 있는 경우는 제외한다)?

① 5일   ② 10일
③ 15일   ④ 30일

정 답
54.③ 55.④ 56.② 57.④ 58.② 59.④ 60.②

61 건설기계를 도로에 계속 버려두거나 정당한 사유 없이 타인의 토지에 버려둔 자의에 대한 벌칙은?

① 강제 처리 외 벌칙은 없음
② 1년 이하의 징역 또는 1천만 원 이하의 벌금
③ 과태료 30만원
④ 주기장 폐쇄조치

62 건설기계 소유자가 건설기계의 정비를 요청하여 그 정비가 완료된 후 장기간 해당 건설기계를 찾아가지 아니하는 경우 정비사업자가 할 수 있는 조치사항은?

① 건설기계를 말소시킬 수 있다.
② 건설기계의 보관·관리에 드는 비용을 받을 수 있다.
③ 건설기계의 폐기인수증을 발부할 수 있다.
④ 과태료를 부과할 수 있다.

> 정비 완료 후 그 장비를 찾아가지 않을 때 정비업자가 조치할 수 있는 사항은 건설기계의 보관 및 관리에 드는 비용을 받을 수 있다.

63 건설기계관리법상 건설기계 정비업의 등록 구분으로 옳은 것은?

① 종합건설기계정비업, 부분건설기계정비업, 전문건설기계정비업
② 종합건설기계정비업, 단종건설기계정비업, 전문건설기계정비업
③ 부분건설기계정비업, 전문건설기계정비업, 개별건설기계정비업
④ 종합건설기계정비업, 특수건설기계정비업, 전문건설기계정비업

64 건설기계 관련법령상 국토교통부령으로 정하는 바에 따라 등록번호표를 부착 및 봉인하지 않은 건설기계를 운행하여서는 아니 된다. 이를 위반 했을 경우의 과태료는? (단, 임시번호표를 부착한 경우는 제외한다.)

① 5만원   ② 10만원
③ 50만원 ④ 100만원

65 건설기계 소유자 또는 점유자가 건설기계를 도로에 계속하여 버려두거나 정당한 사유 없이 타인의 토지에 버려둔 경우의 처벌은?

① 1년 이하의 징역 또는 500만 원 이하의 벌금
② 1년 이하의 징역 또는 400만 원 이하의 벌금
③ 1년 이하의 징역 또는 1000만 원 이하의 벌금
④ 1년 이하의 징역 또는 200만 원 이하의 벌금

66 건설기계 관리법상 건설기계 조종사 면허의 취소 사유가 아닌 것은?

① 건설기계 조종 중 고의로 3명에게 경상을 입힌 경우
② 건설기계 조종 중 고의로 중상의 인명 피해를 입힌 경우
③ 등록이 말소된 건설기계를 조종한 경우
④ 부정한 방법으로 건설기계조종사 면허를 받은 경우

> 등록이 말소된 건설기계를 사용하거나 운행한 자의 벌칙은 2년 이하의 징역 또는 2천만 원 이하의 벌금에 처한다.

67 건설기계관리법상 건설기계 임대차 계약서에 포함되어야 하는 사항이 아닌 것은?

① 검사 신청에 관한 사항
② 건설기계 운반 경비에 관한 사항
③ 건설기계 1일 가동 시간에 관한 사항
④ 대여 건설기계 및 공사현장에 관한 사항

> 대여 장비의 임대차 계약서에는 검사 신청에 관한 사항은 포함되지 않는다.

정답
61.② 62.② 63.① 64.④ 65.③
66.③ 67.①

68 건설기계관리법상 롤러 운전 건설기계 조종사 면허로 조정할 수 없는 건설기계는?

① 골재 살포기
② 콘크리트 살포기
③ 콘크리트 피니셔
④ 아스팔트 믹싱 플랜트

건설기계 조종사 면허 종류	
면허의 종류	조종할 수 있는 건설기계
1. 불도저	불도저
2. 5톤 미만의 불도저	5톤 미만의 불도저
3. 굴착기	굴착기
4. 3톤 미만의 굴착기	3톤 미만의 굴착기
5. 로더	로더
6. 3톤 미만의 로더	3톤 미만의 로더
7. 5톤 미만의 로더	5톤 미만의 로더
8. 기중기	기중기와 항타 및 항발기
9. 롤러	롤러, 모터그레이더, 스크레이퍼, 아스팔트 피니셔, 콘크리트 피니셔, 콘크리트 살포기 및 골재 살포기
10. 기중기	기중기
11. 3톤 미만의 지게차	3톤 미만의 지게차
12. 쇄석기	쇄석기, 아스팔트믹싱플랜트 및 콘크리트뱃칭플랜트
13. 공기 압축기	공기 압축기
14. 준설선	준설선 및 사리 채취기
15. 이동식 콘크리트 펌프	이동식 콘크리트 펌프
16. 천공기	천공기(타이어식, 무한궤도식 및 굴진식을 포함, 트럭 적재식은 제외), 항타 및 항발기
17. 타워크레인	타워크레인

69 건설기계관리법상 등록을 하지 아니하고 건설기계 사업을 하거나 거짓으로 등록을 한자에 대한 벌칙은?

① 1년 이상 징역 또는 1000만 원 이상의 벌금
② 2년 이하 징역 또는 2000만 원 이하의 벌금
③ 1년 이상 징역 또는 100만 원 이상의 벌금
④ 2년 이하 징역 또는 1000만 원 이상의 벌금

건설기계를 등록하지 아니하거나 거짓으로 등록한 자는 2년 이하의 징역 또는 2000만 원 이하의 벌금형이 적용된다.

70 건설기계소유자의 정비작업 범위를 위반하여 건설기계를 정비한 자에 대한 벌칙은?

① 200만 원 이하의 벌금
② 100만 원 이하의 벌금
③ 100만 원 이하의 과태료
④ 50만 원 이하의 과태료

71 건설기계 조종사면허를 취소하거나 정지시킬 수 있는 사유에 해당하지 않는 것은?

① 면허증을 타인에게 대여한 때
② 조종 중 과실로 중대한 사고를 일으킨 때
③ 면허를 부정한 방법으로 취득하였음이 밝혀졌을 때
④ 여행을 목적으로 1개월 이상 해외로 출국하였을 때

고의로 사고를 내거나 면허증 대여, 과실로 중대한 사고 또는 부정한 방법으로 면허를 받은 경우에는 정지 및 취소 사유에 해당이 되나 여행을 목적으로 1개월 이상 해외로 출국하였을 때는 면허 취소 또는 정지를 시킬 수 없다.

72 건설기계 조종사 면허증 발급 신청 시 첨부하는 서류와 가장 거리가 먼 것은?

① 신체검사서
② 국가기술자격 수첩
③ 주민등록표 등본
④ 소형 건설기계 교육 이수증

면허 발급 시 필요한 서류는 소형의 경우 소형 건설기계 교육 이수증, 적성(신체) 검사서, 사진이 필요하며 소형 이외의 건설기계의 경우에는 국가기술자격 수첩과 사진, 적성 검사서이다.

정 답				
68.④	69.②	70.④	71.④	72.③

73 건설기계정비업 등록을 하지 아니한 자가 할 수 있는 정비 범위가 아닌 것은?

① 오일의 보충
② 창유리의 교환
③ 제동장치 수리
④ 트랙의 장력 조정

> 제동장치의 정비는 건설기계정비업을 등록한 정비 업소에서 정비를 받아야 한다.

74 음주 상태(혈중 알코올 농도 0.03% 이상 0.08% 미만)에서 건설기계를 조종한 자에 대한 면허 효력정지 기간은?

① 20일 ② 30일
③ 40일 ④ 60일

> 음주 상태 즉, 혈중 알코올 농도 0.03%이상 0.08% 미만의 상태에서 운전하면 60일의 면허 효력정지 처분을 받는다.

75 반드시 건설기계 정비 업체에서 정비하여야 하는 것은?

① 오일의 보충
② 배터리의 교환
③ 창유리의 교환
④ 엔진 탈·부착 및 정비

> 엔진의 탈·부착은 건설기계 정비 업체에서 받아야 한다.

76 건설기계의 조종 중 고의 또는 과실로 가스 공급시설을 손괴할 경우 조종사 면허의 처분 기준은?

① 면허 효력정치 10일
② 면허 효력정치 15일
③ 면허 효력정치 25일
④ 면허 효력정치 180일

> 건설기계 조종 중 고의 또는 과실로 가스 공급시설을 손괴한 경우에는 면허 효력정지 180일의 처분을 받는다.

77 폐기 요청을 받은 건설기계를 폐기하지 아니하거나 등록번호를 폐기하지 아니한 자에 대한 벌칙은?

① 2년 이하의 징역 또는 2천만 원 이하의 벌금
② 1년 이하의 징역 또는 1천만 원 이하의 벌금
③ 2백만 원 이하의 벌금
④ 1백만 원 이하의 벌금

78 도로 교통법상 규정한 운전면허를 받아 조종할 수 있는 건설기계가 아닌 것은?

① 타워 크레인 ② 덤프트럭
③ 콘크리트펌프 ④ 콘크리트믹서트럭

> 타워 크레인은 타워 크레인 면허로 조정할 수 있다.

79 건설기계관리법상 건설기계 정비명령을 이행하지 아니한 자의 벌금은?

① 2년 이하의 징역 또는 2000만 원의 벌금
② 2년 이하의 징역 또는 1000만 원의 벌금
③ 1년 이하의 징역 또는 1000만 원의 벌금
④ 1년 이하의 징역 또는 500만 원의 벌금

80 건설기계관리법상 건설기계 운전자의 과실로 경상 6명의 인명 피해를 입혔을 때 처분 기준은?

① 면허효력정지 10일
② 면허효력정지 20일
③ 면허효력정지 30일
④ 면허효력정지 60일

정답

73.③ 74.④ 75.④ 76.④ 77.②
78.① 79.③ 80.③

chapter 02 도로교통법

01 도로교동법의 목적
① 도로에서 일어나는 교통상의 모든 위험과 장애 방지·제거
② 안전하고 원활한 교통 확보

02 용어 정의

(1) 도로관련 용어

① **보행자 전용도로**: 보행자만 다닐 수 있도록 안전표지나 인공구조물로 표시한 도로
② **자동차전용도로**: 자동차만 다닐 수 있도록 설치된 도로
③ **고속도로**: 자동차의 고속 운행에만 사용하기 위하여 지정된 도로
④ **차도**: 연석선(차도와 보도를 구분하는 돌 등으로 이어진 선), 안전표지 또는 그와 비슷한 인공구조물을 이용하여 경계를 표시하여 모든 차가 통행할 수 있도록 설치된 도로의 부분
⑤ **중앙선**: 차마의 통행 방향을 명확하게 구분하기 위하여 도로에 황색 실선이나 황색 점선 등의 안전표지로 표시한 선 또는 중앙분리대나 울타리 등으로 설치한 시설물 다만, 가변차로가 설치된 경우에는 신호기가 지시하는 진행방향의 가장 왼쪽에 있는 황색 점선
⑥ **차로**: 차마가 한 줄로 도로의 정하여진 부분을 통행하도록 차선)으로 구분한 차도의 부분
⑦ **차선**: 차로와 차로를 구분하기 위하여 그 경계지점을 안전표지로 표시한 선
⑧ **보도**: 연석선, 안전표지나 그와 비슷한 인공구조물로 경계를 표시하여 보행자(유모차, 보행보조용 의자차, 노약자용 보행기 등 행정안전부령으로 정하는 기구·장치를 이용하여 통행하는 사람을 포함)가 통행할 수 있도록 한 도로의 부분
⑨ **길가장자리구역**: 보도와 차도가 구분되지 아니한 도로에서 보행자의 안전을 확보하기 위하여 안전표지 등으로 경계를 표시한 도로의 가장자리 부분

(2) 안전시설 관련 용어

① **횡단보도**: 보행자가 도로를 횡단할 수 있도록 안전표지로 표시한 도로의 부분
② **교차로**: '십'자로, 'T'자로나 그 밖에 둘 이상의 도로(보도와 차도가 구분되어 있는 도로에서는 차도를 말한다)가 교차하는 부분
③ **안전지대**: 도로를 횡단하는 보행자나 통행하는 차마의 안전을 위하여 안전표지나 이와 비슷한 인공구조물로 표시한 도로의 부분
④ **신호기**: 도로교통에서 문자·기호 또는 등화를 사용하여 진행·정지·방향전환·주의 등의 신호를 표시하기 위하여 사람이나 전기의 힘으로 조작하는 장치
⑤ **안전표지**: 교통안전에 필요한 주의·규제·지시 등을 표시하는 표지판이나 도로의 바닥에 표시하는 기호·문자 또는 선 등

(3) 차량 관련 용어

① **차마** : 다음의 차와 우마를 말한다.
  Ⓐ 차란 다음의 어느 하나에 해당하는 것을 말한다.
    ㉮ 자동차   ㉯ 건설기계
    ㉰ 원동기장치자전거
    ㉱ 자전거
    ㉲ 사람 또는 가축의 힘이나 그 밖의 동력(動力)으로 도로에서 운전되는 것. 다만, 철길이나 가설(架設)된 선을 이용하여 운전되는 것, 유모차, 보행보조용 의자차, 노약자용 보행기 등 행정안전부령으로 정하는 기구·장치는 제외한다.
  Ⓑ 우마란 교통이나 운수에 사용되는 가축

② **자동차** : 철길이나 가설된 선을 이용하지 아니하고 원동기를 사용하여 운전되는 차(견인되는 자동차도 자동차의 일부)로서 다음의 차
  Ⓐ 자동차관리법에 따른 다음의 자동차. 다만, 원동기장치자전거는 제외
    ㉮ 승용자동차   ㉯ 승합자동차
    ㉰ 화물자동차   ㉱ 특수자동차
    ㉲ 이륜자동차
  Ⓑ 건설기계관리법에 따른 건설기계

③ **원동기장치자전거** : 다음의 어느 하나에 해당하는 차
  Ⓐ 자동차관리법에 따른 이륜자동차 가운데 배기량 125cc 이하(전기를 동력으로 하는 경우 최고 정격출력 11kW 이하)의 이륜자동차
  Ⓑ 그 밖에 배기량 125cc 이하(전기를 동력으로 하는 경우에는 최고 정격출력 11kW 이하)의 원동기를 단 차(자전거 이용 활성화에 관한 법률 따른 전기자전거는 제외)

④ **자동차 등** : 자동차와 원동기장치자전거

⑤ **긴급자동차** : 다음의 자동차로서 그 본래의 긴급한 용도로 사용되고 있는 자동차
  ㉮ 소방차   ㉯ 구급차
  ㉰ 혈액 공급차량
  ㉱ 그 밖에 대통령령으로 정하는 자동차

(4) 운행 관련 용어

① **주차** : 운전자가 승객을 기다리거나 화물을 싣거나 차가 고장 나거나 그 밖의 사유로 차를 계속 정지 상태에 두는 것 또는 운전자가 차에서 떠나서 즉시 그 차를 운전할 수 없는 상태에 두는 것

② **정차** : 운전자가 5분을 초과하지 아니하고 차를 정지시키는 것으로서 주차 외의 정지 상태

③ **운전** : 도로에서 차마 또는 노면전차를 그 본래의 사용방법에 따라 사용하는 것 (조종 또는 자율주행시스템을 사용하는 것을 포함)

④ **서행** : 운전자가 차를 즉시 정지시킬 수 있는 정도의 느린 속도로 진행하는 것

⑤ **앞지르기** : 차의 운전자가 앞서가는 다른 차의 옆을 지나서 그 차의 앞으로 나가는 것

⑥ **일시정지** : 차 또는 노면전차의 운전자가 그 차 또는 노면전차의 바퀴를 일시적으로 완전히 정지시키는 것

03 신호기

(1) 신호등의 신호 순서

① **4색등의 신호 순서**: 녹색 → 황색 → 적색 및 녹색화살표 → 적색 및 황색 → 적색

② **3색등의 신호 순서**: 녹색 → 황색 → 적색

③ **2색등의 신호 순서**: 녹색 → 녹색 등화의 점멸 → 적색

④ **가변등의 신호 녹색↓신호**: 진행, 적색 × 표 신호는 통행금지

(2) 신호등의 성능
① 등화의 밝기는 낮에 150m 앞쪽에서 식별할 수 있을 것.
② 빛의 발산각도는 사방으로 각각 45도 이상일 것
③ 태양광선 그 밖의 다른 빛에 의하여 헷갈리지 않을 것.

(3) 신호 중 가장 우선하는 신호
도로를 통행하는 보행자, 차마 또는 노면전차의 운전자는 교통 안전시설이 표시하는 신호 또는 지시와 교통정리를 하는 경찰공무원 또는 경찰보조자(이하 "경찰공무원등"이라 한다)의 신호 또는 지시가 서로 다른 경우에는 경찰공무원등의 신호 또는 지시에 따라야 한다.
① 신호기의 신호보다 우선하는 신호는 경찰공무원의 수신호이다.

(4) 교통안전표지
교통안전 표지란 주의·규제·지시 등을 표시하는 표지와 보조표지, 주의·규제·지시의 내용을 도로바닥에 표시하는 문자·기호··선 등의 노면표지가 있다.
① **주의표지**: 도로상태가 위험 하거나 도로 또는 그 부근에 위험물이 있는 경우에 필요한 안전조치를 할 수 있도록 이를 도로사용자에게 알리는 표지
② **규제표지**: 도로교통의 안전을 위하여 각종 제한·금지 등의 규제를 하는 경우에 이를 도로사용자에게 알리는 표지
③ **지시표지**: 도로의 통행방법·통행구분 등 도로교통의 안전을 위하여 필요한 지시를 하는 경우에 도로사용자가 이를 따르도록 알리는 표지
④ **보조표지**: 주의표지·규제표지 또는 지시표지의 주기능을 보충하여 도로사용자에게 알리는 표지
⑤ **노면표시**

㉮ 도로교통의 안전을 위하여 각종 주의·규제·지시 등의 내용을 노면에 기호·문자 또는 선으로 도로사용자에게 알리는 표시
㉯ 노면표시에 사용되는 각종 선에서 점선은 허용, 실선은 제한, 복선은 의미의 강조를 나타낸다.
㉰ 노면표시의 기본색상 중 백색은 동일방향의 교통류 분리 및 경계 표시, 황색은 반대방향의 교통류분리 또는 도로이용의 제한 및 지시, 청색은 지정방향의 교통류 분리 표시에 사용된다.

04 도로명 표기 및 표지판

(1) 도로명 표기
1) 도로명 주소의 표기방법
① 행정구역명＋도로명＋건물번호＋상세주소＋참고사항으로 표기된다.
2) 도로명 주소 부여 절차 및 도로 간의 이동
① **도로 구간 설정**: 서쪽에서 동쪽, 남쪽에서 북쪽방향으로 설정
② **도로명 부여**: 대로(8차로 이상), 로(2~7차로), 길(2차선 미만도로)
③ **기초번호 부여**: 왼쪽은 홀수, 오른쪽은 짝수의 일련번호를 순서대로 부여하되 도로의 시작 지점에서 끝 지점까지 좌우 대칭을 유지하며 기초간격은 건물 수와 관계없이 20m로 설정
④ **건물 번호 부여**: 하나의 기초 구간에 두 개 이상의 건물이 있을 경우 두 번째부터 기초번호에 가지번호(-) 부여함.
3) 도로명 부여 대상 도로별 구분
① **대로**: 40m이상 또는 왕복 8차로 이상
② **로**: 12m이상 40m미만 또는 왕복 2~7차선
③ **길**: 2차선 미만(대로와 로 외의 도로)

4) 기초번호

도로 구간의 시작 지점부터 끝 지점까지 일정한 간격으로 부여된 점수

① **기초방식 도로명** : 길의 시작 지점이 분기되는 도로 구간의 도로명으로 기초 일련번호에 분기되는 순서에 "번길"이라는 단어를 부여

② **일련번호 방식 도로명** : 길의 분기되는 지점의 일련번호(일정 간격 없이 체계적인 순서에 따라 부여)에 "길" 이라는 단어를 부여

5) 기초번호 부여 기준

① 왼쪽은 홀수 번호 오른쪽은 짝수 번호 부여의 원칙

② "대로" "로"는 기초간격 20m 원칙 다만 "길"은 필요 시 10m 설정 가능

③ 종속 구간은 20m 간격이 원칙이나 10m 마다 기초번호에 부여가능

6) 도로 명판의 종류 및 이미지

① **왼쪽 또는 오른쪽 한 방향용 도로명판**

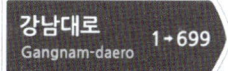

도로의 시작점

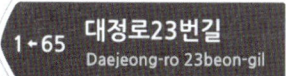

도로의 끝 지점

② **양방향용 도로명판과 앞쪽 방향용 도로명판**

교차 지점

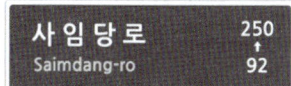

진행 방향

③ **예고용 도로명판 및 기초 번호판**

예고용 도로명판   기초 번호판

④ **건물 번호판**

일반용 건물번호판   일반용 건물번호판

문화재 · 관광용   관공서용

(2) 도로 표지판

도로 표지란 도로 이용자가 도로 시설을 쉽게 이용하고, 원하는 목적지까지 쉽게 도착할 수 있도록 도로의 방향·노선·시설물 및 도로명의 정보를 안내하는 도로의 부속물을 말하며, 안내지명이란 도로 이용자가 원하는 목적지까지 안내할 목적으로 도로 표지에서 사용하는 행정구역명, 지명, 시설물명 및 도로명을 말한다.

1) 방향 표지판

방향 표지판은 목표지까지의 방향을 나타내는 표지로 도로명 표지판, 도로명 예고 표지판, 차로 지정 표지판 등으로 분류한다.

① **도로명 표지** : 도로명 등을 나타내는 표지이다.

② **도로명 예고 표지** : 도로명 등을 예고해 주는 표지이다.

③ **차로 지정 표지** : 교통의 흐름을 명확히 분류하기 위하여 진행방향의 차로를 안내하는 표지이다.

도로명 표지

도로명 예고 표지

차로 지정 표지

2) 이정 표지

목적지까지의 거리를 나타내는 표지이다.

1지명 이정표지

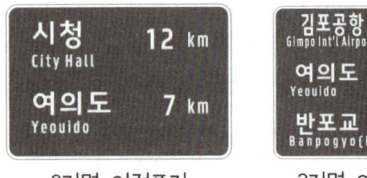

2지명 이정표지   3지명 이정표지

3) 경계 표지

특별시·광역시·특별자치시·도 또는 시·군·읍·면 사이의 행정구역의 경계를 나타내는 표지이다.

시계 표지

4) 노선 표지

주행 노선 또는 분기 노선을 나타내는 표지판으로 노선 유도, 노선 방향, 노선 확인 표지판 등으로 분류한다.

① **노선 유도 표지** : 곧 만나게 되는 도로의 노선 정보를 안내하기 위해 도로명 표지 및 도로명 예고 표지 상단에 설치하는 표지이다.

② **노선 방향 표지** : 현재 주행 중인 도로의 노선정보를 안내하기 위해 도로명 표지 및 도로명 예고 표지 상단에 설치하는 표지이다.

③ **노선 확인 표지** : 현재 주행 중인 도로의 노선 정보를 안내하기 위해 단독으로 설치하는 표지이다.

노선 유도 표지   노선 방향 표지   노선 확인 표지

5) 안내 표지

① **공공시설 표지** : 공공시설을 안내하는 표지이다.

② **관광지 표지** : 관광지를 안내하는 표지이다.

공공 시설 표지

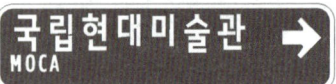

관광지 표지

③ **주차장 표지** : 주차장을 안내하는 표지이다.

④ **시설물 표지** : 하천 표지, 교량 표지, 터널 표지, 도로관리기관 표지이다.

⑤ **자동차 전용도로 표지** : 자동차 전용도로의 시점 및 종점을 안내하는 표지이다.

  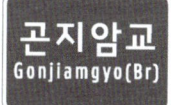

주차장 표지 　　하천 표지 　　교량 표지

터널 표지 　도로관리기관 표지　 자동차 전용도로

05 차로 및 통행 방법

(1) 차마의 통행구분

① 차마는 보도와 차도가 구분된 도로에서는 차도 우측을 통행하여야 한다. 다만 도로 이외의 곳에 출입할 때 도로 또는 보도를 횡단하기 직전에 일단 정지하여 보행자의 통행을 방해하여서는 안 된다.

② 보도와 차도가 구분되지 않은 도로에서는 도로의 중앙 우측을 통행하여야 한다.

③ 도로의 중앙이나 도로의 좌측 부분을 통행할 수 있는 경우는 다음과 같다.
  ㉮ 도로가 일방통행으로 된 때
  ㉯ 도로의 파손. 공사 등 그 밖의 장해로 우측 부분을 통행할 수 없는 때
  ㉰ 도로의 우측 부분의 폭이 통행에 충분하지 아니한 때
  ㉱ 도로 우측 부분의 폭이 6m 가 되지 않는 도로에서 앞지르기를 할 때. 다만 도로의 중앙 좌측을 통해서 앞지르기 할 수 있는 경우란 반대 방향의 교통을 방해할 염려가 없고 안전표지 등으로 앞지르기가 금지 또는 제한되지 않는 경우에 한한다.
  ㉲ 가파른 비탈길의 구부러진 곳에서 시·도경찰청장이 필요하다고 인정하여 지정한 방법에 따를 때

④ **횡단 등의 금지** : 보행자나 다른 차마의 정상적인 교통을 방해할 우려가 있는 경우에는 횡단, 유턴, 후진 등을 금지하고 황색실선의 중앙선이 설치된 지점에서는 유턴 또는 횡단을 금지한다.

(2) 차로에 따른 통행구분

① **차로의 설치 기준**
  ㉮ 차로를 설치할 때에는 중앙선을 표시하여야 한다.
  ㉯ 차로의 순위는 도로의 중앙으로부터 1차로로 한다. 다만 일방통행 도로에서는 도로좌측. 가변차로는 신호기가 지시하는 제일 왼쪽 차로로부터 1차로로 한다.
  ㉰ 차로의 너비는 3m 이상으로 한다. 다만 부득이 한 경우에는 275cm 이상으로 설치할 수 있다.

② **차로를 설치할 수 없는 곳**
  ㉮ 횡단보도 ㉯ 교차로 ㉰ 철길건널목

③ **진로변경 제한선 표시**
  ㉮ 자동차의 진로변경을 제한할 필요가 있을 때 백색실선으로 설치.
  ㉯ 교차로, 횡단보도의 직전 또는 지하차도, 터널 등에 주로 설치.

④ **정차 주차를 금지하는 길가장자리 구역선**
  ㉮ 정차 주차를 동시에 금지하는 곳에서는 황색실선으로 표시하여 설치.
  ㉯ 주차만을 금지하는 곳에서는 황색점선으로 표시하여 설치.

⑤ **중앙선**
  ㉮ 중앙선: 차마의 통행을 방향별로 구분하기 위하여 도로에 설치한 황색실선 및 황색점선 등의 선 또는 중앙분리대, 철책, 울타리 등으로 설치한 도로 중앙 분리선
  ㉯ 중앙선의 황색실선은 자동차가 넘어갈 수 없음을 표시하는 선.

㉢ 중앙선의 황색점선은 자동차가 선을 넘어갈 수 있음을 표시하는 선으로 반대방향의 교통에 주의하면서 중앙선을 넘을 수 있다.

㉣ 중앙선의 황색실선과 황색점선의 복선은 자동차가 실선 쪽에서는 넘을 수 없으나 점선 쪽에서는 반대 방향의 교통에 주의 하면서 넘어 갔다가 다시 돌아올 수 있다.

㉤ 중앙선은 노폭이 6m 이상인 도로에 설치하며 편도 1차로 도로에서는 황색실선 또는 점선의 단선으로 표시하거나 황색실선과 점선을 복선으로 하여 설치한다. 또한 중앙 분리대가 없는 편도 2차로이상인 도로의 중앙선은 황색실선 복선으로 설치한다.

(3) 차로에 따른 통행차량의 기준

도로	차로 구분	통행할 수 있는 차종
고속도로 외의 도로	왼 쪽 차로	○승용자동차 및 경형·소형·중형 승합자동차
	오른쪽 차로	○대형 승합자동차, 화물자동차, 특수자동차 및 법 제2조제18호 나목에 따른 건설기계, 이륜자동차, 원동기장치 자전거(개인형 이동장치는 제외한다)
고속도로	편도 2차로	1차로	○앞지르기를 하려는 모든 자동차, 다만 차량 통행량 증가 등 도로 상황으로 인하여 부득이하게 80km/h 미만으로 통행할 수밖에 없는 경우에는 앞지르기를 하는 경우가 아니라도 통행할 수 있다.
		2차로	○모든 자동차
	편도 3차로 이상	1차로	○앞지르기를 하려는 승용자동차 및 앞지르기를 하려는 경형·소형·중형 승합자동차, 다만 차량 통행량 증가 등 도로 상황으로 인하여 부득이하게 80km/h 미만으로 통행할 수밖에 없는 경우에는 앞지르기를 하는 경우가 아니라도 통행할 수 있다.
		왼 쪽 차로	○승용자동차 및 경형·소형·중형 승합자동차
		오른쪽 차로	○대형 승합자동차, 화물자동차, 특수자동차, 법 제2조제18호 나목에 따른 건설기계

(4) 일반도로에서의 버스 전용차로

① 시장 등은 노선버스의 원활한 교통을 확보하기 위하여 필요한 때에는 시·도경찰청장이나 경찰서장과 협의하여 도로에 버스 전용차로를 설치할 수 있다.

② 전용차로로 통행할 수 있는 차가 아니면 전용차로로 통행하여서는 아니 된다. 다만, 긴급자동차가 그 본래의 긴급한 용도로 운행되고 있는 경우 등 대통령령으로 정하는 경우에는 그러하지 아니하다.

③ <u>노선버스의 정의</u>

㉮ 시내버스

㉯ 시외버스

㉰ 노선이 지정된 통학·통근 버스로 시·도경찰청장의 지정을 받은 승합자동차

㉱ 노선버스의 통행에 지장을 주지 않는 범위 안에서 택시가 승객의 승하차가 끝나는 즉시 버스전용차로를 벗어나야 한다.

(5) 차마의 통행 우선순위

① <u>차마 서로간의 통행의 우선순위</u>

㉮ 긴급자동차

㉯ 긴급자동차 이외의 자동차

㉰ 원동기장치 자전거

㉱ 자동차 및 원동기장치 자전거 외의 자동차

② <u>비탈진 좁은 도로 또는 좁은 도로에서의 우선순위</u>

㉮ 비탈진 좁은 도로에서 자동차가 서로 마주보고 진행하는 때에는 내려가는 자동차가 우선.

㉯ 좁은 도로 또는 비탈진 좁은 도로에서 승객을 태웠거나 화물을 실은 자동차가 우선

(6) 교차로 통행 우선순위 (교차로 통행 방법)

① 교차로에서 좌·우회전 방법
㉮ 우회전: 차마는 미리 도로의 우측 가장자리를 따라 서행.
㉯ 좌회전: 차마는 미리 도로의 중앙선을 따라 교차로 중심 안쪽으로 서행.

② 모든 차의 운전자는 교통정리가 행하여지고 있는 교차로에서 좌회전 또는 우회전 하려는 신호기 또는 경찰공무원 등의 신호나 지시에 따라 도로를 횡단하는 보행자의 통행을 방해하여서는 안 된다.

③ 직진 및 우회전의 우선
㉮ 모든 차의 운전자는 교차로에서 좌회전 하려는 경우에 그 교차로에 진입하여 직진하거나 우회전하려는 다른 차가 있는 때에는 그 차의 진행을 방해하여서는 안 된다.
㉯ 교차로에서 직진 또는 우회전 하려는 차의 운전자는 이미 그 교차로에 진입하여 좌회전 하고 있는 다른 차가 있는 때에는 그 차의 진행을 방해 하여서는 안 된다.

④ 보행자의 보호
㉮ 모든 차의 운전자는 보행자가 횡단보도를 횡단하고 있을 때에는 그 횡단보도 앞 또는 정지선이 있는 경우에는 그 정지선에서 일시 정지하여 보행자의 횡단을 방해하거나 위험을 주어서는 안 된다.
㉯ 모든 차의 운전자는 교통정리가 행하여지고 있지 아니한 교차로 또는 그 부근의 도로를 횡단하는 보행자의 통행을 방해하여서는 안 된다.
㉰ 모든 차의 운전자는 도로에 설치된 안전지대에 보행자가 있을 때 와 차로가 설치되지 아니한 좁은 도로에서 보행자의 옆을 지나는 때에는 안전한 거리를 두고 서행 하여야 한다.

(7) 교통정리가 없는 교차로에서 통행우선 순위
① 교차로 내에 먼저 진입한 차가 우선통행
② 넓은 도로에서 진입한 차는 좁은 도로에서 직진 또는 좌.우회전 하려는 차보다 우선통행
③ 우선순위가 같은 차의 경우 우측 도로의 차가 우선통행
④ 직진 또는 우회전 하려는 차는 좌회전 하려는 차 보다 우선통행
⑤ 좌회전 하려는 차

(8) 진로양보 의무
① 통행구분이 없는 도로에서 앞 순위의 차가 뒤를 따라 올 경우에는 진로를 양보 하여야 한다.
② 통행의 순위가 같거나 뒤 순위인 차가 뒤에서 따라올 경우에도 그 차 보다 계속 느린 속도로 통행하고자 할 경우에는 진로를 양보 하여야 한다.

(9) 안전거리확보
① 모든 차의 운전자는 같은 방향으로 가고 있는 앞차의 뒤를 따르는 때에는 앞차가 갑자기 정지하게 되는 경우 그 앞차와의 충돌을 피할 수 있는 필요한 거리를 확보하여야 한다.
② 모든 차의 운전자는 차의 진로를 변경하고자 하는 경우에 그 변경하고자 하는 방향으로 오고 있는 다른 차의 정상적인 통행에 장애를 줄 우려가 있을 때에는 진로를 변경하여서는 안 된다.
③ 모든 차의 운전자는 위험방지를 위한 경우와 그 밖의 부득이한 경우가 아니면 운전하는 차를 갑자기 정지시키거나 속도를 줄이는 등의 급제동을 하여서는 안 된다.

(10) 비, 바람, 안개, 눈 등의 이상 기후 시 감속 운행속도

도로의 상태	감속 운행속도
1. 비가 내려 노면에 습기가 있는 때 2. 눈이 20mm 미만 쌓인 때	$\frac{20}{100}$
1. 폭우·폭설·안개 등으로 가시거리가 100m 이내인 때 2. 노면이 얼어붙은 때 3. 눈이 20mm 이상 쌓인 때	$\frac{50}{100}$

(11) 자동차를 견인할 때의 속도

견인의 조건	감속 운행속도
총 중량 2000kg에 미달하는 차를 그 3배 이상 무게의 차로 견인할 경우	매시 30km 이내
위의 규정 외의 경우 및 이륜자동차를 견인할 경우	매시 25km 이내

06 앞지르기

(1) 앞지르기 정의

앞지르기란 차가 앞서가는 다른 차의 옆을 지나서 그 차의 앞으로 나가는 것을 말한다.

(2) 앞지르기 방법

① 차가 다른 차를 앞지르고자 할 때에는 앞차의 좌측을 통행 하여야한다.
② 앞지르고자 할 때에는 반대방향의 교통 및 앞차의 전방 교통에도 충분한 주의를 기울여야 한다.
③ 앞차의 속도나 진로 또는 도로 상황에 따라 경음기를 울리는 등 안전한 속도와 방법으로 앞지르기를 하여야 한다.

(3) 앞지르기당할 때의 방해 금지

모든 차는 앞지르기를 하려는 차가 앞지르기 신호를 하는 때에는 속도를 높여 경쟁을 하거나 앞지르기를 하려는 차의 앞을 가로막는 등 앞지르기를 방해 하여서는 아니된다.

(4) 앞지르기 금지

① 앞지르기 금지시기
  ㉮ 앞차의 좌측에 다른 차가 나란히 가고 있는 때
  ㉯ 앞차가 다른 앞차를 앞지르기 하고 있거나 앞지르고자 할 때
  ㉰ 앞차가 좌회전을 하기 위해 신호 하고 있을 때
  ㉱ 앞차가 좌측으로 진로를 변경하는 때
  ㉲ 앞차가 위험 방지를 위하여 서행 또는 정지하고 있을 때
  ㉳ 반대방향에서 오는 차의 진행을 방해하게 되는 경우

② 앞지르기 금지장소
  ㉮ 교차로
  ㉯ 도로의 구부러진 곳
  ㉰ 비탈길의 고개 마루 부근
  ㉱ 가파른 비탈길의 내리막
  ㉲ 터널 안
  ㉳ 시·도경찰청장이 안전표지에 의하여 지정한 곳

07 건널목

(1) 일단정지와 안전 확인

모든 차는 철길 건널목을 통과하고자 하는 때에는 그 건널목 앞에서 일단 정지를 하여 안전함을 확인한 후에 통과 하여야 한다.

① 모든 차는 건널목 앞 또는 정지선이 있는 경우에는 그 정지선에서 일단 정지하여 차에 창문을 열고 운전자가 직접 눈과 귀로 보고·듣고 하여 좌·우의 안전을 확인 한다.
② 한쪽의 열차가 통과 하였어도 그 직후 반대방향에서 열차가 다가올 수 있으므로 주의를 하여야 한다.
③ 앞차를 따라 통과하는 때에도 일단 정지

를 하여 안전을 확인한 후에 통과 하여야 한다.

(2) 일단정지의 예외
건널목을 통과 하고자 하는 때에 신호기의 진행신호 또는 철도 공무원의 진행신호에 따르는 때에는 정지하지 아니하고 통과할 수 있다.

(3) 경보기·차단기에 의한 진입금지
① 모든 차가 건널목을 통과 하고자 하는 때에 그 건널목의 차단기가 내려져 있거나 내려지려고 하는 때에는 그 건널목으로 들어가서는 안 된다.
② 차가 건널목을 통과하고자 하는 때에 그 건널목의 경보기가 울리고 있는 동안에는 그 건널목으로 진입하여서는 안 된다.
③ 건널목의 건너편이 혼잡하여 그대로 진행하면 건널목 내에서 움직일 수 없게 될 염려가 있는 때에는 그 건널목에 진입하여서는 안 된다.

(4) 건널목에서의 고장조치
모든 차의 운전자는 건널목을 통과하는 경우에 고장 그 밖의 사유로 인하여 건널목 안에서 그 자동차를 움직일 수 없게 된 때에는 다음과 같은 조치를 취하여야 한다.
① 즉시 승객을 대피 시킨다.
② 비상 신호기 등을 사용하거나 그 밖의 방법으로 철도 공무원 또는 경찰공무원에게 알린다.
③ 고장 난 자동차를 건널목 외의 곳으로 이동시키기 위한 필요한 조치를 취한다.

08 긴급자동차

(1) 긴급자동차의 정의
소방자동차. 구급자동차 그 밖의 대통령령이 정하는 자동차로서 그 본래의 긴급한 용도로 사용되고 있는 중인 자동차를 말한다.

(2) 대통령령으로 정한 긴급자동차
① 소방자동차, 구급자동차
② 경찰용 자동차중 범죄 수사 차. 교통단속 자동차
③ 국군 및 국제연합군용 자동차 중 군 질서 유지 및 부대 이동을 유도하는 자동차
④ 수사기관용 자동차 중 범죄 수사자동차
⑤ 교도기관용 자동차 중 도주자의 체포 또는 호송·경비용 자동차

(3) 신청에 의하여 시·도경찰청장이 지정하는 긴급자동차
① 전기·가스사업 등의 응급작업용 자동차
② 민방위 업무기관의 긴급 예방 또는 응급 복구용 자동차
③ 고속도로 관리를 위한 응급작업용 자동차
④ 전신·전화의 수리공사 등의 응급작업용 자동차
⑤ 우편물 자동차 중 긴급 우편물 운송용 자동차
⑥ 전파감시 업무에 사용 되는 자동차

(4) 긴급 자동차로 간주되는 자동차
① 경찰용 긴급자동차에 유도되고 있는 자동차
② 국군 및 주한 국제 연합군용 긴급자동차에 유도되고 있는 국군 및 주한 국제연합군의 자동차
③ 생명이 위급한 환자나 부상자를 운반중인 자동차

(5) 긴급자동차의 운행
① 긴급자동차는 자동차 안전기준에서 정하는 긴급자동차의 구조를 갖추어야 한다.
② 긴급자동차가 운행 중 우선 및 특례의 적용을 받고자 하는 때에는 사이렌을 울리거나 경광등을 켜야 한다.

긴급자동차의 안전기준

경광등	1등당 광도 135~2500 칸델라
적색·청색의 경광등	소방자동차 및 대통령령으로 정한 긴급자동차
황색의 경광등	지방경찰청장이 지정한 긴급자동차
녹색의 경광등	구급자동차
사이렌음의 크기	전방 30미터의 위치에서 90~120 데시벨

③ 긴급자동차로 보게 되는 자동차는 전조등을 켜거나 그 밖의 적당한 방법으로 긴급차임을 표시한다.

(5) 긴급자동차의 우선 및 특례

① 긴급자동차의 우선

㉮ 긴급자동차는 도로의 좌측부분을 통행하지 않고 긴급용무를 수행할 수 없는 긴급하고 부득이 한 때에는 도로의 좌측부분을 통행할 수 있다.

㉯ 긴급자동차는 이 법에 의한 명령의 규정에 의하여 정지하여야 할 경우에도 정지하지 아니할 수 있다.

② 긴급자동차의 특례

㉮ 법령이 정한 운행속도나 제한속도를 준수하지 아니하고 통행할 수 있다. 다만 긴급자동차의 속도를 따로 정한 경우에는 그 규정을 적용한다.

㉯ 앞지르기 금지의 규정을 적용 받지 아니하고 통행할 수 있다.

③ 긴급자동차에 대한 피양

㉮ 교차로 및 그 부근에서의 피양
  ㉠ 교차로나 그 부근에서 긴급자동차가 접근하는 때에는 차마와 노면전차의 운전자는 교차로를 피하여 일시 정지하여야 한다.

㉯ 그 밖의 곳에서의 피양
  ㉠ 모든 차와 노면전차의 운전자는 교차로나 그 부근 외의 곳에서 긴급자동차가 접근한 때에는 긴급자동차가 우선 통행할 수 있도록 진로를 양보하여야 한다.

09 서행 및 일시정지

(1) 서행하여야 할 곳
① 교통정리를 하고 있지 아니하는 교차로
② 도로의 구부러진 곳
③ 비탈길의 고갯마루 부근
④ 가파른 비탈길의 내리막
⑤ 시·도경찰청장이 도로에서의 위험을 방지하고 교통의 안전과 원활한 소통을 확보하기 위하여 필요하다고 인정하여 안전표지로 지정한 곳

(2) 일시 정지하여야 할 장소
① 교통정리를 하고 있지 아니하고 좌우를 확인할 수 없거나 교통이 빈번한 교차로
② 철길 건널목
③ 시·도경찰청장이 도로에서의 위험을 방지하고 교통의 안전과 원활한 소통을 확보하기 위하여 필요하다고 인정하여 안전표지로 지정한 곳
④ 도로 이외의 곳에 출입하기 위하여 보도를 횡단 하고자 할 때

10 주차 및 정차

(1) 정차·주차의 방법
① 자동차가 도로에서 정차할 때에는 차도의 우측 가장자리에 정차를 하여야 한다.
② 자동차가 차도와 보도의 구분이 없는 도로에서 정차할 때에는 우측 가장자리로부터 50센티미터 이상의 거리를 두고 정차하여야한다.
③ 여객자동차는 정류소에서 승객의 승차와 하차가 끝나는 대로 즉시 출발하여야 하며 뒤따르는 여객 자동차의 정차를 방해하여서는 안 된다.

④ 자동차가 도로에 주차할 때에는 지방 경찰청장이 정하는 주차장소, 시간, 방법에 따라 주차를 하여야한다.

(2) 정차·주차 금지장소
① 교차로, 횡단보도, 보도와 차도가 구분된 도로의 보도 또는 건널목. 단 보도와 차도에 걸쳐서 설치된 노상 주차장의 주차는 제외 된다.
② **5미터 이내의 곳**
  ㉮ 교차로 가장자리
  ㉯ 도로 모퉁이
③ **10미터 이내의 곳**
  ㉮ 안전지대 사방
  ㉯ 버스 정류장 표시 기둥, 판, 선
  ㉰ 건널목 가장자리
④ 시·도경찰청장이 도로에서의 위험을 방지하고 교통의 안전과 원활한 소통을 확보하기 위하여 필요하다고 인정하여 안전표지로 지정한 곳

(3) 주차를 금지 하는 곳

금지하는 지역	주차를 금지하는 장소
5 미터 이내의 곳	소방용 기계기구가 설치된 곳·소방용 방화 물통·소화전 또는 소방용 방화 물통의 흡수구나 흡수관을 넣는 구멍·도로 공사 구역의 양쪽 가장자리
3 미터 이내의 곳	화재경보기
기타	터널 안 및 다리 위·지방 경찰청장이 도로에서의 위험을 방지하고 교통의 안전과 원활한 소통을 확보하기 위하여 필요하다고 인정하여 지정한 곳

11 등화 및 신호

(1) 차의 등화
① **도로를 통행하는 때의 등화**

자동차 종류	켜야 하는 등화
자동차	전조등, 차폭등, 미등, 번호등, 실내조명등 (실내조명등은 승합 및 사업용 승용자동차에 한한다).
원동기장치 자전거	전조등, 미등
노면 전차	전조등, 차폭등, 미등 및 실내 조명등
규정 외의 자동차	시·도경찰청장이 정하여 고시하는 등화

② **정차·주차 하는 때의 등화**

자동차의 종류	켜야 하는 등화
이륜자동차 및 원동기장치 자전거	미등(후부반사기를 포함)
노면 전차	차폭 및 미등
규정 외의 자동차	시·도경찰청장이 정하여 고시하는 등화

③ **밤에 준하는 등화를 켜야 할 때**
도로를 운행하는 모든 차는 안개 그 밖의 이에 준하는 장해로 인하여 전방 100미터 이내의 도로상의 장해물을 확인할 수 없는 곳이나 또는 굴속을 통행하는 때에는 밤에 준하는 등화를 켜야 한다.

(2) 차의 신호
① **신호의 시기**
  ㉮ 좌·우회전, 유턴, 횡단, 진로변경의 경우
  ㉠ 일반도로에서는 그 행위를 하고자 하는 지점에 이르기 전 30미터 이상의 지점
  ㉡ 고속도로 에서는 그 행위를 하고자 하는 지점에 이르기 전 100미터 이상의 지점
  ㉯ 정지, 서행, 후진을 하고자 하는 경우: 그 행위를 하고자 하는 지점에서

㊁ 뒤차를 앞지르기 시키고자 할 경우: 그 행위를 하고자 하는 지점에서

② 신호의 방법

㉮ 유턴, 횡단, 진로를 변경하는 경우 : 방향지시등을 조작한다.

㉯ 정지하고자 할 경우 : 제동등을 켠다(브레이크 페달을 밟으면 켜진다).

㉰ 후진하고자 할 경우 : 후진등을 켠다(변속레버를 후진에 넣으면 점등 된다).

㉱ 서행을 하고자할 경우 : 제동등을 점멸한다(브레이크 페달을 밟았다 놓았다 한다).

③ 손으로 신호하는 방법(수신호 방법)

신호를 행하여야 할 시기	수신호의 방법
정지하고자 할 때	팔을 차체 밖으로 내어 45도 밑으로 편다.
후진을 하고자 할 때	팔을 차체 밖으로 내어 45도 밑으로 펴서 손바닥을 뒤로 향하게 하여 앞뒤로 흔든다.
뒤차를 앞지르시키고자 할 때	팔을 차체 밖으로 내어 수평으로 펴서 손을 앞뒤로 흔든다.
서행 하고자 할 때	팔을 차체 밖으로 내어 45도 밑으로 펴서 상하로 흔든다.

12 경음기

(1) 경음기를 울려야 할 곳

모든 자동차의 운전자는 다음의 장소를 운행하는 때에는 경음기를 사용하여야 한다.

① 교통정리가 행하여지지 아니하고 좌·우를 살필 수 없는 교차로
② 도로의 모퉁이
③ 비탈길의 고개 마루 부근
④ 굴곡이 많은 산중도로
⑤ 경음기의 사용 표지판이 설치되어 있는 곳

13 승차·적재·견인

(1) 승차 또는 적재의 방법

모든 자동차의 운전자는 승차가 금지된 곳에서 사람을 태우거나 화물을 실을 수 없는 곳에서 화물을 적재 하여서는 안 된다. 또한 사람이나 화물을 실은 때에는 운전에 방해되거나 자동차의 안정을 잃게 하거나 외부에서 방향지시기, 번호판, 제동등, 미등 등이 보이지 않는 방법으로 승차 및 적재를 하여서는 안 된다.

(2) 승차 또는 적재의 제한

모든 자동차의 운전자는 승차인원. 적재중량 및 적재용량을 운행 상 다음의 안전기준에 초과하여 승차 및 적재하고 운행을 하여서는 안 된다.

① 승차인원: 자동차는 승차인원은 승차정원의 110% 이내일 것. 다만, 고속도로에서는 승차정원을 넘어서 운행할 수 없으며, 고속버스 운송사업용 자동차 및 화물자동차의 승차인원은 승차정원 이내일 것

② 적재중량: 화물자동차의 적재중량은 구조 및 성능에 따르는 적재중량의 110% 이내일 것.

③ 적재용량

㉮ 적재 길이: 자동차의 적재 길이는 자동차 길이의 10분지1의 길이를 더한 길이. 단, 이륜자동차는 승차, 적재장치의 길이에 30센티미터를 더한 길이이다.

㉯ 적재너비: 자동차의 적재너비는 그 자동차의 후사경으로 후방을 확인할 수 있는 범위 다만 후사경의 높이보다 낮게 적재한 경우에는 그 화물의 후방을, 후사경의 높이보다 높게 한 경우에도 후방을 확인할 수 있는 범위 이내로 한다.

㉰ 적재높이: 자동차의 적재높이는 다음과 같다.

자동차의 종류	적재 높이
화물 자동차	지상으로부터 4m(도로구조의 보전과 통행의 안전에 지장이 없다고 인정하여 고시한 도로노선의 경우에는 4m 20cm)
3륜 자동차	지상으로부터 2.5 미터 이내
2륜 자동차	지상으로부터 2 미터 이내

(3) 안전기준을 넘는 승차인원 및 적재를 허가하는 경우

① 자동차의 운행 중 안전기준을 초과하여 운행을 하고자 하는 경우에는 출발지를 관할하는 경찰서장의 허가를 받아야하며 허가를 할 수 있는 사항은 다음과 같다.
　㉮ 분할이 불가능하여 적재중량 및 적재용량의 기준을 적용할 수 없는 화물을 운송하고자 하는 경우.
　㉯ 전신·전화·전기공사, 수도공사, 제설작업, 그 밖에 공익을 위한 공사 또는 작업을 위하여 부득이 화물자동차의 승차정원을 넘어서 운행하려는 경우
　㉰ 차마의 너비가 차로 폭(3미터 또는 275센티미터)보다 넓어 다른 교통의 통행에 지장을 줄 염려가 있는 경우.

② 자동차의 안전기준을 초과하는 화물의 적재허가를 받은 사람은 그 화물의 길이 또는 폭의 양 끝에 너비 30센티미터, 길이 50센티미터 이상의 빨간 헝겊으로 된 표지를 부착하여야 한다. 단, 밤에 운행하는 경우에는 반사체로 된 표지를 부착하여야 한다.

(4) 자동차의 견인

① **견인자동차에 의한 견인**
　㉮ 견인자동차는 견인하기 위한 구조 및 장치를 갖추어야 한다.
　㉯ 견인되는 자동차는 견인되기 위한 구조 및 장치를 갖추어야 한다.
　㉰ 견인자동차가 견인할 수 있는 자동차의 대수는 1대에 한한다.
　㉱ 견인자동차의 앞 끝으로부터 견인되는 차 뒤 끝까지의 길이는 25미터를 넘어서는 안 된다.
　㉲ 견인하는 자동차와 견인되는 자동차 사이의 거리는 5미터를 넘어서는 안 된다.

(5) 자동차를 견인하는 때의 속도

견인자동차가 아닌 다른 자동차로 견인하는 경우 자동차의 속도는 다음과 같다.

자동차의 속도	견인하는 조건
30킬로미터 이내	총중량 2,000 킬로그램에 미달하는 자동차를 그의 3배 이상의 자동차로 견인하는 경우
25킬로미터 이내	위의 규정 이외의 경우 및 2륜 자동차가 견인하는 경우

14 운전자의 의무

(1) 무면허 운전금지

누구든지 시·도경찰청장으로부터 운전면허를 받지 아니하거나 운전면허의 효력이 정지된 경우에는 자동차 등을 운전하여서는 아니 된다.

(2) 무면허 운전에 해당되는 사항

① 운전면허를 받지 않고 운전을 하는 행위
② 운전면허가 취소된 상태에서의 운전 행위
③ 적성검사 기간이 1년 이상 지난 면허증으로 운전을 하는 행위
④ 운전면허 정지 기간 중에 운전을 하는 행위

⑤ 부정한 방법으로 취득한 운전면허를 가지고 운전을 하는 행위

⑥ 운전면허 시험 합격 후 면허증 교부 전에 운전을 하는 행위

⑦ 운전을 할 수 없는 종별의 면허로 운전하는 행위 운전면허증을 휴대하지 아니하고 운전을 하는 경우에는 무면허 운전이 아니다. 다만, 운전면허증 휴대의무 위반에 해당되는 것이다.

(3) 주취 및 과로 시 등의 운전금지

① 주취 중 운전금지

㉠ 누구든지 술에 취한 상태에서 자동차 등(건설기계관리법 제26조제1항 단서에 따른 건설기계 외의 건설기계를 포함한다.), 노면전차 또는 자전거를 운전하여서는 아니 된다.

㉡ 경찰공무원은 교통의 안전과 위험방지를 위하여 필요하다고 인정하거나 위반하여 술에 취한 상태에서 자동차 등, 노면전차 또는 자전거를 운전하였다고 인정할 만한 상당한 이유가 있는 경우에는 운전자가 술에 취하였는지를 호흡조사로 측정할 수 있다. 이 경우 운전자는 경찰공무원의 측정에 응하여야 한다.

㉢ 측정 결과에 불복하는 운전자에 대하여는 그 운전자의 동의를 받아 혈액 채취 등의 방법으로 다시 측정할 수 있다.

㉣ 운전이 금지되는 술에 취한 상태의 기준은 운전자의 혈중알코올농도가 0.03% 이상인 경우로 한다.

② 과로한 때 등의 운전 금지

㉠ 자동차등(개인형 이동장치는 제외한다) 또는 노면전차의 운전자는 술에 취한 상태 외에 과로, 질병 또는 약물(마약, 대마 및 향정신성의약품과 그 밖에 행정안전부령으로 정하는 것을 말한다.)의 영향과 그 밖의 사유로 정상적으로 운전하지 못할 우려가 있는 상태에서 자동차등 또는 노면전차를 운전하여서는 아니 된다.

㉡ 운전자가 과로한 때에 운전금지 위반을 하였을 경우에 경찰 공무원은 운전자가 정상적인 운전을 할 수 있을 때까지 운전의 일시정지를 명할 수 있다.

15 모든 운전자 준수사항

(1) 안전운전 의무

모든 차의 운전자는 그 차의 조향장치, 제동장치 그 밖의 장치를 정확히 조작하여야 하며 도로의 교통상황과 그 차의 구조 및 성능에 따라 다른 사람에게 위험과 장해를 주는 속도나 방법으로 운전하여서는 안 된다.

① 면허증 휴대 및 제시의무: 자동차 등을 운전하는 때에는 운전면허증이나 운전면허증에 갈음하는 증명서(운전면허증을 재교부할 때나, 적성검사 할 때, 시·도경찰청장이 발급하는 임시운전면허증, 교통경찰공무원이 법규위반자에게 발급한 출석지시서 또는 범칙금 납부통고서, 교통순시원이 발급한 출석지시서 등)를 휴대하고 있어야 하며, 운전자는 운전 중에 경찰공무원으로부터 운전면허증의 제시 요구를 받은 때에는 이를 제시하여야 한다.

(2) 운전자의 특별 준수사항(운전자 안전수칙)

모든 차의 운전자는 운전할 때에 다음의 사항을 지켜야한다.

① 물이 고인 곳을 운행하는 때에는 고인 물을 튀게 하여 다른 사람에게 피해를 주는 일이 없도록 하여야 한다.

② 어린이나 유아가 보호자 없이 걷고 있거나 앞을 보지 못하는 사람이 흰색지팡이를 가지고 걷고 있는 때에는 일시정지하거나 서행하여야 한다.

③ 도로에서 자동차 등을 세워둔 채로 시비, 다툼 등의 행위를 함으로서 다른 차마의 통행을 방해하여서는 안 된다.

④ 운전자가 운전석으로부터 떠나는 때에는 원동기의 발동을 끄고 제동장치를 철저하게 하는 등 그 차의 정지 상태를 안전하게 유지하고 다른 사람이 함부로 운전하지 못하도록 필요한 조치를 하여야 한다.

⑤ 운전자는 안전을 확인하지 아니하고 차의 문을 열거나 내려서는 안 되며, 승차자가 교통의 위험을 일으키지 아니하도록 필요한 조치를 하여야 한다.

⑥ 운전자는 정당한 사유 없이 다른 사람에게 피해를 주는 소음을 발생시키는 방법으로 자동차 등을 급히 출발시키거나 그 속도를 급격히 높이거나 자동차 등의 원동기의 동력을 차륜에 전달시키지 아니하고 원동기의 회전수를 증가시키는 행위를 하여서는 안 된다.

⑦ 운전자는 승객이 차내에서 안전운전에 현저히 장해가 될 정도로 춤을 추는 등 소란행위를 하도록 방치하고 차를 운행하여서는 안 된다.

(3) 좌석안전띠의 착용

① 자동차의 운전자는 그 차를 운전할 때에는 좌석안전띠를 매어야하며, 그 옆 좌석의 승차 자에게도 좌석안전띠(유아인 경우에는 유아보호용 장구를 말한다)를 매도록 하여야 한다. 다만, 질병 등으로 인하여 좌석안전띠를 매는 것이 곤란하거나 행정안전부령이 정하는 사유가 있는 때에는 그러하지 아니하다. 여기서 "행정안전부령이 정하는 자동차"라 함은 자동차 안전기준에 관한 규칙에 의하여 좌석안전띠를 설치한 다음의 자동차를 말한다.

㉮ 승용자동차
㉯ 승합자동차(시내버스를 제외한다)
㉰ 화물자동차 다만 고속도로, 자동차 전용도로를 운행하는 고속 시외버스 운송 사업용 버스 운전자는 모든 승차자에게 좌석안전띠를 매도록 하여야 한다.

② **안전띠 착용의 예외**

좌석안전띠를 맬 수 없는 "행정안전부령이 정하는 사유"라 함은 다음에 해당하는 경우를 말한다.

㉮ 부상, 질병, 장해 또는 임신 등으로 인하여 좌석안전띠의 착용이 적당하지 아니하다고 인정되는 자가 자동차를 운전하거나 승차하는 때
㉯ 자동차를 후진시키기 위하여 운전하는 때
㉰ 장신, 비만 기타 신체의 상태에 의하여 좌석안전띠의 착용이 적당하지 아니하다고 인정되는 자가 자동차를 운전하거나 승차하는 때
㉱ 긴급자동차가 그 본래의 용도로 운행되고 있는 때
㉲ 경호 등을 위한 경찰용 자동차에 의하여 호위되거나 유도되고 있는 자동차를 운전하거나 승차하는 때
㉳ 국민 투표법 및 공직선거관계법령에 의하여 국민투표운동, 선거운동 및 국민투표 선거관리 업무에 사용되는 자동차를 운전하거나 승차하는 때
㉴ 우편물의 집배, 폐기물의 수집 기타 빈번히 승강하는 것을 필요로 하는 업

무에 종사하는 자가 당해 업무를 위하여 자동차를 운전하거나 승차하는 때

16 교통사고

(1) 교통사고의 정의
차의 교통으로 인하여 사람을 사상하거나 물건을 손괴하는 것을 말한다.

(2) 교통사고 발생 시 조치
차 또는 노면전차의 운전 등 교통으로 인하여 사람을 사상하거나 물건을 손괴한 경우에는 그 차 또는 노면전차의 운전자나 그 밖의 승무원은 즉시 정차하여 사상자를 구호하는 등 필요한 조치를 하여야 한다.

① 운전자 등 그 밖의 승무원의 조치
  ㉮ 즉시 정차하여 사상자를 구호하고 필요한 조치를 취한다.
  ㉯ 가까운 국가경찰관서(지구대, 파출소 및 출장소를 포함) 또는 경찰공무원에게 신고한다.
  ㉰ 차만 손괴된 것이 분명하고 위험방지 및 원활한 교통소통을 위한 필요한 조치를 한 때에는 신고를 면제한다.
  ㉱ 경찰공무원의 지시에 따른다.

② 사고발생시의 신고시한
  ㉮ 고속도로 및 경찰서가 위치하는 리, 동 이상의 지역은 3시간이내
  ㉯ 그 밖의 지역은 12시간이내

③ 신고요령 및 사항
교통사고 발생시 신고요령은 사상자의 구호 및 필요한 조치를 취하고 경찰서의 교통사고 조사반에 직접신고, 전화신고, 대리신고 등에 의해 실시하며 신고사항은 다음과 같다.
  ㉮ 사고가 일어난 일시 및 장소
  ㉯ 사상자 수 및 부상정도
  ㉰ 손괴한 물건 및 손괴정도

④ 신고를 승무원이 하고 운전이 가능한 경우
긴급자동차, 위급한 환자를 운반중인 자동차, 긴급한 우편물을 운송 중인 자동차를 운전 중 사고를 야기한 때

17 운전면허

(1) 면허의 종류와 운전할 수 있는 차량의 종류

운전면허		운전할 수 있는 차량
종별	구분	
제1종	대형면허	– 승용자동차, 승합자동차, 화물자동차 – 건설기계 • 덤프트럭, 아스팔트살포기, 노상안정기 • 콘크리트 믹서트럭, 콘크리트 펌프, 천공기 (트럭 적재식) • 콘크리트 믹서 트레일러, 아스팔트 콘크리트 재생기 • 도로보수 트럭, 3톤 미만의 지게차 – 특수자동차[대형견인차, 소형견인차 및 구난차(이하 구난차등이라 한다)는 제외한다.] – 원동기장치자전거
	보통면허	– 승용자동차 – 승차정원 15인 이하의 승합자동차 – 적재중량 12톤 미만의 화물자동차 – 건설기계(도로를 운행하는 3톤 미만의 지게차에 한정한다) – 총중량 10톤 미만의 특수자동차(구난차등은 제외한다) – 원동기장치자전거
	소형면허	– 3륜화물자동차 – 3륜승용자동차 – 원동기장치자전거
	특수면허 / 대형견인차	– 견인형 특수자동차 – 제2종 보통면허로 운전할 수 있는 차량
	특수면허 / 소형견인차	– 총중량 3.5톤 이하의 견인형 특수자동차 – 제2종 보통면허로 운전할 수 있는 차량
	특수면허 / 구난차	– 구난형 특수자동차 – 제2종 보통면허로 운전할 수 있는 차량

운전면허 종별	구분	운전할 수 있는 차량
제2종	보통면허	- 승용자동차 - 승차정원 10인승 이하의 승합자동차 - 적재중량 4톤 이하 화물자동차 - 총중량 3.5톤 이하의 특수자동차(구난차 등은 제외한다) - 원동기장치자전거
제2종	소형면허	- 이륜자동차(측차부를 포함한다) - 원동기장치자전거
제2종	원동기장치자전거면허	- 원동기장치자전거
연습면허	제1종 보통	- 승용자동차 - 승차정원 15인승 이하의 승합자동차 - 적재중량 12톤 미만의 화물자동차
연습면허	제2종 보통	- 승용자동차(승차정원 10인 이하의 승합자동차를 포함한다) - 적재중량 4톤 이하의 화물자동차

(2) 운전면허의 결격사유

① 다음에 해당하는 사람은 운전면허를 받을 수 없다.
  ㉮ 18세 미만인 사람. 다만, 원동기장치자전거는 16세 미만인 사람
  ㉯ 교통상의 위험과 장해를 일으킬 수 있는 정신질환자 또는 뇌전증 환자로서 대통령령으로 정하는 사람
  ㉰ 듣지 못하는 사람(제1종 운전면허 중 대형면허·특수면허만 해당), 앞을 보지 못하는 사람(한쪽 눈만 보지 못하는 사람의 경우에는 제1종 운전면허 중 대형면허·특수면허만 해당)이나 그 밖에 대통령령으로 정하는 신체장애인
  ㉱ 마약·대마·향정신성의약품 또는 알코올 중독자로서 대통령령으로 정하는 사람
  ㉲ 제1종 대형면허 또는 제1종 특수면허를 받으려는 경우로서 19세 미만이거나 자동차(이륜자동차는 제외한다)의 운전경험이 1년 미만인 사람
  ㉳ 대한민국의 국적을 가지지 아니한 사람 중 출입국관리법에 따라 외국인등록을 하지 아니한 사람(외국인등록이 면제된 사람은 제외)이나 재외동포의 출입국과 법적 지위에 관한 법률에 따라 국내거소신고를 하지 아니한 사람

② 다음에 해당하는 사람은 규정된 기간이 지나지 아니하면 운전면허를 받을 수 없다.
  ㉮ 무면허운전 또는 운전면허의 효력이 정지된 기간 중 운전으로 인하여 취소된 경우 — 2년
  ㉯ 무면허운전(연습운전포함)으로 사상사고 후 도주 — 5년
  ㉰ 음주 또는 과로(질병, 약물복용)운전 중 사상사고 후 도주 — 5년
  ㉱ 위 ㉮㉯㉰항 이외의 사유로 운전 중 사상사고 후 도주 — 4년
  ㉲ 주취 운전사고 3회 이상 발생 — 3년
  ㉳ 자동차등을 이용하여 범죄행위를 하거나 다른 사람의 자동차등을 훔치거나 빼앗은 사람이 무면허운전금지 규정에 위반하여 그 자동차등을 운전한 경우에는 그 위반한 날부터 각각 3년
  ㉴ 허위 부정으로 면허취득, 효력정지 기간 중 운전, 임시운전증명서 허위발급, 자동차 이용 범죄, 자동차 강·절도 — 2년
  ㉵ 주취운전금지 또는 경찰공무원의 주취운전 여부측정을 3회 이상 위반하여 취소된 때 — 2년

㉒ 기타 사유로 취소된 경우 — 1년 적성검사 미필 취소자와 제1종 면허를 받은 후 적성검사 불합격으로 제2종 면허를 받고자하는 사람은 제외
㉓ 원동기 무면허 — 6개월
㉔ 운전면허의 효력의 정지처분을 받고 있는 경우에는 그 정지 처분기간

(3) 면허증의 반납

① 운전면허증을 받은 사람이 다음에 해당하는 때에는 그 사유가 발생한 날로부터 7일 이내에 주소지를 관할하는 시·도경찰청장에게 그 운전면허증을 반납하여야 한다.
  ㉮ 운전면허가 취소 된 때
  ㉯ 운전면허증을 잃어버리고 다시 교부 받은 후 그 잃어버린 운전면허증을 찾은 때
  ㉰ 연습 운전면허증을 받은 사람이 제1종 보통면허증 또는 제2종 보통면허증을 받은 때
  ㉱ 운전면허효력 정지처분을 받은 경우
  ㉲ 운전면허증 갱신을 받은 경우

② 시·도경찰청장이 운전면허의 효력을 정지시킨 때에는 그 운전면허를 받은 사람으로부터 운전면허증을 회수하였다가 정지기간이 끝난 즉시 돌려주어야 한다.

18 운전면허 취소·정지처분 기준

(1) 일반기준

1) 용어의 정의
   ① **벌점**: 행정처분의 기초자료로 활용하기 위하여 법규위반 또는 사고야기에 대하여 그 위반의 경중, 피해의 정도 등에 따라 배점되는 점수를 말한다.
   ② **누산점수**: 위반·사고시의 벌점을 누적하여 합산한 점수에서 상계치(무위반·무사고 기간 경과 시에 부여되는 점수 등)를 뺀 점수를 말한다. 다만, 출석기간 또는 범칙금 납부기간 만료일부터 60일이 경과 될 때까지 즉결심판을 받지 아니한 때에 의한 벌점은 누산점수에 이를 산입하지 아니하되, 범칙금 미납 벌점을 받은 날을 기준으로 과거 3년간 2회 이상 범칙금을 납부하지 아니하여 벌점을 받은 사실이 있는 경우에는 누산점수에 산입한다.

   > 누산점수 = 매 위반·사고 시 벌점의 누적 합산치 −상계치

   ③ **처분벌점**: 구체적인 법규위반·사고야기에 대하여 앞으로 정지처분기준을 적용하는데 필요한 벌점으로서, 누산점수에서 이미 정지처분이 집행된 벌점의 합계치를 뺀 점수를 말한다.

   > 처분벌점 = 누산점수 − 이미 처분이 집행된 벌점의 합계치
   > = 매 위반사고 시 벌점의 누적 합산치
   >   − 상계치
   >   − 이미 처분이 집행된 벌점의 합계치

2) 벌점의 종합관리
   ① **누산점수의 관리**
   법규위반 또는 교통사고로 인한 벌점은 행정처분기준을 적용하고자 하는 당해 위반 또는 사고가 있었던 날을 기준으로 하여 과거 3년간의 모든 벌점을 누산하여 관리한다.

   ② **무위반·무사고기간 경과로 인한 벌점 소멸**
   처분벌점이 40점 미만인 경우에, 최종의 위반일 또는 사고일로부터 위반 및 사고 없이 1년이 경과한 때에는 그 처분벌점은 소멸한다.

③ **도주차량 신고에 따른 벌점 공제**
교통사고(인적 피해사고)를 야기하고 도주한 차량을 검거하거나 신고하여 검거하게 한 운전자(교통사고의 피해자가 아닌 경우에 한한다)에 대하여는 40점의 특혜점수를 부여하여 기간에 관계없이 그 운전자가 정지 또는 취소처분을 받게 될 경우, 검거 또는 신고별로 각1회에 한하여 누산점수에서 이를 공제한다.

④ **개별기준 적용에 있어서의 벌점 합산(법규위반으로 교통사고를 야기한 경우)**
법규위반으로 교통사고를 야기한 경우에는 정지처분 개별기준 중 다음의 각 벌점을 모두 합산한다.
㉮ 이 법이나 이 법에 의한 명령을 위반한 때(교통사고의 원인이 된 법규위반이 둘 이상인 경우에는 그 중 가장 중한 것 하나만 적용한다.)
㉯ 교통사고를 일으킨 때의 사고결과에 따른 벌점
㉰ 교통사고를 일으킨 때의 조치 등 불이행에 따른 벌점

⑤ **정지처분 대상자의 임시운전 증명서**
경찰서장은 면허 정지처분 대상자가 면허증을 반납한 경우에는 본인이 희망하는 기간을 참작하여 40일 이내의 유효기간을 정하여 임시운전증명서를 발급하고, 동 증명서의 유효기간 만료일 다음 날부터 소정의 정지처분을 집행하며, 당해 면허 정지처분 대상자가 정지처분을 즉시 받고자 하는 경우에는 임시운전 증명서를 발급하지 않고 즉시 운전면허 정지처분을 집행할 수 있다.

3) **벌점 등 초과로 인한 운전면허의 취소·정지**
① **벌점·누산점수 초과로 인한 면허 취소**
1회의 위반·사고로 인한 벌점 또는 연간 누산점수가 다음 표의 벌점 또는 누산점수에 도달한 때에는 그 운전면허를 취소한다.

기간	벌점 또는 누산점수
1년간	121점 이상
2년간	201점 이상
3년간	271점 이상

② **벌점·처분벌점 초과로 인한 면허 정지**
운전면허 정지처분은 1회의 위반·사고로 인한 벌점 또는 처분벌점이 40점 이상이 된 때부터 결정하여 집행하되, 원칙적으로 1점을 1일로 계산하여 집행한다.

4) **처분벌점 및 정지처분 집행일수의 감경**
① **특별교통안전교육에 따른 처분벌점 및 정지처분집행일수의 감경**
㉮ 처분벌점이 40점 미만인 사람이 교통법규교육을 마친 경우에는 경찰서장에게 교육필증을 제출한 날부터 처분벌점에서 20점을 감경한다.
㉯ 면허정지처분을 받은 사람이 교통소양교육을 마친 경우에는 경찰서장에게 교육필증을 제출한 날부터 정지처분기간에서 20일을 감경한다. 다만, 해당 위반행위에 대하여 운전면허행정처분 이의심의위원회의 심의를 거치거나 행정심판 또는 행정소송을 통하여 행정처분이 감경된 경우에는 정지처분기간을 추가로 감경하지 아니하고, 정지처분이 감경된 때에 한정하여 누산점수를 20점 감경한다.
㉰ 면허정지처분을 받은 사람이 교통소양교육을 마친 후에 교통참여교육을 마친 경우에는 경찰서장에게 교육필

증을 제출한 날부터 정지처분기간에서 30일을 추가로 감경한다. 다만, 해당 위반행위에 대하여 운전면허행정처분 이의심의위원회의 심의를 거치거나 행정심판 또는 행정소송을 통하여 행정처분이 감경된 경우에는 그러하지 아니하다.

② **모범운전자에 대한 처분집행일수 감경**
모범운전자(법 제146조에 따라 무사고운전자 또는 유공운전자의 표시장을 받은 사람으로서 교통안전 봉사활동에 종사하는 사람을 말한다.)에 대하여는 면허 정지처분의 집행기간을 2분의 1로 감경한다. 다만, 처분벌점에 교통사고 야기로 인한 벌점이 포함된 경우에는 감경하지 아니한다.

③ **정지처분 집행일수의 계산에 있어서 단수의 불산입 등**
정지처분 집행일수의 계산에 있어서 단수는 이를 산입하지 아니하며, 본래의 정지처분 기간과 가산일수의 합계는 1년을 초과할 수 없다.

④ **행정처분의 취소**
교통사고(법규위반 포함)가 법원의 판결로 무죄확정(혐의가 없거나 죄가 되지 아니하여 불기소 처분된 경우 포함)된 경우에는 즉시 그 운전면허 행정처분을 취소하고 당해 사고 또는 위반으로 인한 벌점을 삭제한다. 다만, 무죄가 확정된 경우에는 그러하지 아니하다.

⑤ **처분기준의 감경**
 1) 감경사유
  ㉠ 음주운전으로 운전면허 취소처분 또는 정지처분을 받은 경우
   운전이 가족의 생계를 유지할 중요한 수단이 되거나, 모범운전자로서 처분당시 3년 이상 교통봉사활동에 종사하고 있거나, 교통사고를 일으키고 도주한 운전자를 검거하여 경찰서장 이상의 표창을 받은 사람으로서 다음의 어느 하나에 해당되는 경우가 없어야 한다.
   ⓐ 혈중 알코올농도가 0.08퍼센트를 초과하여 운전한 경우
   ⓑ 음주운전 중 인적피해 교통사고를 일으킨 경우
   ⓒ 경찰관의 음주측정요구에 불응하거나 도주한 때 또는 단속경찰관을 폭행한 경우
   ⓓ 과거 5년 이내에 3회 이상의 인적피해 교통사고의 전력이 있는 경우
   ⓔ 과거 5년 이내에 음주운전의 전력이 있는 경우
  ㉡ 벌점·누산점수 초과로 인하여 운전면허 취소처분을 받은 경우
   운전이 가족의 생계를 유지할 중요한 수단이 되거나, 모범운전자로서 처분당시 3년 이상 교통봉사활동에 종사하고 있거나, 교통사고를 일으키고 도주한 운전자를 검거하여 경찰서장 이상의 표창을 받은 사람으로서 다음의 어느 하나에 해당되는 경우가 없어야 한다.
   ⓐ 과거 5년 이내에 운전면허 취소처분을 받은 전력이 있는 경우
   ⓑ 과거 5년 이내에 3회 이상 인적피해 교통사고를 일으킨 경우
   ⓒ 과거 5년 이내에 3회 이상 운전면허 정지처분을 받은 전력이 있는 경우
   ⓓ 과거 5년 이내에 운전면허행정처분 이의심의위원회의 심의를 거치거나 행정심판 또는 행정소송을 통하여 행정처분이 감경된 경우

ⓒ 그밖에 정기 적성검사에 대한 연기신청을 할 수 없었던 불가피한 사유가 있는 등으로 취소처분 개별기준 및 정지처분 개별기준을 적용하는 것이 현저히 불합리하다고 인정되는 경우

2) 감경기준

위반행위에 대한 처분기준이 운전면허의 취소처분에 해당하는 경우에는 해당 위반행위에 대한 처분벌점을 110점으로 하고, 운전면허의 정지처분에 해당하는 경우에는 처분 집행일수의 2분의 1로 감경한다. 다만 벌점·누산점수 초과로 인한 면허취소에 해당하는 경우에는 면허가 취소되기 전의 누산점수 및 처분벌점을 모두 합산하여 처분벌점을 110점으로 한다.

3) 처리절차

감경사유에 해당하는 사람은 행정처분을 받은 날(정기 적성검사를 받지 아니하여 운전면허가 취소된 경우에는 행정처분이 있음을 안 날)부터 60일 이내에 그 행정처분에 관하여 주소지를 관할하는 지방경찰청장에게 이의신청을 하여야 하며, 이의신청을 받은 지방경찰청장은 제96조에 따른 운전면허행정처분 이의심의위원회의 심의·의결을 거쳐 처분을 감경할 수 있다.

(2) 취소처분 개별기준

① 교통사고를 일으키고 구호조치를 하지 아니한 때
② 술에 만취한 상태(혈중 알코올 농도 0.08 퍼센트 이상)에서 운전한 때
③ 술에 취한 상태의 기준(혈중알코올농도 0.03% 이상)을 넘어서 운전을 하다가 교통사고로 사람을 죽게 하거나 다치게 한 때
④ 술에 취한 상태의 기준을 넘어 운전하거나 술에 취한 상태의 측정에 불응한 사람이 다시 술에 취한 상태(혈중알코올농도 0.03% 이상)에서 운전한 때
⑤ 다른 사람에게 운전면허증 대여(도난, 분실 제외)
⑥ 운전면허 행정처분 기간 중에 운전할 때
⑦ 약물을 사용한 상태에서 자동차 등을 운전한 때
⑧ 정기적성검사 불합격 또는 정기적성검사 기간 1년경과
⑨ 수시적성검사 불합격 또는 수시적성검사 기간 경과
⑩ 등록 또는 임시운행 허가를 받지 아니한 자동차를 운전한 때
⑪ 허위 또는 부정한 수단으로 운전면허를 받은 경우
⑫ 운전면허의 결격 사유에 해당하는 때
⑬ 공동 위험행위 및 난폭운전으로 구속된 때
⑭ 최고속도보다 100km/h를 초과한 속도로 3회 이상 운전한 때
⑮ 자동차등을 이용하여 형법상 특수상해 등을 행한 때(보복 운전)
⑯ 운전자가 단속 경찰공무원 등에 대한 폭행

19 교통사고처리특례법

(1) 특례의 적용 및 배제

① 특례의 적용

㉮ 차의 운전자가 교통사고로 인하여 형법 제268조의 죄를 범한 때에는 5년 이하의 금고 또는 2천만 원 이하의 벌금에 처한다.
㉯ 업무상 과실 또는 중대한 과실로 인하여 사람을 사상에 이르게 한 자는 5년 이하의 금고 또는 2천만 원 이하의 벌

금에 처한다.
ⓓ 차의 운전자가 업무상 필요한 주의를 게을리 하거나 중대한 과실로 다른 사람의 건조물이나 그 밖의 재물을 손괴한 때에는 2년 이하의 금고나 500만원 이하의 벌금에 처한다.
ⓔ 차의 교통으로 업무상 과실 치상죄 또는 중과실 치상죄를 범한 운전자에 대하여는 피해자의 명시한 의사에 반하여 공소를 제기할 수 없다.

② **특례의 배제**
차의 운전자가 업무상 과실 치상죄 또는 중과실 치상죄를 범하고 피해자를 구호하는 등의 조치를 하지 아니하고 도주 하거나 피해자를 사고 장소로부터 옮겨 유기하고 도주한 경우와 다음에 해당하는 행위로 인하여 동죄를 범한 때에는 특례의 적용을 배제한다.

ⓐ 신호·지시위반사고
ⓑ 중앙선침범, 고속도로나 자동차전용도로에서의 횡단·유턴 또는 후진 위반 사고
ⓒ 속도위반(20km/h 초과) 과속사고
ⓓ 앞지르기의 방법·금지시기·금지장소 또는 끼어들기 금지 위반사고
ⓔ 철길건널목 통과방법 위반사고
ⓕ 보행자보호의무 위반사고
ⓖ 무면허운전사고
ⓗ 주취운전·약물복용운전 사고
ⓘ 보도침범·보도횡단방법 위반사고
ⓙ 승객추락방지의무 위반사고

출제예상문제

01 도로교통법의 제정 목적을 바르게 나타낸 것은?
① 도로 운송 사업의 발전과 운전자들의 권익 보호
② 도로상의 교통사고로 인한 신속한 피해 회복과 편익 증진
③ 건설기계의 제직, 등록, 판매, 관리 등의 안전 확보
④ 도로에서 일어나는 교통상의 모든 위험과 장해를 방지하고 제거하여 안전하고 원활한 교통을 확보

> 도로교통법의 제정 목적은 도로에서 일어나는 교통상의 모든 위험과 장해를 방지하고 제거하여 안전하고 원활한 교통을 확보하는데 그 목적이 있다.

02 도로 교통법상 도로에 해당 되지 않는 것은?
① 해상 도로법에 의한 항로
② 차마의 통행을 위한 도로
③ 유료 도로법에 의한 유료도로
④ 도로법에 의한 도로

> 도로법에 의한 항로는 도로에 해당되지 않는다.

03 도로 교통법상 차로에 대한 설명으로 틀린 것은?
① 차로는 횡단보도나 교차로에는 설치할 수 없다.
② 차로의 너비는 원칙적으로 3미터 이상으로 설치하여야 한다. 다만 좌회전 전용차로의 설치 등 부득이한 경우 275센티미터 이상으로 할 수 있다.
③ 일반적인 차로(일방통행 도로 제외)의 순위는 도로의 중앙 쪽에 있는 차로부터 1차로로 한다.
④ 차로의 너비보다 넓은 건설기계는 별도의 신청 절차가 필요 없이 경찰청에 전화로 통보만 하면 운행할 수 있다.

> 차로의 너비보다 넓은 건설기계는 특별표지판을 부착하고 운행 시 출발지를 관할하는 경찰청장의 허가를 받아야 한다.

04 자동차 전용도로의 설명으로 옳은 것은?
① 자동차만 다닐 수 있도록 설치된 도로
② 오로지 자동차의 고속교통에만 공용되는 도로
③ 보도와 차도의 구분이 없는 도로
④ 보도와 차도의 구분이 있는 차도부분

05 다음 중 주차에 해당되는 것은?
① 3분 이상 5분 이내의 정지 상태
② 3분 이내의 정지 상태
③ 5분을 초과하는 정지 상태
④ 5분 이내의 정지 상태

> ① 주차: 차가 승객을 기다리거나 화물을 싣거나 고장, 그 밖의 사유로 인하여 계속하여 정지하거나 또는 그 차의 운전자가 그 차로부터 떠나서 즉시 운전할 수 없는 상태를 말한다.
> ② 정차: 차가 5분을 초과하지 아니하고 정지하는 것으로서 주차 외의 정지 상태를 말한다.

06 보행자가 도로를 횡단하기 위하여 안전표지로써 표시한 도로의 부분은?
① 규제표지   ② 안전지대
③ 횡단보도   ④ 교차로

> ① 횡단보도: 보행자가 도로를 횡단할 수 있도록 안전표지로써 표시한 도로의 부분을 말한다.
> ② 안전지대: 도로를 횡단하는 보행자의 안전을 위하여 안전표지, 그 밖의 이와 비슷한 공작물로써 안전한 지대임을 표시한 도로의 부분을 말한다.

정답

01.④ 02.① 03.④ 04.① 05.③ 06.③

07 도로 교통법 상 3색 등화로 표시되는 신호등의 신호 순서로 맞는 것은?

① 녹색(적색 및 녹색 화살표)등화, 황색등화, 적색등화의 순이다.
② 적색(적색 및 녹색 화살표)등화, 황색등화, 녹색등화의 순이다.
③ 녹색(적색 및 녹색 화살표)등화, 적색등화, 황색등화의 순이다.
④ 적색점멸등화, 황색등화, 녹색(적색 및 녹색화살표)등화의 순서이다.

> 3색 등화의 작동순서는 적색·황색·녹색(녹색화살표)의 순서로 작동한다.

08 다음 ( )에 들어갈 알맞은 것은?

> 도로를 통행하는 차마의 운전자는 교통안전 시설이 표시하는 신호 또는 지시와 교통정리를 하는 경찰공무원의 신호 또는 지시가 서로 다른 경우에는 (A)의 (B)에 따라야 한다.

① A-운전자, B-판단
② A-교통안전시설, B-신호 또는 지시
③ A-경찰공무원, B-신호 또는 지시
④ A-교통신호, B-신호

> 도로를 통행하는 차마의 운전자는 교통안전 시설이 표시하는 신호 또는 지시와 교통정리를 하는 경찰공무원의 신호 또는 지시가 서로 다른 경우에는 (경찰공무원)의 (신호 또는 지시)에 따라야 한다.

09 정지선이나 횡단보도 및 교차로 직전에서 정지하여야 할 신호의 종류로 옳은 것은?

① 녹색 및 황색 등화
② 황색 등화의 점멸
③ 황색 및 적색 등화
④ 녹색 및 적색 등화

> 황색 및 적색 등화의 점멸은 횡단보도 및 교차로 직전의 정지선에 정지하여야 한다.

10 교차로에서 적색 등화 시 진행할 수 있는 경우는?

① 경찰공무원의 진행 신호에 따를 때
② 교통이 한산한 야간 운행 시
③ 보행자가 없을 때
④ 앞차를 따라 진행할 때

11 도로교통법상 건설기계를 운전하여 도로를 주행할 때 서행에 대한 정의로 옳은 것은?

① 매시 60km 미만의 속도로 주행하는 것을 말한다.
② 운전자가 차를 즉시 정지시킬 수 있는 느린 속도로 진행하는 것을 말한다.
③ 정지거리 10m 이내에서 정지할 수 있는 경우를 말한다.
④ 매시 20km 이내로 주행하는 것을 말한다.

> 서행이라 함은 운전자가 차를 즉시 정지시킬 수 있는 느린 속도로 진행하는 것을 말한다.

12 도로교통법상 차로에 대한 설명으로 틀린 것은?

① 차로는 횡단보도나 교차로에는 설치할 수 없다.
② 차로의 너비는 원칙적으로 3미터 이상으로 설치하여야 한다. 다만 좌회전 전용차로의 설치 등 부득이한 경우 275센티미터 이상으로 할 수 있다.
③ 일반적인 차로(일방통행 도로 제외)의 순위는 도로의 중앙 쪽에 있는 차로부터 1차로로 한다.
④ 차로의 너비보다 넓은 건설기계는 별도의 신청 절차가 필요 없이 경찰청에 전화로 통보만 하면 운행할 수 있다.

> 차로의 너비보다 넓은 건설기계는 특별표지판을 부착하고 운행 시 출발지를 관할하는 경찰청장의 허가를 받아야 한다.

정 답

07.① 08.③ 09.③ 10.① 11.② 12.④

13 다음 중 도로 교통법상 가장 우선하는 신호는?

① 경찰 공무원의 신호
② 신호기의 신호
③ 운전자의 수신호
④ 안전표지의 지시

> 도로 교통법상 가장 우선하는 신호는 경찰 공무원의 수신호이다.

14 도로교통법상 보도와 차도가 구분된 도로에 중앙선이 설치되어있는 경우 차마의 통행방법으로 옳은 것은?

① 중앙선 좌측   ② 중앙선 우측
③ 보도   ④ 보도의 좌측

> 차마가 도로를 운행하고자 할 때에는 중앙선 우측으로 통행하여야 한다.

15 도로교통법상 편도 4차로 자동차 전용도로에서 굴착기와 지게차의 주행 차선은?

① 1차로   ② 2차로
③ 3차로   ④ 4차로

> 건설기계의 주행 차선은 차선의 맨 마지막 차로가 주행차로이다. 만일 맨 마지막 차로가 버스전용차로인 경우는 버스전용차로를 제외한 차로에서 맨 마지막 차로이다.

16 도로교통법상 자동차 등의 도로 통행속도에 관한 설명으로 틀린 것은?

① 자동차 등의 도로 통행속도는 대통령령으로 정한다.
② 시·도경찰청장은 교통의 안전과 원활한 소통을 확보하기위하여 필요하다고 인정하는 경우 고속도로에 구역이나 구간을 지정하여 도로 통행속도를 제한할 수 있다.
③ 시·도경찰청장은 교통의 안전과 원활한 소통을 확보하기위하여 필요하다고 인정하는 경우 고속도로를 제외한 도로에 구역이나 구간을 지정하여 도로 통행속도를 제한할 수 있다.
④ 자동차 등의 운전자는 지정된 도로 통행속도의 최고 속도보다 빠르게 운전하여서는 아니 된다.

> 자동차 등의 도로 통행속도는 각 지방 경찰청장은 교통의 안전과 원활한 소통을 확보하기위하여 필요하다고 인정하는 경우 모든 도로에 구역이나 구간을 지정하여 도로 통행속도를 제한할 수 있다.

17 도로교통법상에서 차마가 도로의 중앙이나 좌측 부분을 통행할 수 있도록 허용한 것은 도로 우측 부분의 폭이 얼마 이하일 때인가?

① 2 미터   ② 3 미터
③ 5 미터   ④ 6 미터

> 도로교통법상 도로의 우측 부분의 폭이 6m 이하에서는 도로의 중앙이나 좌측 부분을 통행할 수 있다.

18 다음 중 통행의 우선순위가 맞는 것은?

① 긴급자동차 → 일반 자동차 → 원동기장치 자전거
② 긴급자동차 → 원동기장치 자전거 → 승용자동차
③ 건설기계 → 원동기장치 자전거 → 승합자동차
④ 승합자동차 → 원동기장치 자전거 → 긴급자동차

> 도로에서의 통행 우선순위는 긴급자동차 → 일반자동차 → 원동기장치 자전거 순이다.

19 교차로 또는 그 부근에서 긴급자동차가 접근하였을 때 피양 방법으로 가장 적절한 것은?

① 교차로를 피하여 일시 정지하여야 한다.
② 그 자리에서 즉시 정지한다.
③ 그대로 진행 방향으로 진행을 계속한다.
④ 서행하면서 앞지르기하라는 신호를 한다.

정 답
13.① 14.② 15.④ 16.① 17.④
18.① 19.①

교차로나 그 부근에서 긴급자동차가 접근하는 때에는 교차로를 피하여 일시 정지하여야 한다.

20 도로의 중앙을 통행할 수 있는 행렬은?

① 학생의 대열
② 말·소를 몰고 가는 사람
③ 사회적으로 중요한 행사에 따른 시가행진
④ 군부대의 행렬

사회적으로 중요한 행사에 따른 시가행진의 경우에는 도로의 중앙을 통행할 수 있다.

21 도로의 중앙으로부터 좌측을 통행할 수 있는 경우는?

① 편도 2차로의 도로를 주행할 때
② 도로가 일방통행으로 된 때
③ 중앙선 우측에 차량이 밀려있을 때
④ 좌측도로가 한산할 때

도로의 중앙 좌측을 통행할 수 있는 경우는 일방통행 도로에서 통행할 수 있다.

22 다음 중 교통정리가 행하여지지 않는 교차로에서 통행의 우선권이 가장 큰 차량은?

① 우회전하려는 차량이다.
② 좌회전하려는 차량이다.
③ 이미 교차로에 진입하여 좌회전하고 있는 차량이다.
④ 직진하려는 차량이다.

교통정리가 행하여지지 않는 교차로에서 통행의 우선은 선 진입 차량이 우선이다.

23 노면표시 중 진로변경 제한선에 대한 설명으로 맞는 것은?

① 황색 점선은 진로 변경을 할 수 없다.
② 백색 점선은 진로 변경을 할 수 없다.
③ 황색 실선은 진로 변경을 할 수 있다.
④ 백색 실선은 진로 변경을 할 수 없다.

진로변경 제한선 표시
① 자동차의 진로변경을 제한할 필요가 있을 때 백색실선으로 설치.
② 교차로, 횡단보도의 직전 또는 지하차도, 터널 등에 주로 설치.

24 다음 중 진로변경을 해서는 안 되는 경우는?

① 3차로의 도로일 때
② 안전표지(진로변경 제한선)가 설치되어 있을 때
③ 시속 50킬로미터 이상으로 주행할 때
④ 교통이 복잡한 도로일 때

도로를 주행 중 진로변경 제한선이나 안전표지로 진로변경 제한표지가 설치된 곳에서는 진로변경을 해서는 안 된다.

25 차마가 길가의 건물이나 주차장 등에서 도로에 들어가고자 할 때의 올바른 통행 방법은?

① 서행하면서 진행한다.
② 일시정지 후 안전을 확인하면서 서행한다.
③ 경음기를 사용하면서 통과한다.
④ 보행자가 있는 경우는 빨리 통과한다.

차마가 길가의 건물이나 주차장 등에서 도로에 들어가고자 할 때에는 일시정지 후 안전을 확인하면서 서행한다.

26 편도 1차로인 도로에서 중앙선이 황색실선인 경우의 앞지르기 방법 중 맞는 것은?

① 절대로 안 된다.
② 아무데서나 할 수 있다.
③ 앞차가 있을 때만 할 수 있다.
④ 반대 차로에 차량 통행이 없을 때 할 수 있다.

중앙선이 황색실선일 때에는 절대로 앞지르기를 할 수 없다.

정 답				
20.③	21.②	22.③	23.④	24.②
25.②	26.①			

27 일반도로에서 운전자가 방향을 바꾸려고 할 때 방향 지시등을 켜야 하는 시기는?

① 회전하려고 하는 지점 전 2m 이상
② 회전하려고 하는 지점 전 5m 이상
③ 회전하려고 하는 지점 전 30m 이상
④ 자신의 판단대로

> 일반도로에서 운전자가 방향을 바꾸려고 할 때 방향 지시등을 켜야 하는 시기는 회전하려고 하는 지점 전 30m 이상의 지점에서 행하여야 한다.

28 도로교통법에서 안전운행을 위해 차속을 제한하고 있는데 악천후 시 최고 속도의 100분의 50으로 감속 운행하여야 할 경우가 아닌 것은?

① 노면이 얼어붙은 때
② 폭우·폭설·안개 등으로 가시거리가 100m 이내인 때
③ 비가 내려 노면이 젖어 있을 때
④ 눈이 20mm 이상 쌓인 때

> 비가 내려 노면이 젖어 있을 때에는 규정 속도의 100분의 20으로 감속 운행하여야 한다.

29 도로교통 법규상 4차로 이상 고속도로에서 건설기계의 최저속도는?

① 30km/h   ② 40km/h
③ 50km/h   ④ 60km/h

> 4차로 이상의 고속도로에서 건설기계의 최저속도는 50km/h 이다.

30 도로 교통법상 폭우, 폭설, 안개 등으로 가시거리가 100m 이내일 때 최고속도의 감속기준으로 옳은 것은?

① 20%   ② 50%
③ 60%   ④ 80%

> 폭우, 폭설, 안개 등으로 가시거리가 100m 이내일 때 와 눈이 20mm 이상 쌓인 도로에서는 최고속도의 50%를 감속 운행하여야 한다.

31 주행 중 진로를 변경하고자 할 때 운전자가 지켜야 할 사항으로 틀린 것은?

① 후사경 등으로 주위의 교통 상황을 확인한다.
② 신호를 주어 뒤차에 알린다.
③ 진로를 변경할 때에는 뒤차에 주위 할 필요는 없다.
④ 뒤에서 따라오는 차보다 느린 속도로 가려는 경우에는 도로의 우측 가장자리로 피하여 진로를 양보하여야 한다.

> 진로를 변경할 때에는 뒤에서 따라오는 차에 주위를 하여야 한다.

32 동일방향으로 주행하고 있는 전·후 차 간의 안전운전 방법으로 틀린 것은?

① 뒤차는 앞차가 급정지할 때 충돌을 피할 수 있는 필요한 안전거리를 유지한다.
② 뒤에서 따라오는 차량의 속도보다 느린 속도로 진행하려고 할 때는 진로를 양보한다.
③ 앞차가 다른 차를 앞지르고 있을 때에는 더욱 빠른 속도로 앞지른다.
④ 앞차는 부득이 한 경우를 제외하고는 급정지·급 감속을 하여서는 안 된다.

> 앞차가 다른 차를 앞지르고 있을 때에는 앞지르기를 하여서는 안 된다.

33 차로가 설치되지 아니한 좁은 도로에서 보행자의 옆을 지나는 경우 가장 올바른 방법은?

① 보행자 옆을 속도 감속 없이 빨리 주행한다.
② 경음기를 울리면서 주행한다.
③ 안전거리를 두고 서행한다.
④ 보행자가 멈춰 있을 때는 서행하지 않아도 된다.

정 답				
27.③	28.③	29.③	30.②	31.③
32.③	33.③			

보행자 옆을 통행할 때에는 안전거리를 충분히 두고 서행으로 통과하여야 한다.

34 편도 4차로의 경우 교차로 30m 전방에서 우회전을 하려면 몇 차로로 진입 통행하여야 하는가?

① 2차로와 3차로로 통행한다.
② 1차로와 2차로로 통행한다.
③ 1차로로 통행한다.
④ 4차로로 통행한다.

편도 4차로의 경우 교차로 30m 전방에서 우회전을 하려면 우회전 방향지시등으로 신호를 하면서 4차로로 진입 통행하여야 한다.

35 좌회전을 하기 위하여 교차로 내에 진입되어 있을 때 황색 등화로 바뀌면 어떻게 하여야 하는가?

① 정지하여 정지선으로 후진한다.
② 그 자리에 정지하여야 한다.
③ 신속히 좌회전하여 교차로 밖으로 진행한다.
④ 좌회전을 중단하고 횡단보도 앞 정지선까지 후진하여야 한다.

이미 교차로에 진입이 된 상태일 때에는 신속히 좌회전을 하여 교차로 밖으로 진행하여야 한다.

36 도로 주행의 일반적인 주의사항으로 틀린 것은?

① 가시거리가 저하될 수 있으므로 터널 진입 전 헤드라이트를 켜고 주행한다.
② 고속 주행 시 급 핸들 조작. 급브레이크는 옆으로 미끄러지거나 전복될 수 있다.
③ 야간 운전은 주간보다 주의력이 양호하며 속도감이 민감하여 과속 우려가 없다.
④ 비 오는 날 고속 주행은 수막현상이 생겨 제동 효과가 감소된다.

야간 운전은 주간보다 주의력과 속도감이 떨어져 과속의 위험이 있다.

37 도로교통법에 따라 뒤차에게 앞지르기를 시키려는 때 적절한 신호 방법은?

① 오른팔 또는 왼팔을 차체의 왼쪽 또는 오른쪽 밖으로 수평으로 펴서 손을 앞, 뒤로 흔들 것
② 팔을 차체 밖으로 내어 45도 밑으로 펴서 손바닥을 뒤로 향하게 하여 그 팔을 앞, 뒤로 흔들거나 후진등을 켤 것
③ 팔을 차체 밖으로 내어 45도 밑으로 펴거나 제동등을 켤 것
④ 양팔을 모두 차체의 밖으로 내어 크게 흔들 것

뒤차를 앞지르기 시킬 때에는 오른팔 또는 왼팔을 차체의 왼쪽 또는 오른쪽 밖으로 수평으로 펴서 손을 앞, 뒤로 흔들어 준다.

38 교차로에서 직진하고자 신호 대기 중에 있는 차가 진행 신호를 받고 가장 안전하게 통행하는 방법은?

① 진행 권리가 부여 되었으므로 좌우의 진행 차량에는 구애 받지 않는다.
② 직진이 최우선이므로 진행 신호에 무조건 따른다.
③ 신호와 동시에 출발하면 된다.
④ 좌우를 살피며 계속 보행 중인 보행자와 진행하는 교통의 흐름에 유의하여 진행한다.

신호 대기 중에 있던 차가 진행 신호를 받고 안전하게 통행하려면 좌우를 살피면서 계속 보행중인 보행자의 통행과 교통의 흐름에 유의하면서 출발을 하면 된다.

정 답
34.④ 35.③ 36.③ 37.① 38.④

39 도로교통법에 따르면 운전자는 자동차 등의 운전 중에는 휴대용 전화를 원칙적으로 사용할 수 없다. 예외적으로 휴대용 전화사용이 가능한 경우로 틀린 것은?

① 자동차 등이 정지하고 있는 경우
② 저속 건설기계를 운전하는 경우
③ 긴급 자동차를 운전하는 경우
④ 각종 범죄 및 재해 신고 등 긴급한 필요가 있는 경우

> 자동차 또는 건설기계가 움직이고 있는 상태에서는 사용이 금지되며 긴급한 상황 또는 긴급을 요하는 때에는 예외이다.

40 차량이 고속도로가 아닌 도로에서 방향을 바꾸고자 할 때에는 반드시 진행 방향을 바꾼다는 신호를 하여야 한다. 그 신호는 진행 방향을 바꾸고자 하는 지점에 이르기 전 몇 m의 지점에서 해야 하는가?

① 10m 이상의 지점에 이르렀을 때
② 30m 이상의 지점에 이르렀을 때
③ 50m 이상의 지점에 이르렀을 때
④ 100m 이상의 지점에 이르렀을 때

> 방향지시등의 신호 시기는 진행 방향을 바꾸고자 하는 지점에 이르기 전 일반도로는 30m 전에, 고속도로의 경우에는 100m 전에 신호를 하여야 한다.

41 차마의 통행방법으로 도로의 중앙이나 좌측 부분을 통행할 수 있는 경우로 가장 적합한 것은?

① 교통 신호가 자주 바뀌어 통행에 불편을 느낄 때
② 고속 방지 턱이 있어 통행이 불편 할 경우
③ 차량의 혼잡으로 교통 소통이 원활하지 않을 경우
④ 도로가 일방통행인 경우

> 일방통행의 도로에서는 도로의 중앙이나 좌측 부분을 통행할 수 있다.

42 다음 중 도로 교통법을 위반한 경우는?

① 밤에 교통이 빈번한 도로에서 전조등을 계속 하향했다.
② 낮에 어두운 터널 속을 통과할 때 전조등을 켰다.
③ 소방용 방화 물통으로부터 10m 지점에 주차하였다.
④ 노면이 얼어붙은 곳에서 최고 속도의 20/100을 줄인 속도로 운행하였다.

> 노면이 얼어붙은 곳에서의 감속 운행속도는 50/100으로 줄인 속도로 주행하여야 한다.

43 도로 교통법상 운전자의 준수사항이 아닌 것은?

① 출석 지시서를 받은 때에는 운전하지 아니할 것
② 자동차의 운전 중에 휴대용 전화를 사용하지 않을 것
③ 자동차의 화물 적재함에 사람을 태우고 운행하지 말 것
④ 물이 고인 곳을 운행할 때에는 고인 물을 튀게 하여 다른 사람에게 피해를 주는 일이 없도록 할 것

> 출석 지시서를 받은 경우에는 출석 지시서를 가지고 자동차를 운행할 수 있다.

44 도로 교통법상 보도와 차도가 구분된 도로에 중앙선이 설치되어 있는 경우 차마의 통행방법으로 옳은 것은?

① 중앙선 좌측   ② 중앙선 우측
③ 보도   ④ 보도의 좌측

> 차마가 도로를 운행하고자 할 때에는 중앙선 우측으로 통행하여야 한다.

정 답
39.② 40.② 41.④ 42.④ 43.① 44.②

45 신호등이 없는 철길 건널목 통과방법 중 옳은 것은?

① 차단기가 올라가 있으면 그대로 통과해도 된다.
② 반드시 일시 정지를 한 후 안전을 확인하고 통과한다.
③ 신호등이 진행 신호일 경우에도 반드시 일시 정지를 하여야 한다.
④ 일시 정지를 하지 않아도 좌우를 살피면서 서행으로 통과하면 된다.

> 신호등이 없는 철길 건널목을 통과할 때에는 철길 건널목 직전에 반드시 일시 정지를 한 후 좌우를 살펴 안전을 확인하고 서행으로 통과하여야 한다.

46 승차 또는 적재 방법과 제한에서 운행상의 안전기준을 넘어서 승차 및 적재가 가능한 경우는?

① 도착지를 관할하는 경찰서장의 허가를 받은 때
② 출발지를 관할하는 경찰서장의 허가를 받은 때
③ 관할 시·군수의 허가를 받은 때
④ 동·읍·면장의 허가를 받은 때

> 승차 또는 적재 방법과 제한에서 운행상의 안전기준을 넘어서 승차 및 적재가 가능한 경우는 출발지를 관할하는 경찰서장의 허가를 받은 때이다.

47 도로교통법 상에서 정의된 긴급자동차가 아닌 것은?

① 응급 전신, 전화 수리 공사에 사용되는 자동차
② 긴급한 경찰 업무수행에 사용되는 자동차
③ 위독 환자의 수혈을 위한 혈액 운송 차량
④ 학생 운송 전용버스

> **1. 긴급자동차의 정의**
> 소방자동차. 구급자동차 그 밖의 대통령령이 정하는 자동차로서 그 본래의 긴급한 용도로 사용되고 있는 중인 자동차를 말한다.
> **2. 대통령령으로 정한 긴급자동차**
> ① 소방자동차·구급자동차
> ② 경찰용 자동차중 범죄 수사 차. 교통단속자동차
> ③ 국군 및 국제연합군용 자동차 중 군 질서 유지 및 부대 이동을 유도하는 자동차
> ④ 수사기관용 자동차 중 범죄 수사자동차
> ⑤ 교도기관용 자동차 중 도주자의 체포 또는 호송·경비용 자동차
> **3. 신청에 의하여 시·도경찰청장이 지정하는 긴급자동차**
> ① 전기·가스사업 등의 응급작업용 자동차
> ② 민방위 업무기관의 긴급 예방 또는 응급 복구용 자동차
> ③ 고속도로 관리를 위한 응급작업용 자동차
> ④ 전신·전화의 수리공사 등의 응급작업용 자동차
> ⑤ 우편물 자동차 중 긴급 우편물 운송용 자동차
> ⑥ 전파감시 업무에 사용 되는 자동차
> **(4) 긴급 자동차로 간주되는 자동차**
> ① 경찰용 긴급자동차에 유도되고 있는 자동차
> ② 국군 및 주한 국제 연합군용 긴급자동차에 유도되고 있는 국군 및 주한 국제연합군의 자동차
> ③ 생명이 위급한 환자나 부상자를 운반중인 자동차

48 도로교통법상 반드시 서행하여야 할 장소로 지정된 곳으로 가장 적절한 것은?

① 안전지대 우측
② 비탈길의 고개 마루부근
③ 교통정리가 행하여지고 있는 교차로
④ 교통정리가 행하여지고 있는 횡단보도

> **1. 서행하여야 할 곳**
> ① 교통정리가 행하여지지 아니하고 좌·우를 확인할 수 없는 교차로
> ② 도로의 구부러진 곳
> ③ 비탈길의 고개 마루 부근
> ④ 가파른 비탈길의 내리막
> ⑤ 시·도경찰청장이 도로에서의 위험을 방지하고 교통의 안전과 원활한 소통을 확보하기 위하여 필요하다고 인정하여 지정한 곳

정 답

45.② 46.② 47.④ 48.②

49 고속도로를 운행 중 일 때 안전운전 상 준수사항으로 가장 적합한 것은?

① 정기점검을 실시 후 운행하여야 한다.
② 연료량을 점검하여야 한다.
③ 월간 정비 점검을 하여야 한다.
④ 모든 승차자는 좌석 안전띠를 매도록 하여야 한다.

> 고속도로를 운행할 때에는 모든 승차자는 좌석 안전띠를 매야 한다.

50 도로교통법상 술에 취한 상태의 기준으로 옳은 것은?

① 혈중알코올농도 0.02% 이상일 때
② 혈중알코올농도 0.1% 이상일 때
③ 혈중알코올농도 0.03% 이상일 때
④ 혈중알코올농도 0.2% 이상일 때

> 술에 취한 상태의 기준은 혈중알코올농도 0.03%이다.

51 야간에 차가 서로 마주 보고 진행하는 경우의 등화 조작 중 맞는 것은?

① 전조등, 보호등, 실내 조명등을 조작한다.
② 전조등을 켜고 보조등을 끈다.
③ 전조등 변환빔을 하향으로 한다.
④ 전조등을 상향으로 한다.

> 야간에 차가 서로 교행(마주보고 진행하는 경우)할 때에는 전조등을 하향으로 하여야 한다.

52 도로교통법상 주차를 금지하는 곳으로서 틀린 것은?

① 상가 앞 도로의 5m 이내의 곳
② 터널 안 및 다리 위
③ 도로공사를 하고 있는 경우에는 그 공사구역의 양쪽 가장자리로부터 5m 이내의 곳
④ 화재경보기로부터 3m 이내의 곳

> 상가 앞 도로의 5m 이내의 곳은 주차금지 구역이 아니다.

53 도로주행의 일반적인 주의사항으로 틀린 것은?

① 시력이 저하될 수 있으므로 터널 진입 전 헤드라이트를 켜고 주행한다.
② 고속주행 시 급 핸들조작, 급브레이크는 옆으로 미끄러지거나 전복될 수 있다.
③ 야간 운전은 주간보다 주의력이 양호하며, 속도감이 민감하여 과속 우려가 없다.
④ 비오는 날 고속주행은 수막현상이 생겨 제동효과가 감소된다.

> 야간 운전은 주간보다 주의력이 불량하며, 속도감이 둔감하여 과속 우려가 있다.

54 규정상 올바른 정차 방법은?

① 정차는 도로 모퉁이에서도 할 수 있다.
② 일방통행로에서는 도로의 좌측에 정차할 수 있다.
③ 도로 우측 단에 타 교통에 방해가 되지 않도록 정차해야 한다.
④ 정차는 교차로 측단에서 할 수 있다.

> 자동차의 올바른 정차방법은 도로의 우측 가장자리에 다른 교통에 방해되지 않도록 정차를 하여야 한다.

55 다음 중 주·정차를 할 수 있는 곳은?

① 도로의 우측 가장자리
② 도로의 모퉁이
③ 교차로 가자자리
④ 횡단보도 옆

> 자동차가 도로에서 정차할 때에는 차도의 우측 가장자리 에 정차를 하여야 한다.

정 답

49.④ 50.③ 51.③ 52.① 53.③
54.③ 55.①

56 야간 등화장치 조작의 내용으로 맞는 것은?

① 야간에 도로가에 잠시 정차할 경우에는 미등을 꺼두어도 무방하다.
② 야간 주행 운전시 등화의 밝기를 줄이는 것은 국토교통부령에 규정되어 있다.
③ 차량의 야간등화 조작은 국토교통부령에 의한다.
④ 자동차는 밤에 도로를 주행할 때 전조등, 차폭등, 미등, 번호등과 그 밖의 등화를 켜야 한다.

1. 차의 등화
① 도로를 통행하는 때의 등화

자동차 종류	켜야 하는 등화
자동차	전조등, 차폭등, 미등, 번호등, 실내조명등(실내조명등은 승합 및 사업용 승용자동차에 한한다).
원동기장치 자전거	전조등, 미등(후부반사기를 미등으로 본다.)
노면 전차	전조등, 차폭등, 미등 및 실내 조명등
규정 외의 자동차	시·도경찰청장이 정하여 고시하는 등화

② 정차·주차 하는 때의 등화

자동차의 종류	켜야 하는 등화
이륜자동차 및 원동기장치 자전거	미등(후부반사기를 포함)
노면 전차	차폭 및 미등
규정 외의 자동차	시·도경찰청장이 정하여 고시하는 등화

57 횡단보도로부터 몇 m 이내에 정차 및 주차를 해서는 안 되는가?

① 3m   ② 5m
③ 8m   ④ 10m

횡단보도로 부터 10m 이내에는 주차 및 정차가 금지되어 있다.

58 가장 안전한 앞지르기 방법은?

① 좌·우측으로 앞지르기 하면 된다.
② 앞차의 속도와 관계없이 앞지르기를 한다.
③ 반드시 경음기를 울려야 한다.
④ 반대 방향의 교통, 전방의 교통 및 후방에 주의를 하고 앞차의 속도에 따라 안전하게 한다.

앞지르기 방법
① 차가 다른 차를 앞지르고자 할 때에는 앞차의 좌측을 통행 하여야 한다.
② 앞지르고자 할 때에는 반대방향의 교통 및 앞차의 전방 교통에도 충분한 주의를 기울여야 한다.
③ 앞차의 속도나 진로 또는 도로 상황에 따라 경음기를 울리는 등 안전한 속도와 방법으로 앞지르기를 하여야 한다.

59 주차·정차가 금지되어 있지 않은 장소는?

① 교차로   ② 건널목
③ 횡단보도   ④ 경사로의 정상부근

경사로의 정상부근은 서행 장소이며 주정차 금지된 구역은 아니다.

60 철길 건널목 안에서 차가 고장이 나서 운행할 수 없게 된 경우 운전자의 조치사항과 가장 거리가 먼 것은?

① 철도 공무 중인 직원이나 경찰 공무원에게 즉시 알려 차를 이동하기 위한 필요한 조치를 한다.
② 차를 즉시 건널목 밖으로 이동 시킨다.
③ 승객을 하차시켜 즉시 대피 시킨다.
④ 현장을 그대로 보존하고 경찰서로 가서 고장 신고를 한다.

철도 건널목 안에서 고장 시에는 즉시 승객을 대피시키고 철도 공무원 등에게 알리며 차를 이동할 조치를 취하여 이동한다.

정 답

56.④   57.④   58.④   59.④   60.④

61 도로교통법에 위반되는 행위는?
① 철길 건널목 바로 전에 일시 정지하였다.
② 야간에 차가 서로 마주 보고 진행할 때 전조등의 광도를 감하였다.
③ 다리 위에서 앞지르기하였다.
④ 주간에 방향을 전환할 때 방향 지시등을 켰다.

> 다리 위는 앞지르기 금지 장소이다.

62 도로교통법상 도로의 모퉁이로부터 몇 m 이내의 장소에 정차하여서는 안 되는가?
① 2m ② 3m
③ 5m ④ 10m

> 도로 모퉁이로부터 5m 이내의 장소에는 주정차 금지 장소이다.

63 도로교통법에서는 교차로, 터널 안, 다리 위 등을 앞지르기 금지 장소로 규정하고 있다. 그 외 앞지르기 금지 장소를 다음 [보기]에서 모두 고르면?

> 보기
> A. 도로의 구부러진 곳
> B. 비탈길의 고갯마루 부근
> C. 가파른 비탈길의 내리막

① A ② A, B
③ B, C ④ A, B, C

> 앞지르기 금지장소는 교차로, 터널 안, 다리 위, 도로의 구부러진 곳, 비탈길의 고갯마루부근, 가파른 비탈길의 내리막 또는 시·도경찰청장이 안전표지에 의해 지정한 곳이다.

64 도로 교통법상 총중량 2000kg 미만인 자동차를 총중량이 그의 3배 이상인 자동차로 견인할 때의 속도는 (단, 견인하는 차량이 견인자동차가 아닌 경우이다.)?
① 매시 30km 이내
② 매시 50km 이내
③ 매시 80km 이내
④ 매시 100km 이내

> 도로 교통법상 총중량 2000kg 미만인 자동차를 총중량이 그의 3배 이상인 자동차로 견인할 때의 속도는 매시 30km 이내의 속도로 견인할 수 있다.

65 도로 교통법상 정차 및 주차금지 장소에 해당되는 것은?
① 건널목 가장자리로부터 15m 지점
② 정류장 표지판으로부터 12m 지점
③ 도로의 모퉁이로부터 3m 지점
④ 교차로 가장 자리로부터 10m 지점

> 정차·주차 금지장소
> ① 교차로, 횡단보도, 보도와 차도가 구분된 도로의 보도 또는 건널목. 단 보도와 차도에 걸쳐서 설치된 노상 주차장의 주차는 제외 된다.
> ② 5미터 이내의 곳
> ㉮ 교차로 가장자리 ㉯ 도로 모퉁이
> ③ 10미터 이내의 곳
> ㉮ 안전지대 사방
> ㉯ 버스 정류장 표시 기둥. 판. 선
> ㉰ 건널목 가장자리
> ④ 시·도경찰청장이 도로에서의 위험을 방지하고 교통의 안전과 원활한 소통을 확보하기 위하여 필요하다고 인정하여 지정한 곳.

66 건설기계 조정시 자동차 제1종 대형 면허가 있어야 하는 기종은?
① 로더 ② 지게차
③ 콘크리트 펌프 ④ 기중기

> 1종 대형면허로 조종할 수 있는 건설기계
> ① 덤프트럭
> ② 아스팔트살포기
> ③ 노상안정기
> ④ 콘크리트믹서트럭
> ⑤ 콘크리트펌프
> ⑥ 천공기(트럭적재 식)
> ⑦ 특수 건설기계 중 국토교통부장관이 지정하는 건설기계

정 답
61.③ 62.③ 63.④ 64.① 65.③ 66.③

67 밤에 도로에서 차를 운행하는 경우 등의 등화로 틀린 것은?

① 견인되는 차 : 미등·차폭등 및 번호등
② 원동기장치 자전거 : 전조등 및 미등
③ 자동차 : 자동차안전기준에서 정하는 전조등, 차폭등, 미등
④ 자동차 등 이외의 모든 차 : 지방 경찰청장이 정하여 고시하는 등화

1. 도로를 통행하는 때의 등화

자동차 종류	켜야 하는 등화
자동차	전조등, 차폭등, 미등, 번호등, 실내조명등(실내조명등은 승합 및 사업용 승용자동차에 한한다).
원동기장치 자전거	전조등, 미등
노면 전차	전조등, 차폭등, 미등 및 실내 조명등
규정 외의 자동차	시·도경찰청장이 정하여 고시하는 등화

68 다음 중 무면허 운전에 해당되는 것은?

① 제2종 보통 면허로 원동기 장치 자전거 운전
② 제 1종 보통 면허로 12t 화물자동차를 운전
③ 제 1종 대형 면허로 긴급 자동차 운전
④ 면허증을 휴대하지 않고 자동차를 운전

제1종 보통 면허로 12ton의 화물자동차를 운전하면 무면허로 처분을 받게 된다.

69 제1종 운전면허를 받을 수 없는 사람은?

① 한쪽 눈을 보지 못하고 색채 식별이 곤란한 사람
② 양쪽 눈의 시력이 각각 0.5이상인 사람
③ 두 눈을 동시에 뜨고 잰 시력이 0.8이상인 사람
④ 적색, 황색, 녹색의 색채 식별이 가능한 사람

한쪽 눈을 보지 못하고 색채 식별이 곤란한 사람은 운전면허를 발급 받을 수 없다.

70 자동차 1종 대형 면허 소지자가 조정할 수 없는 건설기계는?

① 지게차
② 콘크리트 펌프
③ 아스팔트 살포기
④ 노상 안정기

지게차는 건설기계조정 자격증을 취득하고 면허를 발급 받아 운전한다.

71 도로교통법에 따라 소방용 기계기구가 설치된 곳, 소방용 방화물통, 소화전 또는 소화용 방화물통의 흡수구나 흡수관으로부터 (   ) 이내의 지점에 주차하여서는 아니된다. (   )안에 들어갈 거리는?

① 10미터　　　　② 7미터
③ 5미터　　　　 ④ 3미터

도로교통법에 따라 소방용 기계기구가 설치된 곳, 소방용 방화물통, 소화전 또는 소화용 방화물통의 흡수구나 흡수관으로부터 (5미터) 이내의 지점에 주차하여서는 아니된다.

72 자동차 1종 대형 면허로 조종할 수 없는 건설기계는?

① 아스팔트살포기
② 무한 궤도식 천공기
③ 콘크리트 펌프
④ 덤프 트럭

무한 궤도식 천공기는 천공기 면허로 운전할 수 있다.

정 답

67.③　68.②　69.①　70.①　71.③　72.②

73 도로 교통법상 교통사고에 해당되지 않는 것은?

① 도로 운전 중 언덕길에서 추락하여 부상한 사고
② 차고에서 적재하던 화물이 전락하여 사람이 부상한 사고
③ 주행 중 브레이크 고장으로 도로변의 전주를 충돌한 사고
④ 도로 주행 중 적재한 화물이 추락하여 사람이 부상한 사고

차고에서 적재하던 화물의 전락으로 사람이 부상한 사고는 교통사고가 아니고 회사 내에서 발생된 경우에는 산업 재해에 속한다.

74 제1종 운전면허를 받을 수 없는 사람은?

① 두 눈의 시력이 각각 0.5인 이상인 사람
② 대형 면허를 취득하려는 경우 보청기를 착용하지 않고 55데시벨의 소리를 들을 수 있는 사람
③ 두 눈을 동시에 뜨고 잰 시력이 0.1인 사람
④ 붉은색, 녹색 및 노란색을 구별할 수 있는 사람

두 눈을 동시에 뜨고 잰 시력이 0.7이상이어야 한다.

75 도로 교통법상 도로에서 교통사고로 인하여 사람을 사상한 때 운전자의 조치로 가장 적합한 것은?

① 경찰관을 찾아 신고한 다음 사상자를 구호한다.
② 경찰서에 출두하여 신고한 다음 사상자를 구호한다.
③ 중대한 업무를 수행하는 경우에는 후조치를 할 수 있다.
④ 즉시 정차하여 사상자를 구호하는 등 필요한 조치를 한다.

교통사고로 사람을 사상한 때에는 즉시 정차하여 사상자를 구호하는 등 필요한 조치를 취하여야 한다.

76 교통사고가 발생하였을 때 운전자가 가장 먼저 취해야 할 조치로 적절한 것은?

① 즉시 보험회사에 신고한다.
② 모범운전자에게 신고한다.
③ 즉시 피해자 가족에게 알린다.
④ 즉시 사상자를 구호하고 경찰에 연락한다.

교통사고 발생 시 즉시 정지하여 사상자를 구호하고 경찰에 신고하며 2차 사고 방지를 위한 조치를 취하여야 한다.

77 다음 중 관공서용 건물 번호판으로 알맞은 것은?

①  ②
③  ④

2번과 4번은 일반용 건물 번호판이고, 3번은 문화재 및 관광용 건물 번호판, 1번은 관공서용 건물 번호판이다.

78 다음 3방향 도로명 예고표지에 대한 설명으로 맞는 것은?

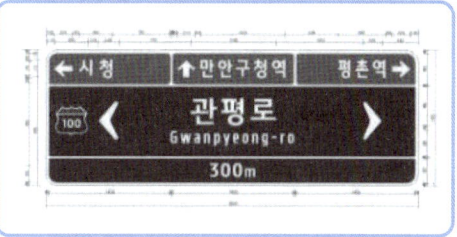

① 좌회전하면 300m 전방에 시청이 나온다.
② 직진하면 300m 전방에 관평로가 나온다.
③ 우회전하면 300m 전방에 평촌역이 나온다.
④ 관평로는 북에서 남으로 도로 구간이 설정되어 있다.

정 답
73.② 74.③ 75.④ 76.④ 77.① 78.②

> 도로 구간은 서쪽 방향은 시청, 동쪽 방향은 평촌역, 북쪽 방향은 만안구청, 300은 직진하면 300m 전방에 관평로가 나온다는 의미이다. 도로의 시작 지점에서 끝 지점으로 갈수록 건물 번호가 커진다.

79 차량이 남쪽에서부터 북쪽방향으로 진행 중일 때, 그림의 「2방향 도로명 예고표지」에 대한 설명으로 틀린 것은?

① 차량을 좌회전하는 경우 '통일로'의 건물 번호가 커진다.
② 차량을 좌회전하는 경우 '통일로'로 진입할 수 있다.
③ 차량을 좌회전하는 경우 '통일로'의 건물 번호가 작아진다.
④ 차량을 우회전하는 경우 '통일로'로 진입할 수 있다.

> 차량을 좌회전을 하는 경우에는 통일로의 건물 번호는 남쪽에서 북쪽 방향으로 부여되므로 건물번호는 커지게 된다.

80 차량이 남쪽에서부터 북쪽 방향으로 진행 중일 때, 그림의 「3방향 도로명 표지」에 대한 설명으로 틀린 것은?

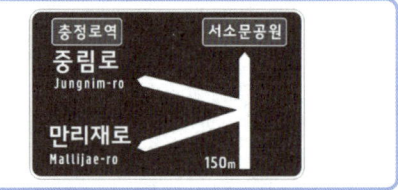

① 차량을 좌회전하는 경우 '중림로', 또는 '만리재로'로 진입할 수 있다.
② 차량을 좌회전하는 경우 '중림로', 또는 '만리재로' 도로구간의 끝 지점과 만날 수 있다.
③ 차량을 직진하는 경우 '서소문공원' 방향으로 갈 수 있다.
④ 차량을 '중림로'로 좌회전하면 '충정로역' 방향으로 갈 수 있다.

> 차량을 좌회전하는 경우 '중림로' 또는 '만리재로' 도로구간의 끝 지점은 서로 만날 수 없게 되어있다.

정 답
79.① 80.②

PART.6
장비 구조

1. 엔진 구조
2. 전기장치
3. 유압일반

chapter 01 엔진 구조 익히기

1-1 엔진 기초 사항

01 열기관(기관, 엔진)

열기관이란 열원의 연소에 의해 발생된 열에너지를 기계적인 에너지로 바꾸는 장치로 열원의 연소를 실린더 내에서 행하는 내연기관과 실린더 밖에서 행하는 외연기관으로 분류된다. 우리가 알고 있는 모든 기관(엔진)은 내연기관이다.

02 내연 기관의 분류

(1) 작동 방식(기계학적 사이클)에 따른 분류
  ① **2행정 사이클 기관**: 크랭크 축 1 회전 즉, 피스톤의 2 행정으로 1 사이클을 완료
  ② **4행정 사이클 기관**: 크랭크 축 2 회전 즉, 피스톤의 4 행정으로 1 사이클을 완료

(2) 점화방식에 따른 분류
  ① **전기점화 엔진**: 가솔린 기관, LPG기관으로 압축된 혼합가스에 점화 플러그에서 고압의 전기불꽃을 방전시켜 점화 연소시키는 형식의 엔진이다.
  ② **압축착화 엔진**: 건설기계에 사용하는 디젤기관으로 공기만을 실린더 내로 흡입하고 고온고압으로 압축한 후 고압의 연료(경유)를 미세한 안개 모양으로 분사시켜 자기착화 시킨다.

(3) 실린더 안지름(D)과 행정(L)의 비에 따른 분류
  ① **단행정 기관(오버 스퀘어 기관)**: L/D < 1 인 형식으로 실린더 안지름(D)이 피스톤 행정(L)보다 큰 엔진
  ② **정방행정 기관(스퀘어 기관)**: L/D = 1 인 형식으로 실린더 안지름과 피스톤 행정의 크기가 똑같은 엔진
  ③ **장행정 기관(언더 스퀘어 기관)**: L/D > 1 인 형식으로 실린더 안지름보다 피스톤 행정의 길이가 큰 엔진으로 그 특징은 저속에서 큰 회전력을 얻을 수 있고 측압을 감소시킬 수 있다.

1-2 건설기계 엔진의 작동 원리

01 4행정 사이클 기관의 작동 원리

(1) 흡입 행정
피스톤이 내려가면서 대기와의 압력차에 의해 신선한 공기가 실린더로 유입되는 행정으로 흡기 밸브는 열려 있고 배기 밸브는 닫혀 있다.

(2) 압축 행정
피스톤이 올라가면서 공기를 압축시키는 행정으로 흡·배기 밸브 모두 닫혀 있다.

> **TIP**
> ① 압축 압력: 가솔린 8 ~ 11kgf/cm², 디젤 30 ~ 35kgf/cm²
> ② 압축 목적: 디젤 경우에는 연료의 착화성(연료에 불이 쉽게 붙을 수 있도록)을 좋게 하기 위함이며 압축 시 연소실 압축 공기의 온도는 400~700℃ 정도이다. (일반적으로 디젤 엔진은 500~550℃ 이상이 필요하다.)
> ③ 압축비: 피스톤이 상사점에 있을 때의 간극 체적(공간체적)과 피스톤이 하사점에 있을 때 실린더 체적(연소실(공간)체적 + 행정체적)과의 비를 말한다.

(3) 동력 행정(폭발 행정)

연소 압력으로 피스톤을 밀어내려 동력을 발생하는 행정으로 흡·배기 밸브 모두 닫혀 있다.

> **TIP**
> ① 연소(폭발) 압력 : 가솔린 35 ~ 45kgf/cm², 디젤 55~ 65kgf/cm²
> ② 최대압력 발생 시기 : 동력 행정에서 피스톤이 상사점을 지난 후 10~15° 부근

(4) 배기 행정

피스톤이 올라가면서 연소된 가스를 밖으로 내보내는 행정으로 흡기 밸브는 닫혀 있고 배기 밸브는 열려 있다.

(5) 밸브(통로의 문)의 작동

밸브는 피스톤이 상사점에 이르기 전에 미리 열리고 하사점을 지난 후에 늦게 닫아주므로 많은 공기를 흡입할 수 있도록 한다. 밸브는 흡입과 배기 행정에서만 각각 1회 작동한다.

① **행정**(stroke) : 상사점과 하사점 사이의 거리 즉, 피스톤이 움직인 거리
② **밸브 오버랩**(valve over lap) : 흡·배기 효율을 향상시키기 위해 흡·배기 밸브가 동시에 열려 있는 상태로 밸브가 미리 열리고 늦게 닫힘으로 발생된다.
③ **블로 다운** : 배기 행정 초기에 피스톤은 하향하나 배기 밸브가 열려 배기가스가 자체의 압력에 의해서 배출되는 현상
④ **행정의 순서** : 기관의 행정 순서는 흡입, 압축, 폭발(동력), 배기 행정 순으로 이루어진다.

02 4행정 사이클 기관의 장·단점

(1) 4행정 사이클 기관

1) 장점
① 각 행정이 완전히 구분되어 있어 작동이 확실하고 효율이 좋으며, 안정성이 있다.
② 회전 속도의 범위가 넓다.
③ 체적 효율이 높고 연료 소비율도 적다.
④ 냉각효과가 양호하여 열적 부하가 적다.
⑤ 기동이 쉽고 블로바이(압축 및 연소가스가 실린더와 피스톤 사이로 크랭크실로 새는 현상) 적으며 실화가 일어나지 않는다.

2) 단점
① 밸브 기구에 의한 충격 및 소음이 많다.
② 기통수가 적으면 회전이 원활하지 않다.
③ 탄화수소(HC)의 배출은 적으나 질소산화물(NOx)의 배출이 많다.

06 출제예상문제
장비구조

01 4행정 사이클 디젤 엔진의 흡입 행정에 관한 설명 중 맞지 않는 것은?
① 흡입 밸브를 통하여 혼합기를 흡입한다.
② 실린더 내에 부압(負壓)이 발생한다.
③ 흡입 밸브는 상사점 전에 열린다.
④ 흡입계통에는 벤투리, 초크 밸브가 없다.

> 벤투리, 초크 밸브는 가솔린 엔진의 기화기 구조에 해당되는 것으로 유속의 변화와 흡입 공기량을 제어하는 부품이다. 디젤 기관은 흡입행정에서 공기만을 흡입하여 압축 착화시키는 기관이다.

02 4행정으로 1사이클을 완성하는 기관에서 각 행정의 순서는?
① 압축 – 흡입 – 폭발 – 배기
② 흡입 – 압축 – 폭발 – 배기
③ 흡입 – 압축 – 배기 – 폭발
④ 흡입 – 폭발 – 압축 – 배기

> 4행정 기관의 행정 순서는 흡입→압축→폭발(동력)→배기 순으로 사이클이 완성된다.

03 다른 중 가솔린엔진에 비해 디젤엔진의 장점으로 볼 수 없는 것은?
① 열효율이 높다.
② 압축압력, 폭발압력이 크기 때문에 마력 당 중량이 크다.
③ 유해 배기가스 배출량이 적다.
④ 흡기행정 시 펌핑 손실을 줄일 수 있다.

> 디젤기관은 마력 당 중량이 무거운 것이 단점이다.

04 4행정 사이클 디젤 기관이 작동 중 흡입밸브와 배기밸브가 동시에 닫혀있는 행정은?
① 흡입행정   ② 소기행정
③ 동력행정   ④ 배기행정

> 압축행정과 동력(폭발, 착화)행정에서는 모든 밸브(흡기와 배기밸브)가 닫혀 있어야 한다.

05 왕복형 엔진에서 상사점과 하사점까지의 거리는?
① 사이클   ② 과급
③ 행정   ④ 소기

> ① 사이클: 어떤 주기적인 변화 중 1주기
> ② 행정: 피스톤이 움직인 거리. 즉, 상사점에서 하사점까지의 거리
> ③ 소기: 연소된 가스의 배출을 새로운 공기가 도와주는 것

06 기관의 밸브 오버랩을 두는 이유로 가장 적합한 것은?
① 밸브 개폐를 쉽게 하기 위해
② 압축압력을 높이기 위해
③ 흡입 효율 증대를 위해
④ 연료 소모를 줄이기 위해

> 밸브 오버랩이란 흡입밸브와 배기밸브가 동시에 열려 있는 상태를 말하는 것으로 흡·배기밸브를 미리 열어주고 늦게 닫아주므로 발생이 된다. 이것은 충분히 밸브를 열어주어 흡·배기 효율을 높이는데 그 목적이 있다.

07 4행정 디젤 엔진에서 흡입 행정 시 실린더 내에 흡입되는 것은?
① 혼합기   ② 연료
③ 공기   ④ 스파크

> 디젤 기관은 압축착화기관으로 흡입시 공기만을 흡입하여 압축을 하여 압축열을 발생시키며 이곳에 연료를 안개화하여 관통을 시키면 연료는 이 열에 의해 자연적으로 불이 발생되어 연소시키는 엔진이다.

정답
01.① 02.② 03.② 04.③ 05.③
06.③ 07.②

08 공기만을 실린더 내로 흡입하여 고압축비로 압축한 다음 압축열에 의해 연료를 분사하는 작동 원리의 디젤 기관은?

① 압축 착화기관
② 전기 점화기관
③ 외연기관
④ 제트기관

> 점화방식에 따른 분류
> ① **전기점화 엔진** : 압축된 혼합가스에 점화 플러그에서 고압의 전기불꽃을 방전시켜 점화 연소시키는 형식의 엔진으로 가솔린 엔진, LPG 엔진의 점화방식
> ② **압축착화 엔진** : 공기만을 실린더 내로 흡입하고 고온고압으로 압축한 후 고압의 연료(경유)를 미세한 안개 모양으로 분사시켜 자기착화 시키는 형식의 엔진으로 디젤 엔진의 점화방식

09 고속 디젤 기관의 장점으로 틀린 것은?

① 열효율이 가솔린 기관보다 높다.
② 인화점이 높은 경유를 사용하므로 취급이 용이하다.
③ 가솔린 기관보다 최고 회전수가 빠르다.
④ 연료 소비량이 가솔린 기관보다 적다.

> 고속 디젤 기관은 가솔린 기관에 비하여 열효율이 높고 연료 소비가 적으며 인화점이 높은 경유를 사용하므로 연료의 취급이 쉬우나 소음과 진동, 무게가 무겁고 회전수가 낮은 결점이 있다.

10 4행정 기관에서 흡·배기밸브가 모두 열려 있는 시점은?

① 흡입행정 말   ② 압축행정 초
③ 폭발행정 초   ④ 배기행정 말

> 밸브 오버랩을 말하는 것으로 공기의 와류를 유효하게 이용하기 위하여 밸브를 미리 열고 늦게 닫아 생기는 현상으로 흡입효율을 높이기 위한 것이다. 배기행정이 끝나면서 흡입행정이 시작될 때 두 밸브는 동시에 열리게 된다.

11 4행정 사이클 디젤기관 동력행정의 연료 분사 진각에 대한 설명 중 맞지 않는 것은?

① 기관 회전속도에 따라 진각 된다.
② 진각에는 연료의 점화 늦음을 고려한다.
③ 진각에는 연료 자체의 압축율을 고려한다.
④ 진각에는 연료통로의 유동 저항을 고려한다.

> 진각이란 연료의 분사시기를 앞당기는 것으로 연료 통로의 유동저항을 위한 고려는 없다.

12 디젤기관과 관계없는 설명은?

① 경유를 연료로 사용한다.
② 점화장치 내에 배전기가 있다.
③ 압축 착화한다.
④ 압축비가 가솔린 기관보다 높다.

> 점화장치는 가솔린 기관과 LPG 기관에 있다.

13 기관의 총 배기량에 대한 내용으로 옳은 것은?

① 1번 연소실 체적과 실린더 체적의 합이다.
② 각 실린더 행정 체적의 합이다.
③ 행정체적과 실린더 체적의 합이다.
④ 실린더 행정 체적과 연소실 체적의 곱이다.

> 배기량이란 실린더로 유입할 수 있는 공기량 또는 실린더에서 내보낼 수 있는 공기량으로 피스톤이 움직여 발생된 체적을 말한다. 따라서 총 배기량이란 각 실린더 행정체적의 합이다.

14 압력의 단위가 아닌 것은?

① kgf/cm^2 ② dyne
③ Psi   ④ ber

> dyne(다인)은 가속도, 표면 장력 등에 사용하는 단위이다.

정 답
08.①　09.③　10.④　11.④　12.②
13.②　14.②

15 디젤 기관이 가솔린 기관보다 압축비가 높은 이유는?
① 연료의 무화를 정확하게 하기 위하여
② 기관의 과열과 진동을 적게 하기 위하여
③ 공기의 압축열로 착화시키기 위하여
④ 연료의 분사를 높게 하기 위하여

> 디젤 기관의 압축비를 가솔린 기관보다 높게 하는 것은 디젤 기관이 자연착화 기관으로 압축열에 의한 연료의 연소를 쉽게 하기 위함이다.

16 1kw는 몇 PS인가?
① 0.75   ② 1.36
③ 75   ④ 735

> 1kw는 1.36이다.

17 2행정 사이클 기관에만 해당되는 과정(행정)은?
① 흡입   ② 압축
③ 동력   ④ 소기

> 2행정 기관에는 흡입, 압축, 동력, 배기 뿐만 아니라 소기행정이 있으며 이 소기 행정은 연소된 가스의 배출을 새로운 공기가 도와주는 행정으로 2행정 기관만이 가진 행정이다.

18 실린더 내경이 행정보다 작은 기관을 무엇이라 하는가?
① 스퀘어 기관   ② 단행정 기관
③ 장행정 기관   ④ 정방행정 기관

> 실린더 행정 내경비에 따른 엔진의 분류로 실린더 내경이 행정보다 큰 단행정 기관(오버스퀘어 기관)과 실린더 내경이 행정보다 적은 기관인 장행정 기관(언더스퀘어 기관), 행정과 내경이 같은 정방행정 기관(스퀘어 기관)이 있다.

19 다음 중 내연기관의 구비조건으로 틀린 것은?
① 단위 중량당 출력이 적을 것
② 열효율이 높을 것
③ 저속에서 회전력이 적을 것
④ 점검 및 정비가 쉬울 것

> 내연기관의 조건으로는 ②, ④ 외에도 경량이고 소형이며 단위 중량 당 출력이 커야하고 운전 중 소음이나 진동이 적어야 하며 저속에서도 회전력이 커야 한다.

20 디젤 기관의 특성으로 가장 거리가 먼 것은?
① 연료 소비율이 적고 열효율이 높다.
② 예열 플러그가 필요 없다.
③ 연료의 인화점이 높아서 화재의 위험성이 적다.
④ 전기 점화장치가 없어 고장율이 적다.

> 디젤 기관은 압축열에 의한 자연 발화 엔진으로 한냉시에는 압축 온도 상승이 낮아 시동이 어려우며 이를 보완하기 위해 예열장치를 설치하여 사용한다.

21 엔진의 회전수를 나타낼 때 rpm이란?
① 시간당 엔진회전수
② 분당 엔진회전수
③ 초당 엔진회전수
④ 10분간 엔진회전수

> rpm 이란 분당 축의 회전수 또는 회전속도를 나타내는 것으로 엔진에서는 엔진의 회전수를 말한다.

22 기관의 실린더 수가 많을 때의 장점이 아닌 것은?
① 기관의 진동이 적다.
② 저속 회전이 용이하고 큰 동력을 얻을 수 있다.
③ 연료 소비가 적고 큰 동력을 얻을 수 있다.
④ 가속이 원활하고 신속하다.

> 기관 작동 시 실린더 수가 많을수록 연료 소비는 증가한다.

정 답

15.③ 16.② 17.④ 18.③ 19.①
20.② 21.② 22.③

23 열에너지를 기계적 에너지로 변환시켜 주는 장치는?

① 펌프　　② 모터
③ 엔진　　④ 밸브

> 펌프는 기계적 에너지를 유체 에너지로, 모터는 유체에너지를 기계적 에너지로 전환해주는 기계이며 열에너지를 기계적 에너지로 전환하여주는 것은 기관(엔진)이다.

24 디젤기관의 점화(착화) 방법으로 옳은 것은?

① 전기점화　　② 자기착화
③ 마그넷점화　　④ 전기착화

> 디젤 기관은 공기만을 흡입 가압하여 공기의 온도를 높인 후 연료를 미세한 안개 모양으로 분사시켜 압축열로 연소가 일어나는 압축착화 엔진 또는 자기착화 엔진이다.

25 4행정 기관에서 1사이클을 완료할 때 크랭크축은 몇 회전 하는가?

① 1회전　　② 2회전
③ 3회전　　④ 4회전

> 4행정 사이클 기관은 크랭크축 2회전에 1사이클을 완성하는 기관이다.

정　답

23.③　24.②　25.②

1-3 엔진 본체 구조와 기능

01 실린더 헤드
① 실린더 블록 위에 개스킷을 사이에 두고 설치되어 있다.

02 디젤기관의 연소실
디젤기관의 연소(폭발)는 공기만을 흡입하여 고압으로 압축하여 연소실의 온도가 500~550℃이상으로 연소실의 온도를 높인 다음 연료를 안개화하여 압축열 속을 관통 시키면 자연적으로 연료에 불이 발생되어 연소시키는 압축착화 방식이다.

(1) 연소실의 구비 조건
① 연소 시간이 짧을 것
② 평균 유효 압력이 높을 것
③ 열효율이 높을 것
④ 기동이 잘 될 것
⑤ 디젤 노크가 적고, 연소 상태가 좋을 것

(2) 연소실의 종류
① **단실식** : 직접 분사실식
② **복실식(부실식)** : 예연소실식, 공기실식, 와류실식

(3) 직접 분사실식
① 구조가 간단하다.
② 기동이 쉽다.
③ 열효율이 좋고 연료 소비가 적다.
④ 분사 압력이 높다(150~300kgf/cm²).
⑤ 디젤 노크가 일어나기 쉽다.
⑥ 2사이클 디젤 기관이 모두 이 형식을 사용한다.

> **TIP**
> 기동이 쉽게 이루어지도록 히트 레인지를 흡기 다기관에 설치하여 흡입되는 공기를 예열 한다.

(4) 예연소실식
① 완전 연소시킨다.
② 분사 압력이 낮아도 된다(100~120kgf/cm²).
③ 디젤 노크가 잘 일어나지 않는다.
④ 연료 소비가 많다.

> **TIP**
> 복실식 연소실은 기동이 쉽게 이루어지도록 예열 플러그가 필요하다.

(5) 와류실식
① 실린더 헤드에 주 연소실 체적의 30~50% 정도의 와류실이 설치되어 있다.
② 연료의 분사개시 압력은 100~140kgf/cm² 이다.

(6) 공기실식
① 실린더 헤드에 주 연소실 체적의 6.5~20% 정도의 공기실이 설치되어 있다.
② 연료의 분사개시 압력은 100~140kgf/cm² 이다.

03 실린더 헤드 개스킷
실린더 헤드 개스킷은 실린더 블록과 헤드사이에 설치된 패킹으로 압축가스의 기밀 유지, 오일 및 냉각수가 누출되는 것을 방지하는 역할을 한다.

04 실린더 헤드 정비 방법

(1) 실린더 헤드의 탈·부착
① 헤드 볼트를 풀 때에는 변형을 방지하기 위하여 대각선의 방향으로 바깥쪽에서 중앙을 향하여 풀고 조일 때에는 토크 렌치(볼트나 너트의 조임력을 나타내는 공구)를 사용하여 규정대로 2~3회 나누어 중앙에서 바깥쪽을 향하여 조여야 한다.
② 헤드 볼트를 푼 다음 헤드가 잘 떨어지지 않을 경우에는 정이나 드라이버 등을 이

용하여 떼어내면 절대로 안 되며, 연질의 해머로 가볍게 두들겨 고착을 풀거나 압축압력을 이용하거나 자중을 이용하여 떼어 낸다.

05 실린더 블록

(1) 실린더 블록
엔진의 기초 구조물이다.

(2) 실린더
① 피스톤의 상하 운동을 안내하고 열에너지를 기계적 에너지로 바꾼다.
② 실린더 벽은 정밀 다듬질되어 있으며, 0.1mm 정도 크롬 도금된 것도 있다.
③ 주위에는 물 재킷이 있다.

1) 실린더의 종류
① **일체식** : 실린더 블록과 동일한 재질로 제작, 실린더 벽이 마멸되면 보링을 하여야 한다. 실린더의 강성 및 강도가 크고 냉각수 누출 우려가 적으며 부품수가 적고 무게가 가볍다.
② **삽입(라이너 또는 슬리브)식** : 실린더 블록과 실린더를 별도로 제작한 후 실린더 블록에 삽입하는 형식으로 습식과 건식이 있으며 그 특징은 다음과 같다.

> **TIP**
> 1) 건식 라이너
> ① 냉각수와 직접 접촉되지 않는다.
> ② 두께 : 2~4mm 주로 가솔린 기관에 사용
> ③ 프레스를 이용하여 내경 100mm 당 2~3 톤의 힘으로 압입
> 2) 습식 라이너
> ① 냉각수와 직접 접촉된다. 따라서 냉각수가 크랭크실로 샐 염려가 있다.
> ② 두께 : 5~8mm, 주로 디젤 기관에 사용한다.
> ③ 조립은 실링(냉각수 누출 방지와 변형 방지)에 진한 비눗물을 바르고 손으로 가볍게 눌러 끼운다.

2) 실린더 벽의 마멸 원인
㉮ 실린더와 피스톤 링과의 접촉에 의한 마멸
㉯ 피스톤 링의 호흡 작용과 링과 마찰에 의한 마멸
㉰ 흡입 공기 또는 혼합기의 먼지 등의 이물질
㉱ 농후한 혼합기 및 연소생성물에 의한 마멸
㉲ 윤활 불량 및 하중 변동에 의한 마멸

3) 실린더 마멸의 영향
㉮ 블로바이로 압축압력 저하 및 오일 희석
㉯ 오일 연소실 침입에 의한 불완전 연소
㉰ 오일 및 연료 소비량 증가
㉱ 피스톤 슬랩 발생
㉲ 열효율 감소 및 정상운전 불가

06 피스톤

피스톤은 실린더 내를 왕복 운동하며, 폭발압력을 커넥팅 로드 및 크랭크축에 전달하여 동력을 발생한다. 구조는 피스톤 헤드, 링 지대(링 홈과 랜드), 스커트부, 보스부 등으로 되어 있으며 제1번 랜드에는 헤드부의 높은 열이 스커트부로 전달되는 것을 방지하는 히트 댐을 두는 형식도 있다.

(1) 피스톤이 갖추어야 할 조건
① 고온과 폭발 압력에 충분히 견딜 것.
② 무게가 가벼울 것.
③ 열팽창이 적고 열전도율이 좋을 것.
④ 가스 누출을 방지하여 기밀을 유지할 것.

(2) 엔진의 동력전달
연소 폭발력이 동력으로 바뀌어 전달되는 과정은 다음과 같다.
피스톤 → 커넥팅로드 → 크랭크축 → 플라이휠 → 클러치 순으로 동력이 전달된다.

07 피스톤 링

(1) 피스톤 링의 3 대 작용
① 기밀 유지　② 오일 제어 작용
③ 열전도 작용

(2) **압축 링**: 압축 링은 기밀을 유지함과 동시에 오일을 제어한다.

(3) **오일 링**: 실린더 벽에 뿌려진 과잉의 오일을 긁어내린다.

08 피스톤 핀

피스톤 핀은 피스톤과 커넥팅 로드를 연결하고, 피스톤에서 받은 압력을 크랭크축에 전달한다.

09 커넥팅 로드

피스톤에서 받은 압력을 크랭크축에 전달한다.

10 크랭크 축

피스톤의 직선 운동을 회전 운동으로 바꾸어 외부로 출력하고 그 구조는 메인저널, 크랭크 핀 저널, 크랭크 암, 평형추(밸런스 웨이트), 오일 홈, 오일 슬링거, 플랜지부로 구성되어 있다.

(1) 구비 조건
　① 강성이 충분하고 내마멸성이 클 것
　② 정적 및 동적 평형이 잡혀 있을 것

(2) 크랭크축의 구조
　㉮ **크랭크 핀 저널**: 커넥팅 로드 대단부 연결 되는 부분
　㉯ **크랭크 암**: 크랭크 핀과 메인 저어널을 연결하는 부분
　㉰ **메인 저널**: 축을 지지하는 저어널 베어링이 들어가는 부분
　㉱ **평형추**: 크랭크 축 평형을 유지시키기 위하여 암에 부착되는 추
　㉲ 오일통로, 오일펌프 및 슬링거, 플랜저, 스프로킷, 비틀림 진동댐퍼(대형) 등

(3) 폭발 순서 고려사항
　1) **폭발순서를 결정할 때 고려사항**
　① 연소가 같은 간격으로 일어나게 한다.
　② 인접한 실린더에 연이어 점화되지 않도록 한다.
　③ 혼합기가 각 실린더에 균일하게 분배되게 하여야 한다.
　④ 크랭크축에 비틀림 진동이 일어나지 않게 하여야 한다.

　2) **다기통 엔진의 점화순서를 실린더 배열 순서로 하지 않는 이유**
　① 엔진 발생동력을 평등하게 하기 위해
　② 크랭크축에 무리가 가지 않도록 하기 위해
　③ 엔진의 원활한 회전을 위해

11 플라이휠 및 비틀림 진동 방지기

(1) 플라이휠
　① 엔진 회전력의 맥동을 방지하여 회전 속도를 고르게 한다.
　② 엔진 기동을 위해 링 기어를 설치되어 있다.
　③ 클러치가 부착된다.(엔진의 동력을 동력 전달장치로 전달한다.)
　④ 실린더 수가 많고 회전 속도가 빠르면 플라이 휠 무게는 가볍게 한다. 즉 플라이 휠의 무게는 회전속도와 실린더 수에 관계가 있다.

(2) 엔진의 진동 방지장치
　플라이 휠, 진동 댐퍼, 사일런트 축(카운터 샤프트), 밸런스 샤프트 등을 설치하여 엔진의 진동을 방지한다.

12 엔진 베어링

엔진 베어링은 회전부분에 사용되는 것으로 엔진에서는 보통 평면(플레인)베어링이 사용된다.

(1) 베어링의 구비조건
　① 하중 부담 능력이 있어야 한다.
　② 고속 회전에 견딜 것
　③ 내피로성이 커야 한다.
　④ 매입성이 좋아야 한다.
　⑤ 추종 유동성이 있어야 한다.

⑥ 정비가 용이할 것
⑦ 내부식성 및 내마멸성이 커야 한다.
⑧ 마찰계수가 적어야 한다.

(2) 베어링 크러시
① 베어링의 바깥 둘레와 하우징의 안 둘레와의 차이
② 두는 이유
  ㉮ 조립시 밀착 양호
  ㉯ 열전도율 양호

(3) 베어링 스프레드
① 베어링을 캡에 끼우지 않았을 때 베어링의 외경과 하우징의 내경과의 차이
② 두는 이유
  ㉮ 작은 힘으로 눌러 끼워 베어링이 제자리에 밀착되게
  ㉯ 조립시 캡에서 이탈 방지
  ㉰ 크러시로 인한 찌그러짐 방지

13 밸브 기구

(1) 밸브 기구
① **L 헤드형 밸브 기구** : 캠 축, 밸브 리프터(태핏) 및 밸브로 구성되어 있다.
② **I 헤드형 밸브 기구** : 캠 축, 밸브 리프터, 밸브, 푸시로드, 로커 암으로 구성되어 있으며, 현재 가장 많이 사용되는 밸브 기구이다.
③ **F 헤드형 밸브 기구** : L 헤드형과 I 헤드형 밸브 기구를 조합한 형식이다.
④ **OHC(over head cam shaft) 밸브 기구** : 캠축이 실린더 헤드 위에 설치된 형식으로 캠축이 1개인 것을 SOHC 라하고, 캠축이 헤드 위에 2개가 설치된 것을 DOHC 라 한다.

(2) 캠축의 구동방식
① **기어 구동식** : 타이밍 기어(헬리컬 기어)의 물림에 의해 구동된다.
 ㉮ 타이밍 기어 : 크랭크축 기어와 캠축기어는 피스톤의 상하 운동에 맞추어 밸브개폐시기와 점화시기를 바르게 유지하므로 타이밍 기어라 하며 타이밍 기어의 백래시가 커지면 밸브개폐시기가 틀려진다.
② **체인 구동식** : 사일런트 또는 롤러 체인으로 구동된다.
  ㉮ 소음이 적고 전달 효율이 높다.
  ㉯ 캠축 위치를 자유로이 선정할 수 있다.
  ㉰ 텐셔너 : 체인의 장력이 조정된다.
  ㉱ 댐퍼 : 체인의 진동을 방지한다.
③ **벨트 구동식** : 타이밍 벨트로 코크 벨트(고무제의 투스 벨트)가 사용되며 소음이 없고 구동이 확실하다. 또한 작업 시에는 기름이 묻어서는 안 되며 손으로 작업을 하여야 한다.

(3) 밸브 리프터
 캠의 회전 운동을 상·하 직선 운동으로 바꾸어 밸브 또는 푸시로드에 전달
① **기계식 리프터** : 원통형과 플린지형 및 롤러형이 있으며 열팽창을 고려해서 밸브 간극을 둔다.
② **유압식 리프트** : 밸브 간극은 항상 0 이다.
③ **유압식 리프트의 특징**
  ㉮ 엔진의 윤활장치의 유압을 이용한다.
  ㉯ 밸브 기구의 작동이 정숙하다.
  ㉰ 밸브 간극 점검 및 조정이 필요 없다.
  ㉱ 밸브기구에서 발생되는 진동이나 충격을 오일이 흡수하므로 내구성이 좋다.
  ㉲ 밸브개폐시기가 정확하여 엔진의 성능이 향상된다.
  ㉳ 오일펌프나 회로의 막힘이 있으면 작동이 불량하거나 작동이 안 된다.
  ㉴ 구조가 복잡하다.

(4) 푸시로드

(5) **로커암**: 밸브를 직접 개폐시킨다.

(6) **밸브 간극**

밸브의 열 팽창 때문에 둔다.

> **TIP**
> 밸브 간극이 크거나 작을시의 영향
> ① 밸브 간극이 크다.
>   ㉮ 밸브의 열림이 적어 흡·배기 효율이 저하된다.
>   ㉯ 소음이 발생된다.
>   ㉰ 출력이 저하되며, 스템 엔드부의 찌그러짐이 발생된다.
> ② 밸브 간극이 작다.
>   ㉮ 밸브가 완전히 닫히지 않아 기밀 유지가 불량하다.
>   ㉯ 역화 및 후화 등 이상 연소가 발생된다.
>   ㉰ 출력이 저하된다.

14 밸브

(1) **밸브**

연소실에 마련된 흡·배기 포트를 개폐하는 역할을 하며 포핏 밸브가 사용된다.

1) 구비 조건
① 큰 하중에 견디고 변형을 일으키지 않을 것
② 가스 흐름에 대해 저항이 적을 것
③ 중량이 가볍고 내구성이 있을 것
④ 고온, 고압에 충분히 견딜 수 있는 강도가 있을 것
⑤ 열전도성이 좋을 것
⑥ 부식이 잘 되지 않으며 경량일 것

2) 밸브의 구조
① 밸브의 헤드 : 흡입 밸브가 배기 밸브보다 크다.
② 밸브의 마진 : 밸브의 재사용 여부를 결정하며 0.8mm 이하 시에는 모든 조건이 양호해도 교환하여야 한다.
③ 밸브면 : 밸브 시트에 밀착하여 기밀 유지하며 헤드부의 열을 시트에 전달(75%)
④ 밸브 시트와의 접촉 폭 : 1.4~2.0mm 정도이며 접촉 폭이 넓으면 냉각은 양호하나 기밀 유지는 불량하고 폭이 좁으면 기밀유지는 양호하나 냉각이 불량하다.
⑤ 밸브면 각도 : 60°, 45°, 30°(45°, 30°를 많이 사용)
⑥ 밸브 헤드의 지름을 크게 하면 흡입 효율은 증대되나 냉각이 곤란하다.
⑦ 간섭각 : 열팽창을 고려하여 밸브면 각도를 시트 면의 각도보다 1/4 ~ 1° 크게 한 것이다.
⑧ 특수용 밸브(나트륨 냉각 방식 밸브) : 고급 엔진, 항공기 및 배기 밸브에만 사용되며, 스템 내부를 중공으로 하고 중공 체적의 40~60% 금속 나트륨 봉입
⑨ 밸브 스템 엔드는 평면으로 다듬질되어야 한다.
⑩ 밸브 시트와 밸브의 접촉각이 45°일 때 사용되는 밸브시트의 커터 각은 15°, 45°, 75°의 것이 필요하다.

(2) **밸브 스프링**

밸브가 닫혀 있는 동안 기밀을 유지하고 밸브의 리턴과 밸브의 작동을 확실히 한다.

1) 구비 조건
① 규정의 장력을 가질 것
② 관성력을 이겨내고 밸브가 캠의 형상에 따라 움직이게 할 수 있을 것
③ 내구성이 있어 최고 회전속도에도 견딜 것
④ 서징현상을 일으키지 않을 것

2) 서징 현상
밸브 스프링의 고유 진동이 캠의 주기적인 운동과 같거나 그 정수 배가되어 캠에 의한 작동과 관계없이 진동을 일으키는 현상이다.

3) 서징 현상의 방지책
① 부등피치 스프링 사용
② 2중 스프링 사용
③ 원뿔형 스프링 사용

06 장비구조 출제예상문제

01 기관의 연소실 형상과 관련이 적은 것은?
① 기관 출력　② 열효율
③ 엔진 속도　④ 운전 정숙도

> 엔진의 정숙도는 연소실의 형상과는 관계가 없다.

02 디젤 기관에서 부실식과 비교할 경우 직접 분사식 연소실의 장점이 아닌 것은?
① 냉간 시동이 용이하다.
② 연소실 구조가 간단하다.
③ 연료 소비율이 낮다.
④ 저질 연료의 사용이 가능하다.

> 특징
> ⓐ 구조가 간단하고 열효율이 높다.
> ⓑ 연료 소비량이 적다.
> ⓒ 시동이 쉬우며 예열 플러그가 필요없다.
> ⓓ 분사 압력이 높아 노즐의 수명이 짧고 가격이 비싸다.
> ⓔ 사용 연료, rpm, 부하 등에 민감하며 노크를 일으키기 쉽다.

03 디젤기관 연소과정에서 연소 4단계와 거리가 먼 것은?
① 전기연소기간(전 연소기간)
② 화염전파기간(폭발연소기간)
③ 직접연소기간(제어연소기간)
④ 후기연소기간(후 연소기간)

> 디젤기관의 연소과정은 착화지연기간, 화염전파기간, 직접연소기간, 후기연소기간의 4단계로 되어 있다.

04 다음 중 연소실과 연소의 구비조건이 아닌 것은?
① 분사된 연료를 가능한 한 긴 시간동안 완전 연소 시킬 것
② 평균 유효압력이 높을 것
③ 고속 회전에서의 연소 상태가 좋을 것
④ 노크 발생이 적을 것

> 분사된 연료는 가능한 한 짧은 시간에 완전연소 시켜야 한다.

05 디젤기관에서 직접 분사실식의 장점이 아닌 것은?
① 연료 소비량이 적다.
② 냉각손실이 적다.
③ 연료 계통의 연료 누출 염려가 적다.
④ 구조가 간단하여 열효율이 높다.

> 직접 분사실식의 연소실에서 장점은 열효율이 좋고 시동이 쉬우며 연료소비가 적으나 디젤 노크 발생이 쉽고 연료계통의 부품 수명이 짧으며 연료를 고급 연료 사용하여야 하고 고압의 연료로 인한 누출이 쉬운 결점을 가지고 있다.

06 보기에 나타낸 것은 기관에서 어느 구성 품을 형태에 따라 구분한 것인가?

> 보기
> 직접분사식, 예연소실식,
> 와류실식, 공기실식

① 연료분사장치　② 연소실
③ 점화장치　④ 동력전달장치

> 보기의 구성품은 디젤기관의 연소실을 분류한 것이다.

07 디젤 기관의 연소실 중 연료 소비율이 낮으며 연소 압력이 가장 높은 연소실의 형식은?
① 예연소실식　② 와류실식
③ 직접분사실식　④ 공기실식

정 답

01.④　02.④　03.①　04.①　05.③
06.②　07.③

직접분사실식의 특징
① 구조가 간단하다.
② 기동이 쉽다.
③ 열효율이 좋고 연료 소비가 적다.
④ 분사 압력이 높다(150~300kgf/cm²).
⑤ 디젤 노크가 일어나기 쉽다.
⑥ 2 사이클 디젤 기관이 모두 이 형식을 사용한다.

08 엔진 오일이 연소실로 올라오는 주된 이유는?

① 피스톤 링 마모
② 피스톤 핀 마모
③ 커넥팅로드 마모
④ 크랭크축 마모

오일이 연소실로 유입되는 원인은 실린더와 피스톤 사이의 틈새가 넓거나 피스톤 링의 마모 및 기능 저하에 그 원인이 있다.

09 실린더 헤드 개스킷에 대한 구비조건으로 틀린 것은?

① 기밀유지가 좋을 것
② 내열성과 내압성이 있을 것
③ 복원성이 적을 것
④ 강도가 적당할 것

실린더 헤드 개스킷은 기밀유지, 오일 및 냉각수 누출을 방지하기 위한 일종의 패킹으로 적당한 복원성이 있어야 한다.

10 기관의 실린더 블록(Cylinder Block)과 헤드(Head) 사이에 끼워져 기밀을 유지하는 것은?

① 오일 링(Oil Ring)
② 헤드 개스킷(Head Gasket)
③ 피스톤 링(Piston Ring)
④ 물 재킷(Water Jacket)

실린더 블록과 헤드 사이에는 개스킷을 설치하여 기밀유지와 냉각수 및 오일의 누출을 방지한다.

11 실린더 헤드의 볼트를 풀었음에도 실린더 헤드가 분리되지 않을 때 탈거 방법으로 틀린 것은?

① 압축압력을 이용하는 방법
② 자중을 이용하는 방법
③ 플라스틱 해머를 이용하여 충격을 가하는 방법
④ 드라이버와 해머를 이용하여 블록과 헤드 틈새에 충격을 가하는 방법

실린더 헤드의 볼트를 풀었음에도 실린더 헤드가 분리되지 않을 때 탈거 방법으로는 압축압력을 이용하는 방법, 자중을 이용하는 방법, 연질이 고무망치나 플라스틱해머를 이용하는 방법이 있으며 드라이버와 해머를 이용하여 블록과 헤드 틈새에 충격을 가하는 방법은 헤드나 블록의 변형 등을 유발하므로 사용하지 않는다.

12 실린더 헤드 등 면적이 넓은 부분에서 볼트를 조이는 방법으로 가장 적합한 것은?

① 규정 토크로 한 번에 조인다.
② 중심에서 외측을 향하여 대각선으로 조인다.
③ 외측에서 중심을 향하여 대각선으로 조인다.
④ 조이기 쉬운 곳부터 조인다.

실린더 헤드 보트를 풀고 조이는 방법
조일 때에는 토크렌치를 사용하여 2~3회로 나누어 조이며 중앙에서 밖으로 향하여 대각선 방향으로 조인다. 또한 풀 때에는 밖에서부터 대가ㄱ선의 방향으로 중앙을 향하여 푼다.

13 실린더 헤드 개스킷이 손상되었을 때 일어나는 현상으로 가장 적절한 것은?

① 엔진오일의 압력이 높아진다.
② 피스톤 링의 작동이 느려진다.
③ 압축압력과 폭발압력이 낮아진다.
④ 피스톤이 가벼워진다.

실린더 헤드의 개스킷이 손상되면 압축가스의 누출로 인하여 압축압력과 폭발 압력이 저하된다.

정 답
08.① 09.③ 10.② 11.④ 12.②
13.③

14 실린더 헤드의 변형원인으로 틀린 것은?
① 기관의 과열
② 실린더 헤드 볼트 조임 불량
③ 실린더 헤드 커버 개스킷 불량
④ 제작시 열처리 불량

> 실린더 헤드 커버 개스킷이 불량하면 오일이 누유되며 헤드의 변형과는 관계없다.

15 냉각수에 엔진 오일이 혼합되는 원인으로 가장 적합한 것은?
① 물 펌프 마모
② 수온 조절기 파손
③ 방열기 코어 파손
④ 헤드 개스킷 파손

> 냉각수에 오일이 혼합되는 이유는 헤드 개스킷 파손, 헤드 볼트의 이완 및 헤드의 변형, 오일 쿨러의 소손 등이다.

16 기관에 사용되는 일체식 실린더의 특징이 아닌 것은?
① 냉각수 누출 우려가 적다.
② 라이너 형식보다 내마모성이 높다.
③ 부품수가 적고 중량이 가볍다.
④ 강성 및 강도가 크다.

> 라이너 형식에 비해 내마모성은 낮다. 그 이유는 라이너식은 별도의 금속으로 제작 또는 도금을 하여 내마모성을 향상 시키며 일체식은 도금이 어렵기 때문이다.

17 실린더 라이너(Cylinder liner)에 대한 설명으로 틀린 것은?
① 종류는 습식과 건식이 있다.
② 일명 슬리브(Sleeve)라고도 한다.
③ 냉각 효과는 습식 보다 건식이 더 좋다.
④ 습식은 냉각수가 실린더 안으로 들어갈 염려가 있다.

> 기관의 냉각 효과는 냉각수가 실린더 라이너에 직접 접촉하는 습식이 더 좋다.

18 실린더의 압축압력이 감소하는 주요 원인으로 틀린 것은?
① 실린더 벽의 마멸
② 피스톤 링의 탄력 부족
③ 헤드 개스킷 파손에 의한 누설
④ 연소실 내부의 카본 누적

> 연소실 내부에 카본이 누적되면 연소실 표면적이 작아지게 되어 압축압력이 높아지게 된다.

19 기관에서 실린더 마모가 가장 큰 부분은?
① 실린더 아래 부분
② 실린더 윗부분
③ 실린더 중간 부분
④ 실린더 연소실 부분

> 실린더의 마모가 가장 심한 부분은 실린더 윗부분인 상사점 부근의 축에 직각 방향에서 가장 크다. 그 이유는 피스톤 링의 호흡작용과 윤활 불량 때문이다.

20 실린더 벽이 마멸되었을 때 발생되는 현상은?
① 기관의 회전수가 증가한다.
② 오일 소모량이 증가한다.
③ 열효율이 증가한다.
④ 폭발압력이 증가한다.

> 실린더 마멸 시 영향
> ① 압축압력 저하 ② 출력저하
> ③ 오일 소모량 증가 ④ 연료 소모량 증가
> ⑤ 오일 연소실 침입 ⑥ 엔진 이상연소
> ⑦ 정상 운전 불가

정 답				
14.③	15.④	16.②	17.③	18.④
19.②	20.②			

21 냉각수가 라이너의 바깥 둘레에 직접 접촉하고 정비 시 라이너 교환이 쉬우며 냉각효과가 좋으나 크랭크 케이스에 냉각수가 들어갈 수 있는 단점을 가진 것은?

① 진공식 라이너　② 건식 라이너
③ 유압 라이너　　④ 습식 라이너

> 1) 건식 라이너
> ① 냉각수와 직접 접촉되지 않는다.
> ② 두께: 2~4mm로 가솔린 기관에 사용
> ③ 프레스를 이용하여 내경 100mm 당 2~3 톤의 힘으로 압입
> 2) 습식 라이너
> ① 냉각수와 직접 접촉된다.
> ② 두께: 5~8mm로 디젤 기관에 사용
> ③ 조립은 실링에 진한 비눗물을 바르고 손으로 가볍게 눌러 끼운다.
> ④ 단점으로는 냉각수가 크랭크 케이스로 샐 염려가 있다.

22 실린더에 마모가 생겼을 때 나타나는 현상이 아닌 것은?

① 압축 효율 저하
② 크랭크 실내의 윤활유 오염 및 소모
③ 출력저하
④ 조속기의 작동 불량

> 실린더 마멸시 영향
> ① 압축압력 저하　② 출력저하
> ③ 오일 소모량 증가　④ 연료 소모량 증가
> ⑤ 오일 연소실 침입　⑥ 엔진 이상연소
> ⑦ 정상 운전 불가

23 건설기계 기관에 사용되는 습식 라이너의 단점은?

① 냉각 효과가 좋다.
② 냉각수가 크랭크실로 누출될 우려가 있다.
③ 직접 냉각수와 접촉하므로 냉각 성능이 우수하다.
④ 라이너의 압입 압력이 높다.

> 습식 라이너는 냉각수가 라이너에 직접 접촉이 되는 방식으로 두께는 약 5~8mm 정도이고 하부에는 2~3개 정도의 시일 링이 설치되어 있다. 주로 디젤 기관에 사용하며 단점으로는 냉각수가 크랭크 케이스로 새기 쉽다.

24 내연기관의 동력전달순서로 맞는 것은?

① 피스톤-커넥팅로드-플라이휠-크랭크축
② 피스톤-커넥팅로드-크랭크축-플라이휠
③ 피스톤-크랭크축-커넥팅로드-플라이휠
④ 피스톤-크랭크축-플라이휠-커넥팅로드

> 내연기관의 동력전달순서는 피스톤 → 커넥팅로드 → 크랭크축 → 플라이휠 → 클러치로 동력이 전달된다.

25 엔진의 피스톤 링에 대한 설명 중 틀린 것은?

① 압축 링과 오일 링이 있다.
② 기밀 유지의 역할을 한다.
③ 연료 분사를 좋게 한다.
④ 열전도 작용을 한다.

> 피스톤 링에는 압축 링과 오일 링이 있으며 링의 기능은 기밀유지 작용, 열전도 작용(냉각작용), 오일 제어 작용을 한다.

26 피스톤과 실린더 사이의 간극이 너무 클 때 일어나는 현상은?

① 엔진의 출력 증대
② 압축압력 증가
③ 실린더 소결
④ 엔진 오일의 소비 증가

> 실린더와 피스톤 사이의 간극이 크면 블로바이에 의한 압축압력 저하로 출력이 낮아지고 오일의 희석과 오일 소비량, 연료 소비량이 증가한다.

27 피스톤 링의 구비조건으로 틀린 것은?

① 열팽창률이 적을 것
② 고온에서도 탄성을 유지 할 것
③ 링 이음부의 압력을 크게 할 것
④ 피스톤 링이나 실린더 마모가 적을 것

> 링 이음부의 압력을 크게 하면 이음부에 의해 실린더 벽이 긁히게 된다.

정 답				
21.④	22.④	23.②	24.②	25.③
26.④	27.③			

28 피스톤 링에 대한 설명으로 틀린 것은?

① 피스톤이 받는 열의 대부분을 실린더 벽에 전달한다.
② 압축과 팽창가스 압력에 대해 연소실의 기밀을 유지한다.
③ 링의 절개구 모양을 버트 이음, 앵글이음, 랩이음 등이 있다.
④ 피스톤 링이 마모된 경우 크랭크 케이스 내에 블로다운 현상으로 인한 연소가스가 많아진다.

> 블로다운이란 연소가스의 배출 행정에서 연소가스의 배출이 자체의 압력에 의해 자연적으로 배출되는 현상이며 크랭크케이스로 새는 가스는 블로바이 가스이다.

29 건설기계 기관에서 연소실의 압축 압력을 측정한 결과 측정 압력이 낮게 나타났을 때 원인으로 틀린 것은?

① 실린더의 마모
② 연소실 카본 과다 누적
③ 밸브의 밀착 불량
④ 실린더 헤드 개스킷의 불량

> 연소실에 카본(연소 찌꺼기(끄름))은 연소실 표면적을 작게 만들어 압축 압력을 증가 시킨다.

30 디젤기관에서 압축압력이 저하되는 가장 큰 원인은?

① 냉각수 부족   ② 엔진오일 과다
③ 기어오일의 열화 ④ 피스톤 링의 마모

> 피스톤 링이 마멸되면 실린더와 피스톤 사이의 틈새가 넓어져 압축가스가 새고 열전도가 나빠지며 엔진오일이 연소실로 침입하게 된다.

31 디젤기관의 피스톤 링이 마멸되었을 때 발생되는 현상은?

① 엔진 오일의 소모가 증대된다.
② 폭발 압력의 증가 원인이 된다.
③ 피스톤의 평균 속도가 상승한다.
④ 압축비가 높아진다.

> 피스톤 링이 마멸되면 실린더와 피스톤 사이의 틈새가 넓어져 가스가 새고 열전도성이 떨어지며 오일이 연소실로 올라와 연소되어 오일 소모량이 증가하게 된다.

32 기관의 피스톤이 고착되는 원인으로 틀린 것은?

① 냉각수 량이 부족할 때
② 기관 오일이 부족하였을 때
③ 기관이 과열되었을 때
④ 압축압력이 정상일 때

> 피스톤이 고착되는 원인에는 피스톤 간극이 적거나 기관 오일이 부족할 때, 엔진 과열 되었을 때, 냉각수 부족 등이 그 원인에 속한다.

33 기관에서 크랭크축의 역할은?

① 원활한 직선운동을 하는 장치이다.
② 기관의 진동을 줄이는 장치이다.
③ 직선운동을 회전운동으로 변환시키는 장치이다.
④ 상하운동을 좌우운동으로 변환시키는 장치이다.

> 크랭크축은 엔진의 폭발력을 받아 피스톤의 직선운동을 회전운동으로 바꾸어 주는 축이다.

34 크랭크축은 플라이휠을 통하여 동력을 전달해 주는 역할을 하는데 회전 균형을 위해 크랭크 암에 설치되어 있는 것은?

① 저널   ② 크랭크 핀
③ 크랭크 베어링 ④ 밸런스 웨이트

> **밸런스 웨이트** : 평형추로서 크랭크축에 설치된 것으로 대형기관에서는 분해가 가능하도록 되어 있으며 크랭크축의 회전평형을 잡아주어 크랭크축의 회전이 바르게 되도록 하는 역할을 한다.

정 답
28.④　29.②　30.④　31.④　32.④
33.③　34.④

35 크랭크축의 비틀림 진동에 대한 설명 중 틀린 것은?

① 각 실린더의 회전력 변동이 클수록 커진다.
② 크랭크축이 길수록 커진다.
③ 강성이 클수록 커진다.
④ 회전부분의 질량이 클수록 커진다.

> 크랭크축의 비틀림 진동은 크랭크축의 회전수와 축의 길이, 회전부분의 질량에는 정비례하고 축의 강성에는 반비례하여 발생된다.

36 기관의 크랭크축 베어링의 구비조건으로 틀린 것은?

① 마찰계수가 클 것
② 내피로성이 클 것
③ 매입성이 있을 것
④ 추종 유동성이 있을 것

> 베어링으로 마찰계수가 크면 기동 저항의 증가로 필요이상의 동력이 소모된다.

37 공회전 상태의 기관에서 크랭크축의 회전과 관계없이 작동되는 기구는?

① 발전기
② 캠 샤프트
③ 플라이 휠
④ 스타트 모터

> 스타트 모터는 기동 전동기를 말하는 것으로 작동 전원이 배터리로 전류를 공급하면 크랭크축의 회전과는 관계없이 작동 된다.

38 크랭크축 베어링의 바깥둘레와 하우징 둘레와의 차이인 크러시를 두는 이유는?

① 안쪽으로 찌그러지는 것을 방지한다.
② 조립할 때 캡에 베어링이 끼워져 있도록 한다.
③ 조립할 때 베어링이 제자리에 밀착되도록 한다.
④ 볼트로 압착시켜 베어링 면의 열전도율을 높여준다.

> 베어링 크러시를 두는 이유는 볼트를 규정대로 조였을 때 베어링이 하우징에 완전히 밀착되어 열전도가 잘 되도록 한다.

39 기관에서 발생하는 진동의 억제 대책이 아닌 것은?

① 플라이 휠
② 캠 샤프트
③ 밸런스 샤프트
④ 댐퍼 풀리

> 캠 샤프트는 밸브를 개폐시키는 축으로 진동과는 관계가 없다.

40 플라이 휠 런 아웃을 점검할 때 필요한 게이지는?

① 마이크로미터
② 시크니스 게이지
③ 다이얼 게이지
④ 필러 게이지

> ① 마이크로미터: 초정밀 치수 측정용 공구
> ② 시크니스 게이지: 필러 게이지라고도 부르며 어떤 틈새를 잴 때에 사용된다.
> ③ 다이얼 게이지: 런 아웃, 백래시, 축의 휨, 캠의 양정, 축의 축 방향 흔들림 등을 측정할 수 있다.

41 엔진의 밸브가 닫혀있는 동안 밸브 시트와 밸브 페이스를 밀착시켜 기밀이 유지되도록 하는 것은?

① 밸브 리테이너
② 밸브 가이드
③ 밸브 스템
④ 밸브 스프링

> 각 부품의 기능
> ① 밸브 리테이너: 스프링의 받침대로 밸브 스프링과 밸브를 고정
> ② 밸브 가이드: 밸브 스템이 끼워지며 밸브의 운동을 안내
> ③ 밸브 스템: 밸브 가이드에 끼워져 밸브를 작동하며 밸브의 열을 가이드를 통해 실린더 헤드 냉각수에 전달
> ④ 밸브 스프링: 밸브의 개폐에서 밸브가 열릴 때 캠의 형상대로 움직이게 하고 밸브가 닫혀 있는 동안 기밀을 유지한다.

정 답
35.③ 36.① 37.④ 38.④ 39.②
40.③ 41.④

42 기관의 밸브 간극이 너무 클 때 발생하는 현상에 관한 설명으로 올바른 것은?

① 정상온도에서 밸브가 확실하게 닫히지 않는다.
② 밸브 스프링의 장력이 약해진다.
③ 푸시로드가 변형된다.
④ 정상온도에서 밸브가 완전히 개방되지 않는다.

> 밸브간극이 크면 정상온도에서 밸브가 완전히 개방되지 않으며 소음이 발생된다.

43 기관에서 캠축을 구동시키는 체인 장력을 자동 조정하는 장치는?

① 댐퍼(Damper)
② 텐셔너(Tensioner)
③ 서포트(Support)
④ 부시(Bush)

> 체인이나 벨트 등의 늘어짐을 자동 조절하여 주는 장치를 텐셔너라고 진동을 흡수 완화하는 것을 댐퍼라 한다.

44 유압식 밸브 리프터의 장점이 아닌 것은?

① 밸브 간극은 자동으로 조절된다.
② 밸브 개폐시기가 정확하다.
③ 밸브 구조가 간단하다.
④ 밸브기구의 내구성이 좋다.

> 밸브 기구가 복잡하고 오일 라인의 막힘 등 윤활계통 이상이 발생될 경우에는 밸브작동이 안 되는 것은 유압식 밸브 리프터의 단점이다.

45 엔진의 밸브 장치 중 밸브 가이드 내부를 상하 왕복운동 하며 밸브 헤드가 받는 열을 가이드를 통해 방출하고, 밸브의 개폐를 돕는 부품의 명칭은?

① 밸브 시트
② 밸브 스템
③ 밸브 페이스
④ 밸브 스템 엔드

> 밸브 시트는 밸브 페이스(면)와 접촉하는 부분으로 밸브가 닫혀있는 동안 기밀을 유지하고 밸브 헤드의 열을 시트를 통해 실린더 헤드에 전달하는 부분이며 밸브 스템은 가이드에 끼워져 내부를 상하운동하며 밸브의 열을 가이드를 통하여 방출하는 하는 부분이다. 밸브 스템앤드는 밸브의 끝부분으로 밸브간극이 설정되는 부분으로 로커암과 접촉하는 부분이다.

46 기관에서 폭발행정 말기에 배기가스가 실린더 내의 압력에 의해 배기밸브를 통해 배출되는 현상은?

① 블로 바이(blow by)
② 블로 백(blow back)
③ 블로 다운(blow bown)
④ 블로 업(blow up)

> 블로 바이는 실린더와 피스톤 사이로 가스가 크랭크실로 새는 것을 말하며 블로 백은 밸브 주위로 가스가 새는 것을 말한다.

47 밸브 간극이 작을 때 일어나는 현상으로 가장 적당한 것은?

① 기관이 과열된다.
② 밸브 시트의 마모가 심하다.
③ 밸브가 적게 열리고 닫히기는 꼭 닫힌다.
④ 실화가 일어날 수 있다.

> 밸브 간극이 적으면 밸브가 완전히 닫히지 않게되어 실화가 발생될 수 있다.

48 기관 운전 중에 진동이 심해질 경우 점검해야 할 사항으로 거리가 먼 것은?

① 기관의 점화시기를 점검
② 기관과 차체 연결 마운틴의 점검
③ 라디에이터 냉각수의 누설여부 점검
④ 연료계통의 공기 누설 여부 점검

> 라디에이터의 누설여부 점검은 엔진의 과열이 발생될 때에 점검하여야 할 사항이다.

정 답

42.④ 43.② 44.③ 45.② 46.③
47.④ 48.③

1-4 윤활장치의 구조와 기능

01 개요
기관 내부의 각 운동 부분에 윤활유를 공급하여 마찰 손실과 부품의 마모를 감소시키고 기계 효율을 향상시킨다.

02 윤활의 기능
① 마찰의 감소 및 마모를 방지 작용
② 밀봉 작용
③ 냉각 작용
④ 세척 작용
⑤ 방청 작용
⑥ 충격 완화 및 소음 방지

03 윤활 방식
① **압송식**: 오일펌프에 의해 규정 압력으로 압송
② **비산식**: 커넥팅 로드 대단부에 설치된 주걱으로 오일을 비산
③ **비산 압송식**: 압송식과 비산식의 조합하여 기관의 주요부는 압송, 실린더 벽은 비산

04 여과 방식
① **전류식**: 오일펌프에서 송출된 오일이 모두 여과기를 거쳐 윤활부에 공급
② **분류식**: 오일펌프에서 송출된 오일의 일부는 여과하여 오일 팬으로, 일부는 그대로 윤활부에 공급
③ **션트식**: 일분류식과 같으나 일부를 여과하여 오일팬과 윤활부로 일부의 오일은 그대로 윤활부에 공급

05 윤활장치의 구성
① **오일 팬**: 오일의 저장과 냉각을 할 수 있는 용기로 섬프와 간막이 판이 설치되어 있다.
② **오일펌프**: 캠 축 또는 크랭크축에 의해 구동되어 오일을 압송하며, 종류는 기어식, 로터리식, 베인식, 플런저식 등이 있다.
③ **유압 조절 밸브**: 오일펌프에서 공급되는 오일을 일정한 압력으로 조정하는 밸브로 릴리프(안전) 밸브라고도 한다.
  ㉮ 유압이 높아지는 원인
   ㉠ 유압 조절 밸브의 고착
   ㉡ 유압 조절 밸브 스프링 장력 과대
   ㉢ 오일 점도가 높을 때
   ㉣ 오일 회로의 막힘
   ㉤ 각 저널 및 작동부의 윤활 간극이 작을 때
  ㉯ 유압이 낮아지는 원인
   ㉠ 오일의 희석
   ㉡ 유압 조절 밸브의 접촉 불량 및 스프링 장력이 약하다.
   ㉢ 저널 및 각 작동부의 베어링 마멸 및 윤활 간극이 크다.
   ㉣ 오일펌프 설치 볼트의 이완
   ㉤ 오일펌프의 마멸
   ㉥ 오일회로의 파손 및 누유
   ㉦ 오일량 부족
④ **오일 스테이너**: 오일 속에 포함된 비교적 큰 불순물을 제거(고정식, 부동식)
⑤ **오일 여과기**: 금속 분말, 먼지 등 미세한 불순물 제거하며 종류로는 여과지식, 적층금속판식, 원심식이 있다.

> **TIP**
> 불순물의 80~90%는 카본이며 여과기의 구비조건
> ① 여과 성능이 좋고 압력 손실이 적어야 한다.
> ② 수명이 길고 소형이며 가벼워야 하고 취급이 용이해야 한다.
> ③ 오일의 산화가 없어야 한다.

⑥ **유량계(오일레벨게이지)**: 오일 팬 내의 오일 양과 질을 점검하기 위한 막대이다.

⑦ 유압계 : 윤활 회로에 흐르는 유압을 표시하는 계기이며 그 종류는 다음과 같다.(수온계와 동일)
  ㉮ 압력 팽창식(브루든 튜브식) : 브루든 튜브와 섹터기어 이용
  ㉯ 평행 코일식(밸런싱 코일식) : 2개의 코일과 가변저항 이용
  ㉰ 바이메탈 서모스태트식 : 바이메탈과 가변 저항을 이용
  ㉱ 점등식 : 유압이 정상이면 소등되고 유압이 낮으면 점등된다.
⑧ 오일 쿨러 : 오일 온도를 40 ~ 80℃ 정도로 유지하기 위한 장치로 엔진의 실린더 블록 측면이나 라디에이터 아래 탱크 밑에 설치되어 있다.

06 윤활유

(1) 윤활유가 갖추어야 할 조건
① 점도지수가 크고 점도가 적당하여야 한다.
② 청정력이 커야 한다.
③ 열과 산에 대하여 안정성이 있어야 한다.
④ 카본 생성이 적어야 한다.
⑤ 기포 발생에 대한 저항력이 있어야 한다.
⑥ 응고점이 낮아야 한다.
⑦ 비중이 적당하여야 한다.
⑧ 인화점 및 발화점이 높아야 한다.
⑩ 강인한 유막을 형성 할 수 있어야 한다.

(2) 점도 및 점도 지수
① 점도 : 오일의 끈적끈적한 정도를 나타내는 것으로 유체의 이동 저항이다.
  ㉮ 점도가 높으면 : 끈적끈적하여 유동성이 저하된다.
  ㉯ 점도가 낮으면 : 오일이 묽어 유동성이 좋다.

② 점도 지수 : 온도에 따른 점도 변화를 나타내는 수치
  ㉮ 점도 지수가 크면 : 온도 변화에 따라 점도의 변화가 작다.
  ㉯ 점도 지수 작으면 : 온도 변화에 따라 점도의 변화가 크다.
③ 유성 : 오일이 금속 마찰 면에 유막을 형성하는 성질
④ 점도 측정 방법 : 세이볼트 초, 앵귤러 점도, 레드우드 점도

(3) 윤활유의 종류
① 점도에 의한 분류 : 미국자동차기술협회에서 윤활유의 점도에 따라서 구분한 것으로 SAE 번호가 클수록 점도가 높다.
  ㉮ W기호는 겨울철용 윤활유로서 18℃(0°F)에서 점도가 측정되었음을 나타내며, W가 없는 것은 100℃(210°F)에서 측정한 것임을 표시한다.

계 절	겨울	봄, 가을	여름
S.A.E 번호	10~20	30	30~50

  ㉯ 근래에는 사용온도 범위가 넓은 5w~20, 10w~20, 10w~30, 20w~40 등으로 표시한 것을 사용한다.
② 윤활유의 용도와 기관의 운전 조건에 의한 분류 : 미국석유협회(API)에서 제정한 엔진 오일로 가솔린 엔진용과 디젤 엔진용으로 구분되어 있다.

구 분	가솔린 기관	디젤 기관
좋은 조건의 운전	ML	DG
중간 조건의 운전	MM	DM
가혹한 조건의 운전	MS	DS

③ **SAE 신 분류와 구 분류의 비교**

SAE 신 분류는 미국자동차협회, 석유협회, 재료시험협회 등과 협력하여 새로 제정한 오일로 가솔린 엔진용은 S (Service), 디젤 엔진용은 C (Commercial)로 하여 다시 A, B, C, D ……알파벳순으로 그 등급을 정하고 있다.

SAE 신 분류와 API 구 분류의 관계는 다음과 같다.

㉮ 가솔린 기관의 경우

구 분류	ML	MM	MS
신 분류	SA	SB	SC, SD

㉯ 디젤 기관의 경우

구 분류	DG	DM	DS
신 분류	CA	CB, CC	CD

07 윤활유의 색

① **검은색** : 심한 오염
② **우유색** : 냉각수 침입

(1) 오일 교환

① **엔진 오일 교환 시 주의사항**
  ㉮ 엔진에 알맞은 오일을 선택할 것
  ㉯ 오일 보충 시 동일 등급의 오일을 사용한다.
  ㉰ 재생 오일을 사용하지 않는다.
  ㉱ 오일 교환 시기에 맞추어 교환한다.
  ㉲ 오일 주입 시 불순물 유입에 유의 한다.
  ㉳ 오일량을 점검하면서 주입한다.
  ㉴ 점도가 서로 다른 오일을 혼합 사용해서는 안된다.

(2) 엔진 오일의 양 점검

지면이 평탄한 곳에서 자동차를 주차시키고 엔진을 정지시킨 다음 5~10 분이 경과한 후 점검하며, 유량계를 빼내어 "F"(MAX) 마크에 가까이 있으면 정상이다.

(3) 엔진 오일의 소비가 증대 되는 원인

엔진 오일의 소비 증대 원인은 연소와 누설이며 그 원인은 다음과 같다.

1) **오일이 연소되는 원인**
  ① 오일 량 과대
  ② 오일의 열화로 점도가 낮을 때
  ③ 피스톤과 실린더의 간극이 클 때
  ④ 피스톤 링의 장력 부족
  ⑤ 밸브 스템과 가이드 간극의 과대
  ⑥ 밸브 가이드 오일 실의 파손

2) **오일이 누유되는 원인**
  ① 크랭크축 오일실의 마멸 및 소손
  ② 오일펌프 개스킷의 마멸 또는 소손
  ③ 로커암 카버 개스킷 소손
  ④ 오일 팬의 균열 및 개스킷 불량과 소손
  ⑤ 오일 팬 고정 볼트의 이완
  ⑥ 오일 여과기 오일 실의 소손

06 장비구조 — 출제예상문제

01 오일 압력이 높은 것과 관계없는 것은?
① 릴리프 스프링(조정 스프링)이 강할 때
② 추운 겨울철에 가동할 때
③ 오일의 점도가 높을 때
④ 오일의 점도가 낮을 때

> 오일의 점도가 낮으면 유압 또한 낮아진다.

02 오일펌프 여과기(oil pump filter)와 관련된 설명으로 관련이 없는 것은?
① 오일을 펌프로 유도한다.
② 부동식이 많이 사용된다.
③ 오일의 압력을 조절한다.
④ 오일을 여과한다.

> 오일펌프 여과기는 오일펌프 스트레이너를 말하는 것으로 오일팬의 오일을 펌프로 유도하고 1차 여과작용을 하며 고정식과 부동식이 있다.

03 윤활유의 점도가 너무 높은 것을 사용했을 때의 설명으로 맞는 것은?
① 좁은 공간에 잘 침투하므로 충분한 주유가 된다.
② 엔진 시동을 할 때 필요 이상의 동력이 소모된다.
③ 점차 묽어지기 때문에 경제적이다.
④ 겨울철에 사용하기 좋다.

> 오일의 점도가 높은 것을 사용하면 엔진 기동할 때 기동 저항이 커져 필요 이상의 동력이 손실된다.

04 디젤 기관의 윤활장치에서 오일 여과기의 역할은?
① 오일의 역 순환 방지작용
② 오일에 필요한 방청 작용
③ 오일에 포함된 불순물 제거 작용
④ 오일 계통에 압력 증대 작용

> 오일 여과기는 오일 속에 포함된 불순물을 분리 제거 한다.

05 오일 량은 정상이나 오일 압력계의 압력이 규정치 보다 높을 경우 조치사항으로 맞는 것은?
① 오일을 보충한다.
② 오일을 배출한다.
③ 유압 조절밸브를 조인다.
④ 유압 조절밸브를 풀어준다.

> 오일 량은 정상이나 오일 압력계의 압력이 규정 값 보다 높을 때에는 유압 조절밸브를 풀어 유압을 낮추어 규정의 압력으로 맞추어 사용한다.

06 기관에 사용되는 윤활유의 소비가 증대될 수 있는 두 가지 원인은?
① 연소와 누설 ② 비산과 압력
③ 희석과 혼합 ④ 비산과 희석

> 윤활유는 밀폐된 공간에 있어 실린더로 유입되어 연소되거나 누설(오일이 외부로 새는 것)되어 오일의 소비가 증대된다.

07 건설기계장비 작업 시 계기판에서 오일 경고등이 점등되었을 때 우선 조치 사항으로 적합한 것은?
① 엔진을 분해한다.
② 즉시 시동을 끄고 오일 계통을 점검한다.
③ 엔진오일을 교환하고 운전한다.
④ 냉각수를 보충하고 운전한다.

> 오일 경고등의 점등은 윤활장치의 오일이 순환되지 않을 때 점등이 되므로 즉시 엔진을 정지 시키고 이상 부위를 점검 하여야 한다.

정 답
01.④ 02.③ 03.② 04.③ 05.④
06.① 07.②

08 엔진의 윤활장치 목적에 해당되지 않는 것은?

① 냉각작용　　② 방청작용
③ 윤활작용　　④ 연소작용

> **윤활유의 6대 작용**
> ① 감마(마찰 감소 및 마멸 방지)작용
> ② 밀봉 작용　③ 냉각 작용
> ④ 세척 작용　⑤ 방청 작용
> ⑥ 응력 분산 작용

09 기관 오일 압력이 상승하는 원인은?

① 오일펌프가 마모되었을 때
② 오일 점도가 높을 때
③ 윤활유가 너무 적을 때
④ 유압 조절 밸브 스프링이 약할 때

> **유압이 높아지는 원인**
> ① 오일 회로(오일 필터)의 막힘
> ② 오일 점도 과대
> ③ 유압 조절 밸브 스프링 장력 과다
> ④ 유압 조절 밸브의 고착
> ⑤ 마찰부의 베어링 간극이 적을 때
> ⑥ 회로가 막혔을 때

10 디젤 엔진에서 오일을 가압하여 윤활부에 공급하는 역할을 하는 것은?

① 냉각수 펌프　　② 진공 펌프
③ 공기 압축 펌프　④ 오일펌프

> **각 펌프의 기능**
> ① **냉각수 펌프**: 엔진에서 냉각수를 순환 시킨다.
> ② **진공 펌프**: 일반 차량에서 브레이크 장치 등에 부압을 발생한다.
> ③ **공기 압축 펌프**: 컴프레서로 공기 압축기를 말한다.
> ④ **오일펌프**: 오일 팬의 오일을 흡입 가압하여 윤활부에 공급한다.

11 기관의 오일 레벨게이지에 대한 설명으로 틀린 것은?

① 윤활유 레벨을 점검할 때 사용한다.
② 윤활유 육안검사 시 에도 활용된다.
③ 기관의 오일팬에 있는 오일을 점검하는 것이다.
④ 반드시 기관 작동 중에 점검해야 한다.

> **오일 레벨게이지**: 유면계로서 오일팬의 오일량을 점검할 때 사용하는 게이지로 기관 운전전 기관이 정지된 상태에서 평탄한 장소에서 오일 량과 오일의 질인 점도, 오일의 색, 오염정도 등을 점검하는 것이다.

12 실린더와 피스톤 사이에 유막을 형성하여 압축 및 연소가스가 누설되지 않도록 기밀을 유지하는 작용으로 맞는 것은?

① 밀봉작용　　② 감마작용
③ 냉각작용　　④ 방청작용

> **각 작용의 설명**
> ① **밀봉작용**: 기밀유지 작용
> ② **감마작용**: 마찰감소 및 마멸방지 작용
> ③ **냉각작용**: 마찰열을 흡수하는 작용
> ④ **방청작용**: 녹이 생기는 것을 방지하는 작용

13 건설기계 기관에 설치되는 오일 냉각기의 주 기능으로 맞는 것은?

① 오일 온도를 30℃이하로 유지하기 위한 기능을 한다.
② 오일 온도를 정상 온도로 일정하게 유지한다.
③ 수분, 슬러지(Sludge) 등을 제거 한다.
④ 오일의 압을 일정하게 유지한다.

> 오일 냉각기는 오일의 온도를 40~60℃ 정도로 일정하게 유지하기 위해 오일을 냉각시키는 것이다.

14 엔진 오일 교환 후 압력이 높아 졌다면 그 원인으로 가장 적절한 것은?

① 엔진 오일 교환 시 냉각수가 혼입 되었다.
② 오일의 점도가 낮은 것으로 교환 하였다.
③ 오일 회로 내 누설이 발생하였다.
④ 오일의 점도가 높은 것으로 교환 하였다.

정 답				
08.④	09.②	10.④	11.④	12.①
13.②	14.④			

> 유압이 높아지는 원인
> ① 오일 회로(오일 필터)의 막힘
> ② 오일 점도 과대
> ③ 유압 조절 밸브 스프링 장력 과다
> ④ 유압 조절 밸브의 고착
> ⑤ 마찰부의 베어링 간극이 적을 때
> ⑥ 회로가 막혔을 때

15 엔진에서 오일의 온도가 상승하는 원인이 아닌 것은?

① 과부하 상태에서 연속작업
② 오일 냉각기의 불량
③ 오일의 점도가 부적당할 때
④ 유량의 과대

> 엔진 오일의 온도 상승 원인으로는 점도가 너무 높거나 오일 냉각기의 불량과 과부하 상태의 작업 등에 의해 발생된다.

16 기관 윤활장치의 유압이 낮아지는 이유가 아닌 것은?

① 오일 점도가 높을 때
② 베어링 윤활간극이 클 때
③ 오일팬의 오일이 부족할 때
④ 유압조절 스프링 장력이 약할 때

> 오일의 점도가 높으면 유압도 높아진다.

17 기관에서 윤활유의 사용 목적으로 틀린 것은?

① 발화성을 좋게 한다.
② 마찰을 적게 한다.
③ 소음 완화 작용을 한다.
④ 실린더 내의 밀봉 작용을 한다.

> 윤활유의 기능은 마찰감소 및 마멸 방지 작용, 밀봉 작용, 냉각작용, 세척작용, 방청작용, 응력분산 작용이 있다.

18 윤활유의 첨가제가 아닌 것은?

① 점도지수 향상제
② 청정 분산제
③ 기포 방지제
④ 에틸렌글리콜

> 에틸렌글리콜은 냉각수가 동결되는 것을 방지하기 위한 부동액이다.

19 겨울철에 사용하는 엔진 오일의 점도는 어떤 것이 좋은가?

① 계절에 관계없이 점도는 동일해야 한다.
② 겨울철 오일 점도가 높아야 한다.
③ 겨울철 오일 점도가 낮아야 한다.
④ 오일은 점도와는 아무런 관계가 없다.

> 겨울철에 사용하는 오일의 점도는 여름철에 사용하는 오일의 점도보다 낮아야 한다.

20 오일펌프의 압력조절 밸브(릴리프 밸브)에서 조정 스프링 장력을 크게 하면?

① 유압이 낮아진다.
② 유압이 높아진다.
③ 유량이 많아진다.
④ 채터링 현상이 생긴다.

> 유압조절 밸브 스프링의 장력을 크게 하면 유압은 스프링의 장력 세기 만큼 유압은 높아지게 된다.

21 윤활유에 첨가하는 첨가제의 사용 목적으로 틀린 것은?

① 유성을 향상 시킨다.
② 산화를 방지한다.
③ 점도지수를 향상시킨다.
④ 응고점을 높게 한다.

> 응고점은 오일이 빙결되는 온도로 높게 하면 쉽게 얼기 때문에 유동점 강하제를 넣어 저온에서도 오일의 이동성을 향상 시키고 빙결을 방지한다.

정 답				
15.④	16.①	17.①	18.④	19.③
20.②	21.④			

22 기관의 크랭크 케이스를 환기하는 목적으로 가장 옳은 것은?

① 크랭크 케이스의 청소를 쉽게 하기 위하여
② 출력의 손실을 막기 위하여
③ 오일의 증발을 막기 위하여
④ 오일의 슬러지 형성을 막기 위하여

> 크랭크 케이스를 환기하는 목적은 블로바이 가스와 축의 회전에 의해 발생되는 오존 가스 등에 의해 케이스 내부의 압력이 증가하는 것을 방지하고 가스를 배출하여 슬러지가 발생되는 것을 방지한다.

23 점도지수가 큰 오일의 온도변화에 따른 점도 변화는?

① 크다.
② 적다.
③ 불변이다.
④ 온도와는 무관하다.

> 점도지수는 온도변화에 따른 점도의 변화 정도를 표시하는 것으로 점도지수가 큰 오일은 온도변화에 따른 점도변화가 적다.

24 엔진 오일 여과방식으로 틀린 것은?

① 전류식   ② 전압식
③ 분류식   ④ 조합식

> 오일의 여과방식에는 전류식, 분류식, 션트식(조합식)이 있다.

25 기관의 윤활유 사용방법에 대한 설명으로 옳은 것은?

① 계절과 윤활유 SAE 번호는 관계가 없다.
② 겨울은 여름보다 SAE 번호가 큰 윤활유를 사용한다.
③ 계절과 관계없이 사용하는 윤활유의 SAE 번호는 일정하다.
④ 여름용은 겨울용보다 SAE 번호가 큰 윤활유를 사용한다.

> 오일의 점도는 미국 자동차 기술협회에서 점도에 따라 분류 제정한 SAE번호로 표시하며 번호가 클수록 점도가 높기 때문에 여름에는 40번, 봄, 가을에는 30번, 겨울에는 10번 정도의 오일을 사용한다.

26 디젤 기관을 분해 정비하여 조립한 후 시동하였을 때 가장 먼저 주의하여 점검할 사항은?

① 발전기가 정상적으로 가동하는지 확인해야 한다.
② 윤활계통이 정상적으로 순환하는지 확인해야 한다.
③ 냉각계통이 정상적으로 순환하는지 확인해야 한다.
④ 동력전달계통이 정상적으로 작동하는지 확인해야 한다.

> 기관 분해정비 후 시동을 하였을 때에는 가장 먼저 윤활계통의 작동 상태를 확인하여야 한다.

27 엔진 오일이 공급되는 곳이 아닌 것은?

① 피스톤
② 크랭크 축
③ 습식 공기 청정기
④ 차동기어장치

> 차동기어장치는 선회할 때 좌우 바퀴에 편차를 두어 원활한 회전을 위한 것으로 기어 오일이 급유된다.

28 윤활장치에서 바이패스 밸브의 작동 주기로 옳은 것은?

① 오일이 오염되었을 때 작동
② 오일 필터가 막혔을 때 작동
③ 오일이 과냉 되었을 때 작동
④ 엔진 기동 시 작동

> 바이패스 밸브는 오일 필터가 막혔을 때 작동하는 밸브로 오일 필터가 막히면 오일은 필터를 거치지 않고 직접 윤활부로 오일을 공급하는 밸브이다.

정 답

22.④ 23.② 24.② 25.④ 26.②
27.④ 28.②

29 윤활유의 구비조건으로 틀린 것은?

① 청정성이 양호할 것
② 적당한 점도를 가질 것
③ 인화점 및 발화점이 높을 것
④ 응고점이 높고 유막이 적당할 것

> 응고점이 낮아야 한다.

30 오일펌프로 사용되고 있는 로터리펌프(Rotary Pump)에 대한 설명으로 틀린 것은?

① 기어 펌프와 같은 장점이 있다.
② 바깥 로터의 이수는 안 로터 이수보다 1개가 적다.
③ 소형화 할 수 있어 현재 가장 많이 사용되고 있다.
④ 일명 트로코이드 펌프(Trochoid Pump)라고도 한다.

> 로터리 펌프는 기어 펌프와 같은 장점이 있으며 트로코이드 펌프라고도 부르며 바깥 로터의 이수가 1개 더 많아 안 로터회전 시 체적의 변화가 발생되어 펌핑 작용을 할 수 있다.

31 윤활유가 갖추어야 할 성질로 틀린 것은?

① 점도가 적당 할 것
② 응고점이 낮을 것
③ 인화점이 낮을 것
④ 발화점이 높을 것

> 인화점이 낮으면 취급이 어렵고 증발되기 쉬워 화재의 위험이 있다.

32 오일펌프에서 펌프 량이 적거나 유압이 낮은 원인이 아닌 것은?

① 오일 탱크에 오일이 너무 많을 때
② 펌프 흡입라인(여과망) 막힘이 있을 때
③ 기어와 펌프 내벽 사이 간격이 클 때
④ 기어 옆 부분과 펌프 내벽 사이 간격이 클 때

> 오일펌프의 펌프 량이 적은 것은 ②, ③, ④는 해당이 되지만 오일 탱크에 오일이 너무 많으면 유압도 높아지고 토출량도 많아진다.

33 기관에 작동 중인 엔진 오일에 가장 많이 포함되는 이물질은?

① 유입먼지   ② 금속분말
③ 산화물   ④ 카본(Carbon)

> 기관 작동 중인 엔진 오일에 가장 많이 포함되는 이물질은 연소생성물이 카본이다.

34 엔진 오일량 점검에서 오일 게이지에 상한선(Full)과 하한선(Low)표시가 되어 있을 때 가장 적합한 것은?

① Low 표시에 있어야 한다.
② Low와 Full 표지 사이에서 Low에 가까이 있으면 좋다.
③ Low와 Full 표지 사이에서 Full에 가까이 있으면 좋다.
④ Full 표시 이상이어야 한다.

> 오일량 점검에서 오일의 레벨은 Low와 Full 표지 사이에서 Full에 가까이 있어야 정상 레벨이다.

35 엔진 윤활방식 중 오일펌프로 급유하는 방식은?

① 비산식   ② 압송식
③ 분사식   ④ 비산분무식

> 윤활방식에는 커넥팅로드에 설치된 디퍼(주걱)를 이용하는 비산식, 오일펌프를 설치하여 강제로 이동시키는 압송식, 비산식과 압송식을 조합한 비산압송식이 있다.

정 답

29.④ 30.② 31.③ 32.① 33.④
34.③ 35.②

36 4행정 사이클 기관의 윤활방식 중 피스톤과 피스톤 핀 까지 윤활유를 압송하여 윤활 하는 방식은?

① 전 압력식 ② 전 압송식
③ 전 비산식 ④ 압송 비산식

> 윤활방식에는 혼기식, 비산식, 압송식, 비산 압송식이 있으며 각 부품에 오일을 압송하여 윤활 하는 방식이 전 압송식이다.

37 다음 중 윤활유의 기능으로 모두 옳은 것은?

① 마찰감소, 스러스트작용, 밀봉작용, 냉각작용
② 마멸방지, 수분흡수, 밀봉작용, 마찰증대
③ 마찰감소, 마멸방지, 밀봉작용, 냉각작용
④ 마찰증대, 냉각작용, 스러스트작용, 응력분산

> 윤활유의 작용은 마찰감소 및 마멸방지(감마작용)와 밀봉, 냉각, 세척, 방청, 응력분산작용이 있다.

38 4행정 사이클 기관에 주로 사용되고 있는 오일펌프는?

① 원심식과 플런저식
② 기어식과 플런저식
③ 로터리식과 기어식
④ 로터리식과 나사식

> 4행정사이클 기관에 사용되는 오일펌프에는 기어식, 로터리식, 베인식, 플런저식이 있으나 주로 기어식과 로터리식이 사용되며 플런저식은 고압용으로 적합하다.

39 다음 중 일반적으로 기관에 많이 사용되는 윤활 방법은?

① 수 급유식
② 적하 급유식
③ 비산 압송 급유식
④ 분무 급유식

> 일반적으로 기관에 사용되는 오일 급유 방식에는 비산식, 압송식, 비산 압송식이 있으며 장비의 기관에 사용되는 급유 방식은 비산 압송 급유식이 사용된다.

40 윤활장치에 사용되고 있는 오일펌프로 적합하지 않은 것은?

① 기어 펌프 ② 로터리 펌프
③ 베인 펌프 ④ 나사 펌프

> 오일펌프로는 기어, 로터리, 베인, 플런저 펌프가 있으며 엔진 윤활장치에 사용되고 있는 펌프는 주로 기어, 베인, 로터리 펌프가 사용된다.

정 답
36.② 37.③ 38.③ 39.③ 40.④

1-5 연료장치의 구조와 기능

01 개요

디젤 기관은 실린더 내에 공기만을 흡입하여 압축시킨 다음 연료를 분사시켜 압축열(500℃ 정도)에 의해서 연소하는 자기 착화 기관이다.

(1) 디젤 엔진의 장단점

1) 디젤 엔진의 장점
① 제동 열효율이 높다.
② 신뢰성이 크다.
③ 엔진 회전의 전부분에 걸쳐 회전력이 크다.
④ 연료 소비율이 적다.
⑤ 연료의 인화점이 높아 화재의 위험이 적다.
⑥ 배기가스의 유해성분이 적다.

2) 디젤 엔진의 단점
① 마력당 중량이 무겁다.
② 제작비가 비싸다.
③ 진동과 소음이 크다.
④ 기동 전동기의 출력이 커야 한다.
⑤ 평균 유효압력이 낮고 엔진의 회전속도가 낮다.

(2) 디젤 기관과 가솔린 기관의 비교

비교사항	디젤 기관	가솔린 기관
연료	경유	가솔린
연소	자기착화	전기 점화
압축비	15~20:1	7~11:1
압축 압력	30~35kgf/cm²	8~11kgf/cm²
열효율	32~38%	28~32%

(3) 디젤 기관의 연소과정

① 착화 지연 기간(연소준비기간, A~B기간)
: 연료 분사 후 연소될 때까지 기간
② 폭발 연소기간(화염 전파 기간, B~C기간)
: 착화지연기간 동안에 형성된 혼합기가 착화되는 기간
③ 제어 연소기간(직접 연소기간, C~D기간)
: 화염에 의해서 분사와 동시에 연소되는 기간
④ 후 연소기간(후기연소기간, D~E기간) : 분사가 종료된 후 미연소 가스가 연소하는 기간

(4) 연료 분사에 필요한 조건
무화, 관통력, 분포

(5) 디젤 연료의 구비조건
① 고형 미립이나 유해성분이 적을 것
② 발열량이 클 것
③ 적당한 점도가 있을 것
④ 불순물이 섞이지 않을 것
⑤ 인화점이 높고 발화점이 낮을 것
⑥ 내폭성이 클 것
⑦ 내한성이 클 것
⑧ 연소 후 카본 생성이 적을 것
⑨ 온도 변화에 따른 점도의 변화가 적을 것

(6) 디젤 연료의 착화성과 엔티 노크성

① 착화성의 표시
㉮ 연소실 내에 분사된 연료가 착화될 때까지를 시간으로 표시
㉯ 세탄가, 디젤지수, 임계 압축비 등으로 나타낸다.

② 세탄가
㉮ 디젤 연료의 내폭성을 나타내는 수치
㉯ 세탄: 착화지연이 짧은 연료, 즉 불이 잘 붙는 물질
㉰ α 메틸 나프타린: 착화성이 나쁜 연료
㉱ 디젤 연료의 세탄가: 45~70
㉲ 세탄가 $= \dfrac{세탄}{세탄 + \alpha 메틸나프타린} \times 100$

③ 연소 촉진제: 아질산아밀, 아초산에틸, 아초산아밀, 초산에틸, 초산아밀, 질산에틸, 과산화테드탈린

(7) 디젤 노크
착화 지연 기간 동안 분사된 연료가 급격히 연소되는 것으로 화염전파에 의한 노크와 기계적인 노크가 있다.

1) 디젤 노크 방지법
   ① 세탄가 높은 연료를 사용한다.
   ② 착화 지연 기간을 짧게 할 것.
   ③ 분사 시기가 상사점 부근에 오도록 할 것.
   ④ 압축온도 및 압력을 높게 한다.
   ⑤ 흡입 공기에 와류를 준다.
   ⑥ 엔진, 흡기, 냉각수 온도를 높인다.
   ⑦ 분사개시에 분사량을 적게 하여 급격한 압력 상승을 억제 한다.
   ⑧ 노크가 잘 일어나지 않는 구조의 연소실을 만든다.

2) 착화 지연 기간을 짧게 하는 방법
   ① 압축비를 높인다.
   ② 흡기 온도를 높인다.
   ③ 실린더 벽의 온도를 높인다.
   ④ 착화성이 좋은 연료(세탄가가 높은 연료)를 사용한다.
   ⑤ 와류가 일어나게 한다.

(8) 2행정 사이클 디젤 기관의 소기 방식의 종류
① **단류 소기식** : 단류 소기식은 공기를 실린더 내의 세로 방향으로 흐르게 하는 소기 방식으로 밸브인 헤드형과 피스톤 제어형이 있다.

② **횡단 소기식** : 횡단 소기식은 실린더 아래쪽에 대칭으로 소기구멍과 배기구멍이 설치된 형식으로 소기시에 배기구멍으로 배기가스가 들어와 다른 형식에 비하여 흡입 효율이 낮고 과급도 충분하지 않다.

③ **루프 소기식** : 루프 소기식은 실린더 아래쪽에 소기 및 배기구멍이 설치된 형식으로 횡단 소기식과 비슷하나 다른 점은 소기구멍의 방향이 위쪽으로 향해져 있으며 소기시 배기구멍을 스치는 방향으로 밀려들어감에 됨으로서 흡입 효율이 횡단 소기식 보다 높다.

02 디젤 연료장치
디젤 엔진은 공기만을 흡입, 높은 압축비로 가압하여 발생한 압축열 속에 연료를 고압으로 분사시켜 연소시키는 장치로 연료 탱크, 공급펌프, 연료 여과기, 분사펌프, 분사노즐 등으로 구성되어 있으며 분사 방법에 따라 무기분사식과 유기 분사식으로 구분하나 건설기계에는 무기분사식이 사용되고 있다.

(1) 연료의 공급순서
연료 탱크 → 연료 여과기 → 공급 펌프 → 연료 여과기 → 분사 펌프 → 분사 노즐

(2) 공급 펌프
연료 탱크의 연료를 분사 펌프에 압송
① **송출 압력** : $2 \sim 3 kgf/cm^2$

(3) 플라이밍 펌프(수동 펌프)
① 엔진이 정지되어 있을 때 수동으로 작동시켜 연료를 공급 한다.
② 연료장치 내에 공기빼기 작업을 할 때 사용한다.
③ 공기 빼기 작업시 수동으로 연료를 펌핑하여 공급 펌프 → 연료 여과기 → 분사 펌프의 순서로 작업한다.

(4) 연료 여과기
경유 속에 포함된 먼지나 수분을 제거 분리 (1,500~3,000km 마다 교환)

(5) 오버플로 밸브
여과기 내의 압력이 규정의 압력 이상으로 되면 열려 연료를 탱크로 되돌려 보낸다. ($1.5 kgf/cm^2$로 유지시킨다)

① 오버플로 밸브의 기능
  ㉮ 회로 내 공기 배출
  ㉯ 연료 여과기 보호
  ㉰ 연료 탱크 내 기포 발생 방지
  ㉱ 분사 펌프의 소음 발생 방지
  ㉲ 연료 송유압이 높아지는 것 방지

(6) 분사 펌프

자동차에 사용되는 분사펌프에는 독립식, 분배식, 공동식의 형식이 있으며 독립형식의 분사펌프가 사용되며 그 구조와 기능은 다음과 같다.

1) 연료 분사펌프의 형식
  ① **독립식**: 각 실린더마다 펌프 엘리먼트가 설치되어 있다.
  ② **분배식**: 한 개의 분사 펌프를 설치하고 플런저에 의해서 각 실린더에 분배
  ③ **공동식**: 한 개의 분사 펌프를 설치하고 어큐뮬레이터에 고압의 연료를 저장하여 분배

2) 독립형 분사펌프의 구조 및 기능
  ① 연료 제어기구
    ㉮ 제어래크: 조속기나 액셀러레이터에 의해 직선운동을 제어 피니언에 전달한다.
    ㉯ 제어 피니언: 제어 피니언과 제어 슬리브의 상대 위치를 변화시켜 분사량을 조절한다.
    ㉰ 제어 슬리브: 플런저의 유효 행정을 변화시켜 연료 분사량을 조절한다.
  ② 분사량의 조절: 제어 슬리브와 제어 피니언의 위치 변경
  ③ 분사 시기 조정: 펌프와 타이밍 기어 커플링
  ④ 분사 압력 조정: 분사 노즐의 노즐 홀더
  ⑤ 딜리버리 밸브
    ㉮ 분사파이프를 통하여 분사노즐에 연료를 공급한다.
    ㉯ 분사 종료 후 연료가 역류하는 것을 방지 한다.
    ㉰ 분사 파이프 내에 잔압을 연료 분사 압력의 70~80% 정도로 유지한다.
    ㉱ 분사노즐의 후적을 방지한다.
  ⑥ 조속기(거버너)
    ㉮ 엔진의 회전수나 부하 변동에 따라 자동적으로 연료 분사량을 조절한다.
    ㉯ 최고 회전속도를 제어하고 저속 운전을 안정시키는 역할을 한다.
    ㉰ 헌팅(hunting): 외력에 의해 회전수나 회전속도가 파상적으로 변동되는 현상
    ㉱ 앵글라이히 장치: 공기와 연료의 비율을 알맞게 유지시키는 역할을 한다.
  ⑦ 타이머(분사시기 조정기)
    ㉮ 엔진의 회전속도에 따라 연료 분사시기를 자동적으로 조절한다.
    ㉯ 엔진의 부하 변동에 따라 연료의 분사 시기를 조절한다.

(7) 분배형 분사펌프의 특징
  ① 플런저의 편마멸이 적다.
  ② 펌프의 윤활을 위한 특별한 윤활유가 필요하다.
  ③ 소형이고 가벼우며 구성 부품수가 적다.
  ④ 플런저의 작동 횟수가 실린더 수에 비례한다.
  ⑤ 최고 회전속도 및 실린더 수에 제한을 받는다.

(8) 분사 노즐

1) 연료의 분무가 갖추어야 할 조건
  ① 무화가 좋아야 한다.
  ② 관통도(관통력)가 커야 한다.
  ③ 분포도(분산도)가 좋아야 한다.

2) 분사노즐의 구비 조건
   ① 연료의 입자가 미세한 안개 모양으로 분사할 것
   ② 분무를 연소실 구석구석까지 뿌려지게 할 것
   ③ 연료의 분사 끝에서 완전히 차단하여 후적이 일어나지 않을 것
   ④ 고온, 고압의 가혹한 조건에서 장시간 사용할 수 있을 것

3) 분사노즐의 종류
   ① 개방형 노즐
   ② 폐지형 노즐
      ㉮ 구멍형 노즐
      ㉯ 핀틀형
      ㉰ 스로틀 형

4) 분사노즐의 냉각
   ① 노즐 보디를 250~300℃ 정도로 유지하여야 한다.
   ② 노즐을 250~300℃ 정도로 유지시키는 이유
      ㉮ 연료 분사량의 변화를 방지한다.
      ㉯ 카본 발생을 억제 한다.
      ㉰ 불완전 연소에 의한 출력저하를 방지한다.
   ③ 노즐의 냉각은 엔진의 냉각수에 의해 이루어진다.

5) 디젤 엔진의 진동 원인
   ① 연료 계통에 공기 유입
   ② 분사량 불균일
   ③ 분사시기 불량
   ④ 분사압력 불균일
   ⑤ 분사노즐의 박힘
   ⑥ 각 실린더간의 중량차

06 출제예상문제
장비구조

01 연료 탱크의 연료를 분사펌프 저압부까지 공급하는 것은?
① 연료 공급펌프 ② 연료 분사펌프
③ 인젝션 펌프   ④ 로터리 펌프

> 연료 공급펌프 : 연료 탱크의 연료를 흡입 가압하여 고압펌프로 연료를 공급하는 펌프

02 다음 중 기관의 시동이 꺼지는 원인에 해당되는 것은?
① 연료 공급펌프의 고장
② 발전기 고장
③ 물 펌프의 고장
④ 기동 모터 고장

> 연료의 공급펌프가 고장이 발생되면 연료가 공급되지 않아 시동이 꺼지게 된다.

03 디젤 기관의 노킹 발생 원인과 가장 거리가 먼 것은?
① 착화기간 중 분사 량이 많다.
② 노즐의 분무 상태가 불량하다.
③ 고 세탄가의 연료를 사용하였다.
④ 기관이 과냉되어 있다.

> 고 세탄가(착화성이 좋은 연료)를 사용하면 연료의 연소준비기간(압축열을 흡수하는 기간)이 짧아 디젤 노크가 발생되지 않는다.

04 디젤 기관 연료 계통에 응축수가 생기면 시동이 어렵게 되는데 이 응축수는 주로 어느 계절에 가장 많이 생기는가?
① 봄   ② 여름
③ 가을   ④ 겨울

> 응축수란 연료탱크에서 연료가 출렁이며 발생된 증발가스가 온도가 낮아지면 증발되지 못하고 물이 생성되는 것으로 겨울철에 많이 발생된다.

05 기관의 속도에 따라 자동적으로 분사시기를 조정하여 운전을 안정되게 하는 것은?
① 타이머   ② 노즐
③ 과급기   ④ 디콤프

> 각 부품의 주용 기능
> ① 타이머 : 엔진의 부하와 회전속도에 따라 자동적으로 분사시기를 조정한다.
> ② 노즐 : 고압의 연료를 연소실에 분사한다.
> ③ 과급기 : 흡입 공기에 압력을 가하여 흡입효율을 증대시키는 장치
> ④ 디콤프 : 한냉시 엔진의 밸브를 열어 크랭크축의 회전을 원활하게 하여 시동을 보조하는 장치

06 디젤기관 연료장치에서 연료필터의 공기를 배출하기 위해 설치되어 있는 것으로 가장 적합한 것은?
① 벤트 플러그   ② 오버플로 밸브
③ 코어 플러그   ④ 글로우 플러그

> 디젤 기관의 연료 여과기에는 오버 플로우 밸브가 설치되어 있으며 오버플로 밸브는 에어 배출 및 회로 내의 압력이 1.5kgf/㎠ 이상이 열려 회로를 보호하는 역할도 하게 된다.

07 디젤기관에서 시동이 잘 안 되는 원인으로 가장 적합한 것은?
① 냉각수의 온도가 높은 것을 사용할 때
② 보조탱크의 냉각수량이 부족할 때
③ 낮은 점도의 기관오일을 사용할 때
④ 연료계통에 공기가 들어있을 때

> 디젤 엔진의 연료 계통에 공기가 유입되어 있으면 연료의 흐름이 나빠져 시동 곤란 요인이 된다.

정 답
01.① 02.① 03.③ 04.④ 05.①
06.② 07.④

08 디젤기관의 출력을 저하시키는 직접적인 원인이 아닌 것은?

① 실린더 내 압력이 낮을 때
② 연료분사 량이 적을 때
③ 노킹이 일어날 때
④ 점화플러그 간극이 틀릴 때

> 점화 플러그는 가솔린 기관의 점화장치로 디젤 기관의 출력과는 관계가 없다.

09 연료계통의 고장으로 기관이 부조를 하다가 시동이 꺼졌다. 그 원인이 될 수 없는 것은?

① 연료 파이프 연결 불량
② 탱크 내의 오물이 연료장치에 유입
③ 연료 필터의 막힘
④ 프라이밍 펌프 불량

> **프라이밍 펌프**: 수동용 펌프로서 기관 정지 시 연료의 공급과 회로 내의 공기빼기 작업 시에 사용한다.

10 디젤 기관을 예방정비 시 고압 파이프 연결부에서 연료가 샐(누유)때 조임 공구로 가장 적합한 것은?

① 복스 렌치   ② 오픈 렌치
③ 파이프 렌치   ④ 옵셋 렌치

> 연료 라인은 파이프로 연결이 되어 있어 오픈 렌치만이 입이 열려 있으므로 작업이 가능하다.

11 착화지연기간이 길어져 실린더 내에 연소 및 압력 상승이 급격하게 일어나는 현상은?

① 디젤 노크
② 조기 점화
③ 가솔린 노크
④ 정상 연소

> **디젤 노크**: 착화지연 기간 중 분사된 다량의 연료가 화염전파 기간 중 일시에 연소되어 실린더 내의 압력이 급격히 상승 피스톤이 실린더 벽을 타격하는 현상

12 디젤 기관의 노킹 방지책으로 틀린 것은?

① 연료의 착화점이 낮은 것을 사용한다.
② 흡기 압력을 높게 한다.
③ 실린더 벽의 온도를 낮게 한다.
④ 흡기 온도를 높인다.

> **디젤 노크 방지책**
> ① 연료의 착화 온도를 낮게 한다.
> ② 압축비, 흡기 온도, 실린더 벽의 온도, 압력 등을 높게 한다.
> ③ 기관의 회전 속도를 빠르게 한다.
> ④ 세탄가가 높은 연료를 사용한다.
> ⑤ 착화지연 기간 중에 연료분사 량을 적게 한다.
> ⑥ 연료 분사시기를 정확히 유지한다.

13 디젤 엔진의 연료 탱크에서 분사 노즐까지 연료의 순환 순서로 맞는 것은?

① 연료 탱크 → 연료공급 펌프 → 분사 펌프 → 연료 필터 → 분사노즐
② 연료 탱크 → 연료 필터 → 분사 펌프 → 연료공급 펌프 → 분사 노즐
③ 연료 탱크 → 연료공급 펌프 → 연료 필터 → 분사 펌프 → 분사 노즐
④ 연료 탱크 → 분사 펌프 → 연료 필터 → 연료공급 펌프 → 분사 노즐

> 기계식 디젤 기관의 연료 공급 순서는 연료 탱크 → 연료펌프 스트레이너 → 연료공급 펌프 → 연료 필터 → 분사 펌프 → 분사 노즐 순으로 연료가 공급된다.

14 디젤 기관에서 연료 장치의 구성 부품이 아닌 것은?

① 분사펌프   ② 연료 필터
③ 기화기   ④ 연료 탱크

> 기화기는 가솔린 기관의 연료장치 부품으로 액체를 기체화 시키는 부품으로 카브레터라고 부른다.

정 답				
08.④	09.④	10.②	11.①	12.③
13.③	14.③			

15 노킹이 발생하였을 때 기관에 미치는 영향은?

① 압축비가 커진다.
② 제동마력이 커진다.
③ 기관이 과열될 수 있다.
④ 기관의 출력이 향상된다.

> **디젤 노크** : 착화지연 기간 중 분사된 다량의 연료가 화염전파 기간 중 일시에 연소되어 실린더 내의 압력이 급격히 상승 피스톤이 실린더 벽을 타격하는 현상으로 이상 연소를 말하며 디젤 노크가 발생되면 연소 상태가 나빠 엔진의 출력이 저하되고 엔진이 과열된다.

16 디젤 엔진에서 연료 계통의 공기빼기 순서로 맞는 것은?

① 공기펌프 → 분사노즐 → 분사펌프
② 공기여과기 → 분사펌프 → 공급펌프
③ 공급펌프 → 연료여과기 → 분사펌프
④ 분사펌프 → 연료여과기 → 공급펌프

> 연료라인에 공기가 유입되면 연료의 공급이 불량하게 되어 시동이 꺼지고 시동이 되어도 엔진부조화 현상이 발생된다. 따라서 회로내 유입된 공기를 제거해야 한다. 공기빼기 순서는 연료 공급과 마찬가지로 공급펌프 → 연료여과기 → 분사펌프 순으로 빼준다.

17 분사 노즐 시험기로 점검 할 수 있는 것은?

① 분사개시 압력과 분사 속도를 점검 할 수 있다.
② 분포 상태와 플런저의 성능을 점검 할 수 있다.
③ 분사개시 압력과 후적을 점검 할 수 있다.
④ 분포 상태와 분사량을 점검 할 수 있다.

> 분사노즐 시험기로 시험하는 것은 분사개시 압력과 후적의 상태와 분산도(분포도) 등을 시험할 수 있다.

18 디젤 기관의 노즐(nozzle)의 연료분사 3대 요건이 아닌 것은?

① 무화   ② 관통력
③ 착화   ④ 분포

> 디젤 기관의 분사노즐 연료분사 3대 요건은 무화(안개화), 관통력, 분포도 이다.

19 디젤기관의 연료장치에서 프라이밍 펌프의 사용 시기는?

① 출력을 증가 시키고자 할 때
② 연료계통의 공기를 배출할 때
③ 연료의 양을 가감할 때
④ 연료의 분사압력을 측정할 때

> 프라이밍 펌프는 수동용 펌프로 회로 내 공기빼기 작업을 할 때나 엔진이 정지된 상태에서 연료를 공급하고자 할 때 사용하는 펌프이다.

20 역류와 후적을 방지하고 고압 파이프 내의 잔압을 유지하는 것은?

① 조속기   ② 니들 밸브
③ 분사 펌프   ④ 딜리버리 밸브

> **딜리버리 밸브의 기능**: 회로 내 잔압을 유지하여 작동을 신속히 하고 베이퍼 록을 방지하며 연료의 역류를 방지하고 후적을 방지하는 역할을 한다.

21 디젤 기관 연료 여과기의 기능으로 옳은 것은?

① 연료 분사 량을 증가시켜 준다.
② 연료 파이프 내의 압력을 높여준다.
③ 엔진 오일의 먼지나 이물질을 걸러준다.
④ 연료 속의 이물질이나 수분을 분리 제거한다.

> **연료 여과기**: 연료 속의 불순물(수분, 먼지, 등의 이물질)을 분리 제거 한다.

22 디젤엔진에서 고압의 연료를 연소실에 분사하는 것은?

① 프라이밍 펌프   ② 인젝션 펌프
③ 분사 노즐   ④ 조속기

정 답				
15.③	16.③	17.③	18.③	19.②
20.④	21.④	22.③		

분사 노즐: 연소실에 설치되어 분사펌프에서 공급된 고압의 연료를 연소실에 분사하는 분사기이다.

23 디젤기관의 출력저하 원인으로 틀린 것은?
① 분사시기 늦음
② 배기계통 막힘
③ 흡기계통 막힘
④ 압력계 작동 이상

디젤기관의 출력저하 원인으로는 실린더의 마모, 흡기, 배기계통의 막힘, 연료 분사시기의 늦음, 연료 분사상태 불량 등에 기인한다.

24 다음 중 디젤기관만이 가지고 있는 부품은?
① 분사노즐   ② 오일펌프
③ 물펌프   ④ 연료펌프

디젤 기관은 압축열에 의한 자연 착화 엔진으로 점화장치가 없고 대신 예열장치와 연료계통만이 다르다. 연료계통에 연료 공급 펌프와 분사펌프, 분사노즐이 설치된다.

25 기계식 디젤 기관의 고압 연료공급 장치에 사용되고 있는 연료공급 펌프의 형식은?
① 기어 펌프   ② 로터리 펌프
③ 플런저 펌프   ④ 피스톤 펌프

기계식 독립식 연료공급 장치에 사용되는 저압의 연료 공급펌프(공급펌프)는 플런저 형식의 펌프가 사용된다.

26 디젤 기관에서 주행 중 시동이 꺼지는 경우로 틀린 것은?
① 연료 필터가 막혔을 때
② 분사 파이프 내에 기포가 있을 때
③ 연료 파이프에 누설이 있을 때
④ 프라이밍 펌프가 작동하지 않을 때

프라이밍 펌프는 수동용 펌프로 엔진이 정지된 상태에서 연료 공급과 회로 내에 공기를 빼낼 때 사용하는 펌프이다.

27 기관에서 연료를 압축하여 분사순서에 맞게 노즐로 압송시키는 장치는?
① 연료 분사펌프
② 연료 공급펌프
③ 프라이밍 펌프
④ 유압 펌프

연료 분사펌프는 인젝션 펌프로 저압의 연료를 고압으로 하여 분사순서에 맞추어 분사노즐로 공급하는 펌프이다.

28 디젤기관 연소과정에서 착화 늦음 원인과 가장 거리가 먼 것은?
① 연료의 미립도
② 연료의 압력
③ 연료의 착화성
④ 공기의 와류상태

연료의 착화늦음 원인에는 연료의 미립도, 연료의 착화성, 공기의 와류와 공기의 온도, 실린더 벽의 온도, 엔진의 온도 등에 따라 달라진다.

29 연료 분사노즐 테스터기로 노즐을 시험할 때 검사하지 않는 것은?
① 연료 분포상태
② 연료 분사시간
③ 연료 후적 유무
④ 연료 분사개시 압력

분사 노즐 테스트 항목은 분사개시압력, 연료의 미립도를 나타내는 무화상태, 연소실 구석구석 뿌려지는 분산도와 분포도, 연료 분사끝의 상태인 후적 유무를 검사한다.

정 답

23.④ 24.① 25.③ 26.④ 27.①
28.② 29.②

30 디젤 엔진의 연소실에는 연료가 어떤 상태로 공급되는가?

① 기화기와 같은 기구를 사용하여 연료를 공급한다.
② 노즐로 연료를 안개와 같이 분사한다.
③ 가솔린 엔진과 동일한 연료 공급펌프로 공급한다.
④ 액체 상태로 공급한다.

> 연료 탱크내 저압의 연료를 고압펌프인 분사펌프로 고압으로 한 다음 분사노즐을 통하여 안개모양으로 연소실에 분사한다.

31 디젤 기관의 연료 여과기에 장착되어 있는 오버플로 밸브의 역할이 아닌 것은?

① 연료 계통의 공기를 배출한다.
② 분사 펌프의 압송 압력을 높인다.
③ 연료 압력의 지나친 상승을 방지한다.
④ 연료 공급펌프의 소음 발생을 방지한다.

> 연료 여과기의 오버플로 밸브의 기능은 연료 압력 상승에 의한 필터의 각부를 압력을 조절하여 보호하고 연료 공급 펌프에서 발생되는 소음을 방지하고 회로 내 공기 빼기 작업 시 사용된다.

32 디젤 기관에 사용되는 연료의 구비조건으로 옳은 것은?

① 점도가 높고 약간의 수분이 섞여 있을 것
② 황의 함유량이 클 것
③ 착화점이 높을 것
④ 발열량이 클 것

> **디젤 연료의 구비조건**
> ① 고형 미립이나 유해성분이 적을 것
> ② 발열량이 클 것
> ③ 적당한 점도가 있을 것
> ④ 불순물이 섞이지 않을 것
> ⑤ 인화점이 높고 발화점이 낮을 것
> ⑥ 내폭성이 클 것
> ⑦ 내한성이 클 것
> ⑧ 연소 후 카본 생성이 적을 것
> ⑨ 온도 변화에 따른 점도의 변화가 적을 것

33 디젤 기관 연료 여과기에 설치된 오버 플로 밸브(Overflow Valve)의 기능이 아닌 것은?

① 여과기 각 부분 보호
② 연료 공급펌프 소음 발생 억제
③ 운전 중 공기 배출 작용
④ 인젝터의 연료분사시기 제어

> **오버플로 밸브의 기능**
> ① 회로 내 공기 배출
> ② 연료 여과기 보호
> ③ 연료 탱크 내 기포 발생 방지
> ④ 분사 펌프의 소음 발생 방지
> ⑤ 연료 송유압이 높아지는 것 방지

정 답

30.② 31.② 32.④ 33.④

커먼 레일 시스템

01 개요

커먼 레일은 Common Rail Direct Injection Engine의 약자로 운전 상태에 알맞은 연료를 ECU(전자 콘트롤 유닛)에 의해 제어하여 직접 연료를 연소실에 직접 분사하는 방식이다. 이에 따라 엔진 효율이 높아지고, 공해물질이 적게 배출되며, 엔진과 관계없이 제어가 가능하여 경량화가 가능하게 되었다.

02 커먼 레일 시스템의 장점

커먼 레일 시스템의 주된 목적은 획기적으로 배기가스를 저감하고 연비를 향상시키는 것에 있으며 그 특징은 다음과 같다.

① 연소와 분사과정의 설계가 자유롭고 밀집된 설계 및 경량화를 이룰 수 있다.
② 엔진의 운전 조건에 따라서 연료압력과 분사시기를 조정할 수 있다.
③ 엔진의 회전속도가 낮을 때도 고압 분사가 가능하여 완전 연소를 추구할 수 있다.
④ 배기가스와 소음을 더욱 저감할 수 있다.
⑤ 연료 분사 곡선은 유압제어 노즐 니들에 의해 조절되므로 분사 종료시까지 신속하게 조절할 수 있다.
⑥ 엔진 회전수에 관계없이 분사압, 분사량, 분사율, 분사시기를 독립적으로 제어한다.
⑦ 중량 및 구동 토크가 저감된다.(중량은 1/2~1/3, 고압 연료손실을 감소시켜 구동토크 저감)
⑧ 기존 엔진에 적용이 용이하다.(인젝터 및 고압 공급펌프 등 큰 변경 없이 교체가능)
⑨ 불순물 등에 의한 노즐 시트에서 누유 발생 가능성이 높다.
⑩ 엔진 성능 및 운전 성능을 향상 시킬 수 있으며 모듈화장치가 가능하다.

03 커먼 레일 시스템의 연소 과정

① **파일럿 분사** : 착화분사를 말하는 것으로 주 분사가 이루어지기 전에 연료를 분사하여 연소가 원활하게 되도록 한다.
② **주 분사** : 파일럿 분사 실행 여부를 고려하여 연료 분사량을 조절한다.
③ **사후 분사** : 유해배출가스 발생을 감소시키기 위하여 사용한다.

04 커먼 레일 디젤의기관의 연료 장치

커먼레일 디젤기관의 연료 공급은 연료탱크 → 연료 여과기 → 저압 연료펌프 → 연료 여과기 → 고압 연료펌프 → 커먼레일 → 인젝터 순으로 이루어지며 저압 계통(고압 연료펌프 전 까지)과 고압계통(고압 연료펌프 다음)으로 구성된다. 또한 연료의 분사량은 기관의 부하에 따라 고압 라인에 연료 압력에 따라 조절되도록 되어 있다.

(1) 저압 연료펌프

연료펌프 릴레이로부터 전원을 공급받아 탱크의 연료를 흡입 가압하여 고압 연료펌프로 연료를 공급한다.

(2) 연료 여과기

연료 속에 포함된 수분, 먼지 등의 불순물을 여과하며 한냉 시 냉각된 기관을 시동할 때 연료를 가열하여 주는 연료 가열장치가 설치되어 있다.

(3) 고압 연료펌프

① 저압의 연료를 고압(약 1350bar)으로 압축하여 커먼 레일에 공급한다. 고압펌프의 출구에는 압력제어밸브가 장착되어 연료의 압력을 제어한다.
② 구동 방식은 기존의 분사펌프 구동방식과 동일하다.
③ **압력제어밸브** : 고압펌프에 부착되어 연료 압력이 과도하게 상승되는 것을 방지한다.

(4) 커먼 레일
① 고압 공급 펌프로부터 공급되는 고압의 연료를 저장한다.
② 인젝터로 매회 분사되는 양 만큼의 연료를 공급한다.
③ 역류 방지를 위한 체크밸브 및 고압 센서가 부착되어 있다.
④ 레일 내의 압력은 전자석 압력 조절 밸브에 의해 조정 된다.
⑤ 연료 압력은 항상 압력 센서에 의해 엔진에서 요구하는 조건에 따라 조절하게 된다.
⑥ 압력제한 밸브 : 커먼레일에 설치되어 있는 압력제한 밸브는 커먼레일 내의 연료 압력이 규정값 이상으로 상승하면 연료의 일부를 연료 탱크로 복귀시켜 커먼레일 내의 연료 압력을 일정하게 유지 한다.

(5) 인젝터
① 커먼 레일로부터 공급된 연료를 ECU의 전류제어 신호에 따라 노즐을 통해 분사한다.
② 각 기통에 개별적으로 솔레노이드가 장착된 인젝터가 노즐과 함께 장착된다.
③ 분사개시는 ECU의 펄스 신호로 솔레노이드에 전달되어 시작된다.
④ 연료 분사량은 레일 내의 압력, 솔레노이드 밸브 개폐시간, 노즐의 유체이동에 의해 결정된다.

(6) 연료압력이 낮은 원인
① 연료 탱크 내 유량부족
② 연료 펌프의 누설
③ 연료 압력 레귤레이터 내 밸브 불량
④ 연료 펌프 체크밸브 불량
⑤ 연료 압력 조절기 불량
⑥ 연료 여과기의 막힘
⑦ 연료 라인의 베이퍼록 발생
⑧ 연료 회로의 누설

05 커먼 레일 디젤의기관의 입·출력단

(1) ECU(전자의 입력 요소제어 유닛)의 입력요소
① 공기 유량 센서(AFS)
공기 유량 센서는 실린더로 유입되는 공기량을 검출하여 ECU로 입력하며 또한 EGR피드백제어, 스모그(매연)제한 부스터 압력 제어, 연료분사량, 분사시기 등의 보정신호로 사용되며 형식에는 열막식이 사용된다.

② 흡기온도 센서(ATS)
흡기온도 센서는 흡입되는 공기의 온도를 검출하여 ECU로 입력하며 부특성 서미스터를 사용한다. 이 센서의 신호는 흡입되는 공기의 온도에 따라 연료 분사량, 분사시기, 시동 시 연료 분사량 등의 보정 신호로 사용한다.

③ 연료 온도센서(F.T.S)
연료 센서는 부특성 서미스터 센서로 냉각 수온 센서와 같으며 연료 온도가 높아지면 ECU는 연료 분사량을 감량하여 엔진 보호한다. 커먼 레일 엔진에 모두 부착된 것이 아니고 일부 없는 형식도 있다.

④ 냉각수 온도 센서(W.T.S)
냉각수의 온도를 감지하는 센서로 제1센서는 냉각수 온도에 따라 연료량 증감의 보정신호로 냉간 시에 원활한 시동을 위해 연료량을 증감해 시동성을 높이는 역할과 예열장치의 작동 신호를 주고 제2센서는 열간 시 냉각팬의 제어 신호로 사용된다.

⑤ 크랭크 포지션센서(C.P.S)
크랭크 포지션 센서는 실린더 블록이나 변속기 하우징에 장착되어 크랭크축 회전 시 교류 전압이 유도되는 마그네틱 인덕티브 방식으로 회전시에 나오는 교류

전압을 ECU는 엔(n) 비의 회전수로 계산한다. 또한 이 센서는 T.D.C센서와 밀접한 관계가 있으며 1번 실린더 위치를 알기 위한 센서로 사용된다.

⑥ **가속 페달포지션 센서(A.P.S)**
운전자의 의지를 ECU로 전달하며 2개의 센서가 부착된다. 제1센서는 연료 분사량과 연료 분사시기가 결정되며 제2센서는 제1센서의 작동 상태를 감지하는 기능을 가지며 급출발 등의 오작동을 방지하는 역할을 한다.

⑦ **연료압력 센서(R.P.S)**
반도체 피에조 소자로 연료의 압력을 검출하여 ECU로 입력하면 ECU는 연료 분사량 및 분사시기를 보정한다. 고장이 발생되면 림프 홈 모드(페일 세이프)로 진입되어 연료 압력을 400bar로 고정 시킨다.

⑧ **캠축 포지션 센서(C.P.S)**
캠축 위치 센서는 홀 센서 방식으로 캠축에 설치되어 캠축 1회전(크랭크축 2회전)당 1개의 펄스 신호를 발생시켜 ECU로 입력시킨다. 이 센서는 상사점 센서라고도 부른다.

⑨ **부스터 압력센서(B.P.S)**

(2) ECU(전자의 입력 요소제어 유닛)의 출력요소

① **인젝터** : 고압의 연료펌프로부터 공급된 연료는 커먼레일을 통하여 인젝터에 공급되며 ECU의 제어 신호에 의해 연소실에 연료를 직접 분사하는 것으로 점검사항은 인젝터의 작동음, 솔레노이드 코일의 저항, 분사량 등이다.

② **연료압력 제어밸브** : 커먼레일 내의 연료 압력을 조정하는 밸브로 냉각수 온도, 축전지 전압 및 흡입공기 온도에 따라 보정한다.

③ **EGR(배기가스 재순환)장치** : 배기가스 일부를 흡기다기관으로 유입시키는 장치로 작동 중 기관의 연소 온도를 낮추어 기관에서 배출되는 가스 중 질소산화물(NOx) 배출을 억제하는 밸브이다.

④ **보조히터장치** : 한냉 시 기관의 시동을 쉽게하기 위하여 온도를 높여주는 장치로 종류에는 가열플러그 방식히터, 열선을 이용하는 정특성의 히터, 직접 경유를 연소시켜 냉각수를 가열하는 연소방식 히터 등이 있다.

⑤ **자기진단기능** : 기관의 ECU는 여러 부분의 입출력신호를 보내게 되는데 비정상적인 신호가 보내질 때부터 특정시간이상 지나면 ECU는 비정상이 발생한 것으로 판단하여 고장 코드를 기억한 후 신호를 자기진단 출력단자와 계기판의 경보장치 등에 보낸다.

06 출제예상문제
장비구조

01 다음 중 커먼 레일 디젤기관의 공기 유량 센서(AFS)에 대한 설명 중 맞지 않는 것은?

① EGR 피드백 제어기능을 주로 한다.
② 열막 방식을 사용한다.
③ 연료량 제어기능을 주로 한다.
④ 스모그 제한 부스터 압력 제어용으로 사용한다.

> 커먼 레일 엔진의 공기 유량 센서는 흡입되는 공기량을 감지하는 센서로 열막 방식에 주로 사용이 되며 EGR 피드백 제어와 스모그 제한 부스터 압력 제어에 사용된다.

02 커먼 레일 방식 디젤기관에서 크랭킹은 되는데 기관이 시동되지 않는다. 점검부위로 틀린 것은?

① 인젝터
② 레일압력
③ 연료탱크 유량
④ 분사펌프 딜리버리밸브

> 분사펌프 딜리버리 밸브는 독립식 분사펌프에 설치된 부품으로 회로 내 잔압을 유지하고 베이퍼록 방지와 작동 신속, 베이퍼록을 방지 한다. 따라서 커먼 레일 엔진에는 분사펌프 딜리버리 밸브가 없다.

03 커먼 레일 디젤 기관의 센서에 대한 설명이 아닌 것은?

① 연료 온도 센서는 연료 온도에 따른 연료량 보정 신호를 한다.
② 수온 센서는 기관의 온도에 따른 연료량을 증감하는 보정 신호로 사용된다.
③ 수온 센서는 기관의 온도에 따른 냉각 팬 제어신호로 사용된다.
④ 크랭크 포지션 센서는 밸브 개폐시기를 감지한다.

> 커먼 레일의 크랭크 포지션 센서는 엔진 회전수 감지 및 분사순서와 분사시기를 결정하는 신호로 사용된다.

04 전자제어 디젤엔진의 회전을 감지하여 분사 순서와 분사시기를 결정하는 센서는?

① 가속 페달 센서
② 냉각수 온도 센서
③ 엔진 오일 온도 센서
④ 크랭크축 센서

> **각 센서의 기능**
> ① **가속 페달 센서** : 가속페달(액셀러레이터) 포지션 센서 1, 2로 되어 있으며 포지션 센서 1(주 센서) 즉, 포지션 센서 1에 의해 연료량과 분사시기가 결정되며, 센서 2는 센서 1을 검사하는 센서로 차의 급출발을 방지하기 위한 센서이다.
> ② **냉각수온 센서** : 엔진의 냉각 수온을 감지해 냉각 수온의 변화를 전압으로 변화시켜 ECU로 입력시켜 주면 ECU는 이 신호에 따라 연료량을 증감하는 보정 신호로 사용된다.
> ③ **크랭크 포지션 센서** : 실린더 블록에 설치되어 크랭크축과 일체로 되어 있는 센서 휠의 돌기가 회전을 할 때 즉, 크랭크축이 회전 때 교류(AC) 전압이 유도가 되는 마그네트 인덕티브 방식이다. 이 교류 전압을 가지고 엔진 회전수를 계산한다. 센서 휠에는 총 60개의 돌기가 있고 그 중 2개의 돌기가 없으며, 돌기가 없는 위치의 신호와 TDC 센서의 신호를 이용해 1번 실린더를 찾도록 되어있다.

05 다음 중 커먼 레일 연료 분사장치의 고압 연료펌프에 부착된 것은?

① 압력제어 밸브
② 커먼 레일 압력 센서
③ 압력 제한 밸브
④ 유량 제한기

> 커먼 레일 디젤 엔진은 전자제어 디젤 엔진으로 압력 제어 밸브는 고압 연료펌프에 부착되어 안전밸브와 같은 역할을 하며 과도한 압력이 발생할 경우 비상 통로를 개방해 레일의 압력을 제한한다.

정 답

01.③ 02.④ 03.④ 04.④ 05.①

06 인젝터의 점검 항목이 아닌 것은?
① 저항 ② 작동온도
③ 분사량 ④ 작동음

> 인젝터는 디젤 기관에서 전자제어 디젤 기관의 연료분사 노즐을 말하는 것으로 상부에 솔레노이드가 부착되어 있어 전기가 통전되는 시간 동안 연료가 분사되기 때문에 작동음이 발생된다. 따라서, 점검 사항으로는 솔레노이드 코일의 저항과 작동음, 연료의 분사량과 분사압력 등을 점검 하여야 한다.

07 커먼레일 디젤기관에서 부하에 따른 주된 연료 분사량 조절 방법으로 옳은 것은 ?
① 저압 펌프압력 조절
② 인젝터 작동 전압 조절
③ 인젝터 작동 전류 조절
④ 고압 라인의 연료 압력 조절

> 전자제어 디젤 기관에서 부하에 따른 연료 분사량의 조절은 고압펌프와 커먼레일 사이에 설치된 연료 압력 제어 밸브를 통하여 흡기 다기관의 부압에 따라 자동 조절된다.

08 커먼레일 디젤기관의 흡기 온도 센서(ATS)에 대한 설명으로 틀린 것은?
① 주로 냉각팬 제어 신호로 사용된다.
② 연료량 제어 보정신호로 사용된다.
③ 분사시기 제어 보정 신호로 사용된다.
④ 부특성 서미스터이다.

> 냉각팬 제어는 엔진 온도 센서에 의해 된다.

09 커먼레일 디젤기관의 공기 유량센서(AFS)로 많이 사용되는 방식은?
① 칼만와류 방식 ② 열막 방식
③ 베인 방식 ④ 피토관 방식

> 공기 유량센서는 흡입되어 실린더로 유입되는 공기량을 감지하는 센서로 종류로는 칼만와류, 열막(핫 필름 또는 핫 와이어) 베인(메저링플레이트) 방식이 있으며, 커먼레일 기관(전자제어 디젤기관)은 열막 방식에 사용된다.

10 디젤기관에서 인젝터간 연료 분사 량이 일정하지 않을 때 나타나는 현상은?
① 연료 분사 량에 관계없이 기관은 순조로운 회전을 한다.
② 연료 소비에는 관계가 있으나 기관 회전에는 영향을 미치지 않는다.
③ 연소 폭발음의 차이가 있으며 기관은 부조를 하게 된다.
④ 출력은 향상되나 기관은 부조를 하게 된다.

> 인젝터간 연료 분사 량의 차이가 있으면 연소 폭발음과 폭발력의 차이가 있으며 엔진의 회전이 고르지 못하게 된다.

11 커먼 레일 디젤 기관의 연료장치 시스템에서 출력 요소는?
① 공기 유량 센서
② 인젝터
③ 엔진 ECU
④ 브레이크 스위치

> 커먼 레일의 출력 요소는 액추에이터로 인젝터 및 자기진단 코드, 각 작동기의 작동체인 액추에이터이다.

정 답

06.② 07.④ 08.① 09.② 10.③ 11.②

1-6 흡·배기장치

01 흡기장치

(1) 공기청정기(에어클리너)

공기청정기는 흡입공기 속에 포함된 먼지, 수분 등의 불순물을 여과하고 소음을 완화시키는 장치이다.

(1) 흡기장치의 요구조건
① 균일한 분배성을 가질 것
② 전 회전영역에 걸쳐 흡입효율이 좋아야 한다.
③ 흡입부에 와류를 일으키도록 하여야 한다.
④ 연소속도를 **빠르게** 하여야 한다.

(2) 공기청정기의 기능
① 흡입공기 속의 불순물 여과
② 흡입 시 소음 방지

(3) 공기 청정기의 종류
① **건식 공기 청정기** : 여과지 형식의 엘리멘트를 사용하며 압축공기를 이용하여 안쪽에서 밖으로 불어내어 청소 사용한다. 현재 가장 많이 사용
② **습식 공기 청정기** : 엔진 오일과 여과망을 사용하는 형식으로 일정 시간 사용 후 엔진 오일 교환과 엘리멘트를 세척 사용
③ **원심 분리식 공기청정기** : 엘리멘트는 없으며 공기의 선회운동을 이용하여 큰 불순물을 불리여과한다. 주 청정기로의 사용은 곤란하며 주로 장비의 프리크리너에 사용
④ **비스커스 우수식** : 비스커스란 흐름에 저항하는 성질이 있는 유체이다. 이 유체를 이용하여 이동하는 공기 속의 분순물을 여과한다.

02 배기장치

① **소음기** : 배기가스를 그대로 대기 중에 방출 시키면 급격한 팽창으로 굉장한 소음이 발생된다. 이것을 방지하기 위한 장치이다.
② **배압이 기관에 미치는 영향**
  ㉮ 출력저하
  ㉯ 기관 과열(냉각수 온도 상승)
  ㉰ 흡입 효율 저하
  ㉱ 피스톤 운동 방해
③ **배기관에서 검은 연기가 배출되는 원인**
  ㉮ 압축 압력이 낮거나 압축 온도가 낮을 때
  ㉯ 분사노즐의 분사불량 및 무화, 관통력이 나쁠 때
  ㉰ 분사시기불량(연료 분사시기가 **빠를** 때)
  ㉱ 공기 청정기의 막힘
  ㉲ 연료 공급량이 많을 때
  ㉳ 불완전 연소

03 감압장치(디컴프, 디컴프레이션)
① 흡기 또는 배기 밸브를 열어 실린더 내의 압력을 감소시킴으로써 크랭킹을 원활하게 한다.
② 감압 레버를 이용하여 밸브를 강제로 열어 압축되지 않도록 한다.
③ 한냉간시 시동보조를 위해 사용한다.
④ 고장 또는 엔진 조정 등을 위해 수동 조작이 가능하도록 하고 엔진을 정지시킨다.

04 과급장치

흡입 공기의 체적 효율을 높이기 위하여 설치한 장치로 일종의 공기 펌프이다.

(1) 과급기의 특징
① 엔진 출력이 35~45% 증가 된다.
② 평균 유효압력이 높아진다.

③ 착화지연 기간이 짧다.
④ 엔진의 회전력이 증대된다.
⑤ 고지대에서도 출력의 감소가 적다.
⑥ 세탄가가 낮은 연료의 사용이 가능하다.
⑦ 연료 소비율이 향상된다.
⑧ 엔진의 중량이 10~15% 정도 증가한다.

(2) 과급기의 종류
① **터보 차저** : 배기가스를 이용하여 과급기 구동
② **슈퍼 차저** : 기관의 동력을 이용하여 과급기 구동

(3) 과급기 부착 엔진의 취급
① 시동 전, 후 5분 이상 저속회전 시킨다.
② 시동 즉시 가속을 금지 한다.
③ 장시간 공회전을 하지 말아야 한다.
④ 공기 흡입 라인에 먼지가 새어들지 않게 할 것
⑤ 에어 클리너를 항상 청결히 하여야 한다.

(4) 과급기의 급유
엔진의 윤활장치의 오일에 의해 급유된다.

(5) 과급기의 디퓨저(diffuser)
유체의 속도 에너지를 압력 에너지로 바꾸어 주는 장치이다.

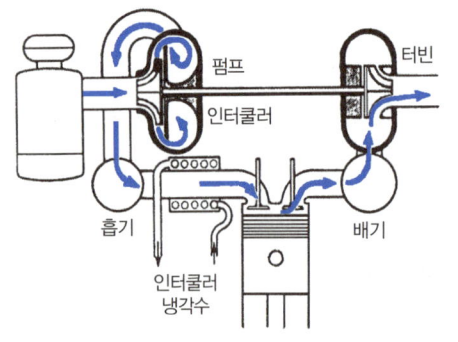

▲ 터보차저의 원리

(6) 인터 쿨러
과급된 공기는 온도 상승과 함께 공기밀도가의 감소로 노크를 유발하거나 충전효율 저하시키므로 과급된 공기를 냉각시켜 주어야 한다. 온도를 낮추고 공기 밀도를 높여 실린더로 공급되는 혼합기의 흡입 효율을 더욱 높이고 출력향상을 도모하는 장치이다. 종류는 다음과 같이 공랭식과 수냉식이 있다.

① **공랭식 인터 쿨러의 특징**
㉮ 주행중에 받는 공기로 과급공기를 냉각한다.
㉯ 구조는 간단하나 냉각 효율이 떨어진다.
㉰ 냉각 효과는 주행속도와 비례한다.

② **수냉식 인터 쿨러의 특징**
㉮ 엔진의 냉각용 라디에이터 또는 전용 라디에이터에 냉각수를 순환시켜 과급된 공기를 냉각한다.
㉯ 흡입 공기의 온도가 200℃ 이상인 경우에 80~90℃의 냉각수로 냉각시킨다.
㉰ 주행 중 받는 공기를 이용하여 공랭식을 겸하고 있다.
㉱ 구조가 복잡하나 저속에서도 냉각효과가 좋다.

05 예열장치

(1) 개요
디젤 엔진은 자연착화 엔진으로 한냉시에는 시동이 어렵다. 예열장치는 이러한 디젤 엔진의 단점을 보완하여 시동을 쉽게 실린더나 흡기다기관 내의 공기를 미리 가열하여 시동을 쉽게 해주는 장치로 예열 플러그식과 흡기 가열식이 있다.

(2) 예열 플러그식
　① 예열 플러그식은 연소실에 흡입된 공기를 직접 가열하는 방식이다.
　② 예연소실식과 와류실식 엔진에 사용된다.
　③ 예열 플러그의 종류: 코일형과 실드형이 있다.
　④ 코일형과 실드형의 비교

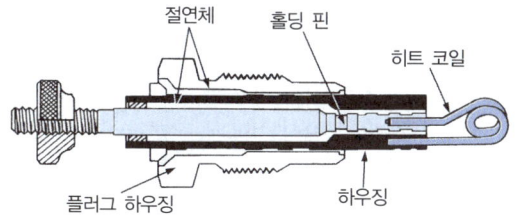

▲ 코일형 예열 플러그

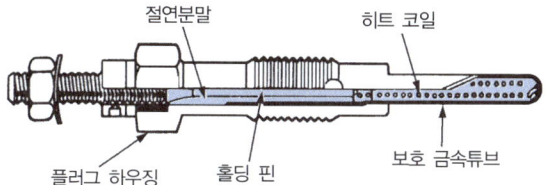

▲ 시일드형 예열 플러그

(3) 흡기가열식
　① 흡입되는 공기를 예열하여 실린더에 공급한다.
　② 직접 분사실식에 사용된다.
　③ 흡기 히터와 히트 레인지가 있다.

항 목	코일형	실드형
발열량	30 ~ 40W	60 ~ 100W
발열부의 온도	950 ~ 1050℃	950 ~ 1050℃
전 압	0.9~1.4V	24V : 20 ~ 23V 12V : 9 ~ 11V
전 류	30 ~ 60A	24V : 5 ~ 6A 12V : 10 ~ 11A
회 로	직렬 접속	병렬 접속
예열 시간	40 ~ 60초	60 ~ 90초

06 출제예상문제

장비구조

01 건식 공기 청정기의 장점이 아닌 것은?
① 설치 또는 분해조립이 간단하다.
② 작은 입자의 먼지나 오물을 여과할 수 있다.
③ 구조가 간단하고 여과망을 세척하여 사용할 수 있다.
④ 기관 회전속도의 변동에도 안정된 공기청정 효율을 얻을 수 있다.

> 건식 공기 청정기는 물로 세척할 수 없다. 건식 여과 엘레먼트는 여과지 방식으로 종이로 되어 있기 때문에 압축공기를 이용하여 청소를 하여 사용한다.

02 건식 공기여과기 세척방법으로 가장 적합한 것은?
① 압축공기로 안에서 밖으로 불어낸다.
② 압축공기로 밖에서 안으로 불어낸다.
③ 압축 오일로 안에서 밖으로 불어낸다.
④ 압축 오일로 밖에서 안으로 불어낸다.

> 건식 공기 청정기 엘리먼트는 압축공기를 사용하여 안에서 밖으로 불어 청소한다.

03 디젤 기관에서 사용되는 공기 청정기에 관한 설명으로 틀린 것은?
① 공기 청정기는 실린더의 마멸과 관계없다.
② 공기 청정기가 막히면 배기색은 흑색이 된다.
③ 공기 청정기가 막히면 출력이 감소한다.
④ 공기 청정기가 막히면 연소가 나빠진다.

> **공기 청정기**: 공기 청정기는 에어 클리너로 실린더로 흡입되는 공기 중의 불순물을 여과하는 장치로 실린더의 마멸에 영향을 준다.

04 흡입 공기를 선회시켜 엘리먼트 이전에서 이물질이 제거되게 하는 에어클리너의 방식은?
① 습식   ② 건식
③ 원심 분리식   ④ 비스커스 우수식

> **각 방식의 해설**
> ① 습식: 엔진오일과 엘리먼트가 사용된다.
> ② 건식: 엘리먼트만 사용된다.
> ③ 원심 분리식: 공기를 회전 운동시켜 불순물을 분리하는 방식
> ④ 비스커스 우수식: 비스커란 점성을 말하는 것으로 습식과 거의 같은 방식이다.

05 기관 공기 청정기의 통기저항을 설명한 것으로 틀린 것은?
① 저항이 적어야 한다.
② 저항이 커야 한다.
③ 기관 출력에 영향을 준다.
④ 연료 소비에 영향을 준다.

> 공기청정기는 흡입되는 공기 속의 불순물을 여과 분리시키는 에어클리너로 공기의 저항이 적어야 한다.

06 여과기 종류 중 원심력을 이용하여 이물질을 분리시키는 형식은?
① 건식 여과기
② 오일 여과기
③ 습식 여과기
④ 원심식 여과기

> 원심력을 이용하는 여과기는 원심식 여과기이다.

정 답
01.③ 02.① 03.① 04.③ 05.② 06.④

07 습식 공기 청정기에 대한 설명이 아닌 것은?
① 청정 효율은 공기량이 증가할수록 높아지며 회전속도가 빠르면 효율이 좋아진다.
② 흡입 공기는 오일로 적셔진 여과망을 통과시켜 여과시킨다.
③ 공기 청정기 케이스 밑에는 일정한 양의 오일이 들어 있다.
④ 공기 청정기는 일정기간 사용 후 무조건 신품으로 교환해야 한다.

> 공기 청정기는 일정기간 사용 후 오일의 교환과 여과망을 세척해 주어야 한다.

08 디젤기관에서 시동이 걸리지 않을 때 점검해야 할 곳으로 거리가 먼 것은?
① 기동 전동기의 이상 유무
② 예열 플러그의 작동
③ 배터리 접지 케이블의 단자 조임 여부
④ 발전기의 발전 전류 적정 여부

> 발전기의 발전 전류는 충전 상태로 확인하는 것으로 엔진이 기동되고 운전 중에 하는 점검사항이다.

09 다음 디젤 기관에서 과급기를 사용하는 이유로 맞지 않는 것은?
① 체적효율 증대
② 냉각효율 증대
③ 출력증대
④ 회전력 증대

> **과급기(과급장치)**: 엔진의 충진 효율(체적효율)을 높이기 위해 흡입 공기에 압력을 가하는 펌프이다.
> **1. 장점**
> ① 엔진 출력 증가(35 ~ 45 %)
> ② 연료 소비율 향상
> ③ 착화 지연이 짧다.
> ④ 회전력의 증대
> **2. 과급기의 종류**
> ① 기계식(슈퍼차저): 기관에 의해 구동(엔진 출력 이용), 크랭크축에 의해 구동된다.
> ② 배기가스 터빈식(터보차저): 배출되는 배기가스에 의해 구동된다.

10 디젤기관의 시동을 용이하게 하기 위한 방법이 아닌 것은?
① 압축비를 높인다.
② 흡기온도를 상승 시킨다.
③ 겨울철에 예열장치를 사용한다.
④ 시동 시 회전속도를 낮춘다.

> 시동 시 엔진의 회전 속도가 낮으면 압축 작용이 서서히 발생되어 압축열의 발생이 약하여 시동이 어렵게 된다.

11 디젤엔진의 시동을 위한 직접적인 장치가 아닌 것은?
① 예열 플러그
② 터보차저
③ 기동 전동기
④ 감압 밸브

> 터보차저는 흡입 효율을 증대시키기 위한 공기 펌프이므로 시동과는 관계가 없다.

12 다음 중 터보차저를 구동하는 것으로 가장 적합한 것은?
① 엔진의 열
② 엔진의 배기가스
③ 엔진의 흡입가스
④ 엔진의 여유 동력

> 터보차저는 엔진의 흡입효율을 높이기 위한 공기펌프로 엔진의 배기가스에 의해 구동되며 배기가스 터빈식이라고도 부른다.

13 배기터빈 과급기에서 터빈축의 베어링에 급유로 맞는 것은?
① 그리스로 윤활
② 기관 오일로 급유
③ 오일리스 베어링 사용
④ 기어오일을 급유

> **배기터빈 과급기(터보차저)**: 엔진의 배기가스에 의해 구동되며 기관의 오일펌프에서 보내주는 오일로 직접 급유된다.

정 답				
07.④	08.④	09.②	10.④	11.②
12.②	13.②			

14 기관의 과급기에서 공기의 속도 에너지를 압력 에너지로 변환시키는 것은?

① 터빈(turbine) ② 디퓨저(diffuser)
③ 압축기 ④ 배기관

> 과급기에서 공기의 속도 에너지를 압력 에너지로 변환 시키는 것은 디퓨저로 공기의 속도를 변환 시켜 얻는다.

15 디젤기관에 과급기를 설치하였을 때 장점이 아닌 것은?

① 동일 배기량에서 출력이 감소하고 연료소비율이 증가한다.
② 냉각수 손실이 적으며 높은 지대에서도 기관의 출력 변화가 적다.
③ 연소상태가 좋아지므로 압축온도 상승에 따라 착화지연기간이 짧아진다.
④ 연소상태가 양호하기 때문에 비교적 질이 낮은 연료를 사용할 수 있다.

> 과급기는 흡입 공기에 압력을 가하여 흡입효율을 높여 출력을 향상시키는 공기펌프로 출력이 증가하고 연료 소비가 적다.

16 기관에서 터보차저에 대한 설명으로 틀린 것은?

① 흡기관과 배기관 사이에 설치된다.
② 과급기라고도 한다.
③ 배기가스 배출을 위한 일종의 블로워(blower)이다.
④ 기관의 출력을 증가 시킨다.

> 터보차저는 실린더로 흡입되는 공기를 강제로 가압하여 많은 양의 공기를 보내주는 공기펌프로 흡기관과 배기관 사이에 설치되어 배기가스에 의해 구동이 되며 흡기의 효율을 높여 출력을 증대시키는 장치로 과급기라고도 한다.

17 디젤 기관의 감압장치 설명으로 맞는 것은?

① 크랭킹을 원활히 해준다.
② 냉각팬을 원활히 회전 시킨다.
③ 흡·배기 효율을 높인다.
④ 엔진 압축압력을 높인다.

> 감압장치란 한냉시 시동을 보조하는 장치로 엔진 시동 시(엔진 크랭킹 시) 밸브를 살짝 열어 압축이 되지 않도록 감압하여 엔진의 크랭킹을 원활하게 한 다음 밸브를 갑자기 닫아 급격한 압력 상승으로 압축온도를 상승시켜 시동을 쉽게 하여주는 장치이다.

18 디젤기관에서 시동이 걸리지 않을 때 점검해야 할 곳으로 거리가 먼 것은?

① 기동 전동기의 이상 유무
② 예열 플러그의 작동
③ 배터리 접지 케이블의 단자 조임 여부
④ 발전기의 발전 전류 적정 여부

> 발전기의 발전 전류는 충전 상태로 확인하는 것으로 엔진이 기동되고 운전 중에 하는 점검사항이다.

19 보기에서 머플러(소음기)와 관련된 설명이 모두 올바르게 조합된 것은?

보기

a. 카본이 많이 끼면 엔진이 과열되는 원인이 될 수 있다.
b. 머플러가 손상이 되어 구멍이 나면 배기 음이 커진다.
c. 카본이 쌓이면 엔진 출력이 떨어진다.
d. 배기가스의 압력을 높여서 열효율을 증가시킨다.

① a, b, d ② b, c, d
③ a, c, d ④ a, b, c

> 배기가스의 압력(배압)을 높이면 흡입효율이 낮아져 출력과 열효율이 낮아진다.

정 답

14.② 15.① 16.③ 17.① 18.④ 19.④

20 기관에서 배기상태가 불량하여 배압이 높을 때 발생하는 현상과 관련이 없는 것은?

① 기관이 과열된다.
② 냉각수 온도가 내려간다.
③ 기관의 출력이 감소된다.
④ 피스톤의 운동을 방해한다.

> 엔진의 배압이 높으면 엔진이 과열되므로 냉각수 온도도 올라간다.

21 디젤 기관 운전 중 흑색 배기가스를 배출하는 원인으로 틀린 것은?

① 공기청정기 막힘
② 압축 불량
③ 노즐 불량
④ 오일 팬 내 유량 과다

> 오일 팬 내의 유량이 과다하면 엔진 오일이 연소실로 유입되어 연소되므로 배기색은 백색의 연기가 배출된다.

22 디젤 기관의 배출 물로 규제 대상은?

① 탄화수소   ② 매연
③ 일산화탄소   ④ 공기과잉율(λ)

> 디젤 기관의 매연 기준은 2009년도 1월 1일 이후 현재 15%이다.

23 작업 중 운전자가 확인해야 할 것으로 틀린 것은?

① 온도계기   ② 전류계기
③ 오일압력 계기   ④ 실린더 압력계기

> 실린더의 압축압력 시험은 정비사가 실시하는 것으로 엔진의 압축압력을 측정하여 엔진의 해체 정비를 결정하고자 할 때 실시한다.

24 디젤기관의 시동을 용이하게 하기 위한 방법이 아닌 것은?

① 압축비를 높인다.
② 흡기온도를 상승 시킨다.
③ 겨울철에 예열장치를 사용한다.
④ 시동 시 회전속도를 낮춘다.

> 시동 시 엔진의 회전 속도가 낮으면 압축 작용이 서서히 발생되어 압축열의 발생이 약하여 시동이 어렵게 된다.

25 기관을 점검하는 요소 중 디젤 기관과 관계없는 것은?

① 예열   ② 점화
③ 연료   ④ 연소

> 점화란 전기점화 방식의 가솔린 기관에서 혼합기에 불을 발생시키는 것을 말하며 디젤 기관은 착화 또는 발화, 연소라 표현한다.

26 기관을 시동하여 공전 시에 점검할 사항이 아닌 것은?

① 기관의 휀벨트 장력을 점검
② 오일 누출 여부를 점검
③ 냉각수의 누출 여부를 점검
④ 배기가스의 색깔을 점검

> 기관의 팬 벨트의 점검은 엔진이 정지된 상태에서 점검하며 10kgf의 하중 작용 시 그 처짐량이 13~20mm정도이면 정상이다.

27 디젤 기관을 정지 시키는 방법으로 가장 적합한 것은?

① 연료 공급을 차단한다.
② 초크 밸브를 닫는다.
③ 기어를 넣어 기관을 정지한다.
④ 축전지를 분리 한다.

> 디젤 기관을 정지 시키는 방법
> ① 연료 차단
> ② 디컴프 레버에 의한 감압
> ③ 공기 차단

정 답

20.② 21.④ 22.② 23.③ 24.④
25.② 26.① 27.①

28 건설기계 장비로 현장에서 작업 중 각종 계기는 정상인데 엔진부조가 발생한다면 우선 점검해 볼 계통은?

① 연료계통   ② 충전계통
③ 윤활계통   ④ 냉각계통

> 디젤엔진의 부조화 현상은 연료의 공급이 불완전할 때 주로 나타난다.

29 기관 시동 전에 점검할 사항으로 틀린 것은?

① 엔진 오일량
② 엔진 주변 오일 누유 확인
③ 엔진 오일의 압력
④ 냉각수 량

> 엔진 오일의 압력은 시동 후 즉, 작동 중에 점검하는 사항이다.

30 기관을 시동하여 공전 상태에서 점검하는 사항으로 틀린 것은?

① 배기가스 색 점검
② 냉각수 누수 점검
③ 팬벨트 장력 점검
④ 이상 소음 발생 유무 점검

> 팬벨트의 장력 점검은 기관이 정지된 상태에서 점검하는 사항이다.

31 일상 점검 내용에 속하지 않는 것은?

① 기관 윤활유 량
② 브레이크 오일 량
③ 라디에이터 냉각수 량
④ 연료 분사 량

> 연료 분사 량의 시험은 정비사 정비 사항이다.

32 기관의 운전 상태를 감시하고 고장진단 할 수 있는 기능은?

① 윤활 기능   ② 제동 기능
③ 조향 기능   ④ 자기진단 기능

> 전자제어 기능이 탑재된 장비에는 장비의 각 장치별 작동 상태 및 고장 등을 진단할 수 있는 기능을 가진 자기진단 기능을 가지고 있다.

33 디젤 기관의 예열장치에서 코일형 예열 플러그와 비교한 실드형 예열 플러그의 설명 중 틀린 것은?

① 발열량이 크고 열용량도 크다.
② 예열 플러그들 사이의 회로는 병렬로 결선되어 있다.
③ 기계적 강도 및 가스에 의한 부식에 약하다.
④ 예열 플러그 하나가 단선되어도 나머지는 작동 된다.

> 실드형 예열 플러그는 튜브 속에 코일이 설치되어 있어 기계적 강도 및 가스에 의한 부식이 적어 수명이 길다.

정 답
28.① 29.③ 30.③ 31.④ 32.④ 33.③

1-7 냉각장치

01 개 요

연소열에 의한 부품의 변형 및 과열을 방지하기 위해 75 ~ 85℃(정상 온도)를 유지시키는 장치.

① **기관이 과열되었을 때의 영향**: 각 부품의 변형, 기관의 손상, 출력이 저하된다.
② **기관이 과냉 되었을 때의 영향**: 연료 소비율의 증대, 베어링의 마모 촉진, 출력의 저하
③ **기관의 작동 온도**: 실린더 헤드 냉각수 통로(워터 재킷)의 냉각수 온도로 표시된다.

> **TIP**
> 냉각수 순환 경로
> 냉각수 온도가 정상일 때에는 라디에이터 → 물 펌프 → 실린더 블록의 냉각수 통로 → 실린더 헤드의 냉각수 통로 → 수온 조절기 → 라디에이터로 순환되지만 냉각수의 온도가 정상 온도에 이르지 않았을 때에는 실린더 블록의 냉각수 통로 → 실린더 헤드의 냉각수 통로 → 바이패스 통로 → 물 펌프 → 실린더 블록의 냉각수 통로로 순환된다.

02 냉각 방식

(1) 공랭식

① **자연 통풍식**: 냉각 팬이 없기 때문에 주행 중에 받는 공기로 냉각하며, 오토바이에 사용된다.
② **강제 통풍식**: 냉각 팬을 회전시켜 냉각하며, 자동차 및 건설기계에 사용된다.

(2) 수냉식

① **자연 순환식**: 물 펌프 없이 냉각수의 대류를 이용하는 형식으로 고성능 엔진에는 부적합하다.
② **강제 순환식**: 물 펌프의 작동으로 냉각수를 순환시켜 냉각시키는 형식으로 자동차 및 건설기계 등에 사용된다.
③ **압력 순환식**: 강제 순환식에서 라디에이터 캡을 압력식 캡으로 냉각장치의 회로를 밀폐시켜 냉각수가 비등하지 않도록 하는 방식으로 그 특징은 다음과 같다.
  ㉮ 냉각수의 비등점을 높여 비등에 의한 손실을 감소시킬 수 있다.
  ㉯ 라디에이터의 크기를 작게 할 수 있다.
  ㉰ 냉각수 보충 횟수를 줄일 수 있다.
  ㉱ 엔진의 열효율을 향상 시킬 수 있다.
④ **밀봉 압력식**: 압력 순환식의 라디에이터 캡을 밀봉하고 냉각수가 외부로 누수도 지 않도록 하는 방식으로 냉각수가 가열되어 팽창하면 보조탱크로 보내고 수축이 되면 보조탱크의 냉각수가 유입된다.

03 수냉식 냉각장치의 구성

(1) 라디에이터(방열기)

가열된 냉각수를 냉각시키는 것으로 엔진에 유·출입되는 온도차는 5 ~ 10℃ 정도이다.

1) 라디에이터의 구비 조건
  ① 단위 면적당 방열량이 클 것
  ② 공기의 유동 저항이 작을 것
  ③ 소형 경향이고 견고할 것
  ④ 냉각수의 유동 저항이 작을 것

2) 라디에이터 압력 캡

라디에이터 캡은 냉각수의 비점을 높이기 위하여 압력식 캡이 사용되며 내부에는 압력(공기)밸브와 진공(부압)밸브가 설치되어 있다.

① $0.2 \sim 0.9 kgf/cm^2$ 정도 압력을 상승시킨다.
② 냉각수의 비점을 110 ~ 120℃ 로 상승시킨다.
③ 압력 밸브는 냉각장치 내의 압력이 규정 이상일 때 열려 규정 압력이상으로 상승되는 것을 방지한다.
③ 압력 스프링이 파손되거나 장력이 약해지

면 비등점이 낮아져 오버히트의 원인이 된다.

④ 진공 밸브는 냉각수 온도가 저하되면 열려 대기압이나 냉각수를 라디에이터로 도입하여 코어의 파손을 방지한다.

③ 라디에이터의 막힘률 계산

$$막힘률(\%) = \frac{신품주수량 - 사용품주수량}{신품 주수량} \times 100$$

④ 라디에이터 코어의 종류: 리본 셀룰러형, 플레이트형, 코루게이트형

⑤ 라디에이터 코어의 막힘 률이 20% 이상일 경우에는 교환한다.

⑥ 라디에이터의 냉각편의 청소는 압축공기를 이용하여 밖에서 엔진 쪽으로 불어 낸다.

⑦ 라디에이터 튜브 청소는 플러시 건을 사용하여 냉각수를 아래 탱크에서 위 탱크로 순환 시켜 청소하고 세척제로는 탄산나트륨, 중탄산소다를 사용하며 청소 방법은 다음과 같다.

(3) 물 펌프

냉각수를 강제로 순환시킨다. 주로 원심식이 사용되며 엔진 회전수의 1.2~1.6배로 회전한다. 또한 펌프의 효율은 냉각수 압력에 비례하고 온도에는 반비례 한다.

(4) 수온 조절기(서모스탯, 정온기)

① 냉각수의 온도에 따라 자동적으로 개폐되어 냉각수의 온도를 조절한다.

② 65℃에서 열리기 시작하여 85℃에서 완전히 개방된다.

③ 종류

㉮ 펠릿형: 냉각수의 온도에 의해서 왁스가 팽창하여 밸브가 열리며, 가장 많이 사용한다.

㉯ 벨로즈형: 에틸이나 알코올이 냉각수의 온도에 의해서 팽창하여 밸브가 열린다.

㉰ 바이메탈형: 코일 모양의 바이메탈이 수온에 의해 비틀림을 일으켜 열린다.

(5) 물 재킷

실린더 주위 및 실린더 헤드의 연소실 주위에 냉각수가 순환할 수 있는 통로이다.

(6) 냉각 팬과 팬 벨트

① 냉각 팬: 물 펌프 또는 모터에 의해서 회전하여 강제적으로 공기를 순환시켜 라디에이터 및 실린더 블록을 냉각시키는 역할을 하며 종류는 다음과 같다.

㉮ 전동 팬: 라디에이터 아래 탱크에 설치된 수온 센서가 냉각수 온도를 감지하여 85±3℃가 되면 전동기가 회전을 시작하고 78℃ 이하가 되면 정지 하도록 되어 있으며 그 특징은 다음과 같다.

㉠ 라디에이터의 설치가 자유롭다.

㉡ 히터의 난방이 빠르다.

㉢ 일정한 풍량을 확보할 수 있다.

㉣ 가격이 비싸고 소비전력이 35~130W로 크다.

㉤ 소음이 크다.

㉯ 팬 클러치: 고속 주행 시 물 펌프 축과 냉각 팬 사이에 클러치를 설치하여 냉각 팬이 필요이상으로 회전하는 것을 제한하는 방식으로 그 특징은 다음과 같다.

㉠ 엔진의 소비 마력을 감소시킬 수 있다.

㉡ 팬벨트의 내구성을 향상 시킨다.

㉢ 냉각 팬에서 발생되는 소음을 방지 한다.

② 팬벨트: 보통 이음이 없는 V 벨트 또는 평 벨트를 사용한다.

③ 팬벨트의 긴장도: 10kgf의 힘으로 눌렀을 때 13~20mm 정도이며 팬벨트의 장력이 크면(팽팽하면) 발전기와 물 펌프

베어링 손상 및 벨트의 수명이 단축되고, 장력이 너무 작으면(헐거우면)엔진이 과열되고, 발전기 출력이 저하되어 충전 부족과 소음이 발생된다. 벨트의 조정은 발전기 브래킷의 고정 볼트를 풀어서 조정한다.

(7) 시라우드

많은 공기와 접촉되도록 하기 위해서 설치된 공기 통로이다.

04 공랭식 냉각장치

실린더 벽의 바깥 둘레에 냉각핀을 설치하여 공기의 접촉 면적을 크게 하여 냉각시키며 장·단점은 다음과 같다.

① 냉각수를 보충하는 일이 없다.
② 냉각수의 누출 염려가 없다.
③ 구조가 간단하고 취급이 편리하다.
④ 한랭시 냉각수의 동결에 의한 기관의 파손이 없다.
⑤ 기후나 주행상태에 따라 기관이 과열되기 쉽다.
⑥ 냉각이 균일하게 이루어지지 않아 기관이 과열된다.

05 냉각수와 부동액

① **냉각수** : 연수(증류수, 수돗물, 빗물)를 사용한다.
② **부동액** : 겨울철에 냉각수가 동결되는 것을 방지하기 위하여 냉각수에 혼합하여 사용하며, 부동액의 종류는 메탄올, 알코올, 에틸렌글리콜, 글리세린 등이 있다.
③ **부동액의 구비조건**
  ㉮ 침전물이 발생되지 않아야 한다.
  ㉯ 냉각수와 혼합이 잘 되어야 한다.
  ㉰ 내부식성이 크고 팽창계수가 작아야 한다.
  ㉱ 비등점이 높고 응고점이 낮아야 한다.
  ㉲ 휘발성이 없고 유동성이 좋아야 한다.

> **TIP**
> □ 동파 방지기(코어 플러그) : 수냉식 엔진의 실린더 헤드 및 실린더 블록에 설치된 플러그로 냉각수가 빙결되었을 때 체적의 증가에 의해서 코어 플러그가 빠지게 된다.
> ① 메탄올 : 반영구형으로 냉각수 보충시 혼합액을 보충하여야 한다.
>   ㉮ 비등점 : 82℃
>   ㉯ 빙점 : -30℃
> ② 에틸렌 글리콜 : 영구형으로 냉각수 보충시 물만 보충하여야 한다.
>   ㉮ 비등점 : 197.2℃
>   ㉯ 빙점 : -50℃
> ③ 부동액 혼합시는 그 지방의 평균 최저 온도보다 5 ~ 10℃ 낮게 설정(20℃에서의 혼합 비율은 부동액 35%, 물 65% 혼합)
> ④ 부동액의 세기는 비중으로 표시하며 비중계로 측정한다.

06 엔진 과열 및 과냉 원인

(1) 엔진 과열 원인

① 수온 조절기가 닫힌 채로 고장이 났다.
② 수온 조절기의 열림 온도가 너무 높다.
③ 라디에이터의 코어 막힘이 과도하다.
④ 라디에이터 코어의 오손 및 파손되었다.
⑤ 구동 벨트의 장력이 약하다.
⑥ 구동 벨트가 이완 및 절손 되었다.
⑦ 물 재킷 내의 스케일(물 때)이나 녹이 심하다.
⑧ 물 펌프의 작동 불량이다.
⑨ 라디에이터 호스의 파손 및 누유

(2) 엔진 과냉의 원인(워밍업 시간이 길어진다.)

① 수온 조절기가 열린 채로 고장이 났다.
② 수온 조절기의 열림 온도가 너무 낮다.

06 출제예상문제
장비구조

01 다음 중 엔진의 과열 원인으로 적절하지 않은 것은?
① 배기 계통의 막힘이 많이 발생함
② 연료 혼합비가 너무 농후하게 분사 됨
③ 점화시기가 지나치게 늦게 조정 됨
④ 수온 조절기가 열려 있는 채로 고장

> 수온조절기가 열린 채로 고장이 나면 엔진의 워밍 업시간이 길어진다.

02 라디에이터 캡(Radiator Cap)에 설치되어 있는 밸브는?
① 진공 밸브와 체크 밸브
② 압력 밸브와 진공 밸브
③ 첵크 밸브와 압력 밸브
④ 부압 밸브와 체크 밸브

> 라디에이터 캡에 설치된 밸브는 펌프의 효율을 증대시키기 위한 압력 밸브와 물의 비등점을 높이기 위한 진공 밸브가 설치되어 있다.

03 엔진 과열 시 일어나는 현상이 아닌 것은?
① 각 작동부분이 열팽창으로 고착될 수 있다.
② 윤활유 점도 저하로 유막이 파괴될 수 있다.
③ 금속이 빨리 산화되고 변형되기 쉽다.
④ 연료소비율이 줄고 효율이 향상된다.

> 엔진이 과열되면 노킹, 조기착화 등에 의해 연료 소비가 증가되고 효율이 떨어진다.

04 기관의 전동식 냉각팬은 어느 온도에 따라 ON/OFF 되는가?
① 냉각수   ② 배기관
③ 흡기   ④ 엔진오일

> 전동식 냉각팬은 라디에이터 하부에 설치된 센서 및 스위치에 의해 작동 되면 이 온도는 냉각수의 온도이다.

05 건설기계기관의 부동액에 사용되는 종류가 아닌 것은?
① 그리스   ② 글리세린
③ 메탄올   ④ 에틸렌글리콜

> 건설기계에 사용하는 부동액은 현재 가장 많이 사용되는 에틸렌글리콜과 반 영구부동액으로 현재 거의 사용이 안되는 글리세린, 메탄올 등이 있다. 그리스는 반고체 윤활유이다.

06 라디에이터 캡을 열었을 때 냉각수에 오일이 섞여 있는 경우의 원인은?
① 실린더 블록이 과열되었다.
② 수냉식 오일 쿨러가 파손되었다.
③ 기관의 윤활유가 너무 많이 주입되었다.
④ 라디에이터가 불량하다.

> 냉각수에 오일이 유입되는 원인
> ① 헤드 볼트의 이완
> ② 헤드 개스킷의 파손
> ③ 실린더 블록 및 헤드의 변형 및 균열
> ④ 오일 쿨러의 소손

07 엔진의 온도를 항상 일정하게 유지하기 위하여 냉각계통에 설치되는 것은?
① 크랭크축 풀리
② 물 펌프 풀리
③ 수온 조절기
④ 벨트 조절기

> 수온 조절기(정온기. 더머스태트)
> ① 냉각수의 온도에 따라 자동적으로 개폐되어 냉각수의 온도를 조절 엔진의 온도 일정 유지한다.
> ② 65℃에서 열리기 시작하여 85℃에서 완전히 개방된다.

정 답
01.④ 02.② 03.④ 04.① 05.①
06.② 07.③

08 디젤기관 냉각장치에서 냉각수의 비등점을 높여주기 위해 설치된 부품으로 알맞은 것은?

① 코어
② 냉각핀
③ 보조 탱크
④ 압력식 캡

> 압력식 캡은 냉각장치 내의 압력을 0.3~0.9 kg/cm²로 유지함과 동시에 냉각수의 비등점을 112℃로 높이기 위해 사용한다.

09 기관이 작동 중 라디에이터 캡 쪽으로 물이 상승하면서 연소가스가 누출 될 때의 원인에 해당되는 것은?

① 실린더 헤드에 균열이 생겼다.
② 분사 노즐 동 와셔가 불량하다.
③ 물 펌프에 누설이 생겼다.
④ 라디에이터 캡이 불량하다.

> 엔진 작동 중 라디에이터 캡 쪽으로 연소가스가 누출이 되는 것은 실린더 헤드 개스킷의 파손, 실린더 헤드 볼트의 이완 및 실린더 헤드의 균열 등의 원인에 의해 누출 된다.

10 건설기계 장비 운전 시 계기판에서 냉각수량 경고등이 점등 되었다. 그 원인으로 가장 거리가 먼 것은?

① 냉각수량이 부족할 때
② 냉각 계통의 물 호스가 파손되었을 때
③ 라디에이터 캡이 열린 채 운행하였을 때
④ 냉각수 통로에 스케일(물 때)이 없을 때

> 스케일 : 물때나 녹을 말하는 것으로 물때나 녹은 열전도성을 나쁘게 하게 되어 엔진이 과열되나 스케일이 없으면 정상작동 상태가 되어 점등되지 않는다.

11 동절기에 기관이 동파 되는 원인으로 맞는 것은?

① 냉각수가 얼어서
② 기동 전동기가 얼어서
③ 발전장치가 얼어서
④ 엔진 오일이 얼어서

> 엔진이 동파되는 것은 겨울철에 냉각수가 얼어서 금속의 수축으로 발생되는 것으로 동파를 방지하기 위한 코어 홀 플러그가 설치된다.

12 공랭식 기관의 냉각장치에서 볼 수 있는 것은?

① 물 펌프
② 코어 플러그
③ 수온 조절기
④ 냉각 핀

> 각 부품의 기능
> ① 물 펌프 : 냉각수를 강제로 순환 시킨다.
> ② 코어 플러그 : 동파 방지기로 한냉 시 냉각수 동결에 의한 동파를 방지한다.
> ③ 수온 조절기 : 엔진의 온도를 일정하게 유지한다.
> ④ 냉각 핀 : 공랭식 엔진에서 공기의 이동속도를 빠르게 하여 냉각효과를 증가시킨 것이다.

13 라디에이터 캡의 스프링이 파손 되었을 때 가장 먼저 나타나는 현상은?

① 냉각수 비등점이 낮아진다.
② 냉각수 순환이 불량해 진다.
③ 냉각수 순환이 빨라진다.
④ 냉각수 비등점이 높아진다.

> 라디에이터 캡의 스프링이 파손되면 냉각수의 비점이 낮아지고 냉각수가 넘쳐흐르게 된다.

14 기관의 수온 조절기에 있는 바이패스(bypass) 회로의 기능은?

① 냉각수 온도를 제어 한다.
② 냉각팬의 속도를 제어 한다.
③ 냉각수의 압력을 제어 한다.
④ 냉각수를 여과한다.

> 수온 조절기에 있는 바이패스 밸브는 냉각수의 온도가 정상온도에 이르기 전 냉각수를 물 펌프로 다시 돌려보내 엔진 내에서만 냉각수를 회전시킬 수 있도록 한 것으로 펌프를 무부하 운전 시키고 엔진의 냉각수 온도를 제어하기 위한 밸브이다.

정 답
08.④ 09.① 10.④ 11.① 12.④
13.① 14.①

15 사용하던 라디에이터와 신품 라디에이터의 냉각수 주입량을 비교했을 때 신품으로 교환해야 할 시점은?

① 10% 이상의 차이가 발생하였을 때
② 20% 이상의 차이가 발생하였을 때
③ 30% 이상의 차이가 발생하였을 때
④ 40% 이상의 차이가 발생하였을 때

> 라디에이터의 막힘률은 냉각수 주입량으로 계산하며 신품 주수량과 비교하여 20% 이상의 차이가 발생하였을 때에는 교환하여야 한다.

16 엔진 과열 시 제일 먼저 점검할 사항으로 옳은 것은?

① 연료 분사량　② 수온 조절기
③ 냉각수 량　　④ 물 재킷

> 엔진 과열 시 가장 먼저 운전자가 점검하여야 할 사항은 냉각수 량이다.

17 물 펌프에 대한 설명으로 틀린 것은?

① 주로 원심 펌프를 사용한다.
② 구동은 벨트를 통하여 크랭크축에 의해서 된다.
③ 냉각수에 압력을 가하면 물 펌프의 효율은 증대된다.
④ 펌프 효율은 냉각수의 온도에 비례한다.

> 펌프의 효율은 냉각수 압력에는 비례하고 온도에는 반비례 한다.

18 디젤엔진의 과냉 시 발생할 수 있는 사항으로 틀린 것은?

① 압축압력이 저하된다.
② 블로바이 현상이 발생된다.
③ 연료 소비량이 증대된다.
④ 엔진의 회전 저항이 감소한다.

> 엔진 과냉 시 영향은 압축압력저하, 블로바이 발생, 연료 소비량 증가, 오일 소비량 증가, 오일 희석 등이 나타나며 엔진 기동 시 회전저항이 증가되어 출력이 감소된다.

19 기관 온도계가 표시하는 온도는 무엇인가?

① 연소실 내의 온도
② 작동유 온도
③ 기관 오일 온도
④ 냉각수 온도

> 기관의 온도계가 표시하는 것은 실린더 헤드 워터 재킷(물 통로) 내의 냉각수 온도로 기관의 온도를 표시한다.

20 라디에이터의 구비 조건으로 틀린 것은?

① 공기 흐름 저항이 적을 것
② 냉각수 흐름 저항이 적을 것
③ 가볍고 강도가 클 것
④ 단위 면적당 방열량이 적을 것

> 단위 면적당 방열량이 커야 냉각수의 냉각이 잘 이루어진다.

21 밀봉 압력식 냉각방식에서 보조 탱크 내의 냉각수가 라디에이터로 빨려들어갈 때 개방되는 압력 캡의 밸브는?

① 릴리프 밸브　② 진공 밸브
③ 압력 밸브　　④ 리듀싱 밸브

> 압력식 라디에이터 캡에는 냉각수의 온도가 상승하여 냉각수가 팽창할 때 작동되어 냉각수를 보조탱크로 내보내는 압력 밸브와 냉각수량이 적어 냉각수가 부족하거나 라디에이터 내의 압력이 낮을 때 열려 보조탱크의 냉각수를 흡입하는 진공 밸브로 되어 있다.

22 다음 중 수냉식 기관의 정상 운전 중 냉각수 온도로 옳은 것은?

① 75~95℃　② 55~60℃
③ 40~60℃　④ 20~30℃

> 엔진의 정상 작동 온도는 일반적으로 70~90℃ 범위에 있다.

정 답

15.② 16.③ 17.④ 18.④ 19.④
20.④ 21.② 22.①

23 엔진 내부의 연소를 통해 일어나는 열에너지가 기계적 에너지로 바뀌면서 뜨거워진 엔진을 물로 냉각하는 방식으로 옳은 것은?

① 수냉식　② 공랭식
③ 유냉식　④ 가스 순환식

> 엔진의 냉각방식으로는 물로서 냉각하는 수냉식과 공기로 냉각하는 공랭식이 있다.

24 냉각장치에서 가압식 라디에이터의 장점이 아닌 것은?

① 냉각수의 순환속도가 빠르다.
② 라디에이터를 작게 할 수 있다.
③ 냉각수의 비등점을 높일 수 있다.
④ 비등점이 내려가고 냉각수 용량이 커진다.

> 가압식 라디에이터를 사용하는 것은 펌프의 효율을 증대시켜 냉각효과를 높이고 냉각수의 비등점을 높여 주며 라디에이터를 작게 할 수 있다.

25 냉각장치에서 소음이 발생하는 원인으로 틀린 것은?

① 수온 조절기 불량
② 팬벨트 장력 헐거움
③ 냉각 팬 조립 불량
④ 물 펌프 베어링 마모

> 수온 조절기가 불량하면 엔진의 과열 또는 워밍업 시간이 길어지며 엔진의 정상 온도 유지가 곤란하다. 냉각장치의 소음과는 관계가 없다.

26 왁스 실에 왁스를 넣어 온도가 높아지면 팽창축을 올려 열리는 온도 조절기는?

① 벨로즈형
② 펠릿형
③ 바이패스 밸브형
④ 바이메탈형

> 펠릿형의 수온조절기는 현재 사용하는 방식으로 왁스가 온도에 쉽게 팽창하는 것을 이용한 방식으로 냉각수 압력 등의 외력에 영향이 적어 가장 많이 사용된다.

27 다음 중 기관에서 팬벨트 장력점검 방법으로 맞는 것은?

① 벨트 길이 측정 게이지로 측정 점검
② 정지된 상태에서 벨트의 중심을 엄지손가락으로 눌러서 점검
③ 엔진을 가동한 후 텐셔너를 이용하여 점검
④ 발전기의 고정 볼트를 느슨하게 하여 점검

> 팬벨트는 엔진이 정지된 상태에서 엄지손가락으로 10kgf로 눌러 그 처짐량을 점검하는 것이다. 따라서 그 처짐량이 20~30mm 정도이면 정상이다.

28 팬벨트에 대한 점검과정이다. 가장 적합하지 않은 것은?

① 팬벨트는 눌러(약 10kgf) 처짐이 약 13~20mm 정도로 한다.
② 팬벨트는 풀리의 밑 부분에 접촉되어야 한다.
③ 팬벨트의 조정은 발전기를 움직이면서 조정한다.
④ 팬벨트가 너무 헐거우면 기관 과열의 원인이 된다.

> 팬벨트가 풀리의 밑 부분에 접촉되면 벨트가 미끄러져 발전기와 물펌프는 회전이 불량해지게 된다.

29 수냉식 냉각 방식에서 냉각수를 순환시키는 방식이 아닌 것은?

① 자연 순환식
② 강제 순환식
③ 진공 순환식
④ 밀봉 압력식

> 수냉식 냉각방식에는 자연 순환식, 강제 순환식, 압력 순환식, 밀봉 압력식이 있다.

정 답

23.①　24.④　25.①　26.②　27.②
28.②　29.③

30 압력식 라디에이터 캡에 대한 설명으로 옳은 것은?
① 냉각장치 내부 압력이 규정보다 낮을 때 공기밸브는 열린다.
② 냉각장치 내부 압력이 규정보다 높을 때 진공밸브는 열린다.
③ 냉각장치 내부 압력이 부압이 되면 진공밸브는 열린다.
④ 냉각장치 내부 압력이 부압이 되면 공기밸브는 열린다.

> 라디에이터 압력식 캡의 작동은 냉각장치 내부의 압력이 규정보다 높을 때에는 공기밸브는 열리고 진공밸브는 닫히며 내부압력이 낮아져 진공(부압)이 되면 진공밸브는 열리고 공기밸브는 닫힌다.

31 수온조절기의 종류가 아닌 것은?
① 벨로즈형　② 펠릿형
③ 바이메탈형　④ 마몬형식

> 냉각장치에 사용되는 수온조절기의 종류에는 벨로즈와 알코올을 이용한 벨로즈형과 바이메탈을 이용하는 바이메탈형, 그리고 합성고무와 왁스를 이용하는 펠릿형이 있다.

32 건설기계 운전 작업 중 온도 게이지가 "H"위치에 근접되어 있다. 운전자가 취해야 할 조치로 가장 알맞은 것은?
① 작업을 계속해도 무방하다.
② 잠시 작업을 중단하고 휴식을 취한 후 다시 작업 한다.
③ 윤활유를 즉시 보충하고 계속 작업한다.
④ 작업을 중단하고 냉각수 계통을 점검한다.

> 온도 게이지가 "H"위치에 근접되어 있다면 엔진이 과열되는 것으로 작업을 중단하고 냉각계통을 점검하여 이상이 있는 부분을 수리 보완한 후 작업을 계속한다.

33 디젤기관에서 냉각수의 온도에 따라 냉각수 통로를 개폐하는 수온 조절기가 설치되는 곳으로 적당한 곳은?
① 라디에이터 상부
② 라디에이터 하부
③ 실린더 블록 물 재킷 입구부
④ 실린더 헤드 물 재킷 출구부

> 수온 조절기의 설치 위치는 실린더 헤드 워터(물) 재킷 출구부에 설치되어 있다.

34 작업 중 엔진온도가 급상승 하였을 때 가장 먼저 점검하여야 할 것은?
① 윤활유 점도지수
② 크랭크축 베어링 상태
③ 부동액 점도
④ 냉각수의 양

> 작업 중 엔진의 온도가 급상승하였을 때 운전자가 가장 먼저 점검하여야 할 것은 냉각수 량이다.

35 냉각장치에 사용되는 라디에이터의 구성 품이 아닌 것은?
① 냉각수 주입구　② 냉각 핀
③ 코어　　　　　④ 물 재킷

> 물 재킷은 실린더 블록이나 실린더 헤드에 설치된 물 통로를 말한다.

36 라디에이터(Radiator)에 대한 설명으로 틀린 것은?
① 라디에이터의 재료 대부분은 알루미늄 합금이 사용된다.
② 단위 면적당 방열량이 커야한다.
③ 냉각 효율을 높이기 위해 방열 핀이 설치된다.
④ 공기 흐름 저항이 커야 냉각 효율이 높다.

> **라디에이터의 구비 조건**
> ① 단위 면적당 방열량이 클 것.
> ② 공기의 유동 저항이 작을 것.
> ③ 소형 경향이고 견고할 것.
> ④ 냉각수의 유동 저항이 작을 것.

정 답				
30.③	31.④	32.④	33.④	34.④
35.④	36.④			

chapter 02 전기장치 익히기

2-1 기초 전기

01 전류
전자의 이동을 전류라 한다.

(1) 1 A 란
① 전류의 측정에서 암페어(Amper 약호 A) 단위를 사용
② 도체의 단면에 임의의 한 점을 매초 1쿨롱의 전하가 이동하고 있을 때의 전류의 크기

(2) 전류의 3대 작용
① 발열 작용
② 화학 작용
③ 자기 작용

02 전압(전위차)
① 전하가 적은 쪽 또는 다른 전하가 있는 쪽으로 이동하려는 힘을 전압이라 한다.
② 전류는 전압의 차가 클수록 많이 흐르며 전압의 단위로는 볼트(V)를 사용한다.
③ 1V : 1옴의 도체에 1암페어의 전류를 흐르게 할 수 있는 힘
④ 기전력 : 전하를 끊임없이 발생시키는 힘
⑤ 전원 : 기전력을 발생시켜 전류 원이 되는 것

03 저항
① 물질 속을 전류가 흐르기 쉬운가 어려운가의 정도를 표시하는 것
② 1Ω 이란 : 1A 의 전류를 흐르게 할 때 1V 의 전압을 필요로 하는 도체의 저항
③ 도체 : 자유 전자가 많아 전류가 잘 흐르는 물체

04 옴의 법칙
① 도체에 흐르는 전류는 도체에 가해진 전압에 정비례하고 도체의 저항에 반비례한다.

> **TIP**
>
> $I = \dfrac{E}{R}$ $E = I \times R$ $R = \dfrac{E}{I}$
>
> I : 도체에 흐르는 전류(A)
> E : 도체에 가해진 전압(V)
> R : 도체의 저항(Ω)

05 키르히호프 법칙

(1) 제 1 법칙
전하의 보존 법칙으로 복잡한 회로에서 한 점에 유입한 전류는 다른 통로로 유출되므로 임의의 한 점으로 흘러 들어간 전류의 총합과 유출된 전류의 총합은 같다.

(2) 제 2 법칙
에너지 보존 법칙으로 임의의 한 폐회로에 있어서 한 방향으로 흐르는 전압 강하의 총합은 발생한 기전력의 총합과 같다. 즉, 기전력 = 전압 강하의 총합이다.

06 전 력
① 전기가 단위 시간 1 초 동안에 하는 일의 양을 전력이라 한다.

② 전류를 흐르게 하면 열이나 기계적 에너지를 발생시켜 일을 하는 것을 말한다.
③ 전력은 전압과 전류를 곱한 것에 비례한다.
④ 전력의 표시

> **TIP**
> $P = E \times I$, $P = I^2 \times R$, ($E = I \times R$ 에 대입),
> $P = \dfrac{E^2}{R}$, ($I = \dfrac{E}{R}$ 에 대입)
> P : 전력(W), E : 전압(V), I : 전류(A), R : 저항(Ω)

⑤ 와트와 마력
　㉮ 전동기와 같은 기계는 동력의 단위로 마력을 사용한다.
　㉯ 1마력은 1초 동안에 75kg-m m 의 일을 하였을 때 일의 비율을 말한다.
　㉰ 1 영 마력 = 1 HP = 550 ft-lb / s
　　　= 746 W = 0.746 KW
　㉱ 1 불 마력 = 1 PS = 75 kg-m / s
　　　= 736 W = 0.736 KW
　㉲ 1 KW = 1.34 HP, 1 KW = 1.36 PS

07 전력량
① 전력량은 전류가 어떤 시간 동안에 한 일의 총량을 전력량이라 한다.
② P(W)의 전력을 t초 동안 사용하였을 때 전력량(W) = P × t 로 표시한다.
③ I(A)의 전류가 R(Ω)의 저항 속을 t 초 동안 흐를 경우에 $W = I^2 \times R \times t$ 로 표시한다.
④ 전선의 허용 전류: 전선에 안전한 전류의 상태로 사용할 수 있는 한도의 전류 값

08 플레밍의 왼손 법칙
① 자계의 방향, 전류의 방향 및 도체가 움직이는 방향에는 일정한 관계가 있다.
② 왼손의 엄지손가락, 인지, 가운데손가락을 직각이 되도록 한다.
③ 인지를 자력선의 방향에 가운데손가락을 전류의 방향에 일치시키면 도체에는 엄지손가락 방향으로 전자력이 작용한다.
④ 기동 전동기, 전류계, 전압계 등에 이용하며, 전류를 공급받아 힘을 발생시키는 장치에 적용한다.

09 플레밍의 오른손 법칙
① 오른손의 엄지손가락, 인지, 가운데손가락을 서로 직각이 되도록 한다.
② 인지를 자력선의 방향으로, 엄지손가락을 운동의 방향으로 일치시키면 가운데손가락 방향으로 유도 기전력이 발생한다.

10 렌츠의 법칙
① 코일 속에 자석을 넣으면 자석을 밀어내는 반작용이 일어난다.
② 전자석에 의해 코일에 전기가 발생하는 것은 반작용 때문이다.
③ 유도 기전력은 코일 내의 자속의 변화를 방해하는 방향으로 발생되는 것을 렌츠의 법칙이라 한다.

11 퓨즈
① 재질 : 납(25%) + 주석(13%) + 창연(50%) + 카드늄(12%)
② 용융점: 용융점(68℃)이 극히 낮은 금속으로 되어 있다.
③ 기능: 단락 및 누전에 의해 전선이 타거나 과대 전류가 부하에 흐르지 않게 한다.
④ 퓨즈는 회로에 직렬로 설치된다.

12 축전기(콘덴서)
① 정전 유도작용을 이용하여 전기를 저장한다.
② 정전용량 : 2장의 금속판에 단위전압을 가했을 때 저장되는 전기량(Q, 쿨롱)
③ 정전용량은 다음과 같다.
　㉮ 가해지는 전압에 정비례한다.

㉯ 상대하는 금속판의 면적에 정비례한다.
㉰ 금속판 사이의 절연체 절연도에 정비례한다.
㉱ 상대하는 금속판 사이의 거리에 반비례한다.

2-2 기초 전자

01 개 요

물질을 전기적으로 분류하면, 전기가 잘 통하는 도체, 전기가 잘 통하지 않는 절연체, 이들의 중간 성질을 띠는 반도체로 나눌 수 있다.

반도체(semiconductor)는 도체와 절연체의 중간적인 성질을 가지고 있는 것으로 다음과 같은 성질을 가지고 있다.

(1) 반도체의 성질과 장·단점

 A) 반도체의 성질
  ① 다른 금속이나 반도체와 접속하면 정류 작용(다이오드), 증폭 작용 및 스위칭 작용(트랜지스터)을 한다.
  ② 빛을 받으면 저항이 감소한다.(포토다이오드 및 포토트랜지스터)
  ③ 온도가 상승하면 전기저항 값이 변하는 지백(zee back) 효과를 나타낸다.(서미스터)
  ④ 압력을 받으면 전기가 발생하는 피에조(piezo)효과를 나타낸다.
  ⑤ 자기를 받으면 통전성이 변하는 홀(hall) 효과를 나타낸다.
  ⑥ 전류가 흐르면 열을 흡수하는 펠티어(peltier)효과를 나타낸다.

 B) 반도체의 장점
  ① 극히 소형이고 가볍다.
  ② 내부 전력손실이 매우 작다.
  ③ 예열 시간을 요하지 않고 곧 작동한다.
  ④ 기계적으로 강하고 수명이 길다.

 C) 반도체의 단점
  ① 온도가 상승하면 그 특성이 매우 나빠진다.(게르마늄: 85℃, 실리콘: 150℃ 이상이 되면 파손되기 쉽다.)
  ② 역 내압이 매우 낮다.
  ③ 정격 값 이상이 되면 파괴되기 쉽다.

02 반도체 소자

반도체 소자란 실리콘이나 게르마늄 등 반도체를 응용하여 만든 것으로 P형 반도체, N형 반도체, 둘 이상의 반도체가 접합된 것 등이 있다. 반도체 소자는 접합면의 수에 따라 분류할 수 있으며 반도체 소자의 종류는 다음과 같다.

(1) 다이오드(Diode)

 ① 다이오드의 정류 작용
  ㉮ 교류를 직류로 변환시키는 것을 정류라 한다.
  ㉯ 정류를 위해서는 다이오드가 사용되기 때문에 다이오드를 흔히 정류기라 한다.
  ㉰ 교류발전기 정류방식에는 단상 반파 정류, 단상 전파 정류, 3상 전파 정류가 있다.

(2) 트랜지스터

 A. PNP형 트랜지스터
  ① N형 반도체를 중심으로 양쪽에 P형 반도체를 접합한다.
  ② 이미터(emitter, E), 베이스(base, B), 컬렉터(collector, C)의 3개 단자로 구성되어 있다.
  ③ 베이스 단자를 제어하여 전류를 단속하며 저주파용 트랜지스터 이다.
  ④ 전류는 이미터에서 베이스로 흐른다.

B. NPN형 트랜지스터
   ① P형 반도체의 양쪽에 N형 반도체를 접합한다.
   ② 이미터, 베이스, 컬렉터의 3개 단자로 구성되어 있다.
   ③ 베이스 단자를 제어하여 전류를 단속하며 고주파용 트랜지스터 이다.
   ④ 전류는 베이스에서 이미터로 흐른다.

C. 트랜지스터의 작용
   가. 증폭 작용
   나. 스위칭 작용

D. 트랜지스터의 장·단점
   가. 장점
   ① 내부의 전압강하가 매우 적다.
   ② 소형 경량이며 기계적으로 강하다.
   ③ 예열하지 않고 곧 작동한다.
   ④ 내진성이 크고 수명이 길다.
   ⑤ 내부에서 전력 손실이 적다.
   나. 단점
   ① 온도 특성이 나쁘다.
   ② 접합부의 온도가 게르마늄은 85℃, 실리콘은 150℃이상일 때 파괴 된다.
   ③ 과대 전류 및 과대 전압이 가해지면 파손되기 쉽다.

06 장비구조 출제예상문제

01 반도체에 대한 설명으로 틀린 것은?
① 양도체와 절연체의 중간 범위이다.
② 절연체의 성질을 띠고 있다.
③ 고유 저항이 $10^{-3} \sim 10^6 (\Omega m)$ 정도의 값을 가진 것을 말한다.
④ 실리콘, 게르마늄, 셀렌 등이 있다.

> 반도체는 절연체와 도체의 중간의 성질을 가진 것이다.

02 축전지 용량을 나타내는 단위는?
① Amp ② Ω
③ V   ④ Ah

> 축전지 용량은 방전 전류(A)를 방전시간(h)에 곱한 것으로 사용전류로 얼마나 사용할 수 있는가를 표시한다.

03 다음 중 전류의 3대작용이 아닌 것은?
① 발열작용   ② 자정작용
③ 자기작용   ④ 화학작용

> 전류의 3대 작용은 자기작용, 화학작용, 발열작용이 있다.

04 전력(P)을 구하는 공식으로 틀린 것은?
(단, E:전압, I: 전류, R: 저항)
① $E \times I$ ② $I^2 \times R$
③ $E \times R^2$ ④ E^2 / R

> $P = E \times I$. $P = I^2 \times R$, ($E = I \times R$ 에 대입),
> $P = \dfrac{E^2}{R}$. ($I = \dfrac{E}{R}$ 에 대입)
> P : 전력(W). E : 전압(V).
> I : 전류(A). R : 저항(Ω)

05 전류의 크기를 측정하는 단위로 맞는 것은?
① V   ② A
③ R   ④ K

① V : 전압의 단위
② A : 전류의 단위
③ R : 저항을 나타낼 때 사용한다.

06 전기장치에서 접촉저항이 발생하는 개소 중 가장 거리가 먼 것은?
① 배선 중간 지점
② 스위치 접점
③ 축전지 터미널
④ 배선 커넥터

> 접촉저항이 발생되는 개소
> ① 축전지 터미널 ② 스위치 접점
> ③ 배선 커넥터   ④ 배선 접속부

07 렌쯔의 법칙으로 틀린 것은?
① 전자유도에 관한 법칙이다.
② 코일 속에 자속을 넣으면 자석을 당기는 흡입력이 발생한다.
③ 전자석에 의해 코일에 전기가 발생하는 것은 반작용 때문이다.
④ 유도 기전력은 코일 내의 자속의 변화를 방해하는 방향으로 발생된다는 법칙이다.

> 렌쯔의 법칙
> ① 코일 속에 자석을 넣으면 자석을 밀어내는 반작용이 일어난다.
> ② 전자석에 의해 코일에 전기가 발생하는 것은 반작용 때문이다.
> ③ 유도 기전력은 코일 내의 자속의 변화를 방해하는 방향으로 발생되는 것을 렌쯔의 법칙이라 한다.

정 답
01.② 02.④ 03.② 04.③ 05.②
06.① 07.②

08 전구나 전동기에 전압을 가하여 전류를 흐르게 하면 빛이나 열을 발생하거나 기계적인 일을 한다. 이때 전기가 하는 일의 크기를 (㉠) 이라고 하고 전류가 어떤 시간 동안에 한 일의 총량을 (㉡) 이라 한다. ㉠과 ㉡에 알맞은 말은?

① ㉠ – 일, ㉡ – 일률
② ㉠ – 일률, ㉡ – 일
③ ㉠ – 전력, ㉡ – 전력량
④ ㉠ – 전력량, ㉡ – 전력

> 전기가 하는 일의 크기를 (전력) 이라고 하고 전류가 어떤 시간 동안에 한 일의 총량을 (전력량) 이라 한다.

09 회로 중의 한 점에 있어서 그 점에 흘러 들어오는 전류의 총합과 흘러 나가는 전류의 총합은 서로 같다는 법칙은?

① 렌쯔의 법칙
② 줄의 법칙
③ 키르히호프의 제1 법칙
④ 플레밍의 왼손 법칙

> 전하의 보존 법칙으로 복잡한 회로에서 한 점에 유입한 전류는 다른 통로로 유출되므로 임의의 한 점으로 유입된 전류의 총합과 유출된 전류의 총합은 같다는 것으로 키르히호프의 제 1 법칙을 말하는 것이다.

10 축전기에 저장되는 전기량(Q, 쿨롱)을 설명한 것으로 틀린 것은?

① 금속판 사이의 거리에 반비례한다.
② 절연체의 절연도에 비례한다.
③ 금속판의 면적에 비례한다.
④ 정전용량은 가해지는 전압에 반비례한다.

> 축전기는 콘덴서를 말하는 것으로 일시적으로 큰 전기를 저장하고 전기 공급시 신속하게 공급하며 접점이 소손되는 것을 방지하는 역할을 하며 정전용량은 가해지는 전압에 비례하여 저장된다.

11 건설기계 전구 중에서 작동 시 전기 저항이 가장 큰 것은?

① 24V 24W
② 24V 45W
③ 12V 12W
④ 12V 70W

> $P = \dfrac{E^2}{R}$ 에서 $R = \dfrac{E^2}{P}$ 이므로
> $\dfrac{24 \times 24}{24} = 24\Omega$, $\dfrac{24 \times 24}{45} = 12.8\Omega$,
> $\dfrac{12 \times 12}{12} = 12\Omega$, $\dfrac{12 \times 12}{70} = 2.057\Omega$

12 전압, 전류, 저항에 대한 설명으로 옳은 것은?

① 직렬회로에서 전류와 저항은 비례 관계이다.
② 직렬회로에서 분압된 전압의 합은 전원 전압과 같다.
③ 직렬회로에서 전압과 전류는 반비례 관계이다.
④ 직렬회로에서 전압과 저항은 반비례 관계이다.

> 직렬회로에서 전류와 저항은 반비례 관계이며 전압과 전류나 저항은 비례 관계이다.

13 그림과 같은 AND회로(논리적 회로)에 대한 설명으로 틀린 것은?

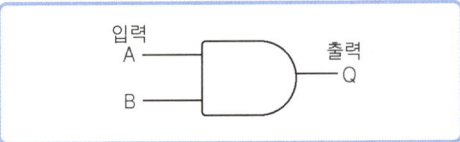

① 입력 A가 0이고 B가 0이면 출력 Q는 0이다.
② 입력 A가 1이고 B가 0이면 출력 Q는 0이다.
③ 입력 A가 0이고 B가 1이면 출력 Q는 0이다.
④ 입력 A가 1이고 B가 1이면 출력 Q는 0이다.

> 입력 A가 1이고 B가 1이면 출력 Q는 1이다.

정 답

08.③ 09.③ 10.④ 11.① 12.② 13.④

14 자계 속에서 도체를 움직일 때 도체에 발생하는 기전력의 방향을 설명할 수 있는 플레밍의 오른손 법칙에서 엄지손가락의 방향은?

① 자력선 방향이다.
② 전류의 방향이다.
③ 역기전압의 방향이다.
④ 도체의 운동 방향이다.

> 플레밍의 오른손 법칙에서 엄지의 방향은 운동 방향, 인지의 방향은 자력선의 방향이고, 중지는 전류의 방향을 나타낸다.

15 건설기계에 사용되는 전기장치 중 플레밍의 오른손 법칙이 적용되어 사용되는 부품은?

① 발전기　　② 기동 전동기
③ 점화 코일　　④ 릴레이

> 플레밍의 오른손 법칙을 적용 받는 것은 발전기이며 왼손 법칙은 기동 전동기가 적용된다.

16 엔진 정지 상태에서 계기판 전류계의 지침이 정상에서 (-)방향을 지시하고 있다. 그 원인이 아닌 것은?

① 전조등 스위치가 점등 위치에서 방전되고 있다.
② 배선에서 누전되고 있다.
③ 엔진 예열장치를 동작시키고 있다.
④ 발전기에서 축전지로 충전되고 있다.

> 발전기에서 축전지로 충전이 되고 있으면 전류계의 지침은 (+)방향으로 지시하게 된다.

17 도체에도 물질 내부의 원자와 충돌하는 고유저항이 있다. 고유저항과 관련이 없는 것은?

① 물질의 모양
② 자유전자의 수
③ 원자핵의 구조 또는 온도
④ 물질의 색깔

> 고유 저항과 관계가 없는 것은 물질의 색이다.

18 종합경보 장치인 에탁스(ETACS)의 기능으로 가장 거리가 먼 것은?

① 간헐 와이퍼 제어기능
② 뒤 유리 열선 제어기능
③ 감광 룸 램프 제어기능
④ 메모리 파워 시트 제어기능

> 에탁스란 전기장치 중 시간에 의해 작동하는 장치가 경보를 발생하여 운전자에게 알려주는 장치를 통합해서 부르는 것으로 와이퍼 간헐 스위치, 뒷유리 열선, 안전벨트, 각종 도어, 차속센서, 미등스위치, 발전기 L 출력, 키 삽입, 도어 락, 파워윈도우 스위치 등이 해당됩니다.

19 건설기계에 사용되는 전기장치 중 플레밍의 왼손법칙이 적용되는 부품은?

① 발전기
② 점화코일
③ 릴레이
④ 시동전동기

> 발전기는 플레밍의 오른손법칙, 점화코일은 자기유도 및 상호유도작용, 릴레이전자유도작용이 이용되며 시동전동기는 플레밍의 왼손법칙이 적용된다.

20 다음 회로에서 퓨즈에는 몇 A가 흐르는가?

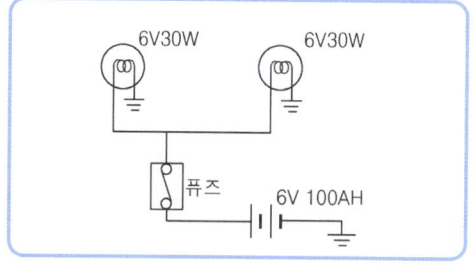

① 5A　　② 10A
③ 50A　　④ 100A

> P=E×I에서 I=P/E가 되므로 병렬접속이므로
> I = (30+30)/6=10A이다.

정 답
14.④　15.①　16.④　17.④　18.④
19.④　20.②

21 차량에 사용되는 계기의 장점으로 틀린 것은?

① 구조가 복잡할 것
② 소형이고 경량일 것
③ 지침을 읽기가 쉬울 것
④ 가격이 쌀 것

22 전압(Voltage)에 대한 설명으로 적당한 것은?

① 자유전자가 도선을 통하여 흐르는 것을 말한다.
② 전기적인 높이 즉, 전기적인 압력을 말한다.
③ 물질에 전류가 흐를 수 있는 정도를 나타낸다.
④ 도체의 저항에 의해 발생되는 열을 나타낸다.

> 보기의 ①은 전류를 말하며 ②는 전압, ③은 저항, ④는 전력 또는 줄열을 나타낸다.

23 직류 직권전동기에 대한 설명 중 틀린 것은?

① 기동 회전력이 분권전동기에 비해 크다.
② 부하에 따른 회전속도의 변화가 크다.
③ 부하를 크게 하면 회전속도가 낮아진다.
④ 부하에 관계없이 회전속도가 일정하다.

> **직권전동기**: 전기자 코일과 계자 코일을 직렬로 결선된 전동기로 다음과 같은 특징이 있다.
> ㉮ 기동 회전력이 크다.
> ㉯ 부하를 크게 하면 회전속도가 낮아지고 흐르는 전류는 커진다.
> ㉰ 회전 속도의 변화가 크다.
> ㉱ 현재 사용되고 있는 기동 전동기는 직권식 전동기이다.

정 답

21.① 22.② 23.④

2-3 축전지

01 개 요
축전지는 화학적 에너지를 전기적 에너지로 변환시키는 역할을 한다.

02 역 할
① 기관 시동 시 기동장치의 전기 부하를 부담한다.
② 발전기에 고장이 발생된 경우 주행을 확보하기 위한 전원으로 작동한다.
③ 발전기 출력과 부하와의 언밸런스를 조절한다.

03 구조(납산 축전지)
1개의 케이스에 여러 개의 셀(cell)이 있으며, 셀에는 양극판, 음극판 및 전해액이 들어 있다. 또한 셀 당 기전력은 2.1V이고 셀 당 음극판이 양극판보다 한 장 더 많다.

(1) 극판

1) 양극판
① 격자에 작용물질인 과산화납은 암갈색으로 다공성이며, 사용함에 따라 결정성 입자가 떨어지게 된다.
② 충전 시에는 산소가스가 발생한다.

2) 음극판
① 격자에 작용물질인 해면상 납은 회색으로 결합력이 강하고 반응성이 풍부하다.
② 음극판은 한 셀 당 화학적 평형을 고려하여 양극판보다 1장 더 많다.
③ 충전 시에는 수소가스가 발생하기 때문에 불꽃을 가까이 해서는 안 된다.

TIP
① 격자 : 납과 안티몬의 합금으로 되어 있으며, 작용물질을 유지한다.

3) 극판 군
① 완전 충전 시 셀 당 기전력이 2.1V이다.
② 단전지 3개를 직렬로 연결하면 6V의 축전지가 된다.
③ 단전지 6개를 직렬로 연결하면 12V의 축전지가 된다.
④ 극판의 면적을 크게 하면 화학작용의 면적이 증가되어 이용 전류가 증가한다.

4) 격리 판
① 양극판과 음극판 사이에 끼워 있으며, 양극판과 음극판이 단락 되는 것을 방지한다.
② **격리판의 구비 조건**
　㉮ 기계적 강도가 있어야 한다.
　㉯ 전해액의 확산이 잘 될 것
　㉰ 다공성이어야 한다.
　㉱ 비전도성 이어야 한다.
　㉲ 전해액에 부식되지 않아야 한다.
　㉳ 극판에 나쁜 물질을 내뿜지 않아야 한다.

5) 커넥터와 단자 기둥
① **커넥터** : 납 합금이며 각 단전지를 직렬로 접속한다.
② **터미널** : 외부 전장품과 연결하기 위한 단자 기둥으로 납 합금으로 되어 있다.
③ 외부 회로와 확실하게 접속하기 위해 테이퍼로 되어 있다.
④ 양극단자와 음극단자의 식별은 다음과 같이 확인한다.
　㉮ 직경 : 양(+)극 단자가 음(-)극보다 더 굵다.(길이는 같다).
　㉯ 단자색 : 양(+)극은 암갈색, 음(-)극은 회색
　㉰ 문자 : '+', '-' 또는 P(POS), N(NEG)
　㉱ 위치 : 용량이 표시된 쪽이 (+)
　㉲ 부식 : 양(+)극 단자가 산화되어 부식이 쉽다.

04 작 용

(1) 축전지의 화학작용
 1) 방전 중 화학작용
  ① **양극판**: 과산화납(PbO_2)
   → 황산납($PbSO_4$)
  ② **음극판**: 해면상납(Pb)
   → 황산납($PbSO_4$)
  ③ **전해액**: 묽은 황산($2H_2SO_4$)
   → 물($2H_2O$)
 2) 충전 중 화학작용
  ① **양극판**: 황산납($PbSO_4$)
   → 과산화납(PbO_2)
  ② **음극판**: 황산납($PbSO_4$)
   → 해면상납(Pb)
  ③ **전해액**: 물($2H_2O$)
   → 묽은황산($2H_2SO_4$)

05 전해액

증류수에 순도 높은 황산을 혼합한 묽은 황산을 사용하며, 전류를 저장 또는 발생시키는 작용을 한다.

(1) 비 중
 ① 물체의 무게와 동등한 용량을 순수한 4℃에서 물의 무게와의 비를 말하며, 완전 충전상태에서 전해액의 비중은 다음과 같다(20℃ 기준).
 ② **열대지방**: 1.240
 ③ **온대지방**: 1.260
 ④ **한대지방**: 1.280
 ⑤ 전해액의 비중은 온도에 따라 변화된다. 온도가 높으면 비중은 낮아지고 온도가 낮으면 비중은 높아진다.
 ⑥ 표준온도 20℃로 환산하여 측정하고 온도 1℃의 변화에 대하여 비중은 0.00074 변화된다.

$$S_{20} = S_t + 0.0007(t℃ - 20℃)$$

S_{20} : 표준온도 20℃로 환산한 비중
S_t : t℃에서 실측한 비중
0.0007 : 온도 1℃ 변화에 대한 비중의 변화량
t : 측정시의 전해액의 온도(℃)

 ⑦ 전해액의 비중에 따른 충전상태

전해액 비중	충전된 양(%)
1.260	100
1.210	75
1.150	50
1.100	25
1.050	거의 0이다.

 ⑧ 1.260(20℃에서)의 묽은 황산 1L에 약 35%의 황산이 포함되어 있다.

(2) 전해액의 빙결
 ① 충전 상태의 축전지는 -30℃ 정도에서 빙결된다.
 ② 방전 상태의 축전지는(1.200 이하) -10℃ 정도에서 빙결된다.

TIP
전해액이 빙결되면 양극판의 작용물질이 탈락되어 다시 사용할 수 없게 된다.

(3) 축전지 전해액 만드는 방법
 ① 증류수에 진한 황산을 조금씩 섞어 희석한다.
 ② 혼합된 전해액은 열이 많이 발생하기 때문에 표준 온도가 되었을 때 축전지에 주입 한다.
 ③ 고무, 질 그릇, 유리 그릇 등을 용기로 사용한다.
 ④ 전해액을 만들 때 필요한 기구와 주의 사항
  ㉮ 전해액을 만들 때에는 온도계, 비중계가 필요하다.
  ㉯ 중화제로 탄산소다나 중탄산소다. 암모니아수를 준비한다.

㉢ 사전에 증류수와 황산의 비율을 산출한다.
㉣ 고무제품으로 된 장갑이나 장화, 복장 등을 착용하고 작업 한다.

06 방전 종지전압

① 단자 전압은 방전이 진행됨에 따라 어느 한도에 이르면 급격히 저하하여 그 이후에는 충전을 계속하여도 전압이 상승되지 않는다.
② 방전 종지전압은 어떤 전압 이하로 방전해서는 안 되는 전압을 말한다.
③ 한 셀 당 약 1.7 ~ 1.8V(20시간 기준율은 1.75V) 이다.

07 용 량

① 완전 충전된 축전지를 일정한 전류로 연속 방전시켜 방전 종지전압이 될 때까지 꺼낼 수 있는 전기량(암페어시 용량)을 말한다.
② **축전지의 용량** : 극판의 크기, 극판의 형상 및 극판의 수, 전해액의 비중과 양, 전해액의 온도, 격리판의 재질, 격리판의 형상 및 크기, 셀의 수에 의해 정해진다.
③ **용량**(Ah) = A(방전 전류) × h(방전 시간)

> **TIP**
> 축전지 용량은 극판의 수, 극판의 크기, 전해액의 양에 따라 정해지며, 용량이 크면 이용 전류가 증가한다.

(1) 방전율의 종류

① **20 시간율** : 일정한 방전 전류로 연속 방전하여 셀당 전압이 1.75V에 이를 때까지 20시간 방전할 수 있는 전류의 총량
② **25 암페어율** : 80°F에서 25A의 전류로 방전하여 셀당 전압이 1.75V에 이를 때까지 방전하는 것을 측정
③ **냉간율** : 0°F에서 300A의 전류로 방전하여 셀당 전압이 1V 강하하기까지 몇 분 소요되는 가로 표시

(2) 용량과 온도와의 관계

전해액의 온도가 높으면 용량이 증대되고 온도가 낮으면 용량도 감소된다. 그러므로 용량을 표시할 때는 반드시 온도를 표시하여한다.

> **TIP**
> 용량 표시는 25℃를 표준으로 한다.

(3) 축전지 연결에 따른 용량과 전압의 변화

① **직렬연결** : 같은 전압, 같은 용량의 축전지 2개 이상을 ⊕ 단자 기둥과 다른 축전지의 ⊖ 단자 기둥에 서로 접속하는 방법을 직렬연결법이라 한다.
② 전압은 접속한 개 수 만큼 증가하고 용량은 변화되지 않는다.
③ **병렬연결** : 같은 전압, 같은 용량의 축전지 2개 이상을 ⊕ 단자 기둥과 다른 축전지의 ⊕ 단자 기둥에 또 ⊖ 단자 기둥은 ⊖ 기둥에 서로 접속하는 방법을 병렬연결법이라 한다.
④ 전압은 변화 없고 용량은 접속한 개 수 만큼 증가한다.

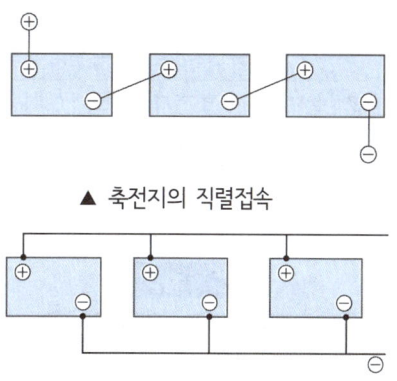

▲ 축전지의 직렬접속

▲ 축전지의 병렬접속

08 자기 방전

① 충전된 축전지를 방치해 두면 사용하지 않아도 조금씩 방전하여 용량이 감소된다.
② 외부의 전기 부하가 없는 상태에서 전기 에너지가 자연히 소멸되는 현상을 말한다.

(1) 자기 방전의 원인

① 축전지 구조상 부득이한 것
② 전해액 중 불순물의 혼입에 의한 것
③ 축전지 케이스 표면에 전기회로가 형성으로 단락에 의한 것
④ 극판 사이에 국부 전지의 형성에 의한 것

(2) 자기 방전량

① 24시간 동안의 자기 방전 량은 실 용량의 0.3~1.5% 정도이다.
② 전해액의 온도가 높을수록, 비중이 높을수록 자기 방전량은 크다.
③ 축전지의 용량이 클수록 방전량이 크다.
④ 자기 방전 량은 날짜가 경과할수록 많아진다.
⑤ 충전 후 시간의 경과에 대해 점차로 작아진다.

온 도	1일 방전 량	1일 비중 저하량
전해액 온도 30℃	축전지 용량의 1.0%	0.0020
전해액 온도 20℃	축전지 용량의 0.5%	0.0010
전해액 온도 0℃	축전지 용량의 0.25%	0.0005

TIP
① 충전된 축전지는 사용치 않더라도 15일마다 충전하여야 한다.
② 축전지를 보존하기 위하여 미 전류 충전기의 충전 전류는 $\frac{축전지용량 \times 1일 자기 방전량}{24시간}$ 으로 산출하여 충전 한다.

09 축전지의 충전

(1) 초충전

새 것의 축전지를 사용할 때 전해액을 넣고 최초로 하는 충전

(2) 보충전

사용 중에 소비된 전기 에너지를 보충하기 위해 하는 충전

(3) 급속 충전

충전 전류는 축전지 용량의 1/2로 시간적 여유가 없고 긴급할 때 하는 충전하는 방법으로 주의 사항은 다음과 같다.

① 충전 중 전해액의 온도를 45℃ 이상 올리지 말 것.
② 차에 설치한 상태에서 급속 충전을 할 경우 배터리 단자를 떼어 낼 것(발전기 다이오드 보호)
③ 급속 충전은 통풍이 잘 되는 곳에서 실시한다.
④ 충전 시간을 가능한 한 짧게 한다.

(4) 충전 방식

1) 정전류 충전

① 충전의 시작에서부터 종료까지 일정한 전류로 충전하는 방법으로 충전 전류는 다음과 같다.
  ㉮ 표준 전류 : 축전지 용량의 10%
  ㉯ 최소 전류 : 축전지 용량의 5%
  ㉰ 최대 전류 : 축전지 용량의 20%

② 충전 특성
  ㉮ 충전이 완료되면 셀 당 전압은 2.1~2.7V에서 일정 값을 유지 한다.
  ㉯ 충전이 진행되어 가스가 발생하기 시작하면 비중은 1.280부근에서 일정 값을 유지한다.
  ㉰ 충전이 진행되면 양극에서 산소, 음극에서 수소가 발생한다.

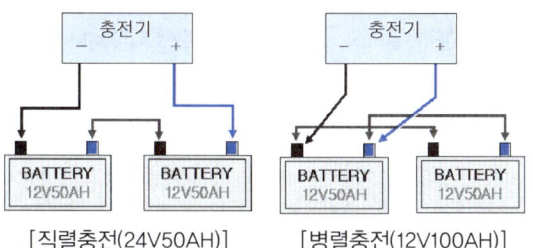

▲ 충전방법

2) 정전압 충전
① 충전의 시작에서부터 종료까지 일정한 전압으로 충전하는 방법
② 충전 특성
㉮ 충전 초기에는 큰 전류가 흐르나 충전이 진행됨에 따라 적은 전류가 흐른다.
㉯ 가스 발생이 거의 없고 충전 능률이 우수하다.
㉰ 충전초기에 흐르는 큰 전류로 축전지의 수명이 단축 된다.

3) 단별 전류 충전
① 충전 중에 단계적으로 전류를 감소시켜 충전하는 방법
② 충전 효율을 높이고 전해액의 온도상승을 완만하게 한다.

4) 회복 충전
① 축전지의 셀페이션 현상이 경미할 때 충전하는 방법
② 정 전류 충전을 완료한 정 전류의 1/2~1/3의 전류로 다시 몇 시간 과 충전 한다.
③ 극판의 내부까지 충분한 전기 에너지를 통하게 한다.

(5) 충전할 때의 주의할 점
① 과 충전이 되지 않도록 할 것
② 전해액의 양을 맞출 것(극판 위 10 ~ 13mm)
③ 병렬접속 충전을 하지 말 것
④ 충전 중 축전지 근처에서 불꽃을 일으키지 말 것
⑤ 충전 중 전해액의 온도를 45℃ 이상 올리지 말 것.
⑥ 전압이 1.70 ~ 1.80V 이하로 내려가지 않도록 할 것.
⑦ 축전지를 설치할 때는 절연선(⊕) 을 먼저 연결하고 접지선(⊖) 은 나중에 연결한다.
⑧ 축전지를 제거할 때는 접지선(⊖) 을 먼저 제거하고 절연선(⊕) 은 나중에 제거한다.
⑨ 축전지를 직렬로 연결하면 전압은 개수의 배가되고 용량은 일정하다.
⑩ 축전지를 병렬로 연결하면 용량은 개수의 배가되고 전압은 일정하다.

10 축전지 셀페이션(영구 황산납) 현상

축전지의 방전 상태가 일정 한도 이상 오랫동안 진행되어 영구 황산납으로 결정화 되는 현상을 셀페이션 현상이라 하며 그 원인은 다음과 같다.
① 극판이 공기 중에 노출이 되었을 때
② 장기간 방전 상태로 방치하였을 때
③ 전해액에 불순물이 혼입 되었을 때
④ 축전지의 과 방전 상태일 때
⑤ 불충분한 충전을 반복하였을 때
⑥ 전해액의 비중이 너무 높거나 낮을 때

11 축전지의 점검

(1) 일반적인 점검
① 전해액의 양(극판 위 10~13mm정도)을 정기적으로 점검한다.
② 전해액의 비중을 정기적으로 점검한다. (비중이 1.200이하이면 즉시 보 충전 한다.)
③ 케이스의 설치 상태와 ⊕, ⊖ 케이블의 설치 상태를 정기적으로 점검한다.
④ 축전지의 ⊕, ⊖ 단자와 커버 윗면을

깨끗하게 유지 한다.(단자에 그리스를 바른다)
⑤ 연속적으로 큰 전류로 방전하지 않는다.
　㉮ 기동 전동기를 10~15초 이상 연속 사용하지 않는다.
　㉯ 한랭 시에는 10초 이상 연속 사용하지 않는다.
⑥ 축전지를 사용하지 않을 때에는 15일 마다 보 충전을 한다.
⑦ 전해액을 보충할 때에는 증류수만 보충한다.
⑧ 벤트 플러그의 공기구멍 막힘 유무를 점검한다.

(2) 축전지의 충전 불량 원인
① 축전지 극판의 셀페이션 현상이 발생되었다.
② 전압 조정기의 전압 조정이 낮다.
③ 충전 회로가 접지 되었다.
④ 발전기에 고장이 있다.
⑤ 전기의 사용량이 많다.

(3) 축전지가 과 충전 되는 원인
① 축전지의 충전 전압이 높다.
② 축전지의 전해액 온도가 높다.
③ 축전지의 전해액 비중이 높다.
④ 전압 조정기의 조정 전압이 높다.
⑤ 과 충전 시에 나타나는 현상
　㉮ 양극 커넥터가 부풀어 있다.
　㉯ 축전지 케이스가 부풀어 오른다.
　㉰ 축전지의 전해액이 자주 부족하게 된다.
　㉱ 양극판의 격자가 산화 된다.
　㉲ 전해액이 갈색을 나타낸다.

12 MF(Maintenance Free) 축전지(Battery)

　MF 축전지는 무보수 축전지라고도 부르며 일반 축전지의 단점인 자기 방전이나 화학 반응할 때 발생하는 가스로 인한 전해액의 감소를 방지하기 위해 개발한 배터리로 다음과 같은 특징을 가진다.
① 증류수를 보충할 필요가 없다.
② 자기 방전이 적다.
③ 장기간 보존할 수 있다.
④ 극판의 격자를 자기 방전과 전해액의 감소를 위해 저 안티몬 합금이나 납 칼슘 합금을 사용한다.
⑤ 철망 모양의 극판 격자를 사용한다.
⑥ 촉매 마개를 사용하고 있다.

06 출제예상문제
장비구조

01 축전지 충전에서 충전 말기에 전류가 거의 흐르지 않기 때문에 충전 능률이 우수하며 가스 발생이 거의 없으나 충전 초기에 많은 전류가 흘러 축전지 수명에 영향을 주는 단점이 있는 충전 방법은?

① 정전류 충전 ② 정 전압 충전
③ 단별전류 충전 ④ 급속 충전

> 정 전압 충전법을 설명한 것으로 정전압 충전법을 잘 사용하지 않는 방법이다.

02 축전지 용량을 나타내는 단위는?

① Amp ② Ω
③ V ④ Ah

> 축전지 용량은 방전 전류(A)를 방전시간(h)에 곱한 것으로 사용전류로 얼마나 사용할 수 있는가를 표시한다.

03 축전지의 전해액에 관한 내용으로 옳지 않은 것은?

① 전해액의 온도가 1℃ 변화함에 따라 비중은 0.0007씩 변한다.
② 온도가 올라가면 비중이 올라가고 온도가 내려가면 비중이 내려간다.
③ 전해액은 증류수에 황산을 혼합하여 희석시킨 묽은 황산이다.
④ 축전지 전해액의 점검은 비중계로 한다.

> 축전지 전해액의 비중은 온도에 반비례한다. 따라서 온도가 올라가면 비중은 낮아지고 온도가 내라면 비중은 상승한다.

04 급속 충전 시에 유의할 사항으로 틀린 것은?

① 통풍이 잘 되는 곳에서 충전한다.
② 건설기계에 설치된 상태로 충전한다.
③ 충전 시간을 짧게 한다.
④ 전해액 온도가 45℃를 넘지 않게 한다.

> **급속충전시 주의사항**
> ① 충전 중 전해액의 온도를 45℃ 이상 올리지 말아야 한다.
> ② 차에 설치한 상태에서 급속 충전을 할 경우 배터리 ⊕ 단자를 떼어 놓아야 한다(발전기 다이오드 보호).
> ③ 급속 충전은 통풍이 잘 되는 곳에서 실시한다.
> ④ 충전 시간을 가능한 한 짧게 한다.

05 건설기계에 사용되는 12볼트(V)80암페어(A) 축전지 2개를 병렬로 연결하면 전압과 전류는 어떻게 변하는가?

① 24볼트(V), 160암페어(A)가 된다.
② 12볼트(V), 80암페어(A)가 된다.
③ 24볼트(V), 80암페어(A)가 된다.
④ 12볼트(V), 160암페어(A)가 된다.

> 배터리를 병렬로 접속하면 전압은 1개 때와 같고 전류(용량)는 개수의 배가된다.

06 축전지의 수명을 단축하는 요인들이 아닌 것은?

① 전해액의 부족으로 극판의 노출로 인한 설페이션
② 전해액에 불순물이 함유된 경우
③ 내부에서 극판이 단락 또는 탈락이 된 경우
④ 단자기둥의 굵기가 서로 다른 경우

> 셀페이션이란 황산화 현상을 말하며 극판이 황산화 되면 화학반응이 없어 수명이 단축되며 단자 기둥의 굵기는 +가 굵고 -단자가 가늘게 되어 있기 때문에 단자 기둥의 굵기가 다르다고 수명이 단축되는 것이 아니다.

정 답

01.② 02.④ 03.② 04.② 05.④ 06.④

07 축전지에서 방전 중일 때의 화학작용을 설명하였다. 틀린 것은?

① 음극판 : 해면상납 → 황산납
② 전해액 : 묽은 황산 → 물
③ 격리판 : 황산납 → 물
④ 양극판 : 과산화납 → 황산납

> 격리판은 양극판과 음극판 사이에 끼워 있으며, 양극판과 음극판이 단락 되는 것을 방지하는 것으로 화학반응의 작용은 일어나지 않는다. 즉, 격리판은 절연체이다.

08 축전기의 기전력은 셀(Cell)당 약 2.1V이지만 전해액의 ( ), 전해액의 ( ), 방전의 정도에 따라 약간 다르다. ( )에 알맞은 말은?

① 비중, 온도
② 압력, 비중
③ 온도, 압력
④ 농도, 압력

> 기전력은 전해액의 비중과 온도, 방전의 정도에 따라 약간 다르다.

09 축전지가 방전 될 때 일어나는 현상이 아닌 것은?

① 양극판은 과산화납이 황산납으로 변함
② 전해액은 황산이 물로 변함
③ 음극판은 황산납이 해면상납으로 변함
④ 전압과 비중은 점점 낮아짐

> 축전지 방전 시의 작용은 양극판은 과산화납에서 황산납으로, 전해액은 묽은 황산에서 물로 변하고 음극판은 해면상납에서 황산납으로 변하며 전압과 비중은 낮아지게 된다.

10 자동차에 사용되는 납산축전지에 대한 내용 중 맞지 않는 것은?

① 음(−)극판이 양(+)극판보다 1장 더 많다.
② 격리판은 비전도성이며 다공성이어야 한다.
③ 축전지 케이스 하단에 엘레멘트 레스트 공간을 두어 단락을 방지 한다.
④ (+) 단자 기둥은 (−)단자 기둥보다 가늘고 회색이다.

> (+) 단자 기둥은 (−)단자 기둥보다 굵다.

11 축전지가 완전 충전이 제대로 되지 않는다. 그 원인이 아닌 것은?

① 배터리 극판 손상
② 배터리 어스선 접속 불량
③ 본선(B+) 연결부 접속 이완
④ 발전기 브러시 스프링 장력 과다

> 배터리의 충전 부족 원인
> ① 배터리 배선의 접속 불량
> ② 발전기 벨트의 느슨함
> ③ 배터리 극판 손상
> ④ 전해액 불량 및 부족

12 축전지의 구조와 기능에 관련하여 중요하지 않은 것은?

① 축전지 제조회사
② 단자 기둥의 +, − 구분
③ 축전지의 용량
④ 축전지 단자의 접촉 상태

> 축전지의 구조 및 기능에 관련하여 중요한 것은 축전지의 용량, 전해액 량, 단자기둥의 구분, 단자의 접촉 상태 등이다.

13 축전지 전해액 내의 황산을 설명한 것이다. 틀린 것은?

① 피부에 닿게 되면 화상을 입을 수도 있다.
② 의복에 묻으면 구멍을 뚫을 수도 있다.
③ 눈에 들어가면 실명될 수도 있다.
④ 라이터를 사용하여 점검할 수도 있다.

> 황산은 강한 산성의 성질을 가진 것으로 인체에 접촉이 되면 화상을 입을 수 있으며 눈에 들어가면 실명이 된다. 또한 황산의 양을 점검할 때에는 랜턴 등 불꽃이 발생되지 않는 조명기구를 이용하여 점검하여야 한다. 이는 황산과 극판의 화학작용에 의해 발생되는 개스에 의한 폭발을 방지하기 위함이다.

정 답				
07.③	08.①	09.③	10.④	11.④
12.①	13.④			

14 납산 축전지 터미널에 녹이 발생 했을 때의 조치 방법으로 가장 적합한 것은?

① 물걸레로 닦아내고 더 조인다.
② 녹을 닦은 후 고정 시키고 소량의 그리스를 상부에 도포한다.
③ (+)와 (−)터미널을 서로 교환한다.
④ 녹슬지 않게 엔진오일을 도포하고 확실히 더 조인다.

> 터미널부에 발생되는 녹은 황산에 의해 발생된 하얀색의 녹으로 성분이 황산이므로 솔 등을 이용하여 청소하고 잘 닦이지 않을 경우에는 중화제인 소다수 등을 이용하여 세척하며 녹을 닦은 후에는 확실히 고정 시키고 소량의 그리스를 발라 녹의 발생을 억제 한다.

15 충전중인 축전지에 화기를 가까이 하면 위험하다. 그 이유는?

① 전해액이 폭발성 액체이기 때문에
② 수소가스가 폭발성 가스이기 때문에
③ 산소가스가 폭발성 가스이기 때문에
④ 충전가스가 폭발될 위험이 있기 때문에

> 충전 중인 배터리에서는 화학작용에 의해 +극판에서는 산소가스가, −극판은 수소가스가 발생이 되는 데 이 수소가스가 가연성이면서 폭발성이기 때문에 화기를 가까이 해서는 안 된다.

16 축전지의 방전 종지 전압에 대한 설명이 잘못된 것은?

① 축전지의 방전 끝(한계)전압을 말한다.
② 한 셀 당 1.7~1.8V 이하로 방전 되는 것을 말한다.
③ 방전 종지 전압 이하로 방전시키면 축전지의 성능이 저하된다.
④ 20시간율의 전류로 방전 하였을 경우 방전 종지 전압은 한 셀 당 2.1V이다.

> **방전 종지전압**
> ① 단자 전압은 방전이 진행됨에 따라 어느 한도에 이르면 급격히 저하하여 그 이후에는 충전을 계속하여도 전압이 상승되지 않는다.
> ② 방전 종지전압은 어떤 전압 이하로 방전해서는 안 되는 전압을 말한다.
> ③ 한 셀 당 약 1.7~1.8V(20 시간 기준율은 1.75V)이다.

17 납산 축전지의 충·방전 상태를 나타낸 것이 아닌 것은?

① 축전지가 방전되면 양극판은 과산화납이 황산납으로 된다.
② 축전지가 방전되면 전해액은 묽은 황산이 물로 변하여 비중이 낮아진다.
③ 축전지가 충전되면 음극판은 황산납이 해면상납으로 된다.
④ 축전지가 충전되면 양극판에서 수소를, 음극판에서 산소를 발생시킨다.

> 축전지 화학작용 시에 발생되는 가스는 양극판에서 산소, 음극판에서는 수소가스가 발생된다.

18 축전지의 양극과 음극 단자의 구별하는 방법으로 틀린 것은?

① 양극은 적색, 음극은 흑색이다.
② 양극 단자에 (+), 음극 단자에는 (−)의 기호가 있다.
③ 양극 단자에 Positive, 음극 단자에 Negative 라고 표기 되었다.
④ 양극 단자의 직경이 음극 단자의 직경보다 작다.

> **축전지 단자 기둥 식별법**
> ① 양(+)극 단자가 음(−)극 단자보다 굵다.
> ② POS : (+)극, NEG : (−)극
> ③ 다갈색 : (+)극, 회색(−)극
> ④ 기포발생 : (+)극
> ⑤ 감자색의 변함 : (+)극

정 답
14.② 15.② 16.④ 17.④ 18.④

19 축전지 격리 판의 필요조건으로 틀린 것은?

① 기계적 강도가 있을 것
② 다공성이고 전해액에 부식되지 않을 것
③ 극판에 좋지 않은 물질을 내뿜지 않을 것
④ 전도성이 좋으며 전해액의 확산이 잘 될 것

> 격리 판은 양극과 음극판 사이에 끼워져 전기가 흐르지 않도록 하는 판으로 비전도성이며 전해액 확안이 잘 되도록 다공성으로 되어 있다.

20 배터리에 대한 설명으로 옳은 것은?

① 배터리 터미널 중 굵은 것이 "+"이다.
② 점프 시동할 경우 추가 배터리를 직렬로 연결한다.
③ 배터리는 운행 중 발전기 가동을 목적으로 장착된다.
④ 배터리 탈거 시 "+" 단자를 먼저 탈거한다.

> 배터리의 터미널은 굵은 것이 "+"이며 탈거 시에는 "-" 단자를 먼저 탈거하고 점프 시에는 병렬로 연결한다. 배터리는 엔진 기동 시 기동 전동기의 전원으로 사용된다.

21 5A로 연속 방전하여 방전 종지전압에 이를 때까지 20시간이 소요되었다면 이 축전지의 용량은?

① 4Ah   ② 50Ah
③ 100Ah   ④ 200Ah

> 축전지의 용량은 방전 전류×방전 시간이므로 5A×20시간을 하면 100Ah이다.

22 납산 축전지에 대한 설명으로 옳은 것은?

① 전해액이 자연 감소된 축전지의 경우 증류수를 보충하면 된다.
② 축전지의 방전이 계속되면 전압은 낮아지고 전해액의 비중은 높아지게 된다.
③ 축전지의 용량을 크게 하려면 별도의 축전지를 직렬로 연결하면 된다.
④ 축전지를 보관할 때에는 방전시키는 것이 좋다.

> 축전지가 방전이 되면 비중이 낮아지고 전압 또한 낮아지며 축전지 용량을 크게 하려면 다른 배터리를 병렬로 연결하여야 하고 축전지를 보관할 때에는 완전 충전 상태에서 보관하여야 한다.

23 납산 축전지를 오랫동안 방전 상태로 방치하면 사용하지 못하게 되는 원인은?

① 극판이 영구 황산납이 되기 때문이다.
② 극판에 산화납이 형성되기 때문이다.
③ 극판에 수소가 형성되기 때문이다.
④ 극판에 녹이 슬기 때문이다.

> 납산 축전지에서 방전이 이루어지는 것은 작용 물질속의 황산이 극판과 화학작용에 의해 방전이 되는 것으로 방전 상태로 방치하면 극판에 부착된 황산이 떨어져 나오지 못하기 때문에 영구 황산납으로 되어 축전지를 사용할 수 없게 된다.

24 축전지 전해액이 자연 감소되었을 때 보충에 가장 적합한 것은?

① 증류수   ② 황산
③ 경수   ④ 수돗물

> 전해액이 감소되는 것은 축전지에서 화학작용 시에 발생되는 열로 인하여 물이 증발되는 것으로 전해액이 감소되었을 때에는 증류수를 보충하면 된다.

25 전해액의 비중이 20℃일 때 축전지 자기방전을 설명한 것이다. 틀린 것은?

① 완전충전 : 1.260~1.280
② 75% 충전 : 1.220~1.260
③ 50% 충전 : 1190~1.21
④ 25% 충전 : 1.150~1.170

> 75%의 충전상태는 1.210 정도이다.

정 답				
19.④	20.①	21.③	22.①	23.①
24.①	25.②			

26 축전지 및 발전기에 대한 설명으로 옳은 것은?

① 시동 전 전원은 발전기이다.
② 시동 후 전원은 배터리이다.
③ 시동 전과 후 모두 전력은 배터리로부터 공급된다.
④ 발전하지 못해도 배터리로만 운행이 가능하다.

> 배터리의 기능을 보면 시동시의 전원이며 발전기 고장시에 운행을 확보하기 위한 전원으로 사용되고 발전기에서의 발생 전기와 사용 전기와의 언밸런스를 조절하며 컴퓨터 엔진의 전원으로 사용된다.

27 건설기계 장비의 축전지 케이블 탈거에 대한 설명으로 옳은 것은?

① 절연되어 있는 케이블을 먼저 탈거한다.
② 아무 케이블이나 먼저 탈거한다.
③ "+"케이블을 먼저 탈거한다.
④ 접지되어 있는 케이블을 먼저 탈거한다.

> 배터리(축전지)를 차상에서 분리시킬 때에는 접지된 선("-"선)을 먼저 분리하고 절연선("+"선)은 나중에 분리한다. 차에 설치할 때에는 반대로 접지선을 먼저 연결하고 절연선을 나중에 연결한다.

28 납산 축전지의 충전상태를 판단할 수 있는 계기로 옳은 것은?

① 온도계   ② 습도계
③ 점도계   ④ 비중계

> 배터리의 충전상태는 전해액의 비중으로 측정하며 비중의 측정은 비중계로 측정한다.

29 12V용 납산 축전지의 방전종지 전압은?

① 12V   ② 10.5V
③ 7.5V   ④ 1.75V

> 12V 배터리는 2.1V의 셀이 6개 직렬로 연결하여 사용하는 것으로 셀당 방전종지전압이 1.75V이므로 1.75×6 = 10.5V이다.

30 축전지의 자기 방전 량 설명으로 적합하지 않은 것은?

① 전해액의 온도가 높을수록 자기방전 량이 작아진다.
② 전해액의 비중이 높을수록 자기방전 량은 크다.
③ 날짜가 경과할수록 자기방전 량은 많아진다.
④ 충전 후 시간 경과에 따라 자기방전 량의 비율은 점차 낮아진다.

> 전해액의 온도가 높을수록 전해액의 화학반응이 활발해지기 때문에 축전지의 자기방전 량은 많아진다.

31 건설기계 기관에서 축전지를 사용하는 주된 목적은?

① 기동 전동기의 작동
② 연료펌프의 작동
③ 워터 펌프의 작동
④ 오일펌프의 작동

> 축전지의 필요성은 기동할 때의 전원으로 사용되며 발전기 고장 시에 장비의 작동을 위한 전원과 발전 전압과 소비 전압의 언밸런스를 조절하며 컴퓨터엔진의 컴퓨터 전원으로 사용된다.

32 황산과 증류수를 이용하여 전해액을 만들 때의 설명으로 옳은 것은?

① 황산을 증류수에 부어야 한다.
② 증류수를 황산에 부어야 한다.
③ 황산과 증류수를 동시에 부어야 한다.
④ 철재 용기를 사용한다.

> 질그릇이나 전기가 통하지 않는 그릇을 사용하며 황산을 증류수에 조금씩 섞어가며 혼합한다.

정 답

26.④   27.④   28.④   29.②   30.①
31.①   32.①

33 축전지 용량을 결정짓는 인자가 아닌 것은?
① 셀 당 극판 수   ② 극판의 크기
③ 단자의 크기   ④ 전해액의 양

> 축전지 용량을 결정짓는 것에는 셀의 수, 극판의 수, 크기, 가해지는 전압, 전해액의 양 등에 의해 결정된다.

34 납산 축전지의 전해액을 만들 때 황산과 증류수의 혼합 방법에 대한 설명으로 틀린 것은?
① 조금씩 혼합하며 잘 저어서 냉각 시킨다.
② 증류수에 황산을 부어 혼합한다.
③ 전기가 잘 통하는 금속제 용기를 사용하여 혼합한다.
④ 추운 지방인 경우 온도가 표준 온도일 때 비중이 1.280이 되게 측정하면서 작업을 끝낸다.

> 전해액을 혼합할 때에는 용기는 화학작용과 전기가 통하지 않는 질그릇이 가장 좋으며 증류수에 황산을 조금씩 부어 잘 혼합하여야 한다. 특히 온도 상승에 주의하고 옷은 고무로 만든 옷을 착용하여야 한다.

35 기동 회로에서 전력 공급선의 전압강하는 얼마이면 정상인가?
① 0.2V이하   ② 1.0V이하
③ 10.5V이하 ④ 9.5V이하

> 기동 회로의 전력 공급선의 전압 강하는 0.2V이하여야 정상이다.

36 축전지 커버에 묻은 전해액을 세척하려 할 때 사용하는 중화제로 가장 좋은 것은?
① 증류수
② 비눗물
③ 암모니아수
④ 베이킹 소다수

> 전해액이 묻은 커버의 세척에 사용하는 중화제는 베이킹 소다와 같은 소다수나 중탄산소다, 탄산소다, 소다와 물을 혼합 사용하면 된다.

37 24V의 동일한 용량의 축전지 2개를 직렬로 접속하면?
① 전류가 증가한다.
② 전압이 높아진다.
③ 저항이 감소한다.
④ 용량이 감소한다.

> 동일한 축전지 2개를 직렬로 접속하면 전압은 개수의 배가 되고 용량(전류)은 1개 때와 같고 병렬로 접속하면 용량이 증가하고 전압은 1개 때와 같다.

38 축전지의 구비조건으로 가장 거리가 먼 것은?
① 축전지의 용량이 클 것
② 전기적 절연이 완전할 것
③ 가급적 크고 다루기 쉬울 것
④ 전해액의 누설방지가 완전할 것

> 축전지는 가급적 작고 다루기가 쉬워야 한다.

39 축전지 전해액으로 알맞은 것은?
① 순수한 물   ② 과산화 납
③ 해면상 납   ④ 묽은 황산

> 전해액은 축전지의 작용물질로 증류수에 황산을 섞은 묽은 황산이다.

40 독립식 분사펌프가 장착된 디젤 기관에서 가동 중에 발전기가 고장이 났을 때 발생할 수 있는 현상으로 틀린 것은?
① 충전 경고등에 불이 들어온다.
② 배터리가 방전되어 시동이 꺼지게 된다.
③ 헤드램프를 켜면 불빛이 어두워진다.
④ 전류계의 지침이 (-)쪽을 가리킨다.

> 배터리는 시동시 전원, 발전기 고장시 전기 부하 부담, 발전 전류와 소모 전류의 언밸런스를 조정하기 위해 필요한 것으로 디젤 기관은 배터리가 없어도 엔진의 시동이 꺼지지 않는다.

정 답				
33.③	34.③	35.①	36.④	37.②
38.③	39.④	40.②		

2-4 기동장치

01 개 요

내연 기관은 자기 기동을 하지 못하므로 외부에서 크랭크축을 회전시켜 기동시키기 위한 장치이다.

① 기관을 기동시키는 장치로 기동 전동기, 점화 스위치, 전기 배선으로 구성된다.

(1) 기동 전동기의 원리

① 플레밍의 왼손 법칙을 이용한다.
② 계자 철심 내에 설치된 전기자에 전류를 공급하면 전기자는 플레밍의 왼손 법칙에 따르는 방향의 힘을 받는다.
　㉮ 왼손의 엄지, 인지, 중지를 서로 직각이 되게 편다.
　㉯ 인지를 자력선 방향으로, 중지를 전류의 방향에 일치 시키면 도체에는 엄지의 방향으로 전자력이 작용한다.
　㉰ 기동 전동기, 전류계, 전압계 등의 원리로 사용된다.

(2) 직류 전동기의 종류와 특성

① **직권전동기** : 전기자 코일과 계자 코일을 직렬로 결선된 전동기로 다음과 같은 특징이 있다.
　㉮ 기동 회전력이 크다.
　㉯ 부하를 크게 하면 회전속도가 낮아지고 흐르는 전류는 커진다.
　㉰ 회전 속도의 변화가 크다.
　㉱ 현재 사용되고 있는 기동 전동기는 직권식 전동기이다.

② **분권전동기** : 전기자 코일과 계자 코일이 병렬로 결선된 전동기로 다음과 같은 특징이 있다.
　㉮ 회전 속도가 거의 일정하다.
　㉯ 회전력이 비교적 작다.
　㉰ 전동 팬 모터에 사용

③ **복권전동기** : 전기자 코일과 계자 코일이 직·병렬로 결선된 전동기로 다음과 같은 특징이 있다.
　㉮ 회전 속도가 거의 일정하고 회전력이 비교적 크다.
　㉯ 직권 전동기에 비하여 구조가 복잡하다.
　㉰ 와이퍼 모터에 사용

02 구조 및 작동

(1) 작동 부분

① **전동기부** : 회전력의 발생
② **동력전달 기구부** : 회전력을 엔진에 전달
③ 피니언 기어를 섭동(미끄럼 운동)시켜 플라이휠 링 기어에 물리게 한다.

(2) 전동기

① **회전 부분** : 전기자, 정류자
　㉮ 전기자(아마추어) : 전기자 축, 철심, 코일, 정류자 등으로 구성되어 있으며 회전력을 발생시킴
　　㉠ 전기자 철심 : 자력선의 통과를 쉽게 하고 맴돌이 전류를 감소시키기 위하여 성층 철심으로 되어 있다.
　　㉡ 전기자 코일 : 큰 전류가 흐르기 때문에 평각동선이 사용되며 한쪽은 N극이 다른 한쪽은 S극이 되도록 철심의 홈에 절연되어 끼워지고 양 끝은 각각 정류자 편에 납땜되어 있다.
　　㉢ 전기자 코일의 시험 : 그롤러(아마츄어) 테스터 사용, 단선(개회로), 단락 및 접지 등에 대하여 시험한다.
　㉯ 정류자(커뮤테이터)
　　㉠ 전류를 일정한 방향으로만 흐르게 한다.

ⓒ 언더컷 : 정류자편 사이에 운모(마이카)가 1mm 정도의 두께로 절연되어 있고 정류자편보다 0.5~0.8mm 낮게 파져 있으며 이것을 언더컷이라 한다.
　　ⓒ 정류자편 편 마모가 있을 때에는 선반으로 연삭 수리 후 언더컷 작업을 하여 사용
② **고정 부분** : 계자 코일, 계자 철심, 브러시
　㉮ 계철(요크)
　　㉠ 계철은 전동기의 틀이 되며 자력선의 통로가 된다.
　　ⓒ 안쪽에는 계자 코일을 지지하고 자극이 되는 계자 철심이 스크루로 고정되어 있다.
　㉯ 계자 철심(필드 코어)
　　㉠ 계자 코일이 감겨 있으며, 전류가 흐르면 전자석이 된다.
　　ⓒ 재질은 인발성형 강이나 단조 강이다.
　　ⓒ 철심의 수에 따라 전자석의 수가 결정되며 4개면 4극이다.
　㉰ 계자 코일(필드 코일)
　　㉠ 계자 철심에 감겨져 전류가 흐르면 계자 철심을 자화시키는 코일이다.
　　ⓒ 자력은 전기자 전류에 좌우되며, 큰 전류가 흐르기 때문에 평각 동선이 사용된다.
　　ⓒ 코일의 바깥쪽은 테이프를 감고 합성수지 등으로 절연 막을 만든다.
　㉱ 브러시 및 브러시 홀더
　　㉠ 정류자와 미끄럼 접촉하면서 전기자 코일에 흐르는 전류의 방향을 바꾸어준다.
　　ⓒ 브러시는 큰 전류가 흐르므로 구리 분말과 흑연을 원료로 한 금속 흑연계가 사용된다.
　　ⓒ 브러시는 본래 길이의 1/3 이상 마모되면 교환한다.
　　㉣ 브러시 스프링 장력은 약 0.5~1.0kg/㎠이며 스프링 저울로 측정한다.
　　㉤ 보통 4개(접지된 것 2개, 절연된 것 2개)가 사용되며 홀더에 지지된다.

(3) 동력 전달기구

동력전달 기구는 전동기에서 발생한 회전력을 플라이휠에 전달하는 것으로 벤딕스 식, 피니언 섭동식, 전기자 섭동식이 있다.

① **벤딕스식(관성 섭동형)**
　㉮ 원리 : 회전 너트 원리를 이용
　㉯ 피니언의 관성과 전동기가 무부하 상태에서 고속 회전하는 성질을 이용하여 전달
　㉰ 기관 시동 후 기동 전동기가 플라이휠에 의해 고속 회전하는 일이 없어 오버런닝 클러치가 필요 없다.
　㉱ 기관이 역회전하거나 피니언이 플라이휠 링 기어로부터 이탈되지 않으면 벤딕스 스프링이 파손된다.

② **전기자 섭동식**
　㉮ 계자 철심 중심과 전기자 중심이 일치되지 않고 약간의 위치 차이를 두고 조립되어 있다.
　㉯ 계자 코일에 전류가 흐르면 자력선이 가장 가까운 거리를 통과하려는 성질을 이용하여 전달한다.
　㉰ 피니언이 전기자 축에 고정되어 있고 피니언과 전기자가 일체로 이동 링 기어에 물리는 방식이다.
　㉱ 다판 클러치식 오버런닝 클러치가 사용된다.

③ **피니언 섭동식 (전자식)**
  ㉮ 피니언의 섭동과 기동 전동기 스위치의 개폐를 전자력으로 하며 솔레노이드 스위치를 사용
  ㉯ 솔레노이드(마그넷) 스위치의 구성
    ㉠ 전자석 : 구동레버를 잡아당긴다.
    ㉡ 2개의 여자 코일이 감겨 있는 전자석과 접촉 판이 설치되어 있으며, 풀인 코일과 홀드인 코일로 되어 있다.
    ㉢ 풀인 코일 : 기동 전동기 단자에 접속되어 있으며 플런저를 잡아당긴다.
    ㉣ 홀드인 코일 : 스위치 케이스 내에 접지 되어 있으며, 피니언의 물림을 유지시킨다.

④ **오버런닝 클러치**
  ㉮ 기관이 시동 된 후 기관의 플라이휠에 의해 기동 전동기가 고속으로 회전되어 전동기가 소손되는 것을 방지하기 위해 사용한다.
  ㉯ 피니언 기어를 공전시켜 엔진에 의해 기동 전동기가 회전되지 않도록 한다.
  ㉰ 종류
    ㉠ 롤러식 오버런닝 클러치 : 주유하지 않는다.
    ㉡ 스프래그식 오버런닝 클러치 : 엔진 오일 5W-20번 정도의 오일을 주유한다.
    ㉢ 다판 클러치식 오버런닝 클러치 기동 전동기가 회전하면 어드밴스 슬리브가 피니언 쪽으로 이동하여 구동 판(클러치판A)과 피동 판(클러치판B)를 압착한 후 피니언을 회전시키며 피니언에 한계 값 이상의 힘이 가해지면 미끄러진다.

03 기동 전동기 취급상 및 고장 진단

(1) **기동 전동기 취급 시 주의 사항**
  ① 오랜 시간 연속 사용하여서는 안 된다.(최대 연속 사용 시간은 30초 이내이고 일반적인 사용하는 시간은 10 초 정도로 한다.
  ② 기동 전동기의 설치 부를 확실하게 조여야 한다.
  ③ 시동이 된 다음에는 스위치를 열어 놓아야 한다.
  ④ 기동 전동기의 회전속도에 주의하여야 한다.
  ⑤ 전선의 굵기가 규정 이하의 것을 사용하여서는 안 된다.

(2) **기동 전동기 시험**
  ① **무부하 시험**
    무부하 시험은 회전상태를 시험하는 것으로 준비물은 다음과 같다.
    축전지, 전류계, 전압계, 가변 저항, 회전계, 기동 전동기, 점퍼 리드 등
  ② **회전력 시험**
    회전력 시험은 토크 테스터로서 기동 전동기의 정지 회전력을 측정하는 것으로 필요 준비물은 축전지, 전류계, 전압계, 가변 저항, 스프링 저울, 기동 전동기, 점퍼 리드, 브레이크 암 등이 필요하다.
  ③ **저항 시험**
    ㉮ 저항 시험은 정지 회전력의 부하 상태에서 측정한다.
    ㉯ 가변저항을 조정하여 규정의 전압으로 하고 전류의 크기로 판정한다.
  ④ **회로 시험**
    12V 축전지일 때 기동 회로의 전압 시험에서 전압 강하가 0.2V이하이면 정상이다.

(3) 기동 전동기 고장 진단
   ① 기동 전동기의 회전이 느린 원인
      ㉮ 축전지의 전압강하가 크다.
      ㉯ 축전지 케이블의 접속 불량
      ㉰ 정류자와 브러시의 마멸 과다
      ㉱ 정류자와 브러시의 접촉 불량
      ㉲ 계자코일이 단락
      ㉳ 브러시 스프링 장력 과소
      ㉴ 전기자 코일의 접지
   ② 기동 전동기의 전기자는 회전하나 피니언과 플라이 휠 링 기어가 물리지 않는 원인
      ㉮ 피니언의 마멸
      ㉯ 오버런링 클러치의 작동 불량
      ㉰ 플라이 휠 링 기어의 마멸
      ㉱ 시프트 레버의 작동 불량
      ㉲ 솔레노이드 스위치 작동 불량
   ③ 기동 전동기가 회전하지 못하는 이유
      ㉮ 축전지의 과방전
      ㉯ 기동회로의 단선 또는 접촉 불량
      ㉰ 솔레노이드 스위치의 접촉 판 접촉 불량
      ㉱ 브러시와 정류자의 접촉 불량
      ㉲ 솔레노이드 스위치의 풀인 코일 또는 홀드인 코일의 단선

06 출제예상문제
장비구조

01 기동 전동기를 기관에서 떼어낸 상태에서 행하는 시험을 (①)시험, 기관에 설치된 상태에서 행하는 시험을 (②)시험이라 한다. ①과 ②에 알맞은 말은?

① ①-무부하, ②-부하
② ①-부하, ②-무부하
③ ①-크랭킹, ②-부하
④ ①-무부하, ②-크랭킹

> ① **무부하 시험**: 기동 전동기를 엔진에서 떼어낸 다음 회전속도를 점검하는 시험
> ② **부하 시험**: 엔진에 장착하여 엔진을 구동시키는 힘을 점검하는 시험으로 정지 회전력에서 실시한다.

02 기동 전동기가 저속으로 회전할 때의 고장원인으로 틀린 것은?

① 전기자 또는 정류자에서의 단락
② 경음기의 단선
③ 전기자 코일의 단선
④ 배터리의 방전

> 기동전동기의 회전과 경음기는 연관이 없다.

03 기동전동기의 전자석(솔레노이드) 스위치에 구성된 코일로 맞는 것은?

① 계자 코일, 전기자 코일
② 로터 코일, 스테이터 코일
③ 1차 코일, 2차 코일
④ 풀인 코일, 홀드인 코일

> 기동 전동기의 전자석에는 흡인력 작용을하는 풀인 코일과 풀런저를 잡아당긴 상태로유지하는 홀드인 코일이 설치되어 있다.

04 전동기의 종류와 특성 설명으로 틀린 것은?

① 직권 전동기은 계자 코일과 전기자 코일이 직렬로 연결된 것이다.
② 분권전동기는 계자 코일과 전기자 코일이 병렬로 연결 된 것이다.
③ 복권전동기는 직권전동기와 분권전동기 특성을 합한 것이다.
④ 내연 기관에서는 순간적으로 강한 토크가 요구되는 복권전동기가 주로 사용된다.

> 내연기관은 순간적으로 강한 토크가 요구되므로 직류 직권 전동기가 사용된다.

05 기동전동기는 회전하나 엔진은 크랭킹이 되지 않는 원인으로 옳은 것은?

① 축전지 방전
② 기동전동기의 전기자 코일 단선
③ 플라이 휠 링 기어 소손
④ 발전기 브러시 장력과다

> 플라이 휠 링 기어가 소손되면 기동전동기의 구동 피니언 기어가 물리지 못하므로 기동전동기는 회전하나 엔진은 회전을 할 수 없다.

06 기동 전동기가 회전하지 않는다. 그 원인이 아닌 것은?

① 축전지가 과 방전 되었다.
② 전기자 코일이 단락 되었다.
③ 브러시 스프링이 강하다.
④ 시동키 스위치가 불량하다.

> **기동 전동기가 회전하지 못하는 이유**
> ① 축전지의 과 방전
> ② 기동회로의 단선 또는 접촉 불량
> ③ 솔레노이드 스위치의 접촉 판 접촉 불량
> ④ 브러시와 정류자의 접촉 불량
> ⑤ 솔레노이드 스위치의 풀인 코일 또는 홀드인 코일의 단선
> ⑥ 시동키 스위치 접촉 불량
> ⑦ 전기자 코일 또는 계자 코일의 단선 및 단락

정답
01.① 02.② 03.④ 04.④ 05.③ 06.③

07 기동 전동기의 구성품이 아닌 것은?
① 전기자 ② 브러시
③ 스테이터 ④ 구동 피니언

> 스테이터는 교류 발전기에서 전류가 발생되는 부분이다.

08 기동 전동기의 전압이 24V 이고 출력이 5kw 일 경우 최대 전류는 약 몇 A인가?
① 50A ② 100A
③ 208A ④ 416A

> 전류를 구하려면 전력을 구하는 공식에 대입하여 구한다.
> 전력(P) = 전압×전류에서 전류 = 전력/전압이므로 5×1000(W로 환산)/24 = 208A이다.

09 기동 전동기의 전기자 축으로부터 피니언 기어로는 동력이 전달되나 피니언 기어로부터 전기자 축으로는 동력이 전달되지 않도록 해주는 장치는?
① 오버 헤드가드
② 솔레노이드 스위치
③ 시프트 칼라
④ 오버 러닝 클러치

> 오버러닝 클러치는 엔진에 의해 기동 전동기가 회전되는 것을 방지하는 일방향 클러치이다.

10 건설기계에서 기동 전동기가 회전하지 않을 경우 점검할 사항이 아닌 것은?
① 축전지의 방전 여부
② 배터리 단자의 접촉 여부
③ 타이밍 벨트의 이완 여부
④ 배선의 단선 여부

> 타이밍 벨트는 엔진의 크랭크축과 캠축을 이어주는 벨트로 밸브개폐시기와 관계가 있다.

11 시동키를 뽑은 상태로 주차 했음에도 배터리가 방전되는 전류를 뜻하는 것은?
① 충전전류 ② 암 전류
③ 시동전류 ④ 발전전류

> 암 전류란 모든 스위치가 OFF상태에서 기기 등에 의해 소멸되는 방전 전류를 말한다.

12 시동 스위치를 시동(ST) 위치로 했을 때 솔레노이드 스위치는 작동되나 기동 전동기는 작동되지 않는 원인으로 틀린 것은?
① 축전지 방전으로 전류 용량 부족
② 시동 스위치 불량
③ 엔진 내부 피스톤 고착
④ 기동 전동기 브러시 손상

> 시동 스위치가 불량하면 솔레노이드 스위치도 작동이 안 된다.

13 기동 전동기 전기자는 (A), 전기자 코일, 축 및 (B) 로 구성되어 있고 축의 양끝은 축받이(bearing)으로 지지되어 자극사이를 회전한다. (A), (B) 안에 알맞은 말은?
① A : 솔레노이드, B : 스테이터 코일
② A : 전기자 철심, B : 정류자
③ A : 솔레노이드, B : 정류자
④ A : 전기자 철심, B : 계철

> 기동 전동기 전기자는 (전기자 철심), 전기자 코일, 축 및 (정류자) 로 구성되어 있고 축의 양끝은 축받이(bearing)으로 지지되어 자극사이를 회전한다.

14 기동 전동기의 브러시는 본래 길이의 얼마 정도 마모되면 교환하는가?
① 1/10 이상 ② 1/3 이상
③ 1/5 이상 ④ 1/4 이상

> 기동 전동기 브러시의 길이가 1/3이상 마모되면 교환하여야 한다.

정 답				
07.③	08.③	09.④	10.③	11.②
12.②	13.②	14.②		

15 오버런닝 클러치 형식의 기동전동기에서 기관이 기동된 후 계속해서 스위치(I/G Key)를 ST 위치에 놓고 있으면 어떻게 되는가?

① 기동 전동기의 전기자에 과전류가 흘러 전기자가 탄다.
② 기동전동기가 부하를 많이 받아 정지된다.
③ 기동전동기의 마그네트 스위치가 손상된다.
④ 기동전동기의 피니언기어가 고속 회전한다.

> 기동전동기의 피니언기어가 고속으로 회전되어 피니언기어가 소손되고 기동전동기가 과열되어 타 붙는다.

16 지게차 기관의 기동용으로 사용하는 일반적인 전동기는?

① 직권식 전동기
② 분권식 전동기
③ 복권식 전동기
④ 교류 전동기

> 자동차나 장비에 사용하는 기동 전동기는 큰 회전력을 발생할 수 있는 직류 직권식 전동기가 사용된다.

17 기동 전동기의 동력 전달 기구를 동력 전달 방식으로 구분한 것이 아닌 것은?

① 벤딕스식   ② 피니언 섭동식
③ 계자 섭동식 ④ 전기자 섭동식

> 기동 전동기의 동력 전달 방식에는 관성 섭동형인 벤딕스식과 전자석 스위치를 이용하는 피니언 섭동식 그리고 자력선이 가까운 곳으로 이동하려는 성질을 이용한 전기자 섭동식이 있다.

18 기동 전동기의 전기자 코일을 시험하는데 사용되는 시험기는?

① 전류계 시험기
② 전압계 시험기
③ 그로울러 시험기
④ 저항 시험기

> 기동 전동기의 전기자 시험은 단선, 단락, 접지 시험을 하며 여기에 사용되는 시험기는 그로울러 시험기를 사용한다.

19 디젤 기관의 전기장치에 없는 것은?

① 스파크 플러그
② 글로우 플러그
③ 축전지
④ 솔레노이드 스위치

> 스파크 플러그는 점화플러그를 말하는 것으로 가솔린 기관, LPG기관에 있는 점화장치 부품이다.

20 건설기계에 사용되는 전기장치 중 플레밍의 왼손법칙이 적용되는 부품은?

① 발전기   ② 점화코일
③ 릴레이   ④ 시동전동기

> 발전기는 플레밍의 오른손법칙, 점화코일은 자기유도 및 상호유도작용, 릴레이전자유도작용이 이용되며 시동전동기는 플레밍의 왼손법칙이 적용된다.

21 기동전동기 시험과 관계없는 것은?

① 부하 시험   ② 무부하 시험
③ 관성 시험   ④ 저항 시험

> 기동 전동기 시험에는 기동전동기만 엔진에서 떼어내 검사하는 무부하 시험. 엔진에 장착하여 정지된 엔진을 돌리는 힘을 측정하는 부하시험, 시동시 전압강하를 나타내는 저항 시험이 있다.

22 기동 회로에서 전력 공급선의 전압강하는 얼마이면 정상인가?

① 0.2V이하   ② 1.0V이하
③ 10.5V이하   ④ 9.5V이하

> 기동 회로의 전력 공급선의 전압 강하는 0.2V이하여야 정상이다.

정 답				
15.④	16.①	17.③	18.③	19.①
20.④	21.③	22.①		

23 전기자 철심을 두께 0.35 ~ 1.0mm의 얇은 철판을 각각 절연하여 겹쳐 만든 주된 이유는?
① 열 발산을 방지하기 위해
② 코일의 발열을 방지하기 위해
③ 맴돌이 전류를 감소시키기 위해
④ 자력선의 통과를 차단시키기 위해

> 전기자 철심은 전기자 코일을 유지하며 계자철심에서 발생한 자계의 자기 회로가 되어 자력선을 잘 통과시키고 동시에 맴돌이 전류를 감소시키기 위해 성층하여 만든다.

24 기관 시동 시 전류의 흐름으로 옳은 것은?
① 축전지 → 전기자 코일 → 정류자 → 브러시 → 계자 코일
② 축전지 → 계자 코일 → 브러시 → 정류자 → 전기자 코일
③ 축전기 → 전기자 코일 → 브러시 → 정류자 → 계자 코일
④ 축전지 → 계자 코일 → 정류자 → 브러시 → 전기자 코일

> 기관 시동할 때의 전류 흐름은 축전지 → 계자 코일 → 브러시 → 정류자 → 전기자 코일 순으로 흐른다.

25 기동 전동기에서 마그네틱 스위치는?
① 전자석 스위치이다.
② 전류 조절기이다.
③ 전압 조절기이다.
④ 저항 조절기이다.

> 마그네틱 스위치는 기동 전동기의 시동을 위한 전자석 스위치로 솔레노이드 스위치를 말한다.

26 직류 직권전동기에 대한 설명 중 틀린 것은?
① 기동 회전력이 분권전동기에 비해 크다.
② 부하에 따른 회전속도의 변화가 크다.
③ 부하를 크게 하면 회전속도가 낮아진다.
④ 부하에 관계없이 회전속도가 일정하다.

> 직권전동기 : 전기자 코일과 계자 코일을 직렬로 결선된 전동기로 다음과 같은 특징이 있다.
> ㉮ 기동 회전력이 크다.
> ㉯ 부하를 크게 하면 회전속도가 낮아지고 흐르는 전류는 커진다.
> ㉰ 회전 속도의 변화가 크다.
> ㉱ 현재 사용되고 있는 기동 전동기는 직권식 전동기이다.

27 기동 전동기 구성 품 중 자력선을 형성하는 것은?
① 전기자
② 계자코일
③ 슬립링
④ 브러시

> 각 부품의 기능
> ① 전기자(아마추어) : 전기자 축, 철심, 코일, 정류자 등으로 구성되어 있으며 회전력을 발생시킴
> ② 계자 코일(필드 코일) : 계자 철심에 감겨져 전류가 흐르면 계자 철심을 자화시키는 코일이다.
> ③ 슬립링 : 교류 발전기에서 브러시와 접촉되어 로터 코일에 전류를 공급
> ④ 브러시 : 정류자와 접촉되어 전기자에 전류를 흐르게 한다.

28 기동 전동기에서 전기자 철심을 여러 층으로 겹쳐서 만드는 이유는?
① 자력선 감소
② 소형 경량화
③ 맴돌이 전류 감소
④ 온도 상승 촉진

> 전기자 철심을 여러 층으로 겹쳐서 만드는 이유는 자력선이 통과할 때 맴돌이 전류의 발생을 감소시키기 위한 것이다.

정 답
23.③ 24.② 25.① 26.④ 27.②
28.③

2-5 충전장치

자동차에 부착되는 모든 전장 부품은 발전기나 축전지로부터 전원을 공급받아 작동한다. 그러나 축전지는 방전량에 제한이 따르고 기관 시동을 위해 항상 완전 충전상태를 유지하여야 한다. 이를 위해 설치된 발전기를 중심으로 된 일련의 장치를 충전장치라 하며 충전장치는 플레밍의 오른손 법칙을 이용하여 기계적 에너지를 전기적 에너지로 변화시키는 것으로 직류 충전 장치와 교류 충전 장치가 있으며, 발전기, 조정기 등으로 구성되어 있다.

01 직류(DC) 발전기

벨트를 이용하여 엔진의 동력으로 전기자를 회전시켜 전류를 발생시키는 것으로 전류가 흐르면 전자석이 되는 계자와 그 계자 내에서 회전하여 전류를 발생시키는 전기자 및 전기자에서 발생된 교류를 직류로 바꾸는 정류자로 되어 있다.

(1) 직류 발전기의 원리

1) 플레밍의 오른손 법칙
   ① 오른손의 엄지손가락, 인지, 가운데손가락을 서로 직각이 되도록 한다.
   ② 인지를 자력선의 방향으로, 엄지손가락을 운동의 방향으로 일치시키면 가운데손가락 방향으로 유도 기전력이 발생한다.

2) 직류 발전기의 여자 방식
   ① **여자** : 발전기의 계자 코일에 전류를 흐르게 하면 자속이 발생되는 현상
   ② **자려자 발전기** : 직류 발전기가 여기에 해당하며 전기자가 처음 회전할 때 계자 철심에 남아 있는 잔류 자기에 의해 발전을 시작하는 발전기이다.
   ③ **터려자 발전기** : 교류 발전기가 여기에 해당하며 전기자가 처음 회전할 때 축전지 전류를 공급받아 로터코일을 여자시켜 발전을 시작하는 발전기이다.
   ④ 자동차에 사용하는 직류 발전기는 분권식 발전기가 사용된다.
   ⑤ 기계력에 의해 발전되는 회전형 발전기는 모두 교류가 발생한다.

3) 정류작용
   ① 회전형 발전기에서 발생되는 모든 전기는 교류이다.
   ② 교류를 한쪽 방향의 흐름(직류)으로 바꾸는 작용이다.
   ③ 정류기의 종류는 텅가 벌브 정류기, 셀렌 정류기, 실리콘 다이오드 등이 있다.

4) 직류 발전기의 구조
   직류 발전기는 전기자 코일과 정류자, 계철과 계자 철심, 계자 코일과 브러시 등으로 구성되어 있다.

5) 직류 발전기 조정기
   ① 기관의 회전 속도 변동에 의해서 전압이 비례하여 발생되므로 조정기가 필요 하다.
   ② 발전기 출력은 전기자 코일의 권수, 계자의 세기, 단위 시간당 자속을 자르는 횟수(전기자의 회전수)에 따라 결정된다.
   ③ 기관의 회전속도가 증가하면 발전기의 발생 전압과 전류도 모두 증가한다.
   ④ 조정기는 계자 코일에 흐르는 전류의 크기를 조절하여 발생 전압과 전류를 조절하며 컷 아웃 릴레이, 전압 조정기, 전류 제한기 등의 3유닛으로 되어 있다.
      ㉮ 컷아웃 릴레이 : 발생 전압이 축전지 전압보다 낮을 경우 축전지의 전압이 발전기로 역류하는 것을 막는 장치이다.
      ㉯ 전압 조정기 : 발전기의 전압을 일정하게 유지하기 위한 장치
      ㉰ 전류 제한기 : 발전기 출력 전류가 규정 이상의 전류가 되면 전기 부하 등이 소손되므로 소손을 방지하기 위한 장치

02 교류 발전기(AC : 알터네이터)

교류 발전기는 고정 부분인 스테이터(고정자), 회전하는 부분인 로터(회전자), 로터를 지지하는 엔드 프레임과 스테이터 코일에서 유기된 교류를 직류로 정류하는 실리콘 다이오드로 구성되어 있다.

(1) 교류 발전기의 특징
① 저속에서도 충전이 가능하다.
② 회전부에 정류자가 없어 허용 회전속도 한계가 높다.
③ 실리콘 다이오드로 정류하므로 전기적 용량이 크다.
④ 소형 경량이며 브러시 수명이 길다.
⑤ 전압 조정기만 필요하다.
⑥ AC(교류) 발전기는 극성을 주지 않는다.
⑦ AC발전기에서 컷 아웃 릴레이의 작용은 실리콘 다이오드가 한다.
⑧ **전류 조정기가 필요 없는 이유** : 스테이터 코일에는 회전속도가 증가됨에 따라 발생하는 교류의 주파수가 높아져 전기가 잘 통하지 않는 성질이 있어 전류가 증가하는 것을 제한할 수 있기 때문이다.

(2) 교류 발전기의 구조
① 스테이터 코일
㉮ 직류 발전기의 전기자에 해당된다.
㉯ 철심에 3개의 독립된 코일이 감겨져 있어 로터의 회전에 의해 3상 교류가 유기 된다.
㉰ 스테이터 코일의 접속 방법
㉠ Y결선 : 스타 결선이라고도 하며 각 코일의 한 끝을 공통점에 접속하고 다른 한끝 셋을 끌어낸 것으로 선간 전압이 각 상전압의 $\sqrt{3}$ 배가 높아 기관이 공회전할 때에도 충전이 가능하다.
㉡ △결선 : 델타 결선이라고도 부르며 각 코일의 끝을 차례로 접속하여 둥글게 하고 각 코일의 접속점에서 하나씩 끌어낸 것으로 선간 전류가 각 상전류의 $\sqrt{3}$ 배이다.
㉱ 3상 교류 : 단상교류 3개를 결합한 것으로 권수가 같은 3개의 코일을 120° 간격으로 두고 감은 후 자석을 일정한 속도로 회전 시키면 각 코일에 기전력이 발생된다.

② 로터
㉮ 직류 발전기의 계자 코일과 철심에 해당되며 자극을 형성한다.
㉯ 자극편은 코일에 여자 전류가 흐르면 N극과 S극이 형성되어 자화된다.
㉰ 로터의 회전으로 스테이터 코일의 자력선을 차단하여 전압을 유기한다.
㉱ 슬립링은 축과 절연되어 있고 각각 로터 코일의 양끝과 연결된다.
㉲ 슬립링 위를 브러시가 미끄럼 운동하면서 로터 코일에 여자 전류를 공급한다.
㉳ 로터 코일이 단락되면 로터 코일에 과대 전류가 흐른다.

③ 정류기
㉮ 교류 발전기에 사용되는 정류기는 실리콘 다이오드이다.
㉯ 스테이터 코일에 발생된 교류를 직류로 정류하여 외부로 공급한다.
㉰ 축전지에서 발전기로 전류가 역류하는 것을 방지한다.
㉱ 다이오드의 수는 ⊕쪽에 3개, ⊖쪽에 3개와 여자 다이오드 3개가 사용된다.
㉲ 히트싱크 : 다이오드의 과열을 방지

④ 팬 : 다이오드는 열에 약하므로 다이오드를 공기로 냉각시키기 위하여 로터 축에 팬(fan)이 설치되어 있다.

(3) 교류 발전기 조정기
교류 발전기 조정기는 전압 조정기만 필요하

며 현재는 트랜지스터 형이나 IC 조정기를 사용한다.

03 전류계와 충전 경고등

(1) 전류계
① 전류계는 축전지의 충·방전 상태와 그 크기를 운전자에게 알려주는 계기이다.
② 눈금판은 0을 중심으로 좌우로 균일하게 눈금이 새겨져 있다.
③ 0의 눈금에서 오른쪽(⊕)으로 움직이면 충전을, 왼쪽(⊖)으로 움직이면 방전을 표시한다.

(2) 충전 경고등
① 충전 경고등은 경고등의 점멸로 충·방전 상태를 운전자에게 지시한다.
② 기관 정상 작동되어 축전지를 중심으로 한 충전계통이 정상이면 소등되고 이상이 있으면 점등된다.

04 발전기 점검과 정비

(1) 발전기 점검할 때 일반적인 주의 사항
① 자동차에서 발전기를 탈착 작업을 할 때 가장 먼저 하여야 할 일은 축전지에서 접지 케이블을 떼어내기이다.
② 발전기 점검에 필요한 점검 기기는 멀티 테스터, 옴 테스터, 볼트미터 등이다.
③ 축전지의 극성을 절대로 바꾸어 접속해서는 안 된다.
④ 발전기의 B단자의 전선을 접속한 후 엔진을 회전 시키되 F단자도 필히 접속하여야 한다.
⑤ F단자는 축전기와 접속되지 않게 한다.
⑥ 급속 충전을 할 때에는 반드시 축전지의 ⊕선(절연선)을 떼어낸다.
⑦ 발전기에서 B단자를 떼어내고 발전기를 회전시켜서는 안 된다.
⑧ 완전 충전된 축전지에 높은 충전율로 충전될 때 의 고장 원인은 F단자를 떼어보아 출력의 변화가 없으면 발전기 고장이며 출력이 변화되면 조정기의 고장이다.

(2) 발전기 극성 검사 및 다이오드 점검시 주의사항
① 발전기의 시험은 메거 또는 고압 시험기로 시험을 하여서는 안 된다.
② 다이오드는 정격 전류, 정격 전압 이상으로 사용하여서는 안 된다.
③ 다이오드는 열과 역전류에 약하므로 주의하여야 한다.
④ 배터리는 완전 충전되어 있어야 한다.
⑤ 배선의 굵기 및 접속부의 조임을 점검한다.
⑥ 슬립 링에 먼지나 기름이 묻어 있을 때에는 마른 헝겊으로 청소한다.
⑦ 스테이터와 로터 등의 절연부 세척은 깨끗한 헝겊을 이용한다.
⑧ 정류기의 고장이 있으면 라디오에 회전음이 난다.

(3) 주행 중 충전 경고등이 점등되는 원인
① 팬벨트의 이완에 의한 미끄러짐에 의한 충전 부족
② 발전기 전선 접속부의 이완 및 이탈에 의한 충전 부족
③ 축전지 접지 케이블의 이완에 의한 충전 부족
④ 조정기의 작동 불량

(4) 발전기 계자 코일에 과대 전류가 흐르는 원인
: 계자 코일의 단락

(5) 발전기 조정기 정비할 때 안전사항
① 발전기와 조정기의 접속 상태를 확인한다.
② 배터리를 쇼트 시켜서는 안 된다.
③ 발전기 작동 중 전선을 분리해서는 안 된다.
④ 발전기 부근에서 다른 전기 작업을 할 경우에는 축전지 케이블을 분리하고 작업 한다.

06 장비구조 — 출제예상문제

01 건설기계에 사용되는 전기장치 중 플레밍의 오른손 법칙이 적용되어 사용되는 부품은?
① 발전기 ② 기동 전동기
③ 점화 코일 ④ 릴레이

> 플레밍의 오른손 법칙을 적용 받는 것은 발전기이며 왼손 법칙은 기동 전동기가 적용된다.

02 교류 발전기의 주요 구성 요소가 아닌 것은?
① 자계를 발생시키는 로터
② 3상 전압을 유도시키는 스테이터
③ 전류를 공급하는 계자 코일
④ 다이오드가 설치되어 있는 엔드 프레임

> 계자 코일은 직류 발전기에서 계자철심을 자화시키기 위한 코일이므로 교류에는 해당되지 않는다.

03 교류 발전기에서 회전체에 해당하는 것은?
① 스테이터 ② 브러시
③ 엔드 프레임 ④ 로터

> 로터
> ① 회전하며 자속을 만든다.(직류 발전기의 계자 코일, 계자 철심에 해당)
> ② 축전지의 전류를 로터 코일의 여자 전류로 공급한다.

04 충전장치의 개요에 대한 설명으로 틀린 것은?
① 건설기계의 전원을 공급하는 것은 발전기와 축전지이다.
② 발전량이 부하량 보다 적을 경우에는 축전지가 전원으로 사용된다.
③ 축전지는 발전기가 충전시킨다.
④ 발전량이 부하량 보다 많을 경우에는 축전지의 전원이 사용된다.

> 발전량이 부하량 보다 적을 경우에는 축전지의 전원이 공급되어 부하와의 언밸런스를 조절한다.

05 교류 발전기의 부품이 아닌 것은?
① 다이오드 ② 슬립링
③ 스테이터 코일 ④ 전류 조정기

> 교류 발전기의 부품
> ① 스테이터 : 고정자, 삼상 교류가 발생
> ② 로터 : 회전체로 자극을 형성하고 출력을 조정
> ③ 다이오드 : 교류를 직류로 정류하고 역류를 방지
> ④ 슬립링과 브러시 : 타려자 방식의 발전기 이므로 자극을 형성하기 위한 전류를 공급

06 다음 중 교류 발전기를 설명한 내용으로 맞지 않는 것은?
① 정류기로 실리콘 다이오드를 사용한다.
② 스테이터 코일은 주로 3상 결선으로 되어 있다.
③ 발전 조정은 전류 조정기를 이용한다.
④ 로터 전류를 변화시켜 출력이 조정 된다.

> 교류 발전기의 발전 전류 조정은 로터 코일에 흐르는 전류를 제한하여 자극의 세기를 조정 하므로 발전 전류가 조정된다.

07 교류 발전기에서 교류를 직류로 바꾸는 것을 정류라고 하며 대부분의 교류 발전기에는 정류 성능이 우수한 (   )를 이용하여 정류를 한다. (   )에 맞는 말은?
① 트랜지스터
② 실리콘 다이오드
③ 사이리스터
④ 서미스터

> 교류 발전기에서 정류기로 사용하는 것은 실리콘 다이오드로 전파정류를 하며 +3개, -3개가 설치되어 있다.

정 답

01.① 02.③ 03.④ 04.④ 05.④
06.③ 07.②

08 교류발전기(AC)의 주요 부품이 아닌 것은?
① 로터
② 브러시
③ 스테이터 코일
④ 솔레노이드 조정기

> **AC 발전기**
> ① 전류 발생 : 스테이터
> ② 자계 형성 : 로터
> ③ 브러시 접촉부 : 슬립링
> ④ AC 를 DC 로 정류 : 다이오드
> ⑤ 역류방지 : 다이오드

09 작동 중인 교류 발전기의 소음 발생 원인과 가장 거리가 먼 것은?
① 고정 볼트가 풀렸다.
② 벨트 장력이 약하다.
③ 베어링이 손상 되었다.
④ 축전지가 방전 되었다.

> 축전지의 방전과 발전기의 소음과는 관계가 없다.

10 건설기계 장비의 충전장치는 어떤 발전기를 가장 많이 사용하고 있는가?
① 직류 발전기
② 단상 교류 발전기
③ 3상 교류 발전기
④ 와전류 발전기

> 중장비에 사용되는 발전기는 교류 발전기로 3상 교류 발전기가 사용된다.

11 발전기의 발전 전압이 과다하게 높은 원인은?
① 메인 퓨즈의 단선
② 발전기 "L"단자 의 접촉 불량
③ 아이들 베어링 손상
④ 발전기 벨트 소손

> 메인 퓨즈가 단선이 되면 발전기의 발생 기전력이 배터리 등 외부의 전기부하로 공급이 되지 않아 발전기의 전압이 높게 된다.

12 AC 발전기에서 전류가 흐를 때 전자석이 되는 것은?
① 계자 철심
② 로터
③ 스테이터 철심
④ 아마추어

> AC발전기의 로터 코일에 전류가 흐르면 로터는 전자석이 되어 자극을 형성하게 된다.

13 충전장치의 역할로 틀린 것은?
① 램프류에 전력을 공급한다.
② 에어컨 장치에 전력을 공급한다.
③ 축전지에 전력을 공급한다.
④ 기동장치에 전력을 공급한다.

> 기동장치의 전원은 축전지에 의해 공급된다.

14 교류 발전기의 설명으로 틀린 것은?
① 타여자 방식의 발전기이다.
② 고정된 스테이터에서 전류가 생성된다.
③ 정류자와 브러시가 정류작용을 한다.
④ 발전기 조정기는 전압조정기만 필요하다.

> 교류 발전기의 정류 작용은 반도체 정류기인 실리콘 다이오드가 하며 정류자와 브러시가 설치된 형식은 직류 발전기 이다.

15 건설기계의 교류발전기에서 마모성 부품은?
① 스테이터
② 슬립링
③ 다이오드
④ 엔드 프레임

> 슬립링은 발전기축에 설치되어 발전기와 함께 회전이 되는 부분으로 브러시와 접촉되어 전기를 공급받아 로터 코일에 전류를 공급하여 로터가 자극을 형성하도록 하는 작용을 한다.

정 답
08.④ 09.④ 10.③ 11.① 12.②
13.④ 14.③ 15.②

16 축전지 및 발전기에 대한 설명으로 옳은 것은?

① 시동 전 전원은 발전기이다.
② 시동 후 전원은 배터리이다.
③ 시동 전과 후 모두 전력은 배터리로부터 공급된다.
④ 발전하지 못해도 배터리로만 운행이 가능하다.

> 배터리의 기능을 보면 시동시의 전원이며 발전기 고장시에 운행을 확보하기 위한 전원으로 사용되고 발전기에서의 발생 전기와 사용 전기와의 언밸런스를 조절하며 컴퓨터 엔진의 전원으로 사용된다.

17 충전장치에서 축전지 전압이 낮을 때의 원인으로 틀린 것은?

① 조정 전압이 낮을 때
② 다이오드가 단락되었을 때
③ 축전지 케이블 접속이 불량할 때
④ 충전회로에 부하가 적을 때

> 축전지 전압이 낮은 원인은 조정 전압이 낮거나 다이오드의 소손 또는 축전지 케이블 등의 접촉이 불량하면 충전 전압이 낮아진다.

18 AC발전기의 출력은 무엇을 변화시켜 조정하는가?

① 축전지 전압 ② 발전기 회전속도
③ 로터 전류   ④ 스테이터 전류

> 교류 발전기의 출력을 변화시키기 위해서는 로터에 흐르는 전류를 제어하여 출력을 조절한다.

19 엔진 정지 상태에서 계기판 전류계의 지침이 정상에서 (-)방향을 지시하고 있다. 그 원인이 아닌 것은?

① 전조등 스위치가 점등 위치에서 방전되고 있다.
② 배선에서 누전되고 있다.
③ 엔진 예열장치를 동작시키고 있다.
④ 발전기에서 축전지로 충전되고 있다.

> 발전기에서 축전지로 충전이 되고 있으면 전류계의 지침은 (+)방향으로 지시하게 된다.

20 AC 발전기에서 전류가 발생되는 곳은?

① 여자 코일   ② 레귤레이터
③ 스테이터 코일 ④ 계자 코일

> AC(교류)발전기의 구조에서 자석이 되는 부분인 로터와 전류가 발생되는 스테이터 코일, 그리고 전류를 공급하기 위한 브러시와 슬립링, 교류를 직류로 정류하는 다이오드가 있다.

21 교류(AC) 발전기의 장점이 아닌 것은?

① 소형 경량이다.
② 저속 시 충전 특성이 양호하다.
③ 정류자를 두지 않아 풀리비를 작게 할 수 있다.
④ 반도체 정류기를 사용하므로 전기적 용량이 크다.

> 교류 발전기에는 정류자가 없어 풀리비를 크게 할 수 있어 저속에서 충전 성능이 우수하다.

22 교류 발전기에서 높은 전압으로부터 다이오드를 보호하는 구성품은 어느 것인가?

① 콘덴서   ② 필드코일
③ 정류기   ④ 로터

> 콘덴서는 축전기로 일시적으로 큰 전류를 저장할 수 있는 것으로 발전기에서는 다이오드를 보호하는 역할을 한다.

23 교류 발전기의 구성 품으로 교류를 직류로 변환하는 구성품은?

① 스테이터 ② 로터
③ 정류기   ④ 콘덴서

> 정류기란 발전기에서 발생된 교류 전류를 직류 전류로 전환해주는 역할을 하며 축전지의 전류가 발전기로 역류하는 것을 방지 한다.

정 답

16.④ 17.④ 18.③ 19.④ 20.③
21.③ 22.① 23.③

24 직류 발전기와 비교했을 때 교류 발전기의 특징으로 틀린 것은?

① 전압 조정기만 필요하다.
② 크기가 크고 무겁다.
③ 브러시 수명이 길다.
④ 저속 발전 성능이 좋다.

> **교류 발전기의 특징**
> ① 저속에서도 충전이 가능하다.
> ② 회전부에 정류자가 없어 허용 회전속도 한계가 높다.
> ③ 실리콘 다이오드로 정류하므로 전기적 용량이 크다.
> ④ 소형 경량이며 브러시 수명이 길다.
> ⑤ 전압 조정기만 필요하다.
> ⑥ AC(교류) 발전기는 극성을 주지 않는다.
> ⑦ AC발전기에서 컷 아웃 릴레이의 작용은 실리콘 다이오드가 한다.
> ⑧ 전류 조정기가 필요 없는 이유 : 스테이터 코일에는 회전속도가 증가됨에 따라 발생하는 교류의 주파수가 높아져 전기가 잘 통하지 않는 성질이 있어 전류가 증가하는 것을 제한할 수 있기 때문이다.

25 충전장치에서 발전기는 어떤 축과 연동되어 구동되는가?

① 크랭크축　　② 캠축
③ 추진축　　　④ 변속기 입력축

> 충전장치의 발전기는 엔진의 크랭크축으로부터 동력을 받아 벨트로 구동된다.

26 교류 발전기의 다이오드가 하는 역할은?

① 전류를 조정하고 교류를 정류한다.
② 전압을 조정하고 교류를 정류한다.
③ 교류를 정류하고 역류를 방지한다.
④ 여자 전류를 조정하고 역류를 방지한다.

> 교류 발전기에서 다이오드는 교류를 직류로 정류하고 축전지의 전류가 발전기로 역류하는 것을 방지한다.

정답

24.② 25.① 26.③

2-6 등화장치

01 등화 장치의 개요

자동차의 등화 장치는 다양한 종류의 전등이 운전자의 시야와 정보 전달에 이용되고 승객을 편리하게 해 주며, 다른 운전자에게 신호와 경고 표시를 해 준다.

02 등화 장치의 종류

등화 장치는 조명용, 신호용, 지시용, 경고용, 장식용 등 각종 목적에 따라 램프, 릴레이, 배선, 퓨즈, 스위치 등으로 구성되어 있다. 등화 안전 장치의 종류에는 용도에 따라 표와 같이 여러 종류가 있다.

용도	종류	용 도
조명용	전조등	야간 안전 주행을 위한 조명
	안개등	안개 속에서 안전 주행을 위한 조명
	후진등	변속기를 후진 위치에 놓으면 점등되며, 후진 방향을 조명
	실내등	실내 조명
	계기등	계기판 조명
표시용	차폭등	차폭을 표시
	주차등	주차를 표시
	번호등	차량 번호판 조명용
	미등	차의 뒷부분 표시
신호용	방향 지시등	차의 좌우 회전을 알림
	제동등	상용 브레이크를 밟을 때 작동
	비상 경고등	비상 상태를 나타낼 때 작동
경고등	유압등	유압이 규정값 이하로 되면 점등 경고
	충전등	축전지의 충전이 안 되었을 경우 점등 경고
	연료등	연료가 규정량 이하로 되면 점등 경고
장식용	장식등	버스와 트럭의 상부를 장식

03 등화 장치의 배선 및 전구의 종류

(1) 전선의 종류와 배선 방식

① 자동차 전기 회로에 사용하는 전선은 피복선과 비피복선이 있다.
② 비피복선은 접지용으로 일부 사용된다.
③ 피복선은 무명, 명주, 비닐 등의 절연물로 피복된 선을 사용한다.
④ 고압 케이블은 내 절연성이 매우 큰 물질로 피복되어 있다.
⑤ 배선 방법에는 단선식과 복선식이 있다.

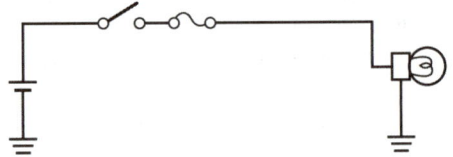

(a) 단석식 배선

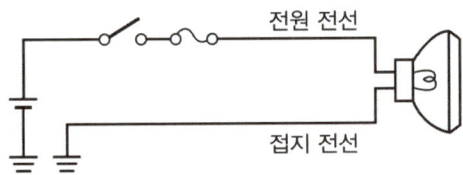

(b) 복선식 배선

▲ 배선방법

⑥ **단선식** : 부하의 한끝을 차체에 접지하는 방식으로 작은 전류가 흐르는 회로에 사용한다.
⑦ **복선식** : 접지 쪽에도 전선을 사용하는 방식으로 큰 전류가 흐르는 회로에 사용한다.
⑧ **전선의 규격 표시법**

> **예** 1.25RG로 표시되는 경우
> 1.25 : 전선의 단면적(mm)
> R : 바탕색
> G : 삽입색

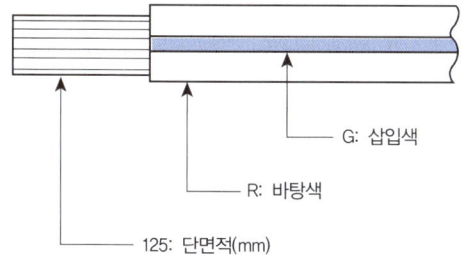

- G: 삽입색
- R: 바탕색
- 125: 단면적(mm)

⑨ 자동차용 전선의 색 구분

색 CODE 회로의 이름	기본색	기본색에 대한 예외적 적용	보조색 (선색)
시동 회로	B		W, Y, R, L, G
충전 회로	W	(Y)	B, R, L, G
LAMP 회로	R		B, W, G, L, Y
신호 회로	G	Lg, Br	B, W, R, L, Y
계기 회로	Y		B, W, R, G, L
기타 회로	L	B, Y, Br, O	B, W, R, G, Y
접지 회로	B		

- B : Black(흑색)
- W : White(백색)
- R : Red(적색)
- G : Green(녹색)
- Y : Yellow(황색)
- L : Blue(청색)
- Br : Brown(갈색)
- Lg : Light Green(연두색)
- O : Orange(오렌지색)

04 조명 용어

(1) 광속
  ① 광속이란 광원에서 나오는 빛의 다발이다.
  ② 단위는 루멘(lumen)이며 기호는 lm이다.

(2) 광도
  ① 광도란 빛의 세기이다.
  ② 단위는 캔들(candle) 기호는 cd이다.
  ③ 1캔들은 광원에서 1m떨어진 1㎡의 면에 1m의 광속이 통과 하였을 때의 빛의 세기이다.

(3) 조도
  ① 조도란 빛을 받는 면의 밝기이다.
  ② 단위로는 럭스(lux) 기호는 lx이다.
  ③ 1[lx]는 1[cd]의 광원을 1m의 거리에서 광원 방향의 수직인 면의 밝기이다.
  ④ 피조면의 조도는 광원의 광도에 비례하고, 광원으로부터의 거리 2승에 반비례한다.
  ⑤ 광원으로부터 r m 떨어진 빛의 방향에 수직인 피조면의 조도를 E(lx), 그 방향의 광원의 광도를 I(cd)라고 하면, 조도는 다음과 같이 표시된다.
  ⑥ $E = \dfrac{cd}{r^2}$

05 전조등과 그 회로

전조등은 야간에 전방을 밝혀 주는 조명 등화기기로 자동차의 전방 양쪽에 대칭으로 부착되어 있으며, 자동차 관리법의 안전 기준에 규정된 밝기를 가져야 한다. 전조등은 전구, 반사경, 렌즈 등으로 구성되어 있다. 전조등의 종류로는 전조등의 빔 방향을 조정하는 조정 방법에 따라 전조등의 설치 위치 조정으로 조정하는 유닛 가동형과 하우징 내에서 반사경을 움직여 조정하는 반사경 가동형이 있다. 또한 용도별로 2등식과 4등식으로 분류한다.

(1) 전조등의 종류
 1) 실드 빔식 전조등
  ① 실드 빔식은 반사경에 필라멘트를 붙이고 여기에 렌즈를 녹여 붙인 후 내부에 불활성 가스를 넣어 그 자체가 1개의 전구가 되도록 한 것

② 특징
- ㉮ 대기 조건에 따라 반사경이 흐려지지 않는다.
- ㉯ 사용에 따르는 광도의 변화가 적다.
- ㉰ 필라멘트가 끊어지면 렌즈나 반사경에 이상이 없어도 전조등 전체를 교환하여야 한다.

2) 세미 실드 빔식 전조등
① 렌즈와 반사경은 일체로 되어 있으나 전구는 별개로 설치한 것
② 필라멘트가 끊어지면 전구만 교환한다.
③ 전구의 설치 부분으로 공기 유통이 있어 반사경이 흐려지기 쉽다.

(2) 전조등 회로
① 전조등 회로는 퓨즈, 라이트 스위치, 디머 스위치 등으로 구성되어 있다.
② 복선식을 사용하며 양쪽의 전조등 은 하이 빔과 로우 빔이 각각 병렬로 접속되어 있다.
③ 전조등 스위치는 2단으로 작동하며, 스위치를 움직이면 내부의 접점이 미끄럼 운동하여 전원과 접속하게 되어 있다.
④ 디머 스위치는 라이트 빔을 하이 빔과 로우 빔으로 바꾸는 스위치이다.
⑤ 전조등 릴레이는 전기기구의 성능을 향상시킨다.

06 방향지시등(turn signal lamp)
① 방향 지시등은 자동차의 진행 방향을 바꿀 때 사용하는 등화이다.
② 플래셔 유닛을 사용하여 램프에 흐르는 전류를 일정한 주기(자동차 안전 기준상 매 분당 60회 이상 120회 이하)로 단속·점멸하여 램프를 점멸시키거나 광도를 증감시킨다.
③ 플래셔 유닛은 전자 열선식, 축전기식, 수은식, 스냅 열선식, 바이메탈식, 열선식 등이 있으며 현재에는 주로 전자 열선식이 사용된다.

(1) 방향 지시등의 고장 진단
1) 방향 지시등의 고장 사항
① 방향 지시등이 전혀 작동되지 않는다.
② 점멸 작동에 이상이 있다.
③ 가끔 점멸 작동을 한다.
④ 지시등이 점등된 채 있다.

2) 좌·우의 점멸 횟수가 다르거나 한쪽만 작동 되는 원인
① 규정 용량의 전구를 사용하지 않았다.
② 접지 불량
③ 전구가 1개 단선 되었다.
④ 플래셔 유닛 스위치에서 지시등 사이가 단락 되었다.

3) 점멸이 느리다.
① 전구의 용량이 규정보다 작다.
② 전구의 접지 불량
③ 축전지 용량 저하
④ 퓨즈 또는 배선의 접촉 불량
⑤ 플래셔 유닛의 결함

4) 점멸이 빠르다.
① 전구의 용량이 규정보다 크다.
② 플래셔 유닛의 불량

07 냉방 장치

(1) 작동 원리
 냉동 사이클은 증발 → 압축 → 응축 → 팽창 4가지 작용을 순환 반복한다.

(2) 냉동 사이클
1) 증발
① 냉매는 증발기 내에서 액체가 기체로 변한다.
② 냉매는 증발 잠열을 필요로 하므로 증발기의 냉각된 주위의 공기 즉, 차실내의 공기로부터 열을 흡수한다.

③ 차실내의 공기를 팬에 의해 순환시켜 차실의 온도를 낮춘다.

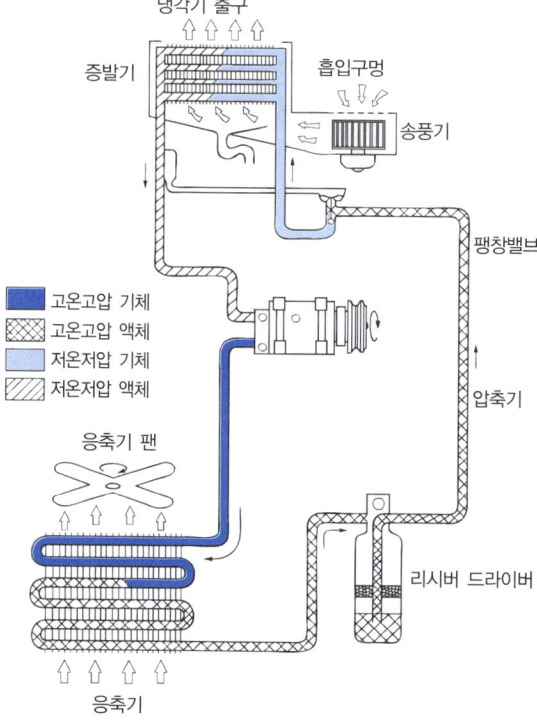

▲냉방장치구성

2) 압축
① 증발기 내의 냉매 압력을 낮은 상태로 유지시킨다.
② 냉매의 온도가 0℃가 되더라도 계속 증발하려는 성질이 있다.
③ 상온에서도 쉽게 액화 할 수 있는 압력까지 냉매를 흡입하여 압축 시킨다.

3) 응축
① 냉매는 응축기 내에서 외기에 의해 기체로부터 액체로 변한다.
② 압축기에서 나온 고온, 고압가스는 외기에 의해 냉각되어 건조기로 공급된다.
③ **응축 열** : 응축기를 거쳐 외기로 방출된 열

4) 팽창
① 냉매는 팽창 밸브에 의해 증발되기 쉬운 상태까지 압력이 내려간다.
② 액화된 냉매를 증발기로 보내기 전에 압력을 낮추는 작용을 팽창이라 한다.
③ **팽창 밸브** : 감압작용과 냉매의 유량을 조절한다.

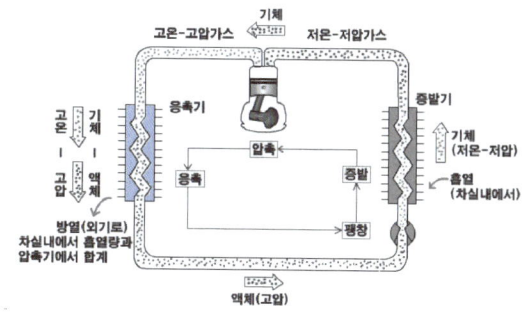

▲ 냉동 사이클

5) 냉매
① 냉매란 냉동에서 냉동 효과를 얻기 위해 사용하는 물질로 1차 냉매와 2차 냉매로 나누어진다.
② **1차 냉매**
  ㉮ 프레온, 암모니아 등과 같이 저온부에서 열을 흡수하여 액체가 기체로 된다.
  ㉯ 기체를 압축하여 고온부에서 열을 방출하여 액체가 된다.
  ㉰ 냉매가 상태변화를 일으켜 열을 흡수, 방출하는 냉매
③ **2차 냉매**
  염화나트륨, 브라인 등과 같이 저온 액체를 순환시켜 냉각시키고자 하는 물질과 접촉하여 냉각작용을 하는 냉매
④ **냉매의 구비조건**
  ㉮ 증발압력이 저온에서 대기압 이상일 것
  ㉯ 응축압력이 가능한 낮을 것
  ㉰ 임계온도는 상온보다 아주 높을 것

㉣ 윤활유에 용해되지 않을 것
㉤ 비체적과 점도가 낮을 것
㉥ 화학적으로 안정되어 있을 것
㉦ 부식성 및 악취 독성이 없을 것
㉧ 인화성과 폭발성이 없을 것
㉨ 증발 잠열이 크고 액체의 비열이 작을 것

⑤ **냉매 R-12 특징**
㉮ 화학적으로 안정된다.
㉯ 인체에 직접적인 영향이 없다.
㉰ 증발 잠열이 크고 액화가 용이하다.
㉱ 연소되거나 폭발하지 않는다.
㉲ 독성이 없고 부식성이 없다.
㉳ 오존층을 파괴한다.

⑥ **HFC 냉매 R-134a**
(hydro fluro carbon-134a)
㉮ 오존층을 파괴하는 염소(Cl)가 없다.
㉯ 불연성이다.
㉰ 다른 물질과 반응하지 않는다.
㉱ 무색, 무취, 무미하다.
㉲ R-12와 유사한 열역학적 성질이 있다.
㉳ 독성이 없다.
㉴ 분자 구조가 화학적으로 안정되어 있다.
㉵ 현재 사용되는 냉매이다.

08 자동 에어컨

(1) 개요

일사 센서, 내외기 센서, 수온 센서 등이 컴퓨터에 정보를 입력시켜 이것의 신호에 따라 차실 내의 온도 조절 스위치의 세팅 온도에 도달하도록 자동으로 풍량과 온도를 조절한다.

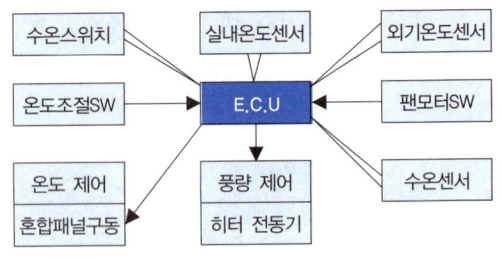
▲ 자동 에어컨 작동도

(2) 센서

① 센서에는 실내 온도 센서, 외기 온도 센서, 일사 센서, 수온 센서 등이 사용된다.
② **일사 센서** : 프론트 테크 위에 설치되어 태양의 일사량을 감지하여 컴퓨터로 입력
③ **실내온도 센서** : 차실 내의 공기를 흡입하여 온도를 검출하고 컴퓨터로 입력
④ **외기온도 센서** : 자동차의 외부온도를 검출하여 컴퓨터로 입력
⑤ **수온 센서** : 엔진의 냉각수 온도를 검출하여 컴퓨터로 입력
⑥ **모드 스위치** : 작동방법의 선택 스위치로 모드 신호를 컴퓨터로 입력
㉮ 차실내의 온도 상승 방지를 위해 모드 스위치를 자동 위치로 하면 냉각팬의 회전속도를 증가 시킨다.
㉯ 모드 스위치로 모드를 선택하면 컴퓨터로 모드 액추에이터에 신호를 보낸다.
㉰ 모드 액추에이터는 내장된 위치 검출 신호가 컴퓨터로 전달한다.
㉱ 컴퓨터는 위치 검출 신호에 따라 전동기를 구동한다.
㉲ 전동기가 선택 위치로 되어 있지 않을 때에는 접지되어 전동기가 전동기를 구동하도록 되어 있는 구동전동기는 접지가 차단된 부분까지 회전한 후 정지한다.

(3) 냉방장치 설치 시 주의사항
　① 작업의 장소는 습기나 먼지가 적은 곳에서 한다.
　② 축전지의 접지 단자를 제거한다.
　③ 고무호스나 파이프는 다른 부품과 접촉되지 않도록 한다.
　④ 고무호스나 튜브는 설치하기 전까지 마개를 끼운다.
　⑤ 튜브의 플레어는 전용 공구로 가공한다.
　⑥ 압축공기는 수분이 포함되어 있으므로 사용하지 않는다.
　⑦ 튜브를 구부릴 때에는 토치 등으로 가열하지 않는다.
　⑧ 호스나 튜브를 조일 때에는 냉방용 렌치를 사용한다.
　⑨ 냉매를 충전하지 않고 압축기를 회전시키지 말 것

(4) 냉매 취급시 주의사항
　① 냉매를 다룰 때에는 반드시 보안경을 착용한다.
　② 냉매가 눈에 들어갔을 때에는 붕산수로 닦아낸다.
　③ 노출된 열원(불꽃)이 있는 실내에서는 냉매가스를 방출하여서는 안 된다.
　④ 냉매 실린더가 과열되지 않도록 한다.
　⑤ 냉매 실린더는 캡을 반드시 씌워 보관한다.

06 출제예상문제
장비구조

01 전조등 회로의 구성으로 틀린 것은?
① 퓨즈   ② 점화 스위치
③ 라이트 스위치 ④ 디머 스위치

> 점화스위치는 모든 전기기기에 전기를 공급하는 메인 스위치(엔진 키 스위치)를 말하는 것으로 엔진의 점화장치에 속하는 회로이다.

02 다음 램프 중 조명용인 것은?
① 주차등   ② 번호판등
③ 후진등   ④ 후미등

용도	종류
조명용	전조등, 안개등, 후진등, 실내등, 계기등
표시용	차폭등, 주차등, 번호등, 미등
신호용	방향 지시등, 제동등, 비상 경고등
경고등	유압등, 충전등, 연료등
장식용	장식등

03 다음 배선의 색과 기호에서 파랑색(Blue)의 기호는?
① G   ② L
③ B   ④ R

> 배선의 바탕색에 B는 검정색으로 사용되므로 파랑색은 두 번째 단어인 L을 사용한다.

04 배선 회로도에서 표시된 0.85RW의 "R"은 무엇을 나타내는가?
① 단면적   ② 바탕색
③ 줄 색   ④ 전선의 재료

> 전선의 규격 표시법
> 0.85RW로 표시되는 경우
> 0.85 : 전선의 단면적(mm)
> R : 바탕색
> W : 삽입색(줄색)

05 헤드라이트에서 세미 실드빔 형은?
① 렌즈, 반사경 및 전구를 분리하여 교환이 가능 한 것
② 렌즈, 반사경 및 전구가 일체인 것
③ 렌즈와 반사경은 일체이고 전구는 교환이 가능 한 것
④ 렌즈와 반사경을 분리하여 제작한 것

> 헤드라이트에는 실드 빔과 세미 실드 빔으로 구분되며 다음과 같다.
> ① 실드 빔 : 렌즈, 반사경 및 전구가 일체인 것
> ② 세미 실드 빔 : 렌즈와 반사경은 일체이고 전구는 교환이 가능 한 것

06 다음 등화장치 설명 중 내용이 잘못된 것은?
① 후진등은 변속기 시프트 레버를 후진 위치로 넣으면 점등된다.
② 방향 지시등은 방향 지시등의 신호가 운전석에서 확인 되지 않아도 된다.
③ 번호등은 단독으로 점멸되는 회로가 있어서는 안 된다.
④ 제동등은 브레이크 페달을 밟았을 때 점등된다.

> 방향 지시등은 운전석에서 방향 지시등의 작동 상태를 확인 할 수 있어야 한다.

07 디젤 기관에만 해당되는 회로는?
① 예열플러그 회로 ② 시동 회로
③ 충전 회로   ④ 등화 회로

> 디젤 기관은 자연 착화 기관으로 한냉 시 시동을 보조하기 위한 장치를 설치하여 시동을 쉽게 되도록 한다. 따라서 감압장치와 시동 보조 장치인 예열 플러그 회로가 설치된다.

정 답
01.② 02.③ 03.② 04.② 05.③
06.② 07.①

08 방향지시등 스위치를 작동할 때 한쪽은 정상이고 다른 한 쪽은 점멸이 정상과 다르게(빠르게 또는 느리게) 작용한다. 고장 원인이 아닌 것은?

① 전구 1개가 단선 되었을 때
② 전구를 교체 하면서 규정 용량의 전구를 사용하지 않았을 때
③ 플래셔 유닛이 고장 났을 때
④ 한쪽 전구 소켓에 녹이 발생하여 전압 강하가 있을 때

> 플래셔 유닛 : 방향지시등(깜박이)의 릴레이를 말하는 것으로 플래셔 유닛이 불량하면 모든 방향 지시등이 똑같이 작동되거나 아니면 모두 작동이 안 된다.

09 방향 지시등의 한쪽 등이 빠르게 점멸하고 있을 때 운전자가 가장 먼저 점검하여야 할 곳은?

① 전구(램프)
② 플래셔 유닛
③ 콤비네이션 스위치
④ 배터리

> 방향 지시등에서 한쪽의 점멸이 빠른 경우는 전구의 단선, 접촉 불량, 용량이 다를 경우에 발생되는 것이므로 가장 먼저 점검하여야 하는 것은 전구이다.

10 전조등의 좌·우 램프 간 회로에 대한 설명으로 맞는 것은?

① 직렬 또는 병렬로 되어 있다.
② 병렬과 직렬로 되어 있다.
③ 병렬로 되어 있다.
④ 직렬로 되어 있다.

> 전조등(헤드라이트)의 배선은 복선식이고 전구의 연결은 병렬로 접속되어 있다.

11 경음기 스위치를 작동하지 않았는데 경음기가 계속 울리고 있다면 그 원인은?

① 경음기 릴레이의 접점이 융착
② 배터리의 과충전
③ 경음기 접지선 단선
④ 경음기 전원 공급선이 단선

> 경음기를 작동하지 않았는데 경음기가 작동되는 것은 경음기 스위치의 또는 릴레이의 접점이 융착되었을 때이다.

12 방향지시등에 대한 설명으로 틀린 것은?

① 램프를 점멸시키거나 광도를 증감시킨다.
② 전자 열선식 플래셔 유닛은 전압에 의한 열선의 차단 작용을 이용한 것이다.
③ 점멸은 플래셔 유닛을 사용하여 램프에 흐르는 전류를 일정한 주기로 단속 점멸한다.
④ 중앙에 있는 전자석과 이 전자석에 의해 끌어 당겨지는 2조의 가동 접점으로 구성되어 있다.

> 전자 열선식 플래셔 유닛은 전류에 의한 열선의 차단 작용을 이용한 것이다.

13 실드빔식 전조등에 대한 설명으로 틀린 것은?

① 대기조건에 따라 반사경이 흐려지지 않는다.
② 내부 불활성 가스가 들어 있다.
③ 사용에 따른 광도의 변화가 적다.
④ 필라멘트를 갈아 끼울 수 있다.

> 실드빔식의 전조등은 일체식으로 필라멘트가 끊어지면 전조등 전체를 교환하여야 한다.

14 지게차 전기 회로의 보호 장치로 맞는 것은?

① 안전밸브   ② 퓨저블 링크
③ 캠버   ④ 턴 시그널 램프

> 퓨저블 링크 : 퓨즈의 일종으로 전기부하에 과대 전류가 흐르면 과열되어 접점이 끊어지는 것으로 전기부하를 보호한다.

정 답
08.③ 09.① 10.③ 11.① 12.②
13.④ 14.②

15 전기가 이동하지 않고 물질에 정지하고 있는 전기는?

① 동전기　　② 정전기
③ 직류 전기　④ 교류 전기

> 전기가 이동하지 않고 물질에 정지하고 있는 전기가 정전기이며 물질에서 이동하는 전기를 동전기라 한다.

16 전조등의 구성품으로 틀린 것은?

① 전구　　　② 렌즈
③ 반사경　　④ 플래셔 유닛

> 플래셔 유닛은 방향지시등의 점멸을 위한 릴레이를 말하는 것으로 일명 깜박이 릴레이라고 부른다.

17 차량에 사용되는 계기의 장점으로 틀린 것은?

① 구조가 복잡할 것
② 소형이고 경량일 것
③ 지침을 읽기가 쉬울 것
④ 가격이 쌀 것

> 각종 제계기는 구조가 간단하고 운전자가 쉽게 인식 할 수 있도록 되어 있다.

18 전조등의 형식 중 내부에 불활성 가스가 들어 있으며 광도의 변화가 적은 것은?

① 로우 빔 식
② 하이 빔 식
③ 실드 빔 식
④ 세미 실드 빔 식

> **실드 빔식 전조등**
> ① 실드 빔식은 반사경에 필라멘트를 붙이고 여기에 렌즈를 녹여 붙인 후 내부에 불활성 가스를 넣어 그 자체가 1개의 전구가 되도록 한 것
> ② 특징
> 　㉮ 대기 조건에 따라 반사경이 흐려지지 않는다.
> 　㉯ 사용에 따르는 광도의 변화가 적다.
> 　㉰ 필라멘트가 끊어지면 렌즈나 반사경에 이상이 없어도 전조등 전체를 교환하여야 한다.

정　답
15.② 　16.④ 　17.① 　18.③

chapter 03 유압장치 익히기

3-1 유압 일반

01 유압의 기초

파스칼의 원리를 기초로 하는 유압은 유체에 압력을 가해 피스톤과 같은 동력기계(액추에이터)를 작동시키는 것으로 작은 힘으로도 큰 에너지를 얻을 수 있고 속도를 자유로이 조정할 수 있다. 따라서 건설기계뿐 아니라 하역 운반 기계, 공작 기계, 항공기, 선박 등 각 방면에 널리 이용되고 있다.

02 유압의 원리

(1) 정의

밀폐된 용기에 내에 있는 정지 유체 일부에 가한 압력은 유체의 모든 부분과 유체를 담은 용기의 벽까지 그 압력의 세기가 그대로 전달된다는 원리

(2) 유압장치의 구성

1) **동력원**: 유압을 방생시키는 장치 즉, 기계적 에너지를 유체에너지로 변환시키는 곳으로 오일탱크, 스트레이너, 유압펌프 등으로 구성
2) **제어밸브**: 동력원으로부터 공급받은 오일을 일의 크기(압력제어 밸브), 일의 방향(방향 제어밸브), 일의 속도(유량제어 밸브)를 결정하여 작동체로 보내주는 장치
3) **작동체(액추에이터)**: 제어밸브를 통해 오일을 전달받아 일을 하는 곳으로 즉, 유체(압)에너지를 기계적 에너지로 전환 시키는 장치로 왕복 직선 운동을 하는 유압실린더와 회전 운동을 하는 유압모터, 요동 운동을 하는 요동 모터가 있다.
4) **부속기구**: 유압장치의 회로 구성에서 안전성을 기하고 사용자의 편익을 위해 축압기(어큐뮬레이터(Accumulator)), 오일 냉각기(오일 쿨러), 배관 등으로 구성되어있다.

(3) 유압장치의 특징

① 속도 변화가 쉽다.
② 힘을 무단 변속시킬 수 있다.
③ 운동 방향의 전환이 쉽다.
④ 과부하 방지가 쉽다.
⑤ 유압기기 배치가 자유롭다.
⑥ 내구성 및 안전성이 크다.
⑦ 적은 힘을 큰 힘으로 변환할 수 있다.
⑧ 동력전달이 원활하다.
⑨ 진동 적고 원격 조작이 가능하다.

(4) 유압장치의 단점

① 배관이 까다롭다.
② 고장 원인의 발견이 어렵다.
③ 작동유의 온도변화에 영향을 받는다.
④ 석유계의 작동유는 화재의 위험성이 있다.
⑤ 동력전달의 길이에 영향을 받는다.
⑥ 에너지 손실이 있다.
⑦ 작동유의 누출이 있다.

(5) 게이지 압력과 절대압력
① **게이지 압력**: 대기압을 0으로 한 압력
② **절대압력**: 완전진공을 0으로 한 압력
③ **진공압력(부압)**: 대기압보다 낮은 압력

> **TIP**
> ① 힘의 3요소: 작용점, 크기, 방향
> ② 유압을 구하는 공식
>
> $$P = \frac{W}{A}$$
>
> P : 유압(kg/㎠), A : 용기의 단면적(㎠),
> W : 유체에 작용하는 힘(kg)
> ③ 유량과 속도의 관계 : 유량은 오일이 흐르는 시간에 반비례하고, 오일이 흐르는 통로의 단면적에는 비례한다.
> ㉮ 유량의 단위 : L/min, GPM, LPM
> ㉯ 유량 구하는 공식
>
> $$유량 = \frac{체적}{시간} = \frac{면적 \times 길이}{시간} = 면적 \times 속도$$
>
> ④ 유체의 동력 : 동력이란 단위 시간 동안에 한 일량을 말한다.
>
> $$동력 = \frac{힘 \times 거리}{시간} = 힘 \times 속도 = 압력 \times 유량$$
>
> 이 되고 유체의 동력을 구하려면 압력 × 유량으로 하면 된다.

03 작동유(유압유)

건설기계에 사용되는 작동유는 일반적으로 석유를 원료로 한 것을 주로 사용한다.

(1) 작동유의 종류
① **석유계 작동유**: 터빈유, 유압 전용 작동유 등으로 구성
② **난연성 작동유**: 인산 에스텔계(화학적 합성유) 작동유, 물. 글리콜계 작동유, 유화계 작동유가 있다.

(2) 작동유의 주요 기능
① 동력을 전달한다.
② 마찰열을 흡수한다.
③ 움직이는 기계요소의 마모를 방지한다.
④ 필요한 요소 사이를 밀봉한다.

(3) 작동유의 구비조건
① 넓은 온도 범위에서 점도의 변화가 적을 것.
② 점도 지수가 높을 것.
③ 산화에 대한 안정성이 있을 것.
④ 윤활성과 방청성이 있을 것.
⑤ 착화점이 높을 것.
⑥ 적당한 점도를 가질 것.
⑦ 점성과 유동성이 있을 것.
⑧ 물리적, 화학적인 변화가 없고 비압축성이어야 한다.
⑨ 유압장치에 사용되는 재료에 대하여 불활성일 것.

(4) 작동유의 선택 시 고려 사항
① 화학적으로 안정성이 높을 것.
② 휘발성이 적을 것.
③ 독성이 없을 것.
④ 열전도율이 좋을 것.

(5) 작동유의 온도
① **난기 운전시 오일의 온도** : 20 ~ 27℃
② **최고 허용 오일의 온도** : 80℃
③ **최저 허용 오일의 온도** : 40℃
④ **정상적인 오일의 온도** : 40 ~ 60℃
⑤ **열화 되는 오일의 온도** : 80 ~ 100℃

(6) 작동유 노화 촉진의 원인
① 유온이 80℃ 이상으로 높을 때
② 다른 오일과 혼합하여 사용하는 경우
③ 유압유에 수분이 혼입되었을 때

(7) 현장에서 오일의 열화를 찾아내는 방법
① 유압유 색깔의 변화나 수분 및 침전물의 유무를 확인한다.
② 유압유를 흔들었을 때 거품이 발생되는가 확인한다.
③ 유압유에서 자극적인 악취가 발생되는가 확인한다.
④ **유압유의 외관으로 판정** : 색채, 냄새, 점도

(8) 작동유가 과열되는 원인
① 펌프의 효율이 불량
② 유압유가 노화
③ 오일 냉각기의 성능이 불량
④ 탱크 내에 유압유가 부족
⑤ 유압유의 점도가 불량
⑥ 안전밸브의 작동 압력이 너무 낮다.

(9) 작동유의 온도가 상승하는 원인
① 높은 열을 갖는 물체에 유압유가 접촉될 때 온도가 상승한다.
② 과부하로 연속 작업을 하는 경우에 온도가 상승한다.
③ 오일 냉각기가 불량할 때 온도가 상승한다.
④ 유압유에 캐비테이션이 발생될 때 온도가 상승한다.
⑤ 유압 회로에서 유압 손실이 클 때 온도가 상승한다.
⑥ 높은 태양열이 작용하면 온도가 상승한다.

> **TIP**
> 캐비테이션 현상(공동 현상) : 유압장치에서 오일 속의 용해 공기가 기포로 되어 있는 현상을 말한다. 오일의 압력이 국부적으로 저하되어 포화 증기압에 이르면 증기를 발생하거나 용해 공기 등이 분리되어 기포가 발생하는데, 이 상태로 오일이 흐르면 기포가 파괴되면서 국부적인 고압이나 소음을 발생하는 것이다.
>
> ※ 방지법은 다음과 같다.
> ① 한냉시에는 작동유의 온도를 최소한 20℃ 이상이 되도록 난기 운전을 한다.
> ② 적당한 점도의 작동유를 선택한다.
> ③ 작동유에 수분 등의 이물질이 혼입되는 것을 방지한다.
>
> ※ 캐비테이션 현상이 발생되었을 때의 영향
> ① 체적 효율이 저하된다.
> ② 소음과 진동이 발생된다.
> ③ 저압부의 기포가 과포화 상태가 된다.
> ④ 내부에서 부분적으로 매우 높은 압력이 발생된다.
> ⑤ 급격한 압력파가 형성된다.
> ⑥ 액추에이터의 효율이 저하된다.

(10) 작동유 취급
① 지정된 품질의 오일을 선택하여 사용한다.
② 작동유의 누출을 방지한다.
③ 수분, 먼지 등의 불순물이 유입되지 않도록 한다.
④ 오일이 열화 되었으면 교환하여 사용한다.

> **TIP**
> 수분이 혼입되었을 때의 영향
> ① 공동 현상이 발생된다.
> ② 작동유의 열화가 촉진된다.
> ③ 유압 기기의 마모를 촉진시킨다.

(11) 작동유 탱크
작동유 탱크는 적정 유량을 확보하고 작동유의 기포 발생 방지 및 기포 소멸작용과 적정 유온을 유지한다.

1) 구비조건
① 배유구와 유면 계를 두어야 한다.
② 흡입관과 복귀관 사이에 격판(배플)을 두어야 한다.
③ 흡입 작동유의 여과를 위한 스트레이너를 두어야 한다.
④ 이물질이 들어가지 못하도록 밀폐시켜야 한다.
⑤ 장치 내의 모든 유압을 받아들일 수 있는 크기로 하여야 한다.

2) 형식
① **밀폐식**: 탱크를 완전히 밀폐시키고 작동유의 온도 상승에 의한 공기의 팽창으로 가압시켜 흡입력을 높여주는 방식
② **가압식**: 공기압축기를 설치하고 압축공기를 이용하여 작동유 탱크 내를 가압하여 흡입력을 높여주는 방식으로 흡입력이 약한 펌프에 주로 사용한다.

06 출제예상문제
장비구조

01 건설기계의 유압장치를 가장 적절히 표현한 것은?
① 오일을 이용하여 전기를 생산하는 것
② 기체를 액체로 전환시키기 위해 압축하는 것
③ 오일의 연소에너지를 통해 동력을 생산하는 것
④ 오일의 유체에너지를 이용하여 기계적인 일을 하는 것

> 유압장치는 오일의 유체에너지를 이용하여 기계적인 일로 전환하여 일을 하는 장치를 말한다.

02 제동 유압장치의 작동 원리는 어느 이론에 바탕을 둔 것인가?
① 열역학 제1법칙 ② 보일의 법칙
③ 파스칼의 원리 ④ 가속도 법칙

> 유압의 원리는 영국의 물리학자인 파스칼의 원리를 적용한다.

03 유압계통에 사용되는 오일의 점도가 너무 낮을 경우 나타날 수 있는 현상이 아닌 것은?
① 시동 저항 증가
② 펌프 효율 저하
③ 오일 누설 증가
④ 유압 회로 내 유압 저하

> 시동 저항의 증가는 오일의 점도가 높을 때 나타나는 현상이다.

04 유압유에 요구되는 성질이 아닌 것은?
① 산화 안정성이 있을 것
② 윤활성과 방청성이 있을 것
③ 보관 중에 성분의 분리가 있을 것
④ 넓은 온도 범위에서 점도 변화가 적을 것

> 보관 중에 오일의 성분이 분리 되거나 변하여서는 안 된다.

05 유압유의 점검사항과 관계없는 것은?
① 점도 ② 마멸성
③ 소포성 ④ 윤활성

> 유압유 점검사항으로는 점도, 윤활유의 색, 악취 여부(냄새), 기포(소포)성, 윤활성 등을 점검하여야 한다.

06 유압장치의 단점에 대한 설명 중 틀린 것은?
① 관로를 연결하는 곳에서 작동유가 누출될 수 있다.
② 고압 사용으로 인한 위험성이 존재한다.
③ 작동유 누유로 인해 환경오염을 유발할 수 있다.
④ 전기, 전자의 조합으로 자동제어가 곤란하다.

> 전기, 전자의 조합으로 원격제어 및 자동제어가 가능한 것은 장점에 속한다.

07 유압장치의 구성 요소가 아닌 것은?
① 제어 밸브 ② 오일 탱크
③ 유압 펌프 ④ 차동장치

> 차동장치는 타이어식 장비의 동력전달장치 부품으로 선회 시 좌우 바퀴에 회전 차를 두어 무리없는 선회가 이루어지게 하는 장치이다.

08 유압유의 점도에 대한 설명으로 틀린 것은?
① 온도가 상승하면 점도는 낮아진다.
② 점성의 점도를 표시하는 값이다.
③ 점도가 낮아지면 유압이 떨어진다.
④ 점성계수를 밀도로 나눈 값이다.

> 점성계수를 밀도로 나눈 값을 동점성계수라 한다.

정 답				
01.④	02.③	03.①	04.③	05.②
06.④	07.④	08.④		

09 유체 압력에 영향을 주는 요소로 가장 관계가 적은 것은?

① 유체의 점도 ② 관로의 직경
③ 유체의 흐름양 ④ 작동유 탱크의 용량

> 작동유 탱크는 장비에 필요한 유량을 저장하고 냉각하는 통으로 유체의 압력에는 영향을 미치지 않는다.

10 작동유에 수분이 혼입되었을 때 나타나는 현상 아닌 것은?

① 윤활 능력 저하
② 작동유의 열화 촉진
③ 유압기기의 마모 촉진
④ 오일 탱크의 오버 플로우

> 작동유에 수분이 혼입되면 오일의 변질로 인한 각 부품의 마모를 촉진하고 유막의 파괴로 윤활작용의 불량과 능력저하, 작동유의 열화를 촉진하게 된다.

11 유압유의 성질로 틀린 것은?

① 강인한 유막을 형성할 것
② 비중이 적당할 것
③ 인화점과 발화점이 낮을 것
④ 점성과 온도와의 관계가 양호할 것

> **유압유의 구비조건**
> ① 비압축성이 있을 것
> ② 적당한 유동성과 점성이 있을 것
> ③ 물리적으로나 화학적으로 안정되고 장기간 사용에 견딜 것
> ④ 적절한 윤활성을 가지고 실린더 부분에서의 밀봉 작용이 좋을 것
> ⑤ 유압장치에 사용되는 재료에 대하여 불활성일 것
> ⑥ 인화점과 착화점이 높을 것
> ⑦ 강에 대한 방청성이 좋고 철, 비철금속에 대한 부식성이 없을 것
> ⑧ 물, 먼지, 공기 등을 신속히 분리할 수 있을 것

12 작동유의 주요기능이 아닌 것은?

① 동력을 전달한다.
② 움직이는 기계요소를 마모시킨다.
③ 열을 흡수한다.
④ 필요한 요소 사이를 밀봉한다.

> 작동유의 기능에는 동력을 전달하는 운동 매체이며 기계요소 사이에 유막을 형성하여 마찰 마모를 방지하고 마찰열을 흡수하여 냉각하며 필요한 요소 사이를 밀봉하고 방청작용과 세척작용 및 응력 분신과 충격 진동 등을 흡수 완화한다.

13 다음 중 작동유가 과열하는 원인이 아닌 것은?

① 탱크 유량 부족
② 작동유의 노화 또는 작동유 점도 부적당
③ 팬벨트 장력 부적당
④ 주 안전밸브의 작동 압력이 너무 낮다.

> **유압장치의 작동유가 과열 원인**
> ① 작동유 부족 ② 작동유 냉각기 불량 또는 오손
> ③ 작동유 노화 ④ 과부하 연속 작업시
> ⑤ 주 안전 밸브의 작동 압력이 너무 낮을 때
> ⑥ 펌프 효율이 불량할 때

14 유압유에 포함된 불순물을 제거하기 위해 유압펌프 흡입관에 설치하는 것은?

① 부스터 ② 스트레이너
③ 공기청정기 ④ 어큐뮬레이터

15 유압유의 점도에 대한 설명으로 틀린 것은?

① 온도가 상승하면 점도는 낮아진다.
② 점성의 점도를 표시하는 값이다.
③ 점도가 낮아지면 유압이 떨어진다.
④ 점성계수를 밀도로 나눈 값이다.

> 점성계수를 밀도로 나눈 값을 동점성계수라 한다.

16 건설기계의 작동유 탱크 역할로 틀린 것은?

① 유온을 적정하게 유지하는 역할을 한다.
② 작동유를 저장한다.
③ 오일 내 이물질의 침전작용을 한다.
④ 유압을 적정하게 유지하는 역할을 한다.

> 유압을 적정하게 유지하는 것은 유압 조절 밸브가 하는 일이다.

정답

09.④ 10.④ 11.③ 12.② 13.③
14.② 15.④ 16.④

17 유압장치의 오일 탱크에서 펌프 흡입구의 설치에 대한 설명으로 틀린 것은?

① 펌프 흡입구는 반드시 탱크 가장 밑면에 설치한다.
② 펌프 흡입구에는 스트레이너(오일 여과기)를 설치한다.
③ 펌프 흡입구와 귀환구(복귀구) 사이에는 격리판(baffle plate)을 설치한다.
④ 펌프 흡입구는 탱크로의 귀환구(복귀구)로부터 될 수 있는 한 멀리 떨어진 위치에 설치한다.

> 펌프의 흡입구는 탱크의 밑면에 설치하면 이물질 등의 유입으로 회로의 막힘이 발생된다. 따라서 탱크 밑면에서 약간 올려 설치하는 것이 좋으며 흡입구와 복귀구 사이에는 격리판을 설치하여 복귀시 발생되는 기포로부터 보호를 해 주어야 한다.

18 건설기계의 유압장치의 작동유 탱크의 구비조건 중 거리가 가장 먼 것은?

① 배유구(드레인 플러그)와 유면계를 두어야 한다.
② 흡입관과 복귀관 사이에 격판(차폐장치, 격리판)을 두어야 한다.
③ 유면을 흡입라인 아래까지 항상 유지할 수 있어야 한다.
④ 흡입 작동유 여과를 위한 스트레이너를 두어야 한다.

> **탱크의 구비조건**
> ① 유면을 항상 흡입 라인 위까지 유지하여야 한다.
> ② 정상적인 작동에서 발생한 열을 발산할 수 있어야 한다.
> ③ 공기 및 이물질을 오일로부터 분리할 수 있는 구조이어야 한다.
> ④ 배유구와 유면계가 설치되어 있어야 한다.
> ⑤ 흡입관과 복귀관(리턴 파이프) 사이에 격판이 설치되어 있어야 한다.
> ⑥ 흡입 오일을 여과시키기 위한 스트레이너가 설치되어야 한다.

19 다음 보기 중 유압 오일 탱크의 기능으로 모두 맞는 것은?

> **보기**
> ㄱ. 유압 회로에 필요한 유량 확보
> ㄴ. 격판에 의한 기포 분리 및 제거
> ㄷ. 유압 회로에 필요한 압력 설정
> ㄹ. 스트레이너 설치로 회로 내 불순물 혼입 방지

① ㄱ, ㄴ, ㄷ   ② ㄱ, ㄴ, ㄹ
③ ㄴ, ㄷ, ㄹ   ④ ㄱ, ㄷ, ㄹ

> 유압 회로에 필요한 압력 설정은 유압 조절밸브의 기능이다.

20 파스칼의 원리와 관련된 설명이 아닌 것은?

① 정지 액체에 접하고 있는 면에 가해진 압력은 그 면에 수직으로 작용한다.
② 정지 액체의 한 점에 있어서의 압력의 크기는 전 방향에 대하여 동일하다.
③ 점성이 없는 비압축성 유체에서 압력에너지, 위치에너지, 운동에너지의 합은 같다.
④ 밀폐용기 내의 한 부분에 가해진 압력은 액체 내의 전부분에 같은 압력으로 전달된다.

> **파스칼 원리**
> (1) 정의 : 밀폐된 용기에 내에 있는 정지 유체 일부에 가한 압력은 유체의 모든 부분과 유체를 담은 용기의 벽까지 그 압력의 세기가 그대로 전달된다는 원리
> (2) 특징
> ① 여러 방향에서 한 점으로 작용하는 압력의 세기는 일정하다.
> ② 액체는 작용력을 감소시킬 수 있다.
> ③ 단면적을 변화시키면 힘을 증대시킬 수 있다.
> ④ 액체는 운동을 전달할 수 있다.
> ⑤ 공기는 압축되나 오일은 압축되지 않는다.
> ⑥ 유체의 압력은 면에 대해서 직각으로 작용한다.

정 답
17.① 18.③ 19.② 20.③

3-2 유압기기

01 유압 펌프(하이드로릭 펌프)

굴착기의 유압 펌프는 기관 플라이휠에 직접 설치되어 기관이 회전을 시작하면 작동유 탱크의 작동유를 흡입 가압하여 오일을 제어밸브로 송출한다. 유압 펌프에는 기어 펌프, 베인 펌프, 플런저 펌프, 로터리 펌프, 스크류 펌프 등이 사용된다.

(1) 종 류

1) 기어식 : 기어의 회전에 의해서 펌프 작용을 한다.
① 구조가 간단하여 고장이 적고 소형이며, 가볍다.
② 흡입력이 크기 때문에 가압식 유압 탱크를 사용하지 않아도 된다.
③ 고속 회전이 가능하고 가격이 싸다.
④ 부하 변동 및 회전의 변동이 큰 가혹한 조건에도 사용이 가능하다.
⑤ 최고 압력이 170~210kg/cm² 정도이고 최고 회전수는 2,000~3,000rpm 정도이다.
⑥ 펌프의 효율은 80~85% 정도이다.

TIP
- 유압 회로에 공기가 유입되는 원인
① 오일의 점도가 부적당할 때
② 유압 탱크의 작동유가 부족할 때
③ 스트레이너가 막혔을 때
④ 유압 펌프의 마멸이 클 때
⑤ 유압 펌프의 흡입측 연결부가 이완되었을 때
- 폐입 현상 : 외접 기어펌프에서 토출된 유량의 일부가 입구쪽으로 되돌아오는 현상이며 발생시의 영향은 토출량 감소, 베어링 하중 및 폭 동력의 증가, 케이싱의 마모 등이 발생된다. 내접기어식을 트로코이드 펌프라고도 한다.

2) 베인식 : 날개에 의해서 펌프 작용을 한다.
① 맥동과 소음 및 진동이 적다.
② 가압식 유압 탱크를 사용하지 않아도 된다.
③ 고속 회전이 가능하다.
④ 구조가 간단하고 값이 싸다.
⑤ 수리와 관리가 용이하다.
⑥ 최고 압력이 140~170kg/cm² 정도이고 최고 회전수는 2,000~3,000rpm 정도이다.
⑦ 펌프의 효율은 80~85% 정도이다.

3) 플런저식(피스톤식) : 플런저에 의해 펌프가 작용하며, 가변 용량형을 사용한다.
① 가변 용량형 : 펌프의 용량을 0에서 최대까지 변화시킬 수 있는 펌프
② 정용량형 : 펌프의 용량이 항상 일정한 펌프
③ 최고 압력이 250~350kg/cm² 정도이고 최고 회전수는 2,000~2,500rpm 정도이다.
④ 펌프의 효율은 85~95% 정도이다.
⑤ 레이디얼 펌프 : 플런저가 회전축에 대하여 직각 방사형으로 배열되어 있는 펌프
⑥ 액시얼 펌프 : 플런저가 회전축 방향으로 배열되어 있는 펌프
⑦ 펌프의 효율이 양호하고 높은 압력에 잘 견딘다.
⑧ 토출량의 변화 범위가 크고 다른 펌프에 비해 최고 압력이 높다.
⑨ 수명이 길고 가변 용량이 가능하다.

(2) 유압 펌프의 비교

종 목	기어 펌프	베인 펌프	플런저 펌프
구 조	간단하다	간단하다	가변용량이 가능
최고압력 (kg/cm²)	170~210	140~170	250~350
최고 회전수 (rpm)	2,000~3,000	2,000~3,000	2,000~2,500
펌프의 효율 (%)	80~85	80~85	85~95
소 음	중간 정도	적다.	크다.
자체 흡입 성능	우수	보통	약간 나쁘다.
수 명	중간 정도	중간 정도	길다.

02 유압 실린더 및 모터 구조와 기능

유압 실린더 및 모터(액추에이터)는 유압 에너지를 기계적 에너지로 변화시키는 장치로 유압의 에너지에 의해 직선 왕복운동을 하는 유압실린더와 유압의 에너지에 의해서 회전 운동을 하는 유압모터가 있다.

(1) 유압 실린더
유압 펌프에서 공급되는 유압에 의해서 직선 왕복 운동으로 변환시키는 역할을 한다.
  ① **단동 실린더**: 유압 펌프에서 피스톤의 한쪽에만 유압이 공급되어 작동하고 리턴은 자중 또는 외력에 의해서 이루어진다.
  ② **복동 실린더**: 유압 펌프에서 피스톤 양쪽에 유압이 공급되어 작동되는 실린더로 건설기계에서 가장 많이 사용되며, 피스톤의 양쪽에 유압이 동시에 공급되면 작동되지 않는다.
  ③ **유압 실린더의 지지 방식**: 클레비스형(가장 많이 사용), 트러니언형, 플랜지형, 푸트형
  ④ **쿠션기구**: 쿠션기구는 피스톤이 왕복운동할 때 행정의 끝단에서 피스톤이 커버와 충돌하여 발생되는 충격을 흡수하고 실린더의 수명연장과 유압장치의 악영향이나 손상을 방지

(2) 유압 모터
유압 펌프에서 공급되는 유압에 의해서 회전 운동으로 변환시키는 역할을 한다.

1) 유압 모터의 특징
  ① 무단 변속기 용이하다.
  ② 신호시에 응답성이 빠르다.
  ③ 관성력이 작으며, 소음이 적다.
  ④ 출력당 소형이고 가볍다.
  ⑤ 작동이 신속하고 정확하다.

2) 유압 모터의 종류
  ① **기어형 모터**: 구조가 간단하고 값이 싸며, 작동유의 공급 위치를 변화시키면 정방향의 회전이나 역방향의 회전이 자유롭다. 모터의 효율은 70~90% 정도이다.
  ② **베인형 모터**: 정용량형 모터로 캠링에 날개가 밀착되도록 하여 작동되며, 무단 변속기로 내구력이 크다. 모터의 효율은 95% 정도이다.
  ③ **레이디얼 플런저 모터**: 플런저가 회전축에 대하여 직각 방사형으로 배열되어 있는 모터로 굴착기의 스윙 모터로 사용된다. 모터의 효율은 95~98% 정도이다.
  ④ **액시얼 플런저 모터**: 플런저가 회전축 방향으로 배열되어 있는 모터로 효율은 95~98% 정도이다.

유압모터의 비교

항목	기어형	액시얼 플런저형	레디얼플런저형 (저속대토크모터)	멀티스트로크형
정격압력 (kgf/㎠)	70~175	140~250	140~210	140~300
최고압력 (kgf/㎠)	210	350	250	450
최고회전속도 (rpm)	800~3000	1800~3600	80~750	16~100
용량 (cc/rev)	220	500	7000	1200~3800
전효율 (%)	70~90	90~98	90~95	80~85
토크 효율 (%)	85~95	92~99	90~98	95~98

출제예상문제

01 기어 펌프의 장·단점이 아닌 것은?
① 소형이며 구조가 간단하다.
② 피스톤 펌프에 비해 흡입력이 나쁘다.
③ 피스톤 펌프에 비해 수명이 짧고 진동 소음이 크다.
④ 초고압에는 사용이 곤란하다.

기어펌프의 특징
① 구조가 간단하여 고장이 적고 소형이며, 가볍다.
② 흡입력이 크기 때문에 가압식 유압 탱크를 사용하지 않아도 된다.
③ 고속 회전이 가능하고 가격이 싸다.
④ 부하 변동 및 회전의 변동이 큰 가혹한 조건에도 사용이 가능하다.
⑤ 최고 압력이 170~210kg/㎠정도이고 최고 회전수는 2,000~3,000rpm 정도이다.
⑥ 펌프의 효율은 80~85% 정도이다.

02 플런저가 구동축의 직각 방향으로 설치되어 있는 유압 모터는?
① 캠형 플런저 모터
② 액시얼형 플런저 모터
③ 블래더형 플런저 모터
④ 레이디얼형 플런저 모터

플런저 모터에는 플런저가 축의 직각방향으로 설치된 레이디얼 플런저 모터와 축방향으로 설치된 액시얼형의 모터가 있으며 레이디얼형은 정용량형, 액시얼형은 사판을 변화시켜 용량을 변화시키는 가변용량형이 있다.

03 펌프의 최고 토출압력, 평균효율이 가장 높아 고압 대출력에 사용하는 유압펌프로 가장 적합한 것은?
① 기어 펌프   ② 베인 펌프
③ 트로코이드 펌프 ④ 피스톤 펌프

각 유압 펌프의 비교
피스톤 펌프는 플런저 펌프를 말하는 것으로 고압 대출력용 펌프이다.

04 다음 유압 펌프 중 가장 높은 압력 조건에 사용할 수 있는 펌프는?
① 기어 펌프   ② 로터리 펌프
③ 플런저 펌프   ④ 베인 펌프

유압 펌프의 비교

종 목	기어 펌프	베인 펌프	플런저 펌프
구 조	간단하다	간단하다	가변용량이 가능
최고압력 (kg/㎠)	170~210	140~170	250~350
최고 회전수 (rpm)	2,000~3,000	2,000~3,000	2,000~2,500
펌프의 효율 (%)	80~85	80~85	85~95
소 음	중간 정도	적 다.	크 다.
자체 흡입 성능	우 수	보 통	약간 나쁘다.
수 명	중간 정도	중간정도	길 다.

05 외접형 기어펌프의 폐입현상에 대한 설명으로 틀린 것은?
① 폐입현상은 소음과 진동의 원인이 된다.
② 폐입된 부분의 기름은 압축이나 팽창을 받는다.
③ 보통기어 측면에 접하는 펌프 측판(side plate)에 릴리프 홈을 만들어 방지한다.
④ 펌프의 압력, 유량, 회전수 등이 주기적으로 변동해서 발생하는 진동현상이다.

폐입 현상: 토출된 유량의 일부가 입구쪽으로 되돌아오는 현상으로 소음과 진동의 원인이 되며 펌프 측면에 릴리프 홈을 두어 방지한다.

정 답
01.② 02.④ 03.③ 04.③ 05.④

06 베인 펌프의 펌핑 작용과 관련되는 주요 구성 요소만 나열한 것은?

① 배플, 베인, 캠링
② 베인, 캠링, 로터
③ 캠링, 로터, 스풀
④ 로터, 스풀, 배플

> 베인 펌프의 주요 구성은 로터, 로터에 삽입된 베인, 베인의 작용을 강화시키는 스프링, 베인과 접촉하는 캠링과 오일이 외부로 누출되는 것을 방지하기 위한 O링 등으로 구성되어 있다.

07 유압펌프가 작동 중 소음이 발생할 때의 원인으로 틀린 것은?

① 펌프 축의 편심 오차가 크다.
② 펌프 흡입관 접합부로부터 공기가 유입된다.
③ 릴리프 밸브 출구에서 오일이 배출되고 있다.
④ 스트레이너가 막혀 흡입 용량이 너무 작아졌다.

> 유압회로에서 릴리프 밸브 출구로 오일이 배출되고 있으면 필요 이상의 오일이 리턴되고 있는 것이므로 소음이 발생되지 않는다.

08 유압 펌프에서 토출압력이 가장 높은 것은?

① 베인 펌프
② 기어 펌프
③ 액시얼 플런저 펌프
④ 레이디얼 플런저 펌프

> 토출 압력이 가장 높은 펌프는 가변 용량형인 액시얼 플런저 펌프이며 레이디얼은 용량의 변화가 없는 정용량형이다.

09 유압 펌프에서 경사판의 각을 조정하여 토출 유량을 변화시키는 펌프는?

① 기어 펌프   ② 로터리 펌프
③ 베인 펌프   ④ 플런저 펌프

> 경사판의 각을 조정하여 토출 유량을 변화 시키는 펌프는 플런저 펌프로 액시얼 펌프가 이에 해당된다.

10 피스톤식 유압펌프에서 회전 경사판의 기능으로 가장 적합한 것은?

① 펌프 압력의 조정
② 펌프 출구의 개·폐
③ 펌프 용량을 조정
④ 펌프 회전속도를 조정

> 플런저 펌프의 액시얼형식의 펌프는 회전 경사판(사판)을 조정하여 펌프의 토출 유량(용량)을 변화시키는 가변 용량형이다.

11 유압펌프의 용량을 나타내는 방법은?

① 주어진 압력과 그 때의 오일 무게로 표시
② 주어진 속도와 그 때의 토출 압력으로 표시
③ 주어진 압력과 그 때의 토출 량으로 표시
④ 주어진 속도와 그 때의 점도로 표시

> 유압펌프의 용량 표시는 주어진 속도와 그 때의 토출 량으로 표시한다.

12 유압 펌프의 작동유 유출여부 점검방법에 해당하지 않는 것은?

① 정상 작동온도로 난기운전을 실시하여 점검하는 것이 좋다.
② 고정 볼트가 풀린 경우에는 추가 조임을 한다.
③ 작동유 유출 점검은 운전자가 관심을 가지고 점검하여야 한다.
④ 하우징에 균열이 발생되면 패킹을 교환한다.

> 하우징은 케이스로 균열이 있을 경우에는 하우징을 교환을 하여야 한다.

정 답				
06.②	07.③	08.③	09.④	10.③
11.②	12.④			

13 유압펌프에서 토출량에 대한 설명으로 맞는 것은?

① 펌프가 단위시간당 토출하는 액체의 체적
② 펌프가 임의의 체적당 토출하는 액체의 체적
③ 펌프가 임의의 체적당 용기에 가하는 체적
④ 펌프 사용 최대시간 내에 토출하는 액체의 최대 체적

> 토출 량이라 함은 펌프가 단위시간 동안 토출하는 액체의 체적 또는 액체의 양을 말한다.

14 유압펌프의 토출 량을 표시하는 단위로 옳은 것은?

① L/min
② kgf·m
③ kgf/㎠
④ Kw 또는 ps

> 토출량의 단위에는 GPM과 LPM 이 있으며 이는 G/min, L(ℓ)/mln을 말한다.

15 그림의 유압기호는 무엇을 표시하는가?

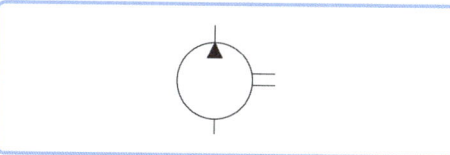

① 오일 쿨러
② 유압 탱크
③ 유압 펌프
④ 유압 밸브

> 그림의 기호는 유압 펌프이다.

16 유압펌프에서 소음이 발생할 수 있는 원인으로 거리가 가장 먼 것은?

① 오일의 양이 적을 때
② 유압펌프의 회전속도가 느릴 때
③ 오일 속에 공기가 들어 있을 때
④ 오일의 점도가 너무 높을 때

> 오일펌프의 회전속도가 느릴 때에는 소음이 발생되지 않는다.

17 일반적으로 건설기계의 유압 펌프는 무엇에 의해 구동되는가?

① 엔진의 플라이휠에 의해 구동된다.
② 엔진 캠축에 의해 구동된다.
③ 전동기에 의해 구동된다.
④ 에어 컴프레서에 의해 구동된다.

> 일반적으로 건설기계의 유압 펌프는 엔진의 플라이휠에 직접 설치되어 구동된다.

18 유압장치에 사용되는 펌프가 아닌 것은?

① 기어 펌프
② 원심 펌프
③ 베인 펌프
④ 플런저 펌프

> 유압 펌프의 종류에는 기어, 베인, 로터리, 플런저 펌프가 있다.

19 유압펌프 내의 내부 누설은 무엇에 반비례하여 증가하는가?

① 작동유의 오염
② 작동유의 점도
③ 작동유의 압력
④ 작동유의 온도

> 유압펌프에서 내부 누설은 작동유의 점도에 반비례한다.

20 베인 펌프에 대한 설명으로 틀린 것은?

① 날개로 펌핑 동작을 한다.
② 토크(torque)가 안정되어 소음이 작다.
③ 싱글형과 더블형이 있다.
④ 베인 펌프는 1단 고정으로 설계된다.

> 베인 펌프는 날개로 펌핑 작용을 하며 토크가 안정되고 소음이 적으며 싱글형과 더블형이 있다.

정 답
13.① 14.① 15.③ 16.② 17.①
18.② 19.② 20.④

21. 펌프에서 진동과 소음이 발생하고 양정과 효율이 급격히 저하되며, 날개차 등에 부식을 일으키는 등 펌프의 수명을 단축시키는 것은?

① 펌프의 비속도
② 펌프의 공동현상
③ 펌프의 채터링현상
④ 펌프의 서징현상

> **캐비테이션 현상(공동 현상)**: 유압장치에서 오일 속의 용해 공기가 기포로 되어 있는 현상을 말한다. 오일의 압력이 국부적으로 저하되어 포화 증기압에 이르면 증기를 발생하거나 용해 공기 등이 분리되어 기포가 발생하는데, 이 상태로 오일이 흐르면 기포가 파괴되면서 국부적인 고압이나 소음을 발생하는 것이다.

22. 플런저식 유압펌프의 특징이 아닌 것은?

① 구동축이 회전운동을 한다.
② 플런저가 회전운동을 한다.
③ 가변용량 형과 정용량 형이 있다.
④ 기어펌프에 비해 최고압력이 높다.

> 플런저 펌프는 고압 대 출력용으로 구동축은 회전운동을 하고 플런저는 직선 왕복운동을 하며 가변용량 형과 정용량 형이 있으며 피스톤 펌프라고도 부른다.

23. 가변용량형 유압펌프의 기호 표시는?

① 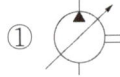　②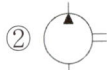

③ 　④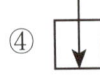

> 보기①은 가변용량형 유압펌프, ②는 정용량형 유압펌프, ③제어방식의 스프링식, ④제어밸브로 항상 개방되어 있음을 나타낸다.

24. 기어식 유압펌프에 폐쇄작용이 생기면 어떤 현상이 생길 수 있는가?

① 기름의 토출
② 기포의 발생
③ 기어 진동의 소멸
④ 출력의 증가

> 폐쇄작용이란 펌프에서 토출된 오일이 입구로 되돌아오는 현상으로 토출 량이 감소되고 축 동력의 증가와 케이싱 마모 등의 원인이 되며 기포가 발생된다.

25. 그림과 같은 2개의 기어와 케이싱으로 구성되어 오일을 토출하는 펌프는?

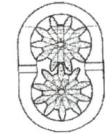

① 내접기어 펌프
② 외접기어 펌프
③ 스크루 기어 펌프
④ 트로코이드 기어 펌프

> 그림의 기어펌프는 외접기어 펌프를 나타낸 것이다.

26. 유체의 에너지를 이용하여 기계적인 일로 변환하는 기기는?

① 유압모터　② 근접 스위치
③ 오일 탱크　④ 밸브

> 유체에너지를 기계적 에너지로 바꾸는 기계는 회전운동하는 유압 모터와 직선 운동을 하는 유압 실린더가 있다.

27. 유압장치에서 작동 유압에너지에 의해 연속적으로 회전운동을 함으로써 기계적인 일을 하는 것은?

① 유압 모터　② 유압 실린더
③ 유압 제어밸브　④ 유압 탱크

> 유압 작동기에서 회전운동을 하는 것은 유압 모터이다.

정 답				
21.②	22.②	23.①	24.②	25.②
26.①	27.①			

28 액추에이터(actuator)의 작동 속도와 가장 관계가 깊은 것은?

① 압력　　② 온도
③ 유량　　④ 점도

> 액추에이터는 작동기로 작동기의 속도를 제어하는 것은 유량에 의해 이루어진다.

29 복동 실린더 양 로드형을 나타내는 유압 기호는?

① 　②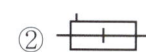
③ 　④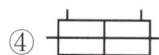

> 그림의 유압기호는 ①은 단동 편로드형, ③은 복동 편로드형, ④는 복동 양로드형이다.

30 내경이 10cm인 유압 실린더에 20kgf/㎠의 압력이 작용할 때 유압 실린더가 최대로 들어올릴 수 있는 무게는 얼마인가?(단 손실은 무시한다)

① 1000kgf　　② 1570kgf
③ 2000kgf　　④ 2570kgf

> 유압 = 실린더 단면적 × 가한힘 이므로 먼저 실린더의 단면적을 구한다.
> 실린더 단면적
> $= \frac{3.14}{4} \times D^2 \times L = 0.785 \times 10 \times 10 \times 10$
> = 785 여기에 가한 힘을 곱하여 주면 된다.
> 785×20 = 1570kgf

31 유압 모터의 장점이 아닌 것은?

① 작동이 신속 정확하다.
② 관성력이 크며 소음이 크다.
③ 진동 모터에 비하여 급속 정지가 쉽다.
④ 광범위한 무단 변속을 얻을 수 있다.

> **유압 모터의 특징**
> ① 무단 변속기 용이하다.
> ② 신호시에 응답성이 빠르다.
> ③ 관성력이 작으며, 소음이 적다.
> ④ 출력당 소형이고 가볍다.
> ⑤ 작동이 신속하고 정확하다.

32 유압장치에서 기어모터에 대한 설명 중 잘못된 것은?

① 내부 누설이 적어 효율이 높다.
② 구조가 간단하고 가격이 저렴하다.
③ 일반적으로 스퍼기어를 사용하나 헬리컬 기어도 사용한다.
④ 유압유에 이물질이 혼입되어도 고장 발생이 적다.

> 구조가 간단하고 값이 싸며, 작동유의 공급 위치를 변화시키면 정방향의 회전이나 역방향의 회전이 자유롭다. 모터의 효율은 70~90% 정도로 다른 펌프의 효율에 비해 낮다.

33 기어 모터의 장점에 해당하지 않는 것은?

① 구조가 간단하다.
② 토크 변동이 크다.
③ 가혹한 운전조건에서 비교적 잘 견딘다.
④ 먼지나 이물질에 의한 고장 발생률이 낮다.

> 기어 모터의 토크효율은 70~90으로 유압모터 중 가장 낮으며 토크 변동이 큰 결점을 가지고 있다.

34 유압모터와 유압 실린더의 설명으로 맞는 것은?

① 둘 다 회전운동을 한다.
② 둘 다 왕복운동을 한다.
③ 모터는 직선운동, 실린더는 회전운동을 한다.
④ 모터는 회전운동, 실린더는 직선운동을 한다.

> 액추에이터인 유압모터는 회전운동, 유압 실린더는 직선운동을 한다.

정 답				
28.③	29.④	30.②	31.②	32.①
33.②	34.④			

35 유압 모터에 대한 설명 중 맞는 것은?
① 유압 발생장치에 속한다.
② 압력, 유량, 방향을 제어 한다.
③ 직선 운동을 하는 작동기(Actuator)이다.
④ 유압 에너지를 기계적 에너지로 변환한다.

> 유압 모터는 회전운동을 하는 액추에이터(작동기)로 유압 에너지를 받아 회전하면서 기계적 에너지로 전환하여 주행 또는 선회 작용을 한다.

36 일반적인 유압 실린더의 종류에 해당하지 않는 것은?
① 단동 실린더   ② 다단 실린더
③ 레이디얼 실린더   ④ 복동 실린더

> 유압 실린더에는 레이디얼형은 없다.

37 실린더의 피스톤이 고속으로 왕복운동 할 때 행정의 끝에서 피스톤이 커버에 충돌하여 발생하는 충격을 흡수하고 그 충격력에 의해 발생하는 유압회로의 악영향이나 유압기기의 손상을 방지하기 위해서 설치하는 것은?
① 쿠션기구   ② 밸브기구
③ 유량제어기구   ④ 셔틀기구

> 유압실린더의 양 끝에는 쿠션기구를 설치하여 유압 실린더의 행정 끝에서 발생되는 충격력을 흡수하도록 되어 있다.

38 유압 모터의 일반적인 특징으로 가장 적합한 것은?
① 운동량을 직선으로 속도 조절이 용이하다.
② 운동량을 자동으로 직선조작 할 수 있다.
③ 넓은 범위의 무단 변속이 용이하다.
④ 각도에 제한 없이 왕복 각 운동을 한다.

> 유압 모터의 특징
> ① 단위 출력당 형체와 중량이 적다.
> ② 무단 변속이 가능하다.
> ③ 관성은 동일 출력의 전동기에 비해 적고, 급가속, 급감속, 정역(正逆)에 강하고 추종성, 응답성이 좋다.

39 유압 모터의 회전속도가 규정 속도보다 느릴 경우 그 원인이 아닌 것은?
① 유압펌프의 오일 토출 량 과다
② 유입유의 유입 량 부족
③ 각 작동부의 마모 또는 파손
④ 오일의 내부 누설

> 오일펌프의 토출 량이 과다하면 유압 모터에 보내지는 양이 많아 모터의 속도는 빨라지게 된다.

40 유압모터의 회전력이 변화하는 것에 영향을 미치는 것은?
① 유압유 압력   ② 유량
③ 유압유 점도   ④ 유압유 온도

> 유압에 의해 작동되는 기기의 힘(회전력 도는 힘)의 변화는 유압유의 압력에 의해 영향을 받는다.

41 유압 실린더의 작동속도가 정상보다 느릴 경우 예상되는 원인으로 가장 적합한 것은?
① 계통 내의 흐름 용량이 부족하다.
② 작동유의 점도가 약간 낮아짐을 알 수 있다.
③ 작동유의 점도지수가 높다.
④ 릴리프 밸브의 설정 압력이 너무 높다.

> 모든 유압기기의 작동 속도는 계통을 흐르는 유량(즉 용량)에 의해 결정된다.

42 유압장치의 구성 요소 중 유압 액추에이터에 속하는 것은?
① 유압 펌프   ② 엔진 또는 전기모터
③ 오일 탱크   ④ 유압 실린더

> 액추에이터에는 유체 에너지를 기계적 에너지로 바꾸어 주는 장치로 직선 운동을 하는 유압 실린더와 회전 운동을 하는 유압 모터가 있다.

정 답				
35.④	36.③	37.①	38.③	39.①
40.①	41.①	42.④		

43 다음 보기 중 유압 실린더에서 발생되는 피스톤 자연 하강 현상(cylinder drift)의 발생 원인으로 맞는 것은?

> **보기**
> ㄱ. 작동압력이 높을 때
> ㄴ. 실린더 내부 마모
> ㄷ. 컨트롤 밸브의 스풀 마모
> ㄹ. 릴리프 밸브 불량

① ㄱ, ㄴ, ㄷ ② ㄱ, ㄴ, ㄹ
③ ㄴ, ㄷ, ㄹ ④ ㄱ, ㄷ, ㄹ

> 실린더 내의 작동 압력이 높을 때에는 자연 낙하 현상은 발생되지 않는다.

44 유압모터의 장점이 아닌 것은?
① 효율이 기계식에 비해 높다.
② 무단계로 회전속도를 조절할 수 있다.
③ 회전체의 관성이 작아 응답성이 빠르다.
④ 동일 출력 전동기에 비해 소형이 가능하다.

> 모터의 효율은 기계식 모터이나 유압식 모터의 차이가 기계식에 비해 낮으며 그 차이는 그다지 크지 않고 비슷하다.

45 유압장치에서 액추에이터의 종류에 속하지 않는 것은?
① 감압 밸브   ② 유압실린더
③ 유압모터   ④ 플런저 모터

> 액추에이터는 유압에 의해 작동되는 작동기로 직선운동을 하는 유압 실린더와 회전운동을 하는 유압모터가 있다. 감압 밸브는 압력제어 밸브 중의 하나로 제어기구에 속한다.

46 유압모터의 가장 큰 장점은?
① 공기와 먼지 등이 침투하면 성능에 영향을 준다.
② 오일의 누출을 방지한다.
③ 압력조정이 용이하다.
④ 무단 변속이 용이하다.

> 유압모터의 가장 큰 장점은 무단 변속이 가능한 것이다.

47 유압 실린더를 교환 하였을 경우 조치해야 할 작업으로 가장 거리가 먼 것은?
① 오일 필터 교환
② 공기빼기 작업
③ 누유 점검
④ 시운전하여 작동상태 점검

> 유압 실린더를 교환 하였을 경우에는 먼저 회로를 설치한 다음 시동을 걸어 누유부를 점검하고 에어빼기 작업을 한 다음 시운전하여 작동상태를 점검하여야 한다.

48 유압 모터의 용량을 나타내는 것은?
① 입구 압력(kgf/㎠)당의 토크
② 유압 작동부 압력(kgf/㎠)당의 토크
③ 주입된 동력(HP)
④ 체적(㎤)

> 유압 모터의 용량 표시는 모터로 들어오는 오일의 압력으로 표시한다. 즉 모터 입구 압력(kgf/㎠)당의 토크로 표시한다.

49 유압 기호 표시 중 단동 실린더는?

① 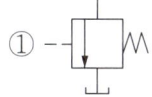 ②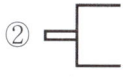

③  ④

> 보기 1은 언로더 밸브, 보기2는 제어방식 중 기계방식을 나타낸 것이고 보기 3은 첵 또는 콕을 나타낸 것이다. 단동실린더는 보기 4이다.

정답
43.③ 44.① 45.① 46.④ 47.①
48.① 49.④

3-3 제어밸브

제어밸브는 유압 펌프와 액추에이터 사이에 설치되며 작동유의 압력, 흐름의 방향, 유량을 제어하는 기능을 가지며 압력제어 밸브, 방향제어 밸브, 유량제어 밸브로 부른다.

01 압력 제어 밸브(일의 크기 제어)

유압 회로 내의 유압을 일정하게 유지시켜주는 압력제어 밸브는 압력이 규정의 압력이상으로 되지 않도록 제한하여 회로 내에 유압으로 인한 유압 액추에이터의 작동 순서를 제한하며 일정한 배압을 액추에이터에 부여하는 등 유압에 관한 제어를 한다.

> **TIP**
> 채터링 : 릴리프 밸브 등에서 스프링의 장력이 약해 밸브 시트를 때려 비교적 높은 소음을 내는 진동을 채터링이라 한다.

(1) 릴리프 밸브

릴리프 밸브는 유압 펌프와 제어 밸브 사이에 설치되어 회로 내의 압력이 규정 압력 이상으로 되면 작동유를 유압 탱크로 리턴 시켜 회로 내의 압력을 규정값으로 유지시키는 역할을 한다. 즉, 유압장치 내의 압력을 일정하게 유지하고 최고 압력을 제어하여 회로를 보호한다.

(2) 리듀싱 밸브(감압 밸브)

유압 회로에서 분기 회로의 압력을 주 회로의 압력보다 감압시켜 저압으로 유지시키는 역할을 한다. 즉, 유압 실린더 내의 압력은 동일하여도 각각 다른 압력으로 나눌 수 있으며, 유압 액추에이터의 작동 순서를 제어한다.

(3) 시퀀스 밸브

2개 이상의 분기 회로에서 유압 회로의 압력에 의하여 작동 순서를 제어하는 역할을 한다.

(4) 언로더 밸브

유압 회로 내의 압력이 규정 압력에 도달하면 펌프에서 송출되는 모든 유량을 탱크로 리턴 시켜 유압 펌프를 무부하운전이 되도록 하는 역할을 한다.

(5) 카운터 밸런스 밸브

유압 실린더 등이 자유 낙하되는 것을 방지하기 위하여 배압을 유지시키는 역할을 한다.

02 유량 제어 밸브(일의 속도 제어)

유량 제어 밸브는 회로에 공급되는 유량을 조절하여 액추에이터의 작동 속도를 제어하는 역할을 한다.

(1) 스로틀 밸브(교축 밸브)

밸브 내 오일 통로의 단면적을 외부로부터 변환시켜 오일 통로에 저항을 증감시킴으로 유량을 조절하는 역할을 한다.

(2) 압력 보상 유량 제어 밸브

가장 많이 사용되는 밸브로 밸브의 입구와 출구의 압력차가 변하여도 조정 유량은 변하지 않도록 하는 역할을 하며, 유량 조절 밸브라고도 한다. 보상 피스톤이 출입구의 압력 변화를 민감하게 감지하여 미세한 운동으로 유량을 조절한다.

(3) 디바이더 밸브(분류 밸브)

디바이더 밸브는 2개의 액추에이터에 동등한 유량을 분배하여 그 속도를 동기 시키는 경우에 사용한다.

(4) 슬로 리턴 밸브

붐 또는 암이 자중에 영향을 받지 않도록 하강 속도를 제어하는 역할을 한다.

03 특수 밸브

(1) 압력 온도 보상 유량 제어 밸브
압력 보상 유량 조절 밸브와 방향 밸브를 조합한 것으로 변환 레버의 경사각에 따라 유량이 조정되며, 중립에서는 전량이 유출된다.

(2) 브레이크 밸브
브레이크 밸브는 부하의 관성이 큰 곳에 사용하며, 관성체가 가지고 있는 관성 에너지를 오일의 열 에너지로 변화시켜 관성체에 제동 작용의 역할을 한다. 제동력의 조정은 릴리프 밸브의 설정 압력을 변화시켜 조정하며, 첵밸브는 유압 모터의 캐비테이션 현상을 방지하는 역할을 한다.

(3) 리모트 컨트롤 밸브(원격 조작 밸브)
대형 건설기계에서 간편하게 조작하도록 설계된 밸브로 2차 압력을 제어하는 여러 개의 감압 밸브를 1개의 케이스에 내장된 것으로 360°의 범위에서 임의의 방향으로 경사시켜 동시에 2개의 2차 압력을 별도로 제어할 수가 있다. 따라서 이 2차 압력은 스풀 밸브에 스프링을 설치하여 컨트롤 밸브를 작동시키면 동시에 2개의 밸브를 조작할 수 있다.

(4) 클러치 밸브
기중기의 권상 드럼 등의 클러치를 조작하기 위한 밸브로 기능상 첵밸브의 누출이 없어야 한다. 만약 오일의 누출이 있으면 클러치가 느슨해져 권상 상태의 화물이 낙하하게 되므로 위험하다.

(5) 메이크업 밸브
첵 밸브와 같은 작동으로 유압 실린더 내의 진공이 형성되는 것을 방지하기 위하여 오일을 유압 실린더에 부족한 오일을 공급하는 역할을 한다.

(6) 유량 조절 밸브 사용법
① **미터인 방식** : 유량 조절 밸브를 유압 실린더 입구측에 두어 제어된 유압유를 실린더로 공급 작동 속도를 조절한다.
② **미터 아웃 방식** : 유압 실린더 출구쪽 관로(복귀 회로)에 유량조절 밸브를 설치하여 실린더에서 유출되는 유량을 조절하여 작동 속도를 조절한다.
③ **블리드 오프 방식** : 유량조절 밸브를 펌프와 실린더 사이에서 분기된 관로에 설치하여 유출구를 탱크로 바이패스 시켜 사용하는 방식으로 펌프 토출량 중에 여분의 유량을 조절밸브를 통해 탱크에 환류시켜 유압 실린더의 속도를 조절한다.

04 방향 제어 밸브

(1) 첵 밸브
작동유의 흐름을 한쪽 방향으로만 흐르게 하고 역류를 방지한다.

(2) 인라인형 첵 밸브
작동유의 역류를 방지하기 위하여 회로의 중간에 설치되어 있다.

(3) 앵글형 첵 밸브
작동유의 흐름을 90° 방향으로 변환시키는 역할을 한다.

(4) 스풀 밸브
하나의 밸브 보디 외부에 여러 개의 홈이 있는 밸브로 축방향으로 이동하여 작동유의 흐름 방향을 변환시키는 역할을 한다.

(5) 디셀레이션 밸브(감속 밸브)
유압 모터 유압 실린더의 운동 위치에 따라 캠에 의해서 작동되어 회로를 개폐시켜 속도를 변환시키는 역할을 한다.

06 장비구조 — 출제예상문제

01 유압장치에 사용되고 있는 제어밸브가 아닌 것은?
① 방향 제어밸브 ② 유량 제어밸브
③ 스프링 제어밸브 ④ 압력 제어밸브

> 유압장치에 사용되는 제어밸브에는 일의 크기를 결정하는 압력제어, 일의 속도를 제어하는 유량제어, 일의 방향을 결정하는 방향 제어밸브로 구분되어 있다.

02 유압 실린더 등이 중력에 의한 자유낙하를 방지하기 위해 배압을 유지하는 압력제어 밸브는?
① 시퀀스 밸브
② 언로드 밸브
③ 카운터 밸런스 밸브
④ 감압 밸브

> 각 밸브의 기능
> ① 시퀀스 밸브 : 분기회로에서 작동기의 작동 순서를 결정한다.
> ② 언로더 회로 : 유압펌프를 무부하 운전한다.
> ③ 카운터 밸런스 밸브 ; 들어올린 중량물의 자유 낙하를 방지 한다.
> ④ 감압 밸브 : 리듀싱 밸브라고도 부르며 분기회로에서 압력을 낮추어 사용한다.

03 액추에이터의 운동 속도를 조정하기 위하여 사용되는 밸브는?
① 압력제어 밸브 ② 온도제어 밸브
③ 유량제어 밸브 ④ 방향제어 밸브

> ① 압력 제어 밸브 : 일의 크기를 결정한다.
> ② 유량 제어 밸브 : 일의 속도를 결정한다.
> ③ 방향 제어 밸브 : 일의 방향을 결정한다.

04 유압 장치에서 오일의 역류를 방지하기 위한 밸브는?
① 변환밸브 ② 압력조절 밸브
③ 체크밸브 ④ 흡기밸브

> 유압장치에서 오일의 역류를 방지하는 밸브는 방향어 밸브인 체크 밸브이다.

05 체크밸브가 내장되는 밸브로써 유압회로의 한방향의 흐름에 대해서는 설정된 배압을 생기게 하고 다른 방향의 흐름은 자유롭게 하도록 한 밸브는?
① 셔틀 밸브 ② 언로더 밸브
③ 슬로 리턴 밸브 ④ 카운터 밸런스 밸브

> 체크밸브가 내장되는 밸브로써 유압회로의 한방향의 흐름에 대해서는 설정된 배압을 생기게 하고 다른 방향의 흐름은 자유롭게 하도록 한 밸브는 카운터밸런스 밸브로 중량물의 자유 낙하를 방지하는 밸브이다.

06 릴리프밸브에서 포핏밸브를 밀어 올려 기름이 흐르기 시작할 때의 압력은?
① 설정압력 ② 허용압력
③ 크랭킹압력 ④ 전량압력

> 밸브에서 밸브가 열리기 시작하는 압력을 크랭킹 압력이라 한다.

07 방향 제어 밸브에서 내부 누유에 영향을 미치는 요소가 아닌 것은?
① 관로의 유량
② 밸브 간극의 크기
③ 밸브 양단의 압력차
④ 유압유의 점도

> 방향 제어 밸브는 오일의 흐름 방향(일의 방향)을 바꾸는 밸브로 내부 누유에 관로의 유량은 영향을 미치지 않는다.

정답
01.③ 02.③ 03.③ 04.③ 05.④
06.③ 07.①

08 다음에서 설명하는 유압밸브는?

> 액추에이터의 속도를 서서히 감속시키는 경우나 서서히 증속시키는 경우에 사용되며, 일반적으로 캠(cam)으로 조작된다. 이 밸브는 행정에 대응하여 통과 유량을 조정하며 원활한 감속 또는 증속을 하도록 되어 있다.

① 디셀러레이션밸브
② 카운터밸런스 밸브
③ 방향제어밸브
④ 프레필밸브

> 설명의 유압 밸브는 디셀러레이션 밸브로 대부분 유압 실린더의 행정 끝에서 속도를 감속하여 서서히 정지 시킬 때 사용된다.

09 방향 전환 밸브 포트의 구성 요소가 아닌 것은?

① 유로의 연결 포트 수
② 작동 방향 수
③ 작동 위치 수
④ 감압 위치 수

> 방향전환 밸브의 포트(구멍) 구성요소는 유로의 연결 포트수, 작동 발향의 수, 작동 위치 수 등이다.

10 감압 밸브에 대한 설명으로 틀린 것은?

① 상시 폐쇄상태로 되어 있다.
② 입구(1차측)의 주회로에서 출구(2차측)의 감압회로로 유압유가 흐른다.
③ 유압장치에서 회로 일부의 압력을 릴리프 밸브의 설정 압력이하로 하고 싶을 때 사용한다.
④ 출구(2차측)의 압력이 감압 밸브의 설정 압력보다 높아지면 밸브가 작동하여 유로를 닫는다.

> 유압장치에서 일부의 압력을 릴리프 밸브의 설정 압력 이하로 하고 싶을 때 사용되며 상시 개방 상태로 있다가 입구의 주 회로에서 출구의 감압회로로 유압유가 흐르며 출구의 압력이 감압밸브의 설정 압력보다 높아지면 밸브가 작동하여 유로를 닫는다.

11 고압 소용량, 저압 대용량 펌프를 조합 운전할 경우 회로 내의 압력이 설정압력에 도달하면 저압 대용량 펌프의 토출량을 기름 탱크로 귀환시키는데 사용하는 밸브는?

① 무부하 밸브
② 카운터 밸런스 밸브
③ 체크 밸브
④ 시퀀스 밸브

> **각 밸브의 기능**
> ① **무부하 밸브(언로더 밸브)** : 유압 회로 내의 압력이 규정 압력에 도달하면 펌프에서 송출되는 모든 유량을 탱크로 리턴 시켜 유압 펌프를 무부하 운전이 되도록 하는 역할을 한다.
> ② **카운터 밸런스 밸브** : 유압 실린더 등이 자유 낙하되는 것을 방지하기 위하여 배압을 유지시키는 역할을 한다.
> ② **첵 밸브** : 작동유의 흐름을 한쪽 방향으로만 흐르게 하고 역류를 방지한다.
> ④ **시퀀스 밸브** : 2 개 이상의 분기 회로에서 유압 회로의 압력에 의하여 작동 순서를 제어하는 역할을 한다.

12 방향제어 밸브를 동작시키는 방식이 아닌 것은?

① 수동식
② 전자식
③ 스프링식
④ 유압 파일럿식

> 방향제어 밸브를 작동시키는 방식에는 수동식, 전자식. 유압 파일럿식이 있다.

13 유압 장치에서 압력제어 밸브가 아닌 것은?

① 릴리프 밸브　② 체크 밸브
③ 감압 밸브　　④ 시퀀스 밸브

> 체크 밸브는 방향제어 밸브이다.

정 답

08.① 09.④ 10.① 11.① 12.③ 13.②

14 일반적인 유압 실린더의 종류에 해당하지 않는 것은?

① 단동 실린더 ② 다단 실린더
③ 레이디얼 실린더 ④ 복동 실린더

> 유압 실린더에는 레이디얼형은 없다.

15 유압회로의 최고 압력을 제한하는 밸브로서 회로의 압력을 일정하게 유지시키는 밸브는?

① 첵 밸브 ② 감압 밸브
③ 릴리프 밸브 ④ 카운터밸런스 밸브

> **각 밸브의 기능**
> ① **첵 밸브** : 오일의 흐름 방향을 한쪽으로만 흐르게 하는 밸브
> ② **감압 밸브** : 회로 내의 압력을 감압(낮추어) 다른 회로에 사용하는 밸브
> ③ **릴리프 밸브** : 회로 내의 압력이 과도하게 상승되는 것을 방지하여 회로 내 압력을 일정하게 유지하는 밸브
> ④ **카운터밸런스 밸브** : 중량물을 들어 올린 상태에서 중량물이 자체 중량에 의해 자유낙하되는 것을 방지하는 밸브

16 유압장치의 방향 전환 밸브(중립 상태)에서 실린더가 외력에 의해 충격을 받았을 때 발생되는 고압을 릴리프 시키는 밸브는?

① 반전 방지 밸브
② 메인 릴리프 밸브
③ 과부하(포트) 릴리프 밸브
④ 유량 감지 밸브

> 실린더가 외력에 의해 충격을 받았을 때 발생되는 공압을 릴리프 시키는 밸브는 과부하 릴리프 밸브이다.

17 유압장치에서 고압, 소 용량, 저압 대용량 펌프를 조합 운전할 때 작동 압이 규정 압력이상으로 상승 시 동력 절감을 하기 위해 사용하는 밸브는?

① 감압 밸브 ② 릴리프 밸브
③ 시퀀스 밸브 ④ 무부하 밸브

> **각 밸브의 기능**
> ① **감압밸브** :
> ② **시퀀스 밸브** : 두 개 이상의 분기 회로를 가진 회로 내 그 작동 순서를 회로의 압력 등으로 인하여 제어하는 밸브
> ③ **릴리프 밸브** : 회로의 압력이 밸브의 설정값에 달한 때에 유체의 일부분 또는 전량을 되돌아가는 측에 돌려보내서 회로내의 압력을 설정값에 유지하는 압력 제어 밸브
> ④ **언로더 밸브(무부하 밸브)** : 회로 내의 압력이 설정 압력에 달하면 펌프로부터의 전유량을 직접 탱크로 되돌려 펌프를 무부하 운전시키는 목적으로 사용한다.

18 다음 유압기호가 나타내는 것은?

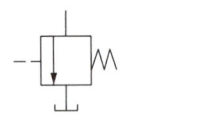

① 릴리프 밸브(relief valve)
② 감압 밸브(reducing valve)
③ 순차 밸브(sequence valve)
④ 무부하 밸브(unload valve)

> 그림의 유압 기호는 언로더(무부하) 밸브의 기호이다.

19 오일의 흐름 방향을 바꿔주는 밸브는?

① 유량제어 밸브
② 압력제어 밸브
③ 방향제어 밸브
④ 방향증대 밸브

> **제어 밸브** : 컨트롤 밸브라고도 부르며 종류로는 다음과 같다.
> ① **압력 제어 밸브** : 일의 크기를 결정한다.
> ② **유량 조절 밸브** : 일의 속도를 결정한다.
> ③ **방향 전환 밸브** : 일의 방향을 결정한다.

정 답

14.③ 15.③ 16.③ 17.④ 18.④ 19.③

20 릴리프 밸브 등에서 밸브 시트를 때려 비교적 높은 소리를 내는 진동 현상을 무엇이라 하는가?

① 채터링　　② 캐비테이션
③ 점핑　　　④ 서지압

> ① **채터링**: 유압 밸브에서 발생되는 소음, 진동
> ② **캐비테이션**: 유체에서 발생되는 소음 진동
> ③ **점핑**: 유량 제어 밸브 등에서 유체가 처음 흐르기 시작할 때 유량이 과도하게 규정량 이상으로 흐르는 현상을 말한다.
> ④ **서지압**: 유로에서 과도적으로 상승하는 압력의 최대값

21 유압회로 내에서 유압을 일정하게 조절하여 일의 크기를 결정하는 밸브가 아닌 것은?

① 시퀀스 밸브
② 서보 밸브
③ 언로드 밸브
④ 카운터밸런스 밸브

> 서보 밸브는 전기 또는 그 밖의 입력 신호로 작동되는 유량제어 밸브이다.

22 유압 회로에서 메인 유압보다 낮은 압력으로 유압 작동기를 동작시키고자 할 때 사용하는 밸브는?

① 감압 밸브　　② 릴리프 밸브
③ 시퀀스 밸브　④ 카운터 밸런스 밸브

> 감압 밸브는 주 회로에 흐르는 유압 보다 낮은 압력으로 작동기를 작동시키거나 사용하고자 할 때에 분기회로를 구성하여 사용한다.

23 일반적으로 유압장치에서 릴리프 밸브가 설치되는 위치는?

① 펌프와 오일탱크 사이
② 여과기와 오일탱크 사이
③ 펌프와 제어밸브 사이
④ 실린더와 여과기 사이

> 릴리프 밸브가 설치되는 곳은 펌프와 제어밸브 사이이다.

24 유압장치에서 유압의 제어 방법이 아닌 것은?

① 압력제어　　② 방향제어
③ 속도제어　　④ 유량제어

> 유압장치에서 유압의 제어 방법에는 압력제어, 유량제어, 방향제어가 있다.

25 유압장치에 사용되는 밸브 부품의 세척유로 가장 적절한 것은?

① 엔진오일　　② 물
③ 경유　　　　④ 합성세제

> 유압장치 각 부품의 세척은 경유를 사용하여 세척을 하여야 한다.

26 유압장치에서 압력제어밸브가 아닌 것은?

① 릴리프 밸브
② 체크 밸브
③ 감압 밸브
④ 시퀀스 밸브

> 체크 밸브는 방향제어 밸브로 압력제어 밸브에 속하지 않는다.

27 유압모터의 속도를 감속하는데 사용하는 밸브는?

① 체크 밸브
② 디셀러레이션 밸브
③ 변환 밸브
④ 압력 스위치

> 디셀러레이션 밸브는 감속 밸브로 유압 모터 유압 실린더의 운동 위치에 따라 캠에 의해서 작동되어 회로를 개폐시켜 속도를 변환시키는 역할을 한다.

정 답

20.① 21.② 22.① 23.③ 24.③
25.③ 26.② 27.②

28 그림과 같은 유압기호에 해당하는 밸브는?

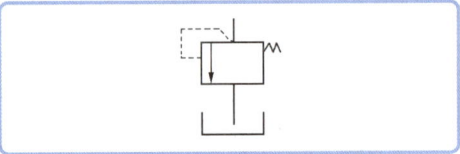

① 체크 밸브
② 카운터 밸런스 밸브
③ 릴리프 밸브
④ 리듀싱 밸브

> 그림의 유압기호는 릴리프 밸브이다.

29 유압 작동유의 압력을 제어하는 밸브가 아닌 것은?

① 릴리프 밸브   ② 체크 밸브
③ 리듀싱 밸브   ④ 시퀀스 밸브

> 압력제어 밸브는 일의 세기를 결정하는 밸브로 릴리프, 시퀀스, 리듀싱, 언로더, 카운터 밸런스 밸브가 있으며 체크 밸브는 방향 제어 밸브이다.

30 유압원에서의 주회로부터 유압 실린더 등이 2개 이상의 분기 회로를 가질 때 각 유압 실린더를 일정한 순서로 순차 작동시키는 밸브는?

① 시퀀스 밸브   ② 감압 밸브
③ 릴리프 밸브   ④ 체크 밸브

> ① **시퀀스 밸브** : 주회로부터 유압 실린더 등이 2개 이상의 분기 회로를 가질 때 각 유압 실린더를 일정한 순서로 순차 작동시키는 밸브
> ② **감압 밸브** : 주회로의 압력보다 낮은 압력을 사용하고자 할 때 사용하는 밸브
> ③ **릴리프 밸브** : 최고 압력을 제어하고 회로 내 유체의 압력을 일정하게 유지하는 밸브
> ④ **체크 밸브** : 방향제어 밸브로 역류를 방지하고 한쪽 방향으로만 유체를 흐르게 하는 밸브

31 2개 이상의 분기 회로에서 작동순서를 자동적으로 제어하는 밸브는?

① 시퀀스 밸브   ② 릴리프 밸브
③ 언로더 밸브   ④ 감압밸브

> 시퀀스 밸브는 압력제어 밸브 중 2개 이상의 분기 회로에서 액추에이터의 작동순서를 자동적으로 제어하는 밸브이다.

32 유압장치에서 압력제어 밸브가 아닌 것은?

① 릴리프 밸브   ② 감압 밸브
③ 시퀀스 밸브   ④ 서보 밸브

> 서보 밸브는 전기 또는 그 밖의 입력 신호에 따라서 유량 제어하는 밸브로 작동유의 점도에 관계없이 유량을 조정할 수 있으며 조정 범위가 크고 미세 유량 제어가 가능하다.

33 릴리프 밸브에서 포핏 밸브를 밀어 올려 기름이 시작할 때의 압력은?

① 설정압력   ② 허용압력
③ 크랭킹 압력   ④ 전량 압력

> 밸브가 열리고 오일이 흐르기 시작할 때의 압력을 크랭킹 압력이라 한다.

34 방향제어 밸브에서 내부 누유에 영향을 미치는 요소가 아닌 것은?

① 관로의 유량
② 밸브 간극의 크기
③ 밸브 양단의 압력차
④ 유압유 점도

> 방향제어 밸브에서 내부 누유에 영향을 미치는 요소가 아닌 것은 관로의 유량이다.

35 유압장치에서 유량제어밸브가 아닌 것은?

① 교축밸브
② 분류밸브
③ 유량조정밸브
④ 릴리프밸브

> 릴리프 밸브는 최고압력을 제어하고 회로 내 압력을 일정하게 조절하는 유압 조절 밸브이다.

정 답

28.③ 29.② 30.① 31.① 32.④
33.③ 34.① 35.④

36 유압장치에서 압력제어 밸브의 종류가 아닌 것은?
① 리듀싱 밸브   ② 스로틀 밸브
③ 릴리프 밸브   ④ 시퀀스 밸브

> 스로틀 밸브는 교축밸브라고도 부르며 유량제어 밸브로서 회로의 단면적을 변화시켜 유량을 제어한다.

37 방향제어 밸브의 종류에 해당하지 않는 것은?
① 셔틀 밸브   ② 교축 밸브
③ 체크 밸브   ④ 방향변환 밸브

> 교축 밸브는 유량제어 밸브로 스로틀 밸브를 말하는 것이다.

38 유압 회로에서 어떤 부분회로의 압력을 주회로의 압력보다 저압으로 해서 사용하고자 할 때 사용하는 밸브는?
① 릴리프 밸브   ② 리듀싱 밸브
③ 체크 밸브   ④ 카운터 밸런스 밸브

> 주회로의 압력보다 낮은 압력이 필요할 때 사용하는 밸브는 리듀싱 밸브로 감압 밸브가 사용된다.

39 유압 회로에 사용되는 제어밸브의 역할과 종류의 연결사항으로 틀린 것은?
① 일의 크기 제어 : 압력 제어 밸브
② 일의 속도 제어 : 유량 조절 밸브
③ 일의 방향 제어 : 방향 전환 밸브
④ 일의 시간 제어 : 속도 제어 밸브

> 제어 밸브에는 일의 크기를 제어하는 압력 제어 밸브와 일의 속도를 제어하는 유량 조절 밸브 그리고 일의 방향을 제어하는 방향 제어 밸브가 있다.

40 압력제어 밸브 종류에 해당하지 않는 것은?
① 감압 밸브   ② 시퀀스 밸브
③ 교축 밸브   ④ 언로더 밸브

> 압력 제어 밸브에는 릴리프, 감압(리듀싱), 시퀀스, 무부하(언로더), 카운터 밸런스 밸브로 5개의 밸브가 있으며 교축 밸브는 스로틀 밸브를 말하는 것으로 유량 제어 밸브에 속한다.

41 그림의 유압기호는 무엇을 표시하는가?

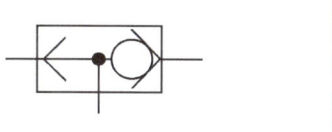

① 고압 우선형 셔틀밸브
② 저압 우선형 셔틀밸브
③ 급속 배기 밸브
④ 급속 흡기 밸브

> 그림의 유압기호는 고압 우선형 셔틀밸브를 표시한다.

42 유압 작동기의 방향을 전환시키는 밸브에 사용되는 형식 중 원통형 슬리브 내면에 내접하여 축 방향으로 이동하면서 유로를 개폐하는 형식은?
① 스풀 밸브
② 포핏 밸브
③ 베인 형식
④ 카운터 밸런스 밸브 형식

> 원통형 슬리브 내면에 내접하여 축 방향으로 이동하면서 유로를 개폐하는 형식의 밸브는 스풀 밸브를 말하는 것으로 제어레버와 연결되어 수동으로 사용한다.

43 체크 밸브를 나타낸 것은?

①    ②
③    ④

> 그림의 기호 표시는 ① 체크밸브, ③ 압력원, ④ 탱크를 나타낸다.

정 답
36.② 37.② 38.② 39.④ 40.③
41.① 42.① 43.①

44 유압으로 작동되는 작업 장치에서 작업 중 힘이 떨어질 때의 원인과 가장 밀접한 밸브는?

① 메인 릴리프 밸브
② 체크(Check) 밸브
③ 방향전환 밸브
④ 메이크업 밸브

> 제어 밸브에서 작업 장치의 힘과 관계되는 밸브는 압력제어 밸브로 메인 릴리프 밸브를 점검한다.

45 지게차의 리프트 실린더 작동 회로에 사용되는 플로우 레귤레이터(슬로우 리턴 밸브)의 역할은?

① 포크의 하강 속도를 조절하여 포크가 천천히 내려오도록 한다.
② 포크 상승시 작동유의 압력을 높여준다.
③ 짐을 하강 시킬 때 신속하게 내려오도록 한다.
④ 포크가 상승하다가 리프트 실린더 중간에서 정지 시 실린더 내부 누유를 방지한다.

> 플로우 레귤레이터(슬로우 리턴밸브)는 지게차 리프트 실린더의 작동은 상승 시에는 유압에 의해 상승이 되며 포크 하강 시에는 자체 중량 또는 중량물의 무게로 하강하기 때문에 하강 속도를 조절하여 포크가 천천히 하강하도록 하기 위해 설치된 밸브이다.

46 릴리프 밸브에서 볼이 밸브의 시트를 때려 소음을 발생시키는 현상은?

① 채터링(chattering) 현상
② 베이퍼 록(vaper lock) 현상
③ 페이드(fade) 현상
④ 노킹(knocking) 현상

> 유압 밸브에서 나는 소음과 진동을 채터링이라 하며, 회로 내 흐르는 액체가 가열기화 되어 액체의 이동을 방해하는 현상을 베이퍼 록이라 하고 마찰제에 마찰부분에 열이 발생되어 마찰력이 감소되는 것을 페이드라 한다. 또한 노킹이란 이상연소에 의해 피스톤이 실린더 벽을 때리는 금속음을 말한다.

47 유압회로 내의 설정압력에 도달하면 펌프에서 토출된 오일의 일부 또는 전량을 직접 탱크로 돌려보내 회로의 압력을 설정 값으로 유지하는 밸브는?

① 시퀀스 밸브
② 릴리프 밸브
③ 언로드 밸브
④ 체크 밸브

> ① **시퀀스 밸브** : 2개 이상의 분기 회로에서 유압 회로의 압력에 의하여 작동 순서를 제어하는 역할을 한다.
> ② **릴리프 밸브** : 릴리프 밸브는 유압 펌프와 제어 밸브 사이에 설치되어 회로 내의 압력이 규정 압력 이상으로 되면 작동유를 유압 탱크로 리턴 시켜 회로 내의 압력을 규정값으로 유지시키는 역할을 한다. 즉, 유압장치 내의 압력을 일정하게 유지하고 최고 압력을 제어하여 회로를 보호한다.
> ③ **언로드 밸브** : 유압 회로 내의 압력이 규정 압력에 도달하면 펌프에서 송출되는 모든 유량을 탱크로 리턴 시켜 유압 펌프를 무부하운전이 되도록 하는 역할을 한다.
> ④ **첵 밸브** : 작동유의 흐름을 한쪽 방향으로만 흐르게 하고 역류를 방지한다.

48 회로 내의 유체 흐름 방향을 제어하는데 사용되는 밸브는?

① 교축 밸브
② 셔틀 밸브
③ 감압 밸브
④ 순차 밸브

> 회로 내의 유체 흐름 방향을 제어하는 밸브는 방향제어밸브로 오일의 흐름을 한쪽 방향으로만 흐르게 하는 첵밸브와 원통형 슬리브 면에 내접하여 축방향으로 이동하며 유로를 개폐하는 스풀 밸브, 1개의 출구와 2개 이상의 입구를 지니고 있으며 출구가 최고 압력 쪽 입구를 선택하는 기능을 가진 셔틀 밸브 등이 있다.

정 답
44.① 45.① 46.① 47.② 48.②

49 순차 작동 밸브라고도 하며, 각 유압 실린더를 일정한 순서로 순차 작동시키고자 할 때 사용하는 것은?

① 릴리프 밸브　② 감압 밸브
③ 시퀀스 밸브　④ 언로드 밸브

> 시퀀스 밸브 : 2개 이상의 분기 회로에서 유압 회로의 압력에 의하여 작동 순서를 제어하는 역할을 한다.

50 유압계통에서 릴리프 밸브의 스프링 장력이 약화될 때 발생될 수 있는 현상은?

① 채터링 현상
② 노킹 현상
③ 블로바이 현상
④ 트램핑 현상

> 채터링 : 릴리프 밸브 등에서 스프링의 장력이 약해 밸브 시트를 때려 비교적 높은 소음을 내는 진동을 채터링이라 한다.

51 유압회로에 사용되는 유압밸브의 역할이 아닌 것은?

① 일의 관성을 제어한다.
② 일의 방향을 변환시킨다.
③ 일의 속도를 제어한다.
④ 일의 크기를 조정한다.

> 유압장치에 사용되는 제어밸브에는 일의 크기를 결정하는 압력제어, 일의 속도를 제어하는 유량제어, 일의 방향을 결정하는 방향 제어밸브로 구분되어 있다.

52 유압장치에서 배압을 유지하는 밸브는?

① 릴리프 밸브
② 카운터 밸런스 밸브
③ 유량제어 밸브
④ 방향제어 밸브

> 카운터밸런스 밸브는 유압실린더 등이 자유 낙하되는 것을 방지하기 위하여 배압을 유지시키는 역할을 한다.

53 유압장치에서 방향제어밸브의 설명 중 가장 적절한 것은?

① 오일의 흐름방향을 바꿔주는 밸브이다.
② 오일의 압력을 바꿔주는 밸브이다.
③ 오일의 유량을 바꿔주는 밸브이다.
④ 오일의 온도를 바꿔주는 밸브이다.

> ① 압력 제어 밸브 : 일의 크기를 결정한다.
> ② 유량 제어 밸브 : 일의 속도를 결정한다.
> ③ 방향 제어 밸브 : 일의 방향을 결정한다.

54 유압장치에서 오일의 역류를 방지하기 위한 밸브는?

① 변환 밸브　② 압력조절 밸브
③ 체크 밸브　④ 흡기 밸브

> 체크 밸브는 오일의 흐름을 한쪽 방향으로만 흐르게 하고 오일의 역류를 방지하며 회로 내 잔압을 유지하는 밸브이다.

55 압력제어 밸브의 종류가 아닌 것은?

① 교축 밸브(throttle valve)
② 릴리프 밸브(relief valve)
③ 시퀀스 밸브(sequence valve)
④ 카운터 밸런스 밸브(counter balance valve)

> 압력제어 밸브에는 릴리프, 리듀싱, 시퀀스, 카운터 밸런스, 언로더 밸브로 되어 있으며 교축 밸브는 유량제어밸브이다.

56 유압회로에서 오일을 한쪽 방향으로만 흐르도록 하는 밸브는?

① 릴리프 밸브(relief valve)
② 파이롯 밸브(pilot valve)
③ 체크 밸브(check valve)
④ 오리피스 밸브(orifice valve)

정 답

49.③　50.①　51.④　52.②　53.①
54.③　55.①　56.③

체크 밸브는 방향제어 밸브로 오일의 흐름을 한쪽 방향으로만 흐르도록 하고 역류를 방지하며 회로 내 잔압을 유지하는 역할을 한다.

57 유압회로 내의 압력이 설정 압력에 도달하면 펌프에서 토출된 오일을 전부 탱크로 회송시켜 펌프를 무부하 운전 시키는데 사용하는 밸브는?

① 체크 밸브(check valve)
② 시퀀스 밸브(squence valve)
③ 언로더 밸브(unloader valve)
④ 카운터 밸런스 밸브(counter balance valve)

체크 밸브는 오일을 한쪽 방향으로만 흐르게 하는 밸브이며 시퀀스 밸브는 압력에 따라 액추에이터의 작동 순서를 결정하는 밸브이다. 카운터 밸런스 밸브는 중량물을 들어 올렸을 때 중량물 무게에의한 자유낙하를 방지하는 밸브이다.

58 유압장치 내의 압력을 일정하게 유지하고 최고 압력을 제한하여 회로를 보호해주는 밸브는?

① 릴리프 밸브
② 체크 밸브
③ 제어 밸브
④ 로터리 밸브

릴리프 밸브: 회로 내의 최고 압력을 제한하고 회로 내 압력을 일정하게 유지해 주는 밸브이다.

59 유압장치에서 방향제어 밸브에 해당하는 것은?

① 셔틀 밸브　　② 릴리프 밸브
③ 시퀀스 밸브　④ 언로더 밸브

셔틀 밸브: 방향제어밸브로 1개의 출구와 2개 이상의 입구가 있으며 출구가 최고 압력 측의 입구를 선택하는 기능이 있는 밸브이다.

60 압력제어 밸브의 종류가 아닌 것은?

① 언로더 밸브　② 스로틀 밸브
③ 시퀀스 밸브　④ 릴리프 밸브

압력제어 밸브 종류에는 릴리프(안전) 밸브, 리듀싱(감압) 밸브, 시퀀스(순차) 밸브, 언로더(무부하) 밸브, 카운터 밸런스 밸브가 있다. 스로틀 밸브는 유량제어 밸브에 속한다.

61 유압장치에서 방향제어 밸브에 대한 설명으로 틀린 것은?

① 유체의 흐름 방향을 변환한다.
② 액추에이터의 속도를 제어한다.
③ 유체의 흐름 방향을 한쪽으로 허용한다.
④ 유압 실린더나 유압 모터의 작동 방향을 바꾸는데 사용된다.

방향제어 밸브는 액추에이터의 작동 방향이나 유체의 흐름 방향을 바꾸어 주는 밸브이며 액추에이터의 속도는 유량제어 밸브가 한다.

62 자체 중량에 의한 자유낙하 등을 방지하기 위하여 회로에 배압을 유지하는 밸브는?

① 감압 밸브
② 체크 밸브
③ 릴리프 밸브
④ 카운터 밸런스 밸브

각 밸브의 기능
① **감압 밸브**: 주 회로 압력보다 낮은 압력 필요시에 사용하는 밸브
② **체크 밸브**: 방향 제어 밸브로 오일의 흐름을 한쪽 방향으로만 흐르게 하고 역류를 방지하며 잔압을 유지
③ **릴리프 밸브**: 최고 압력을 제어하고 회로 내 일정한 압력을 유지
④ **카운터 밸런스 밸브**: 중량물의 자중에 의한 자유낙하를 방지하는 밸브

정 답
57.③　58.①　59.①　60.②　61.②　62.④

3-4 유압기호 및 회로

01 유압 기호

유압 기호는 유압 기기의 작동을 기호화한 것을 말하며, 유압장치의 기호 회로도에 사용되는 유압 기호의 표시 방법의 조건은 다음과 같다.

① 각 기기의 기호는 정상 상태 또는 중립 상태를 표시한다.
② 기호에는 흐름의 방향을 표시하여야 한다.
③ 기호에는 기기의 구조나 작용 압력은 표시하지 않는다.
④ 오해의 위험이 없는 경우에는 기호를 회전하거나 뒤집어도 된다.
⑤ 기호가 없어도 바르게 이해할 수 있는 경우에는 드레인 관로를 생략해도 된다.

02 유압회로

건설기계의 유압 회로는 유압 펌프, 제어 밸브, 유압 실린더, 유압 모터의 주요 부품 및 필터, 어큐뮬레이터 등이 조합되어 구성되어 있다. 따라서 유압 회로는 정해진 유압 기호를 사용하며, 목적에 따라 압력 제어, 속도 제어, 방향 제어 등을 조합하여 구성한다.

(1) 유압의 기본 회로

① 오픈(개방)회로
  작동유가 탱크에서 유압 펌프, 제어 밸브를 지나 액추에이터를 작동시킨 후 다시 제어 밸브를 거쳐 탱크로 되돌아오는 회로

② 클로즈(밀폐)회로
  작동유가 탱크에서 유압 펌프, 제어 밸브를 지나 액추에이터를 작동시킨 후 다시 제어 밸브를 거쳐 유압 펌프로 되돌아오는 회로로 작동유가 탱크로는 돌아오지 않는다.

③ 탠덤회로
  변환 밸브 (A), (B)를 동시에 조작하였을

때는 뒤에 있는 변환 밸브(A)의 작동기 (A)는 전혀 작동되지 않는다.

(2) 유압 회로도의 종류

① **그림 회로도**: 구성 기기의 외관을 그림으로 나타낸 유압 회로도.

② **단면 회로도**: 기기의 내부와 작동을 단면으로 나타낸 유압 회로도.

③ **조합 회로도**: 그림 회로도와 단면 회로도를 조합하여 나타낸 유압 회로도.

④ **기호 회로도**: 구성 기기를 유압의 기호로 나타낸 유압 회로도

03 유압 파이프

(1) 흡입 회로

유압 펌프로 작동유를 유입시키는 회로는 캐비테이션 현상을 방지하기 위해 흡입 배관은 적당한 크기와 모양을 선택하여야 하며, 유압 탱크를 가압식으로 사용하면 캐비테이션을 방지할 수 있다.

(2) 리턴 회로

복귀용 배관은 오일 탱크의 유면 보다 위에 설치되면 에어레이션(공기 혼입의 기포 발생)이 발생되기 쉬우므로 유면보다 아래에 설치되어 있다. 리턴되는 유량이 많을 때에는 오일 탱크의 유면보다 아래에 설치하는 것으로는 기포의 발생을 방지할 수 없기 때문에 리턴 회로에 디퓨저를 설치하여야 한다.

(3) 유압 파이프의 재질

① **강 파이프**: 유압 파이프는 탄소강 파이프가 사용되고 있으며, 파이프의 이음에는 유니언 이음, 나사 이음, 플랜지 이음, 플레어 리스 이음, 급속 이음, 회전 이음 등이 있으나 유니언 이음을 가장 많이 사용된다.

② **고무호스**: 고무호스의 구조는 커버 고무, 면 블레이드, 중간 고무, 와이어 블레이드, 내면 고무층으로 되어 있으며, 고압 호스는 와이어 블레이드의 층수를 증가시키면 내압은 증가 되지만 고무호스의 특성인 유연성이 상실된다.

가장 많이 사용되는 고압 유압 호스는 나선 와이어 블레이드 호스이다.

> **TIP**
> • 유압 호스의 장착 요령
> ① 직선으로 장착할 때에는 약간 느슨하게 장착한다.
> ② 스프링 코일 호스는 스프링이 찌그러져 호스를 압박하지 않도록 한다.
> ③ 호스와 호스는 서로 접촉하지 않도록 장착한다.
> ④ 호스는 꼬이지 않도록 장착하여야 한다.

③ 유압 기기에서 접히고 펴는 등의 유동성이 많은 부분에 사용되는 호스는 홀렉시블 호스이다.

④ 고압 호스가 자주 파열되는 원인은 릴리프밸브의 설정 유압 불량이다. 즉 유압을 높게 조정한 경우를 말한다.

⑤ **유압 호스의 노화 현상**
  ㉮ 호스가 굳어 있는 경우
  ㉯ 호스 표면에 균열이 있는 경우
  ㉰ 정상적인 압력에서의 호스가 파손되는 경우
  ㉱ 호스와 피팅의 연결부에서 오일이 누유되는 경우

04 플러싱

유압 기기의 장치 내 검이나 슬러지 등이 생겼을 때 이것을 용해하여 장치 내를 깨끗이 하는 작업을 플러싱이라 하며 플러싱 오일을 사용하여 세척하고 플러싱 후 처리방법은 다음과 같다.

① 작동유 탱크 내부를 다시 청소한다.
② 작동유 보충은 플러싱이 완료된 후 즉시 하는 것이 좋다.
③ 잔류 플러싱 오일은 반드시 제거하여야 한다.
④ 라인 필터 엘리멘트를 교환한다.

06 출제예상문제
장비구조

01 유압회로 내의 이물질로 열화 된 오일 및 슬러지 등을 회로 밖으로 배출시켜 회로를 깨끗하게 하는 것을 무엇이라 하는가?

① 푸싱(Pushing)
② 리듀싱(Reducing)
③ 언로딩(Unloading)
④ 플래싱(Flashing)

> 유압회로 내의 이물질로 열화 된 오일 및 슬러지 등을 회로 밖으로 배출시켜 회로를 깨끗하게 하는 것을 플래싱이라 한다.

02 유압장치에서 작동 및 움직임이 있는 곳의 연결 관으로 적합한 것은?

① 플렉시블 호스   ② 구리 파이프
③ 강 파이프   ④ PVC호스

> 유압기기의 작동이나 움직임이 있는 곳에 사용하는 유압 호스는 플렉시블 호스이다.

03 유압유에 포함된 불순물을 제거하기 위해 유압펌프 흡입관에 설치하는 것은?

① 부스터   ② 스트레이너
③ 공기청정기   ④ 어큐뮬레이터

> 스트레이너 : 스트레이너는 유압펌프의 흡입부에 설치되어 탱크의 오일을 펌프로 유도하고 1차 여과작용을 하는 일을 한다.

04 작업 중에 유압펌프로 부터 토출 유량이 필요하지 않게 되었을 때 토출유를 탱크에 저압으로 귀환시키는 회로는?

① 시퀀스 회로   ② 어큐뮬레이터 회로
③ 블리드 오프 회로 ④ 언로더 회로

> 언로더 밸브 : 유압 회로 내의 압력이 규정 압력에 도달하면 펌프에서 송출되는 모든 유량을 탱크로 리턴 시켜 유압 펌프를 무부하운전이 되도록 하는 역할을 한다.

05 건설기계작업 중 유압회로 내의 유압이 상승되지 않을 때의 점검사항으로 적합하지 않은 것은?

① 오일 탱크의 오일량 점검
② 오일이 누출되는지 점검
③ 펌프로부터 유압이 발생되는지 점검
④ 자기탐상법에 의한 작업장치의 균열 점검

> 자기 탐상법은 균열을 점검하는 비파괴 검사법으로 물질을 자석화하여 점검하는 것이다. 유압 작업장치의 경우에는 오일의 누유로 균열부위를 찾기가 쉽기 때문에 자기탐상법을 적용하지는 않는다.

06 유압회로에서 호스의 노화현상이 아닌 것은?

① 호스의 표면에 갈라짐이 발생한 경우
② 코킹부분에서 오일이 누유 되는 경우
③ 액추에이터의 작동이 원활하지 않을 경우
④ 정상적인 압력 상태에서 호스가 파손될 경우

> 유압 호스가 노화되면 호스 표면의 갈라짐, 코킹부분의 오일의 누유, 호스 파손 등이 발생된다.

07 유압회로에서 유량제어를 통하여 작업속도를 조절하는 방식에 속하지 않는 것은?

① 미터 인(Meter-in) 방식
② 미터 아웃(Meter-out) 방식
③ 블리드 오프(Bleed-off) 방식
④ 블리드 온(Bleed-on) 방식

> 유량제어 회로에는 미터인, 미터 아웃, 블리드 오프의 3개 방식의 회로가 있다.

정 답

01.④ 02.① 03.② 04.④ 05.④
06.③ 07.④

08 유압회로에서 소음이 나는 원인으로 가장 거리가 먼 것은?

① 회로 내 공기 혼입
② 유량 증가
③ 채터링 현상
④ 캐비테이션 현상

> 유량이 증가하여 흐르게 되면 소음은 발생되지 않으며 작동체의 속도가 빠르고 압력이 높아진다.

09 유압장치에서 속도 제어회로에 속하지 않는 것은?

① 미터 - 인 회로
② 미터 - 아웃 회로
③ 블리드 오프 회로
④ 블리드 온 회로

> 유압회로의 속도제어 회로에는 작동기의 입구에 유량제어 밸브가 설치된 미터인과 작동기의 출구에 설치된 미터아웃 그리고 병렬로 연결된 블리드 오프 회로가 있다.

10 액추에이터의 입구 쪽 관로에 유량제어 밸브를 직렬로 설치하여 작동유의 유량을 제어함으로서 액추에이터의 속도를 제어하는 회로는?

① 시스템 회로(system circuit)
② 블리드 오프 회로(bleed-off circuit)
③ 미터인 회로(meter-in circuit)
④ 미터 아웃(meter-out circuit)

> 유량제어 밸브가 액추에이터 입구에 설치된 형식은 미터인 회로이고 액추에이터의 출구에 설치된 형식을 미터 아웃이라 하며 블리드 오프 회로는 회로를 병렬로 구성하여 사용하는 형식이다.

11 유압호스 중 가장 큰 압력에 견딜 수 있는 형식은?

① 고무 형식
② 나선 와이어 형식
③ 와이어리스 고무 블레이드 형식
④ 직물 블레이드 형식

> 나선 와이어 형식은 유압호스의 고무 층 사이에 철선이 나선 모양으로 감겨 있는 형식으로 나선 층의 수에 따라 고압에 사용된다.

12 건설기계 작업 중 갑자기 유압회로 내의 유압이 상승되지 않아 점검하려고 한다. 내용으로 적합하지 않은 것은?

① 펌프로부터 유압 발생이 되는지 점검
② 오일 탱크의 오일량 점검
③ 오일이 누출되었는지 점검
④ 작업 장치의 자기탐상법에 의한 균열 점검

> 자기 탐상법은 물체를 자석화시켜 균열을 점검하는 것으로 유압을 점검하는 방법이 아니다.

13 유압장치의 기호 회로도에 사용되는 유압기호의 표시 방법으로 적합하지 않은 것은?

① 기호에는 흐름 방향을 표시한다.
② 각 기기의 기호는 정상상태 또는 중립상태를 표시한다.
③ 기호는 어떠한 경우에도 회전하여서는 안 된다.
④ 기호에는 각 기기의 구조나 작용 압력을 표시하지 않는다.

> 기호의 표기는 회전시켜 기록을 하여도 무방하다.

14 유압장치 운전 중 갑작스럽게 유압 배관에서 오일이 분출되기 시작하였을 때 가장 먼저 운전자가 취해야 할 조치는?

① 작업 장치를 지면에 내리고 시동을 정지한다.
② 작업을 멈추고 배터리 선을 분리한다.
③ 오일이 분출되는 호스를 분리하고 플러그로 막는다.
④ 유압 회로 내의 잔압을 제거한다.

정 답				
08.②	09.④	10.③	11.②	12.④
13.③	14.①			

유체의 누출이 발견되면 작업장치를 지면에 내려 안전한 상태로 하고 엔진을 정지 시킨 다음 점검 수리한다.

15 유압계통의 오일장치 내에 슬러지 등이 생겼을 때 이것을 용해하여 장치 내를 깨끗이 하는 작업은?

① 플러싱 ② 트램핑
③ 서징 ④ 코킹

플러싱이란 플러싱 오일(세척용 오일)을 이용하여 유압장치 등의 회로 및 유압 기기를 세척하는 것을 말한다.

16 유압 에너지의 저장, 충격흡수 등에 이용되는 것은?

① 축압기(Accumulator)
② 스트레이너(Strainer)
③ 펌프(Pump)
④ 오일 탱크(Oil Tank)

① **축압기(어큐뮬레이터)** : 유압 에너지의 저장, 유체의 충격 등을 흡수 완화 시킨다.
② **스트레이너** : 오일 펌프 또는 연료 펌프 등으로 오일이나 연료를 유도하고 1차 여과를 하는 것이다.
③ **펌프** : 오일 팬의 오일을 흡입 가압하여 각 작동부로 공급하는 것으로 기계적 에너지로 유체 에너지를 발생한다.
④ **오일 탱크** : 오일의 저장과 오일의 냉각 작용을 한다.

17 유압 실린더의 입구 측에 유량제어 밸브를 설치하여 작동기로 유입되는 유량을 제어함으로서 작동기의 속도를 제어하는 회로는?

① 미터-인 회로
② 미터-아웃 회로
③ 블리드-온 회로
④ 블리드-오프 회로

유량 조절 밸브 사용법
① **미터인 방식** : 유량 조절 밸브를 유압 실린더 입구측에 두어 제어된 유압유를 실린더로 공급 작동 속도를 조절한다.
② **미터 아웃 방식** : 유압 실린더 출구쪽 관로(복귀 회로)에 유량조절 밸브를 설치하여 실린더에서 유출되는 유량을 조절하여 작동 속도를 조절한다.
③ **블리드 오프 방식** : 유량조절 밸브를 펌프와 실린더 사이에서 분기된 관로에 설치하여 유출구를 탱크로 바이패스 시켜 사용하는 방식으로 펌프 토출량 중에 여분의 유량을 조절밸브를 통해 탱크에 환류 시켜 유압 실린더의 속도를 조절한다.

18 유량제어 밸브를 실린더와 병렬로 연결하여 실린더의 속도를 제어하는 회로는?

① 미터인 회로
② 미터아웃 회로
③ 블리드 오프 회로
④ 블리드 온 회로

속도를 제어하는 유량제어 회로에는 입구 측의 유입량으로 조정하는 미터인 회로와 출구 측의 유량을 제어하는 미터 아웃 회로 실린더와 병렬로 연결하여 제어하는 블리드 오프 회로가 있다.

19 유압실린더의 속도를 제어하는 블리드 오프 (bleed off) 회로에 대한 설명으로 틀린 것은?

① 유량제어밸브를 실린더와 직렬로 설치한다.
② 펌프 토출량 중 일정한 양을 탱크로 되돌린다.
③ 릴리프 밸브에서 과잉압력을 줄일 필요가 없다.
④ 부하변동이 급격한 경우에는 정확한 유량 제어가 곤란하다.

블리드 오프 회로는 실린더와 밸브가 병렬로 설치되어 작동된다.

정 답

15.① 16.① 17.① 18.③ 19.①

20 유압회로에서 속도제어회로에 속하는 것이 아닌 것은?

① 카운터 밸런스 ② 미터 아웃
③ 미터 인 ④ 시퀀스

> 속도 제어 회로에는 유량제어로 이루어지는 것으로 미터인, 미터 아웃과 블리드 오프 회로가 기본 회로이며, 압력제어 회로에서 카운터 밸런스 회로가 여기에 해당된다. 카운터 밸런스 회로는 중량물이 자유 낙하를 방지하는 회로 인데 오일이 복귀되는 양을 조절하여 낙하 속도를 제어하게 된다.

21 유압 건설기계의 고압호스가 자주 파열되는 원인으로 가장 적합한 것은?

① 유압 펌프의 고속 회전
② 오일의 점도 저하
③ 릴리프 밸브의 설정 압력 불량
④ 유압 모터의 고속 회전

> 유압장치에서 호스의 파열 원인은 주로 릴리프 밸브의 설정압력을 높게 하여 조절하여 사용하므로 과도하게 상승되는 유압 때문이다.

22 건설기계 운전 시 갑자기 유압이 발생되지 않을 때 점검 내용으로 가장 거리가 먼 것은?

① 오일 개스킷 파손 여부
② 유압 실린더의 피스톤 마모 점검
③ 오일 파이프 및 호스가 파손 되었는지 점검
④ 오일량 점검

> 유압 실린더의 피스톤 마모의 마모는 갑작스럽게 발생되는 것이 아니고 오랫동안 사용함으로 발생되는 사항이기 때문에 갑자기 발생된 때의 점검사항에 들지 않는다.

정 답

20.④ 21.③ 22.②

3-5 기타 부속장치

01 어큐뮬레이터

유체 에너지를 축척시키기 위한 용기로 내부에 질소 가스가 봉입되어 있으며, 다음과 같은 역할을 한다.
① 유체 에너지를 축적시켜 충격 압력을 흡수한다.
② 온도 변화에 따르는 오일의 체적 변화를 보상한다.
③ 펌프의 맥동적인 압력을 보상한다.
④ 유체의 맥동을 감쇄시킨다.

02 오일 냉각기

① 작동유의 온도를 40 ~ 60℃ 정도로 유지시키는 역할을 한다.
② 작동유의 온도 상승에 의한 슬러지 형성을 방지한다.
③ 작동유의 온도 상승에 의한 열화를 방지한다.
④ 작동유의 온도 상승에 의한 유막의 파괴를 방지한다.

03 오일 시일(패킹)

오일 시일은 각 오일 회로에서 오일이 외부로 누출되는 것을 방지하는 역할을 한다.

(1) 구비조건
① 압력에 대한 저항력이 클 것
② 작동열에 대한 내열성이 클 것
③ 작동 면에 대한 내마멸성이 클 것
④ 정밀 가공된 금속면을 손상시키지 않을 것
⑤ 피로 강도가 클 것.
⑥ 작동부품에 걸리는 것 없이 잘 끼워질 것

(2) 종류
① U 패킹 : 왕복운동을 하는 부분에 사용하며, 충분히 고압에 견디고 섭동저항이 적다.
② O 링 : 유압 피스톤 링으로 사용되며, 접합 부분에 조립하면 찌그러진 양에 따라서 접촉면의 오일 누출을 방지한다.
③ 더스트 시일 : 외부로부터 먼지, 흙 등의 이물질이 실린더에 침입되는 것을 방지함과 동시에 오일의 누출을 방지한다.
④ 금속제 오일 시일 : 회전축 등에 사용되는 시일로 카본으로 만들며 메커니컬 시일이라 한다.

06 출제예상문제
장비구조

01 유압장치에 사용되는 오일 실(seal)의 종류 중 O-링이 갖추어야 할 조건은?

① 체결력이 작을 것
② 압축 변형이 적을 것
③ 작동 시 마모가 클 것
④ 오일의 입·출입이 가능할 것

> 오일 실의 구비조건
> ① 내압성 내열성이 클 것
> ② 피로 강도가 크고 비중이 적을 것
> ③ 내마멸성이 적당할 것
> ④ 정밀 가공 면을 손상 시키지 않을 것
> ⑤ 설치하기 쉬울 것

02 그림의 유압 기호는 무엇을 표시하는가?

① 유압실린더
② 어큐뮬레이터
③ 오일 탱크
④ 유압실린더 로드

> 그림의 유압기호는 어큐뮬레이터이다.

03 유압 작동부에서 오일이 새고 있을 때 일반적으로 먼저 점검해야 하는 것은?

① 밸브
② 기어
③ 플런저
④ 실

> 실은 유압회로의 유압유 누출을 방지하기 위해 사용하는 것으로 종류에는 O링, U패킹, 금속 패킹, 더스트 실, 백업 링 등이 있다.

04 건설기계 유압회로에서 유압유 온도를 알맞게 유지하기 위해 오일을 냉각하는 부품은?

① 어큐뮬레이터
② 오일 쿨러
③ 방향 제어 밸브
④ 유압 밸브

> 오일 쿨러 : 오일 냉각기로서 작업 장치에 사용되는 오일의 온도가 상승되었을 때 오일을 냉각하여 오일의 온도를 일정하게 유지해주는 역할을 한다.

05 유압유(작동유)의 온도 상승 원인에 해당하지 않는 것은?

① 작동유의 점도가 너무 높을 때
② 유압 모터 내에서 내부 마찰이 발생될 때
③ 유압회로 내의 작동 압력이 너무 낮을 때
④ 유압회로 내에서 공동현상이 발생될 때

> 유압회로 내의 작동 압력이 너무 낮으면 그 만큼 힘을 적게 사용되는 것으로 유압유는 온도가 상승되지 않는다.

06 축압기(Accumulator)의 사용 목적으로 아닌 것은?

① 압력 보상
② 유체의 맥동 감쇄
③ 유압회로 내 압력제어
④ 보조 동력원으로 사용

> 축압기는 어큐뮬레이터로 유체의 진동, 맥동, 충격 등을 흡수 완화하고 압력을 저장과 보상, 보조 동력원으로 사용된다. 유압 회로 내의 압력 제어는 제어 밸브에 의해 이루어진다.

07 기체-오일식 어큐뮬레이터에 가장 많이 사용되는 가스는?

① 산소
② 질소
③ 아세틸렌
④ 이산화탄소

> 기체-오일식 어큐뮬레이터에 사용되는 가스는 질소가스가 사용된다.

정답
01.② 02.② 03.④ 04.② 05.③
06.③ 07.②

08 유압 오일의 온도가 상승할 때 나타날 수 있는 결과가 아닌 것은?

① 오일 누설 발생
② 펌프 효율 저하
③ 점도 상승
④ 유압밸브의 기능 저하

> 유압 오일이 상승하면 온도에 의해 점도가 낮아진다.

09 유압펌프에서 발생한 유압을 저장하고 맥동을 제거시키는 것은?

① 어큐뮬레이터　② 언로딩 밸브
③ 릴리프 밸브　　④ 스트레이너

> 어큐뮬레이터는 유체에서 발생된 맥동, 진동을 흡수완화하고 유압을 저장, 보완하여 동력원으로 작동하는 기기이다.

10 일반적으로 유압 계통을 수리할 때마다 항상 교환해야 하는 것은?

① 샤프트 실(Shaft Seals)
② 커플링(Couplings)
③ 밸브 스풀(Valve Spools)
④ 터미널 피팅(Terminal Fittings)

> 유압 계통의 수리에서 이상이 없어도 교환해야 하는 부품은 시일이며 시일은 개스킷의 일종이다.

11 유압계통에서 오일 누설 시의 점검사항이 아닌 것은?

① 오일의 윤활성
② 실(seal)의 마모
③ 실(seal)의 파손
④ 펌프 고정볼트의 이완

> 오일의 누설에서 점검사항으로 윤활성은 해당되지 않는다.

12 유압유의 열화를 촉진시키는 가장 직접적인 요인은?

① 유압유의 온도 상승
② 배관에 사용되는 금속의 강도 약화
③ 공기 중의 습도 저하
④ 유압펌프의 고속회전

> 유압유의 열화는 과부하 연속 운전 등에 의한 유압유의 온도 상승에 직접적인 영향을 많이 받는다.

13 가스 형 축압기(어큐뮬레이터)에 가장 널리 사용되는 가스는?

① 질소　② 수소
③ 아르곤　④ 산소

> 가스 형 축압기(어큐뮬레이터)에 주입되는 가스는 질소가스가 사용된다.

14 축압기의 종류 중 가스-오일식이 아닌 것은?

① 스프링 하중식(Spring loaded type)
② 피스톤식(piston type)
③ 다이어프램식(diaphragm type)
④ 블래더식(bladder type)

> 축압기에 스프링 하중식은 기계식이다.

15 유압회로에서 작동유의 정상 작동 온도에 해당되는 것은?

① 5~10℃
② 40~80℃
③ 112~115℃
④ 125~140℃

> 작동유의 정상 작동 온도는 일반적으로 40~80℃이다.

정 답
08.③　09.①　10.①　11.①　12.①
13.①　14.①　15.②

16 유압장치에서 피스톤 로드에 있는 먼지 또는 오염 물질 등이 실린더 내로 혼입되는 것을 방지하는 것은?

① 필터(filter)
② 더스트 실(dust seal)
③ 밸브(valve)
④ 실린더 커버(cylinder cover)

> 더스트 실은 실 중에서 가장 바깥쪽에 설치된 실로서 오일의 누출을 방지하면서 외부에서 오염 물질 등의 유입을 방지하는 역할을 한다.

17 유압장치에서 회전축 둘레의 누유를 방지하기 위하여 사용되는 밀봉장치(Seal)는?

① 오링(O-ring)
② 개스킷(Gasket)
③ 더스트 실(Dust Seal)
④ 기계적 실(Mechanical Seal)

> **각 밀봉장치의 기능**
> ① 오링 : 일반적으로 부하가 크지 않거나 회전력이 크지 않은 부분, 직선 운동부분에 사용되는 밀봉장치
> ② 개스킷 : 금속의 접합면에 사용하는 밀봉장치
> ③ 더스트 실 : 외부에서의 이물질의 침입을 방지하면서 누유를 방지하는 밀봉장치
> ④ 메커니컬 실 : 빠른 회전과 회전력이 큰 부분의 금속제 밀봉장치로 카본으로 제작되며 기계적 실이라 한다.

18 유압장치에서 오일 쿨러(Cooler)의 구비조건으로 틀린 것은?

① 촉매작용이 없을 것
② 오일 흐름에 저항이 클 것
③ 온도 조정이 잘 될 것
④ 정비 및 청소하기에 편리할 것

> 오일 쿨러는 오일 냉각기로 오일의 흐름 저항이 적어야 한다.

19 수냉식 오일 냉각기(Oil Cooler)에 대한 설명으로 틀린 것은?

① 소형으로 냉각 능력이 크다.
② 고장 시 오일 중에 물이 혼입될 우려가 있다.
③ 대기 온도나 냉각수 이하 온도의 냉각이 용이하다.
④ 유온을 항상 적정한 온도로 유지하기 위하여 사용된다.

> 오일 냉각기는 오일을 항상 일정한 온도로 유지하기 위한 것으로 엔진의 냉각수를 이용하고 있으며 냉각수의 온도를 유지하게 된다.

20 축압기(Accumulator)의 사용 목적이 아닌 것은?

① 압력 보상
② 유체의 맥동 감쇠
③ 유압회로 내 압력제어
④ 보조 동력원으로 사용

> **어큐뮬레이터의 기능**
> ① 유체 에너지의 축적
> ② 유압 회로 내 오일의 해머링, 충격, 맥동의 흡수
> ③ 부하 라인의 오일 누출 보상
> ④ 온도 변화에 의한 오일의 용적 변화를 보상
> ⑤ 타 종류 유체간의 동력 전달

정 답				
16.②	17.④	18.②	19.③	20.③

PART.7
상시대비 CBT 기출복원문제

굴착기운전기능사

CBT 기출복원문제
2022년 제1회 굴착기운전기능사

01 수공구 사용 시 안전수칙으로 바르지 못한 것은?

① 톱 작업은 밀 때 절삭되게 작업한다.
② 줄 작업으로 생긴 쇳가루는 브러시로 털어낸다.
③ 해머작업은 미끄러짐을 방지하기 위해서 반드시 면장갑을 끼고 작업한다.
④ 조정 렌치는 고정 조에 힘을 받게 하여 사용한다.

[해설] 면장갑을 끼고 해머 작업을 하면 손에서 미끄러져 위험을 초래할 수 있다.

02 건설기계 소유자는 건설기계를 도난당한 날로부터 얼마 이내에 등록 말소를 신청해야 하는가?

① 30일 이내　② 2개월 이내
③ 3개월 이내　④ 6개월 이내

[해설] 건설기계 소유자는 건설기계를 도난당한 날로부터 2개월 이내에 등록 말소를 신청하여야 한다.

03 교류 발전기에서 교류를 직류로 바꾸어주는 것은?

① 계자　② 슬립링
③ 브러시　④ 다이오드

[해설] 교류 발전기의 구조
① **스테이터** : 고정 부분으로 스테이터 코어 및 스테이터 코일로 구성되어 3상 교류가 유기된다.
② **로터** : 로터 코어, 로터 코일 및 슬립링으로 구성되어 있으며, 회전하여 자속을 형성한다.
③ **슬립 링** : 브러시와 접촉되어 축전지의 여자 전류를 로터 코일에 공급한다.
④ **브러시** : 로터 코일에 축전지 전류를 공급하는 역할을 한다.
⑤ **실리콘 다이오드** : 스테이터 코일에 유기된 교류를 직류로 변환시키는 정류 작용과 역류를 방지한다.

04 기관의 크랭크축 베어링의 구비조건으로 틀린 것은?

① 마찰계수가 클 것
② 내피로성이 클 것
③ 매입성이 있을 것
④ 추종 유동성이 있을 것

[해설] 베어링의 구비조건
① 하중 부담 능력이 있을 것(폭발 압력).
② 내피로성일 것(반복 하중).
③ 이물질을 베어링 자체에 흡수하는 매입성일 것.
④ 축의 얼라인먼트에 변화될 수 있는 금속적인 추종 유동성일 것.
⑤ 산화에 대하여 저항할 수 있는 내식성일 것.
⑥ 열전도성이 우수하고 셀에 융착성이 좋을 것.
⑦ 고온에서 강도가 저하되지 않는 내마멸성이어야 한다.

05 전압(Voltage)에 대한 설명으로 적당한 것은?

① 자유전자가 도선을 통하여 흐르는 것을 말한다.
② 전기적인 높이 즉, 전기적인 압력을 말한다.
③ 물질에 전류가 흐를 수 있는 정도를 나타낸다.
④ 도체의 저항에 의해 발생되는 열을 나타낸다.

정답　01.③　02.②　03.④　04.①　05.②

해설 전류, 전압, 저항
① 전류 : 도선을 통하여 자유전자가 이동하는 것을 전류라 한다.
② 전압 : 전기적인 높이 즉, 전기적인 압력을 전압이라 한다.
③ 저항 : 물질에 전류가 흐를 수 있는 정도를 나타낸다.

06 축전지의 구비조건으로 가장 거리가 먼 것은?

① 축전지의 용량이 클 것
② 전기적 절연이 완전할 것
③ 가급적 크고 다루기 쉬울 것
④ 전해액의 누설방지가 완전할 것

해설 축전지의 구비조건
① 축전지의 용량이 클 것.
② 축전지의 충전, 검사에 편리한 구조일 것.
③ 소형이고 운반이 편리할 것.
④ 전해액의 누설 방지가 완전할 것.
⑤ 축전지는 가벼울 것.
⑥ 전기적 절연이 완전할 것.
⑦ 진동에 견딜 수 있을 것.

07 기관의 오일펌프 유압이 낮아지는 원인이 아닌 것은?

① 윤활유 점도가 너무 높을 때
② 베어링의 오일 간극이 클 때
③ 윤활유의 양이 부족할 때
④ 오일 스트레이너가 막혔을 때

해설 유압이 낮아지는 원인
① 윤활유의 점도가 낮을 경우
② 베어링의 오일 간극이 클 경우
③ 유압 조절 밸브 스프링의 장력이 작을 경우
④ 오일 스트레이너가 막혔을 경우
⑤ 오일펌프 설치 볼트의 조임이 불량할 경우
⑥ 오일펌프의 마멸이 과대할 경우
⑦ 오일 통로의 파손 및 오일의 누출될 경우
⑧ 윤활유의 양이 부족할 경우

08 디젤기관의 노킹 발생 원인과 가장 거리가 먼 것은?

① 착화기간 중 분사량이 많다.
② 노즐의 분무 상태가 불량하다.
③ 세탄가가 높은 연료를 사용하였다.
④ 기관이 과도하게 냉각되어 있다.

해설 디젤기관의 노크 발생원인
① 연료의 세탄가가 낮다.
② 연료의 분사 압력이 낮다.
③ 연소실의 온도가 낮다.
④ 착화지연 시간이 길다.
⑤ 분사노즐의 분무상태가 불량하다.
⑥ 기관이 과도하게 냉각 되었다.
⑦ 착화 지연기간 중 연료 분사량이 많다.
⑧ 연소실에 누적된 연료가 많아 일시에 연소할 때

09 먼지가 많은 장소에서 착용하여야 하는 마스크는?

① 방독 마스크   ② 산소 마스크
③ 방진 마스크   ④ 일반 마스크

10 특별 표지판을 부착하지 않아도 되는 건설기계는?

① 최소 회전반경이 13m인 건설기계
② 길이가 17m인 건설기계
③ 너비가 3m인 건설기계
④ 높이가 3m인 건설기계

해설 특별표지판 부착대상 건설기계
① 길이가 16.7m를 초과하는 건설기계
② 너비가 2.5m를 초과하는 건설기계
③ 높이가 4.0m를 초과하는 건설기계
④ 최소 회전반경이 12m를 초과하는 건설기계
⑤ 총중량이 40톤을 초과하는 건설기계
⑥ 총중량 상태에서 축하중이 10톤을 초과하는 건설기계
⑦ 대형 건설기계에는 기준에 적합한 특별 표지판을 부착하여야 한다.

정답 06.③ 07.① 08.③ 09.③ 10.④

11 유압장치에서 피스톤 로드에 있는 먼지 또는 오염 물질 등이 실린더 내로 혼입되는 것을 방지하는 것은?

① 필터(filter)
② 더스트 실(dust seal)
③ 밸브(valve)
④ 실린더 커버(cylinder cover)

해설 더스트 실은 피스톤 로드에 있는 먼지 또는 오염물질 등이 실린더 내로 혼입되는 것을 방지한다.

12 축압기(Accumulator)의 사용 목적으로 아닌 것은?

① 압력 보상
② 유체의 맥동 감쇄
③ 유압회로 내 압력제어
④ 보조 동력원으로 사용

해설 축압기(Accumulator)의 용도
① 유압 에너지를 저장(축척)한다.
② 유압 펌프의 맥동을 제거(감쇄)해 준다.
③ 충격 압력을 흡수한다.
④ 압력을 보상해 준다.
⑤ 유압 회로를 보호한다.
⑥ 보조 동력원으로 사용한다.

13 다음의 유압기호가 나타내는 것은?

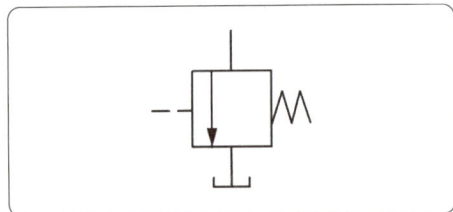

① 무부하 밸브
② 감압 밸브
③ 릴리프 밸브
④ 순차 밸브

14 차량이 남쪽에서부터 북쪽 방향으로 진행 중일 때 다음 표지판에서 잘못 해석한 것은?

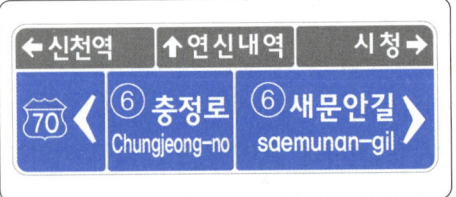

① 연신내역 방향으로 가려는 경우 차량을 직진한다.
② 차량을 우회전하는 경우 '새문안길'로 진입할 수 있다.
③ 차량을 우회전하는 경우 '새문안길' 도로 구간의 진입지점에 진입할 수 있다.
④ 차량을 좌회전하는 경우 '충정로' 도로구간의 시작지점에 진입할 수 있다.

15 건설기계 조종사의 적성검사 기준으로 가장 거리가 먼 것은?

① 언어 분별력이 80% 이상일 것
② 시각은 150도 이상일 것
③ 4데시벨(보청기를 사용하는 사람은 30데시벨)의 소리를 들을 수 있을 것
④ 두 눈을 동시에 뜨고 잰 시력이 0.7 이상, 각 눈의 시력이 각각 0.3 이상일 것

해설 건설기계 적성검사 기준
① 두 눈을 동시에 뜨고 잰 시력(교정시력을 포함한다.)이 0.7 이상이고 두 눈의 시력이 각각 0.30이상일 것
② 55데시벨(보청기를 사용하는 사람은 40데시벨)의 소리를 들을 수 있을 것.
③ 언어 분별력이 80퍼센트 이상일 것
④ 시각은 150도 이상일 것

정답 11.② 12.③ 13.① 14.③ 15.③

16 굴착공사를 위하여 가스배관과 근접하여 H 기둥을 설치하고자 할 때 가장 근접하여 설치할 수 있는 최소 수평거리는?

① 10cm ② 30cm
③ 5cm   ④ 20cm

해설 도시가스 배관과 수평거리 30cm 이내에서는 파일박기를 해서는 안 된다.

17 타이어에 주름이 있는 이유와 관련이 없는 것은?

① 타이어 내부의 열을 발산한다.
② 조향성, 안정성을 준다.
③ 타이어의 배수효과를 부여한다.
④ 노면과 간헐적으로 접촉되므로 마모, 슬립과 관련이 없다.

해설 타이어에 주름(트레드 패턴)의 필요성
① 타이어의 배수효과를 위하여 필요하다.
② 타이어 내부의 열을 발산한다.
③ 제동력, 견인력, 구동력이 증가된다.
④ 조향성 및 안정성이 향상된다.

18 도로에서 굴착 작업 시 케이블 표지 시트가 발견되면 어떻게 조치하여야 하는가?

① 케이블 표지 시트를 걷어내고 계속 굴착한다.
② 굴착 작업을 중지하고 해당 시설 관련 기관에 연락한다.
③ 표지시트를 원상태로 다시 덮고 인근 부위를 굴착한다.
④ 표지시트를 제거하고 보호판이나 케이블이 확인될 때까지 굴착한다.

19 크롤러형 굴착기가 진흙에 빠져서 자력으로는 탈출이 거의 불가능하게 된 상태의 경우 견인하는 방법으로 가장 적당한 것은?

① 버킷으로 지면을 걸고 나온다.
② 하부기구 본체에 와이어 로프를 걸어 견인 장비로 당길 때 굴착기의 주행레버를 견인 방향으로 조종한다.
③ 견인과 피견인 굴착기 버킷을 서로 걸고 견인한다.
④ 작업장치로 잭업시킨 후 후진으로 밀면서 나온다.

20 타이어식 굴착기의 특징에 대한 설명으로 가리가 먼 것은?

① 접지압이 낮아 습지 작업에 유리하다.
② 자동차와 같이 고무 타이어로 된 형식이다.
③ 장거리 이동이 가능하고 기동성이 좋다.
④ 자력으로 이동이 가능하다.

해설 무한궤도식 굴착기는 접지압이 낮아 습지 및 사지 작업에 유리하다.

21 교차로 통과 시 중간에 끼면 어떻게 하여야 하는가?

① 교차로에서 우회전으로 전환하여야 한다.
② 신속히 교차로 밖으로 진행한다.
③ 그 자리에 정지하여야 한다.
④ 일시 정지하여 녹색신호를 기다린다.

해설 교차로에 차마의 일부라도 진입한 경우에는 신속히 교차로 밖으로 진행하여야 한다.

22 편도 2차로일 때 건설기계는 어디로 가야 하나?

① 1차로   ② 주행 불가
③ 갓길   ④ 2차로

23 화재의 분류에서 금속 화재의 등급은?

① B급 화재   ② C급 화재
③ D급 화재   ④ A급 화재

정답 16.② 17.④ 18.② 19.② 20.① 21.② 22.④ 23.③

해설 화재의 분류
① A급 화재 : 나무, 석탄 등 연소 후 재를 남기는 일반적인 화재
② B급 화재 : 휘발유, 벤젠 등 유류화재
③ C급 화재 : 전기 화재
④ D급 화재 : 금속 화재

24 타이어식 굴착기의 운전 특성에 대한 설명으로 가장 거리가 먼 것은?

① 산악 지대의 작업이 유리하다.
② 이동을 할 경우 자체 동력에 의해 도로 주행이 가능하다.
③ 암석, 암반 작업을 할 경우 타이어가 손상될 수 있다.
④ 기동력은 좋으나 견인력은 약하다.

해설 타이어식 굴착기의 특징
① 기동력이 좋다.
② 주행 저항이 적다.
③ 이동할 경우 자체 동력으로 이동한다.
④ 도심지 등 근거리 작업에 효과적이다.
⑤ 평탄하지 않은 작업장소나 진흙땅 작업이 어렵다.
⑥ 암석, 암반지대에서 작업 시 타이어가 손상될 수 있다.
⑦ 견인력이 약하다.

25 건설기계 조종 중 고의로 사망 사고의 인명 피해를 입힌 때 면허의 처분 기준은?

① 면허효력 정지 15일
② 면허효력 정지 30일
③ 면허효력 정지 5일
④ 면허 취소

해설 면허 취소 사유
① 거짓이나 그 밖의 부정한 방법으로 건설기계 조종사 면허를 받은 경우
② 건설기계 조종사 면허의 효력정지 기간 중 건설기계를 조종한 경우
③ 건설기계 조종 상의 위험과 장해를 일으킬 수 있는 정신질환자 또는 뇌전증환자로서 국토교통부령으로 정하는 사람
④ 앞을 보지 못하는 사람, 듣지 못하는 사람, 그 밖에 국토교통부령으로 정하는 장애인
⑤ 건설기계 조종 상의 위험과 장해를 일으킬 수 있는 마약·대마·향정신성의약품 또는 알코올 중독자로서 국토교통부령으로 정하는 사람
⑥ 건설기계의 조종 중 고의 또는 과실로 중대한 사고를 일으킨 경우
⑦ 고의로 인명피해(사망·중상·경상 등을 말한다)를 입힌 경우
⑧ 정기적성검사를 받지 아니하거나 불합격한 경우
⑨ 약물(마약, 대마, 향정신성 의약품 및 환각물질을 말한다)을 투여한 상태에서 건설기계를 조종한 경우
⑩ 건설기계 조종사 면허증을 다른 사람에게 빌려 준 경우
⑪ 술에 취한 상태에서 건설기계를 조종하다가 사고로 사람을 죽게 하거나 다치게 한 경우
⑫ 술에 만취한 상태(혈중알코올농도 0.1% 이상)에서 건설기계를 조종한 경우
⑬ 2회 이상 술에 취한 상태에서 건설기계를 조종하여 면허 효력 정지를 받은 사실이 있는 사람이 다시 술에 취한 상태에서 건설기계를 조종한 경우

26 유압 작동유의 점도가 지나치게 낮을 때 나타날 수 있는 현상으로 알맞은 것은?

① 유압 실린더의 속도가 늦어진다.
② 압력이 상승한다.
③ 출력이 증가한다.
④ 유동저항이 증가한다.

해설 유압유의 점도가 너무 낮을 경우의 영향
① 유압 펌프의 효율이 저하된다.
② 실린더 및 컨트롤 밸브에서 누출 현상이 발생한다.
③ 계통(회로)내의 압력이 저하된다.
④ 유압 실린더의 속도가 늦어진다.

27 굴착 작업할 때 도시가스 배관의 위치 표시는 무슨 색으로 표시하는가?

① 노란색　② 청색
③ 녹색　④ 흰색

해설 도시가스 사업자와 굴착 공사자는 굴착공사로 인하여 도시가스 배관이 손상되지 않도록 다음 기준에 따라 도시가스 배관의 위치표시를 실시하여야 한다.
① 굴착 공사자는 굴착공사 예정지역의 위치를 흰색 페인트로 표시하며, 페인트로 표시하는 것이 곤란한 경우에는 굴착 공사자와 도시가스 사업자가 굴착공사 예정지역임을 인지할 수 있는 적절한 방법으로 표시할 것.

정답 24.① 25.④ 26.① 27.④

② 도시가스 사업자는 굴착공사로 인하여 위해를 받을 우려가 있는 매설배관의 위치를 매설배관 바로 위의 지면에 페인트로 표시하며, 페인트로 표시하는 것이 곤란한 경우에는 표시 말뚝·표시 깃발·표지판 등을 사용하여 적절한 방법으로 표시할 것.
③ 공사 진행 등으로 도시가스 배관 표시물이 훼손될 경우에도 지속적으로 표시할 것.

28 작업 중 기계장치에서 이상한 소리가 날 경우 작업자가 해야 할 조치로 가장 적합한 것은?

① 장비를 멈추고 열을 식힌 후 작업한다.
② 즉시 기계의 작동을 멈추고 점검한다.
③ 진행 중인 작업을 마무리 후 작업 종료하여 조치한다.
④ 속도를 줄이고 작업한다.

해설 작업 중 기계장치에서 이상한 소리가 날 경우 즉시 기계의 작동을 멈추고 점검하여야 한다.

29 건설기계를 이동하지 않고 검사하는 경우의 건설기계가 아닌 것은?

① 너비가 2.5미터를 초과는 경우
② 도서지역에 있는 경우
③ 건설기계 중량이 20톤인 경우
④ 최고속도가 시간당 25킬로미터인 경우

해설 건설기계가 위치한 장소에서 검사하여야 하는 건설기계
① 도서지역에 있는 경우
② 자체중량이 40톤을 초과하거나 축중이 10톤을 초과하는 경우
③ 너비가 2.5m를 초과하는 경우
④ 최고속도가 시간당 35km 미만인 경우

30 시야가 100m일 때 속도는 최고 속도의 몇 %로 줄인 속도로 운행하여야 하는가?

① 100분의 50을 줄인 속도
② 100분의 70을 줄인 속도
③ 100분의 30을 줄인 속도
④ 100분의 20을 줄인 속도

해설 최고속도의 100분의 50을 줄인 속도로 운행하여야 하는 경우
① 폭우·폭설·안개 등으로 가시거리가 100m 이내인 경우
② 노면이 얼어붙은 경우
③ 눈이 20mm 이상 쌓인 경우

31 굴착기로 나무를 옮길 때 사용하는 선택장치의 기구 이름은?

① 브레이커
② 크러셔
③ 유압 셔블
④ 그래플

해설 굴착기의 주 작업 장치는 장비의 본체와 붐, 암, 버킷을 말하며, 굴착기의 선택장치는 굴착기의 암(arm)과 버킷에 작업 용도에 따라 옵션(option)으로 부착하여 사용하는 장치를 말한다.
① 브레이커(breaker) : 치즐의 머리부에 유압식 왕복 해머로 연속적으로 타격을 가해 암석, 콘크리트 등을 파쇄하는 장치로 유압식 해머라 부르기도 한다. 도로 공사, 빌딩 해체, 도로 파쇄, 터널 공사, 슬래그 파쇄, 쇄석 및 채석장의 돌 쪼개기 공사 등의 쇄석 및 해체 공사에 주로 적용한다.
② 크러셔(crusher) : 2개의 집게로 작업 대상물을 집고, 집게를 조여서 물체를 부수는 장치이다. 암반이나 콘크리트 파쇄 작업과 철근 절단 작업에 사용한다.
③ 유압 셔블(Hydraulic shovel) : 유압 셔블은 장비의 위치보다 높은 곳을 굴착하는데 알맞은 것으로 토사 및 암석을 트럭에 적재하기 쉽게 디퍼(버킷) 덮개를 개폐하도록 제작된 장비이다.
④ 그래플(grapple) 또는 그랩(grap) : 유압 실린더를 이용해서 2~5개의 집게를 움직여 돌, 나무 등의 작업물질을 집는 장치이다.

32 유압 모터의 장점이 될 수 없는 것은?

① 변속·역전의 제어도 용이하다.
② 소형·경량으로서 큰 출력을 낼 수 있다.
③ 공기나 먼지 등이 침투하여도 성능에는 영향이 없다.
④ 속도나 방향의 제어가 용이하다.

해설 유압 모터의 장점
① 넓은 범위의 무단변속이 용이하다.
② 소형경량으로서 큰 출력을 낼 수 있다.

정답 28.② 29.③ 30.① 31.④ 32.③

③ 구조가 간단하며, 과부하에 대해 안전하다.
④ 정역회전 변화가 가능하다.
⑤ 자동 원격조작이 가능하고 작동이 신속정확하다.
⑥ 전동 모터에 비하여 급속정지가 쉽다.
⑦ 속도나 방향의 제어가 용이하다.
⑧ 회전체의 관성이 작아 응답성이 빠르다.

33 유체의 관로에 공기가 침입할 때 일어나는 현상이 아닌 것은?

① 공동 현상   ② 숨 돌리기 현상
③ 열화 현상   ④ 기화 현상

[해설] 작동유에 공기가 유입되었을 때 발생되는 현상
① 실린더의 숨 돌리기 현상
② 작동유의 열화 촉진
③ 공동 현상(cavitation)

34 건설기계 관리법령상 건설기계에 대하여 실시하는 검사가 아닌 것은?

① 신규 등록 검사 ② 수시 검사
③ 예비 검사   ④ 정기 검사

[해설] 건설기계 검사의 종류
① 신규 등록 검사 : 건설기계를 신규로 등록할 때 실시하는 검사
② 정기 검사 : 검사유효기간이 끝난 후에 계속하여 운행하려는 경우에 실시하는 검사와 운행차의 정기검사
③ 구조 변경 검사 : 건설기계의 주요 구조를 변경하거나 개조한 경우 실시하는 검사
④ 수시 검사 : 성능이 불량하거나 사고가 자주 발생하는 건설기계의 안전성 등을 점검하기 위하여 수시로 실시하는 검사와 건설기계 소유자의 신청을 받아 실시하는 검사

35 유압 모터의 특징 중 거리가 가장 먼 것은?

① 작동유가 인화되기 어렵다.
② 무단변속이 가능하다.
③ 작동유의 점도변화에 의하여 유압모터의 사용에 제약이 있다.
④ 속도나 방향의 제어가 용이하다.

[해설] 유압 모터는 무단변속이 가능하고, 속도나 방향의 제어가 용이한 장점이 있으나 작동유의 점도변화에 의하여 유압 모터의 사용에 제약이 따르고, 작동유가 인화되기 쉬운 단점이 있다.

36 디젤기관의 윤활유 압력이 낮은 원인이 아닌 것은?

① 윤활유의 양이 부족할 때
② 윤활유 점도가 너무 높을 때
③ 베어링의 오일 간극이 클 때
④ 오일펌프의 마모가 심할 때

[해설] 윤활유 압력이 낮은 원인
① 오일의 점도지수가 낮은 경우
② 베어링의 오일 간극의 과대한 경우
③ 유압 조절 밸브(릴리프밸브)가 열린 상태로 고착된 경우
④ 오일펌프의 마모가 심한 경우
⑤ 윤활유의 양이 부족한 경우

37 유압 에너지의 저장, 충격 흡수 등에 이용되는 것은?

① 오일탱크   ② 스트레이너
③ 펌프   ④ 축압기

[해설] 어큐뮬레이터의 용도
① 유압 에너지 저장
② 유압 펌프의 맥동을 제거해 준다.
③ 충격 압력을 흡수한다.
④ 압력을 보상해 준다.
⑤ 기액(기체 액체)형 어큐뮬레이터에 사용되는 가스는 질소이다.
⑥ 종류 : 피스톤형, 다이어프램형, 블래더형

38 산업안전보건법령상 안전·보건표지의 종류 중 다음 그림에 해당하는 것은?

① 산화성 물질 경고
② 인화성 물질 경고
③ 급성 독성 물질 경고
④ 낙하물 경고

정답 33.④ 34.③ 35.① 36.② 37.④ 38.④

39 붐과 암에 회전 장치를 설치하고 굴착기의 이동 없이도 암이 360°회전할 수 있어 편리하게 굴착 및 상차 작업을 할 수 있 붐은?

① 투피스 붐
② 백호 스틱 붐
③ 로터리(회전형) 붐
④ 원피스 붐

해설 붐의 종류
① **원피스 붐**(one piece boom) : 백호(back hoe) 버킷을 부착하여 175° 정도의 굴착 작업에 알맞으며, 훅(hook)을 설치할 수 있다.
② **투피스 붐**(two piece boom) : 굴착 깊이가 깊으며, 토사의 이동, 적재, 클램셀 작업 등에 적합하며, 좁은 장소에서의 작업에 용이하다.
③ **백호 스틱 붐**(back hoe sticks boom) : 암의 길이가 길어서 깊은 장소의 굴착이 가능하며, 도랑 파기 작업에 적합하다.
④ **로터리(회전형) 붐** : 붐과 암에 회전 장치를 설치하고 굴착기의 이동 없이도 암이 360°회전할 수 있어 편리하게 굴착 및 상차 작업을 할 수 있다. 제철 공장, 터널 내부 공사 등에서 주로 사용된다.

40 작업장에서 공동 작업으로 물건을 들어 이동할 때 잘못된 것은?

① 불안전한 물건은 드는 방법에 주의할 것
② 힘의 균형을 유지하여 이동 할 것
③ 이동 동선을 미리 협의하여 작업을 시작할 것
④ 무게로 인한 위험성 때문에 가급적 빨리 이동하여 작업을 종료할 것

41 드릴 작업 시 유의 사항으로 잘못된 것은?

① 균열이 있는 드릴은 사용을 금한다.
② 작업 중 칩 제거를 금지한다.
③ 작업 중 보안경 착용을 금한다.
④ 작업 중 면장갑 착용을 금한다.

해설 드릴 작업 시 칩이 발생되므로 보안경을 착용하고 작업을 수행하여야 한다.

42 무한궤도식 굴착기가 주행 중 트랙이 벗어지는 원인이 아닌 것은?

① 전부 유동륜과 스프로킷의 중심이 맞지 않았을 경우
② 전부 유동륜과 스프로킷의 마모
③ 고속 주행 중 급선회하거나 경사가 큰 굴착지에서 작업할 경우
④ 리코일 스프링의 장력이 적당할 때

해설 트랙이 벗겨지는 원인
① 트랙의 유격(긴도)이 너무 클 때
② 트랙의 정열이 불량할 때(프런트 아이들러와 스프로킷의 중심이 일치되지 않았을 때)
③ 고속 주행 중 급선회를 하였을 때
④ 프런트 아이들러, 상·하부 롤러 및 스프로킷의 마멸이 클 때
⑤ 리코일 스프링의 장력이 부족할 때
⑥ 경사가 큰 굴착지에서 작업 할 때

43 유압 액추에이터의 기능에 대한 설명으로 맞는 것은?

① 유압의 방향을 바꾸는 장치이다.
② 유압을 일로 바꾸는 장치이다.
③ 유압의 빠르기를 조정하는 장치이다.
④ 유압의 오염을 방지하는 장치이다.

해설 유압 액추에이터는 압력(유압) 에너지를 기계적 에너지(일로) 바꾸는 장치이다.

44 과급기에 대해 설명한 것 중 틀린 것은?

① 과급기를 설치하면 엔진 중량과 출력이 감소된다.
② 흡입 공기에 압력을 가해 기관에 공기를 공급한다.
③ 체적 효율을 높이기 위해 인터 쿨러를 사용한다.
④ 배기 터빈 과급기는 주로 원심식이 가장 많이 사용된다.

해설 과급기를 설치한 엔진은 중량이 증가되며, 충진 효율이 향상되기 때문에 엔진의 출력 및 회전력이 증대된다.

정답 39.③ 40.④ 41.③ 42.④ 43.② 44.①

45 다음 중 굴착기 작업장치의 종류가 아닌 것은?

① 그래플　② 점화장치
③ 셔블　　④ 버킷

해설 ① **그래플** : 유압 실린더를 이용해서 2~5개의 집게를 움직여 돌, 나무 등의 작업물질을 집는 장치이다.
② **셔블** : 셔블은 장비의 위치보다 높은 곳을 굴착하는데 알맞은 것으로 토사 및 암석을 트럭에 적재하기 쉽게 디퍼(버킷) 덮개를 개폐하도록 제작된 장비이다.
③ **버킷** : 직접 작업을 하는 부분으로 고장력의 강철판으로 제작되어 있으며, 버킷의 용량은 1회 담을 수 있는 용량을 m^3(루베)로 표시한다. 버킷의 굴착력을 높이기 위해 투스를 부착한다.

46 다음 중 일반적인 재해 조사 방법으로 적절하지 않은 것은?

① 현장 조사는 사고 현장 정리 후에 실시한다.
② 사고 현장은 사진 등으로 촬영하여 보관하고 기록한다.
③ 현장의 물리적 흔적을 수집한다.
④ 목격자, 현장 책임자 등 많은 사람들에게 사고 시의 상황을 듣는다.

해설 재해 조사 방법
① 재해 발생 직후에 실시한다.
② 재해 현장의 물리적 흔적을 수집한다.
③ 재해 현장을 사진 등으로 촬영하여 보관하고 기록한다.
④ 목격자, 현장 책임자 등 많은 사람들에게 사고시의 상황을 의뢰한다.
⑤ 재해 피해자로부터 재해 직전의 상황을 듣는다.
⑥ 판단하기 어려운 특수재해나 중대재해는 전문가에게 조사를 의뢰한다.

47 엔진 오일에 대한 설명으로 가장 거리가 먼 것은?

① 오일 교환 시기를 맞춘다.
② 엔진 오일이 검정색에 가깝다면 심한 오염의 여지가 있다.
③ 점도와 관련하여 계절에 관계없이 아무 오일을 사용한다.
④ 오일 필터가 막히면 오일 압력 경고등이 켜질 수 있다.

해설 엔진 오일은 여름철에는 점도가 높은 것을 사용하고 겨울철에는 여름철보다 점도가 낮은 것을 사용한다.

48 디젤기관 연료라인에 공기빼기를 하여야 하는 경우가 아닌 것은?

① 연료 탱크 내의 연료가 결핍되어 보충한 경우
② 예열 플러그를 교환한 경우
③ 연료 필터의 교환, 분사 펌프를 탈 부착한 경우
④ 연료 호스나 파이프 등을 교환한 경우

해설 공기빼기 작업을 하여야 하는 경우
① 연료 탱크 내의 연료가 결핍되어 보충한 경우
② 연료 호스나 파이프 등을 교환한 경우
③ 연료 필터의 교환
④ 분사 펌프를 탈·부착한 경우

49 순차 작동 밸브라고도 하며, 각 유압 실린더를 일정한 순서로 순차 작동시키고자 할 때 사용하는 것은?

① 릴리프 밸브　② 감압밸브
③ 시퀀스 밸브　④ 언로드 밸브

해설 시퀀스 밸브는 두 개 이상의 분기회로에서 유압 실린더나 모터의 작동순서를 결정한다.

50 다음 수공구 사용 시의 주의사항 중 틀린 것은?

① 스크루 드라이버 사용할 때 공작물을 손으로 잡지 말 것
② 드라이버는 홈보다 약간 큰 것을 사용한다.
③ 작업 중 드라이버가 빠지지 않도록 한다.
④ 전기 작업 시에는 절연된 드라이버를 사용한다.

정답 45.② 46.① 47.③ 48.② 49.③ 50.②

해설 스크루 드라이버는 홈에 맞는 것을 사용하여야 한다.

51 회로 내 유체의 흐름 방향을 제어하는데 사용되는 밸브는?

① 감압 밸브
② 유압 액추에이터
③ 체크 밸브
④ 스로틀 밸브

해설 방향제어 밸브의 종류에는 스풀 밸브, 체크 밸브, 디셀러레이션 밸브, 셔틀 밸브 등이 있다.

52 유압식 브레이크에서 베이퍼 록의 원인과 관계없는 것은?

① 긴 내리막길에서 브레이크를 지나치게 사용하면 발생할 수 있다.
② 베이퍼 록 현상이 있을 경우 엔진 브레이크를 사용하는 것이 좋다.
③ 브레이크 작동이 원활하도록 도와주는 현상이다.
④ 오일에 수분이 포함되어 있으면 발생 원인이 될 수 있다.

해설 베이퍼 록이 발생하는 원인
① 지나친 브레이크 조작
② 드럼의 과열 및 잔압의 저하
③ 긴 내리막길에서 과도한 브레이크 사용
④ 라이닝과 드럼의 간극 과소
⑤ 오일의 변질에 의한 비점 저하
⑥ 불량한 오일 사용
⑦ 드럼과 라이닝의 끌림에 의한 가열

53 유압 모터를 이용한 스크루로 구멍을 뚫고 전신주 등을 박는 작업에 사용되는 굴착기의 작업 장치는?

① 그래플
② 브레이커
③ 오거
④ 리퍼

해설 굴착기의 작업장치
① **그래플(그랩)** : 유압 실린더를 이용하여 2~5개의 집게를 움직여 작업물질을 집는 작업 장치이다.
② **브레이커** : 브레이커는 정(치즐)의 머리 부분에 유압 방식의 왕복 해머로 연속적으로 타격을 가해 암석, 콘크리트 등을 파쇄 하는 작업 장치이다.
③ **리퍼** : 리퍼는 굳은 땅, 언 땅, 콘크리트 및 아스팔트 파괴 또는 나무뿌리 뽑기, 발파한 암석 파기 등에 사용된다.

54 타이어식 건설장비에서 조향바퀴의 얼라인먼트 요소와 관련 없는 것은?

① 부스터
② 캐스터
③ 토인
④ 캠버

해설 얼라인먼트의 요소는 캠버, 캐스터, 토인, 킹핀 경사각이다.

55 유압 탱크의 기능으로 알맞은 것은?

① 계통 내에 적정온도 유지
② 배플에 의한 기포발생 방지 및 소멸
③ 계통 내에 필요한 압력 확보
④ 계통 내에 필요한 압력의 조절

해설 오일탱크의 기능
① 계통 내의 필요한 유량확보
② 격판(배플)에 의한 기포발생 방지 및 제거
③ 스트레이너 설치로 회로 내 불순물 혼입 방지
④ 탱크 외벽의 방열에 의한 적정온도 유지

56 기관 냉각장치에서 비등점을 높이는 기능을 하는 것은?

① 물 펌프
② 라디에이터
③ 냉각관
④ 압력식 캡

해설 냉각장치 내의 비등점(비점)을 높이고, 냉각범위를 넓히기 위하여 압력식 캡을 사용한다.

57 안전장치에 관한 사항 중 틀린 것은?

① 안전장치는 효과가 있도록 사용한다.
② 안전장치의 점검은 작업 전에 실시한다.
③ 안전장치는 반드시 설치하도록 한다.
④ 안전장치는 상황에 따라 일시 제거해도 된다.

정답 51.③ 52.③ 53.③ 54.① 55.② 56.④ 57.④

해설 안전장치는 반드시 설치하고 작업을 수행하여야 한다.

58 건설기계 엔진에 사용되는 시동모터가 회전이 안되거나 회전력이 약한 원인이 아닌 것은?

① 배터리 전압이 낮다
② 브러시가 정류자에 잘 밀착되어 있다.
③ 시동 스위치 접촉 불량이다.
④ 배터리 단자와 터미널의 접촉이 나쁘다.

해설 모터가 회전하지 않거나 회전력이 약한 원인
① 브러시와 정류자의 접촉이 불량하다.
② 시동 스위치의 접촉이 불량하다.
③ 배터리 터미널의 접촉이 불량하다.
④ 배터리 전압이 낮다.
⑤ 계자 코일이 단선되었다.

59 굴착기 등 건설기계 운전자가 전선로 주변에서 작업을 할 때 주의할 사항으로 틀린 것은?

① 전기 사고가 발생된 경우 관련 기관에 연락한 후 조치를 취하게 한다.
② 작업 전 감전 사고가 발생하지 않도록 지시한다.
③ 굴착기는 감전과 관련이 없으므로 굴착 작업자는 위험하지 않다.
④ 감전 및 전기 사고 발생 시 작업을 즉시 중단한다.

60 하부 추진체가 휠로 되어 있는 굴착기가 커브를 돌 때 선회를 원활하게 해주는 장치는?

① 변속기
② 차동장치
③ 최종 구동장치
④ 트랜스퍼 케이스

해설 차동장치는 타이어형 건설기계에서 선회할 때 바깥쪽 바퀴의 회전속도를 안쪽 바퀴보다 빠르게 하여 커브를 돌 때 선회를 원활하게 해주는 작용을 한다.

정답 58.② 59.③ 60.②

CBT 기출복원문제
2023년 제1회 굴착기운전기능사

01 특별표지판을 부착하지 않아도 되는 건설기계는?

① 최소 회전반경이 13m인 건설기계
② 길이가 17m인 건설기계
③ 너비가 3m인 건설기계
④ 높이가 3m인 건설기계

[해설] 특별표지 부착대상 건설기계
① 길이가 16.7m 이상인 건설기계
② 너비가 2.5m 이상인 건설기계
③ 높이가 3.8m 이상인 건설기계
④ 최소 회전 반경(반지름)이 12m 이상인 건설기계
⑤ 총 중량이 40ton 이상인 건설기계
⑥ 축 하중이 10ton 이상인 건설기계

02 건설기계정비업 등록을 하지 아니한 자가 할 수 있는 정비 범위가 아닌 것은?

① 오일의 보충
② 창유리의 교환
③ 제동장치 수리
④ 트랙의 장력 조정

[해설] 제동장치의 정비는 건설기계정비업을 등록한 정비업소에서 정비를 받아야 한다.

03 건설기계 등록 신청에 대한 기준으로 맞는 것은?(단, 전시, 사변 등 국가비상사태하의 경우 제외)

① 시·군·구청장에게 취득한 날로부터 10일 이내 등록신청을 한다.
② 시·도지사에게 취득한 날로부터 15일 이내 등록신청을 한다.
③ 시·군·구청장에게 취득한 날로부터 1개월 이내 등록신청을 한다.
④ 시·도지사에게 취득한 날로부터 2개월 이내 등록신청을 한다.

[해설] 건설기계의 등록 신청은 건설기계를 취득한 날로부터 2개월 이내에 시·도지사에게 등록을 신청하여야 한다.

04 건설기계 운전 중량 산정 시 조종사 1명의 체중으로 맞는 것은?

① 50kg
② 55kg
③ 60kg
④ 65kg

[해설] 건설기계 관리법에 1인의 체중은 65kg으로 되어 있다.

05 건설기계 소유자는 건설기계를 도난당한 날로부터 얼마 이내에 등록 말소를 신청해야 하는가?

① 30일 이내
② 2개월 이내
③ 3개월 이내
④ 6개월 이내

[해설] 건설기계의 도난의 경우에는 도난당한 날로부터 2개월이 지난 후에 등록을 말소할 수 있다. 따라서 경찰관서에 신고하여 도난 사실 확인서를 첨부하여야 한다.

06 1종 대형 자동차 면허로 조종할 수 없는 건설기계는?

① 콘크리트 펌프
② 노상 안정기
③ 아스팔트 살포기
④ 타이어식 기중기

[해설] 트럭식의 건설기계는 1종 대형 면허로 운전할 수 있으나 타이어식 기중기는 기중기 면허로 운전할 수 있다.

정답 01.④ 02.③ 03.④ 04.④ 05.② 06.④

07 음주 상태(혈중 알코올 농도 0.03%이상 0.08% 미만)에서 건설기계를 조종한 자에 대한 면허 효력정지 기간은?

① 20일 ② 30일
③ 40일 ④ 60일

해설 음주 상태 즉, 혈중 알코올 농도 0.03%이상 0.08% 미만의 상태에서 운전하면 60일의 면허 효력정지 처분을 받는다.

08 건설기계조종사의 국적 변경이 있는 경우에는 그 사실이 발생한 날로부터 며칠 이내에 신고하여야 하는가?

① 2주 이내 ② 10일 이내
③ 20일 이내 ④ 30일 이내

해설 건설기계조종사의 국적 변경이 있는 경우에는 그 사실이 발생한 날로부터 30일 이내에 시·도지사에게 신고하여야 한다.

09 건설기계의 수시검사 대상이 아닌 것은?

① 소유자가 수시검사를 신청한 건설기계
② 사고가 자주 발생하는 건설기계
③ 성능이 불량한 건설기계
④ 구조를 변경한 건설기계

해설 구조를 변경한 건설기계는 구조변경 검사를 받아야 하며 수시검사는 관할 시·도지사가 성능이 불량하거나 사고가 빈발하거나 소유자가 수시검사를 신청한 경우에만 받을 수 있다.

10 건설기계를 주택가 주변에 세워 두어 교통소통을 방해하거나 소음 등으로 주민의 생활환경을 침해한 자에 대한 벌칙은?

① 200만 원 이하의 벌금
② 100만 원 이하의 벌금
③ 100만 원 이하의 과태료
④ 50만 원 이하의 과태료

해설 주택가 주변에 세워 두어 교통소통을 방해하거나 소음 등으로 주민 생활환경을 침해한 자는 50만 원 이하의 과태료가 부과된다.

11 디젤기관에 사용되는 연료의 구비조건으로 옳은 것은?

① 점도가 높고 약간의 수분이 섞여 있을 것
② 황의 함유량이 클 것
③ 착화점이 높을 것
④ 발열량이 클 것

해설 디젤 연료의 구비조건
① 고형 미립이나 유해성분이 적을 것
② 발열량이 클 것
③ 적당한 점도가 있을 것
④ 불순물이 섞이지 않을 것
⑤ 인화점이 높고 발화점이 낮을 것
⑥ 내폭성이 클 것
⑦ 내한성이 클 것
⑧ 연소 후 카본 생성이 적을 것
⑨ 온도 변화에 따른 점도의 변화가 적을 것

12 기관에서 연료펌프로부터 보내진 고압의 연료를 미세한 안개모양으로 연소실에 분사하는 부품은?

① 분사 노즐 ② 커먼 레일
③ 분사 펌프 ④ 공급 펌프

해설 고압의 연료를 연소실에 분사하는 것은 분사노즐이다.

13 기관 과열의 원인이 아닌 것은?

① 히터 스위치의 고장
② 수온 조절기의 고장
③ 헐거워진 냉각 팬 벨트
④ 물 통로 내의 물 때(scale)

해설 히터 스위치는 히터를 작동시키는 스위치를 말하는 것으로 기관의 과열과는 무관하다.

14 기관의 윤활장치에서 엔진 오일의 여과 방식이 아닌 것은?

① 전류식 ② 샨트식
③ 합류식 ④ 분류식

해설 기관 윤활장치의 여과방식에는 전류식, 분류식, 샨트식이 있으며 현재에는 전류식이 사용된다.

정답 07.④ 08.④ 09.④ 10.④ 11.④ 12.① 13.① 14.③

15 습식 공기청정기에 대한 설명이 아닌 것은?

① 청정 효율은 공기량이 증가할수록 높아지며 회전속도가 빠르면 효율이 좋아진다.
② 흡입 공기는 오일로 적셔진 여과망을 통과시켜 여과시킨다.
③ 공기청정기 케이스 밑에는 일정한 양의 오일이 들어 있다.
④ 공기청정기는 일정기간 사용 후 무조건 신품으로 교환해야 한다.

해설 공기청정기는 일정기간 사용 후 오일의 교환과 여과망을 세척해 주어야 한다.

16 기동 전동기에서 전기자 철심을 여러 층으로 겹쳐서 만드는 이유는?

① 자력선 감소 ② 소형 경량화
③ 맴돌이 전류 감소 ④ 온도 상승 촉진

해설 전기자 철심을 여러 층으로 겹쳐서 만드는 이유는 자력선이 통과할 때 맴돌이 전류의 발생을 감소시키기 위한 것이다.

17 납산 축전지에서 격리판의 역할은?

① 전해액의 증발을 방지한다.
② 과산화납으로 변화되는 것을 방지한다.
③ 전해액의 화학작용을 방지한다.
④ 음극판과 양극판의 절연성을 높인다.

해설 양극판과 음극판 사이에 끼워 있으며, 양극판과 음극판이 접지되어 단락되는 것을 방지한다.

18 전조등의 형식 중 내부에 불활성 가스가 들어 있으며 관도의 변화가 적은 것은?

① 로우 빔 식 ② 하이 빔 식
③ 실드 빔 식 ④ 세미 실드 빔 식

해설 실드 빔 식 전조등
① 실드 빔 식은 반사경에 필라멘트를 붙이고 여기에 렌즈를 녹여 붙인 후 내부에 불활성 가스를 넣어 그 자체가 1개의 전구가 되도록 한 것
② 특징
 ㉮ 대기 조건에 따라 반사경이 흐려지지 않는다.
 ㉯ 사용에 따르는 광도의 변화가 적다.
 ㉰ 필라멘트가 끊어지면 렌즈나 반사경에 이상이 없어도 전조등 전체를 교환하여야 한다.

19 기관에 사용되는 일체식 실린더의 특징이 아닌 것은?

① 냉각수 누출 우려가 적다.
② 라이너 형식보다 내마모성이 높다.
③ 부품수가 적고 중량이 가볍다.
④ 강성 및 강도가 크다.

해설 라이너 형식에 비해 내마모성은 낮다. 그 이유는 라이너식은 별도의 금속으로 제작 또는 도금을 하여 내마모성을 향상시키며 일체식은 도금이 어렵기 때문이다.

20 직류 발전기 구성품이 아닌 것은?

① 로터 코일과 실리콘 다이오드
② 전기자 코일과 정류자
③ 계철과 계자철심
④ 계자 코일과 브러시

해설 로터 코일과 실리콘 다이오드는 교류 발전기의 구성품에 해당된다.

21 유압장치의 장점이 아닌 것은?

① 속도 제어가 용이하다.
② 힘의 연속적 제어가 용이하다.
③ 온도의 영향을 많이 받는다.
④ 윤활성, 내마멸성, 방청성이 좋다.

해설 유압장치의 특징
① 제어가 매우 쉽고 정확하다.
② 힘의 무단 제어가 가능하다.
③ 에너지의 저장이 가능하다.
④ 적은 동력으로 큰 힘을 얻을 수 있다.
⑤ 동력의 분배와 집중이 용이하다.
⑥ 동력의 전달이 원활하다.
⑦ 왕복 운동 또는 회전 운동을 할 수 있다.
⑧ 과부하의 방지가 용이하다.
⑨ 운동 방향을 쉽게 변경할 수 있다.

정답 15.④ 16.③ 17.④ 18.③ 19.② 20.① 21.③

22 유압 모터의 회전속도가 규정 속도보다 느릴 경우 그 원인이 아닌 것은?

① 유압 펌프의 오일 토출량 과다
② 각 작동부의 마모 또는 파손
③ 유압유의 유입량 부족
④ 오일의 내부 누설

해설 액추에이터의 작동 속도는 유량에 의해 달라진다. 따라서 유압펌프에서 토출되는 오일량이 많으면 작동 속도는 빨라진다.

23 유압회로에서 오일을 한쪽 방향으로만 흐르도록 하는 밸브는?

① 릴리프 밸브(relief valve)
② 파이롯 밸브(pilot valve)
③ 체크 밸브(check valve)
④ 오리피스 밸브(orifice valve)

해설 체크 밸브는 방향제어 밸브로 오일의 흐름을 한쪽 방향으로만 흐르도록 하고 역류를 방지하며 회로 내 잔압을 유지하는 역할을 한다.

24 건설기계작업 중 유압회로 내의 유압이 상승되지 않을 때의 점검사항으로 적합하지 않은 것은?

① 오일 탱크의 오일량 점검
② 오일이 누출되는지 점검
③ 펌프로부터 유압이 발생되는지 점검
④ 자기탐상법에 의한 작업장치의 균열 점검

해설 자기 탐상법은 균열을 점검하는 비파괴 검사법으로 물질을 자석화하여 점검하는 것이다. 유압 작업장치의 경우에는 오일의 누유로 균열 부위를 찾기가 쉽기 때문에 자기탐상법을 적용하지는 안 는다.

25 축압기(Accumulator)의 사용 목적으로 아닌 것은?

① 압력 보상
② 유체의 맥동 감쇄
③ 유압회로 내 압력제어
④ 보조 동력원으로 사용

해설 축압기는 어큐뮬레이터로 유체의 진동, 맥동, 충격 등을 흡수·완화하고 압력을 저장과 보상, 보조 동력원으로 사용된다. 유압 회로 내의 압력 제어는 제어 밸브에 의해 이루어진다.

26 유압유(작동유)의 온도 상승 원인에 해당하지 않는 것은?

① 작동유의 점도가 너무 높을 때
② 유압 모터 내에서 내부 마찰이 발생될 때
③ 유압회로 내의 작동 압력이 너무 낮을 때
④ 유압회로 내에서 공동현상이 발생될 때

해설 유압회로 내의 작동 압력이 너무 낮으면 그만큼 힘이 적게 사용되는 것으로 유압유는 온도가 상승되지 않는다.

27 유압회로 내의 압력이 설정 압력에 도달하면 펌프에서 토출된 오일을 전부 탱크로 회송시켜 펌프를 무부하 운전 시키는데 사용하는 밸브는?

① 체크 밸브(check valve)
② 시퀀스 밸브(squence valve)
③ 언로더 밸브(unloader valve)
④ 카운터 밸런스 밸브(counter balance valve)

해설 체크 밸브는 오일을 한쪽 방향으로만 흐르게 하는 밸브이며 시퀀스 밸브는 압력에 따라 액추에이터의 작동 순서를 결정하는 밸브이다. 카운터 밸런스 밸브는 중량물을 들어 올렸을 때 중량물 무게에 의한 자유낙하를 방지하는 밸브이다.

28 유압펌프의 종류에 포함되지 않는 것은?

① 기어 펌프
② 진공 펌프
③ 베인 펌프
④ 플런저 펌프

해설 유압펌프의 종류에는 기어, 베인, 로터리, 플런저 펌프가 있으며 장비에는 주로 플런저 펌프가 사용된다.

정답 22.① 23.③ 24.④ 25.③ 26.③ 27.③ 28.②

29 작동유에 수분이 혼입되었을 때 나타나는 현상이 아닌 것은?

① 윤활 능력 저하
② 작동유의 열화촉진
③ 유압기기의 마모 촉진
④ 오일 탱크의 오버 플로

해설 작동유에 수분이 혼입되면 오일의 변질로 인한 각 부품의 마모를 촉진하고 유막의 파괴로 윤활작용의 불량과 능력 저하, 작동유의 열화를 촉진하게 된다.

30 유체 압력에 영향을 주는 요소로 가장 관계가 적은 것은?

① 유체의 점도
② 관로의 직경
③ 유체의 흐름양
④ 작동유 탱크의 용량

해설 작동유 탱크는 장비에 필요한 유량을 저장하고 냉각하는 통으로 유체의 압력에는 영향을 미치지 않는다.

31 정비 작업 시 안전에 위배되는 것은?

① 깨끗하고 먼지가 없는 작업 환경을 조성한다.
② 회전 부분에 옷이나 손이 닿지 않도록 한다.
③ 연료를 채운 상태에서 연료통을 용접한다.
④ 가연성 물질을 취급 시 소화기를 준비한다.

해설 연료 탱크의 용접은 연료통을 완전히 비우고 연료의 증발가스를 완전히 제거한 다음 용접을 하여야 한다.

32 망치(hammer) 작업 시 옳은 것은?

① 망치 자루의 가운데 부분을 잡아 놓치지 않도록 한다.
② 손은 다치지 않게 장갑을 착용한다.
③ 타격할 때 처음과 마지막에 힘을 많이 가하지 말 것
④ 열처리 된 재료는 반드시 해머로 작업할 것

해설 망치 작업 시에는 장갑의 착용이 금지되며 자루의 끝부분을 잘 잡고 미끄러져 빠지지 않도록 하며 타격의 시작과 끝 부분에는 힘을 빼 가볍게 타격하며 열처리 된 재료에는 해머 작업을 삼간다.

33 유류 화재 시 소화용으로 가장 거리가 먼 것은?

① 물   ② 소화기
③ 모래   ④ 흙

해설 유류 화재 시 소화용으로 부적당한 것은 물이며 물은 유류를 물 위로 띄워 오히려 화재를 더욱 번지게 한다.

34 다음 중 현장에서 작업자가 작업 안전상 꼭 알아두어야 할 사항은?

① 장비의 가격
② 종업원의 작업 환경
③ 종업원의 기술 정도
④ 안전 규칙 및 수칙

해설 작업자 또는 근로자가 작업 현장에서 꼭 알아두어야 하고 지켜야 하는 것은 안전 규칙과 수칙이다.

35 안전작업 사항으로 잘못된 것은?

① 전기장치는 접지를 하고 이동식 전기기구는 방호장치를 설치한다.
② 엔진에서 배출되는 일산화탄소에 대비한 통풍장치를 설치한다.
③ 담뱃불은 발화력이 약하므로 제한 장소 없이 흡연해도 무방하다.
④ 주요 장비 등은 조작자를 지정하여 아무나 조작하지 않는다.

해설 흡연은 지정된 장소에서 하여야 한다.

정답 29.④ 30.④ 31.③ 32.③ 33.① 34.④ 35.③

36 작업장에서 공동 작업으로 물건을 들어 이동할 때 잘못된 것은?

① 힘의 균형을 유지하여 이동할 것
② 불안전한 물건은 드는 방법에 주의할 것
③ 보조를 맞추어 들도록 할 것
④ 운반 도중 상대방에게 무리하게 힘을 가할 것

해설 운반 도중 상대방에게 무리하게 힘을 가하면 상대방이 넘어지거나 물건을 떨어트려 사고를 유발한다.

37 먼지가 많은 장소에서 착용하여야 하는 마스크는?

① 방독 마스크   ② 산소 마스크
③ 방진 마스크   ④ 일반 마스크

해설 먼지가 많은 작업장의 근로자는 방진 마스크를 착용하고 작업을 하여야 한다.

38 전장품을 안전하게 보호하는 퓨즈의 사용법으로 틀린 것은?

① 퓨즈가 없으면 임시로 철사를 감아서 사용한다.
② 회로에 맞는 전류 용량의 퓨즈를 사용한다.
③ 오래되어 산화된 퓨즈는 미리 교환한다.
④ 과열되어 끊어진 퓨즈는 과열된 원인을 먼저 수리한다.

해설 퓨즈가 없으면 작업을 중지하고 구입하여 규정의 용량으로 교환하여야 한다.

39 산업체에서 안전을 지킴으로 얻을 수 있는 이점과 가장 거리가 먼 것은?

① 직장의 신뢰도를 높여준다.
② 직장 상·하 동료 간 인간관계 개선 효과도 기대된다.
③ 기업의 투자 경비가 늘어난다.
④ 사내 안전수칙이 준수되어 질서 유지가 실현된다.

해설 안전에 사내 안전수칙을 준수하여 질서를 유지하여 줌으로 기업의 투자 경비는 오히려 줄어든다.

40 아크 용접에서 눈을 보호하기 위한 보안경 선택으로 맞는 것은?

① 도수 안경   ② 방진 안경
③ 차광용 안경   ④ 실험실용 안경

해설 아크 용접에 사용하여야 하는 보안경은 자외선을 차단할 수 있는 차광용 보안경을 착용하여야 한다.

41 무한궤도식 건설기계 프런트 아이들러에 미치는 충격을 완화시켜주는 완충장치로 틀린 것은?

① 코일 스프링식   ② 압축 피스톤식
③ 접지 스프링식   ④ 질소 가스식

해설 트랙 전방에서 오는 충격과 진동을 흡수·완화시켜주는 스프링에는 코일 스프링식, 접지 스프링식, 질소 가스식이 있다.

42 무한궤도식 건설기계에서 트랙이 자주 벗겨지는 원인으로 가장 거리가 먼 것은?

① 유격(긴도)이 규정보다 클 때
② 트랙의 상. 하부 롤러가 마모되었을 때
③ 최종 구동기어가 마모되었을 때
④ 트랙의 중심 정렬이 맞지 않았을 때

해설 최종 구동기어는 트랙식에는 없으며 타이어식에서 종 감속기어 장치를 말하며, 장비에서는 바퀴에 설치되어 최종으로 감속해주는 파이널 드라이브장치를 말한다.

43 무한궤도식 건설기계에서 트랙 장력을 측정하는 부위로 가장 적합한 곳은?

① 1번 상부 롤러와 2번 상부 롤러 사이
② 스프로킷과 1번 상부 롤러 사이
③ 아이들러와 스프로킷 사이
④ 아이들러와 1번 상부 롤러 사이

해설 무한궤도식 건설기계에서 트랙의 장력 측정은 아이들러(전부 유동륜)와 1번 상부롤러 사이에서 측정한다.

정답 36.④ 37.③ 38.① 39.③ 40.③ 41.② 42.③ 43.④

44 실린더의 설치 지지방법에 따른 분류에서 굴착기의 붐 실린더를 지지하는 방식은?

① 풋형
② 플런저형
③ 그레비스형
④ 트러니언형

해설 일반적으로 붐 실린더에 가장 많이 사용되는 형식은 그레비스 형이다.

45 건설기계로 작업을 하기 전 서행하면서 점검하는 사항이 아닌 것은?

① 핸들 작동점검
② 브레이크 작동점검
③ 냉각수량 점검
④ 클러치의 작동점검

해설 냉각수량의 점검은 시동 전 점검사항이다.

46 무한궤도식 굴착기와 비교 시 타이어 식 굴착기의 장점으로 가장 적합한 것은?

① 견인력이 크다.
② 기동성이 좋다.
③ 등판능력이 크다.
④ 습지작업에 유리하다.

해설 타이어식 굴착기의 가장 좋은 점은 기동성이다.

47 무한궤도식 굴착기의 주행 방법으로 틀린 것은?

① 연약한 땅은 피해서 주행한다.
② 요철이 심한 곳은 신속히 통과한다.
③ 가능하면 평탄한 길을 택하여 주행한다.
④ 돌 등이 스프로킷에 부딪치거나 올라타지 않도록 한다.

해설 요철이 심한 곳에서는 모든 장비는 서행으로 통과하여야 한다.

48 굴착기 붐의 작동이 느린 이유가 아닌 것은?

① 기름에 이물질 혼입
② 기름의 압력 저하
③ 기름의 압력 과다
④ 기름의 압력 부족

해설 기름의 압력이 과다하면 작동은 빨라진다.

49 무한궤도식 건설기계에서 장력이 너무 팽팽하게 조정되었을 때 보기와 같은 부분에서 마모가 촉진되는 부분(기호)을 모두 나열한 항은?

보기
a. 트랙 핀의 마모
b. 부싱의 마모
c. 스프로킷 마모
d. 블레이드 마모

① a, c
② a, b, d
③ a, b, c
④ a, b, c, d

해설 트랙 장력이 너무 팽팽하면 하부 주행체의 모든 부품이 마모된다.

50 굴착기 기관의 일상점검을 위한 내용으로 틀린 것은?

① 윤활유의 색깔과 점도를 확인한다.
② 기관 가동 상태에서 오일 게이지를 점검한다.
③ 기관에서 윤활유가 누유 되는 곳은 없는지 확인한다.
④ 윤활유 급유 레벨은 오일 게이지의 "F" 선까지 되도록 한다.

해설 오일 게이지는 기관의 작동이 중지된 상태에서 점검하는 것이다.

정답 44.③ 45.③ 46.② 47.② 48.③ 49.③ 50.②

51 무한궤도식 건설기계에서 트랙을 쉽게 분리하기 위해 설치된 것은?

① 슈 ② 링크
③ 마스터 핀 ④ 부싱

해설 트랙을 분리하기 위한 핀이 마스터 핀이다.

52 건설기계의 일상점검 정비사항이 아닌 것은?

① 볼트, 너트 등의 이완 및 탈락 상태
② 유압장치, 엔진, 롤러 등의 누유 상태
③ 브레이크 라이닝의 교환 주기 상태
④ 각 계기류, 스위치, 등화장치의 작동 상태

해설 브레이크 라이닝의 교환 주기 상태의 점검은 정비사 점검 사항으로 정기점검 대상이다.

53 굴착기의 유압 탱크에 배플 판을 설치하는 이유는?

① 오일의 온도를 냉각시키기 위해
② 기포를 외부로 유출시키기 위해
③ 오일에 포함한 이물질을 제거하기 위해
④ 기포가 흡입관으로 혼입되는 것을 막기 위해

해설 배플 판의 설치 이유는 오일의 유동성을 제한하고 입구와 출구를 분리시켜 오일에 발생되는 기포 소멸과 기포가 흡입관으로 혼입되는 것을 차단하기 위함이다.

54 굴착기의 작업 장치에 해당되지 않는 것은?

① 백호
② 브레이커
③ 힌지드 버킷
④ 파일 드라이브

해설 힌지드 버킷은 지게차의 작업 장치에 속한다.

55 굴착기의 기본 작업 사이클 과정으로 맞는 것은?

① 스윙 → 굴착 → 적재 → 스윙 → 굴착 → 붐 상승
② 굴착 → 적재 → 붐 상승 → 스윙 → 굴착 → 스윙
③ 스윙 → 적재 → 굴착 → 적재 → 붐 상승 → 스윙
④ 굴착 → 붐 상승 → 스윙 → 적재 → 스윙 → 굴착

해설 굴착기의 기본 작업 사이클은 굴착 → 붐 상승 → 스윙 → 적재 → 스윙 → 굴착 순으로 이루어진다.

56 타이어식 굴착기의 운전 시 주의사항으로 적절하지 않은 것은?

① 토양의 조건과 엔진의 회전수를 고려하여 운전한다.
② 새로 구축한 구축물 주변은 연약 지반이므로 주의한다.
③ 버킷의 움직임과 흙의 부하에 따라 대처하여 작업한다.
④ 경사지를 내려갈 때는 클러치를 분리하거나 변속 레버를 중립에 놓는다.

해설 경사지를 내려갈 때는 저속으로 서행하여야 한다. 클러치를 차단하거나 변속 레버를 중립에 놓으면 관성에 의해 장비의 속도는 빠르게 내려가기 때문이다.

57 무한궤도식 장비에서 캐리어 롤러에 대한 내용으로 맞는 것은?

① 트랙을 지지한다.
② 트랙의 장력을 조정한다.
③ 장비의 전체 중량을 지지한다.
④ 캐리어 롤러는 좌·우 10개로 구성되어 있다.

해설 캐리어 롤러는 상부 롤러로 트랙이 처지는 것을 방지하며 트랙을 지지하는 것으로 1~3개 정도가 설치된다.

정답 51.③ 52.③ 53.④ 54.③ 55.④ 56.④ 57.①

58 작업 장치로 토사 굴토 작업이 가능한 건설기계는?

① 로더와 기중기
② 불도저와 굴착기
③ 천공기와 굴착기
④ 지게차와 모터그레이더

해설 토사, 굴토 작업이 가능한 장비는 불도저와 굴착기이다.

59 타이어식 굴착기의 구성품 중에서 습지, 사지 등을 주행할 때 타이어가 미끄러지는 것을 방지하기 위한 장치는 무엇인가?

① 차동제한 장치
② 유성기어 장치
③ 브레이크 장치
④ 종 감속기어 장치

해설 차동기어 장치는 커브 길에서 선회할 때에 안쪽 바퀴와 바깥쪽 바퀴의 회전 속도에 차이를 두어 타이어가 미끄러지지 않고 회전을 할 수 있도록 하는 장치로 저항이 적은 바퀴를 저항이 적은 만큼 많이 회전되게 한다. 따라서 저항이 적은 습지, 사지 등에 한쪽 바퀴가 빠지면 저항이 적은 바퀴만 회전하기 때문에 장비의 주행이 이루어지지 않는다. 이 작용이 일어나지 않도록 고정시키는 장치가 차동제한 장치이다.

60 굴착기 동력전달 계통에서 최종적으로 구동력을 증가시키는 것은?

① 트랙 모터
② 종 감속기어
③ 스프로킷
④ 변속기

해설 타이어식 굴착기의 동력전달장치에서 종 감속기어는 동력을 직각 또는 직각에 가까운 각도로 전환하고 최종적으로 감속을 하여 구동력을 증가시키는 장치이다.

정답 58.② 59.① 60.②

CBT 기출복원문제
2023년 제2회 굴착기운전기능사

01 건설기계 관리법상 건설기계를 검사 유효기간이 끝난 후에 계속 사용하고자 할 때는 어느 검사를 받아야 하는가?

① 신규등록 검사   ② 계속 검사
③ 수시 검사   ④ 정기 검사

해설 검사의 종류
① 신규 등록 검사: 건설기계를 신규로 등록할 때 실시하는 검사
② 정기 검사: 건설공사용 건설기계로서 3년의 범위 내에서 국토해양부령이 정하는 검사유효기간의 만료 후에 계속하여 운행하고자 할 때 실시하는 검사 및 「대기환경보전법」 제62조 및 「소음·진동규제법」 제37조의 규정에 의한 운행 차의 정기검사
③ 구조변경검사: 제17조의 규정에 의하여 건설기계의 주요구조를 변경 또는 개조한 때 실시하는 검사
④ 수시검사: 성능이 불량하거나 사고가 빈발하는 건설기계의 안전성 등을 점검하기 위하여 수시로 실시하는 검사와 건설기계소유자의 신청에 의하여 실시하는 검사

02 도로 교통법상 규정한 운전면허를 받아 조종할 수 있는 건설기계가 아닌 것은?

① 타워 크레인   ② 덤프트럭
③ 콘크리트펌프   ④ 콘크리트믹서트럭

해설 타워 크레인은 타워 크레인 면허로 조정할 수 있다.

03 건설기계 관리법상 건설기계 정비명령을 이행하지 아니한 자의 벌금은?

① 5만 원 이하   ② 10만 원 이하
③ 50만 원 이하   ④ 100만 원 이하

해설 건설기계 정비명령을 이행하지 아니한 자의 벌금은 100만 원 이하이다.

04 보기의 (   )안에 알맞은 것은?

> **보기**
> 건설기계 소유자가 부득이한 사유로 검사신청 기간 내에 검사를 받을 수 없는 경우에는 검사연기사유 증명서류를 시·도지사에게 제출하여야 한다. 검사 연기를 허가 받으면 검사유효기간은 (   )개월 이내로 연장된다.

① 1   ② 2
③ 3   ④ 6

해설 검사 연기 신청 시 연장기간은 6개월 이내이다.

05 기관 윤활유의 구비조건이 아닌 것은?

① 점도가 적당할 것
② 청정력이 클 것
③ 비중이 적당할 것
④ 응고점이 높을 것

해설 윤활유가 갖추어야 할 조건
① 점도지수가 크고 점도가 적당하여야 한다.
② 청정력이 커야 한다.
③ 열과 산에 대하여 안정성이 있어야 한다.
④ 카본 생성이 적어야 한다.
⑤ 기포 발생에 대한 저항력이 있어야 한다.
⑥ 응고점이 낮아야 한다.
⑦ 비중이 적당하여야 한다.
⑧ 인화점 및 발화점이 높아야 한다.
⑨ 강인한 유막을 형성할 수 있어야 한다.

정답 01.④ 02.① 03.④ 04.④ 05.④

06 건설기계 관리법상 건설기계조종사는 성명, 주민등록번호 및 국적의 변경이 있는 경우 그 사실이 발생한 날로부터 며칠 이내에 기재사항변경신고서를 제출하여야 하는가?

① 15일　　② 20일
③ 25일　　④ 30일

해설 건설기계조종사는 성명, 주민등록번호 및 국적의 변경이 있는 경우 그 사실이 발생한 날로부터 30일 이내에 기재사항 변경신고서를 관할 시·도지사에게 제출하여야 한다.

07 건설기계 관리법상 건설기계 운전자의 과실로 경상 6명의 인명 피해를 입혔을 때 처분 기준은?

① 면허효력정지 10일
② 면허효력정지 20일
③ 면허효력정지 30일
④ 면허효력정지 60일

해설 운전자 과실로 인명피해를 입힌 경우의 처분은 경상 1인에 5일의 면허효력정지 처분을 받으므로 경상 6명의 경우에는 면허효력정지 30일의 처분을 받게 된다.

08 기관의 피스톤이 고착되는 원인으로 틀린 것은?

① 냉각수량이 부족할 때
② 기관 오일이 부족하였을 때
③ 기관이 과열되었을 때
④ 압축압력이 정상일 때

해설 피스톤이 고착되는 원인에는 피스톤 간극이 적거나 기관 오일이 부족할 때, 엔진이 과열 되었을 때, 냉각수 부족 등이 그 원인에 속한다.

09 냉각장치에 사용되는 라디에이터의 구성품이 아닌 것은?

① 냉각수 주입구　② 냉각 핀
③ 코어　　　　　④ 물 재킷

해설 물 재킷은 실린더 블록이나 실린더 헤드에 설치된 물 통로를 말한다.

10 기관의 운전 상태를 감시하고 고장진단을 할 수 있는 기능은?

① 윤활 기능
② 제동 기능
③ 조향 기능
④ 자기진단 기능

해설 전자제어 기능이 탑재된 장비에는 장비의 각 장치별 작동 상태 및 고장 등을 진단할 수 있는 기능을 가진 자기진단 기능을 가지고 있다.

11 납축전지 터미널에 녹이 발생하였을 때의 조치 방법으로 가장 적합한 것은?

① 물걸레로 닦아내고 더 조인다.
② 녹을 닦은 후 고정시키고 소량의 그리스를 상부에 도포한다.
③ (+)와 (-) 터미널을 서로 교환한다.
④ 녹슬지 않게 엔진 오일을 도포하고 확실히 더 조인다.

해설 축전지 터미널에 녹이 발생되었을 때에는 녹을 완전히 제거한 다음 잘 고정시키고 상부에 소량의 그리스를 발라 터미널과 공기가 접촉되지 않도록 한다.

12 직류 직권전동기에 대한 설명 중 틀린 것은?

① 기동 회전력이 분권전동기에 비해 크다.
② 부하에 따른 회전속도의 변화가 크다.
③ 부하를 크게 하면 회전속도가 낮아진다.
④ 부하에 관계없이 회전속도가 일정하다.

해설 **직권전동기** : 전기자 코일과 계자 코일이 직렬로 결선된 전동기로 다음과 같은 특징이 있다.
① 기동 회전력이 크다.
② 부하를 크게 하면 회전속도가 낮아지고 흐르는 전류는 커진다.
③ 회전 속도의 변화가 크다.
④ 현재 사용되고 있는 기동 전동기는 직권식 전동기이다.

정답 06.④　07.③　08.④　09.④　10.④　11.②　12.④

13 소음기나 배기관 내부에 많은 양의 카본이 부착되면 배압은 어떻게 되는가?

① 낮아진다.
② 저속에는 높아졌다가 고속에는 낮아진다.
③ 높아진다.
④ 영향을 미치지 않는다.

해설 소음기나 배기관에 카본이 많이 부착되면 배기가스가 배출될 때 통기저항의 증가로 배압은 높아지게 된다.

14 보기에 나타낸 것은 기관에서 어느 구성품을 형태에 따라 구분한 것인가?

> **보기**
> 직접분사식, 예연소실식,
> 와류실식, 공기실식

① 연료분사장치 ② 연소실
③ 점화장치   ④ 동력전달장치

해설 보기의 구성품은 디젤기관의 연소실을 분류한 것이다.

15 충전장치에서 발전기는 어떤 축과 연동되어 구동되는가?

① 크랭크축   ② 캠축
③ 추진축   ④ 변속기 입력축

해설 충전장치의 발전기는 엔진의 크랭크축으로부터 동력을 받아 벨트로 구동된다.

16 디젤기관에서 인젝터 간 연료 분사량이 일정하지 않을 때 나타나는 현상은?

① 연료 분사량에 관계없이 기관은 순조로운 회전을 한다.
② 연료 소비에는 관계가 있으나 기관 회전에는 영향을 미치지 않는다.
③ 연소 폭발음의 차이가 있으며 기관은 부조를 하게 된다.
④ 출력은 향상되나 기관은 부조를 하게 된다.

해설 인젝터 간 연료 분사량의 차이가 있으면 연소 폭발음과 폭발력의 차이가 있으며 엔진의 회전이 고르지 못하게 된다.

17 유압펌프에서 발생된 유체에너지를 이용하여 직선 운동이나 회전 운동을 하는 유압기기는?

① 오일 쿨러   ② 제어밸브
③ 액추에이터   ④ 어큐뮬레이터

해설 유체(유압)에너지를 기계적 에너지로 바꾸어주는 기구를 액추에이터라 하며 직선 운동을 하는 유압실린더와 회전 운동을 하는 유압모터가 여기에 속한다.

18 유압장치에서 방향제어 밸브에 해당하는 것은?

① 셔틀 밸브
② 릴리프 밸브
③ 시퀀스 밸브
④ 언로더 밸브

해설 셔틀 밸브 : 방향제어 밸브로 1개의 출구와 2개 이상의 입구가 있으며 출구가 최고 압력 측의 입구를 선택하는 기능이 있는 밸브이다.

19 압력제어 밸브의 종류가 아닌 것은?

① 언로더 밸브   ② 스로틀 밸브
③ 시퀀스 밸브   ④ 릴리프 밸브

해설 압력제어 밸브 종류에는 릴리프(안전) 밸브, 리듀싱(감압) 밸브, 시퀀스(순차) 밸브, 언로더(무부하) 밸브, 카운터 밸런스 밸브가 있다. 스로틀 밸브는 유량제어 밸브에 속한다.

20 유압유의 점검사항과 관계없는 것은?

① 점도   ② 마멸성
③ 소포성 ④ 윤활성

해설 유압유 점검사항으로는 점도, 윤활유의 색, 악취 여부(냄새), 기포(소포)성, 윤활성 등을 점검하여야 한다.

정답 13.③ 14.② 15.① 16.③ 17.③ 18.① 19.② 20.②

21 그림의 유압 기호는 무엇을 표시하는가?

① 유압실린더 ② 어큐뮬레이터
③ 오일 탱크 ④ 유압실린더 로드

해설 그림의 유압기호는 어큐뮬레이터이다.

22 그림과 같이 2개의 기어와 케이싱으로 구성되어 오일을 토출하는 펌프는?

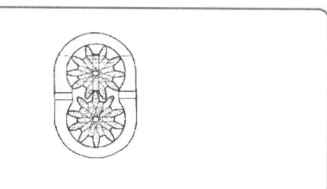

① 내접기어 펌프
② 외접기어 펌프
③ 스크루 기어 펌프
④ 트로코이드 기어 펌프

해설 그림의 기어펌프는 외접기어 펌프를 나타낸 것이다.

23 작업 중에 유압펌프로부터 토출 유량이 필요하지 않게 되었을 때 토출유를 탱크에 저압으로 귀환시키는 회로는?

① 시퀀스 회로
② 어큐뮬레이터 회로
③ 블리드 오프 회로
④ 언로더 회로

해설 언로더 밸브 : 유압 회로 내의 압력이 규정 압력에 도달하면 펌프에서 송출되는 모든 유량을 탱크로 리턴시켜 유압 펌프를 무부하운전이 되도록 하는 역할을 한다.

24 유압 모터를 선택할 때의 고려사항과 가장 거리가 먼 것은?

① 동력 ② 부하
③ 효율 ④ 점도

해설 점도 : 오일의 이동저항을 나타내는 것으로 유압유 등의 오일 선택 시에 고려사항이다.

25 유압유에 요구되는 성질이 아닌 것은?

① 산화 안정성이 있을 것
② 윤활성과 방청성이 있을 것
③ 보관 중에 성분의 분리가 있을 것
④ 넓은 온도 범위에서 점도 변화가 적을 것

해설 보관 중에 오일의 성분이 분리되거나 변해서는 안 된다.

26 유압유에 포함된 불순물을 제거하기 위해 유압펌프 흡입관에 설치하는 것은?

① 부스터 ② 스트레이너
③ 공기청정기 ④ 어큐뮬레이터

해설 스트레이너 : 스트레이너는 유압펌프의 흡입부에 설치되어 탱크의 오일을 펌프로 유도하고 1차 여과작용을 하는 일을 한다.

27 수공구 사용 시 안전수칙으로 바르지 못한 것은?

① 톱 작업은 밀 때 절삭되게 작업한다.
② 줄 작업으로 생긴 쇳가루는 브러시로 털어낸다.
③ 해머작업은 미끄러짐을 방지하기 위해서 반드시 면장갑을 끼고 작업한다.
④ 조정렌치는 조정조가 있는 부분에 힘을 받지 않게 하여 사용한다.

해설 해머작업은 미끄러짐을 방지하기 위해서 장갑을 끼고 작업해서는 안 된다. 즉, 해머작업은 장갑의 착용을 금지한다.

정답 21.② 22.② 23.④ 24.④ 25.③ 26.② 27.③

28 화재 발생 시 초기 진화를 위해 소화기를 사용하고자 할 때 다음 보기에서 소화기 사용방법에 따른 순서로 맞는 것은?

> 보기
> a. 안전핀을 뽑는다.
> b. 안전핀 걸림 장치를 제거한다.
> c. 손잡이를 움켜잡아 분사한다.
> d. 노즐을 불이 있는 곳으로 향하게 한다.

① a→b→c→d ② c→a→b→d
③ d→b→c→a ④ b→a→d→c

해설 소화기의 사용은 먼저 안전핀의 걸림 장치를 제거하고 안전핀을 뽑은 다음 노즐을 불이 있는 방향으로 향하게 하고 손잡이를 잡아 소화제를 분사한다.

29 크레인으로 인양 시 물체의 중심을 측정하여 인양하여야 한다. 다음 중 잘못된 것은?

① 형상이 복잡한 물체의 무게 중심을 확인한다.
② 인양 물체를 서서히 올려 지상 약 30cm 지점에서 정지하여 확인한다.
③ 인양 물체의 중심이 높으면 물체가 기울 수 있다.
④ 와이어로프나 매달기용 체인이 벗겨질 우려가 있으면 되도록 높이 인양한다.

해설 와이어로프나 매달기용 체인이 벗겨질 우려가 있으면 되도록 높이를 낮게 유지하여 인양한다.

30 작업 중 기계에 손이 끼어 들어가는 안전사고가 발생했을 경우 우선적으로 해야 할 것은?

① 신고부터 한다.
② 응급처치를 한다.
③ 기계의 전원을 끈다.
④ 신경 쓰지 않고 계속 작업한다.

해설 작업 중 기계에 손이 끼어들어가는 안전사고가 발생했을 경우 가장 우선적으로 해야 하는 것은 기계의 전원을 차단하는 일이다.

31 렌치의 사용이 적합하지 않은 것은?

① 둥근 파이프를 죌 때 파이프 렌치를 사용하였다.
② 렌치는 적당한 힘으로 볼트, 너트를 죄고 풀어야 한다.
③ 오픈 렌치로 파이프 피팅 작업에 사용하였다.
④ 토크 렌치의 용도는 큰 토크를 요할 때만 사용한다.

해설 토크 렌치는 볼트나 너트를 조일 때 사용하는 공구로 볼트나 너트에 가하는 힘을 나타내며 볼트나 너트를 규정대로 조이기 위하여 사용하는 공구이다.

32 감전되거나 전기 화상을 입을 위험이 있는 곳에서 작업 시 작업자가 착용해야 할 것은?

① 구명구   ② 보호구
③ 구명조끼 ④ 비상벨

해설 감전되거나 전기 화상을 입을 위험이 있는 곳에서 작업 시 작업자는 보호구를 반드시 착용하여야 한다.

33 다음 중 안전의 제일 이념에 해당하는 것은?

① 품질 향상
② 재산 보호
③ 인간 존중
④ 생산성 향상

해설 안전의 제일 이념은 인간 생명의 존중이다.

34 안전관리 상 장갑을 끼고 작업할 경우 위험할 수 있는 것은?

① 드릴 작업 ② 줄 작업
③ 용접 작업 ④ 판금 작업

해설 드릴은 급속 회전 장치로 장갑을 끼고 작업해서는 안 되는 작업이다.

정답 28.④ 29.④ 30.③ 31.④ 32.② 33.③ 34.①

35 위험 기계·기구에 설치하는 방호장치가 아닌 것은?

① 하중측정 장치
② 급정지장치
③ 역화방지장치
④ 자동전격방지장치

해설 하중측정 장치는 물체의 하중을 측정하는 것으로 안전방호장치에 해당되지 않는다.

36 전기 감전 위험이 생기는 경우로 가장 거리가 먼 것은?

① 몸에 땀이 배어 있을 때
② 옷이 비에 젖어 있을 때
③ 앞치마를 하지 않았을 때
④ 발밑에 물이 있을 때

해설 앞치마는 용접 작업에서 인체로 비치게 되는 자외선을 차단하기 위한 것이다.

37 트랙 구성 품을 설명한 것으로 틀린 것은?

① 링크는 핀과 부싱에 의하여 연결되어 상하부 롤러 등이 굴러갈 수 있는 레일을 구성해 주는 부분으로 마멸되었을 때 용접하여 재사용할 수 있다.
② 부싱은 링크의 큰 구멍에 끼워지며 스프로킷 이빨이 부싱을 물고 회전하도록 되어 있으며 마멸되면 용접하여 재사용할 수 있다.
③ 슈는 링크에 4개의 볼트에 의해 고정되며 도저의 전체 하중을 지지하고 견인하면서 회전하고 마멸되면 용접하여 재사용할 수 있다.
④ 핀은 부싱 속을 통과하여 링크의 적은 구멍에 끼워진다. 핀과 부싱을 교환할 때는 유압 프레스로 작업하여 약 100톤 정도의 힘이 필요하다. 그리고 무한궤도의 분리를 쉽게 하기 위하여 마스터 핀을 두고 있다.

해설 부싱은 링크의 작은 구멍에 끼워지며 스프로킷 이빨이 트랙을 물고 회전하도록 되어 있으며 마멸되면 교환하여야 한다.

38 휠 식 굴착기에서 아워 미터의 역할은?

① 엔진 가동시간을 나타낸다.
② 주행거리를 나타낸다.
③ 오일 량을 나타낸다.
④ 작동 유량을 나타낸다.

해설 아워 미터는 시간계로서 장비의 가동시간, 즉 엔진이 작동되는 시간을 나타내며 예방정비 등을 위해 설치되어 있다.

39 트랙식 굴착기의 트랙 전면에서 오는 충격을 완화시키기 위해 설치한 것은?

① 하부 롤러
② 프런트 롤러
③ 상부 롤러
④ 리코일 스프링

해설 각 부품의 기능
① 상부 롤러: 캐리어 롤러로 트랙의 처짐을 방지한다.
② 프런트 롤러: 아이들러를 말하는 것으로 트랙을 운동 방향으로 유도하는 역할을 한다.
③ 하부 롤러: 장비의 중량을 지지한다.
④ 리코일 스프링: 트랙 전방에서 오는 진동 충격 등을 흡수·완화한다.

40 무한궤도식 건설기계에서 트랙 아이들러(전부 유동륜)의 역할 중 맞는 것은?

① 트랙의 진행 방향을 유도한다.
② 트랙을 구동시킨다.
③ 롤러를 구동시킨다.
④ 제동 작용을 한다.

해설 아이들러는 전부 유동륜 또는 유도륜이라 하며 트랙을 운동방향으로 유도하며 트랙 장력 조정 시 전후로 움직여 조절할 수 있다.

정답 35.① 36.③ 37.② 38.① 39.④ 40.①

41 굴착 깊이가 깊으며, 토사의 이동, 적재, 클램셸 작업 등에 적합하며, 좁은 장소에서 작업이 용이한 붐은?

① 원피스 붐(one piece boom)
② 투피스 붐(two piece boom)
③ 백호스틱 붐(back hoe sticks boom)
④ 회전형 붐

해설 원피스 붐은 가장 많이 사용되고 있는 형식으로 170° 정도의 굴착 작업이 가능하며, 투피스 붐은 굴착 깊이를 깊게 할 수 있으며 다용도로 사용이 가능하다. 회전형(로터리 붐)은 붐과 암 사이에 회전 장치를 설치하여 굴착기의 이동 없이 암을 360° 회전시킬 수 있다.

42 무한궤도식 굴착기에서 스프로킷이 한쪽으로만 마모되는 원인으로 가장 적합한 것은?

① 트랙 장력이 늘어났다.
② 트랙 링크가 마모되었다.
③ 상부 롤러가 과다하게 마모되었다.
④ 스프로킷 및 아이들러가 직선 배열이 아니다.

해설 트랙 부품의 이상 마모 또는 마모의 원인은 트랙 장력이 너무 팽팽하거나 각 부품의 정렬이 불량할 때 주로 발생된다.

43 환향장치가 하는 역할은?

① 제동을 쉽게 하는 장치이다.
② 분사 압력 증대 장치이다.
③ 분사시기를 조정하는 장치이다.
④ 장비의 진행 방향을 바꾸는 장치이다.

해설 환향장치는 장비의 진행 또는 운행 방향을 전환해주는 장치를 말한다.

44 무한궤도식 굴착기의 좌·우 트랙에 각각 한 개씩 설치되어 있으며 센터조인트로부터 유압을 받아 조향기능을 하는 구성품은?

① 주행 모터
② 드래그 링크
③ 조향기어 박스
④ 동력 조향실린더

해설 주행 모터는 센터조인트로부터 유압을 받아서 회전하면서 감속기어, 스프로킷 및 트랙을 회전시켜 주행하도록 하는 일을 한다. 주행 모터는 양쪽 트랙을 회전시키기 위해 한쪽에 1개씩 설치되며 기능은 주행과 조향이다.

45 굴착기 작업에서 암반 작업 시에 가장 효과적인 버킷은?

① V형 버킷
② 이젝터 버킷
③ 리퍼 버킷
④ 로더 버킷

해설 암반 작업에 사용되는 버킷은 리퍼 버킷이다.

46 스윙 동작이 안 되는 원인으로 틀린 것은?

① 릴리프 밸브의 설정 로드 릴리프 밸브 설정 압력이 부족하다.
② 오버 로드 릴리프 밸브의 설정 로드 릴리프 밸브 설정 압력이 부족하다.
③ 상하로 움직이는 암의 고장
④ 쿠션 밸브의 불량

해설 스윙은 상부 회전체의 선회를 나타내는 것으로 암의 고장은 선회 동작과는 무관하다.

47 크롤러 식 굴착기의 주행 장치 부품이 아닌 것은?

① 주행 모터
② 스프로킷
③ 트랙
④ 스윙 모터

해설 스윙 모터는 상부 회전체의 부품에 해당된다.

48 엑스커베이터의 회전 장치 부품이 아닌 것은?

① 회전 모터
② 링 기어
③ 피니언 기어
④ 레디알 펌프

해설 엑스커베이터의 회전 장치 부품은 회전 모터(레디알 모터), 링 기어, 감속(스윙) 피니언 기어, 볼 레이스 등으로 구성되어 있다.

정답 41.② 42.④ 43.④ 44.① 45.③ 46.③ 47.④ 48.④

49 하부 롤러가 5개 있는 것은 스프로킷 앞쪽에 무슨 롤러가 설치되어 있는가?

① 더블 롤러   ② 싱글 롤러
③ 아이들 롤러   ④ 캐리어 롤러

해설 전부 유도론(아이들러)과 스프로킷(기동륜)가까이 있는 롤러는 싱글 롤러를 사용한다.
① **싱글 롤러**: 트랙의 진로 안내
② **더블 롤러**: 트랙의 이완 방지와 원활한 트랙의 회전을 위하여 설치한다.

50 굴착기 주요 레버류의 조작력은 몇 kg 이하이어야 하는가?

① 20   ② 30
③ 50   ④ 90

해설 굴착기 주요 레버 및 페달류의 조작력
1. 페달류
   ㉠ 조작력: 90kg 이하
   ㉡ 행정: 30cm 이하
2. 레버류
   ㉠ 조작력: 50kg 이하
   ㉡ 행정: 중립 위치에서 전후 30cm 이하

51 다음 중 트랙이 가장 잘 벗겨지는 이유는?

① 전(앞) 유동륜의 정렬이 불량할 때
② 리코일 스프링이 장력의 약할 때
③ 리코일 스프링의 정렬이 잘되어 있지 않다.
④ 트랙 롤러의 정렬이 잘 되어 있지 않다.

해설 트랙이 잘 벗겨지는 주원인
① 트랙 아이들러와 스프로킷의 중심이 맞지 않을 때
② 트랙 장력이 약할 때
③ 트랙 아이들러와 스프로킷 상부 롤러의 중심이 맞지 않을 때
④ 고속 주행 중 급 회전을 하였을 때
⑤ 아이들러 및 각종 롤러의 마모
⑥ 트랙 정렬 불량
⑦ 측능지대 작업 중 무리함

52 굴착기의 시동 전 일상점검 사항으로 가장 거리가 먼 것은?

① 변속기 기어 마모 상태
② 연료탱크 유량
③ 엔진오일 유량
④ 라디에이터 수량

해설 변속기 기어 마모 상태는 정비사 점검 사항이다.

53 굴착기에 파일 드라이버를 연결하여 할 수 있는 작업은?

① 토사 적재
② 경사면 굴토
③ 지면 천공작업
④ 땅 고르기 작업

해설 파일 드라이버는 지면에 구멍을 뚫는(천공 작업)기계이다.

54 굴착기 규격은 일반적으로 무엇으로 표시되는가?

① 붐의 길이
② 작업가능 상태의 자중
③ 오일 탱크의 용량
④ 버킷의 용량

해설 굴착기의 규격 표시는 작업 가능 상태의 장비 자체 중량으로 표시한다.

55 도로 교통법상 술에 취한 상태의 기준으로 옳은 것은?

① 혈중 알코올 농도 0.01% 이상
② 혈중 알코올 농도 0.02% 이상
③ 혈중 알코올 농도 0.03% 이상
④ 혈중 알코올 농도 0.09% 이상

해설 도로 교통법상 술에 취한 상태의 기준은 혈중 알코올 농도 0.03%이상 이다.

정답 49.② 50.③ 51.① 52.① 53.③ 54.② 55.③

56 다음 중 크롤러형 굴착기의 부품이 아닌 것은?

① 유압 펌프   ② 오일 쿨러
③ 자재 이음   ④ 센터 조인트

해설 자재 이음(유니버설 조인트)은 타이어식 굴착기의 부품이다.

57 무한궤도식 굴착기에서 주행 시 동력 전달 순서가 옳게 된 것은?

① 엔진 – 컨트롤 밸브 – 고압 파이프 – 유압 펌프 – 트랙
② 엔진 – 메인 유압 펌프 – 고압 파이프 – 주행 모터 – 트랙
③ 엔진 – 컨트롤 밸브 – 고압 파이프 – 메인 유압 펌프 – 트랙
④ 엔진 – 메인 유압 펌프 – 컨트롤 밸브 – 고압 파이프 – 주행 모터 – 트랙

해설 굴착기 주행 시 동력 전달 순서
① 타이어식: 엔진 – 클러치 – 변속기 – 상부 베벨 기어 – 센터 유니버설 조인트 – 하부 베벨 기어 – 하부 유니버설 조인트 – 종 감속기어 및 차동기어 – 액슬축 – 휠
② 무한궤도식: 엔진 – 유압 펌프 – 컨트롤 밸브 – 센터 조인트 – 주행 모터 – 감속 기어 – 스프로킷 – 트랙

58 도로 교통법 상 4차로 이상 고속도로에서 건설기계의 최저속도는?

① 30km/h   ② 40km/h
③ 50km/h   ④ 60km/h

해설 4차로 이상 고속도로에서 최저속도는 50km/h이다.

59 도로 교통법상 교통안전 시설이나 교통정리 요원의 신호가 서로 다른 경우에 우선시 되어야 하는 지시는?

① 신호등의 신호
② 안전표시의 지시
③ 경찰공무원의 수신호
④ 경비업체 관계자의 수신호

해설 신호 중 가장 우선하는 신호는 경찰공무원의 수신호이다.

60 도로 교통법상 주차금지의 장소로 틀린 것은?

① 터널 안 및 다리 위
② 화재경보기로부터 5미터 이내인 곳
③ 소방용 기계·기구가 설치된 곳으로부터 5미터 이내인 곳
④ 소방용 방화물통이 있는 곳으로부터 5미터 이내인 곳

해설 주차를 금지하는 곳

금지하는 지역	주차를 금지하는 장소
5 미터 이내의 곳	소방용 기계기구가 설치된 곳, 소방용 방화물통, 소화전 또는 소방용 방화 물통의 흡수구나 흡수관을 넣는 구멍, 도로 공사 구역의 양쪽 가장자리
3 미터 이내의 곳	화재경보기
기타	터널 안 및 다리 위, 지방 경찰청장이 도로에서의 위험을 방지하고 교통의 안전과 원활한 소통을 확보하기 위하여 필요하다고 인정하여 지정한 곳

정답 56.③ 57.④ 58.③ 59.③ 60.②

2024년 복원문제
제1회 굴착기운전기능사

01 기관에서 흡입효율을 높이는 장치는?

① 기화기 ② 소음기
③ 과급기 ④ 압축기

해설 과급기(터보차저)는 흡기관과 배기관 사이에 설치되며, 배기가스로 구동된다. 기능은 배기량이 일정한 상태에서 연소실에 강압적으로 많은 공기를 공급하여 흡입효율을 높이고 기관의 출력과 토크를 증대시키기 위한 장치이다.

02 기관의 윤활유를 교환 후 윤활유 압력이 높아졌다면 그 원인으로 가장 적당한 것은?

① 오일의 점도가 낮은 것으로 교환하였다.
② 오일 점도가 높은 것으로 교환하였다.
③ 엔진오일 교환 시 연료가 흡입되었다.
④ 오일회로 내 누설이 발생하였다.

해설 오일 점도가 높은 것을 사용하면 유동 저항이 증가되어 윤활유의 압력이 높아진다.

03 연료 압력 센서(RPS, Rail Pressure Sensor)에 관한 설명으로 맞지 않는 것은?

① 이 센서가 고장이 나면 기관의 시동이 꺼진다.
② 반도체 피에조 소자 방식이다.
③ RPS의 신호를 받아 연료 분사량 조정 신호로 사용한다.
④ RPS의 신호를 받아 분사시기 조정 신호로 사용한다.

해설 연료 압력 센서(RPS)가 고장이 나면 림프 홈 모드(페일 세이프)로 진입하여 연료의 압력을 400bar로 고정시키기 때문에 기관은 작동된다.

04 디젤 기관의 냉간 시 시동을 돕기 위해 설치된 부품으로 맞는 것은?

① 히트레인지(예열플러그)
② 발전기
③ 디퓨저
④ 과급 장치

해설 디젤 기관의 냉간 시 시동을 돕기 위한 시동 보조 장치는 예열 장치, 흡기 가열 장치(흡기 히터와 히트레인지), 실린더 감압 장치, 연소 촉진제 공급 장치 등이 있다.

05 동절기에 기관이 동파되는 원인으로 맞는 것은?

① 기관 내부 냉각수가 얼어서
② 시동 전동기가 얼어서
③ 엔진 오일이 얼어서
④ 발전 장치가 얼어서

해설 동절기에 기관이 동파되는 원인은 기관 내부의 냉각수가 얼면 체적이 늘어나기 때문에 동파가 된다. 기관의 동파를 방지하기 위해 부동액을 혼합하여 사용한다.

06 기관의 연소 시 발생하는 질소산화물(NOx)의 발생 원인과 가장 밀접한 관계가 있는 것은?

① 높은 연소 온도
② 흡입 공기 부족
③ 소염 경계층
④ 가속 불량

해설 대기 중의 질소 분자는 매우 높은 연소 온도와 압력이 갖춰진 기관의 연소실에서 분해가 되며, 분해된 원자는 산소와 혼합하여 질소산화물(NOx)이 발생된다.

정답 01.③ 02.② 03.① 04.① 05.① 06.①

07 교류 발전기에 사용되는 반도체인 다이오드를 냉각하기 위한 것은?

① 엔드 프레임에 설치된 오일장치
② 히트 싱크
③ 냉각 튜브
④ 유체 클러치

해설 히트 싱크는 다이오드를 설치하는 철판이며, 다이오드가 정류 작용을 할 때 발생하는 열을 냉각시켜 주는 작용을 한다.

08 시동 전동기가 회전하지 않는 원인으로 틀린 것은?

① 배선과 스위치가 손상되었다.
② 시동 전동기의 피니언 기어가 손상 되었다.
③ 배터리의 용량이 작다.
④ 시동 전동기가 소손되었다.

해설 시동 전동기가 회전이 안 되는 원인
① 시동 스위치의 손상 및 접촉이 불량하다.
② 배터리가 과다 방전되었다.
③ 배터리 단자와 케이블의 접촉이 불량하거나 단선되었다.
④ 시동 전동기의 브러시 스프링 장력이 약해 정류자에 밀착이 불량하다.
⑤ 시동 전동기의 전기자 코일 또는 계자코일이 단락되었다.

09 건설기계에 사용되는 12V 납산 축전지의 구성은?

① 셀(cell) 3개를 병렬로 접속
② 셀(cell) 3개를 직렬로 접속
③ 셀(cell) 6개를 병렬로 접속
④ 셀(cell) 6개를 직렬로 접속

해설 12V의 납산 축전지는 2.1V의 셀(cell) 6개가 직렬로 접속되어 있다.

10 도체 내의 전류의 흐름을 방해하는 성질은?

① 전류   ② 전하
③ 전압   ④ 저항

해설 전류가 물질(도체) 속을 흐를 때 그 흐름을 방해하는 것을 저항이라 한다.

11 유압 도면 기호에서 압력 스위치를 나타내는 것은?

①   ②
③ ◁▷   ④ --⌐⌐

해설 ① 어큐뮬레이터 기호, ② 압력계의 기호, ③ 첵 또는 콕의 기호이다.

12 압력 제어 밸브 중 상시 닫혀 있다가 일정 조건이 되면 열려서 작동하는 밸브가 아닌 것은?

① 시퀀스 밸브   ② 릴리프 밸브
③ 언로더 밸브   ④ 리듀싱 밸브

해설 리듀싱(감압) 밸브는 회로 일부의 압력을 릴리프 밸브의 설정 압력(메인 유압) 이하로 하고 싶을 때 사용하며 입구(1차 쪽)의 주 회로에서 출구(2차 쪽)의 감압회로로 유압유가 흐른다. 상시 개방 상태로 되어 있다가 출구(2차 쪽)의 압력이 감압 밸브의 설정 압력보다 높아지면 밸브가 작용하여 유로를 닫는다.

13 순차 작동 밸브라고도 하며, 각 유압 실린더를 일정한 순서로 순차 작동시키고자 할 때 사용하는 것은?

① 리듀싱 밸브   ② 언로더 밸브
③ 시퀀스 밸브   ④ 릴리프 밸브

해설 시퀀스 밸브는 2개 이상의 분기 회로에서 유압 실린더나 모터의 작동 순서를 결정한다.

14 유압 모터 종류에 속하는 것은?

① 보올 모터   ② 디젤 모터
③ 플런저 모터   ④ 터빈 모터

해설 유압 모터의 종류에는 기어 모터, 베인 모터, 플런저 모터 등이 있다.

정답 07.② 08.② 09.④ 10.④ 11.④ 12.④ 13.③ 14.③

15 유압유가 넓은 온도 범위에서 사용되기 위한 조건으로 가장 알맞은 것은?

① 산화 작용이 양호해야 한다.
② 발포성이 높아야 한다.
③ 소포성이 낮아야 한다.
④ 점도지수가 높아야 한다.

해설 점도지수가 높다는 것은 온도 변화에 대한 점도 변화가 적다는 것을 나타내며, 작동유가 넓은 온도 범위에서 사용되기 위해서는 점도지수가 높아야 한다.

16 굴착기 유압장치의 유압유가 갖추어야 할 특성으로 틀린 것은?

① 내열성이 작고, 거품이 많을 것
② 화학적 안전성 및 윤활성이 클 것
③ 고압 고속 운전 계통에서 마멸 방지성이 높을 것
④ 확실한 동력전달을 위하여 비압축성 일 것

해설 작동유가 갖추어야 할 조건
① 비압축성이고, 밀도, 열팽창계수가 작을 것
② 체적 탄성계수 및 점도지수가 클 것
③ 인화점 및 발화점이 높고, 내열성이 클 것
④ 화학적 안정성(산화 안정성) 및 윤활성이 클 것
⑤ 방청 및 방식성이 좋을 것
⑥ 적절한 유동성과 점성을 갖고 있을 것
⑦ 온도에 의한 점도변화가 적을 것
⑧ 소포성(기포 분리성)이 클 것(거품이 적을 것)
⑨ 고압고속 운전계통에서 마멸방지성이 높을 것

17 유압회로 내에 기포가 발생할 때 일어날 수 있는 현상으로 틀린 것은?

① 유압유의 누설저하
② 소음증가
③ 공동현상 발생
④ 액추에이터의 작동불량

해설 유압회로 내에 기포가 생기면 공동현상 발생, 오일 탱크의 오버플로, 소음 증가, 액추에이터의 작동불량 등이 발생한다.

18 어큐뮬레이터(축압기)의 사용 용도에 해당하지 않는 것은?

① 오일누설 억제
② 회로 내의 압력 보상
③ 충격 압력의 흡수
④ 유압 펌프의 맥동 감소

해설 어큐뮬레이터(축압기)의 용도는 압력 보상, 체적 변화 보상, 유압 에너지 축적, 유압회로 보호, 맥동 감쇠, 충격 압력 흡수, 일정 압력 유지, 보조 동력원으로 사용 등이다.

19 굴착기의 상부 선회체 작동유를 하부 주행체로 전달하는 역할을 하고 상부 선회체가 선회 중에 배관이 꼬이지 않게 하는 것은?

① 주행 모터 ② 선회 감속장치
③ 센터 조인트 ④ 선회 모터

해설 센터 조인트는 굴착기의 상부 선회체 작동유를 하부 주행체로 전달하는 역할을 하고 상부 선회체가 선회 중에 배관이 꼬이지 않도록 하는 역할을 한다.

20 기어식 유압 펌프에 대한 설명으로 맞는 것은?

① 가변 용량형 펌프이다.
② 날개로 펌핑 작용을 한다.
③ 효율이 좋은 특징을 가진 펌프이다.
④ 정용량형 펌프이다.

해설 기어 펌프는 회전속도에 따라 흐름 용량이 변화하는 정용량형 펌프이며, 제작이 용이하나 다른 펌프에 비해 소음이 큰 단점이 있다.

21 굴착기에 연결할 수 없는 작업 장치는 무엇인가?

① 드래그라인 ② 파일 드라이브
③ 어스 오거 ④ 셔블

해설 굴착기에 연결할 수 있는 작업 장치
① 파일 드라이브 : 기둥 박기 작업에 사용하는 작업 장치이다.
② 어스 오거 : 유압 모터를 이용한 스크루로 구멍을

정답 15.④ 16.① 17.① 18.① 19.③ 20.④ 21.①

뚫고 전신주 등을 박는 작업에 사용되는 굴착기 작업 장치이다.
③ 셔블 : 굴착기가 있는 장소보다 높은 곳의 굴착에 적합하다.
※ 드래그라인은 긁어 파기 작업을 할 때 사용하는 기중기의 작업 장치이다.

22 유압 모터를 이용한 스크루로 구멍을 뚫고 전신주 등을 박는 작업에 사용되는 굴삭기 작업 장치는?

① 그래플 ② 브레이커
③ 오거 ④ 리퍼

해설 굴착기의 작업 장치
① 그래플(그랩) : 유압 실린더를 이용하여 2~5개의 집게를 움직여 작업물질을 집는 작업 장치이다.
② 브레이커 : 브레이커는 정(치즐)의 머리 부분에 유압 방식의 왕복 해머로 연속적으로 타격을 가해 암석, 콘크리트 등을 파쇄 하는 작업 장치이다.
③ 리퍼 : 리퍼는 굳은 땅, 언 땅, 콘크리트 및 아스팔트 파괴 또는 나무뿌리 뽑기, 발파한 암석 파기 등에 사용된다.

23 타이어식 굴착기에서 유압식 동력전달장치 중 변속기를 직접 구동시키는 것은?

① 선회 모터 ② 주행 모터
③ 토크 컨버터 ④ 기관

해설 타이어식 굴착기가 주행할 때 주행 모터의 회전력이 입력축을 통해 전달되면 변속기 내의 유성기어 → 유성기어 캐리어 → 출력축을 통해 차축으로 전달된다.

24 타이어식 굴착기에서 조향기어 백래시가 클 경우 발생될 수 있는 현상으로 가장 적절한 것은?

① 핸들이 한쪽으로 쏠린다.
② 조향 각도가 커진다.
③ 핸들의 유격이 커진다.
④ 조향 핸들의 축 방향 유격이 커진다.

해설 백래시는 기어와 기어 사이의 간극으로 조향 기어 백래시가 크면(기어가 마모되면) 조향 핸들의 유격이 커진다.

25 타이어식 굴착기에서 유압식 제동장치의 구성품이 아닌 것은?

① 휠 실린더
② 에어 컴프레서
③ 마스터 실린더
④ 오일 리저브 탱크

해설 유압식 제동장치는 마스터 실린더, 하이드로 백, 오일 리저브 탱크, 휠 실린더, 브레이크 슈 등으로 구성되어 있다.

26 타이어식 굴착기 주행 중 발생할 수도 있는 히트 세퍼레이션 현상에 대한 설명으로 맞는 것은?

① 물에 젖은 노면을 고속으로 달리면 타이어와 노면사이에 수막이 생기는 현상
② 고속으로 주행 중 타이어가 터져버리는 현상
③ 고속 주행 시 차체가 좌·우로 밀리는 현상
④ 고속 주행할 때 타이어 공기압이 낮아져 타이어가 찌그러지는 현상

해설 히트 세퍼레이션(heat separation)이란 고속으로 주행할 때 열에 의해 타이어의 고무나 코드가 용해 및 분리되어 터지는 현상이다.

27 굴착기에서 작업 장치의 동력전달 순서로 맞는 것은?

① 엔진→제어 밸브→유압 펌프→실린더
② 유압 펌프→엔진→제어 밸브→실린더
③ 유압 펌프→엔진→실린더→제어 밸브
④ 엔진→유압 펌프→제어 밸브→실린더

해설 굴삭기 작업장치의 동력전달 순서는 엔진 → 유압 펌프 → 제어 밸브 → 유압 실린더 및 유압 모터이다.

정답 22.③ 23.② 24.③ 25.② 26.② 27.④

28 트랙 링크의 수가 38조(set) 라면 트랙 핀의 부싱은 몇 조인가?

① 19조(set) ② 80조(set)
③ 76조(set) ④ 38조(set)

해설 트랙 링크의 수가 38조라면 트랙 핀의 부싱은 38조이다.

29 무한궤도식 굴착기의 장점으로 가장 거리가 먼 것은?

① 접지 압력이 낮다.
② 노면 상태가 좋지 않은 장소에서 작업이 용이하다.
③ 운송수단 없이 장거리 이동이 가능하다.
④ 습지 및 사지에서 작업이 가능하다.

해설 무한궤도식 굴착기를 장거리 이동할 경우에는 트레일러로 운반하여야 한다.

30 무한궤도식 건설기계에서 프런트 아이들러의 작용에 대한 설명으로 가장 적당한 것은?

① 회전력을 발생하여 트랙에 전달한다.
② 파손을 방지하고 원활한 운전을 하게 한다.
③ 구동력을 트랙으로 전달한다.
④ 트랙의 진로를 유도하면서 주행방향으로 트랙을 안내한다.

해설 프런트 아이들러(front idler, 전부 유동륜)는 트랙의 장력을 조정하면서 트랙의 진행방향을 유도한다.

31 다음 중 굴착기 작업 장치의 종류가 아닌 것은?

① 파워 셔블   ② 백호 버킷
③ 우드 그래플 ④ 파이널 드라이브

해설 파이널 드라이브 기어(종감속 기어)는 엔진의 동력을 바퀴까지 전달할 때 마지막으로 감속하여 전달하는 동력전달 장치이다.

32 굴착기의 작업 용도로 가장 적합한 것은?

① 도로 포장 공사에서 지면의 평탄, 다짐 작업에 사용
② 터널 공사에서 발파를 위한 천공 작업에 사용
③ 화물의 기중, 적재 및 적차 작업에 사용
④ 토목 공사에서 터파기, 쌓기, 깎기, 되메우기 작업에 사용

해설 굴착기는 토사 굴토 작업, 굴착 작업, 도랑 파기 작업, 쌓기, 깎기, 되메우기, 토사 상차 작업에 사용되며, 최근에는 암석, 콘크리트, 아스팔트 등의 파괴를 위한 브레이커(breaker)를 부착하기도 한다.

33 굴착기의 주행 형식별 분류에서 접지 면적이 크고 접지 압력이 작아 사지나 습지와 같이 위험한 지역에서 작업이 가능한 형식으로 적당한 것은?

① 트럭 탑재식 ② 무한궤도식
③ 반 정치식   ④ 타이어식

해설 무한궤도식은 접지 면적이 크고 접지 압력이 작아 사지나 습지와 같이 위험한 지역에서 작업이 가능하다.

34 다음 중 굴착기 센터 조인트의 기능으로 가장 알맞은 것은?

① 메인 펌프에서 공급되는 오일을 하부 유압부품에 공급한다.
② 차체의 중앙 고정 축 주위에 움직이는 암이다.
③ 전·후륜의 중앙에 있는 디퍼렌셜 기어에 오일을 공급한다.
④ 트랙을 구동시켜 주행하도록 한다.

해설 센터 조인트는 상부 회전체의 회전 중심부에 설치되어 있으며, 메인 펌프의 유압유를 주행 모터로 전달한다. 또 상부 회전체가 회전하더라도 호스, 파이프 등이 꼬이지 않고 원활히 공급한다.

정답 28.④ 29.③ 30.④ 31.④ 32.④ 33.② 34.①

35 무한궤도식 굴착기의 트랙 전면에서 오는 충격을 완화시키기 위해 설치하는 것은?

① 리코일 스프링 ② 프런트 롤러
③ 하부 롤러 ④ 상부 롤러

해설 리코일 스프링은 무한궤도식 굴착기의 트랙 전면에서 오는 충격을 완화시키기 위해 설치한다.

36 유압 굴착기의 시동 전에 이뤄져야 하는 외관 점검 사항이 아닌 것은?

① 고압호스 및 파이프 연결부 손상 여부
② 각종 오일의 누유 여부
③ 각종 볼트, 너트의 체결 상태
④ 유압유 탱크의 필터의 오염 상태

해설 시동 전 외관 점검 사항
① 각종 오일 누유 여부를 점검한다.
② 고압 호스의 연결부 손상 여부를 점검한다.
③ 고압 파이프 연결부 손상여부를 점검한다.
④ 각종 볼트, 너트의 체결 상태를 점검한다.
⑤ 각 작동 부분의 그리스 주입 여부를 점검한다.

37 굴착기를 이용하여 수중작업을 하거나 하천을 건널 때의 안전사항으로 맞지 않는 것은?

① 타이어식 굴착기는 액슬 중심점 이상이 물에 잠기지 않도록 주의하면서 도하한다.
② 무한궤도식 굴착기는 주행 모터의 중심선 이상이 물에 잠기지 않도록 주의하면서 도하한다.
③ 타이어식 굴착기는 블레이드를 앞쪽으로 하고 도하한다.
④ 수중 작업 후에는 물에 잠겼던 부위에 새로운 그리스를 주입한다.

해설 무한궤도식 굴착기는 상부 롤러 중심선 이상이 물에 잠기지 않도록 주의하면서 도하한다.

38 굴착기를 트레일러에 상차하는 방법에 대한 설명으로 가장 적합하지 않은 것은?

① 가급적 경사대를 사용한다.
② 지면 상태가 불량할 때는 평탄한 지역으로 이동하여 상차한다.
③ 경사대는 10~15°정도 경사시키는 것이 좋다.
④ 트레일러에 상차 후 작업 장치를 반드시 앞쪽으로 하여 고정한다.

해설 굴삭기를 트레일러로 운반할 때는 상차 후 작업 장치를 반드시 뒤쪽으로 향하도록 하여 고정하여야 한다.

39 무한궤도식 굴착기에서 상부 롤러의 설치 목적은?

① 전부 유동륜을 고정한다.
② 기동륜을 지지한다.
③ 트랙을 지지한다.
④ 리코일 스프링을 지지한다.

해설 상부 롤러(캐리어 롤러)는 트랙 프레임 위에 한쪽만 지지하거나 양쪽을 지지하는 브래킷에 1~2개가 설치되어 프런트 아이들러와 스프로킷 사이에서 트랙이 처지는 것을 방지하는 동시에 트랙의 회전 위치를 정확하게 유지하는 역할을 한다.

40 보호구의 구비조건으로 틀린 것은?

① 작업에 방해가 안 되어야 한다.
② 착용이 간편해야 한다.
③ 유해 위험 요소에 대한 방호 성능이 경미해야 한다.
④ 구조와 끝마무리가 양호해야 한다.

해설 보호구의 구비조건
① 착용이 간단(간편)할 것.
② 착용 후 작업(작업 방해가 안 되어야)하기가 쉬워야 한다.
③ 품질이 양호해야 한다.
④ 구조와 끝마무리가 양호해야 한다.
⑤ 외관 및 디자인이 양호해야 한다.
⑥ 유해, 위험 요소로부터 보호 성능이 충분해야 한다.

정답 35.① 36.④ 37.② 38.④ 39.③ 40.③

41 트랙 장치의 구성품 중 트랙 슈와 슈를 연결하는 부품은?

① 부싱과 캐리어 롤러
② 트랙 링크와 핀
③ 아이들러와 스프로켓
④ 하부 롤러와 상부 롤러

해설 트랙 슈와 슈는 트랙 링크와 핀으로 연결하여 궤도를 형성한다.

42 굴착공사를 하고자 할 때 지하 매설물 설치 여부와 관련하여 안전상 가장 적합한 조치는?

① 굴착공사 시행자는 굴착공사를 착공하기 전에 굴착지점 또는 그 인근의 주요 매설물 설치 여부를 미리 확인하여야 한다.
② 굴착공사 도중 작업에 지장이 있는 고압 케이블은 옆으로 옮기고 계속 작업을 진행한다.
③ 굴착공사 시행자는 굴착공사 시공 중에 굴착지점 또는 그 인근의 주요 매설물 설치 여부를 확인하여야 한다.
④ 굴착작업 중 전기, 가스, 통신 등의 지하 매설물에 손상을 가하였을 시 즉시 매설하여야 한다.

해설 굴착에 의해 매설물이 노출되면 반드시 관계기관 등에게 확인시키고 상호 협조하여 방호 조치를 해야 하며, 노출된 매설물의 이설 및 위치변경, 교체 등은 관계기관과 협의하여 진행해야 한다. 굴착작업 중 전기, 가스, 통신 등의 지하 매설물에 손상을 가하였을 시 즉시 관계기관과 협의하여 방호 조치를 진행해야 한다.

43 감전되거나 전기 화상을 입을 위험이 있는 곳에서 작업 시 작업자가 착용해야 하는 것은?

① 구명조끼   ② 보호구
③ 비상벨   ④ 구명구

해설 감전되거나 전기 화상을 입을 위험이 있는 작업장에서는 보호구를 착용하여야 한다.

44 가연성 가스 저장실에 안전사항으로 옳은 것은?

① 기름걸레를 가스통 사이에 끼워 충격을 적게 한다.
② 조명은 백열등으로 하고 실내에 스위치를 설치한다.
③ 담뱃불을 가지고 출입한다.
④ 휴대용 전등을 사용한다.

해설 가연성 가스 저장실 안전사항
① 가연성 가스 설비는 화기로부터 8m 이격시켜야 한다.
② 산소의 저장 설비는 주위 5m 이내 화기 취급을 금지하여야 한다.
③ 가연성 가스와 산소의 용기는 각각 구분하여 용기 보관 장소에 보관한다.
④ 가스 용기를 이동하여 사용할 때에는 손수레에 단단하게 고정하여야 한다.
⑤ 기중기로 운반할 때에는 보관함에 담아 운반하여야 한다.
⑥ 넘어짐 등으로 인한 충격을 방지하기 위해 운반 중에는 캡을 씌워야 한다.
⑦ 가스 용기를 사용한 후에는 밸브를 닫고 용기 보관실에 보관하여야 한다.
⑧ 가스 용기는 항상 40℃ 이하로 유지하고, 직사광선을 차단하여야 한다.

45 산업 안전보건 표지의 종류에서 지시 표지에 해당하는 것은?

① 차량 통행금지   ② 출입 금지
③ 고온 경고   ④ 안전모 착용

해설 지시 표지에는 보안경 착용, 방독 마스크 착용, 방진 마스크 착용, 보안면 착용, 안전모 착용, 귀마개 착용, 안전화 착용, 안전장갑 착용, 안전복 착용 등이 있다.

46 도시가스사업법에서 저압이라 함은 압축가스일 경우 몇 MPa 미만의 압력을 말하는가?

① 1   ② 0.1
③ 3   ④ 0.01

해설 도시가스의 압력에 의한 분류
① 저압 : 0.1MPa 미만
② 중압 : 0.1Mpa이상 1Mpa 미만
③ 고압 : 1MPa 이상

정답 41.② 42.① 43.② 44.④ 45.④ 46.②

47 특수한 사정으로 인해 매설 깊이를 확보할 수 없는 곳에 가스 배관을 설치하였을 때 노면과 0.3m 이상의 깊이를 유지하여 배관 주위에 설치하여야 하는 것은?

① 수취기
② 도시가스 입상관
③ 가스 배관의 보호 판
④ 가스 차단장치

해설 보호 판은 철판으로 장비에 의한 배관 손상을 방지하기 위하여 설치한 것이며, 두께가 4mm 이상의 철판으로 방식 코팅되어 있고 배관 직상부 30cm 상단에 매설되어 있다.

48 안전적 측면에서 인화점이 낮은 연료의 내용으로 맞는 것은?

① 화재 발생 부분에서 안전하다.
② 화재 발생 위험이 있다.
③ 연소상태의 불량 원인이 된다.
④ 압력저하 요인이 발생한다.

해설 인화점이 낮은 연료는 화재 발생 위험이 있다.

49 차도 아래에 매설되는 전력 케이블(직접 매설식)은 지면에서 최소 몇 m 이상의 깊이로 매설되어야 하는가?

① 2.5m ② 0.9m
③ 1.2m ④ 0.3m

해설 전력 케이블을 직접 매설식으로 매설할 때 매설 깊이는 최저 1.2m 이상이다.

50 소화 작업 시 행동 요령으로 틀린 것은?

① 화재가 일어나면 화재 경보를 한다.
② 카바이드 및 유류에는 물을 뿌린다.
③ 가스 밸브를 잠그고 전기 스위치를 끈다.
④ 전선에 물을 뿌릴 때는 송전 여부를 확인한다.

해설 소화 작업의 기본 요소
① 가연 물질, 산소, 점화원을 제거한다.
② 가스 밸브를 잠그고 전기 스위치를 끈다.
③ 전선에 물을 뿌릴 때는 송전 여부를 확인한다.
④ 화재가 일어나면 화재 경보를 한다.
⑤ 카바이드 및 유류에는 물을 뿌려서는 안 된다.
⑥ 점화원을 발화점 이하의 온도로 낮춘다.

51 건설기계관리법에서 정의한 '건설기계 형식'으로 가장 옳은 것은?

① 형식 및 규격을 말한다.
② 성능 및 용량을 말한다.
③ 구조·규격 및 성능 등에 관하여 일정하게 정한 것을 말한다.
④ 엔진 구조 및 성능을 말한다.

해설 건설기계 형식이란 구조·규격 및 성능 등에 관하여 일정하게 정한 것이다.

52 건설기계 등록 말소 사유에 해당 되지 않는 것은?

① 건설기계를 폐기한 경우
② 건설기계의 차대가 등록 시의 차대와 다른 경우
③ 정비 또는 개조를 목적으로 해체된 경우
④ 건설기계가 멸실된 경우

해설 건설기계 등록말소의 사유
① 거짓이나 그 밖의 부정한 방법으로 등록을 한 경우
② 건설기계가 천재지변 또는 이에 준하는 사고 등으로 사용할 수 없게 되거나 멸실된 경우
③ 건설기계의 차대(車臺)가 등록 시의 차대와 다른 경우
④ 건설기계가 건설기계 안전기준에 적합하지 아니하게 된 경우
⑤ 정기검사 명령, 수시검사 명령 또는 정비 명령에 따르지 아니한 경우
⑥ 건설기계를 수출하는 경우
⑦ 건설기계를 도난당한 경우
⑧ 건설기계를 폐기한 경우
⑨ 건설기계 해체재활용업자에게 폐기를 요청한 경우
⑩ 구조적 제작 결함 등으로 건설기계를 제작자 또는 판매자에게 반품한 경우
⑪ 건설기계를 교육·연구 목적으로 사용하는 경우
⑫ 대통령령으로 정하는 내구연한을 초과한 건설기계. 다만, 정밀진단을 받아 연장된 경우는 그 연장기간을 초과한 건설기계
⑬ 건설기계를 횡령 또는 편취당한 경우

정답 47.③ 48.② 49.③ 50.② 51.③ 52.③

53 건설기계의 출장검사가 허용되는 경우가 아닌 것은?

① 도서지역에 있는 건설기계
② 너비가 2.0미터를 초과하는 건설기계
③ 자체 중량이 40톤을 초과하거나 축중이 10톤을 초과하는 건설기계
④ 최고 속도가 시간당 35킬로미터 미만인 건설기계

해설 건설기계가 위치한 장소에서 검사하여야 하는 건설기계
① 도서지역에 있는 경우
② 자체중량이 40톤을 초과하거나 축중이 10톤을 초과하는 경우
③ 너비가 2.5m를 초과하는 경우
④ 최고속도가 시간당 35km 미만인 경우

54 과실로 중상 1명의 인명피해를 입힌 건설기계를 조종한 자의 처분기준은?

① 면허 효력정지 15일
② 면허 효력정지 30일
③ 면허 취소
④ 면허 효력정지 60일

해설 인명 피해에 따른 면허효력정지 기간
① 사망 1명마다 : 면허효력정지 45일
② 중상 1명마다 : 면허효력정지 15일
③ 경상 1명마다 : 면허효력정지 5일

55 건설기계 조종사의 면허 적성검사 기준으로 틀린 것은?

① 두 눈의 시력이 각각 0.3 이상
② 두 눈을 동시에 뜨고 측정한 시력이 0.7 이상
③ 시각은 150도 이상
④ 청력은 10데시벨의 소리를 들을 수 있을 것

해설 건설기계 조종사의 면허 적성검사 기준
① 두 눈을 동시에 뜨고 잰 시력(교정시력을 포함한다. 이하 이호에서 같다)이 0.7이상이고 두 눈의 시력이 각각 0.3이상일 것
② 55데시벨(보청기를 사용하는 사람은 40데시벨)의 소리를 들을 수 있고, 언어 분별력이 80퍼센트 이상일 것
③ 시각은 150도 이상일 것
④ 건설기계 조종 상의 위험과 장해를 일으킬 수 있는 정신질환자 또는 뇌전증환자로서 국토교통부령으로 정하는 사람
⑤ 앞을 보지 못하는 사람, 듣지 못하는 사람, 그 밖에 국토교통부령으로 정하는 장애인
⑥ 건설기계 조종 상의 위험과 장해를 일으킬 수 있는 마약·대마·향정신성의약품 또는 알코올중독자로서 국토교통부령으로 정하는 사람

56 건설기계를 조종할 때 적용받는 법령에 대한 설명으로 가장 적합한 것은?

① 건설기계관리법 및 자동차관리법의 전체 적용을 받는다.
② 건설기계관리법에 대한 적용만 받는다.
③ 도로교통법에 대한 적용만 받는다.
④ 건설기계관리법 외에 도로상을 운행할 때는 도로교통법 중 일부를 적용받는다.

해설 건설기계를 조종할 때에는 건설기계 관리법 외에 도로상을 운행할 때에는 도로교통법 중 일부를 적용 받는다.

57 혈중알코올농도 0.03% 이상 0.08% 미만의 술에 취한 상태로 운전한 사람의 처벌기준으로 맞는 것은?

① 1년 이하의 징역이나 500만원 이하의 벌금
② 2년 이하의 징역이나 1천만원 이하의 벌금
③ 3년 이하의 징역이나 1천500만원 이하의 벌금
④ 2년 이상 5년 이하의 징역이나 1천만원 이상 2천만원 이하의 벌금

해설 혈중알코올농도가 0.03% 이상 0.08% 미만인 사람은 1년 이하의 징역이나 500만원 이하의 벌금에 처한다.

정답 53.② 54.① 55.④ 56.④ 57.①

58 차량이 남쪽에서부터 북쪽 방향으로 진행 중일 때, 그림의 「2방향 도로명 표지」에 대한 설명으로 틀린 것은?

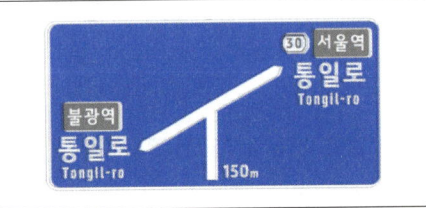

① 차량을 좌회전하는 경우 '통일로'의 건물 번호가 커진다.
② 차량을 좌회전하는 경우 '통일로'로 진입할 수 있다.
③ 차량을 좌회전하는 경우 '통일로'의 건물 번호가 작아진다.
④ 차량을 우회전하는 경우 '통일로'로 진입할 수 있다.

해설 도로 구간의 설정은 서쪽에서 동쪽, 남쪽에서 북쪽 방향으로 설정하며, 건물 번호는 왼쪽은 홀수, 오른쪽은 짝수의 일련번호를 부여하되 도로의 시작점에서 끝 지점까지 좌우 대칭을 유지한다. 도로의 시작 지점에서 끝 지점으로 갈수록 건물 번호가 커진다.

59 다음의 교통안전 표지는 무엇을 의미하는가?

① 차 중량 제한 표지
② 차 높이 제한 표지
③ 차 적재량 제한 표지
④ 차 폭 제한 표지

60 도로교통법령상 정차 및 주차금지 장소에 해당 되는 것은?

① 교차로 가장자리로부터 10m 지점
② 정류장 표시판로부터 12m 지점
③ 건널목 가장자리로부터 15m 지점
④ 도로의 모퉁이로부터 5m 지점

해설 정차 및 주차의 금지장소
① 교차로·횡단보도·건널목이나 보도와 차도가 구분된 도로의 보도
② 교차로의 가장자리나 도로의 모퉁이로부터 5미터 이내인 곳
③ 안전지대가 설치된 도로에서는 그 안전지대의 사방으로부터 각각 10미터 이내인 곳
④ 버스여객자동차의 정류지임을 표시하는 기둥이나 표지판 또는 선이 설치된 곳으로부터 10미터 이내인 곳.
⑤ 건널목의 가장자리 또는 횡단보도로부터 10미터 이내인 곳
⑥ 다음 각 목의 곳으로부터 5미터 이내인 곳
  ㉮ 소방용수시설 또는 비상소화장치가 설치된 곳
  ㉯ 소방시설로서 대통령령으로 정하는 시설이 설치된 곳
⑦ 시·도경찰청장이 인정하여 지정한 곳
⑧ 시장 등이 지정한 어린이 보호구역

정답 58.① 59.① 60.④

2024년 복원문제 제 2 회 굴착기운전기능사

01 커먼레일 디젤기관의 압력제한 밸브에 대한 설명 중 틀린 것은?

① 커먼레일의 압력을 제어한다.
② 커먼레일에 설치되어 있다.
③ 연료압력이 높으면 연료의 일부분이 연료탱크로 되돌아간다.
④ 컴퓨터가 듀티 제어한다.

해설 압력제한 밸브는 커먼레일에 설치되어 커먼레일 내의 연료압력이 규정 값보다 높아지면 열려 연료의 일부를 연료탱크로 복귀시킨다.

02 디젤 기관에서 터보차저를 부착하는 목적으로 맞는 것은?

① 기관의 유효압력을 낮추기 위해서
② 배기소음을 줄이기 위해서
③ 기관의 출력을 증대시키기 위해서
④ 기관의 냉각을 위해서

해설 터보차저는 흡기관과 배기관 사이에 설치되며, 배기가스로 구동된다. 기능은 배기량이 일정한 상태에서 연소실에 강압적으로 많은 공기를 공급하여 흡입효율을 높이고 기관의 출력과 토크를 증대시키기 위한 장치이다.

03 기관의 온도를 측정하기 위해 냉각수의 수온을 측정하는 곳으로 가장 적절한 곳은?

① 엔진 크랭크케이스 내부
② 수온조절기 내부
③ 실린더 헤드 물재킷 부
④ 라디에이터 하부

해설 기관의 온도는 실린더 헤드 물재킷부의 냉각수 온도로 나타내며, 냉각수의 수온을 측정하는 유닛은 실린더 헤드 물재킷부에 장착되어 있다.

04 4행정 사이클 디젤기관의 동력행정에 관한 설명 중 틀린 것은?

① 연료는 분사됨과 동시에 연소를 시작한다.
② 피스톤이 상사점에 도달하기 전 소요의 각도 범위 내에서 분사를 시작한다.
③ 연료분사 시작점은 회전속도에 따라 진각 된다.
④ 디젤기관의 진각에는 연료의 착화 늦음이 고려된다.

해설 연료는 분사된 후 착화지연 기간을 거쳐 착화되기 시작한다.

05 디젤 기관 노즐(nozzle)의 연료분사 3대 요건이 아닌 것은?

① 무화   ② 관통력
③ 착화   ④ 분포

해설 분사 노즐의 연료 분사 3대 요건은 무화, 관통력, 분포이다.

06 라이너식 실린더에 비교한 일체식 실린더의 특징 중 맞지 않는 것은?

① 강성 및 강도가 크다.
② 냉각수 누출 우려가 적다.
③ 라이너 형식보다 내마모성이 높다.
④ 부품수가 적고 중량이 가볍다.

해설 일체식 실린더는 강성 및 강도가 크고 냉각수 누출 우려가 적으며, 부품수가 적고 중량이 가볍다.

정답 01.④ 02.③ 03.③ 04.① 05.③ 06.③

07 충전 장치에서 교류 발전기의 다이오드가 하는 역할은?

① 전압을 조정하고, 교류를 정류한다.
② 여자 전류를 조정하고, 역류를 방지한다.
③ 전류를 조정하고, 교류를 정류한다.
④ 교류를 정류하고, 역류를 방지한다.

해설 교류 발전기의 다이오드는 스테이터 코일에서 유기되는 교류를 직류로 정류하고, 배터리에서 발전기로 전류가 역류하는 것을 방지하는 역할을 한다.

08 운전 중 운전석 계기판에 그림과 같은 등이 갑자기 점등되었다. 무슨 표시인가?

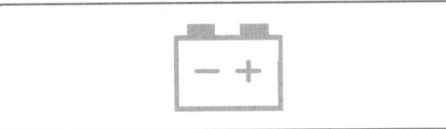

① 엔진 오일 경고등
② 전원 차단 경고등
③ 충전 경고등
④ 전기 계통 작동 표시등

해설 그림의 경고등은 교류 발전기 및 충전 장치에 결함이 있어 배터리에 충전이 이루어지지 않는 경우 점등된다.

09 축전지의 가장 중요한 역할이라고 할 수 있는 것은?

① 시동 장치의 전기적 부하를 담당하기 위하여
② 축전지 점화식에서 주행 중 점화 장치에 전류를 공급하기 위하여
③ 주행 중 냉·난방 장치에 전류를 공급하기 위하여
④ 주행 중 등화 장치에 전류를 공급하기 위하여

해설 축전지의 가장 중요한 역할은 시동 장치의 전기적 부하 담당 즉 시동 전동기를 작동시키기 위함이다.

10 완전 충전된 축전지의 비중은?

① 1.190 ② 1.230
③ 1.280 ④ 1.210

해설 완전 충전된 축전지의 비중은 20℃에서 1.280이다.

11 유압유가 과열되는 원인으로 가장 거리가 먼 것은?

① 유압 유량이 규정보다 많을 때
② 오일 냉각기의 냉각핀이 오손 되었을 때
③ 릴리프 밸브(Relief Valve)가 닫힌 상태로 고장일 때
④ 유압유가 부족할 때

해설 유압유가 과열되는 원인
① 유압유의 점도가 너무 높을 때
② 유압장치 내에서 내부 마찰이 발생될 때
③ 유압회로 내의 작동 압력이 너무 높을 때
④ 유압회로 내에서 캐비테이션이 발생될 때
⑤ 릴리프 밸브(relief valve)가 닫힌 상태로 고장일 때
⑥ 오일 냉각기의 냉각핀이 오손되었을 때
⑦ 유압유가 부족할 때

12 유압유의 온도가 상승할 경우 나타날 수 있는 현상이 아닌 것은?

① 작동유의 열화촉진
② 오일누설 저하
③ 펌프효율 저하
④ 오일점도 저하

해설 유압유의 온도가 상승하면 점도가 낮아져 누설이 증가하며, 오일의 열화를 촉진하고, 유압이 저하되며, 펌프의 효율이 떨어지고, 밸브의 기능이 저하한다.

13 압력제어 밸브의 종류에 해당하지 않는 것은?

① 교축 밸브 ② 시퀀스 밸브
③ 감압 밸브 ④ 무부하 밸브

해설 압력제어 밸브의 종류에는 릴리프 밸브, 리듀싱(감압) 밸브, 시퀀스 밸브, 무부하(언로드) 밸브, 카운터 밸런스 밸브 등이 있다.

정답 07.④ 08.③ 09.① 10.③ 11.① 12.② 13.①

14 유압유에서 잔류 탄소의 함유량은 무엇을 예측하는 척도인가?

① 포화 ② 산화
③ 열화 ④ 발화

해설 유압유에서 잔류 탄소의 변화는 유압유의 열화를 예측하는 척도로 잔류 탄소는 유압유가 회로 내에 부착되어 열화하면서 탄소분의 물질이 발생되는 것이다.

15 회로 내 유체의 흐름 방향을 제어하는데 사용되는 밸브는?

① 감압 밸브 ② 유압 액추에이터
③ 셔틀 밸브 ④ 교축 밸브

해설 방향제어 밸브의 종류에는 스풀 밸브, 체크 밸브, 디셀러레이션 밸브, 셔틀 밸브 등이 있다.

16 방향 전환 밸브의 동작 방식에서 단동 솔레노이드 기호는?

17 유압 탱크의 주요 구성 요소가 아닌 것은?

① 분리판 ② 유압계
③ 유면계 ④ 주유구

해설 유압 탱크는 스트레이너, 드레인 플러그, 배플 플레이트(분리판), 주유구, 주유구 캡, 유면계로 구성되어 있다.

18 일반적인 유압 실린더의 종류에 해당하지 않는 것은?

① 다단 실린더
② 단동 실린더
③ 레이디얼 실린더
④ 복동 실린더

해설 유압 실린더의 종류에는 단동 실린더, 복동 실린더, 다단 실린더, 램형 실린더 등이 있다.

19 크롤러 굴착기가 경사면에서 주행 모터에 공급되는 유량과 관계없이 자중에 의해 빠르게 내려가는 것을 방지해 주는 밸브는?

① 포트 릴리프 밸브
② 카운터 밸런스 밸브
③ 브레이크 밸브
④ 피스톤 모터의 피스톤

해설 크롤러 굴착기가 경사면에서 주행 모터에 공급되는 유량과 관계없이 자중에 의해 빠르게 내려가는 것을 방지하는 밸브는 카운터 밸런스 밸브이다.

20 다음 유압 펌프에서 토출 압력이 가장 높은 것은?

① 베인 펌프
② 레이디얼 플런저 펌프
③ 기어 펌프
④ 엑시얼 플런저 펌프

해설 유압 펌프의 토출 압력
① 기어 펌프 : 10~250kg/cm²
② 베인 펌프 : 35~140kg/cm²
③ 레이디얼 플런저 펌프 : 140~250kg/cm²
④ 엑시얼 플런저 펌프 : 210~400kg/cm²

21 무한궤도식 굴착기의 하부 주행체를 구성하는 요소가 아닌 것은?

① 주행 모터 ② 스프로킷
③ 트랙 ④ 리어 액슬

해설 굴착기 하부 주행체는 트랙, 상부 롤러, 하부 롤러, 프런트 아이들러, 스프로킷, 주행 모터로 구성되어 있다.

22 굴착기 동력전달 계통에서 최종적으로 구동력 증가시키는 것은?

① 트랙 모터 ② 종감속 기어
③ 스프로킷 ④ 변속기

해설 종감속 기어는 동력전달 계통에서 최종적으로 구동력 증가시킨다.

정답 14.③ 15.③ 16.② 17.② 18.③ 19.② 20.④ 21.④ 22.②

23 굴착기의 상부 회전체는 몇 도까지 회전이 가능한가?

① 90° ② 180°
③ 270° ④ 360°

해설 굴착기의 상부 회전체는 360° 회전이 가능하다.

24 무한궤도식 굴착기의 유압식 하부 추진체의 동력전달 순서로 맞는 것은?

① 기관 → 컨트롤 밸브 → 센터 조인트 → 유압 펌프 → 주행 모터 → 트랙
② 기관 → 컨트롤 밸브 → 센터 조인트 → 주행 모터 → 유압 펌프 → 트랙
③ 기관 → 센터 조인트 → 유압 펌프 → 컨트롤 밸브 → 주행 모터 → 트랙
④ 기관 → 유압 펌프 → 컨트롤 밸브 → 센터 조인트 → 주행 모터 → 트랙

해설 무한궤도식 굴착기의 하부 추진체 동력전달 순서는 기관 → 유압 펌프 → 컨트롤 밸브 → 센터 조인트 → 주행 모터 → 트랙이다.

25 무한궤도식 장비에서 프런트 아이들러의 작용에 대한 설명으로 가장 적당한 것은?

① 회전력을 발생하여 트랙에 전달한다.
② 트랙의 진로를 조정하면서 주행방향으로 트랙을 유도한다.
③ 구동력을 트랙으로 전달한다.
④ 파손을 방지하고 원활한 운전을 할 수 있도록 하여 준다.

해설 프런트 아이들러(front idler, 전부 유동륜)는 트랙의 장력을 조정하면서 트랙의 진행방향을 유도한다.

26 트랙장치에서 주행 중에 트랙과 아이들러의 충격을 완화시키기 위해 설치한 것은?

① 스프로킷 ② 리코일 스프링
③ 상부 롤러 ④ 하부 롤러

해설 리코일 스프링은 트랙장치에서 트랙과 아이들러의 충격을 완화시키기 위해 설치한다.

27 무한궤도식 장비에서 캐리어 롤러에 대한 내용으로 맞는 것은?

① 캐리어 롤러는 좌우 10개로 구성되어 있다.
② 트랙의 장력을 조정한다.
③ 장비의 전체 중량을 지지한다.
④ 트랙을 지지한다.

해설 캐리어 롤러(상부 롤러)는 트랙 프레임 위에 한쪽만 지지하거나 양쪽을 지지하는 브래킷에 1~2개가 설치되어 프런트 아이들러와 스프로킷 사이에서 트랙이 처지는 것을 방지하는 동시에 트랙의 회전위치를 정확하게 유지한다.

28 트랙 슈의 종류가 아닌 것은?

① 고무 슈
② 4중 돌기 슈
③ 3중 돌기 슈
④ 반이중 돌기 슈

해설 트랙 슈의 종류에는 단일 돌기 슈, 2중 돌기 슈, 3중 돌기 슈, 반이중 돌기 슈, 습지용 슈, 고무 슈, 암반용 슈, 평활 슈 등이 있다.

29 무한궤도식 건설기계에서 균형 스프링의 형식으로 틀린 것은?

① 플랜지 형 ② 빔 형
③ 스프링 형 ④ 평 형

해설 균형 스프링은 강판을 겹친 판스프링(leaf spring)으로 그 양쪽 끝은 트랙 프레임에 얹혀 있고 그 중앙에 트랙터 앞부분의 중량을 받는다. 형식에는 스프링 형식과 빔 형식, 평형 스프링 형식이 있다.

30 무한궤도식 굴착기의 환향은 무엇에 의하여 작동되는가?

① 주행 펌프 ② 스티어링 휠
③ 스로틀 레버 ④ 주행 모터

해설 무한궤도식 굴착기의 환향(조향)작용은 유압(주행)모터로 한다.

정답 23.④ 24.④ 25.② 26.② 27.④ 28.② 29.① 30.④

31 굴착기의 밸런스 웨이트(balance weight)에 대한 설명으로 가장 적합한 것은?

① 작업을 할 때 장비의 뒷부분이 들리는 것을 방지한다.
② 굴착량에 따라 중량물을 들 수 있도록 운전자가 조절하는 장치이다.
③ 접지 압을 높여주는 장치이다.
④ 접지 면적을 높여주는 장치이다.

해설 굴착기의 밸런스 웨이트는 작업을 할 때 프런트 어태치먼트와 장비의 뒷부분의 평형을 유지하여 뒷부분이 들리는 것을 방지한다.

32 트랙장치의 트랙 유격이 너무 커졌을 때 발생하는 현상으로 가장 적합한 것은?

① 주행속도가 빨라진다.
② 슈판 마모가 급격해진다.
③ 주행속도가 아주 느려진다.
④ 트랙이 벗겨지기 쉽다.

해설 트랙 유격이 커지면 트랙이 벗겨지기 쉽다.

33 무한궤도식 건설기계에서 트랙의 장력 조정(유압식)은 어느 것으로 하는가?

① 상부 롤러의 이동으로
② 하부 롤러의 이동으로
③ 스크로킷의 이동으로
④ 아이들러의 이동으로

해설 트랙의 장력은 아이들러를 이동시켜 조정한다.

34 무한궤도식 굴착기의 트랙 유격을 조정할 때 유의사항으로 잘못된 방법은?

① 브레이크가 있는 장비는 브레이크를 사용한다.
② 트랙을 들고 늘어지는 것을 점검한다.
③ 장비를 평지에 주차시킨다.
④ 2~3회 나누어 조정한다.

해설 브레이크가 있는 장비는 브레이크를 사용해서는 안 된다.

35 굴착기의 작업 장치 중 콘크리트 등을 깰 때 사용되는 것으로 가장 적합한 것은?

① 마그넷   ② 브레이커
③ 파일 드라이버   ④ 드롭 해머

해설 브레이커는 아스팔트, 콘크리트, 바위 등을 깰 때 사용하는 작업 장치이다.

36 무한궤도식 건설기계에서 트랙의 장력을 너무 팽팽하게 조정했을 때 미치는 영향으로 틀린 것은?

① 트랙 링크의 마모
② 프런트 아이들러의 마모
③ 트랙의 이탈
④ 구동 스프로킷의 마모

해설 트랙 장력이 너무 팽팽하면 상부 롤러, 하부 롤러, 트랙 링크, 프런트 아이들러, 구동 스프로킷 등 트랙의 부품이 조기 마모되는 원인이 된다.

37 트랙식 굴착기의 한쪽 주행 레버만 조작하여 회전하는 것을 무엇이라 하는가?

① 피벗 회전   ② 급회전
③ 스핀 회전   ④ 원웨이 회전

해설 굴착기의 회전 방법
① 피벗 회전(pivot turn) : 한쪽 주행 레버만 밀거나, 당기면 한쪽 트랙만 전·후진시켜 조향을 하는 방법이다.
② 스핀 회전(spin turn) : 양쪽 주행 레버를 동시에 한쪽 레버를 앞으로 밀고, 한쪽 레버는 당기면 차체중심을 기점으로 급회전이 이루어진다.

38 안전·보건 표지에서 안내 표지의 바탕색은?

① 녹색   ② 흑색
③ 적색   ④ 백색

해설 안내 표지는 녹색 바탕에 백색으로 안내 대상을 지시하는 표지판으로 녹색 바탕은 정방형 또는 장방형이다.

정답 31.① 32.④ 33.④ 34.① 35.② 36.③ 37.① 38.①

39 굴착기 작업 시 작업 안전 사항으로 틀린 것은?

① 기중 작업은 가능한 피하는 것이 좋다.
② 경사지 작업 시 측면 절삭을 행하는 것이 좋다.
③ 타이어형 굴착기로 작업 시 안전을 위하여 아우트리거를 받치고 작업한다.
④ 한쪽 트랙을 들 때에는 암과 붐 사이의 각도는 90~110°범위로 해서 들어주는 것이 좋다.

해설 굴착기 작업 시 경사지에서 작업할 때는 측면 절삭을 해서는 안 된다.

40 굴착 작업 시 안전 준수 사항으로 틀린 것은?

① 굴착 면 및 흙막이 상태를 주의하여 작업을 진행하여야 한다.
② 지반의 종류에 따라 정해진 굴착 면의 높이와 기울기로 진행하여야 한다.
③ 굴착 면 및 굴착 심도 기준을 준수하여 작업 중에 붕괴를 예방하여야 한다.
④ 굴착 토사나 자재 등을 경사면 및 토류벽 전단부 주변에 견고하게 쌓아두고 작업하여야 한다.

해설 굴착 토사나 자재 등을 경사면 및 토류 벽 전단부에 쌓아두고 작업하는 것을 금지한다.

41 일반 도시가스 사업자의 지하 배관 설치 시 도로 폭이 4m이상 8m 미만인 도로에서는 규정상 어느 정도의 깊이에 배관이 설치되어 있는가?

① 1.0m 이상   ② 1.5m 이상
③ 0.6m 이상   ④ 1.2m 이상

해설 도로 폭 4m 이상, 8m 미만인 도로에 일반 도시가스 사업자의 지해 배관을 설치할 때 지면과 도시가스 배관 상부와의 최소 이격거리는 1.0m 이상이며, 도로 폭 8m 이상의 도로에서는 1.2m 이상이다.

42 건설기계의 안전수칙에 대한 설명으로 틀린 것은?

① 운전석을 떠날 때 기관을 정지시켜야 한다.
② 버킷이나 하중을 달아 올린 채로 브레이크를 걸어두어서는 안 된다.
③ 장비를 다른 곳으로 이동할 때에는 반드시 선회 브레이크를 풀어 놓고 장비로부터 내려와야 한다.
④ 무거운 하중은 5~10cm 들어 올려 브레이크나 기계의 안전을 확인한 후 작업에 임하도록 한다.

해설 장비를 다른 곳으로 이동할 때에는 반드시 선회 브레이크를 잠가 놓고 장비로부터 내려와야 한다.

43 굴착작업 중 줄파기 작업에서 줄파기 1일 시공량 결정은 어떻게 하도록 되어 있는가?

① 시공 속도가 가장 빠른 천공 작업에 맞추어 결정한다.
② 공사 시행서에 명기된 일정에 맞추어 결정한다.
③ 시공 속도가 가장 느린 천공 작업에 맞추어 결정한다.
④ 공사 관리 감독기관에 보고 맞추어 결정한다.

해설 줄파기 1일 시공량은 시공 속도가 가장 느린 천공 작업에 맞추어 결정한다.

44 사고의 직접원인으로 가장 적합한 것은?

① 유전적인 요소
② 불안전한 행동 및 상태
③ 사회적 환경요인
④ 성격 결함

해설 재해 발생의 직접적인 원인에는 불안전 행동에 의한 것과 불안전한 상태에 의한 것이 있다.

정답 39.② 40.④ 41.① 42.③ 43.③ 44.②

45 가공 전선로 주변에서 굴착 작업 중 [보기]와 같은 상황 발생 시 조치사항으로 가장 적절한 것은?

> **보기**
> 굴착 작업 중 작업장 상부를 지나는 전선이 버킷 실린더에 의해 단선되었으나 인명과 장비의 피해는 없었다.

① 전주나 전주 위의 변압기에 이상이 없으면 무관하다.
② 발생 즉시 인근 한국전력 사업소에 연락하여 복구하도록 한다.
③ 가정용이므로 작업을 마친 다음 현장 전기공에 의해 복구시킨다.
④ 발생 후 1일 이내에 감독관에게 알린다.

해설 굴착 작업 중 작업장 상부를 지나는 전선이 버킷 실린더에 의해 단선되었으나 인명과 장비의 피해가 없으면 발생 즉시 인근 관계 기관(한국전력 사업소)에 연락하여 복구하도록 하여야 한다.

46 화재 분류에 대한 설명이다. 기호와 설명이 잘 연결된 것은?

① C급 화재 – 유류 화재
② B급 화재 – 전기 화재
③ D급 화재 – 금속 화재
④ E급 화재 – 일반 화재

해설 화재의 종류
① A급 화재 : 연소 후 재를 남기는 일반 화재
② B급 화재 : 유류 화재
③ C급 화재 : 전기 화재
④ D급 화재 : 금속 화재

47 먼지가 많은 장소에서 착용하여야 하는 마스크는?

① 방진 마스크   ② 산소 마스크
③ 일반 마스크   ④ 방독 마스크

해설 먼지가 많은 장소에는 방진 마스크 착용하여야 한다.

48 154kV 지중 송전 케이블이 설치된 장소에서 작업 중이다. 절연체 두께에 관한 설명으로 맞는 것은?

① 절연체 재질과는 무관하다.
② 전압이 높을수록 두껍다.
③ 전압과는 무관하다.
④ 전압이 낮을수록 두껍다.

해설 송전 케이블의 절연체 두께는 전압이 높을수록 두껍다.

49 감전의 위험이 많은 작업 현장에서 보호구로 가장 적절한 것은?

① 로프   ② 보안경
③ 보호 장갑   ④ 구급 용품

해설 보호 장갑
① 방전 고무 절연 장갑 : 활선 작업 시 배선 전로에서 작업자의 안전을 위해 착용한다.
② 보호용 가죽 장갑 : 활선 작업 시 고무 절연 장갑의 손상을 방지하기 위차여 그 위에 함께 착용한다.

50 산소 봄베에서 산소의 누출여부를 확인하는 방법으로 옳은 것은?

① 냄새로 감지   ② 소리로 감지
③ 비눗물 사용   ④ 자외선 사용

해설 산소 봄베의 메인 밸브 및 압력 게이지, 호스 천결부 등에서 산소의 누출여부 점검은 비눗물을 발라 거품이 발생되는 경우는 산소가 누출되는 것이다.

51 다음 중 법에서 정한 시설을 갖춘 검사소에서 검사를 받아야 할 건설기계가 아닌 것은?

① 콘크리트 믹서트럭
② 굴착기
③ 아스팔트 살포기
④ 덤프트럭

해설 검사소에서 검사를 받아야 하는 건설기계는 덤프트럭, 콘크리트 믹서트럭, 트럭적재식 콘크리트펌프, 아스팔트 살포기 등이다.

정답 45.② 46.④ 47.① 48.② 49.③ 50.③ 51.②

52 차량이 남쪽에서부터 북쪽 방향으로 진행 중일 때, 그림의「3방향 도로명 예고표지」에 대한 설명으로 틀린 것은?

① 차량을 좌회전하는 경우 '중림로', 또는 '만리재로'로 진입할 수 있다.
② 차량을 좌회전하는 경우 '중림로', 또는 만리재로' 도로 구간의 끝 지점과 만날 수 있다.
③ 차량을 직진하는 경우 '서소문공원'방향으로 갈 수 있다.
④ 차량을 '중림로'로 좌회전하면 '충정로역'방향으로 갈 수 있다.

해설 차량을 좌회전하는 경우 '중림로', 또는 만리재로' 도로 구간의 시작 지점과 만날 수 있다.

53 소형건설기계 교육기관에서 실시하는 3톤 미만 지게차·굴착기에 대한 교육 이수시간은 몇 시간인가?

① 이론 5시간, 실습 5시간
② 이론 6시간, 실습 6시간
③ 이론 7시간, 실습 5시간
④ 이론 5시간, 실습 7시간

해설 3톤 미만 지게차·굴착기에 대한 교육 이수시간은 이론 6시간, 실습 6시간이다.

54 타이어식 굴착기의 정기검사 유효기간으로 옳은 것은?

① 3년　　② 5년
③ 1년　　④ 2년

해설 타이어식 굴착기의 정기검사 유효기간은 1년이다.

55 건설기계 정기검사 연기 사유가 아닌 것은?

① 1월 이상에 걸친 정비를 하고 있을 때
② 건설기계의 사고가 발생했을 때
③ 건설기계를 도난당했을 때
④ 건설기계를 건설 현장에 투입했을 때

해설 정기검사 연기 사유
① 천재지변
② 건설기계의 도난
③ 건설기계의 사고 발생
④ 건설기계의 압류
⑤ 31일 이상에 걸친 정비 또는 그 밖의 부득이 한 사유

56 1종 대형자동차 면허로 조종할 수 없는 건설기계는?

① 아스팔트 살포기
② 노상 안정기
③ 타이어식 기중기
④ 콘크리트 펌프

해설 제1종 대형 운전면허로 조종할 수 있는 건설기계는 덤프트럭, 아스팔트 살포기, 노상 안정기, 콘크리트 믹서트럭, 콘크리트 펌프, 트럭 적재식 천공기 등이다.

57 승차 또는 적재의 방법과 제한에서 운행상의 안전기준을 넘어서 승차 및 적재가 가능한 경우는?

① 관할 시·군수의 허가를 받은 때
② 출발지를 관할하는 경찰서장의 허가를 받은 때
③ 도착지를 관할하는 경찰서장의 허가를 받은 때
④ 동·읍·면장의 허가를 받은 때

해설 출발지를 관할하는 경찰서장의 허가를 받은 경우에는 운행상의 안전기준을 넘어서 승차 및 적재가 가능하다.

정답　52.②　53.②　54.③　55.④　56.③　57.②

58 반드시 건설기계 정비업체에서 정비하여야 하는 것은?

① 오일의 보충
② 창유리의 교환
③ 배터리의 교환
④ 엔진 탈·부착 및 정비

59 다음 중 긴급 자동차로서 가장 거리가 먼 것은?

① 응급 전신·전화 수리공사 자동차
② 학생운송 전용버스
③ 긴급한 경찰업무수행에 사용되는 자동차
④ 위독 환자의 수혈을 위한 혈액 운송 차량

60 자동차가 도로를 주행 중 앞지르기를 할 수 없는 경우는?

① 용무 상 서행하고 있는 제차
② 앞차의 최고 속도가 낮은 차량
③ 화물 적하를 위해 정차 중인 차
④ 경찰관의 지시로 서행하는 재차

해설 앞지르기 금지시기
① 앞차의 좌측에 다른 차가 앞차와 나란히 가고 있는 경우
② 앞차가 다른 차를 앞지르고 있거나 앞지르려고 하는 경우
③ 법에 따른 명령에 따라 정지하거나 서행하고 있는 차
④ 경찰공무원의 지시에 따라 정지하거나 서행하고 있는 차
⑤ 위험을 방지하기 위하여 정지하거나 서행하고 있는 차

정답 58.④ 59.② 60.④

 내용관련 Q&A

네이버 카페[도서출판 골든벨]

※ 이 책의 내용과 관련된 질문은 **카페[묻고 답하기]** 게시판을 이용해 주시기
 바랍니다. 문의는 이 책에 수록된 내용에 한합니다.
 전화로 질문에 답할 수 없음을 양해해 주시기 바랍니다.

패스 굴착기운전기능사 필기

초판 인쇄 | 2026년 1월 5일
초판 발행 | 2026년 1월 10일

지 은 이 | 전국중장비교사협의회
발 행 인 | 김 길 현
발 행 처 | ㈜ 골든벨
등   록 | 제 1987-000018호
I S B N | 979-11-5806-773-1
가   격 | 15,000원

㈜ 04316 서울특별시 용산구 원효로 245(원효로1가 53-1) 골든벨빌딩 6F
• TEL : 도서 주문 및 발송 02-713-4135 / 회계 경리 02-713-4137
        편집 · 디자인 02-713-7452 / 해외 오퍼 및 광고 02-713-7453
• FAX : 02-718-5510   • http : // www.gbbook.co.kr   • E-mail : 7134135@ naver.com

이 책에서 내용의 일부 또는 도해를 다음과 같은 행위자들이 사전 승인없이 인용할 경우에는
저작권법 제93조 「손해배상청구권」에 적용 받습니다.
  ① 단순히 공부할 목적으로 부분 또는 전체를 복제하여 사용하는 학생 또는 복사업자
  ② 공공기관 및 사설교육기관(학원, 인정직업학교), 단체 등에서 영리를 목적으로 복제·배포하는 대표,
     또는 당해 교육자
  ③ 디스크 복사 및 기타 정보 재생 시스템을 이용하여 사용하는 자

  ※ 파본은 구입하신 서점에서 교환해 드립니다.

AI가 뽑은 출제가능문제 [굴착기운전기능사]

01. 건설기계 범위에 해당되지 않는 것은?

① 준설선
② 3톤 지게차
③ 항타 및 항발기
❹ 자체 중량 1톤 미만의 굴착기

해설 굴착기는 무한궤도 또는 타이어식으로 굴삭장치를 가진 자체 중량 1톤 이상인 것

02. 건설기계조종사 면허를 취소하거나 정지시킬 수 있는 사유에 해당하지 않는 것은?

① 면허증을 타인에게 대여한 때
② 조종 중 과실로 중대한 사고를 일으킨 때
③ 면허를 부정한 방법으로 취득하였음이 밝혀졌을 때
❹ 여행을 목적으로 1개월 이상 해외로 출국하였을 때

해설 고의로 사고를 내거나 면허증 대여, 과실로 중대한 사고 또는 부정한 방법으로 면허를 받은 경우에는 정지 및 취소 사유에 해당이 되나 여행을 목적으로 1개월 이상 해외로 출국하였을 때는 면허 취소 또는 정지를 시킬 수 없다.

03. 건설기계 관리법 상 소형 건설기계에 포함되지 않는 것은?

① 3톤 미만의 굴착기
② 5톤 미만의 불도저
❸ 천공기
④ 공기 압축기

해설 소형 건설기계에는 3톤 미만의 굴착기와 지게차, 타워 크레인과 5톤 미만의 불도저, 로더, 천공기가 있으며 이외에도 준설선, 쇄석기, 공기 압축기 등이 있다.

04. 시·도지사는 건설기계 등록 원부를 건설기계의 등록을 말소한 날부터 몇 년간 보존하여야 하는가?

① 1년
② 3년
③ 5년
❹ 10년

해설 건설기계의 등록 원부는 건설기계를 말소한 날로부터 10년간 보존하여야 한다.

05. 정기검사 유효기간이 1년인 건설기계는?

❶ 타이어식 기중기
② 모터그레이더
③ 타이어식 로더
④ 1톤 이상의 지게차

해설 천공기, 지게차, 모터그레이더, 타워 크레인, 로더는 2년 1회 정기 검사를 받아야 한다.

06. 교류 발전기의 유도 전류는 어디에서 발생하는가?

① 로터
② 전기자
③ 계자 코일
❹ 스테이터

해설 로터는 전류를 공급하면 자석이 되는 부분이며, 스테이터는 유도 전류가 발생되는 부분이다.

07. 전류의 3대 작용이 아닌 것은?

① 발열 작용
② 자기 작용
❸ 원심 작용
④ 화학 작용

해설 전류의 3대 작용은 발열, 자기, 화학 작용이며 원심 작용을 이용하는 것은 물 펌프이다.

08. 건설기계 조종사 면허증 발급 신청 시 첨부하는 서류와 가장 거리가 먼 것은?

① 신체검사서
② 국가기술자격 수첩
❸ 주민등록표 등본
④ 소형 건설기계 교육 이수증

해설 면허 발급 시 필요한 서류는 소형의 경우 소형 건설기계 교육 이수증, 적성(신체) 검사서, 사진이 필요하며 소형 이외의 건설기계의 경우에는 국가기술자격 수첩과 사진, 적성검사서이다.

09. 디젤기관의 연료 여과기에 장착되어 있는 오버플로 밸브의 역할이 아닌 것은?

① 연료계통의 공기를 배출한다.
❷ 분사 펌프의 압송 압력을 높인다.
③ 연료 압력의 지나친 상승을 방지한다.
④ 연료 공급펌프의 소음 발생을 방지한다.

해설 연료 여과기의 오버플로 밸브의 기능은 연료 압력 상승에 의한 필터의 각부를 압력을 조절하여 보호하고 연료 공급 펌프에서 발생되는 소음을 방지하고 회로 내 공기빼기 작업 시 사용된다.

10. 기관에서 폭발행정 말기에 배기가스가 실린더 내의 압력에 의해 배기밸브를 통해 배출되는 현상은?

① 블로 바이(blow by)
② 블로 백(blow back)
❸ 블로 다운(blow bown)
④ 블로 업(blow up)

해설 블로 바이는 실린더와 피스톤 사이로 가스가 크랭크실로 새는 것을 말하며 블로 백은 밸브 주위로 가스가 새는 것을 말한다.

11. 냉각수에 엔진 오일이 혼합되는 원인으로 가장 적합한 것은?

① 물 펌프 마모
② 수온 조절기 파손
③ 방열기 코어 파손
❹ 헤드 개스킷 파손

해설 냉각수에 오일이 혼합되는 이유는 헤드 개스킷 파손, 헤드 볼트의 이완 및 헤드의 변형, 오일 쿨러의 소손 등이다.

12. 여과기 종류 중 원심력을 이용하여 이물질을 분리시키는 형식은?

① 건식 여과기   ② 오일 여과기
③ 습식 여과기   ❹ 원심식 여과기

해설 원심력을 이용하는 여과기는 원심식 여과기이다.

13. 기관의 연료장치에서 희박한 혼합비가 미치는 영향으로 옳은 것은?

① 시동이 쉬워진다.
② 저속 및 공전이 원활하다.
③ 연소 속도가 빠르다.
❹ 출력(동력)의 감소를 가져온다.

해설 희박한 혼합비란 연료가 적고 공기가 많은 것으로 시동이 어렵고 연소 속도가 느려 시동이 되어도 부조화 현상이 발생되며 동력이 감소된다.

14. 기동 전동기에서 마그네틱 스위치는?

❶ 전자석 스위치이다.
② 전류 조절기이다.
③ 전압 조절기이다.
④ 저항 조절기이다.

해설 마그네틱 스위치는 기동 전동기의 시동을 위한 전자석 스위치로 솔레노이드 스위치를 말한다.

15. 24V의 동일한 용량의 축전지 2개를 직렬로 접속하면?
① 전류가 증가한다.
❷ 전압이 높아진다.
③ 저항이 감소한다.
④ 용량이 감소한다.

[해설] 동일한 축전지 2개를 직렬로 접속하면 전압은 개수의 배가 되고 용량(전류)은 1개일 때와 같다. 병렬로 접속하면 용량이 증가하고 전압은 1개일 때와 같다.

16. 유압 모터와 연결된 감속기의 오일 수준을 점검할 때의 유의사항으로 틀린 것은?
① 오일이 정상온도일 때 오일 수준을 점검해야 한다.
❷ 오일 량은 영하(-)의 온도 상태에서 가득 채워야 한다.
③ 오일 수준을 점검하기 전에 항상 오일 수준 게이지 주변을 깨끗하게 청소한다.
④ 오일 량이 너무 적으면 모터 유닛이 올바르게 작동하지 않거나 손상될 수 있으므로 오일 량은 항상 정량 유지가 필요하다.

[해설] 오일 량은 온도에 관계없이 항상 정량을 유지하여야 한다.

17. 윤활장치에 사용되고 있는 오일펌프로 적합하지 않은 것은?
① 기어 펌프
② 로터리 펌프
③ 베인 펌프
❹ 나사 펌프

[해설] 오일펌프로는 기어, 로터리, 베인, 플런저 펌프가 있으며 엔진 윤활장치에 사용되고 있는 펌프는 주로 기어, 베인, 로터리 펌프가 사용된다.

18. 플런저식 유압펌프의 특징이 아닌 것은?
① 구동축이 회전운동을 한다.
❷ 플런저가 회전운동을 한다.
③ 가변용량 형과 정용량 형이 있다.
④ 기어펌프에 비해 최고압력이 높다.

[해설] 플런저 펌프는 고압 대 출력용으로 구동축은 회전운동을 하고 플런저는 직선 왕복운동을 하며 가변용량 형과 정용량 형이 있으며 피스톤 펌프라고도 부른다.

19. 유압장치에서 오일의 역류를 방지하기 위한 밸브는?
① 변환 밸브
② 압력조절 밸브
❸ 체크 밸브
④ 흡기 밸브

[해설] 체크 밸브는 오일의 흐름을 한쪽 방향으로만 흐르게 하고 오일의 역류를 방지하며 회로 내 잔압을 유지하는 밸브이다.

20. 압력제어 밸브의 종류가 아닌 것은?
❶ 교축 밸브(throthle valve)
② 릴리프 밸브(relief valve)
③ 시퀀스 밸브(sequence valve)
④ 카운터 밸런스 밸브 (counter balance valve)

[해설] 압력제어 밸브에는 릴리프, 리듀싱, 시퀀스, 카운터 밸런스, 언로더 밸브로 되어 있으며 교축 밸브는 유량제어 밸브이다.

21. 기체 - 오일식 어큐뮬레이터에 가장 많이 사용되는 가스는?
① 산소
❷ 질소
③ 아세틸렌
④ 이산화탄소

[해설] 기체-오일식 어큐뮬레이터에 사용되는 가스는 질소가스가 사용된다.

22. 각종 압력을 설명한 것으로 틀린 것은?

① 계기 압력 : 대기압을 기준으로 한 압력
② 절대 압력 : 완전진공을 기준으로 한 압력
❸ 대기 압력 : 절대압력과 계기압력을 곱한 압력
④ 진공 압력 : 대기압 이하의 압력, 즉 음(-)의 계기압력

해설 압력을 구분하면 계기 압력, 절대 압력, 진공 압력으로 구분한다.

23. 가변용량 형 유압펌프의 기호 표시는?

① 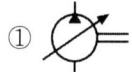　②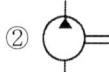

③ 　④

해설 보기 ①은 가변용량형 유압펌프, ②는 정용량형 유압펌프, ③은 제어방식의 스프링식, ④는 제어 밸브로 항상 개방되어 있음을 나타낸다.

24. 기어식 유압펌프에 폐쇄작용이 생기면 어떤 현상이 생길 수 있는가?

① 기름의 토출
❷ 기포의 발생
③ 기어 진동의 소멸
④ 출력의 증가

해설 폐쇄작용이란 펌프에서 토출된 오일이 입구로 되돌아오는 현상으로 토출 량이 감소되고 축 동력의 증가와 케이싱 마손 등의 원인이 되며 기포가 발생된다.

25. 유압회로에서 호스의 노화현상이 아닌 것은?

① 호스의 표면에 갈라짐이 발생한 경우
② 코킹 부분에서 오일이 누유 되는 경우
❸ 액추에이터의 작동이 원활하지 않을 경우
④ 정상적인 압력 상태에서 호스가 파손될 경우

해설 유압 호스가 노화되면 호스 표면의 갈라짐, 코킹 부분의 오일의 누유, 호스 파손 등이 발생된다.

26. 보기에서 작업자의 올바른 안전 자세로 모두 짝지어진 것은?

[보기]
a. 자신의 안전과 타인의 안전을 고려한다.
b. 작업에 임해서는 아무런 생각 없이 작업한다.
c. 작업장 환경조성을 위해 노력한다.
d. 작업안전사항을 준수한다.

① a, b, c　❷ a, c, d
③ a, b, d　④ a, b, c, d

해설 작업에 임해서는 작업안전사항 준수와 작업장의 환경조성, 그리고 자신과 타인의 안전을 고려하여 항상 안전하게 작업에 임하여야 한다.

27. 재해 발생원인 중 직접원인이 아닌 것은?

① 기계배치의 결함
❷ 교육 훈련 미숙
③ 불량 공구 사용
④ 작업 조명 불량

해설 교육 훈련의 미숙은 재해 발생원인 중 직접원인이 아니고 간접원인에 속한다.

28. 작업장에서 작업복을 착용하는 주된 이유는?
① 작업 속도를 높이기 위해서
② 작업자의 복장 통일을 위해서
③ 작업장의 질서를 확립시키기 위해서
❹ 재해로부터 작업자의 몸을 보호하기 위해서

해설 작업복을 착용하는 이유는 재해로부터 작업자의 몸을 보호하기 위함이다.

29. 스패너 사용 시 주의사항으로 잘못된 것은?
① 스패너의 입이 너트 폭과 맞는 것을 사용한다.
❷ 필요 시 두 개를 이어서 사용할 수 있다.
③ 스패너를 너트에 정확히 장착하여 사용한다.
④ 스패너의 입이 변형된 것은 폐기한다.

해설 모든 공구는 연결대 등으로 이어서 사용하여서는 안 된다.

30. 유압유의 주요 기능이 아닌 것은?
① 열을 흡수한다.
② 동력을 전달한다.
③ 필요한 요소 사이를 밀봉한다.
❹ 움직이는 기계요소를 마모시킨다.

해설 유압유의 기능은 기계요소의 마찰과 마모를 방지하고 밀봉작용과 냉각작용, 세척 및 방청 작용과 하중을 분산시키고 소음을 완화하는 역할을 한다.

31. 동력 공구 사용 시 주의사항으로 틀린 것은?
❶ 보호구는 사용 안 해도 무방하다.
② 에어 그라인더는 회전수에 유의한다.
③ 규정 공기 압력을 유지한다.
④ 압축공기 중의 수분을 제거하여 준다.

해설 보호구는 근로자의 안전을 위한 것으로 작업에 임할 때에는 보호구를 필히 착용하여야 한다.

32. 안전제일에서 가장 먼저 선행되어야 하는 이념으로 맞는 것은?
① 재산 보호
② 생산성 향상
③ 신뢰성 향상
❹ 인명 보호

해설 안전제일에서 가장 먼저 선행되어야 하는 것은 근로자의 인명보호이다.

33. 연삭기에서 연삭 칩의 비산을 막기 위한 안전 방호장치는?
❶ 안전 덮개
② 광전식 안전 방호장치
③ 급정지 장치
④ 양수 조작식 방호장치

해설 연삭기에서 연삭 칩의 비산을 막아주는 장치는 안전 덮개이다.

34. 점검주기에 따른 안전점검의 종류에 해당되지 않는 것은?
① 수시점검　② 정기점검
③ 특별점검　❹ 구조점검

해설 안전점검의 종류에는 정기점검, 특별점검, 수시점검이 있다.

35. B급 화재에 대한 설명으로 옳은 것은?
① 목재, 섬유류 등의 화재로서 일반적으로 냉각소화를 한다.
❷ 유류 등의 화재로서 일반적으로 질식효과(공기 차단)로 소화한다.
③ 전기기기의 화재로서 일반적으로 전기 절연성을 갖는 소화재로 소화한다.
④ 금속 나트륨 등의 화재로서 일반적으로 건조사를 이용한 질식효과로 소화한다.

해설 유류 화재는 유류, 가스 등의 화재로 산소를 차단하는 질식 소화법으로 소화한다.

36. 무한궤도식 굴착기의 조향 작용은 무엇으로 행하는 가?
❶ 유압 모터
② 유압 펌프
③ 조향 클러치
④ 브레이크 페달

해설 무한궤도식의 장비에서 방향전환은 하부 추진체에 설치된 유압 모터에 의해 작동된다.

37. 작업장에서 지킬 안전사항 중 틀린 것은?
① 안전모는 반드시 착용한다.
② 고압전기, 유해가스 등에 적색 표지판을 부착한다.
❸ 해머 작업을 할 때는 장갑을 착용한다.
④ 기계의 주유 시는 동력을 차단한다.

해설 해머 작업에는 장갑의 착용이 금지된다. 이는 해머 작업 중 손에서 해머가 미끄러져 이탈되지 않도록 하기 위함이다.

38. 무한궤도식 장비에서 프런트 아이들러의 작용에 대한 설명으로 가장 적당한 것은?
① 회전력을 발생하여 트랙에 전달한다.
❷ 트랙의 진로를 조정하면서 주행방향으로 트랙을 유도한다.
③ 구동력을 트랙으로 전달한다.
④ 파손을 방지하고 원활한 운전을 하게 한다.

해설 아이들러는 트랙이 롤러에 잘 올라타도록 진로를 조정하면서 주행방향으로 트랙을 유도하고 또한 리코일 스프링과 함께 트랙의 전방에서 발생되는 진동과 충격을 흡수한다. 트랙장력 조정 시에는 전후로 움직여 장력이 조정된다.

39. 굴착기 스윙(선회) 동작이 원활하게 안 되는 원인으로 틀린 것은?
① 컨트롤 밸브 스풀 불량
② 릴리프 밸브 설정 압력 부족
❸ 터닝 조인트(Turning Joint) 불량
④ 스윙(선회)모터 내부 손상

해설 터닝 조인트 : 하부 주행부와 상부 선회부를 연결하여 굴착기의 상·하부 간 유압을 공급하는 배관을 연결하도록 주행부에 고정되는 샤프트와 선회부에 고정되는 허브로 이루어진 선회연결부로 센터 조인트라고도 부르는 유체 이음을 말한다. 터닝 조인트가 불량하면 주행이 안 된다.

40. 무한궤도식 주행 장치에서 스프로킷의 이상 마모를 방지하기 위해서 조정하여야 하는 것은?
① 슈의 간격
❷ 트랙의 장력
③ 롤러의 간격
④ 아이들러의 위치

해설 스프로킷의 이상 마모는 대부분 트랙의 느슨함에 의해 발생된다. 따라서 트랙의 장력을 규정대로 조정하여 사용하여야 한다.

41. 굴착기 운전 시 작업안전 사항으로 적합하지 않는 것은?
① 스윙하면서 버킷으로 암석을 부딪쳐 파쇄하는 작업을 하지 않는다.
❷ 안전한 작업 반경을 초과해서 하중을 이동시킨다.
③ 굴삭하면서 주행하지 않는다.
④ 작업을 중지할 때는 파낸 모서리로부터 장비를 이동시킨다.

해설 안전한 작업 반경을 초과하여 하중을 이동시켜서는 안 된다.

42. 굴착기 작업 시 작업 안전사항으로 틀린 것은?
① 기중 작업은 가능한 한 피하는 것이 좋다.
❷ 경사지 작업 시 측면절삭을 행하는 것이 좋다.
③ 타이어식 굴착기로 작업 시 안전을 위하여 아웃트리거를 받치고 작업한다.
④ 한쪽 트랙을 들 때는 암과 붐 사이의 각도는 90~110° 범위로 해서 들어주는 것이 좋다.

해설 굴착기로 경사지에서 작업 할 때에는 경사지의 땅을 평탄하게 고르고 작업을 하며 측면으로 절삭하면 위험하다.

43. 트랙장치에서 주행 중에 트랙과 아이들러의 충격을 완화시키기 위해 설치한 것은?
① 스프로킷
❷ 리코일 스프링
③ 상부 롤러
④ 하부 롤러

해설 트랙장치 각 부의 기능
① 스프로킷: 유압 모터에 설치되어 유압 모터의 회전력을 트랙에 전달
② 리코일 스프링: 주행 중 또는 작업 중에 전부 유동륜(아이들러)에 가해지는 충격과 진동을 완화시켜 진동과 트랙의 파손을 방지한다.
③ 상부 롤러: 캐리어 롤러라고도 부르며 트랙의 처짐을 방지 한다.
④ 하부 롤러: 트랙 롤러라고도 부르며 건설기계의 중량을 지지함과 동시에 트랙에 하중을 균일하게 분포한다.

44. 굴착기의 상부회전체는 몇 도까지 회전이 가능한가?
① 90°
② 180°
③ 270°
❹ 360°

해설 기중기, 굴착기 등의 상부 회전체의 회전각도는 360도 회전이 가능하다.

45. 무한궤도식 건설기계에서 트랙 장력이 약간 팽팽하게 되었을 때 작업조건이 오히려 효과적일 경우가 아닌 것은?
① 수풀이 있는 땅
② 진흙땅
❸ 바위가 깔린 땅
④ 모래땅

해설 작업장의 조건과 트랙 장력의 관계
① 트랙 장력 팽팽하게: 젖은 땅의 작업에 적합하다.
② 트랙 장력 느슨하게: 돌 뿌리 및 자갈 등이 많은 곳에 적합하다.

46. 무한궤도식 건설기계에서 프런트 아이들러와 스프로킷이 일치되게 하기 위해서는 브래킷 옆에 무엇으로 조정하는가?
① 시어핀
② 쐐기
③ 편심 볼트
❹ 심(shim)

해설 심이란 어떤 틈새가 넓을 때 그 틈새를 좁혀주기 위한 일종의 평 와셔와 같은 것으로 각 기구의 틈새가 넓을 때 넣어 간극을 좁게 하고 한쪽으로 쏠리는 것을 방지한다.

47. 하부 롤러, 링크 등 트랙 부품이 조기 마모되는 원인으로 가장 적절한 것은?

① 겨울철에 작업을 하였을 때
❷ 트랙 장력이 너무 팽팽했을 때
③ 일반 객토에서 작업을 했을 때
④ 트랙 장력 실린더에서 그리스가 누유 될 때

해설 롤러 등 트랙 부품이 마모되는 원인은 트랙 장력이 팽팽한 상태에서 무리하게 작업을 하였을 때이다.

48. 무한궤도식 굴착기의 상부 회전체가 하부 주행체에 대한 역 위치에 있을 때 좌측 주행 레버를 당기면 차체가 어떻게 회전 되는가?

① 좌향 스핀 회전
② 우향 스핀 회전
③ 좌향 피벗 회전
❹ 우향 피벗 회전

해설 ① 피벗 턴(완회전) : 주행 레버의 좌·우측 중에서 한쪽 주행 레버만 밀거나 당겨서 한쪽 트랙만 전·후진시켜 회전하는 방법
② 스핀 턴(급회전) : 주행 레버 2개를 동시에 반대 방향으로 작동시켜 양쪽 트랙을 전·후진시켜 회전을 하는 방법
③ 상부 회전체가 하부 추진체의 역 위치에 있으므로 우향 피벗 회전이 이루어진다.

49. 무한궤도식 건설기계에서 주행 구동체인 장력 조정방법은?

① 구동 스프로킷을 전·후진시켜 조정한다.
❷ 아이들러를 전·후진시켜 조정한다.
③ 슬라이드 슈의 위치를 변화시켜 조정한다.
④ 드래그 링크를 후진시켜 조정한다.

해설 트랙의 장력 조정방법
① 나사식 : 트랙을 평탄한 장소에 위치시키고 조정 스크루를 회전시켜 아이들러를 전·후진시켜 조정한다.
② 유압식 : 그리스 실린더에 그리스를 주입하여 아이들러를 전·후진시켜 조정한다.

50. 무한궤도식 굴착기에서 하부 주행체 동력전달 순서로 맞는 것은?

❶ 유압 펌프→제어 밸브→센터 조인트→주행 모터
② 유압 펌프→제어 밸브→주행 모터→자재 이음
③ 유압 펌프→센터 조인트→제어 밸브→주행 모터
④ 유압 펌프→센터 조인트→주행 모터→자재 이음

해설 굴착기 주행 시 동력 전달 순서
① 타이어식 : 엔진 - 클러치 - 변속기 - 상부 베벨 기어 - 센터 유니버설 조인트 - 하부 베벨 기어 - 하부 유니버설 조인트 - 종 감속기어 및 차동기어 - 액슬축 - 휠
② 무한궤도식 : 엔진 - 유압 펌프 - 컨트롤 밸브 - 센터 조인트 - 주행 모터 - 감속 기어 - 스프로킷 - 트랙

51. 타이어식 굴착기의 브레이크 파이프 내에 베이퍼 록이 생기는 원인이다. 관계없는 것은?

① 드럼의 과열
② 지나친 브레이크 조작
③ 잔압 저하
❹ 라이닝과 드럼과의 간극 과다

해설 브레이크 계통의 베이퍼 록 원인
① 긴 내리막길에서 과도한 브레이크 사용
② 드럼과 라이닝의 끌림에 의한 과열
③ 브레이크슈 리턴 스프링의 쇠손에 의한 라이닝의 끌림
④ 브레이크 오일의 변질에 의한 비등점 저하
⑤ 잔압 저하

52. 굴착기 작업 장치에서 굳은 땅, 언 땅, 콘크리트 및 아스팔트 파괴 또는 나무뿌리 뽑기, 발파한 암석 파기 등에 적합한 것은?
① 풀립 버킷　② 크램셀
③ 쇼벨　❹ 리퍼

해설 리퍼는 우리말로 곡괭이라는 것으로 작업 장치에서 언 땅이나 굳은 땅, 암석 제거 등에 사용하는 작업 장치이다.

53. 트랙 프레임 위에 한쪽만 지지하거나 양쪽을 지지하는 브래킷에 1~2개가 설치되어 트랙 아이들러와 스프로킷 사이에서 트랙이 처지는 것을 방지하는 동시에 트랙의 회전 위치를 정확하게 유지하는 역할을 하는 것은?
① 브레이스　② 아우터 스프링
③ 스프로킷　❹ 캐리어 롤러

해설 캐리어 롤러 : 상부 롤러라고도 부르며 트랙 프레임 위에 1~2개가 설치되어 트랙의 처짐을 방지한다.

54. 굴착기의 밸런스 웨이트(balance weight)에 대한 설명으로 가장 적합한 것은?
❶ 작업할 때 장비의 뒷부분이 들리는 것을 방지한다.
② 굴삭 량에 따라 중량물을 들 수 있도록 운전자가 조절하는 장치이다.
③ 접지 압을 높여주는 장치이다.
④ 접지 면적을 높여주는 장치이다.

해설 장비에 설치된 밸런스 웨이트는 장비가 작업할 때 중량물에 의해 장비의 뒷부분이 들리는 것을 잡아주는 것으로 중량물과 장비의 밸런스를 잡아준다.

55. 기중기로 항타(pile driver) 작업을 할 때 지켜야 할 안전수칙이 아닌 것은?
❶ 붐의 각을 작게 한다.
② 작업 시 붐을 상승시키지 않는다.
③ 항타할 때 반드시 우드 캡을 씌운다.
④ 호이스트 케이블의 고정 상태를 점검한다.

해설 항타 작업을 할 때에는 붐의 각을 크게 하여야 한다.

56. 굴착기에 오르고 내릴 때 주의해야 할 사항으로 틀린 것은?
① 이동 중인 장비에 뛰어 오르거나 내리지 않는다.
② 오르고 내릴 때는 항상 장비를 마주 보고 양손을 이용한다.
③ 오르고 내리기 전에 계단과 난간 손잡이 등을 깨끗이 닦는다.
❹ 오르고 내릴 때는 운전실 내의 각종 조종장치를 손잡이로 이용한다.

해설 오르고 내릴 때에는 안전하게 계단과 난간 손잡이 등을 이용하여 오르고 내린다.

57. 신호등이 없는 철길 건널목 통과 방법 중 옳은 것은?
① 차단기가 올라가 있으면 그대로 통과해도 된다.
❷ 반드시 일시정지를 한 후 안전을 확인하고 통과한다.
③ 신호등이 진행 신호일 경우에도 반드시 일시정지를 하여야 한다.
④ 일시정지를 하지 않아도 좌우를 살피면서 서행으로 통과하면 된다.

해설 신호등이 없는 철길 건널목을 통과할 때에는 철길 건널목 직전에 반드시 일시정지를 한 후 좌우를 살펴 안전을 확인하고 서행으로 통과하여야 한다.

58. 다음 교통안전표지에 대한 설명으로 맞는 것은?

① 최고 중량 제한표지
② 차간 거리 최저 30m 제한표지
③ 최고 시속 30km 속도 제한표지
❹ 최저 시속 30km 속도 제한표지

해설 그림의 안전표지는 최저 속도 제한표지이다.

59. 도로 교통법상에서 차마가 도로의 중앙이나 좌측 부분을 통행할 수 있도록 허용한 것은 도로 우측 부분의 폭이 얼마 이하일 때인가?

① 2미터 ② 3미터
③ 5미터 ❹ 6미터

해설 도로 교통법상 도로의 우측 부분의 폭이 6m이하에서는 도로의 중앙이나 좌측 부분을 통행할 수 있다.

60. 교통사고가 발생하였을 때 운전자가 가장 먼저 취해야 할 조치로 적절한 것은?

① 즉시 보험회사에 신고한다.
② 모범운전자에게 신고한다.
③ 즉시 피해자 가족에게 알린다.
❹ 즉시 사상자를 구호하고 경찰에 연락한다.

해설 교통사고 발생 시 즉시 정지하여 사상자를 구호하고 경찰에 신고하며 2차 사고 방지를 위한 조치를 취하여야 한다.

61. 휠 식 굴착기에서 아워 미터의 역할은?

❶ 엔진 가동시간을 나타낸다.
② 주행거리를 나타낸다.
③ 오일 량을 나타낸다.
④ 작동 유량을 나타낸다.

해설 아워 미터는 시간계로서 장비의 가동시간, 즉 엔진이 작동되는 시간을 나타내며 예방정비 등을 위해 설치되어 있다.

62. 화재 발생 시 초기 진화를 위해 소화기를 사용하고자 할 때 다음 보기에서 소화기 사용방법에 따른 순서로 맞는 것은?

[보기]
a. 안전핀을 뽑는다.
b. 안전핀 걸림 장치를 제거한다.
c. 손잡이를 움켜잡아 분사한다.
d. 노즐을 불이 있는 곳으로 향하게 한다.

① a→b→c→d
② c→a→b→d
③ d→b→c→a
❹ b→a→d→c

해설 소화기의 사용은 먼저 안전핀의 걸림 장치를 제거하고 안전핀을 뽑은 다음 노즐을 불이 있는 방향으로 향하게 하고 손잡이를 잡아 소화제를 분사한다.

63. 도로 교통법 상 4차로 이상 고속도로에서 건설기계의 최저속도는?

① 30km/h ② 40km/h
❸ 50km/h ④ 60km/h

해설 4차로 이상 고속도로에서 최저속도는 50km/h이다.

64. 전압(Voltage)에 대한 설명으로 적당한 것은?
① 자유전자가 도선을 통하여 흐르는 것을 말한다.
❷ 전기적인 높이 즉, 전기적인 압력을 말한다.
③ 물질에 전류가 흐를 수 있는 정도를 나타낸다.
④ 도체의 저항에 의해 발생되는 열을 나타낸다.
해설 보기의 ①은 전류를 말하며 ②는 전압, ③은 저항, ④는 전력 또는 줄 열을 나타낸다.

65. 축전지의 구비조건으로 가장 거리가 먼 것은?
① 축전지의 용량이 클 것
② 전기적 절연이 완전할 것
❸ 가급적 크고 다루기 쉬울 것
④ 전해액의 누설방지가 완전할 것
해설 축전지는 가급적 작고 다루기가 쉬워야 한다.

66. 각 주행 모터 회로에는 브레이크 밸브가 있어서 모터가 장비를 정지토록 하거나 경사면에서 주행할 수 있도록 해준다. 브레이크 밸브는 회로 압력의 몇 kgf/cm² 로 유지 되도록 릴리프 밸브가 달려 있는가?
① 100kgf/cm²
② 150kgf/cm²
❸ 250kgf/cm²
④ 350kgf/cm²
해설 브레이크 밸브 : 장비가 경사지에서 자중에 의해 굴러 내려오는 것과 높은 곳에서 낮은 쪽으로 흘러내리는 것을 방지하기 위한 밸브로 회로 압력이 약 250kgf/㎠ 정도로 유지 되도록 릴리프 밸브가 달려 있어 과부하로부터 기기를 보호한다.

67. 유압 실린더에서 숨 돌리기 현상이 생겼을 때 일어나는 현상이 아닌 것은?
① 작동 지연 현상이 생긴다.
② 피스톤 동작이 정지된다.
❸ 오일 공급이 과대해진다.
④ 작동이 불안정하게 된다.
해설 숨돌리기 현상이란 실린더 등의 작동이 오일 공급의 불안정으로 작동과 멈춤을 반복하는 현상을 말한다.

68. 작업장에 대한 안전 관리상 설명으로 틀린 것은?
① 항상 청결하게 유지한다.
② 작업대 사이 또는 기계 사이의 통로는 안전을 위한 너비가 필요하다.
❸ 공장 바닥은 폐유를 뿌려 먼지 등이 일어나지 않도록 한다.
④ 전원 콘센트 및 스위치 등에 물을 뿌리지 않는다.
해설 공장 바닥에 폐유를 뿌려두면 보행 시 미끄러지기 쉽고 화재의 위험이 따른다.

69. 타이어식 굴착기의 허브에 있는 유성기어장치 기능에 대한 설명으로 맞는 것은?
① 바퀴 회전을 중지
② 바퀴 회전속도를 감속, 구동력을 감속
❸ 바퀴 회전속도를 감속, 구동력을 증가
④ 바퀴 회전속도를 증속, 구동력을 증가
해설 타이어식 로더 허브의 유성기어장치는 파이널 드라이브장치로 최종 감속장치이며 바퀴의 회전속도를 감속시켜 구동력을 증가시키는 일을 한다.

70. 일상 점검 내용에 속하지 않는 것은?
① 기관 윤활유량
② 브레이크 오일량
③ 라디에이터 냉각수량
❹ 연료 분사량
해설 연료 분사 량의 시험은 정비사 정비 사항이다.

71. 굴착기의 트랙 유격은 보통 작업장에서 얼마가 되도록 하는가?
① 약 10 ~ 20mm
❷ 약 25 ~ 40mm
③ 약 70 ~ 90mm
④ 약 100 ~ 120mm
해설 굴착기 트랙의 장력은 일반적으로 25 ~ 40mm(1 ~ 1.5 인치) 정도를 두고 있다.

72. 작업 장치에 투스를 부착하여 사용하는 건설기계는?
① 로더와 천공기
❷ 굴착기와 로더
③ 불도저와 지게차
④ 기중기와 모터그레이더
해설 작업 장치의 버킷에 투스를 부착하여 사용하는 건설기계는 굴삭 장비인 로더와 굴착기로 버킷 투스를 부착하는 이유는 굴삭력을 증가시키기 위함이다.

73. 굴착기의 작업 시작 전 점검 및 준비 사항이 아닌 것은?
① 운전자 매뉴얼
② 공사 내용 및 절차 파악
❸ 엔진 오일 교환 및 연료의 보충
④ 작동유 누유 및 냉각수 누수 점검
해설 굴착기 작업 전 점검 사항으로 엔진 오일의 교환은 해당되지 않으며 오일의 누유 및 유량, 질의 점검은 해당된다.

74. 무한궤도식 굴착기의 주행 요령 중 틀린 것은?
① 가능하면 평탄한 길을 택하여 주행한다.
❷ 요철이 심한 곳에서는 엔진의 회전수를 높여 신속히 통과한다.
③ 돌 등이 주행 모터에 부딪치거나 올라타지 않도록 한다.
④ 연약한 땅은 피해서 간다.
해설 요철이 심한 곳에서는 엔진의 회전수를 낮추고 서행으로 통과한다.

75. 굴착기를 트레일러에 상차 시 사항 중 틀린 것은?
❶ 반드시 경사대를 사용하여 상차한다.
② 경사대는 충분한 강도가 있어야 한다.
③ 경사대가 없을 때는 버킷으로 차체를 들어 올려 상차한다.
④ 경사대에 오르기 전에 방향 위치를 정확히 한다.
해설 트레일러에 상차하는 방법
① 경사대를 이용하는 방법
② 잭 업 방법
③ 기중기에 의한 탑승방법

76. 건설기계의 구조 변경 가능 범위에 속하지 않는 것은?
① 수상 작업용 건설기계 선체의 형식 변경
❷ 적재함의 용량 증가를 위한 변경
③ 건설기계의 길이, 너비, 높이 변경
④ 조종 장치의 형식 변경
해설 건설기계의 구조 변경 중 기종과 적재함의 용량 변경은 할 수 없다.

77. 디젤기관의 예열장치에서 코일형 예열 플러그와 비교한 실드형 예열 플러그의 설명 중 틀린 것은?

① 발열량이 크고 열용량도 크다.
② 예열 플러그들 사이의 회로는 병렬로 결선되어 있다.
❸ 기계적 강도 및 가스에 의한 부식에 약하다.
④ 예열 플러그 하나가 단선되어도 나머지는 작동된다.

해설 실드형 예열 플러그는 튜브 속에 코일이 설치되어 있어 기계적 강도 및 가스에 의한 부식이 적어 수명이 길다.

78. 교류 발전기의 다이오드가 하는 역할은?

① 전류를 조정하고 교류를 정류한다.
② 전압을 조정하고 교류를 정류한다.
❸ 교류를 정류하고 역류를 방지한다.
④ 여자 전류를 조정하고 역류를 방지한다.

해설 교류 발전기에서 다이오드는 교류를 직류로 정류하고 축전지의 전류가 발전기로 역류하는 것을 방지한다.

79. 자체 중량에 의한 자유낙하 등을 방지하기 위하여 회로에 배압을 유지하는 밸브는?

① 감압 밸브
② 체크 밸브
③ 릴리프 밸브
④ 카운터 밸런스 밸브

해설 각 밸브의 기능
① 감압 밸브 : 주회로 압력보다 낮은 압력 필요시에 사용하는 밸브
② 체크 밸브 : 방향 제어 밸브로 오일의 흐름을 한쪽 방향으로만 흐르게 하고 역류를 방지하며 잔압을 유지
③ 릴리프 밸브 : 최고 압력을 제어하고 회로 내 일정한 압력을 유지
❹ 카운터 밸런스 밸브 : 중량물의 자중에 의한 자유낙하를 방지하는 밸브

80. 엔진 오일이 연소실로 올라오는 주된 이유는?

❶ 피스톤 링 마모
② 피스톤 핀 마모
③ 커넥팅로드 마모
④ 크랭크축 마모

해설 오일이 연소실로 유입되는 원인은 실린더와 피스톤 사이의 틈새가 넓거나 피스톤 링의 마모 및 기능 저하에 그 원인이 있다.

81. 화재 및 폭발의 우려가 있는 가스발생장치 작업장에서 지켜야 할 사항으로 맞지 않는 것은?

❶ 불연성 재료 사용금지
② 화기 사용금지
③ 인화성 물질 사용금지
④ 점화원이 될 수 있는 기계 사용금지

해설 화재 및 폭발의 우려가 있는 가스 발생장치 작업장에서 불연성 재료는 사용하여도 무방하다.

82. 유압장치에서 방향제어 밸브에 대한 설명으로 틀린 것은?

① 유체의 흐름 방향을 변환한다.
❷ 액추에이터의 속도를 제어한다.
③ 유체의 흐름 방향을 한쪽으로 허용한다.
④ 유압 실린더나 유압 모터의 작동 방향을 바꾸는데 사용된다.

해설 방향제어 밸브는 액추에이터의 작동 방향이나 유체의 흐름 방향을 바꾸어 주는 밸브이며 액추에이터의 속도 제어는 유량제어 밸브가 한다.

83. 전기 기기에 의한 감전 사고를 막기 위하여 필요한 설비로 가장 중요한 것은?

❶ 접지 설비
② 방폭등 설비
③ 고압계 설비
④ 대지 전위 상승 설비

해설 전기 기기에 의한 감전 사고를 방지하기 위하여 설비하여야 하는 것은 접지 설비이다.

84. 축전지 전해액으로 알맞은 것은?

① 순수한 물
② 과산화 납
③ 해면상 납
❹ 묽은 황산

해설 전해액은 축전지의 작용물질로 증류수에 황산을 섞은 묽은 황산이다.

85. 제동 유압장치의 작동 원리는 어느 이론에 바탕을 둔 것인가?

① 열역학 제1법칙
② 보일의 법칙
❸ 파스칼의 원리
④ 가속도 법칙

해설 유압의 원리는 영국의 물리학자인 파스칼의 원리를 적용한다.

86. 무한궤도식 굴착기는 몇 도 구배의 평탄하고 견고한 건조 지면을 등판할 수 있는 능력을 갖추어야 하는가?

① 15% ② 25%
❸ 30% ④ 40%

해설 등판능력 및 제동능력
 ㉠ 무한궤도식 : 30%
 ㉡ 타이어식 : 25%

87. 소화 작업의 기본요소가 아닌 것은?

① 가연물질을 제거하면 된다.
② 산소를 차단하면 된다.
③ 점화원을 제거시키면 된다.
❹ 연료를 기화시키면 된다.

해설 소화의 기본 3요소는 점화원, 가연물, 산소이다.

88. 붐 하강 작동이 고속인 경우 슬로리턴 밸브는 버킷 실린더가 완전히 팽창되고 암 실린더는 완전히 수축된 상태에서 최대의 높이에서 지상에 내려오는 속도가 몇 초 정도가 되도록 조정되어야 하는가?

❶ 2.8초   ② 4.2초
③ 5초   ④ 1.2초

해설 ㉠ 붐 상승과 하강 속도 :
  상승 = 3.7±0.2초, 하강
     = 2.85±0.2초
 ㉡ 암 작동 속도 :
  추출 = 6.4±0.2초, 수축
     = 4.8±0.2초
 ㉢ 버킷 작동 속도 :
  추출 = 3.3±0.3초, 수축
     = 2.8±0.2초

89. 유류 화재 시 소화 방법으로 부적절한 것은?

① 모래를 뿌린다.
❷ 다량의 물을 부어 끈다.
③ ABC소화기를 사용한다.
④ B급 화재 소화기를 사용한다.

해설 유류 화재에 부적합한 소화 방법은 물의 사용이다.

90. 굴착기 파이널 드라이브장치의 일반적인 오일 교환시기로 적당한 것은?
① 500 시간　② 1,000 시간
❸ 1,500 시간　④ 2,000 시간
해설 파이널 드라이브장치의 일반적인 오일 교환 시기는 1,500 시간이다.

91. 굴착기의 스프로킷에 가까운 쪽의 롤러는 어떤 형식을 사용하는가?
❶ 싱글 플랜지형
② 플랫형
③ 더블 플랜지형
④ 오프셋형
해설 스프로킷(기동륜)과 전부 유동륜(아이들러)에 가까운 쪽의 롤러는 싱글형 롤러를 사용한다. 이것은 트랙의 진로를 바르고 원활하게 안내할 수 있도록 하기 위함이다.

92. 다음 중 굴착기의 붐은 무엇에 의해 상부 회전체에 연결되는가?
① 테이퍼 핀
❷ 푸트 핀
③ 링 핀
④ 코터 핀
해설 상부 회전체와 전부장치의 연결은 푸트 핀에 의해 설치되어 있다.

93. 굴착기 작업 시 동력 전달 순서로 알맞은 것은 어느 것인가?
❶ 엔진 – 유압 펌프 – 컨트롤 밸브 – 실린더
② 엔진 – 컨트롤 밸브 – 잭 – 유압 펌프
③ 엔진 – 고압 펌프 – 컨트롤 밸브 – 유압 펌프
④ 엔진 – 컨트롤 밸브 – 유압 펌프 – 잭

94. 굴착기의 프런트 아이들러의 작용으로 옳은 것은?
❶ 트랙의 진로를 조정하면서 트랙을 유도하고 주행 방향을 유도한다.
② 트랙의 회전을 원활히 한다.
③ 동력을 트랙으로 전달한다.
④ 차체의 파손을 방지하고 원활한 운전을 하도록 해주는 역할을 한다.
해설 프런트 아이들러 : 트랙을 유도하여 원활한 회전과 선회 시 주행방향을 유도한다.

95. 크롤러식 굴착기의 주행장치 부품이 아닌 것은?
① 주행 모터　② 스프로킷
③ 트랙　❹ 스윙 모터
해설 크롤러식 주행 장치 부품은 본체 프레임, 상부 롤러, 하부 롤러, 전부 유동륜, 스프로킷, 트랙 및 구동 모터와 감속기어, 리코일 스프링으로 구성되어 있다.

96. 굴착기의 안전장치이다. 해당되지 않는 것은?
① 붐 과권(過卷) 방지장치
❷ 오일 누설 방지장치
③ 감아올리기 과하중 방지장치
④ 붐 전도(轉倒) 방지장치
해설 굴착기의 안전장치
① 아웃트리거 : 휠식 굴착기에서 작업 중 타이어가 진동을 일으킴으로 인해 생기는 차체의 전복 위험 및 작업 상태의 불안정을 방지하여 안정성을 높인다.
② 붐 전도 방지장치 : 붐이 최대 제한각을 벗어나거나 케이블이 벗겨질 경우 붐의 전도를 방지
③ 붐 과권 방지장치 : 붐이 어떤 규정 각도가 되면 스토퍼에 닿아서 각 레버와 로드를 경유해서 핸들을 중심 위치에 복귀하여 권상을 자동 정지
④ 권상 과권 방지장치 : 훅을 너무 높이 들면 화물이 추에 닿아서 추에 연결된 로프가 풀리고 스위치가 작동하여 운전석에 버저가 울려 과하중을 경고

⑤ 권상 과부하 방지장치 : 권상 로프의 장력과 붐의 각도에 따른 작업 반경에 있어서 허용 권상 하중을 운전석의 버저가 울려 경고를 한다.

97. 기관의 시동을 멈추지 않고 장비를 정차시킬 경우에 어떻게 하는 것이 가장 좋은가?
① 스로틀 레버를 고속 위치에 두고 변속 레버는 중립 위치에 둔다.
② 스로틀 레버를 고속 위치에 두고 전·후진 레버는 중립 위치에 둔다.
❸ 스로틀 레버를 저속 위치에 두고 변속 레버는 중립 위치에 둔다.
④ 스로틀 레버를 저속 위치에 두고 전·후진 레버는 후진 위치에 둔다.
해설 기관의 시동을 멈추지 않고 장비를 정차시킬 경우에는 스로틀 레버는 저속 위치에 두고 변속 레버는 중립 위치에 두며 주차 브레이크를 당겨 놓아야 한다.

98. 타이어식 기중기에서 브레이크 장치의 유압 회로에 베이퍼 록이 생기는 원인이 아닌 것은?
① 마스터 실린더 내의 잔압 저하
❷ 비점이 높은 브레이크 오일 사용
③ 드럼과 라이닝의 끌림에 의한 가열
④ 긴 내리막길에서 과도한 브레이크 사용
해설 베이퍼 록 현상이란 브레이크 회로에 흐르는 브레이크 오일이 마찰열 등에 의해 가열·기화되어 액체의 흐름을 방해하는 현상으로 브레이크가 작동되지 않는다. 비점이 높은 오일 사용은 베이퍼 록이 생기지 않는다.

99. 도로 교통법 상 모든 차의 운전자가 서행하여야 하는 장소에 해당하지 않는 것은?
① 도로가 구부러진 부분
② 비탈길의 고갯마루 부근
❸ 편도 2차로 이상의 다리 위
④ 가파른 비탈길의 내리막
해설 서행하여야 할 곳
① 교통정리가 행하여지지 아니하고 좌·우를 확인할 수 없는 교차로
② 도로의 구부러진 곳
③ 비탈길의 고갯마루 부근
④ 가파른 비탈길의 내리막
⑤ 지방경찰청장이 도로에서의 위험을 방지하고 교통의 안전과 원활한 소통을 확보하기 위하여 필요하다고 인정하여 지정한 곳

100. 그림의 교통안전표지는?

❶ 좌·우회전 표지
② 좌·우회전 금지표지
③ 양 측방 일방통행표지
④ 양 측방 통행금지표지
해설 그림의 교통안전표지는 좌우회전 표지이다.